普通高等教育“十三五”规划教材

Creo 4.0 机械设计应用与精彩实例

主编 肖 扬 胡 琴
参编 金凡尧 万长城

机 械 工 业 出 版 社

本书以 PTC 公司的三维设计软件 Creo 4.0 为基础编写，主要介绍了二维草绘、零件建模、零件装配、工程图生成、零部件渲染、机构运动分析与仿真、结构分析与优化设计、产品制造等模块的功能和使用。对于每个模块，首先介绍其功能、命令的使用、对提示的响应以及操作方法，然后通过大量精彩实例的示范让读者掌握其功能和使用方法。书中的实例是作者结合近 30 年在 Creo 软件使用、教学、开发中的丰富经验，经过精心挑选与设计而成的，具有鲜明的工程性和典型性。在使用本书时，读者按照步骤，顺序操作，就可以完成对软件的掌握，从而达到进行常规工程三维设计、分析的目的。

本书的内容全面，基本覆盖了产品设计、分析、制造的全流程。书中例子丰富经典，按照人们对软件掌握的认知规律和循序渐进、由浅入深的原则安排。对于与三维造型和 CAD/CAM 相关的知识的介绍清晰、简洁、实用。

本书适合于利用 Creo 4.0 进行产品设计、分析、制造以及进行工程设计分析的工程技术人员，以及在校相关专业的大学生、研究生使用。

图书在版编目（CIP）数据

Creo 4.0 机械设计应用与精彩实例/肖扬，胡琴主编. —北京：机械工业出版社，2019.1（2024.7 重印）
普通高等教育“十三五”规划教材
ISBN 978-7-111-61556-9

Ⅰ.①C… Ⅱ.①肖… ②胡… Ⅲ.①机械元件-计算机辅助设计-应用软件-高等学校-教材 Ⅳ.①TH13-39

中国版本图书馆 CIP 数据核字（2018）第 281184 号

机械工业出版社（北京市百万庄大街 22 号　邮政编码 100037）
策划编辑：舒　恬　责任编辑：舒　恬　王勇哲　商红云
责任校对：陈　越　封面设计：张　静
责任印制：常天培
固安县铭成印刷有限公司印刷
2024 年 7 月第 1 版第 5 次印刷
184mm×260mm · 21.75 印张 · 564 千字
标准书号：ISBN 978-7-111-61556-9
定价：54.80 元

电话服务
客服电话：010-88361066
010-88379833
010-68326294

网络服务
机　工　官　网：www.cmpbook.com
机　工　官　博：weibo.com/cmp1952
金　书　网：www.golden-book.com
机工教育服务网：www.cmpedu.com

前　言

Creo 4.0 是美国 PTC 公司（Parametric Technology Corporation）于 2016 年 12 月 6 日发布的三维计算机辅助设计软件。Creo 4.0 为适应物联网（IoT）、增材制造、增强现实和基于模型的定义（MBD）的需要。提供了大量核心模型增强功能，并添加了让设计师得以创造出未来产品的新功能，从而使设计更智能化、生产效率更高。

PTC 公司于 1988 年发布了 Pro/ENGINEER 软件的第一个版本，以参数化和基于特征的三维建模为特点，经过 30 年的发展，软件的名称已经由 Pro/ENGINEER 改为 Creo。从功能上，也已经由仅涉及产品三维设计建模发展到涵盖产品设计、分析、制造、管理的全过程，包含 CAD、CAM、CAE、CAID 以及可视化等功能模块。结合当前智能制造体系下智能设计的趋势，Creo 4.0 在物联网（IoT）、增材制造（AM）、增强现实（AR）和基于模型的定义（MBD）等方面增添了很多新的功能，进入了智能互联阶段。智能制造是基于新一代信息技术的先进制造过程、系统与模式的总称，贯穿设计、生产、管理、服务等制造活动各环节，并具有信息深度自感知、智慧优化自决策、精准控制自执行等功能。由于 Creo 软件的强大功能，因此广泛地应用于电子、机械、建筑、航空航天、工业造型、家电设计等领域，已经成为一种应用十分广泛的工程设计软件。

我国现在正处于制造业转型升级的关键时期，要提高企业的竞争力，产品设计制造的高科技的应用必不可少。随着增材制造、数字化设计等技术在企业的大量应用，使用 Creo 软件对产品进行数字设计、分析、制造、管理也变得日益重要。在校的大学生、研究生以及广大的工程技术人员都迫切需要熟练地掌握 Creo 软件的使用和相关的知识，这也正是本书的写作目的。

本书以 PTC 公司最新的三维设计软件 Creo 4.0 为基础编写，全书共 17 章，主要介绍了二维草绘、零件建模、零件装配、工程图生成、零部件渲染、机构运动分析与仿真、结构分析与优化设计、产品制造等模块的功能和使用。对于每个模块，首先介绍其功能和操作方法，然后通过大量精彩实例的示范让读者掌握软件模块功能的使用。这些实例都经过精心的挑选与设计，具有较强的工程性和典型性。读者按照本书介绍的步骤操作，就可以较为顺利地掌握 Creo 软件的基本功能，达到完成三维工程设计分析的目的。

本书的内容全面，基本覆盖了产品设计、分析、制造的全流程。书中实例丰富经典，按照循序渐进、由浅入深的原则安排。对于与三维造型和 CAD/CAM 相关的知识的介绍清晰、简洁、实用。本书的读者对象是使用 Creo 进行工程设计等工作的工程技术人员，并且根据他们在学习、掌握和使用 Creo 软件过程中的认识规律和需求来编写内容，也适合相关专业的在校学生和相关人员使用。

参加本书编写的人员有肖扬、胡琴、金凡尧和万长城。本书由肖扬和胡琴任主编，并统稿。

随书配有资源包，包括书中的所有实例的操作视频、素材文件和最终的结果，以及供读者练习的素材等，方便读者学习参考。读者请在机械工业出版社教育服务网（www.cmpedu.com）中搜索本书，通过本书页面所示下载地址下载资源包。

本书的编写得到了众多同仁和研究生的帮助，在此向他们表示衷心的感谢。

由于编者水平和条件有限，书中缺点错误在所难免，敬请读者批评指正。

编　者

目 录

第1章 Creo 4.0 简介

1.1 Creo 4.0 功能模块简介

2016 年 12 月 6 日，PTC 发布最新版 Creo 4.0 3D 计算机辅助设计（CAD）软件。Creo 4.0 为物联网（IoT）、增材制造、增强现实和基于模型的定义（MBD）增添了新功能。Creo 4.0 提供了大量核心模型增强功能，并添加了让设计师得以创造出未来产品的新功能，从而使设计更智能化、生产效率更高。

Creo 4.0 的主要增强功能包括：

（1）智能互联产品设计　借助 Creo 4.0，产品开发人员可以利用物联网更好地理解产品的使用方式和性能表现，从而改进设计决策。该解决方案可将真实数据信息“拉回”到设计过程中。Creo 4.0 还使“为互联而设计”战略成为可能，开发人员可以将传感器集成到设计流程中，利用定制的数据流主动设计产品。

PTC 再次向前推进了 3D CAD 应用的边界，这次的突破借助了物联网时代的一些创新功能。将 Creo 的 3D 模型与 ThingWorx 的传感器模型连接起来。这样一来，企业便能够虚拟设计传感器布置原型并模拟数据流，而无需制造任何实物产品。PTC 率先在全球推出了此功能。

（2）增材制造　Creo 4.0 为采用增材制造技术实现产品零件的高效设计扫除了障碍。它支持“为增材制造而设计”（design for additive manufacturing），设计师可以在 Creo 单一环境下设计、优化、验证并运行、打印、检查。Creo 4.0 创造参数控制晶格结构的功能，可使设计师优化模型，以实现多个设计目标或满足多个限制条件。

（3）增强现实　Creo 4.0 通过将数字化产品带到现实世界，使设计拥有更吸引人，内容更丰富的视觉体验。利用 Creo 4.0，设计师可以无缝重复利用 CAD 数据，轻松打造引人入胜、内容丰富的增强现实体验，设计产品的尺寸、比例和环境更加逼真。

（4）基于模型的定义　通过减少对 2D 图样的依赖，Creo 4.0 能让设计师在产品开发过程中成功实施基于模型的定义并提高效率。通过教育并引导设计师正确应用几何尺寸与公差（GD&T）信息，Creo 4.0 可帮助设计师减少因信息不准确、不完整或被误解引起的错误。Creo 4.0 可以验证 3D CAD 模型中得到的几何尺寸与公差是以基于完整语义的方式捕获的，确保模型符合美国机械工程师学会（ASME）和国际标准化组织（ISO）的标准，并验证了对模型几何体的约束，以保证在制造和验收等下游环节的使用中保持高效和无错。

Creo 4.0 能够让设计师使用真实数据替代设计过程中的推断数据，从而做出更完善的产品设计决策；Creo 4.0 连同基于模型的定义，可为设计师提供更加完整的产品数字化定义。

Creo 4.0 中的增强功能不但能提高设计师的生产效率，还可帮助他们利用物联网来支持自己的数字化工程之旅。在当今物联网和智能互联产品时代，产品开发正历经变化，Creo 4.0 代表着产品设计的未来。

智能制造整个过程中将智能装备（机器人、数控机床、自动化集成装备、3D 打印等）通过通信技术有机连接起来，实现生产过程自动化，并通过各类感知技术收集生产过程中的各种数据，通过工业互联网等通信手段，以及各类系统优化软件提供生产方案，实现生产方案智能化。

产品是在不断迭代和不断更新的。现在产品经理需要精准地知道实际的产品状态，再进行产品的迭代。越来越多的企业在追求和用户保持直接接触的能力，在这种情况下，CAD 工具创新时，就要充分考虑消费者的需求，帮助他们设计智能互联的产品，实现未来的研发模式，这是 Creo 4.0 推出的主要背景。Creo 4.0 的许多新功能和模式背后都有深层应用和需求关系，所以 Creo 4.0 不仅是修改了以前版本软件一些问题和增加了一些操作功能，而是真正站在了企业和制造业发展脉络的角度上，来看应该用什么样的工具或平台帮助企业更好地研发产品。

Creo 4.0 最大的变化是支撑未来智能互联产品的开发。Creo 4.0 是第一个支持智能互联产品的设计和创新式迭代的工具。从平台上讲，Creo 4.0 的功能非常全面，不仅关注研发，还关注整个价值链。从定位上讲，Creo 4.0 本身已经不是一个单纯的设计工具，其超越了安装软件来画图或者建模的时代，已经从工具级变成了一个设计平台。因此，Creo 4.0 已经超越了 CAD 工具的概念，变成了一个未来的 CAD 研发和设计平台，甚至可以扩展。同时，Creo 4.0 在 3D 打印领域也有非常大的突破，推出了用 Creo 4.0 来支撑整个 3D 打印的完整闭环。最后，就是把 CAD 和 AR 进行深度融合。用新的展示技术就可以把数物结合，由数字化的世界再返回到人的意识世界。PTC 所做的 CAD 和 AR 技术的深度融合不仅是为了推出一个很炫的功能，而在于需要用最高效的方式去影响人的意识，让人在最短的时间内能了解产品。总体来讲，Creo 4.0 可以说是增加了一些革命性的变化，它在整个理念及对模式与新技术的支撑上都达到了新的高度。

从平台开放性的角度，Creo 可以兼容各种 CAD 数据，可以直接打开一些不是 PTC 的 CAD 数据，无需转换。数据进入后，还可以用柔性建模的方式修改。而过去这需要转换成中间格式再导入，在混合设计和协同研发模式下除了读取，可能还要做一定的修改。PTC 在 Creo 4.0 上还有个非常大的突破就是渲染，渲染对工程领域至关重要。现在通过平台的开放性，Creo 4.0 非常好地嵌入了领先的渲染引擎 KeyShot 和可以不断更新的 Granta 材料库。用户不仅能使用各种新材料，还能体验到更好的效果。

正如 PTC 公司所言：“数字化永远是我们的基础，不管是现在谈智能制造，还是谈数字化技术。对我们来说，三维和数字化是 PTC 的核心竞争力之一。在 CAD 领域，从参数化建模开始，我们就是鼻祖，就具备了领先性和先进性。我们正在不断地用新技术去巩固数字化这个核心竞争力”。

经过数十年的发展，Creo 已经俨然成为当今三维建模软件的领头者，广泛应用于电子、机械、工业与民用建筑、工业造型、航空航天、家电等设计制造领域，并且已经成为事实上的工业标准。

1.2　Creo 4.0 软件的安装

1. 安装要求

（1）操作系统要求

1）工作站上运行：Windows NT 或 UNIX。

2）个人机上运行：Windows NT、Windows 98/ME/2000/XP/7/8/10。

（2）硬件要求

1）CPU：一般要求 Pentium3 以上。

2）内存：一般要求 1GB 以上。

3）显卡：一般要求支持 Open_ GL 的三维显卡，分辨率为 1024×768 像素以上，至少使用 64 位独立显卡，显存不小于 512MB。

4）网卡：必须要有。

5）显示器：分辨率为 1024×768 像素以上，24 位真色彩或以上。

6）鼠标：三键鼠标。

7）硬盘：建议准备大于 5GB 的空间。

2. 安装方法和过程

运行 Creo 4.0 安装程序 setup.exe，启动安装向导，选中【安装新软件】单选按钮，如图 1-1 所示。之后按照软件的提示，按步骤进行安装。

若需要指定程序的安装路径和需要安装的组件时，需要在【应用程序选择】步骤界面下（图 1-2）单击【自定义】按钮后打开如图 1-3 所示对话框，根据自己的需求，选中需要安装的组件后单击【确定】按钮即可。

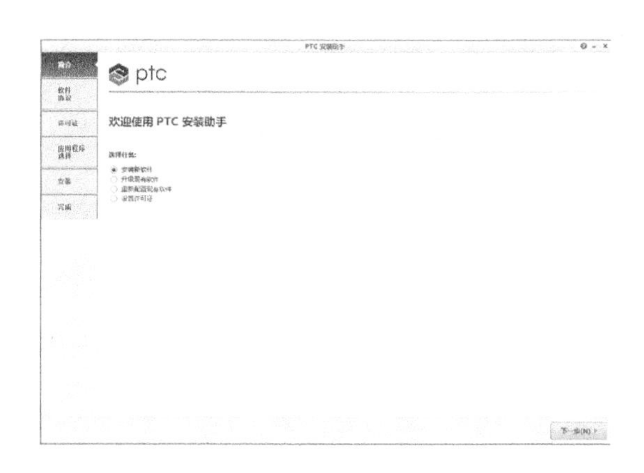

图 1-1　安装欢迎界面

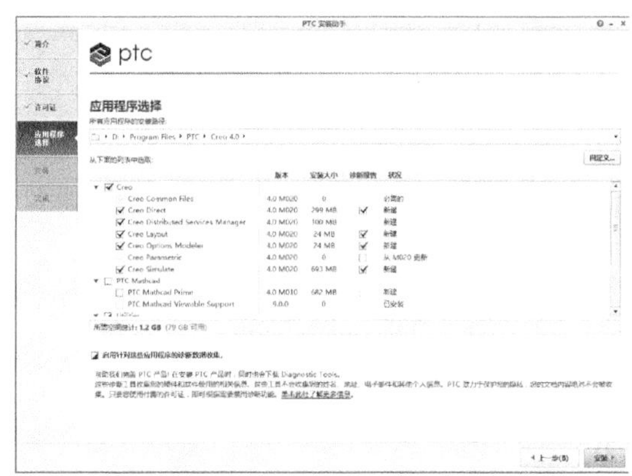

图 1-2　安装应用程序

需要特别说明的是，Creo 4.0 的安装路径是可以让用户自行选择的，直接在对话框里输入完整路径即可。

当安装路径与组件都定义完成后单击如图 1-2 所示界面上的【安装】按钮开始安装软件程序。等待安装完成，在计算机桌面出现与之前组件选择相应的快捷方式后即完成 Creo 4.0 的全部安装操作。

1.3 设置 Creo 4.0 软件的启动目录

Creo 4.0 软件在运行过程中将大量的文件保存在启动目录中，为了更好地管理 Creo 4.0 软件的大量关联文件，在使用 Creo 4.0 之前应设置其启动目录。

鼠标右键单击计算机桌面上的 Creo 4.0 快捷方式，在弹出的菜单中单击【属性】选项。此时弹出【Creo Parametric 4.0 M020 属性】对话框，打开【快捷方式】选项卡，如图 1-4 所示。在【起始位置】右侧文本框中输入用户自行定义的启动目录路径，单击【确定】按钮，完成设置。

图 1-3 应用程序自定义设计

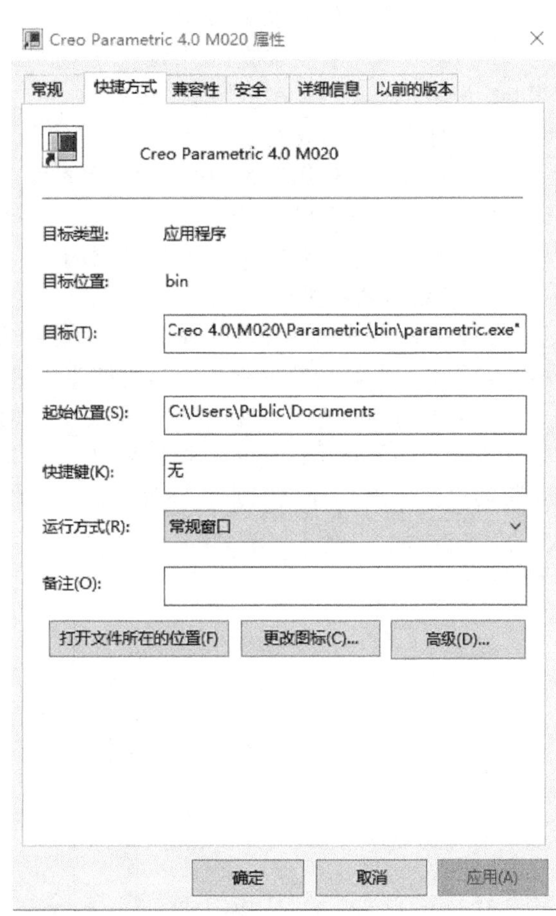

图 1-4 【Creo Parametric 4.0 M020 属性】对话框

1.4 Creo 4.0 的工作界面介绍

直接双击计算机桌面快捷方式或者从【开始】菜单里打开 Creo 4.0，进入 Creo 4.0 的工作界面。根据用户选择的工作模块不同，界面也不同。下面以零件模式为例，简单介绍 Creo 4.0 的工作界面。工作界面包括导航选项卡区、快速访问工具栏、功能区、视图控制工具条、标题栏、智能选取栏、信息提示区及图形显示区，如图 1-5 所示。

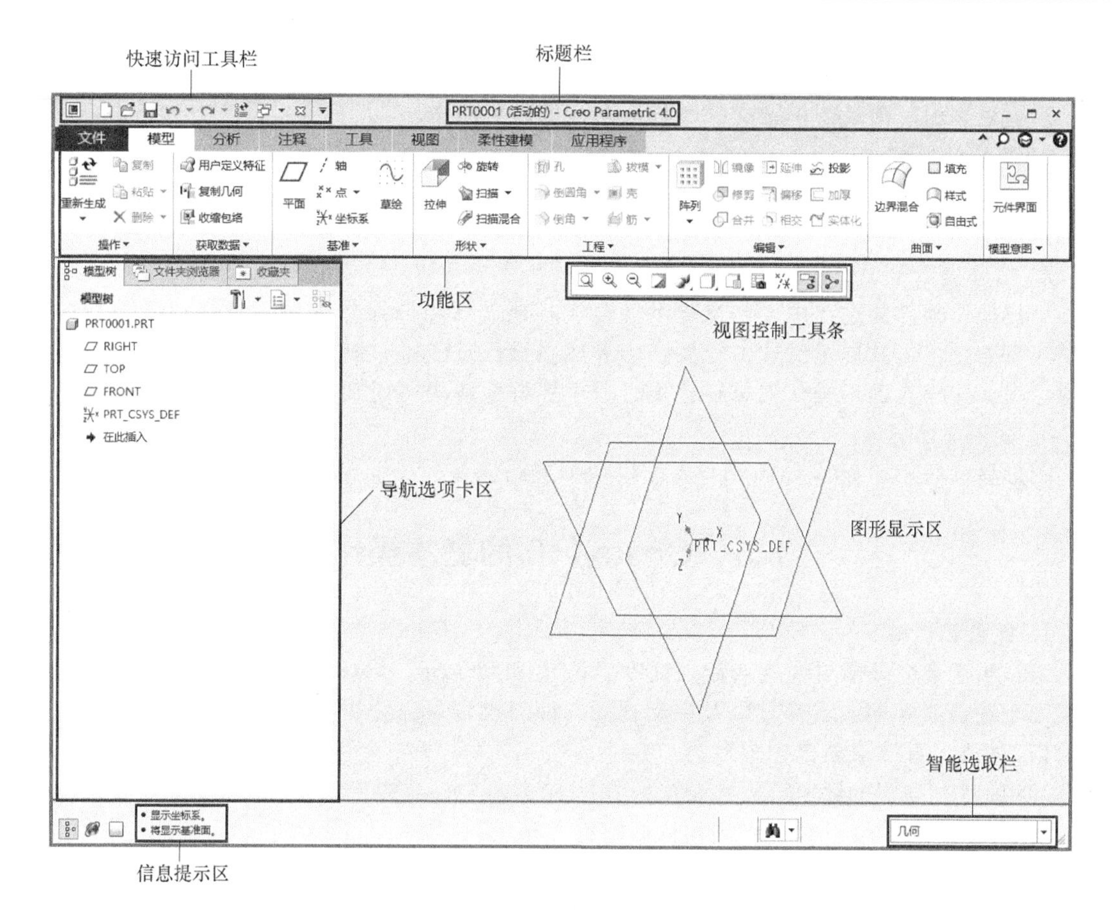

图 1-5　Creo Parametric 4.0 工作界面

1. 导航选项卡区

导航选项卡区包括三个页面选项：模型树（或层树）、文件浏览器、收藏夹。

- 模型树（或层树）：列出了当前活动文件中的所有零件及特征，并以树的形式显示模型结构。
- 文件浏览器：用于查看文件。
- 收藏夹：用于有效组织和管理个人资源。

2. 快速访问工具栏

快速访问工具栏中包括新建、保存、修改模型和设置 Creo 4.0 环境的一些命令，这为用户快速执行命令提供了极大的方便。用户可以根据自身需求情况制定快速访问工具栏。

3. 功能区

功能区中包含【文件】下拉菜单和命令选项卡。其中命令选项卡显示了 Creo 4.0 中的所有功能按钮，并以选项卡的形式进行分类，用户可以根据具体情况定制选项卡。值得注意的是，在用户使用过程中常会看到有些菜单命令和按钮处于非激活状态（呈灰色），这是由于当前操作中还不具备使用这些功能的条件或者未进入相关环境，一旦进入相关环境或具备使用这些命令的条件，这些菜单命令和按钮便会自动激活。

4. 视图控制工具条

视图控制工具条是将【视图】选项卡中部分常用的命令按钮集成到一个工具条中，以方便用户实时调用。

5. 标题栏

标题栏显示了活动的模型文件名称以及当前软件版本。

6. 智能选取栏

智能选取栏也被称为过滤器，主要作用是为了方便用户快捷方便地选取需要的模型要素。

7. 信息提示区

用户操作软件的过程中，信息提示区会实时地显示当前操作的提示信息以及执行结果。值得注意的是：信息提示区非常重要，应养成在操作过程中时刻关注信息提示区内的提示信息的习惯，这样有助于操作人员在建模过程中更好地解决所遇到的问题。

8. 图形显示区

图形显示区用于显示 Creo 4.0 各种模型图形图像。

1.5 Creo 4.0 的基本操作

1. 键盘和鼠标

Creo 4.0 通过鼠标与键盘来输入文字、数值和命令等。鼠标左键用于选择命令和对象，中键用于确认或者缩放、旋转以及移动视图，而右键则可以弹出相应的快捷菜单。

1）缩放：直接滚动鼠标中键。

2）旋转：按下鼠标中键后移动鼠标指针。

3）平移：同时按下<Shift>键和鼠标中键并移动鼠标。

2. 新建文件

单击【文件】下拉菜单下的【新建】按钮，或直接单击快速访问工具栏中的【新建】按钮，弹出【新建】对话框，如图 1-6 所示。选择不同【类型】和【子类型】选项，则进入不同的功能模块界面。值得注意的是，Creo 4.0 默认的长度单位通常不是 mm。此时，在选好【类型】和【子类型】后，取消选择【使用默认模板】复选框，单击【确定】按钮，弹出如图 1-7 所示【新文件选项】对话框，这时用户便可以选择符合自己建模要求与习惯的模型单位。

3. 保存文件

1）单击快速访问工具栏中的【保存】按钮，弹出【保存对象】对话框，如图 1-8 所示。在此对话框中设置当前模型的保存路径，单击【确定】按钮完成文件的保存。

2）将鼠标指针停留在【文件】下拉菜单下【另存为】按钮上，便可以打开【保存模型的副本】下拉菜单，如图 1-9 所示。

① 单击【保存副本】命令，弹出【保存副本】对话框，如图 1-10 所示。在【保存副本】对话框中输入当前模型副本名称和存储路径，单击【确定】按钮完成副本的创建。

② 单击【保存备份】命令，弹出【备份】对话框，如图 1-11 所示。在【备份】对话框中定义当前模型备份文件的存储路径，单击【确定】按钮完成备份的创建。

③ 单击【镜像零件】命令，弹出【镜像零件】对话框，如图 1-12 所示。在【镜像零件】对话框中可以设置镜像的类型以及与当前模型的相关性，单击【确定】按钮，系统打开镜像文件。

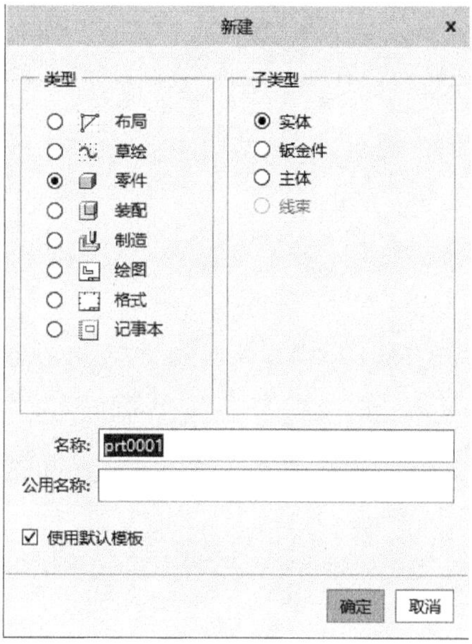

新建

类型
布局
草绘
零件
装配
制造
绘图
格式
记事本

子类型
实体
钣金件
主体
线束

名称: prt0001
公用名称:
使用默认模板
确定
取消

图 1-6 【新建】对话框

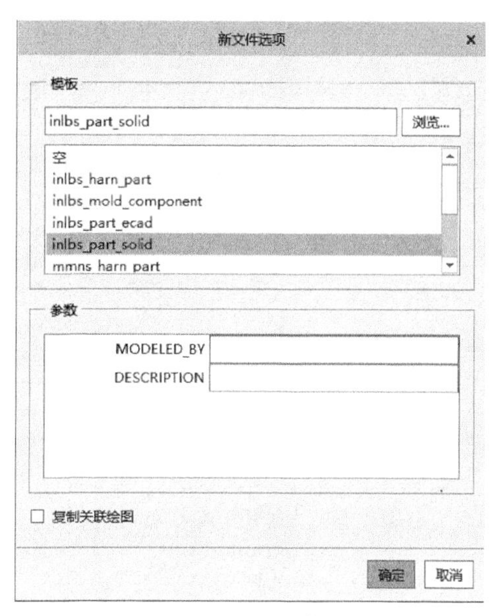

图 1-7 【新文件选项】对话框

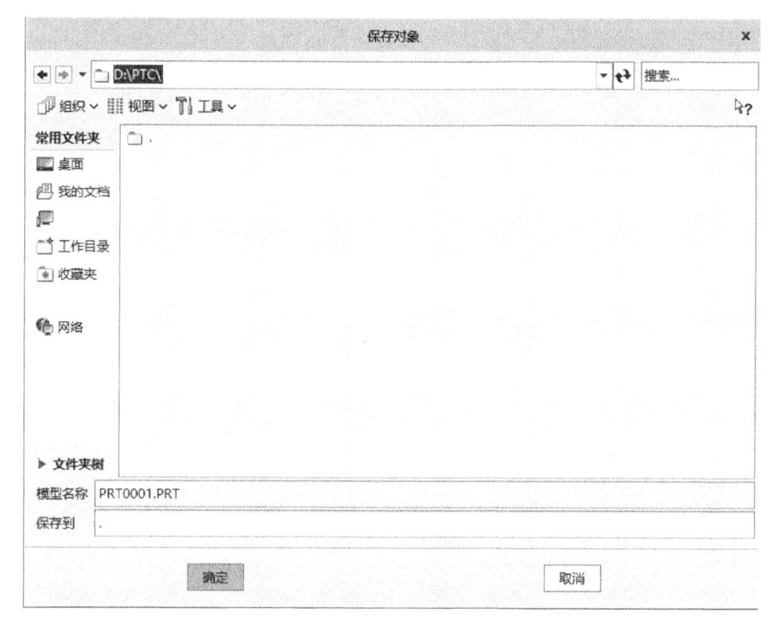

图 1-8 【保存对象】对话框

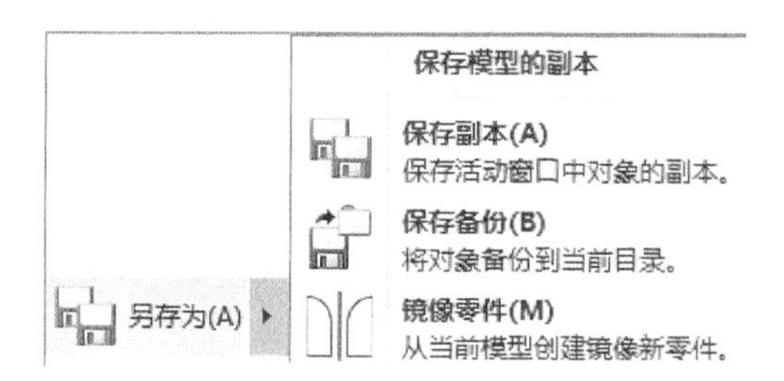

图 1-9 【保存模型的副本】下拉菜单

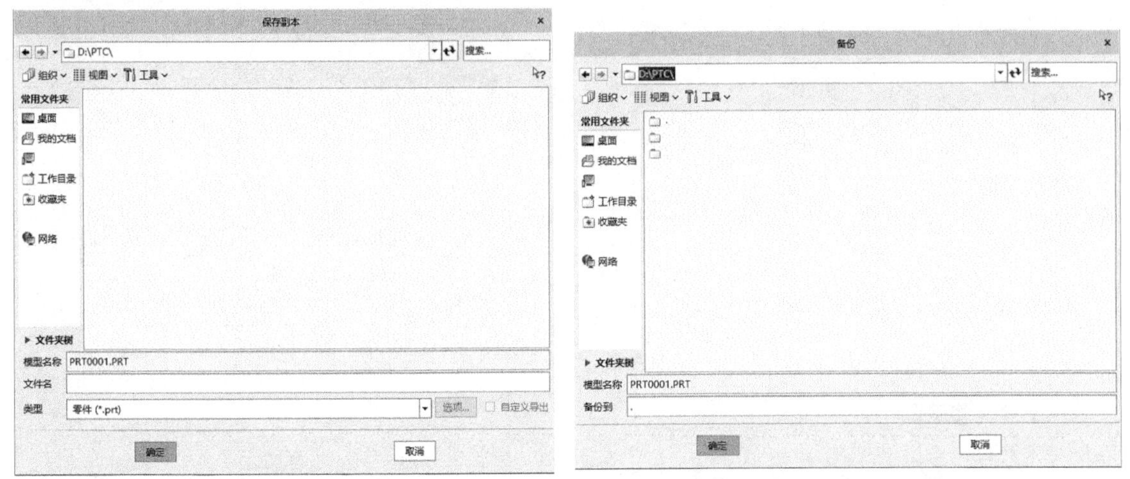

图 1-10 【保存副本】对话框

图 1-11 【备份】对话框

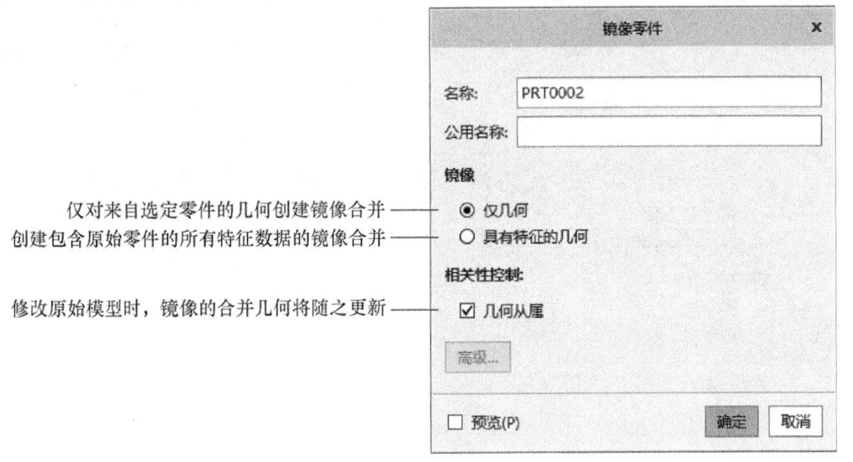

图 1-12 【镜像零件】对话框

4. 删除文件

将鼠标指针停留在【文件】下拉菜单下【管理文件】选项，即可打开【管理文件】下拉菜单，如图 1-13 所示。

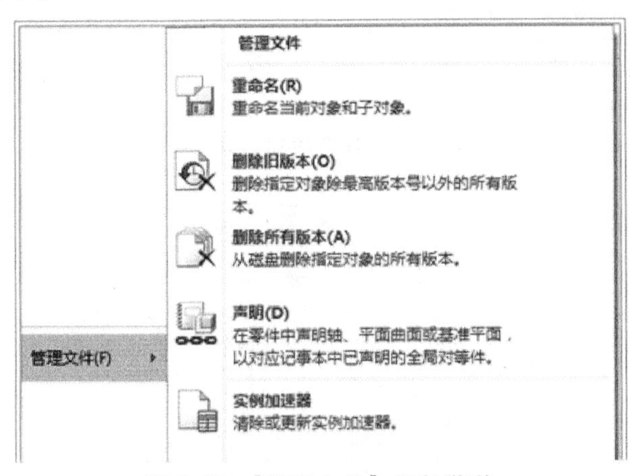

图 1-13 【管理文件】下拉菜单

1）在打开模型的情况下，单击【删除旧版本】命令，弹出【删除旧版本】提示框，如图 1-14 所示。在此提示框中 Creo 4.0 会提示用户确认是否删除当前活动窗口的模型所对应的所有旧版本，单击【是】按钮，完成操作。

2）单击【删除所有版本】命令，弹出【删除所有确认】提示框，如图 1-15 所示。单击【是（Y）】按钮，则删除当前模型的所有版本。

图 1-14 【删除旧版本】提示框

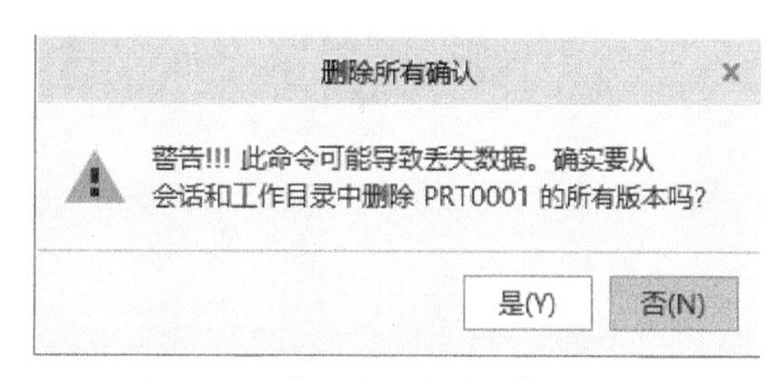

图 1-15 【删除所有确认】提示框

1.6 Creo 配置文件简介

1. 配置文件的功用

Creo 4.0 的配置文件是 Creo 的一大特色，Creo 4.0 里的所有设置都是通过其配置文件来完成的。例如，在选项里可以设置中英文双语菜单、单位、公差以及更改系统颜色等。掌握各种配置文件的使用方法，根据自己的需求来制作配置文件，可以有效地提高工作效率，减少不必要的麻烦，也有利于标准化。配置文件包括系统配置文件和其他配置文件。

（1）系统配置文件　用于配置整个 Creo 4.0 系统，包括 config. sup 以及 config. pro。Creo 4.0 安装完成后这两个文件存在于 Creo 4.0 安装目录下的“text”文件夹内。一般配置文件的路径为：X：\Program Files\PTC\Creo 4.0\M020\Common Files\text\config，其中“X”代表用户安装 Creo 4.0 时所使用的盘。在 Creo 4.0 启动时，首先会自动加载 config. sup，然后是 config. pro。config. sup 是受系统保护即强制执行的系统配置文件，如果其他配置文件里的选项设置与这个文件里的选项设置存在矛盾，系统以 config. sup 中的设置为准，它的配置不能被覆盖，这个文件一般用于进行企业强制执行标准的配置。

（2）其他配置文件　其他配置文件有很多，下面介绍几种常用的配置文件：

1）Gb. dtl：工程图主配置文件。

2）Format. dtl：工程图格式文件的配置文件。

3）Table. pnt：打印配置文件。

4）A4. pcf：打印机类型配置文件。

5）Tree. cfg：模型树配置文件。

需要注意的是：其他配置文件命名、扩展名是必需的。文件名有些可以自定义，一般来讲按照系统默认的命名就可以了。

2. 配置文件的更改

（1）系统配置文件的更改　方法：直接通过软件提供的【Creo Parametric 选项】对话框进行修改。

单击【文件】下拉菜单中的【选项】按钮，弹出【Creo Parametric 选项】对话框，单击左侧【配置编辑器】，弹出【Creo Parametric 选项】对话框。在该对话框中可以完成工程图模板、零件图模板、装配图模板的指定以及长度单位、质量单位的指定设置。

在【Creo Parametric 选项】对话框中，选择【drawing_ setup_ file】选项对其值进行更改。单击【值】下的下拉列表框右侧的下拉按钮，如图 1-16 所示，在弹出的下拉列表中选择【Browse】（中文环境下为【浏览】），此时弹出【选择文件】对话框。选择“standard_ mm. dtl”文件打开即可。如图 1-17 所示。

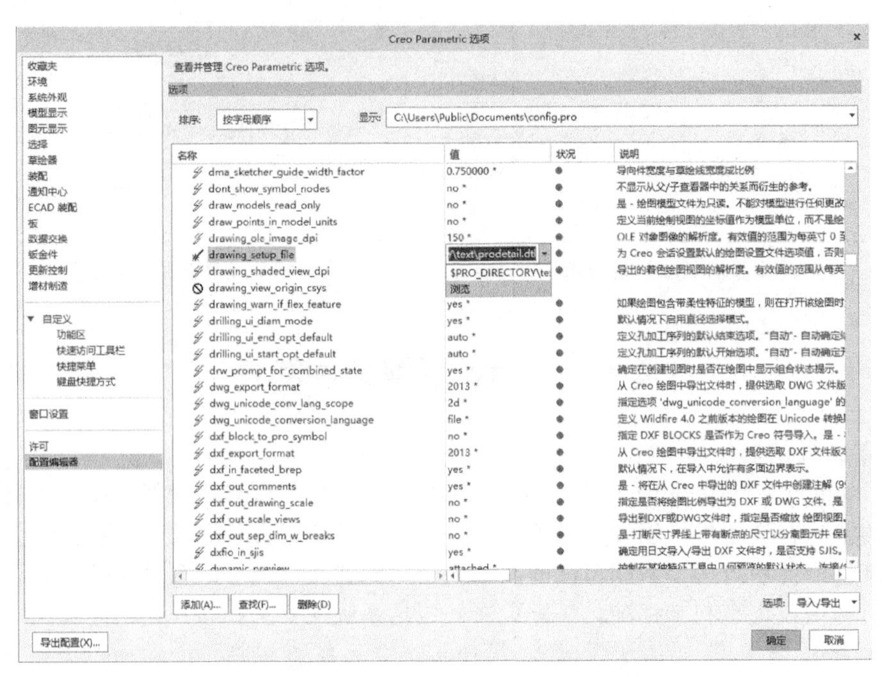

图 1-16 【Creo Parametric 选项】对话框

然后单击【Creo Parametric 选项】对话框中的【确定】按钮，弹出【Creo Parametric 选项】提示框，如图 1-18 所示。如果单击【是（Y）】按钮，则弹出【另存为】对话框，系统默认在启动目录中生成新的系统配置文件 config. pro，单击对话框中的【确定】按钮，则系统配置文件保存绘图设置选项的更改，以“standard_ mm. dtl”文件定义的工程图格式作为当前环境的格式；如果单击【否（N）】按钮，则此设置只对本次操作生效。

（2）其他配置文件的更改　除系统配置文件以外的其他配置文件的更改都要在 config. pro 中指定才能生效。

中国国家标准中对工程图做出了很多规定，例如，尺寸文本的方位与字高、尺寸箭头的大小等都有明确的规定。下面以更改工程图中箭头样式为例，说明如何对其他配置文件进行更改。

方法：直接通过软件提供的【Creo Parametric 选项】修改。

打开 Creo 4.0 软件，单击【主页】选项卡中的【新建】按钮，弹出【新建】对话框，选中【类型】选项组中的【绘图】单选按钮，弹出【新建绘图】对话框，如图 1-19 所示。选中【指定模板】选项组中的【空】单选按钮，单击【确定（O）】按钮。进入工程图创建界面。

选择【文件】|【准备(R)】|【模型属性（I）】命令，如图 1-20 所示，弹出【绘图属性】窗口，如图 1-21 所示。单击【详细信息选项】右侧的【更改】按钮，弹出【选项】对话框，如图 1-22 所示。在【选项】下的文本框中输入“arrow_ style”，单击【值】下拉列表框

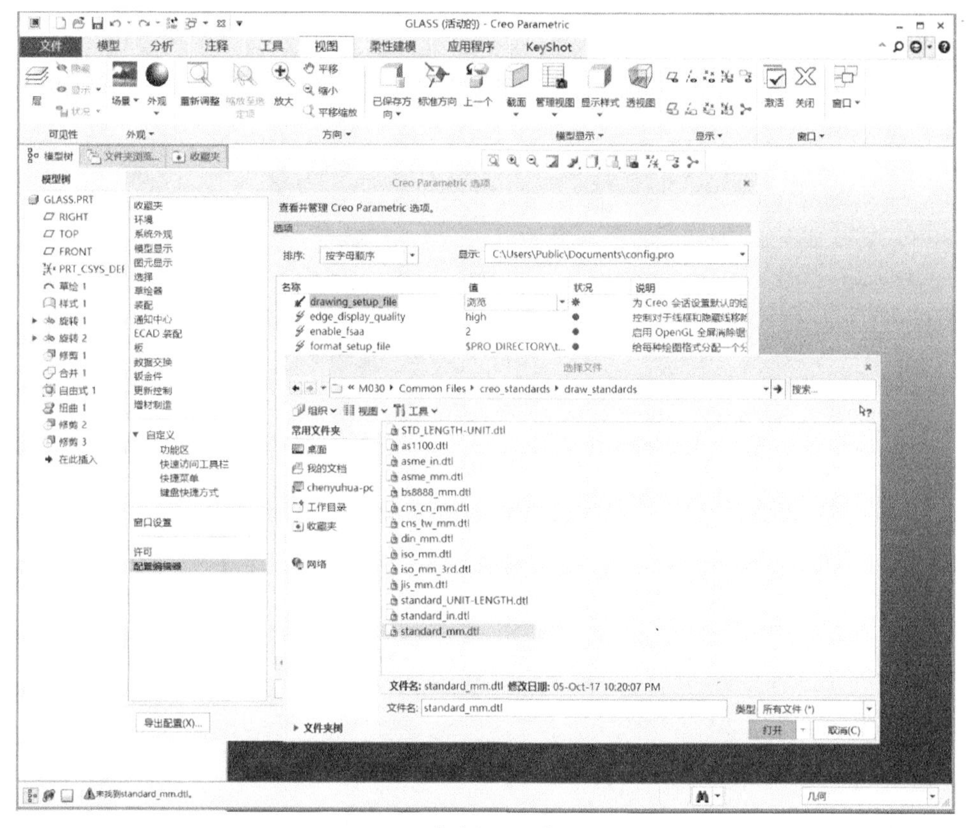

图 1-17 【选择文件】对话框

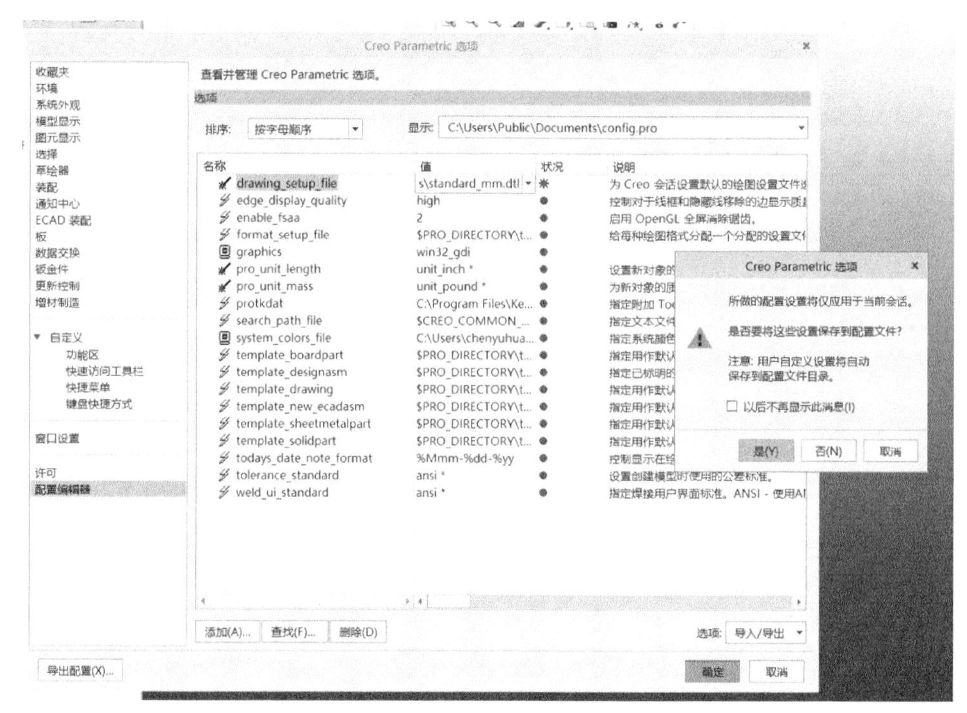

图 1-18 【Creo Parametric 选项】提示框

右侧的下拉按钮，选取“filled”。单击【添加/更改】按钮，单击【确定】按钮，完成工程图配置文件的更改。

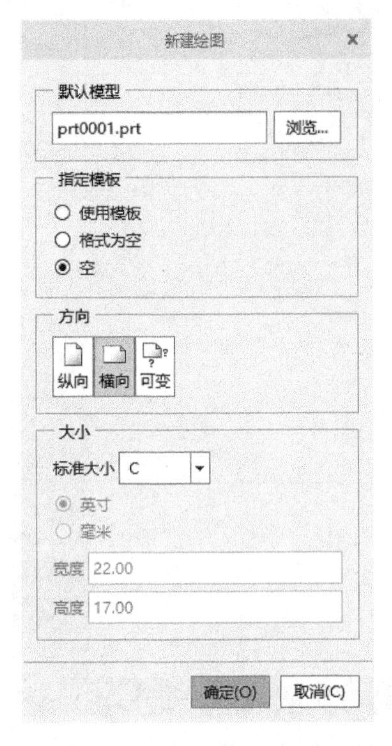

图 1-19 【新建绘图】对话框

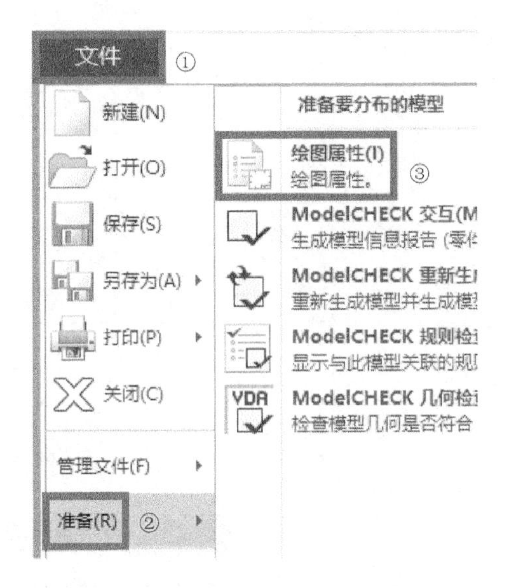

图 1-20 【准备要分布的模型】下拉菜单

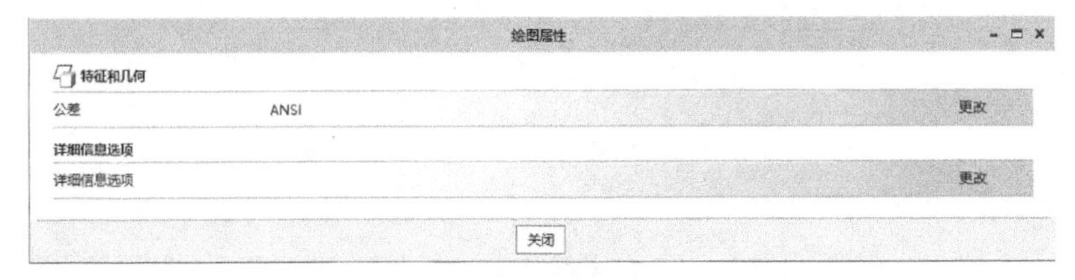

图 1-21 【绘图属性】窗口

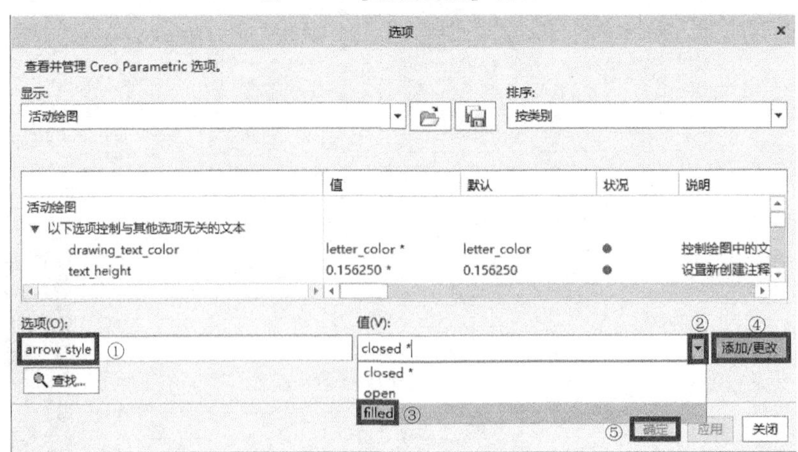

图 1-22 【选项】对话框

第2章

Creo 4.0 的产品设计过程

2.1 设置工作目录

使用 Creo 4.0 软件进行模型设计时，由于 Creo 的全相关性，如果对文件管理不当，就会造成系统找不到正确相关文件的情况，使文件的保存、删除发生混乱，所以必须设置工作目录。工作目录的设置有以下两种方式：单击功能区中的【文件】|【管理会话】|【选择工作目录】命令，或者单击【主页】选项卡下【数据】面板中的【选择工作目录】工具按钮，弹出【选择工作目录】对话框，如图 2-1 所示。在此对话框中选择工作目录的路径，单击【确定】按钮完成设置。

图 2-1 【选择工作目录】对话框

2.2 自下而上的产品设计方法

任何复杂的产品都是由多个零部件组装而成的，而每个零件（模型或三维实体）又是由数量众多的特征以搭积木的方式组织起来的。特征是指组成图形的一组具有特定含义的图元，是设计者在一个设计阶段完成的全部图元的总和。

特征可分为基础特征、基准特征、工程特征等。基础特征创建工具有：拉伸、旋转、扫描、混合、扫描混合、螺旋扫描、边界混合、造型和折弯等。工程特征是在基础特征基础上的一些为美观或加工方便而设置的特征。工程特征创建工具有孔、倒角、倒圆、筋和拔模等，编辑特征工具有复制、阵列、镜像等。任何一个特征在模型中都有一定的方位，都放置或参照一定的基准特征。

模型创建思路：首先创建基础特征，然后添加工程特征，在创建基础特征过程中穿插创建基准特征。为了创建的快捷，常采用编辑特征工具编辑特征，如复制、阵列等。

在 Creo 4.0 软件中，可先在零件模式下创建出各个零件，然后在组件模块中将它们装配成一个整体。这就是自下而上（DOWN-TOP）设计方法。

图 2-2 所示是一个最简单的产品，它由三个零件组成，每个零件又由多个特征组成。零件 gunlun 如图 2-3 所示，由四个基础特征、一个基准特征、两个工程特征组成。

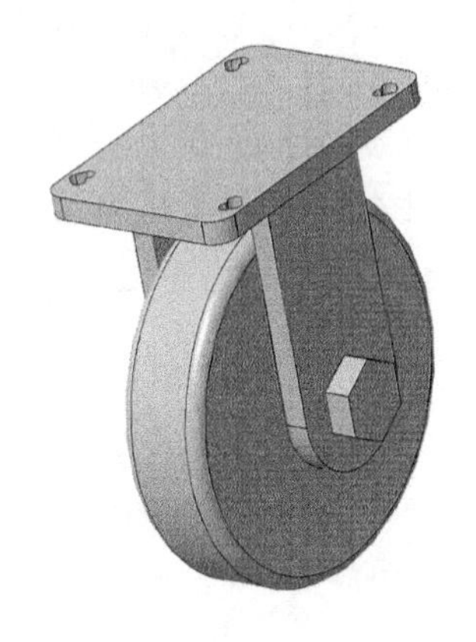

图 2-2 特征组合

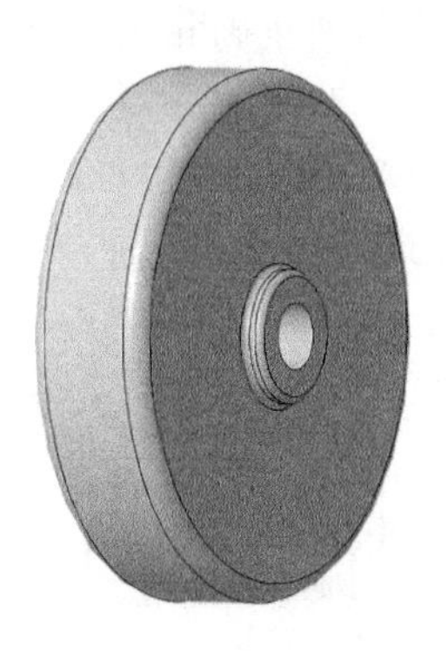

图 2-3 零件 gunlun

【模型树】如图 2-4 所示。下面以创建零件 gunlun 为例，说明其创建过程。

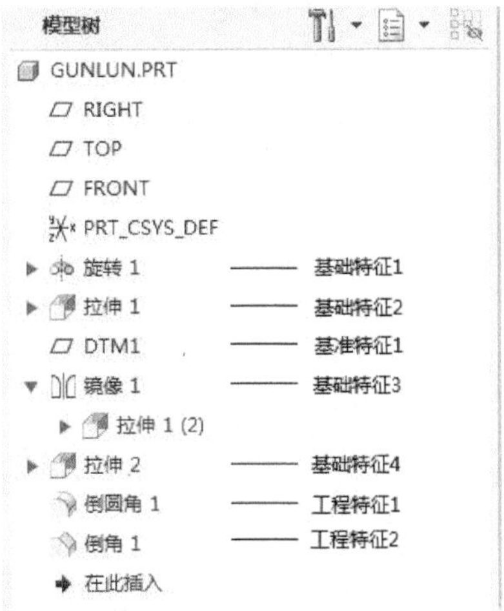

图 2-4 模型树

2.2.1 零件的创建

1. 设置工作目录

打开 Creo 4.0，单击【主页】选项卡下的【选择工作目录】按钮，存储路径选择合适的文件夹，单击【确定】按钮。

2. 创建零件文件

单击【新建】按钮，弹出如图 2-5 所示的【新建】对话框，【类型】下选择 零件，输入【名称】为“gunlun”，取消选择【使用默认模版】。单击【确定】按钮，随后弹出如图 2-6 所示的【新文件选项】对话框，然后选择“mmns_ part_ solid”，单击【确定】按钮。

3. 创建基础特征 1

1）单击功能区【形状】面板中的工具按钮 旋转，在界面顶部出现【旋转】特征面板。

2）在【旋转】特征面板中单击【创建实体】按钮，以生成实体。

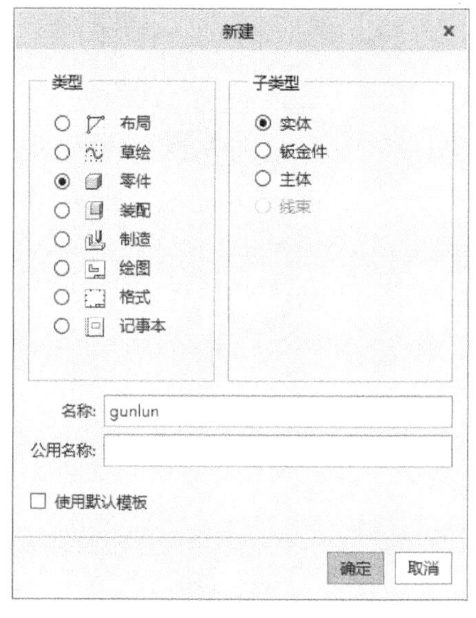
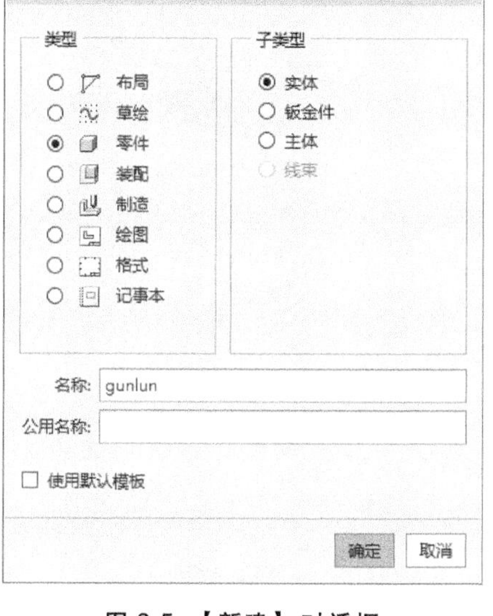

图 2-5 【新建】对话框

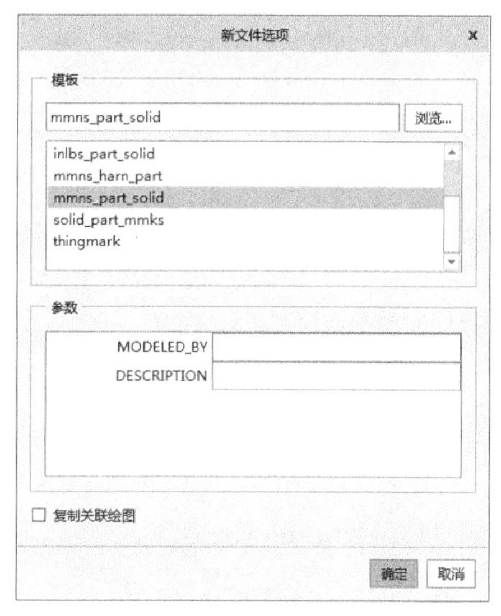

图 2-6 【新文件选项】对话框

3）单击【放置】按钮，弹出下滑面板，单击其中的【定义】按钮，弹出【草绘】对话框。指定基准平面 TOP 为草绘平面，参考为 FRONT 基准面，方向为“左”。其他选项使用系统默认值。

4）单击【草绘】对话框中的【草绘】按钮，进入草绘模式。

5）单击功能区【基准】面板中的工具按钮 中心线，绘制旋转中心线与竖直参考线重合，该中心线为几何中心线。

6）单击功能区【草绘】面板中的工具按钮 矩形，绘制草图如图 2-7 所示，为长“40”、宽“20”的矩形。

7）单击功能区【关闭】面板中的【确认】按钮，完成草图的绘制。

8）在【旋转】特征面板中输入旋转角度“360”。

9）单击【旋转】特征面板中的【确认】按钮，完成旋转操作，得到如图 2-8 所示的实体圆柱。

4. 创建基础特征 2

1）单击功能区【形状】面板中的【拉伸】工具按钮，在界面顶部出现【拉伸】特征面板。

2）在【拉伸】特征面板中单击【创建实体】按钮，以生成实体。

3）单击【放置】按钮，弹出下滑面板，单击其中的【定义】按钮，弹出【草绘】对话框。指定实体圆柱一侧端面为草绘平面，其他选项使用系统默认值，单击【草绘】对话框中的【草绘】按钮，进入草绘模式。

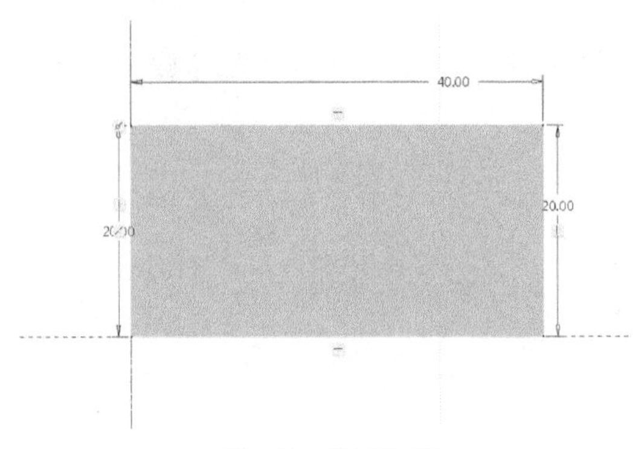

图 2-7 绘制草图

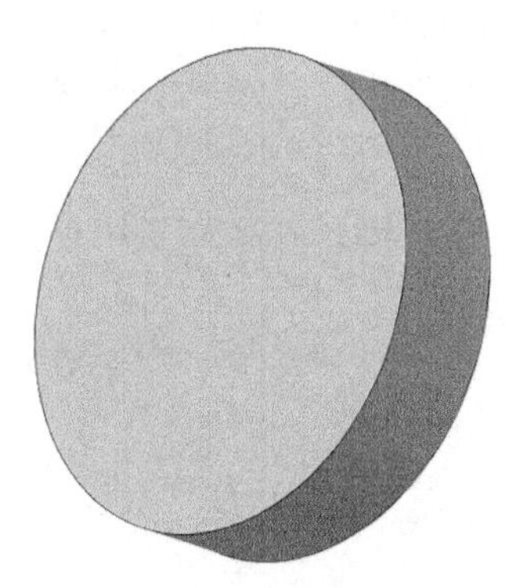

图 2-8 实体圆柱

4）单击功能区【草绘】面板中的工具按钮 圆，在中心绘制直径为“20”的圆，绘制草图如图 2-9 所示。

5）单击功能区【关闭】面板中的【确认】按钮，完成草图的绘制。

6）在【拉伸】特征面板中输入拉伸高度“3”。

7）单击【拉伸】特征面板中的【确认】按钮，完成拉伸操作，得到如图 2-10 所示的凸台。

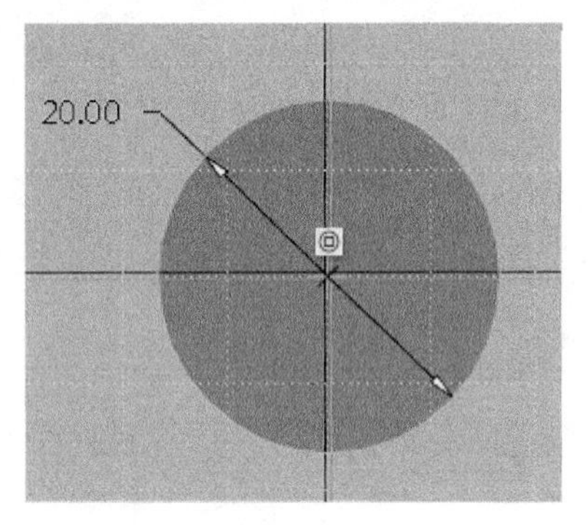

图 2-9 草图

图 2-10 创建凸台

5. 创建基准特征 1

单击功能区【基准】面板中的【平面】工具按钮，弹出【基准平面】对话框，选择基准面 RIGHT 作为参考，输入偏移距离“-10”，单击【确定】按钮，完成基准平面 DTM1 的创建，如图 2-11 所示。

6. 创建基础特征 3

1）在【模型树】中选择刚创建的凸台特征，单击【编辑】面板中的工具按钮 镜像，在界面顶部弹出【镜像】特征面板。

2）选取【镜像平面】为 DTM1，单击【确认】按钮，完成镜像特征的操作，结果如图 2-12 所示。

7. 创建基础特征 4

1）单击功能区【形状】面板中的【拉伸】工具按钮，在界面顶部出现【拉伸】特征面板。

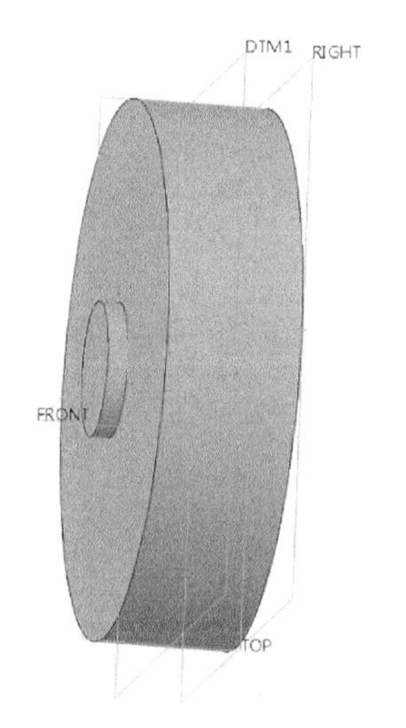

图 2-11　基准平面 DTM1

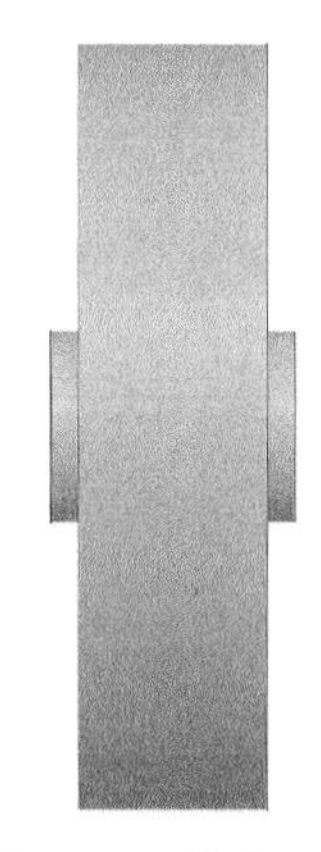

图 2-12　镜像凸台

2）在【拉伸】特征面板中单击【创建实体】按钮，同时单击【移除材料】按钮，以实现在现有实体上去除绘制实体部分。

3）单击【放置】按钮，弹出下滑面板，单击其中的【定义】按钮，弹出【草绘】对话框。指定实体一侧凸台端面为草绘平面，其他选项使用系统默认值，单击【草绘】对话框中的【草绘】按钮，进入草绘模式。

4）单击【草绘】面板中的工具按钮 圆，在中心绘制直径为“10”的圆，绘制草图如图 2-13 所示。

5）单击功能区【关闭】面板中的【确认】按钮，完成草图的绘制。

6）在【拉伸】特征面板中输入拉伸高度“26”。

7）单击【拉伸】特征面板中的【确认】按钮，完成拉伸操作，得到如图 2-14 所示的通孔。

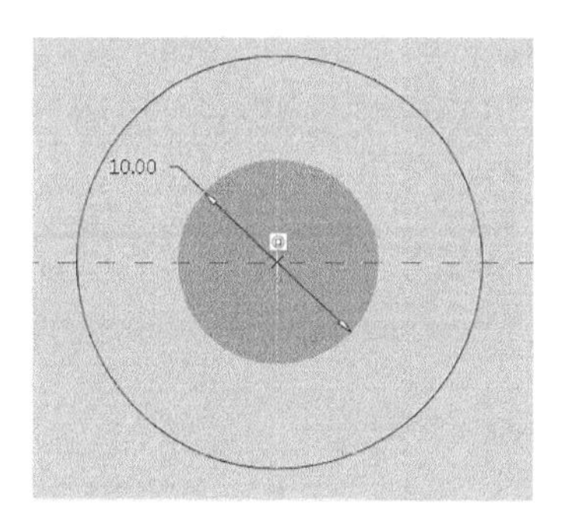

图 2-13　草图

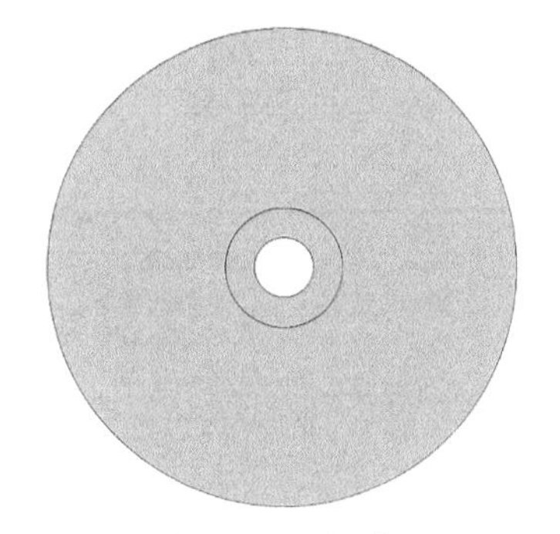

图 2-14　通孔

8. 创建工程特征 1

1）单击功能区【工程】面板中的工具按钮 倒圆角，在绘图界面顶部出现【倒圆角】特征面板。

2）输入倒圆尺寸“3”，选择大圆柱体两端面轮廓处棱边，单击【确认】按钮，生成如图 2-15 所示的倒圆特征。

9. 创建工程特征 2

1）单击功能区【工程】面板中的工具按钮 倒角，在绘图窗口顶部出现【边倒角】特征面板。

2）输入倒角尺寸“1”，选择滚轮左右凸台端面轮廓处棱边，单击【确认】按钮，生成如图 2-16 所示的倒角特征。

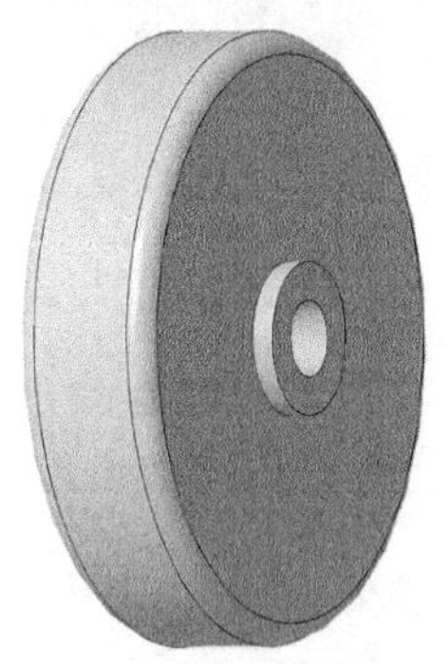

图 2-15 倒圆特征

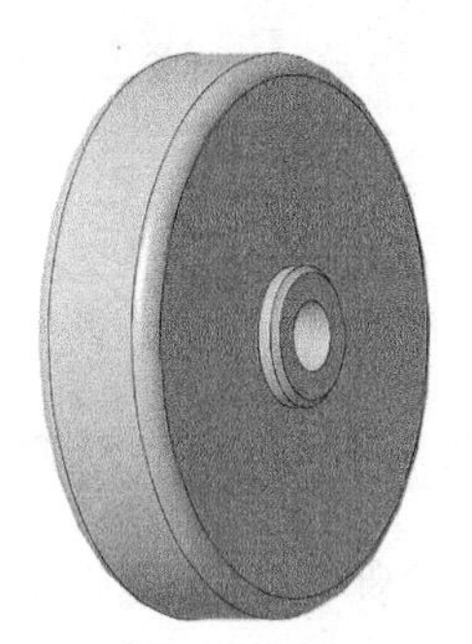

图 2-16 倒角特征

2.2.2 装配的创建

1. 创建装配文件

在功能区中选择【文件】|【新建】命令，或者直接单击工具栏中的【新建】按钮，弹出如图 2-17 所示的【新建】对话框。在该对话框中的【类型】选项组中选中 装配，【子类型】选项组中选中【设计】，在【名称】文本框中输入装配件名称“jiaolun”，取消选择【使用默认模板】，单击【确定】按钮，随后弹出如图 2-18 所示的【新文件选项】对话框。选择“mmns_ asm_ design”，单击【确定】按钮。

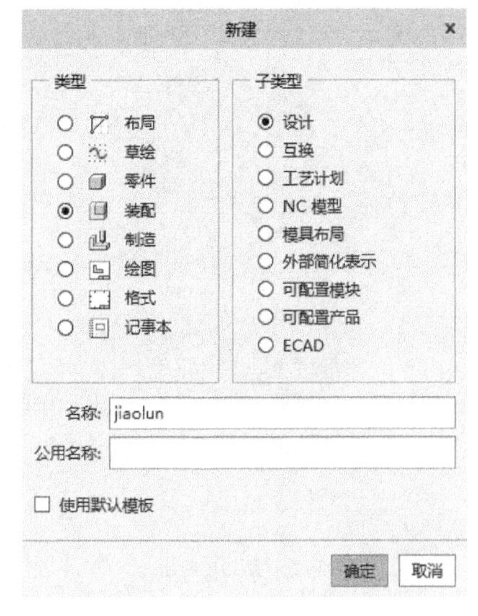

图 2-17 【新建】对话框

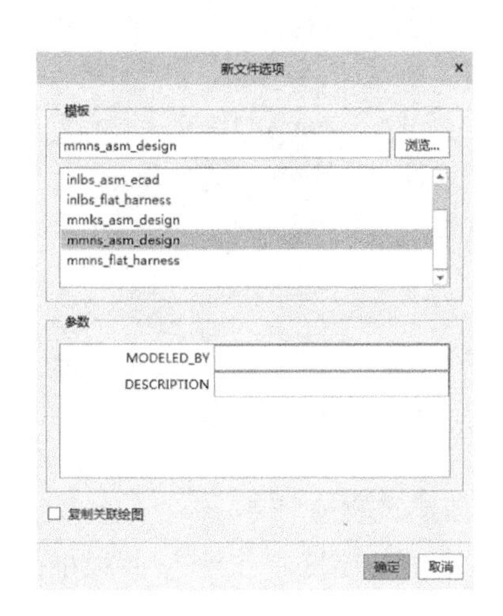

图 2-18 【新文件选项】对话框

2. 调入组装好的脚架

单击功能区【元件】面板中的【组装】工具按钮，然后在弹出的【打开】对话框中选择文件“jiaojia. asm”，确认后，系统会将文件“jiaojia. asm”载入装配界面。单击图形区中的原点坐标系，再单击组件脚架的坐标系，放置方式自动变为 重合 ，然后单击【确认】按钮。

3. 调入零件滚轮

1）单击【组装】按钮，然后在弹出的【打开】对话框中选择文件“gunlun. prt”。确认后系统将滚轮载入装配界面，装配体组件如图 2-19 所示。

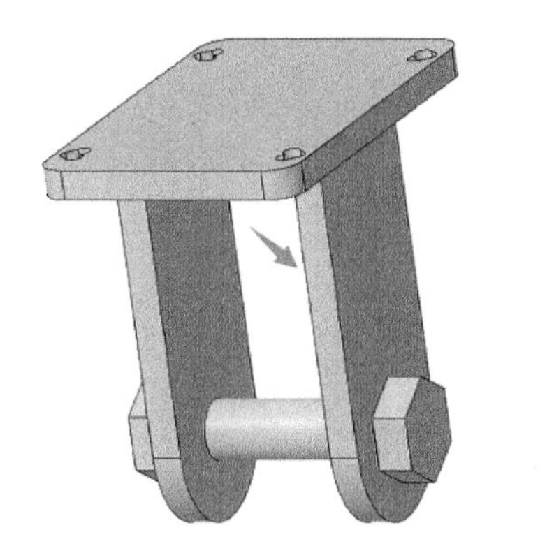

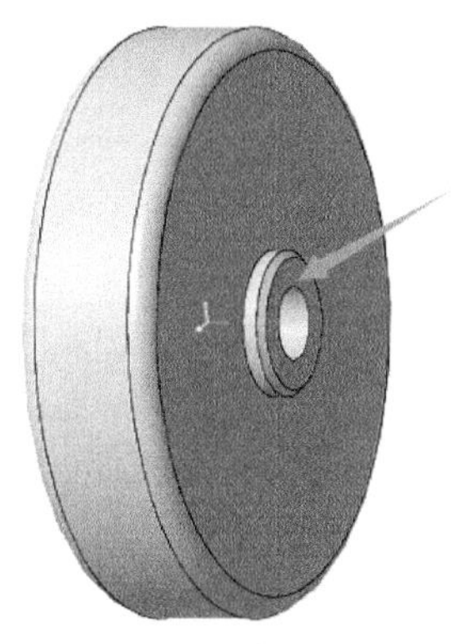

图 2-19　装配体组件

2）创建约束组装零件。

① 单击【放置】按钮打开【放置】下滑面板，在【约束类型】下拉列表中选择【重合】选项 重合 。首先单击选择滚轮通孔表面，再单击选择螺钉圆柱面，随后系统会自动生成【重合】约束，如图 2-20 所示。

② 单击【新建约束】按钮，在【约束类型】下拉列表中选择【距离】选项 距离。首先单击选择图 2-19 中箭头所指滚轮一侧凸台端面，再单击选择图中箭头所指脚架内侧平面，输入【偏移】量为“-0. 5”，单击【放置】下滑面板中【确认】按钮，随后系统会自动生成【重合】约束，生成装配体如图 2-21 所示。

图 2-20　选取约束面

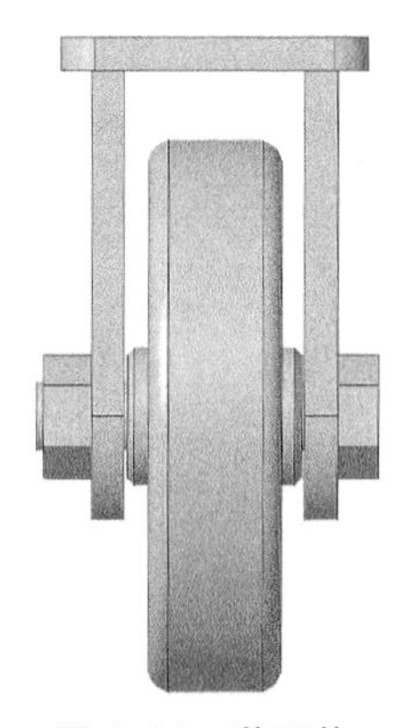

图 2-21　装配体

2.2.3 工程图的生成

1. 创建工程图文件

1）单击【新建】按钮，在弹出的【新建】对话框中选择【类型】下的 绘图，取消选择【使用默认模板】复选框，在【名称】中输入“gunlun”，单击【确定】按钮，如图2-22所示。

2）系统弹出的【新建绘图】对话框如图2-23所示。单击【默认模型】选项组中的【浏览】按钮，从【打开】对话框中选取“gunlun. prt”（如果已经打开该零件图并在其界面上新建绘图，则系统自动将其设为默认模型）；在【大小】选项组中【标准大小】下拉列表中选取【A4】，其余选项默认，单击【确定（O）】按钮，进入绘图环境。

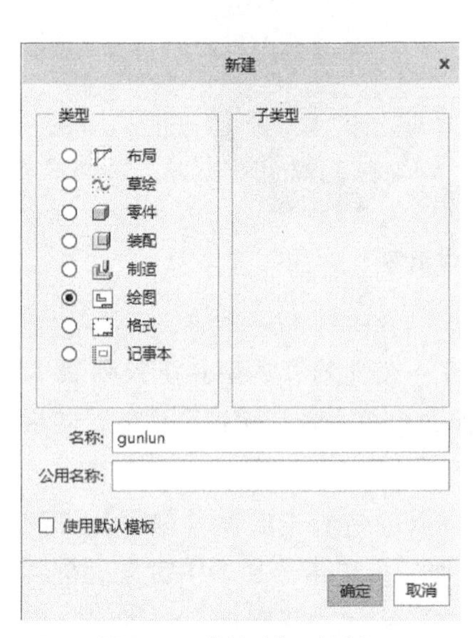

图 2-22 【新建】对话框

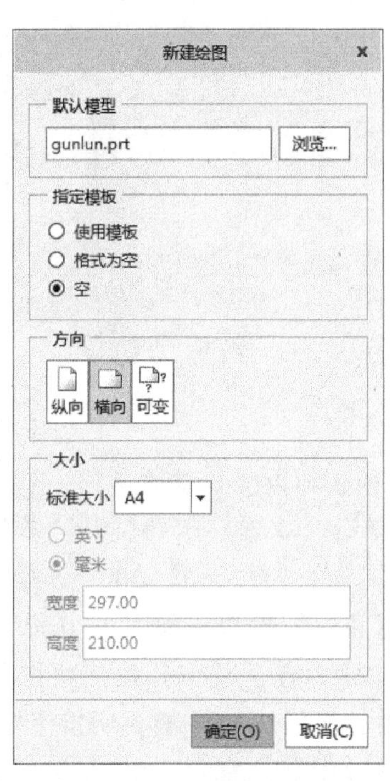

图 2-23 【新建绘图】对话框

2. 创建主视图

1）在【模型视图】命令群组中单击【普通视图】工具按钮，系统弹出如图2-24所示的【选择组合状态】对话框。接受默认设置，单击【确定（O）】按钮。

2）系统在界面左下方信息区提示：选择绘图视图的中心点，在图形区选择一点单击，此时图形区出现预览模型和【绘图视图】对话框。在【绘图视图】对话框中设置【视图名称】为【主视图】；在【视图方向】选项组中的【模型视图名】列表框中选择【RIGHT】，设置结果如图2-25所示。单击【确定】按钮，创建的视图如图2-26所示。

3）在【绘图视图】对话框左侧【类别】列表框中单击【比例】，选择【自定义比例】，在对应文本框中输入数值“1”，单击【应用】按钮，如图2-27所示。

4）在【类别】列表框中单击【视图显示】，设置【显示样式】为 隐藏线，【相切边显示样式】为无，如图 2-28 所示。其余为系统默认，单击【确定】按钮，创建的视图如图 2-29 所示。

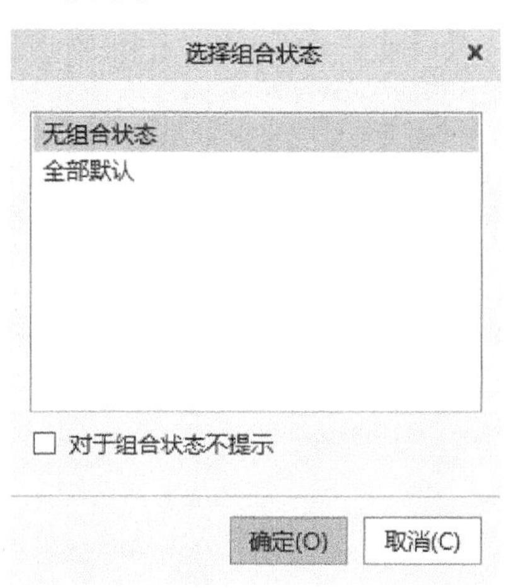

图 2-24 【选择组合状态】对话框

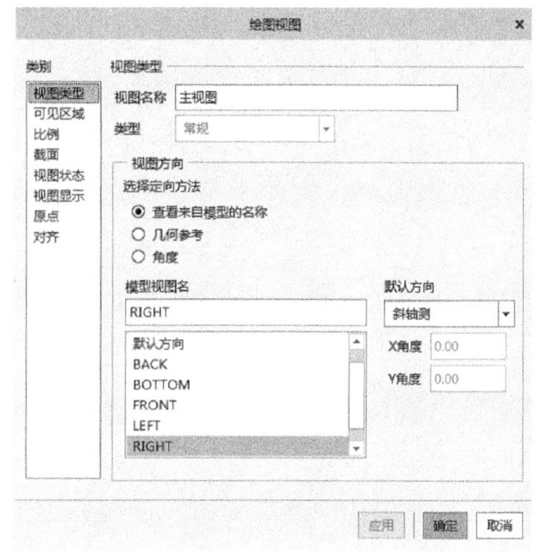

图 2-25 设置视图名称和方向

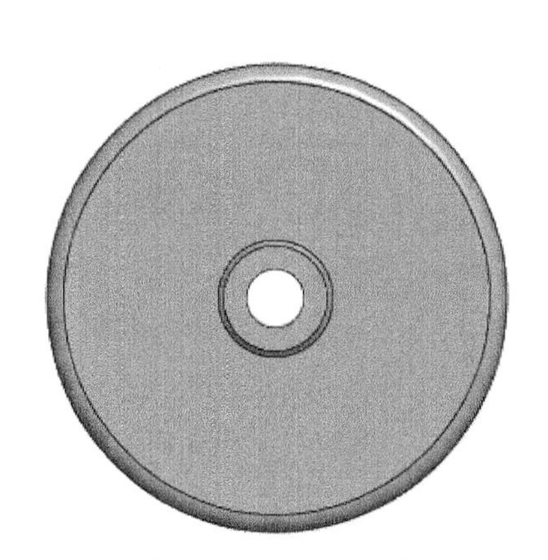

图 2-26 创建的视图

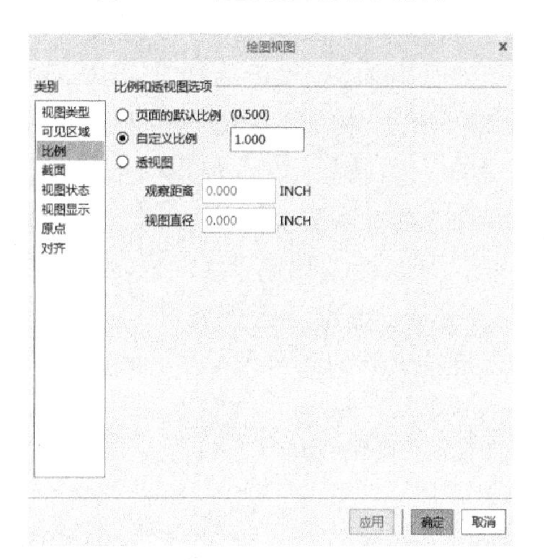

图 2-27 比例设置

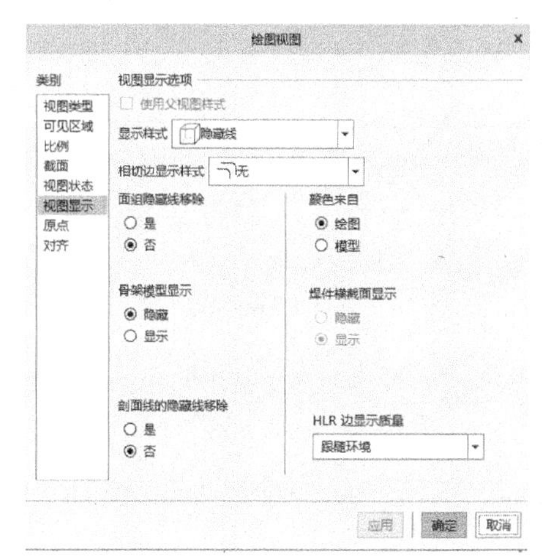

图 2-28 视图显示设置

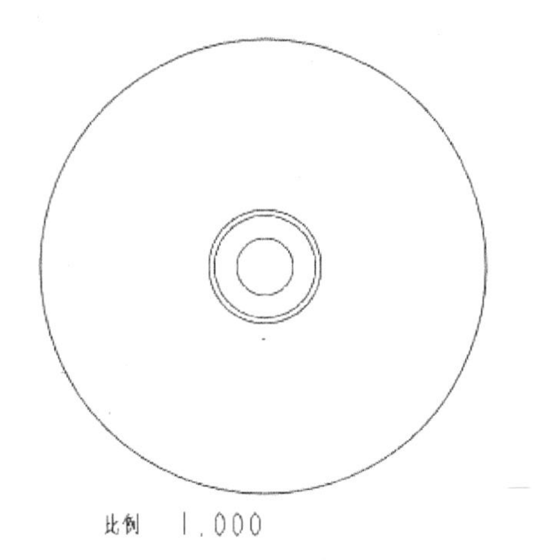

图 2-29 创建的视图

3. 插入投影视图

单击【布局】控制面板中的工具按钮 投影视图，将鼠标光标移动到主视图下方合适的位置单击创建俯视图。双击俯视图，在【绘图视图】对话框中左侧【类别】列表框中单击【视图显示】，设置【显示样式】为【隐藏线】，【相切边显示样式】为【无】，单击【确定】按钮，创建俯视图如图 2-30 所示。

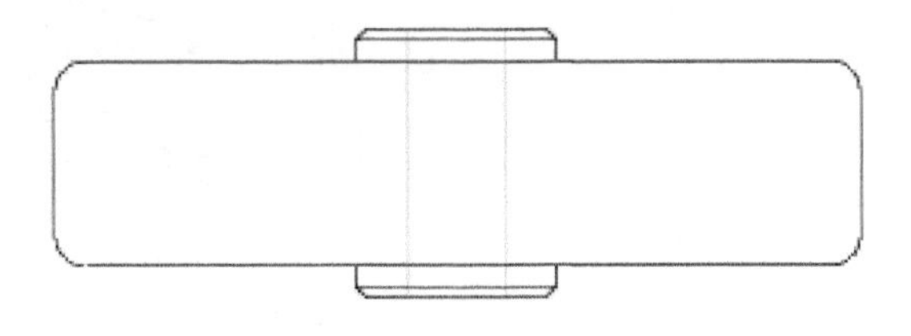

图 2-30 创建俯视图

4. 创建截面

双击俯视图，弹出【绘图视图】对话框，在左侧【类别】列表框中选取【截面】，单击选择【2D 横截面】，再单击按钮，弹出如图 2-31 所示【菜单管理器】对话框。选项保持默认，单击此对话框中的【完成】，然后弹出【输入横截面名称】对话框，如图 2-32所示。在对话框中输入“A”，单击按钮，系统弹出【菜单管理器】对话框，如图 2-33 所示。单击视图窗口左侧【模型树】中的 TOP，单击【绘图视图】对话框中的【确定】按钮，截面创建完毕，生成如图 2-34a 所示的俯视图。

删除标注中汉字“截面”，将剩余标注“A—A”移至视图正上方，如图 2-34b 所示。

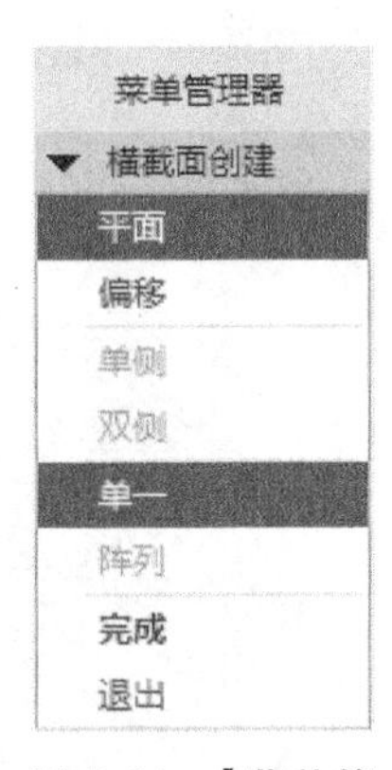

图 2-31 【菜单管理器】对话框

图 2-32 【输入横截面名称】对话框

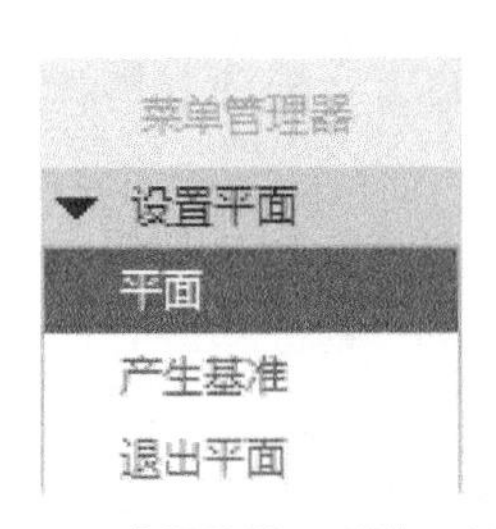

图 2-33 【菜单管理器】对话框

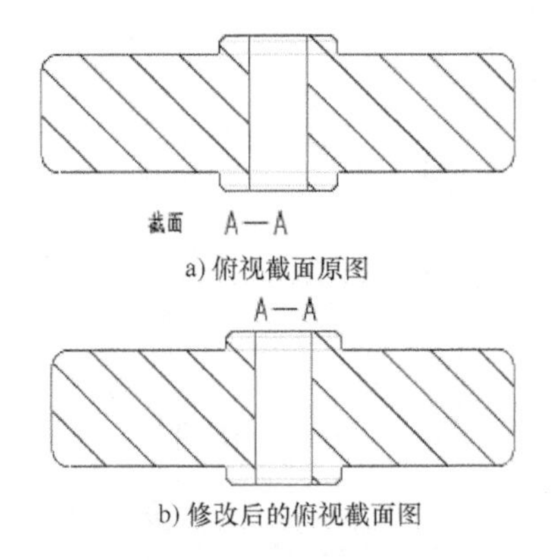

图 2-34 俯视图全剖

5. 显示基准轴

1）选择【注释】控制面板，单击【显示模型注释】按钮，系统弹出【显示模型注释】对话框，如图 2-35 所示。

2）打开【显示模型注释】对话框中选项卡，单击主视图，再单击【显示模型注释】对话框中的全选按钮，单击【确定】按钮。以同样的方式创建另一个视图的基准轴，删除标注“比例 1.000”，其效果图如图 2-36 所示。

图 2-35　【显示模型注释】对话框

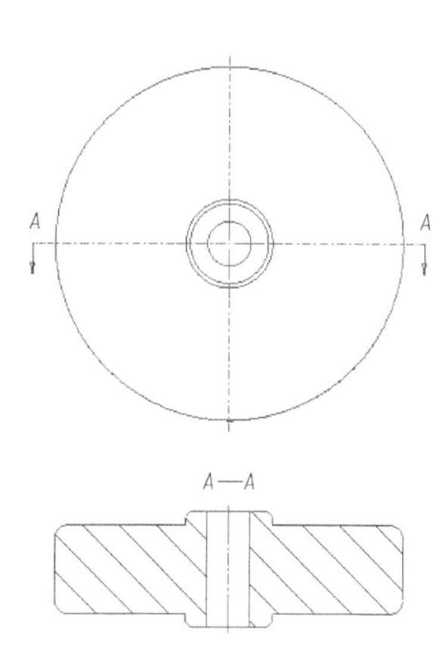

图 2-36　两视图基准轴显示

6. 尺寸标注

1）选择【注释】控制面板，单击【显示模型注释】按钮，系统弹出【显示模型注释】对话框。

2）打开【显示模型注释】中选项卡，单击主视图与最外方形线框之间的空白区域，主视图中会用红色显示出所有相关尺寸，在【显示模型注释】对话框中进行全选或部分选择，单击【应用】按钮；然后再单击俯视图与最外方形线框之间的空白区域，根据需要在【显示模型注释】对话框中选取所需尺寸，视图显示部分尺寸如图 2-37 所示。

3）单击界面顶部保存按钮，将工程图保存。

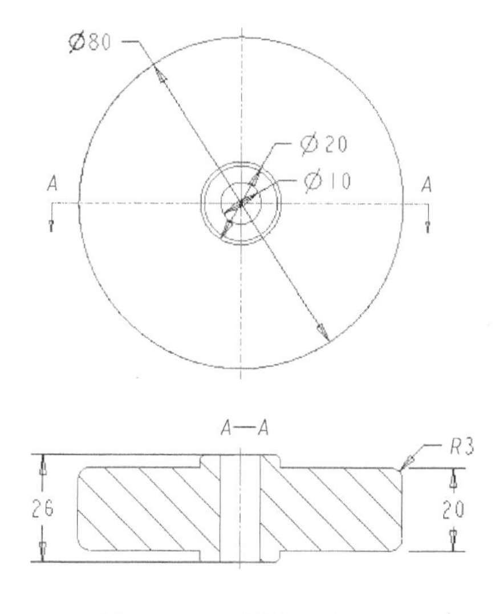

图 2-37　两视图尺寸显示

2.3 设计的修改

以“gunlun. prt”为例介绍设计修改。

1. 修改零件尺寸，观察工程图与三维装配图的变化

1）打开“gunlun. prt”文件。如图 2-38 所示在快捷工具栏中单击【显示样式】按钮，再单击其下拉菜单中的【消隐】按钮 消隐，显示结果如图 2-39 所示。

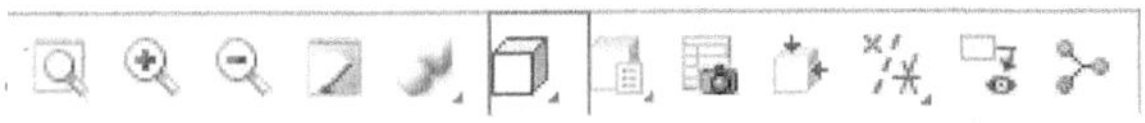

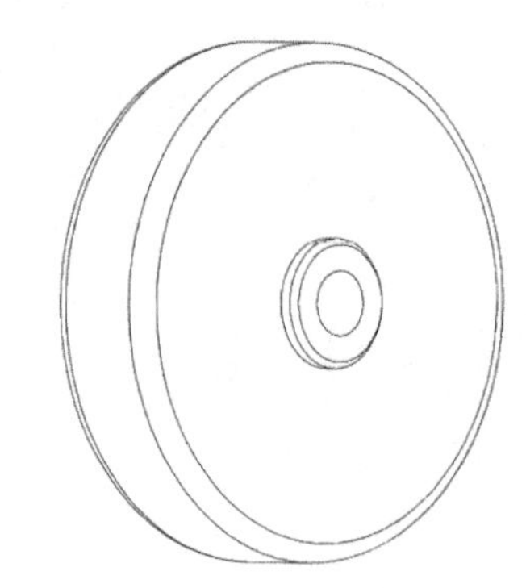

图 2-38 快捷工具栏

图 2-39 消隐模型

2）同理，修改零件的其他尺寸，其工程图也会做出相应的改变。

2. 修改工程图尺寸，观察零件模型和装配模型的变化

1）双击工程图中滚轮半径尺寸“40”，在顶部弹出新的【尺寸】特征面板，如图 2-40 所示，在列表【值】设置栏中将半径修改为“30”，在界面空白处单击弹出【尺寸】菜单。

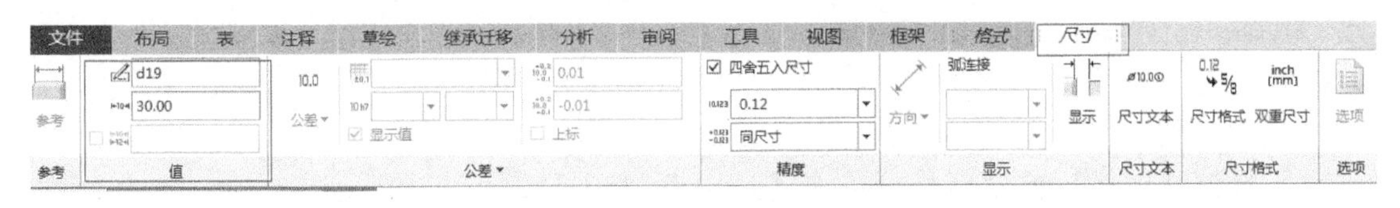

图 2-40 【尺寸】特征面板

2）单击保存按钮，将工程图保存。

3）打开“gunlun. prt”文件，双击模型，查看其尺寸变化。

4）单击保存按钮，将工程图保存。

从以上操作可以看出，零件三维模型造型、零件的工程图、装配图中的零件可共享一个公共的数据库。所以设计者只要修改三者中的任何一个模型，数据库中的内容都会发生改变。多用户设计时，每个用户都可获得最新的设计数据，修改方便。而且三者中的任何修改都会立即在其他两个上得到反映。

本章介绍了自下而上的产品设计过程，后续会详细讲解零件生成。经过系统学习后会发现，同一个零件生成可以有多种方式实现，针对不同情况使用合适的方法会大大缩减工作量，提高效率。

第3章

二维草绘

3.1 草绘简介与草绘基本过程

草绘是 Creo 4.0 中进行二维平面图形绘制的模块。对于三维造型来讲，有很多地方是需要进行平面图形的绘制的。

1. 进入草绘模式

二维草绘是在草绘模式下进行的，进入草绘模式有两种途径；

1）由草绘模块进入草绘模式。单击工具栏中的【新建】按钮或执行【文件】|【新建】命令，弹出如图 3-1 所示的【新建】对话框。在【类型】选项组中选中【草绘】单选按钮，在【名称】文本框输入文件名称，然后单击【确定】按钮，进入草绘环境。该模式下所创建的二维草图文件扩展名为“.sec”，可以在创建三维零件时调用。

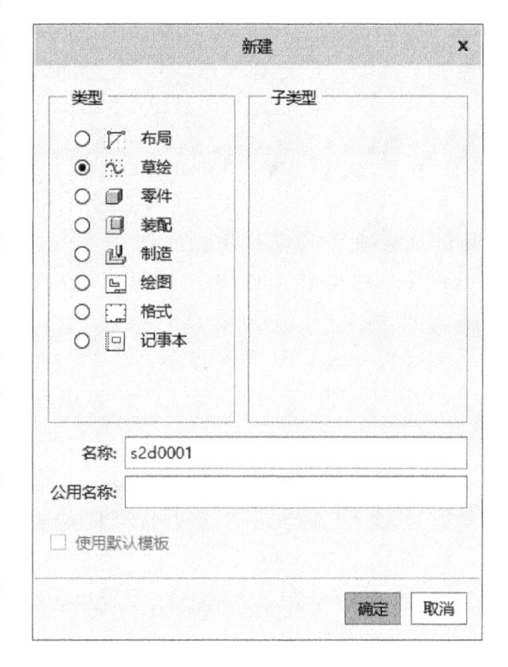

图 3-1 【新建】对话框

2）由零件模块进入草绘模式。将在后面章节介绍。

2. 二维草绘模式下的基本术语

Creo 软件草绘过程中常常会使用到一些较为专业的术语，了解这些术语对掌握草绘十分有利。常用术语如下：

（1）图元　指二维草图中组成截面几何的元素，如直线、中心线、圆弧、圆、样条曲线、点以及坐标系等。

（2）参照图元　指创建特征截面或标注时所参照的图元。

（3）约束　定义某个单一图元几何位置或多个图元的位置关系。

3. 设置草绘环境

在 Creo 系统中创建二维草图时，用户可以根据个人需要设置草绘环境。

1）单击菜单栏【文件】|【选项】命令，弹出【Creo Parametric 选项】对话框，如图3-2所示。

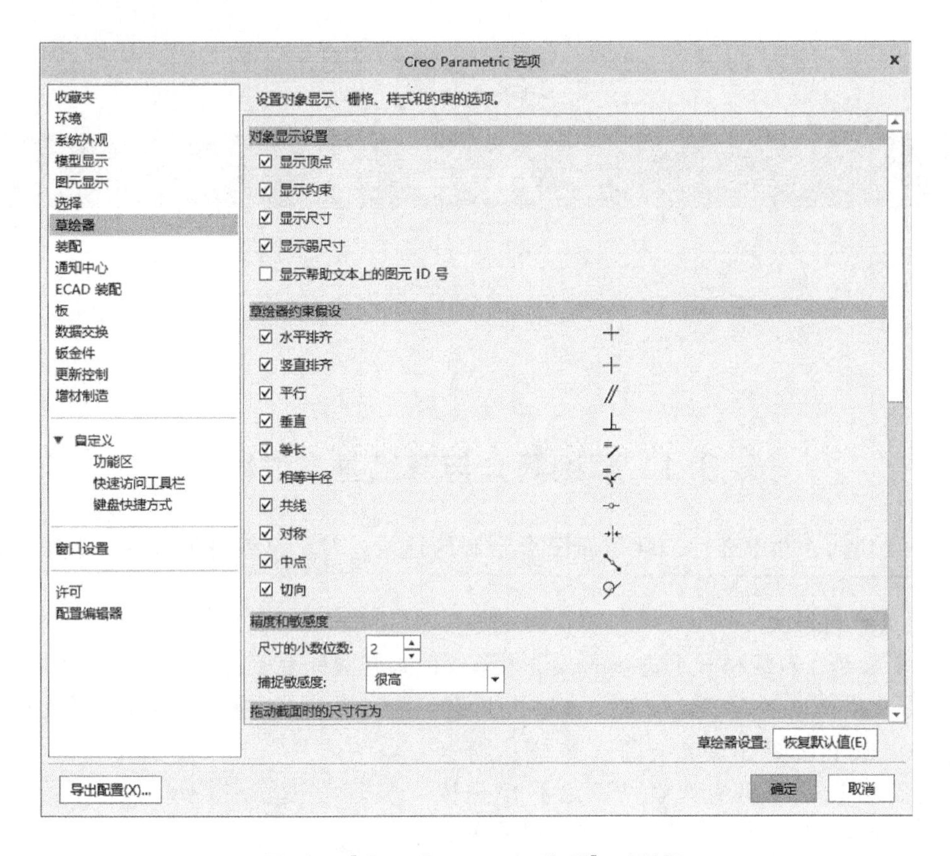

图 3-2 【Creo Parametric 选项】对话框

- 【对象显示设置】：设置在草绘环境中是否显示尺寸、约束符号、顶点等项目，被选中的选项系统会自动显示。
- 【草绘器约束假设】：可以设置在草绘环境中的优先约束选项。系统会根据该选项的选择，自动创建有关约束。
- 【尺寸和求解器精度】：设置尺寸显示的小数点位数或求解器的精度。
- 【草绘器栅格】：可以设置草绘环境栅格状态，包括栅格类型、栅格间距、栅格方向。
- 【草绘器启动】：选中该选项，进入草绘模式时草绘平面自动定位与屏幕平行。

2）设置完成后，单击【确定】按钮生效。

4. 草绘基本过程

1）粗略地绘制几何图元，即勾勒出图形的大概形状。

2）编辑添加约束。

3）标注尺寸绘制图元时，系统自动生成的尺寸为弱尺寸，以较浅的颜色显示；用户所创建的尺寸则以较深的颜色显示，称之为强尺寸（弱尺寸在用户修改成功后也将自动转变为强尺寸）。

4）修改尺寸。

5）重新生成。

6）草图诊断。检查草图中是否存在几何不封闭、几何重叠等问题。

3.2　草绘界面与工具的使用

1. 草绘按钮简介

【草绘】工具栏功能按钮包括操作、基准、草绘、编辑、约束、尺寸、检查七部分。如图 3-3 所示。

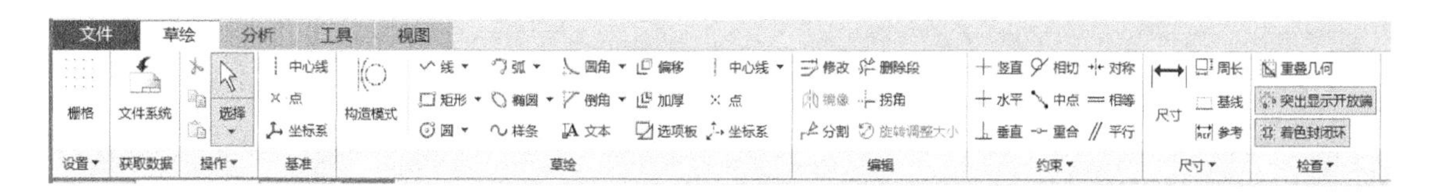

图 3-3　【草绘】工具栏

（1）选择工具按钮　位于【操作】区域，按下　按钮，切换到选取图元模式。单击鼠标左键，可一次选取一个项目或图元，也可以按下<Ctrl>键同时单击鼠标左键选取多个项目或图元。

（2）图元绘制工具按钮　位于【基准】区域和【草绘】区域。具体操作为：

1）单击鼠标左键，选择对应的功能按钮，注意信息提示区提示。

2）根据信息提示在图形区进行相应操作。

3）按下鼠标中键完成图元创建。

（3）创建几何点、构造点

1）几何点：单击工具栏【基准】区域的【创建几何点】按钮 点，然后在绘图区点放置位置单击鼠标左键，即完成了该几何点的创建，用户可连续创建多个点。单击鼠标中键结束当前指令。

2）构造点：单击【创建构造点】按钮 点，操作同上。

几何点是草绘截面的几何图元，会保留在由草绘创建的三维特征上，而构造点是为了方便图元绘制而创建的一种参照图元，不会保留在由草图创建的三维特征上。

（4）绘制直线　使用 线 中下拉按钮，可实现绘制直线的两个工具按钮的切换。

1）多个直线组成的线链：单击 线 按钮，在草绘区依次单击如图 3-4 中所示①~⑤的位置，可创建多个直线组成的线链，然后在空白区域单击鼠标中键结束【线链】命令。

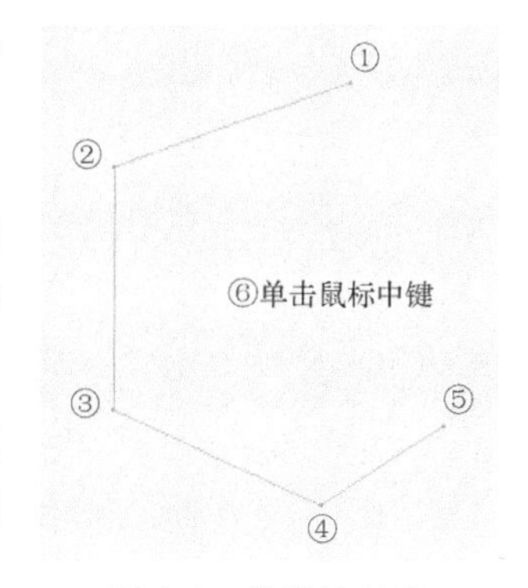

图 3-4　线链的创建

2）公切线：单击 直线相切 按钮。单击选择两个圆或圆弧，单击鼠标中键完成创建。注意：根据选择位置不同，可创建内公切线，也可以创建外公切线。公切线的创建如图 3-5 所示。

3）绘制中心线：单击【中心线】按钮 中心线，鼠标左键单击选择两个点，单击鼠标中键，完成中心线创建。如图3-6 所示。

中心线大多用作辅助线，可用来定义旋转特征的中心轴或

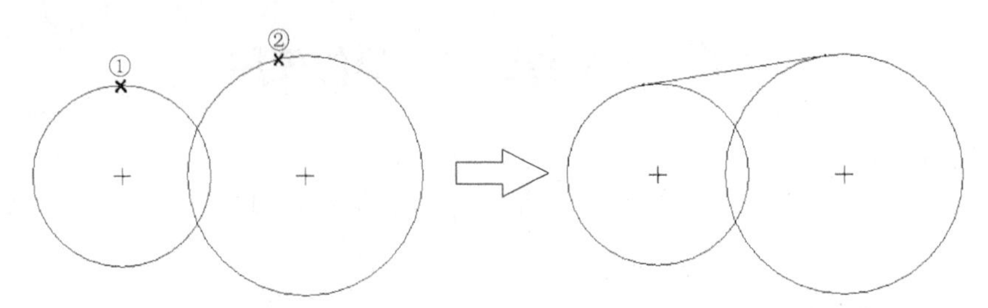

图 3-5　公切线的创建

截面的对称中心线。

（5）绘制矩形　使用 矩形 中的下拉按钮，可实现绘制矩形的四个工具按钮的切换。绘制矩形如图 3-7 所示。

1）拐角矩形：按下 矩形 按钮，在图形区选择位置放置矩形两个对角点，单击鼠标中键完成创建。如图 3-7a 所示。

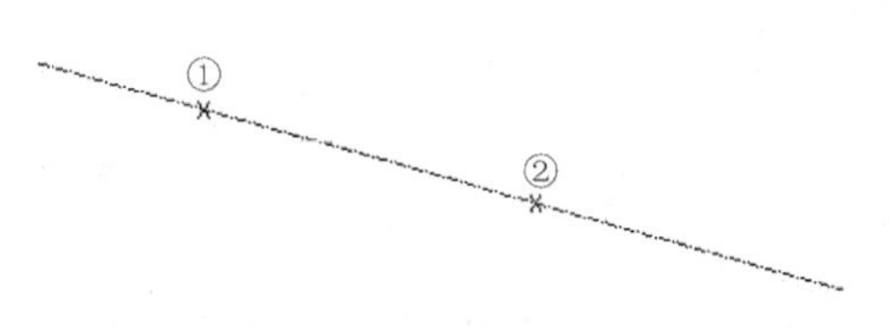

图 3-6　中心线绘制

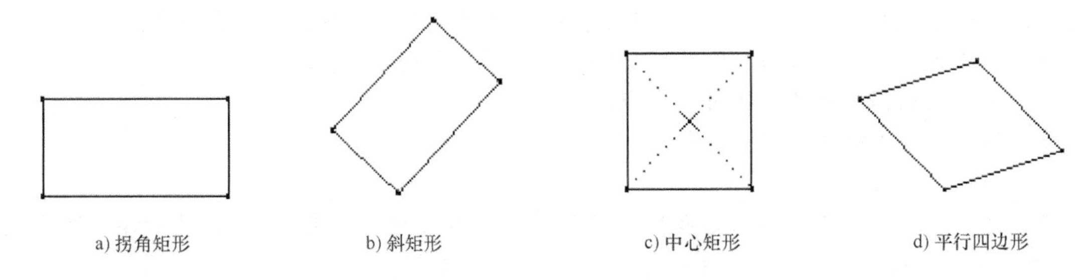

a) 拐角矩形　　b) 斜矩形　　c) 中心矩形　　d) 平行四边形

图 3-7　绘制矩形

2）斜矩形：按下 斜矩形 按钮，在图形区域单击鼠标左键绘制一条直线作为矩形的一条边，然后拖动鼠标至矩形所需大小，单击鼠标左键完成矩形绘制，单击鼠标中键完成创建。如图 3-7b 所示。

3）中心矩形：按下 中心矩形 按钮，单击鼠标左键，确定矩形中心的位置；移动鼠标将矩形拖至所需大小，单击鼠标左键完成矩形绘制。如图 3-7c 所示。

4）平行四边形：按下 平行四边形 按钮，操作参照斜矩形绘制。单击鼠标中键完成创建。如图 3-7d 所示。

（6）绘制圆　使用 圆 中的下拉按钮，可实现绘制圆的四个工具按钮的切换。

1）通过圆心和圆上一点绘制圆：按下 圆心和点 按钮，在图形区单击鼠标左键选择圆心①，移动鼠标，单击左键定义圆周上的点②以确定半径，完成圆的绘制。如图 3-8 所示。

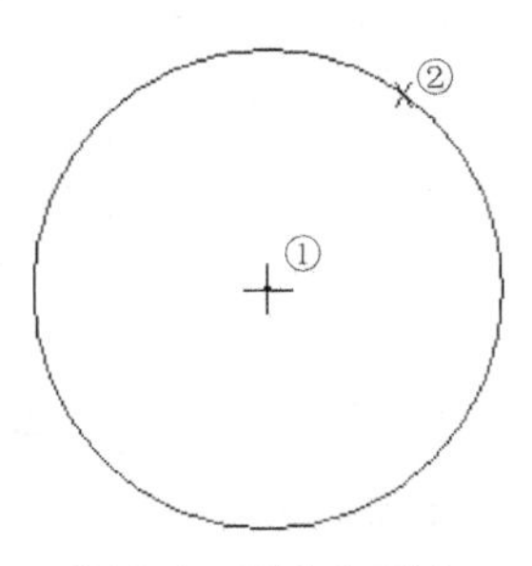

图 3-8　圆心和圆上一点创建圆

2）绘制同心圆：按下 同心 按钮，选取一个参照圆或一条圆弧来定义圆心，松开左键，移动鼠标至所需大小，单击鼠标左键完成一个同心圆的绘制，以此方法可以绘制多个不同大小的同心圆。单击鼠标中键，结束命令。如图 3-9 所示。

3）通过三点来创建圆：按下 3点 按钮，依次选择三个点，完成圆的绘制。单击鼠标中键完成创建。如图 3-10 所示。

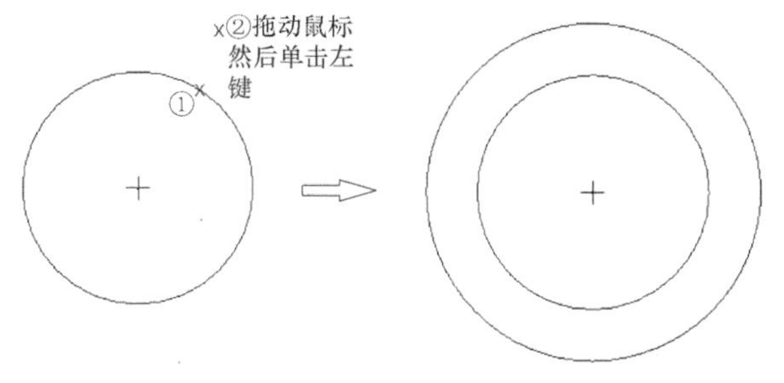

图 3-9　创建同心圆

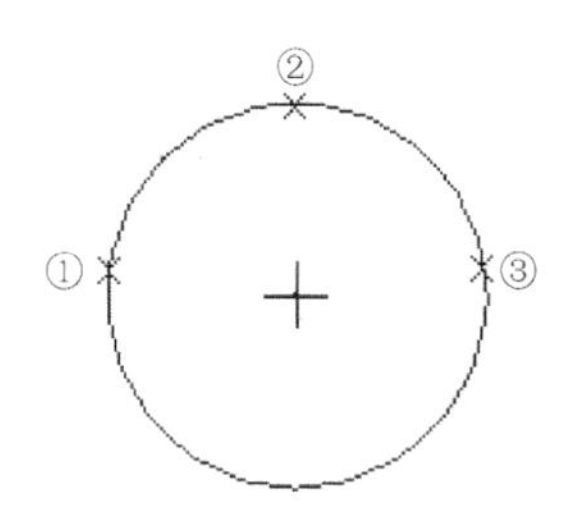

图 3-10　三点创建圆

4）创建与三个图元相切的圆：按下 3相切 按钮，依次选择三个图元完成圆的绘制。单击鼠标中键完成创建。创建相切圆如图 3-11 所示。

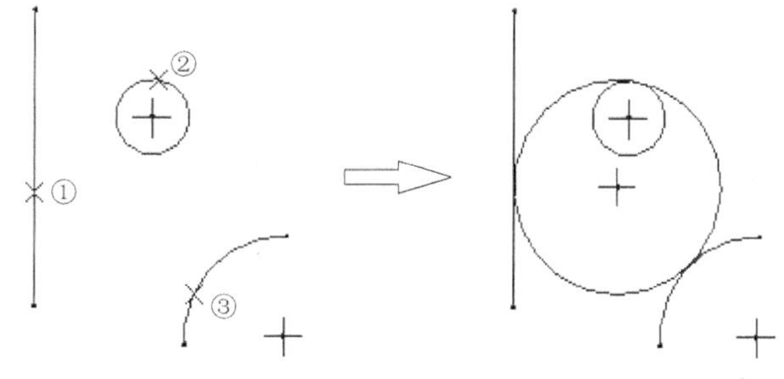

图 3-11　创建相切圆

（7）绘制椭圆

1）轴端点椭圆：按下 轴端点椭圆 按钮，通过确定椭圆轴的两个端点来绘制椭圆。如图 3-12 所示。

2）中心和轴椭圆：按下 中心和轴椭圆 按钮，通过确定椭圆中心以及椭圆的长短半轴来完成椭圆的绘制。如图 3-13 所示。

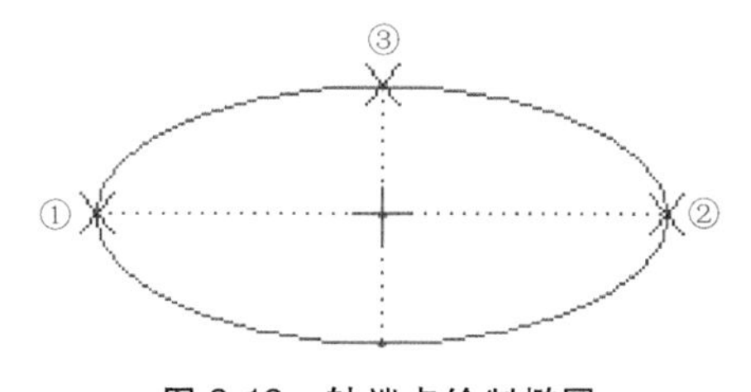

图 3-12　轴端点绘制椭圆

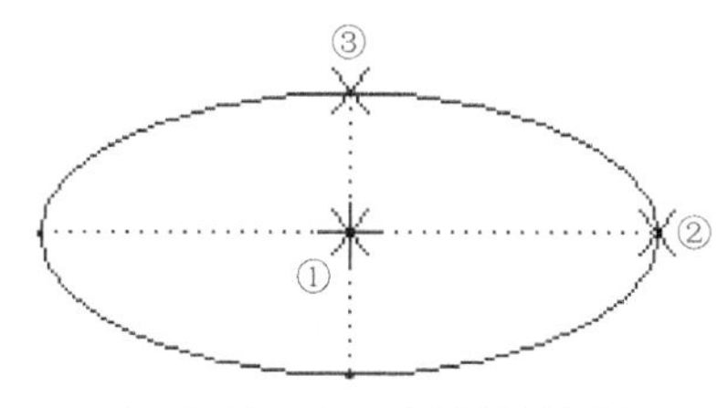

图 3-13　中心和轴绘制椭圆

（8）绘制圆弧

1）三点创建圆弧：按下 3点/相切端 按钮，在图形区单击鼠标左键依次选择圆弧的起点终点和圆弧上任意一点，单击鼠标中键完成创建。如图 3-14 所示。

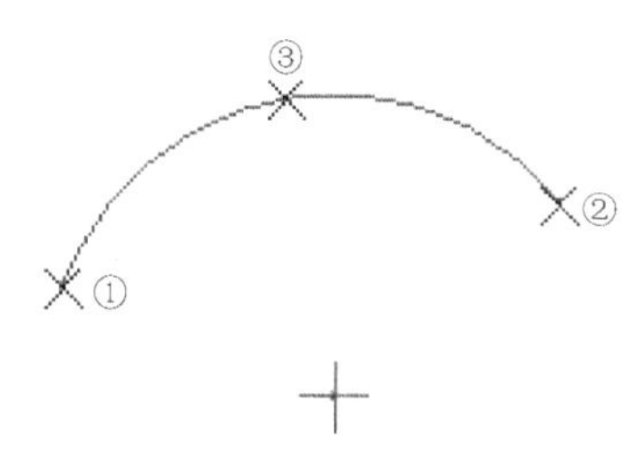

图 3-14　三点创建圆弧

另外，使用该命令创建圆弧时，若圆弧端点与已有图元端点重合，在选定第三点即圆弧上一点时，当重合处显示“ ”（相切）标记时，单击鼠标左键，即可创建相切圆弧。如图 3-15 所示。

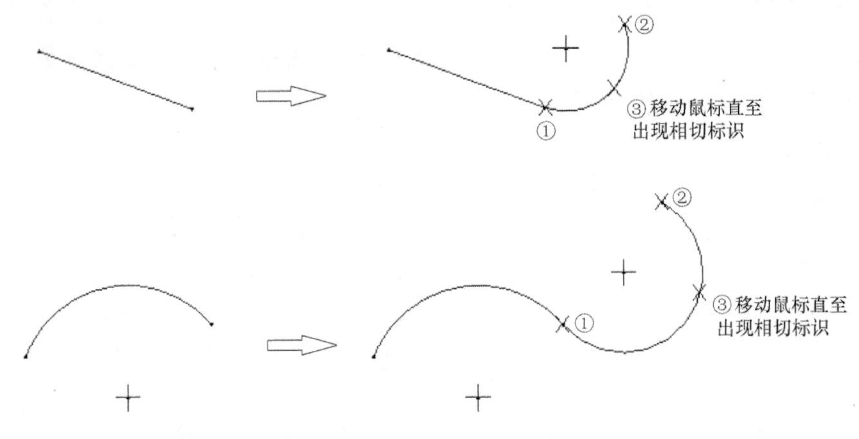

图 3-15 相切圆弧创建

2）由圆心和端点创建圆弧：按下 圆心和端点 按钮，在图形区内单击鼠标左键依次选择圆心、圆弧的起点和终点。如图 3-16 所示。

3）创建一条与已知三个图元相切的圆弧：按下 3 相切 按钮，分别选取三个图元，系统将自动创建一条与三个图元相切的圆弧。选择图元顺序不同，则圆弧也将发生相应改变。如图 3-17 所示。

图 3-16 圆心、端点创建圆弧

图 3-17 公切圆弧

4）绘制同心圆弧：按下 同心 按钮，选取一个参照圆或一条圆弧来确定圆心，移动鼠标指针，确定圆弧半径以及起点后，单击鼠标左键（该操作是同时完成的），然后确定圆弧终点，单击鼠标左键，完成创建。如图 3-18 所示。

5）创建圆锥弧：按下 圆锥 按钮，图形区单击鼠标左键选择圆锥弧的两个端点，拖动橡胶条状圆锥弧到合适位置，单击鼠标左键，确定弧上一点，完成圆锥弧创建。如图 3-19 所示。

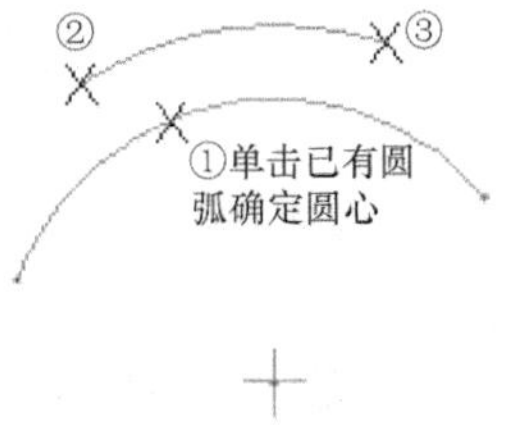

图 3-18 同心圆弧创建

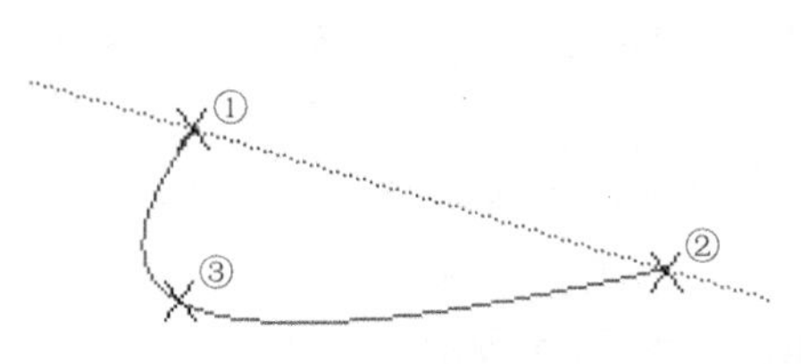

图 3-19 圆锥弧创建

（9）创建样条曲线　样条曲线是由一系列离散的点拟合得到的平滑曲线。按下 样条 按钮，在图形区单击鼠标左键指定一系列的点，再单击中键，系统将自动生成一条样条曲线。

（10）创建圆角　单击 圆角 按钮右侧的下拉按钮，可以完成四种圆角创建形式的切换，如图 3-20 所示。

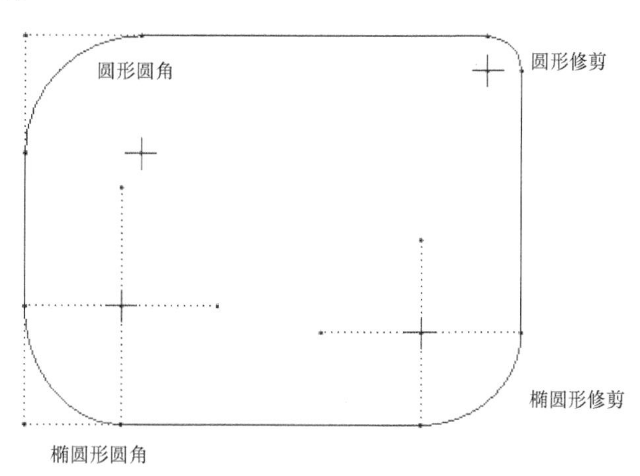

图 3-20　四种圆角

1）创建圆形圆角：按下 圆形 按钮，鼠标左键分别单击需要构建圆角的两个图元，即可完成圆角创建，单击鼠标中键终止命令。

2）创建圆形修剪：按下 圆形修剪 按钮，操作方法同上。

3）创建椭圆形圆角：按下 椭圆形 按钮，操作方法同上。

4）创建椭圆形修剪：按下 椭圆形修剪 按钮，操作方法同上。

（11）创建倒角　单击 倒角 中的下拉按钮，实现两种创建倒角形式的切换。如图 3-21所示。

1）创建倒角并创建构造线延伸：单击 倒角 按钮，操作步骤与创建圆角相同。

2）创建去边倒角：按下 倒角修剪 按钮，操作同上。

（12）创建文本　按下 文本 按钮，信息提示区显示“选择行的起点，确定文本高度和方向。”的提示信息，单击一点作为文本放置起点，此时信息提示区显示“选择行的第二点，确定文本高度和方向。”的提示信息，单击另一点，以确定文本放置终点（即确定文本高度和方向）。此时，在起点与终点之间将出现一条构造线，线的长度决定文本的高度，角度决定文本方向。同时系统弹出【文本】对话框，如图 3-22 所示。在【文本】对话框中可对文本进行编辑。

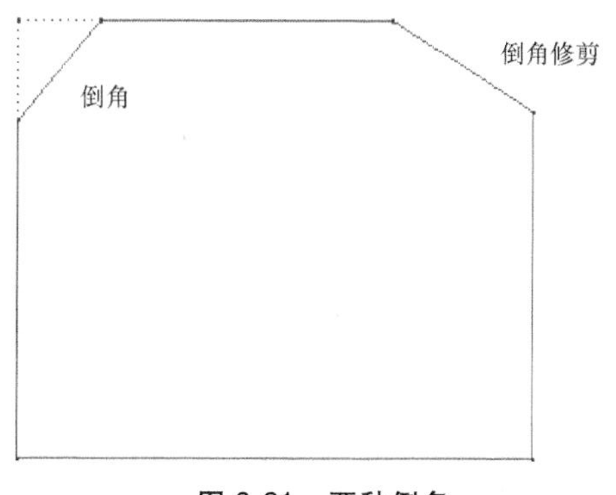

图 3-21　两种倒角

• 【文本】文本框：可输入文本。单击按钮，可弹出如图 3-23 所示的【文本符号】对话框，用户可从中选择所需符号。

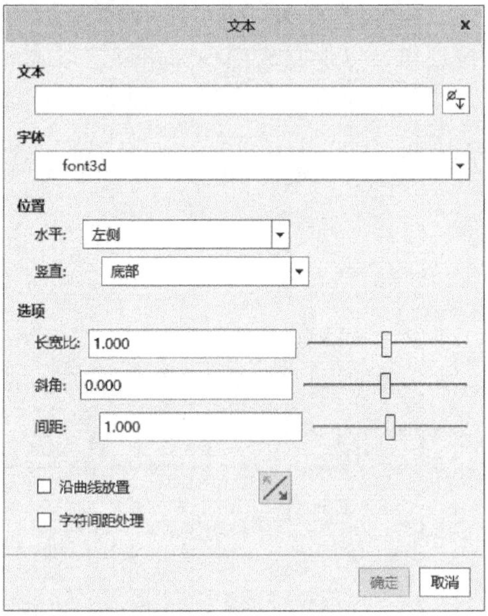

图 3-22 【文本】对话框

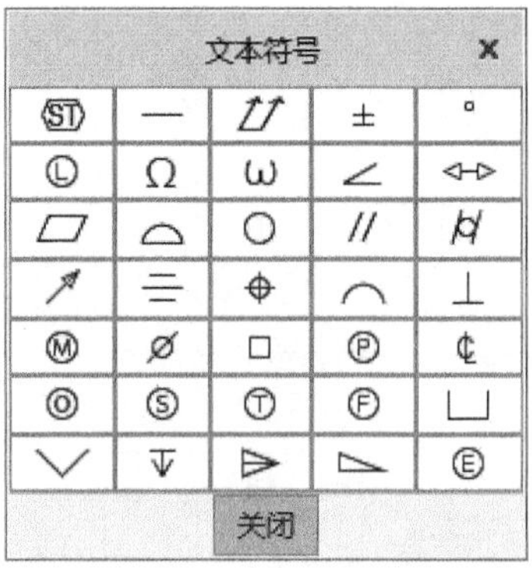

图 3-23 【文本符号】对话框

• 【字体】下拉列表框：从系统提供的字体列表中选取字体。

• 【水平】：可以选择文本的水平位置处于图元或实体的【左侧】、【中心】或者【右侧】。

• 【竖直】：可以选择文本的竖直位置处于图元或实体的【底部】、【顶部】或者【中心】。

• 【长宽比】：拖动滑动条或者输入数值增大或减小文本的长宽比。

• 【斜角】：拖动滑动条或者输入数值增大或减小文本的倾斜角度。

• 【沿曲线放置】复选框：选中此复选框，可沿着一条曲线放置文本，操作时系统会提示用户选取将要放置文本的曲线，其中按钮可切换文本沿曲线的方向。沿曲线放置的文本如图 3-24 所示。

• 【字符间距处理】：选中此复选框，可控制某些字符对之间的空格，改善文本字符串的外观。

文字输入完毕后单击【确定】按钮，完成文本创建。若想更改文本，可在图形区双击文本，则回到【文本】对话框。

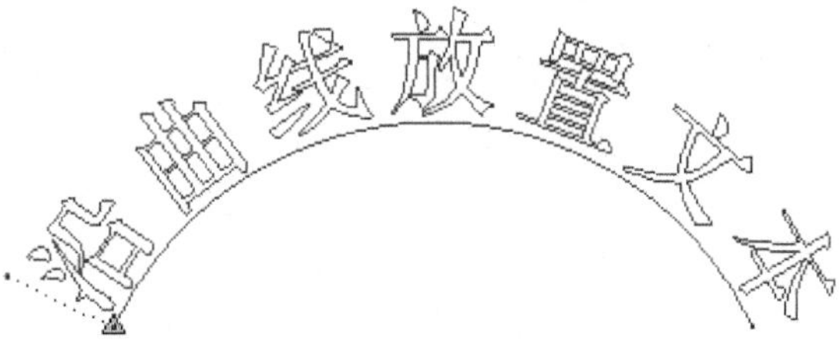

图 3-24 沿曲线放置文本

（13）通过投影、边偏移创建图元

绘制特征草图时，可投影或偏移已有模型的边。

1）通过偏移边创建图元：按下 偏移 按钮，系统会自动弹出如图 3-25 所示的【类型】对话框，偏移边有三种选择：

①【单一】：选中此选项，单击鼠标左键，一次只能选择一个图元。

②【链】：选中此选项，单击此选项，单击选择时必须选取基准曲线或边界的两个图元，两图元之间所有图元形成一链。若存在多个可能的链式边界时，会弹出如图 3-26 所示的【选取】子菜单，在此需要确定所期望的模型边界。各选项含义如下：

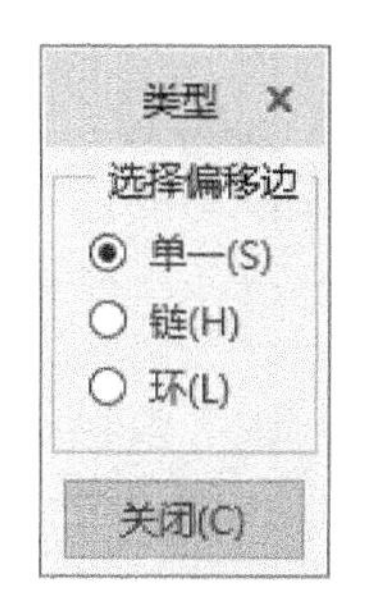

图 3-25 【类型】对话框

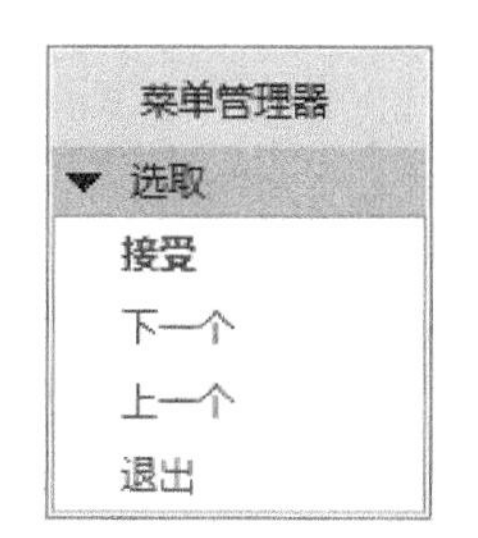

图 3-26 【选取】子菜单

- 【接受】：接受当前链。
- 【下一个】：切换至下一条链式基准曲线或模型边界。
- 【上一个】：切换回上一条链式基准曲线或模型边界。
- 【退出】：退出选取。

③【环】：选中此选项，只需单击选择现有模型边界或基准曲线的一个图元，系统会自动选取与其首尾相接的整个封闭曲线。

值得注意的是，如果在零件模式下单击选择图元所在的特征平面，若有两个以上的封闭环，系统会加亮显示当前选取的环，也会弹出如图 3-26 所示的【选取】子菜单，通过选择【下一个】或【上一个】实现选取环的切换。

2）通过边偏移创建操作：选择【单一】、【链】或【环】三个选项之一，选取要偏移复制的图元，弹出【于箭头方向输入偏移】对话框，如图 3-27 所示。图元上的箭头表示偏移方向，输入偏移量，若改变偏移方向，偏移量输入负值即可。单击 按钮，完成操作。如图 3-28 所示。

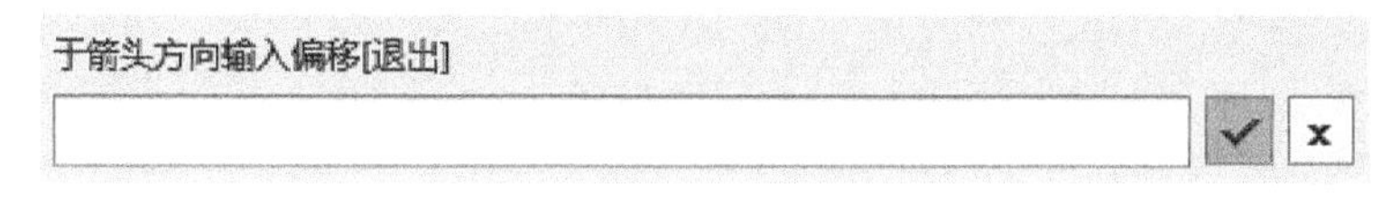

图 3-27 【于箭头方向输入偏移】对话框

（14）选项板的使用　草绘选项板相当于一个预定义的形状定制库，用户可将选项板中存储的草图轮廓调用到当前活动对象中作为草绘截面。

1）按下【选项板】按钮 选项板，弹出【草绘器选项板】窗口，如图 3-29 所示。其中有四组选项卡，分别是：

- 【多边形】：包括常规的多边形，如五边形、六边形。
- 【轮廓】：包括了 C 形轮廓、I 形轮廓、L 形轮廓以及 T 形轮廓。
- 【形状】：包括了一些常用的截面形状，如椭圆形、跑道形等。
- 【星形】：包括多种星形截面，如五角星、六角星等。

2）用户可以通过双击或者拖拽的方式调用选项卡里的图形。例如，调用六角星，双击【六角星】选项，【草绘器选项板】窗口上方预览区出现六角星轮廓，此时单击图形区内的

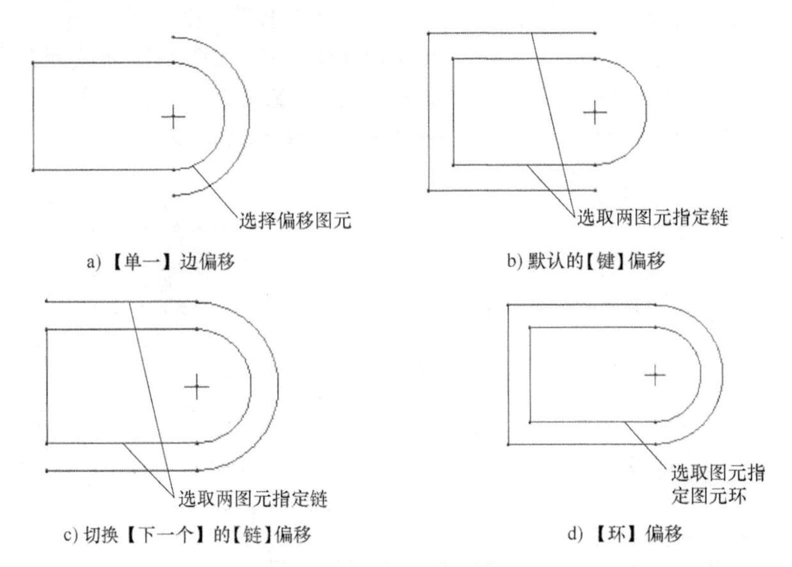

a) 【单一】边偏移　b) 默认的【链】偏移

c) 切换【下一个】的【链】偏移　d) 【环】偏移

图 3-28　偏移边

某一位置，操作界面顶部将跳转到【导入截面】操作面板，如图 3-30 所示。同时系统用虚线框在图形区显示一个六角星形的临时图元，用户可在【导入截面】操作面板中对这个临时图元进行缩放、平移以及旋转操作。

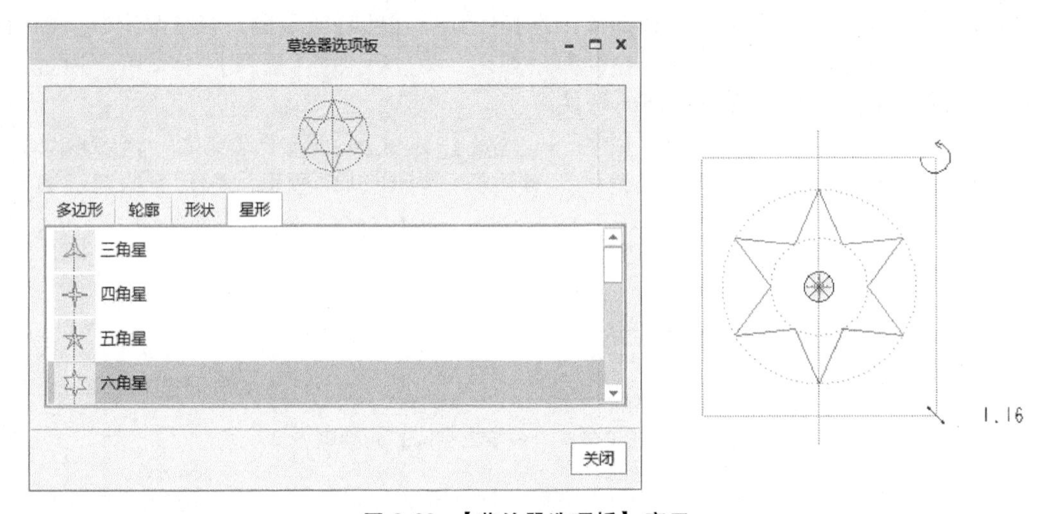

图 3-29　【草绘器选项板】窗口

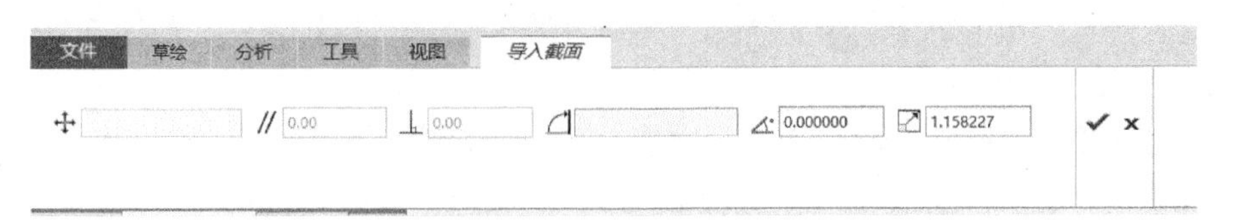

图 3-30　【导入截面】操作面板

2. 编辑草绘

Creo 创建的草绘往往还需要一系列的编辑才可以满足用户要求。常用的编辑命令有以下几种。

（1）修改　其作用是修改尺寸值、样条几何以及文本图元。单击修改按钮，然后再选择需要修改的尺寸值、样条几何或者文本图元即可对这些对象进行修改操作。

需要注意的是，多数情况下，鼠标左键双击尺寸值、样条几何以及文本图元也可以对其进行修改操作。

（2）删除段　其作用是修剪草绘图元。单击删除段按钮，然后再选择图元上需要修剪的部分，单击鼠标左键，即可完成修剪。

需要注意的是，【删除段】命令一般是用来剪切图元的，当所选图元与其他图元有相交的时候，此时，使用该命令，系统将默认与所选位置最近的交点作为修剪点对图元进行修剪操作（同一条样条几何的与自身的交点不作为修剪点）。然而，若是所选图元没有与其他图元相交，此时使用该命令，会将该图元整个删除，其结果与键盘的<Delete>键删除图元相同。

（3）镜像　其作用是镜像选定图元。在草绘区域存在中心线的情况时可以使用该功能（必须以中心线作为镜像线）。首先选中需要镜像的图元，单击镜像按钮，此时信息提示区显示选择一条中心线。，然后再选择作为镜像基准的中心线，即可完成镜像操作。镜像后得到的图元与原图元关于选择的中心线轴对称。

（4）旋转调整大小　其作用是平移、缩放和旋转选定的图元。选中需要操作的图元，单击旋转调整大小按钮，弹出【旋转调整大小】操作面板，如图 3-31 所示。

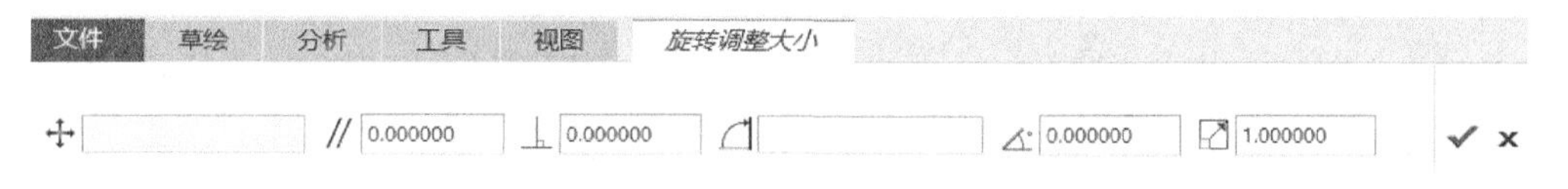

图 3-31 【旋转调整大小】操作面板

- 水平方向的尺寸：在操作面板中，“//”表示新图元与原始图元在水平方向距离。
- 竖直方向的尺寸：在操作面板中，“⊥”表示新图元与原始图元在竖直方向距离。
- 旋转角度：在操作面板中，“∠°”表示新图元相对原始图元的转动角度。
- 缩放因子：在操作面板中，“↗”表示新图元相对原始图元的缩放比例。

（5）复制　选中一个或多个图元，长按鼠标右键，即可弹出如图 3-32a 所示的右键菜单，单击菜单中的【复制】选项。然后再长按鼠标右键，弹出如图 3-32b 所示的右键菜单，单击菜单中的【粘贴】选项。此时在图形区域某一位置单击，便会出现一个新的图元，同时原始图元仍然存在，并出现和【旋转调节大小】操作面板相同的【粘贴】操作面板，接下来的操作与旋转调整大小相同。

值得注意的是，选中图元后，同时按下键盘的<Ctrl+C>键与上述操作中单击【复制】选项作用相同，然后同时按下<Ctrl+V>键与上述操作中单击【粘贴】选项作用相同。若选中图元后，同时按下键盘的<Ctrl+X>键，后面操作与上述操作相同，但最终得到的结果中将不存在原始图元，与旋转调整大小的操作相似。

（6）删除　删除的作用是用来删除不需要的图元。选中需要删除的一个或多个图元，单击键盘上的<Delete>键即可删除已选择的图元。

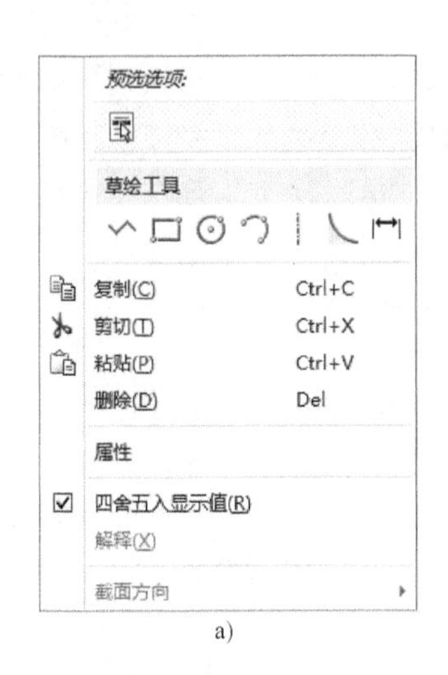

a)

b)

图 3-32 右键菜单

3. 设置几何约束

在进行草绘的时候，仅仅进行绘制和编辑是不够的，还需要人为地在草绘的图元之间进行相对位置关系的约束。

(1) 添加约束　约束工具按钮位于【约束】面板。Creo 中的约束项目符号及其含义见表 3-1。

表 3-1 Creo 中的约束项目符号及其含义

按　钮	约束的含义	约束符号
竖直	使直线或两顶点竖直	
水平	使直线或两顶点水平	
垂直	使两图元垂直	
相切	使两图元相切	
中点	在直线或弧的中间放置一点	
重合	使点重合	
对称	使两点或顶点关于中心线对称	
相等	创建相等的线性尺寸或角度尺寸、相等曲率或相等半径	
平行	使两线或多条线平行	

需要注意的是，默认情况下，约束显示在草绘器中。要切换约束的显示，可执行以下操作：

1）设置 sketcher_ disp_ constraints 配置选项。

2）单击或取消选择【Creo Parametric 选项（Creo Parametric Options）】对话框中【草绘器（Sketcher）】选项组中的【显示约束（Show constraints）】复选框。

3）切换【图形】工具栏上 |【草绘器显示过滤器（Sketcher Display Filters）】中的 【显示约束（Disp Constr）】按钮。

4）单击【视图（View）】|【显示（Display）】| 【显示约束（Disp Constr）】按钮。

添加约束时，单击相应的约束按钮，然后根据提示信息选取相应的图元，即完成图元的约束创建。

（2）删除约束　选择要删除的约束，按<Delete>键，约束即被删除。

4. 尺寸标注

Creo 中的尺寸分为弱尺寸和强尺寸两种。创建图元时，将自动生成弱尺寸。修改弱尺寸后，弱尺寸将变为强尺寸。创建另一个几何后，如果修改该几何或与其相关的其他尺寸，则弱尺寸可能会消失。可在不更改弱尺寸值的情况下对其进行加强。

尺寸标注工具按钮位于【尺寸】面板。标注尺寸时应确保【草绘显示过滤器】选项组中的【尺寸显示】选项被选中，即打开尺寸显示，如图 3-33 所示。本章中将介绍以下几种操作中常用到的尺寸标注。

（1）创建线性尺寸　线性尺寸主要包括线长、两平行线之间的距离、点和线之间的距离以及两个点之间的距离等。按下工具栏中 按钮，单击相应的点或者线图元，然后在合适的位置单击鼠标中键放置尺寸并确定尺寸值，单击<Enter>键完成尺寸创建。如图 3-34 所示。

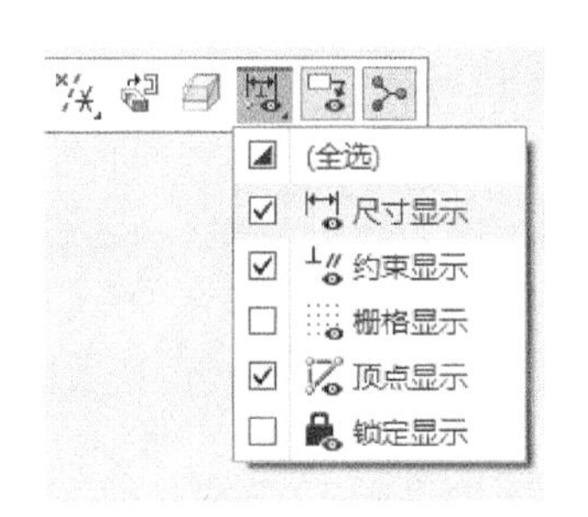

图 3-33　【草绘显示过滤器】选项组

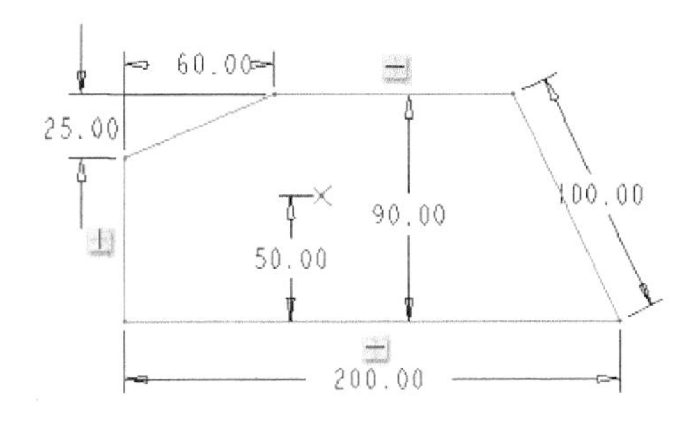

图 3-34　线性尺寸标注

图中，尺寸值为“200.00”和“100.00”的两个尺寸是线长的标注，选择的图元为单一线段；尺寸值为“90.00”的尺寸是平行线之间距离的标注，选择的图元为两条平行线；尺寸值为“50.00”的尺寸是点与直线间距离标注，选择的图元为点和直线；尺寸值“25.00”和“60.00”是两点间的距离标注，选择的图元为两个点。值得注意的是，两点间的距离可以标注水平或竖直距离，也可以标注两点间的连线距离，具体情况根据尺寸值的放置位置确定。

（2）创建角度尺寸　与创建线性尺寸的方法相似，在创建角度尺寸时所选取的图元为两条不平行的线段或中心线，如图 3-35 所示。

（3）创建半/直径尺寸　按下按钮，然后选择需要标注的圆或圆弧，若单击左键一下，然后单击中键放置尺寸，则标注出来的是半径尺寸；若单击左键选中圆或圆弧后，再单击一下该图元，然后单击中键放置尺寸，则标注出来的就是直径尺寸。如图 3-36 所示。

（4）创建弧长尺寸　按下按钮，分别选择圆弧的两个端点和圆弧上任意一点，单击鼠标中键放置尺寸。如图 3-37 所示。

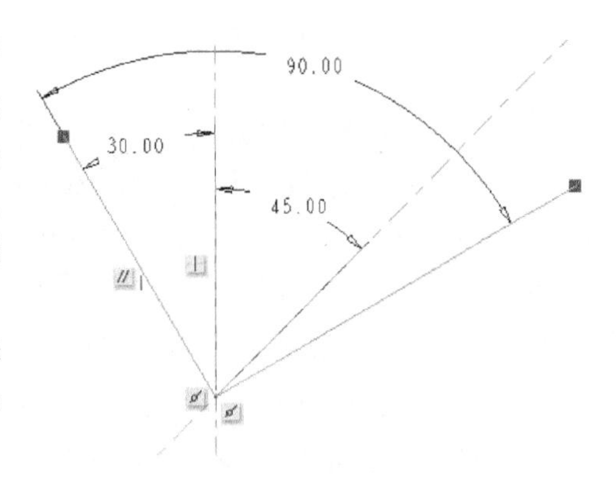

图 3-35　角度尺寸标注

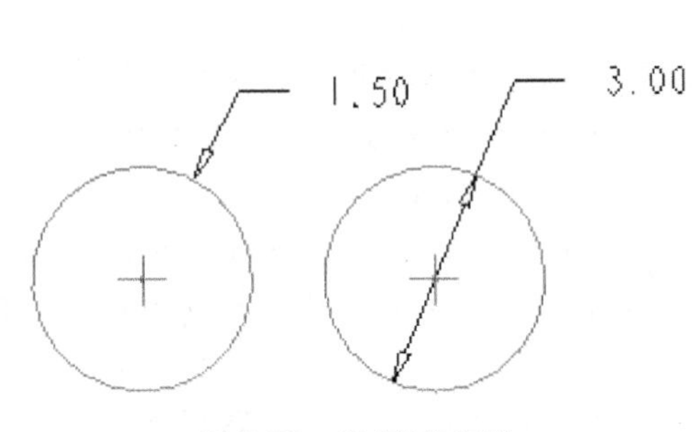

图 3-36　半/直径标注

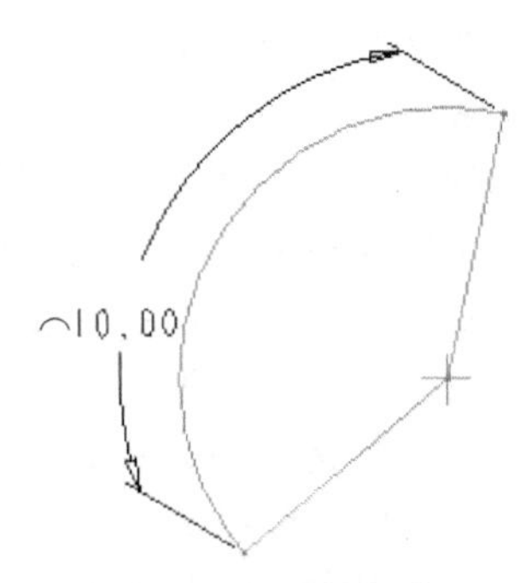

图 3-37　弧长标注

（5）创建椭圆半径尺寸　按下按钮，单击椭圆上一点，再单击鼠标中键，弹出【椭圆半径】对话框，根据用户需求选择长短轴，单击【接受】按钮。再次单击鼠标中键，完成椭圆半径标注。如图 3-38 所示。

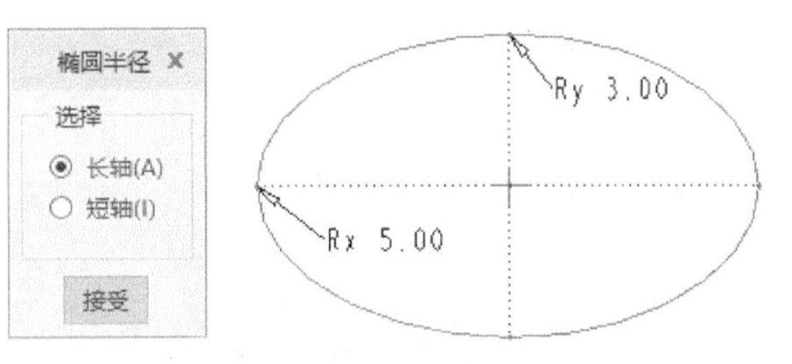

图 3-38　椭圆半径标注

5. 尺寸或约束条件过多的解决方式

在绘制草图时，人为加入的尺寸或约束条件与现有的强尺寸或约束条件相互冲突时，将会出现如图 3-39 所示的

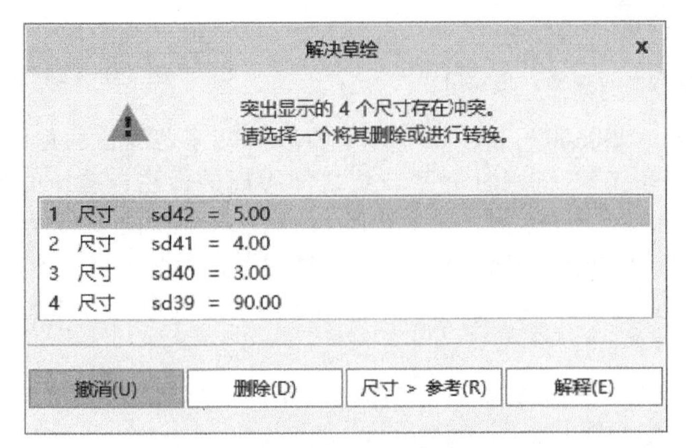

图 3-39　【解决草绘】对话框

【解决草绘】对话框，同时相冲突的尺寸或约束条件也会加亮显示。一般而言，用户需要通过删除某些尺寸或约束条件以解决尺寸冲突的问题，使得草绘具有合理的尺寸和约束条件。

如图 3-40 所示的实例中，仅需标注三角形的两条边长以及对应的夹角即可完全确定这个三角形，再对另一条边进行标注，则会出现尺寸冲突。此时，可以通过删除之前某一尺寸或约束的方式解决冲突，也可以单击对话框中的 尺寸 > 参考(R) 按钮将某一尺寸设为参照尺寸。

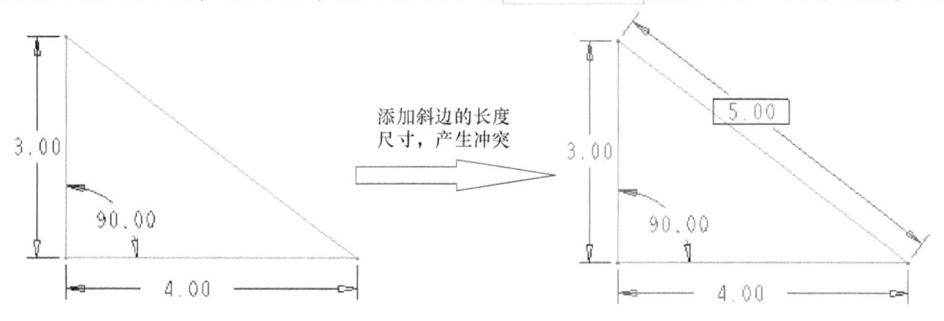

图 3-40 尺寸冲突实例

6. 图元、尺寸编辑修改

（1）强尺寸 在图形区域单击一条弱尺寸，尺寸线右上方将会弹出快捷工具栏，选择第四个选项也就是【强】选项，该弱尺寸将被加强。

（2）调整尺寸位置 单击要移动的尺寸的数值，按住鼠标左键不放即可拖拽该尺寸的数值至合适的位置。

（3）尺寸修改工具按钮 前文中已提到，该按钮用于对尺寸值的修改。

（4）锁定与解锁尺寸 用户修改过的尺寸，在进行其他操作时，依然有可能会被改变。为防止这种情况，用户可以将尺寸锁定。

与加强尺寸的方法相似，在图形区单击一尺寸，该尺寸右上方将出现快捷工具栏，其中第一项就是尺寸锁定与解锁切换开关，通过单击该按钮便可以对当前选择的尺寸进行锁定或者解锁操作。

7. 草图诊断

草绘器诊断工具可以检查界面是否封闭、几何图元是否重叠等问题。

（1）着色的封闭环 按下工具栏中的 着色封闭环 按钮，系统则自动用预定义的颜色将草绘区域图元中封闭的区域进行填充，非封闭的图元无变化。如果草绘包含多个彼此包含的封闭环，则最外面的环被着色，而内部的环的着色被替换。如图3-41所示。

（2）突出显示开放端 按下 突出显示开放端 按钮，用于检查与活动草绘或活动草绘组内与其他图元的终点不重合的图元的终点。在 3D 草绘几何中，仅突出显示有效图元的开放端点。如图 3-42 所示。

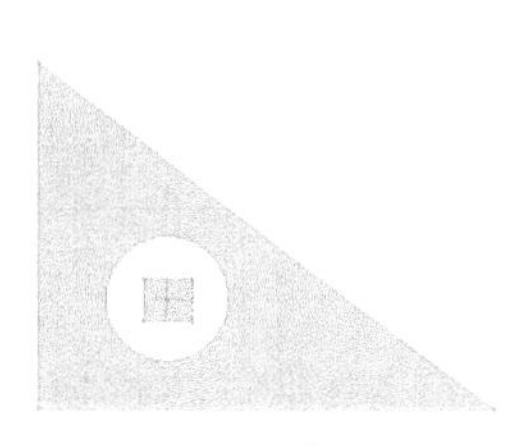

图 3-41 着色封闭环

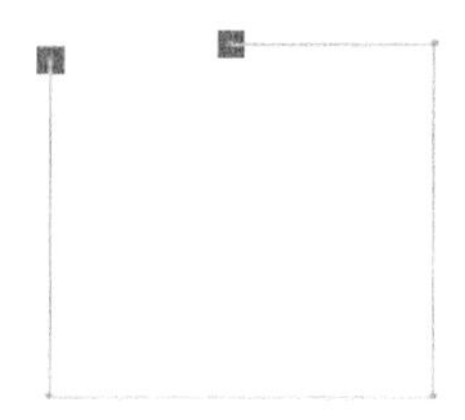

图 3-42 突出显示开放端

（3）重叠几何　按下 重叠几何 按钮，用于检测和突出显示活动草绘或活动草绘组内与其他几何重叠的几何。重叠图元以【突出显示边】设置的颜色显示。

（4）特征要求　使用特征要求诊断工具可以确定草绘是否满足活动特征的要求。需要注意的是，该检查命令只能在零件模块的草图环境中使用。

3.3 草绘实例

本节将通过进行一些实例操作以帮助读者学习掌握前面章节中的命令。

3.3.1 草绘实例一

通过图 3-43 所示的草绘实例，帮助读者掌握直线，圆弧等命令以及标注和修改等工具的使用。

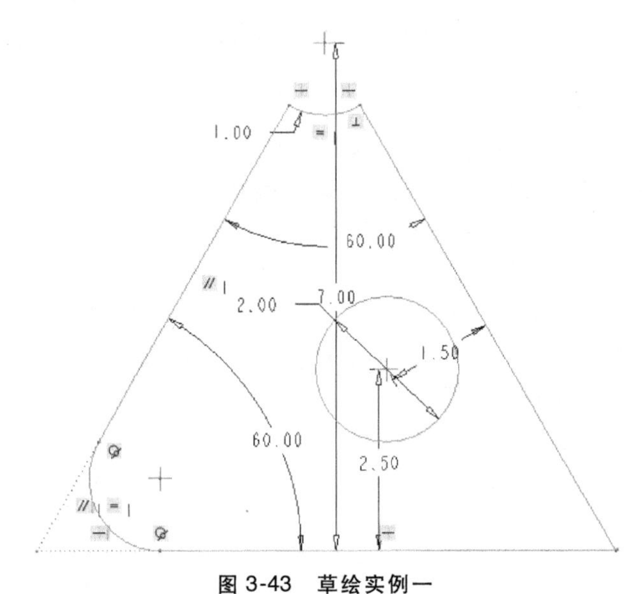

图 3-43　草绘实例一

1. 设置工作目录和新建文件

1）运行 Creo Parametric 4.0，在工具栏单击【选择工作目录】按钮，弹出【选择工作目录】对话框，用户可以根据自身的需求设置工作目录。

2）单击【文件】|【新建】或直接单击工具栏中的【新建】按钮，系统弹出【新建】对话框，选择 草绘 单选按钮；在【名称】文本框输入草图名称；单击 确定 按钮，系统自动进入草绘界面。

2. 创建草图轮廓

1）按下 线 按钮，绘制线链，如图 3-44 所示。绘制过程中，系统会自动显示竖直、水平、相等等约束。

2）在线链适当的位置绘制圆形，如图 3-45 所示。单击工具栏 圆 按钮（一般而言，该按钮默认的是【圆心和点】的画圆选项，如果不是，可以通过下拉按钮选择），通过确定圆心和圆上一点来创建一个圆。

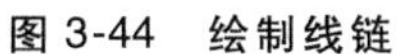

图 3-44　绘制线链

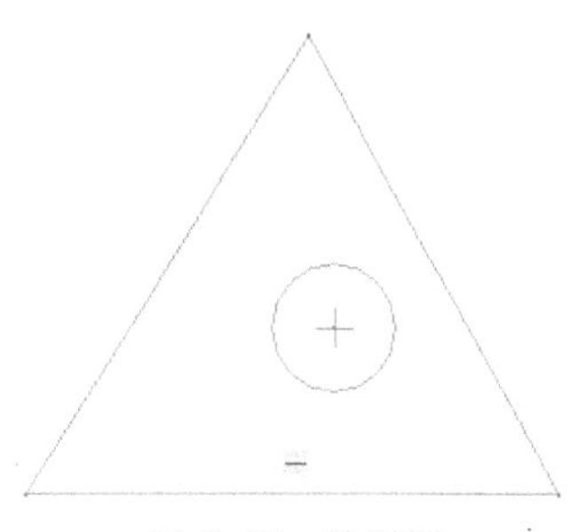

图 3-45　绘制圆

3）在线链上顶点附近，绘制最终图形所示的圆弧。如图 3-46 所示。单击工具栏【弧】按钮 弧（一般而言，系统默认的是 3点/相切端，用户也可以根据自身需求进行切换）。在左右两条线上分别选取两点作为圆弧的端点，再选择圆弧上一点创建一条圆弧。

4）绘制圆角。单击 圆角 按钮（一般而言，系统默认的是 圆形，用户也可以根据自身需求进行切换），选择左侧线段及底部线段，完成后如图 3-47 所示。

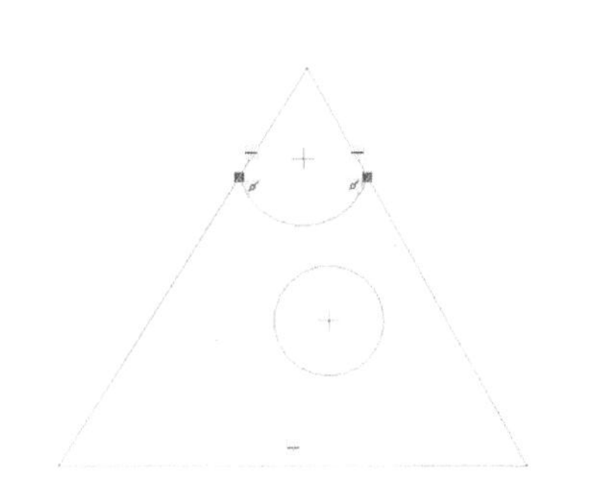

图 3-46　绘制圆弧

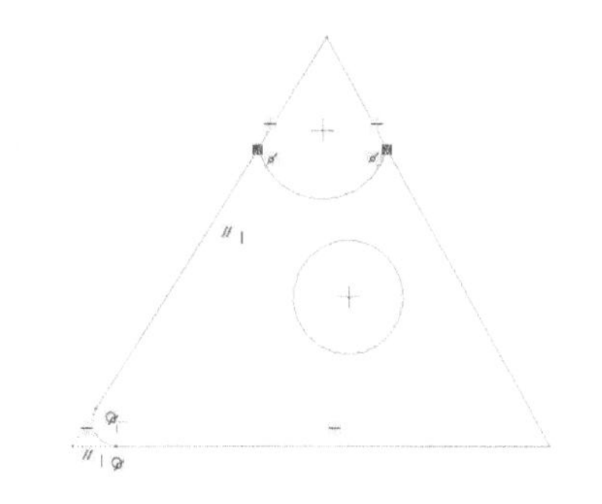

图 3-47　绘制圆角

3. 编辑草图

单击工具栏中【删除段】按钮 删除段，单击选取多余的图元部分。也可以按住鼠标左键，绘制一条曲线路径，与此路径相交的图元部分就会被修剪掉。修剪多余图元如图 3-48 所示。

4. 添加约束

（1）创建【相等】约束　按下【约束】面板中【相等】按钮 相等，再选取草图中的圆角和圆弧。此时，两图元附近出现【相等】约束符号“=”，如图 3-49 所示。

（2）创建【垂直】约束　按下【约束】面板中【垂直】按钮 垂直，再选择圆弧的一端和直线。此时，两垂直图元的垂足附近出现【垂直】的约束符号“⊥”。如图 3-49 所示。

5. 创建尺寸

（1）标注线性尺寸　按下【尺寸】按钮，依次标注如图 3-50 所示线性尺寸。

（2）标注圆角圆弧和圆的半/直径　按下【尺寸】按钮，单击圆弧或者圆角一次，标注圆角和圆弧的半径。单击圆两次，标注其直径尺寸。如图 3-51 所示。

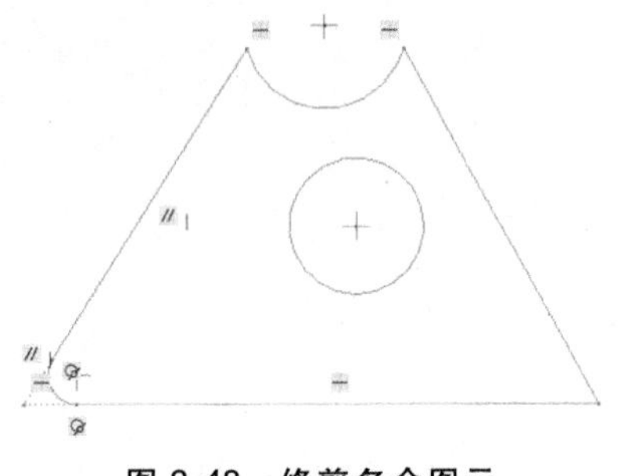

图 3-48　修剪多余图元

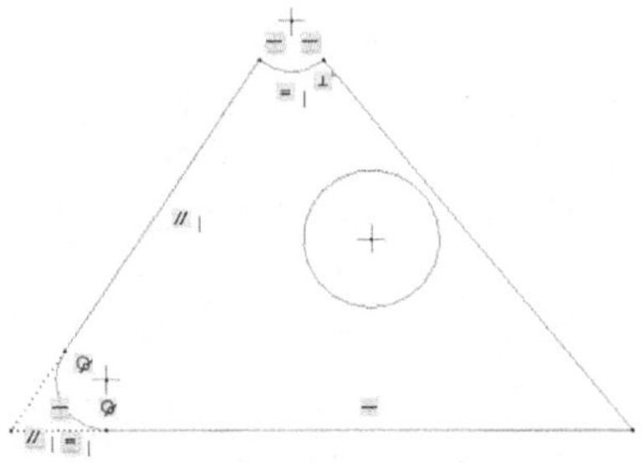

图 3-49　添加约束条件

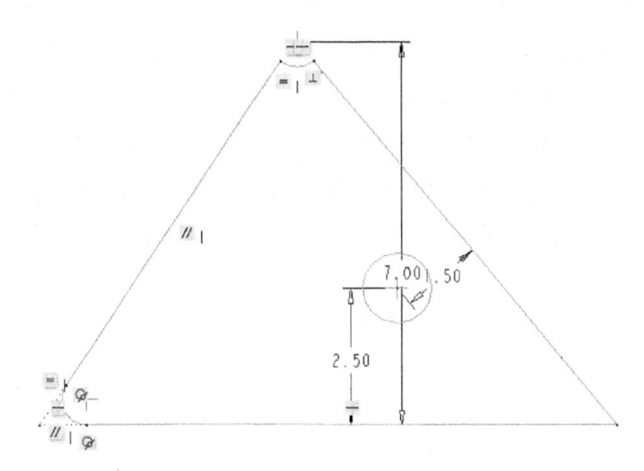

图 3-50　线性尺寸标注

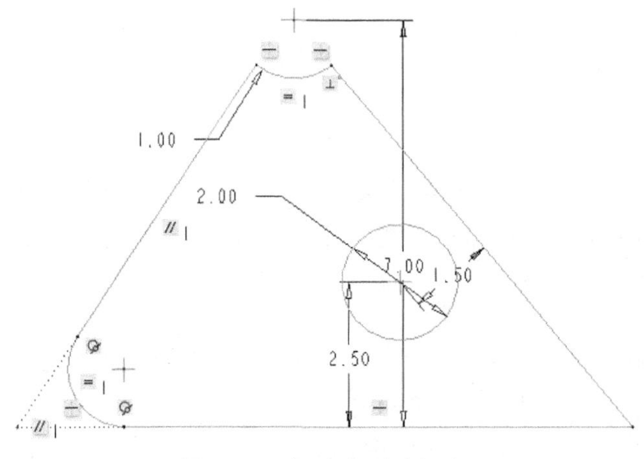

图 3-51　半/直径尺寸标注

(3) 角度尺寸标注　按下【尺寸】按钮，分别单击两条不平行的直线，标注其角度。如图 3-52 所示。

6. 修改尺寸并调整位置

(1) 修改尺寸　用户可以根据需求再对已经创建的尺寸进行修改。修改时可直接双击需要修改的尺寸数值，或者使用工具栏中的【修改】按钮，再一次选择需要修改

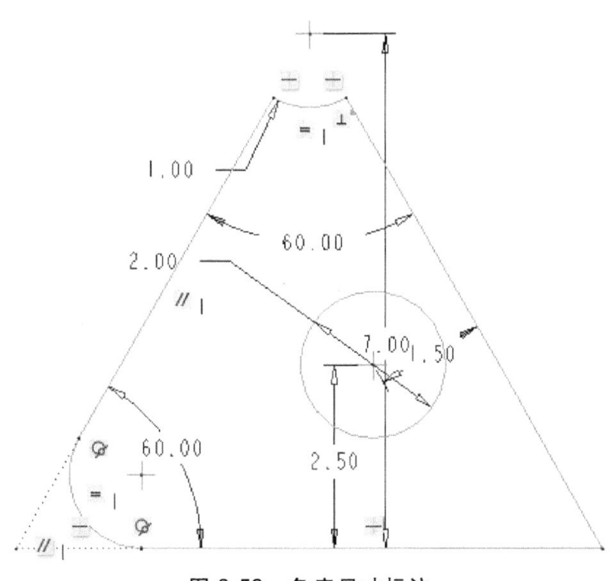

图 3-52　角度尺寸标注

的尺寸，并在【修改尺寸】对话框中进行相应的修改。

（2）调整尺寸位置　单击工具栏中【选择】按钮，然后直接移动鼠标拖拽需要移动位置的尺寸数值，在合适的位置松开鼠标左键即可完成尺寸数值位置调整。

7. 保存文件

单击标题栏中的保存按钮，或单击【文件】|【保存】，系统弹出【保存文件】对话框，保存路径默认为第一步操作中所设置的工作目录文件夹。单击【确定】完成文件保存。

注意：用户在使用的过程中，对同一文件多次保存，每一次保存时系统都将自动生成一个文件的新版本。Creo 中保存的文件形式如“ s2d0001.sec.1”，其中“s2d0001”为文件名，“sec”为文件格式（即“草绘”），“1”为文件版本号（数字越大，版本越新）。在 Creo 系统中每次打开的都是最新版本的文件，用户也可以通过修改后缀的方法修改版本号以打开旧版本文件。单击【文件】|【管理文件】|【删除旧版本】，可以仅保留最新版本。

3.3.2　草绘实例二

本实例图形如图 3-53 所示。分析可知：该图形为对称图形，因此，只需要作出该图形的一侧，便可以通过【镜像】命令得到另一侧图元。通过本实例，读者可以熟悉圆、圆弧、相切等命令以及修剪、镜像等命令。

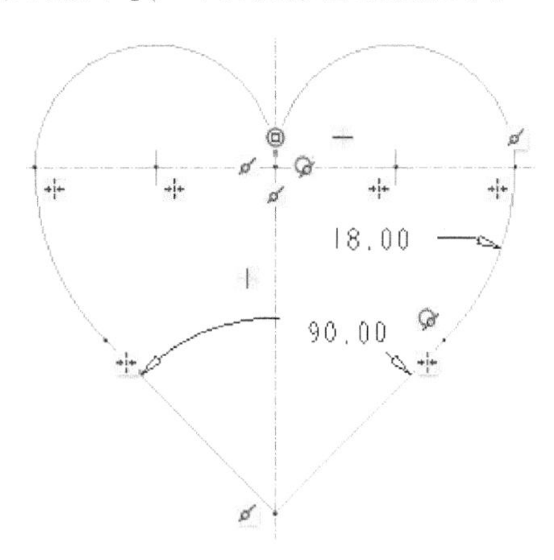

图 3-53　草绘实例二

1. 设置工作目录和新建草绘

同实例一。

2. 创建草图轮廓

1）按下中心线按钮 中心线，绘制如图 3-54 所示水平和竖直中心线。

2）以中心线的交点为圆心绘制圆，如图 3-55

所示。

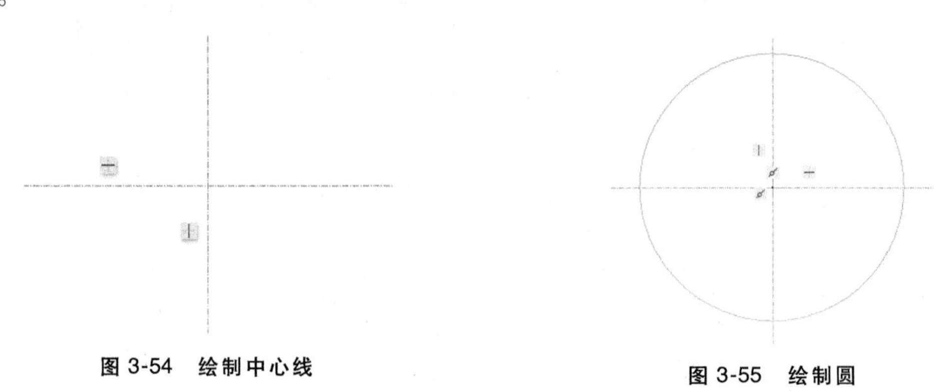

图 3-54 绘制中心线

图 3-55 绘制圆

3）绘制圆弧。单击工具栏 弧 按钮 | 3点/相切端 按钮，绘制如图 3-56 所示圆弧。

4）绘制直线。单击工具栏中线链 线 按钮，分别选取竖直中心线和圆上一点作为直线端点绘制如图 3-57 所示直线段（该直线应与圆相切，绘制过程中系统可以自动捕捉切点，也可以通过添加约束的方式让直线和圆相切）。

5）修剪多余图元。按下 删除段 按钮，修剪多余图元，如图 3-58 所示。

6）镜像图元

① 选择需要镜像的图元。有些时候用户需要选择多个图元，这时可以使用框选也可以按住<Ctrl>键进行多选。

② 单击工具栏中的 镜像 按钮，选择作为镜像线的中心线，完成镜像操作。如图 3-59 所示。

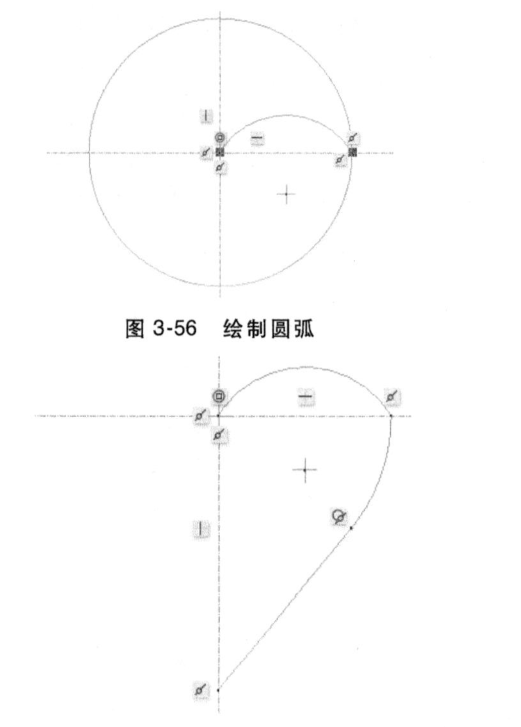

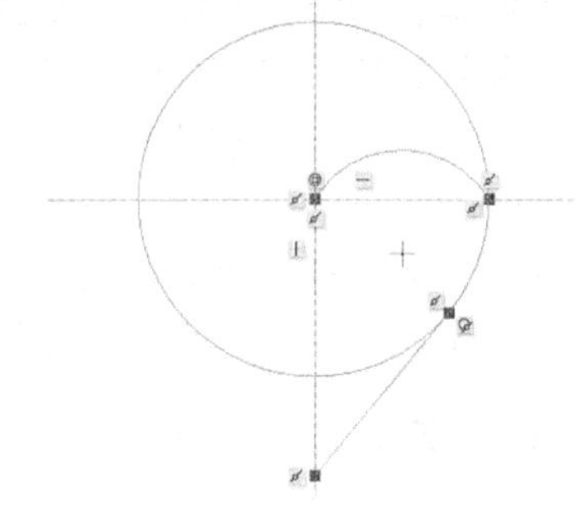

图 3-56 绘制圆弧

图 3-57 绘制直线

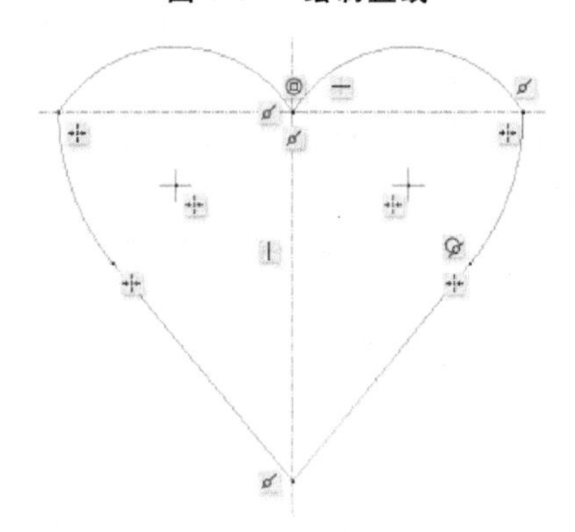

图 3-58 修剪多余图元

图 3-59 镜像图元

3. 添加约束

添加如图 3-60 所示约束，使圆弧与圆弧，圆弧与直线相切。

4. 标注和修改尺寸

1）单击工具栏上的 按钮，标注如图 3-61 所示尺寸。

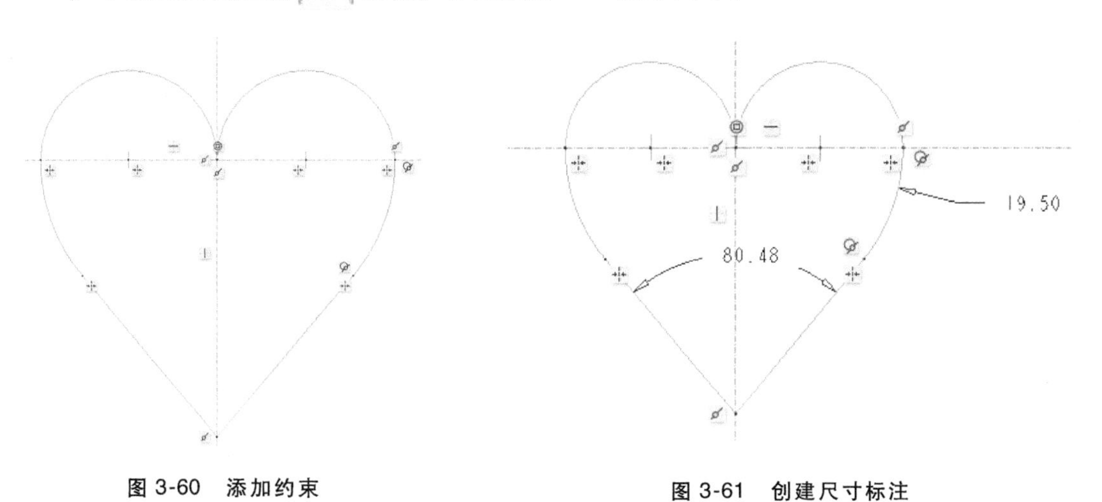

图 3-60　添加约束　　　　图 3-61　创建尺寸标注

2）编辑尺寸值，并调整尺寸值位置，得到如图 3-53 所示最终样式。

5. 保存文件

操作同例一。

3.3.3　构造图元的使用实例

通过本实例进一步地熟悉圆、相切线以及构造圆等命令的操作。构造图元作为草绘辅助线，为将要创建的图形提供易于捕捉的定位点。构造图元实例图形如图 3-62 所示。

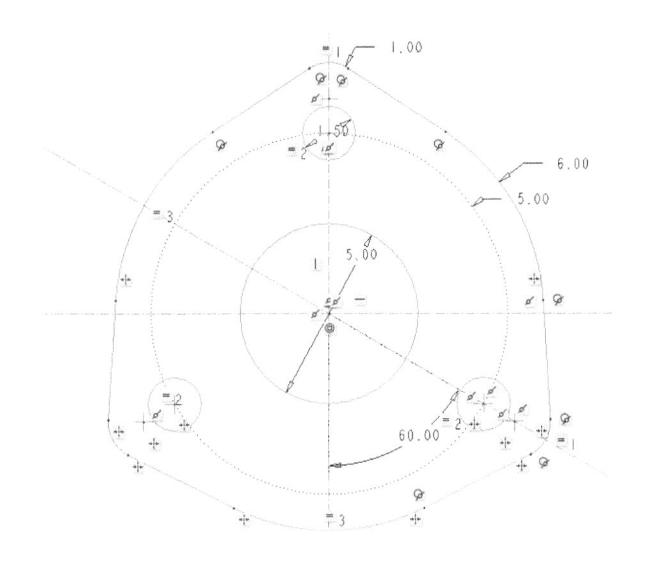

图 3-62　构造图元实例

1. 设置工作目录和新建文件

操作同例一

2. 创建草绘轮廓

1）按下中心线按钮 中心线，绘制水平、竖直和倾斜中心线，并通过创建夹角尺寸约束倾斜中心线位置。如图 3-63 所示。

2）单击【圆】工具按钮 圆 。以中心线的交点为圆心，创建三个同心圆。如图 3-64 所示。

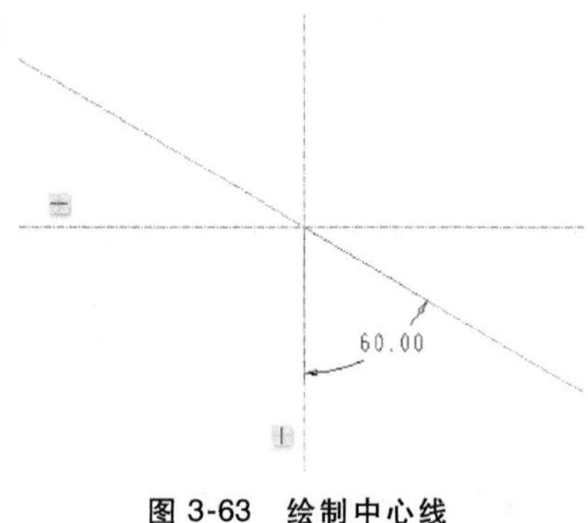

图 3-63 绘制中心线

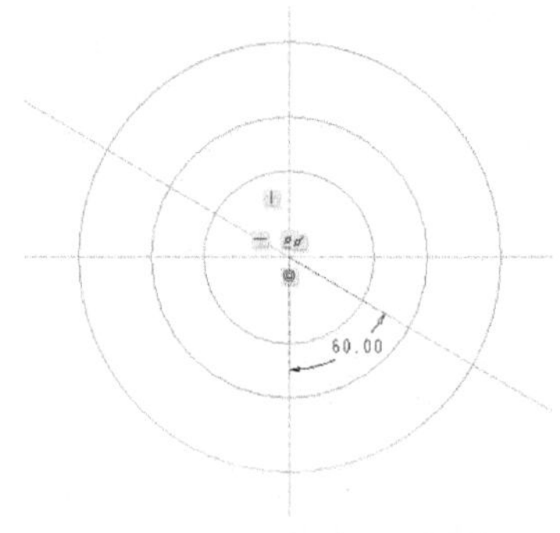

图 3-64 绘制同心圆

3）设置中间圆为构造圆。单击鼠标左键，选择中间圆，指针右上方会自动浮现出快捷工具栏，选择【切换构造】命令，此时，中间圆被设置为构造圆，以虚线显示。调用快捷工具栏如图 3-65 所示。构造圆显示如图 3-66 所示。

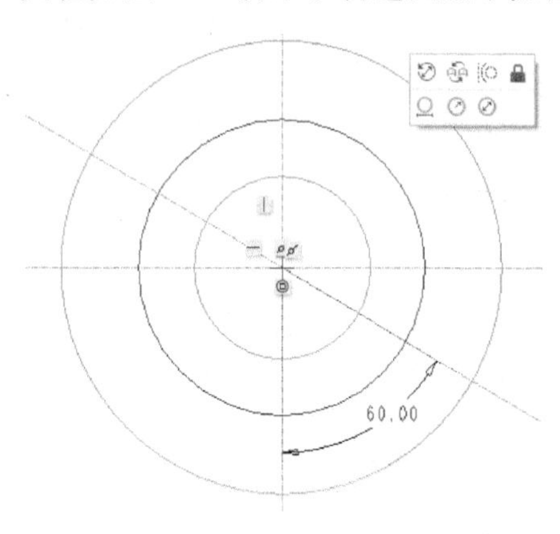

图 3-65 浮动快捷菜单

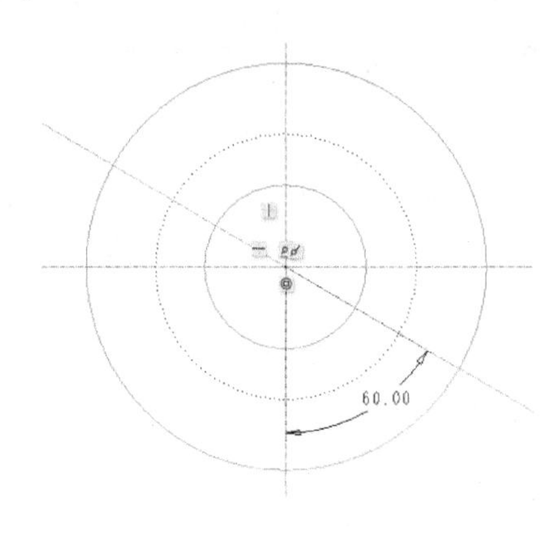

图 3-66 构造圆

4）单击【圆】按钮 圆 ，创建如图 3-67 所示的圆，圆心分别为竖直中心线、倾斜中心线与大圆、构造圆的交点。

5）创建公切线。单击 线 下拉按钮，选择 直线相切 命令，绘制如图 3-68 所示的公切线。

6）镜像图元。操作同实例二，完成后如图 3-69 所示。

7）修剪多余图元。使用【删除段】命令 删除段 ，修剪掉不需要的图元部分。修剪后如图 3-70 所示。

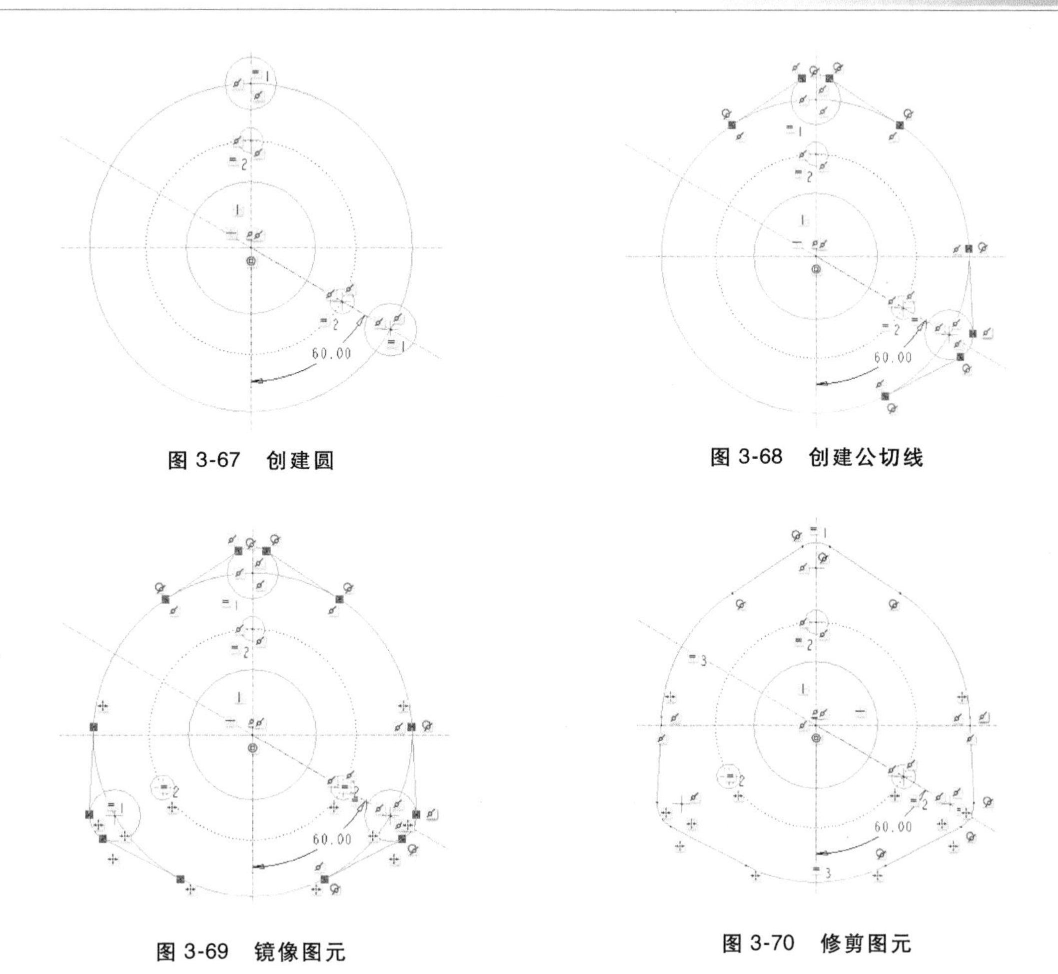

图 3-67　创建圆

图 3-68　创建公切线

图 3-69　镜像图元

图 3-70　修剪图元

3. 标注和修改尺寸

1）单击工具栏上的尺寸按钮，对如图 3-70 所示图形进行尺寸标注，结果如图 3-71 所示。

2）编辑尺寸并调整位置，得到如图 3-62 所示最终图形。

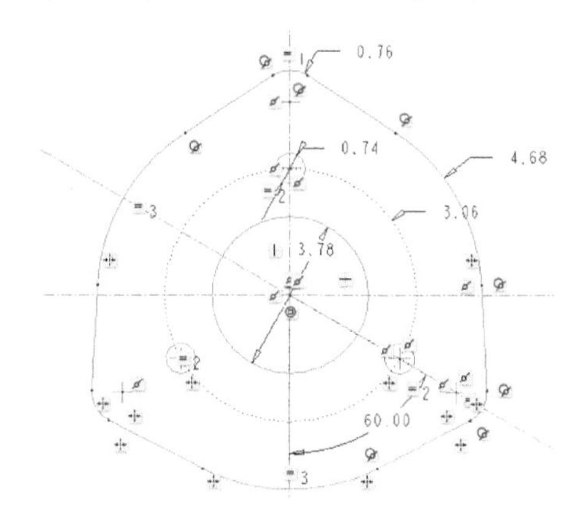

图 3-71　尺寸标注

4. 保存文件

操作同实例一。

3.4 实 训 题

1. 绘制并标注如图 3-72 所示的草图。

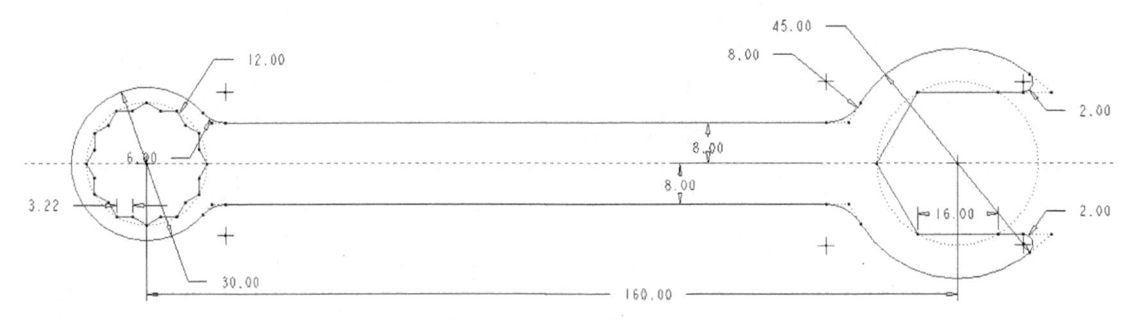

图 3-72 实训题 1

2. 绘制并标注如图 3-73 所示的草图。

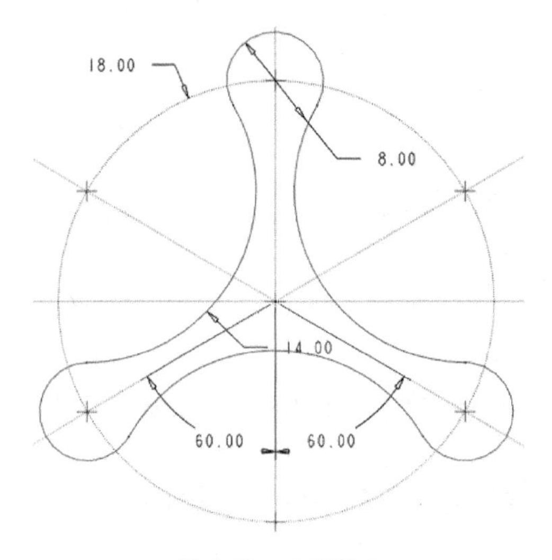

图 3-73 实训题 2

第 4 章

拉伸类零件的建模

4.1 拉伸命令简介

拉伸是指沿垂直于草绘截面的直线路径方向生成三维实体的一种造型方法。拉伸可以添加材料创建实体、曲面及薄壳特征，也可以去除材料形成孔类特征。

1. 【拉伸】特征面板

单击【模型】选项卡中的【拉伸】工具按钮，在界面顶部显示【拉伸】特征面板，如图 4-1 所示。

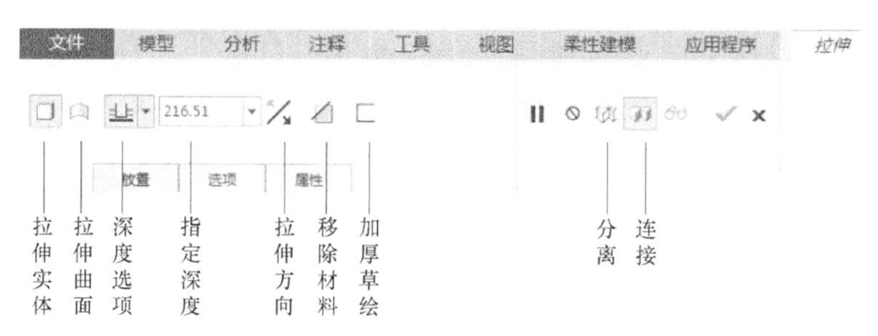

图 4-1 【拉伸】特征面板

2. 【拉伸】特征面板主要工具按钮简介

（1）特征类型选择

- 【拉伸实体】：单击特征面板中的实体按钮，使其呈按下状态。
- 【移除材料】：将实体按钮和移除实体材料按钮同时按下。
- 【加厚草绘】：将实体按钮和加厚草绘按钮同时按下。
- 【拉伸曲面】：将曲面按钮按下。

（2）方向控制　在改变拉伸方向时可单击图形区的方向箭头来控制拉伸方向，也可单击特征面板中的拉伸方向按钮来控制拉伸方向。

1）添加材料拉伸实体或曲面：由按钮控制、调整特征相对于草绘平面的方向。

2）创建薄壳特征：第一个方向按钮控制特征相对于草绘平面的方向，第二个方向按钮控制材料沿厚度生长方向。

3）切减材料：两个方向按钮分别控制材料切减方向。

（3）拉伸深度控制　拉伸以草绘平面为基准，可以单方向拉伸，也可双方向拉伸。单击【拉伸】特征面板中的【选项】按钮，弹出下滑面板，如图 4-2 所示。在此面板中可以完成两个方向的拉伸距离设置。

【深度】各选项的含义如下：

- 【盲孔】选项：通过尺寸来确定特征的单侧深度，如图 4-3a 所示。
- 【对称】选项：表示以草绘平面为基准沿两个方向创建特征，两侧的特征深度均为总尺寸的一半，如图 4-3b 所示。
- 【到下一个】选项：从草绘平面开始沿拉伸方向添加或去除材料，在特征到达第一个曲面时将其终止，如图 4-3c 所示。
- 【穿透】选项：从草绘平面开始沿拉伸方向添加或去除材料，特征到达最后一个曲面时将其终止，如图 4-3d 所示。

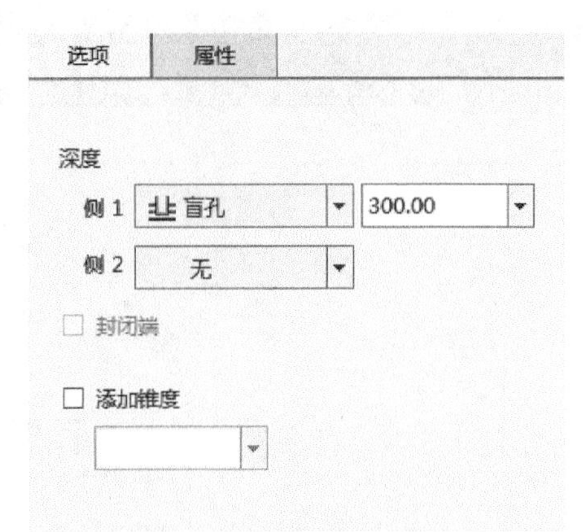

图 4-2 【选项】下滑面板

- 【穿至】选项：从草绘平面开始沿拉伸方向添加或去除材料，当遇到用户所选择的实体模型曲面时终止，如图 4-3e 所示。
- 【到选定项】选项：从草绘平面开始沿拉伸方向添加或去除材料，当遇到用户所选择的实体上的点、曲线、平面或一般面所在的位置时终止，如图 4-3f 所示。

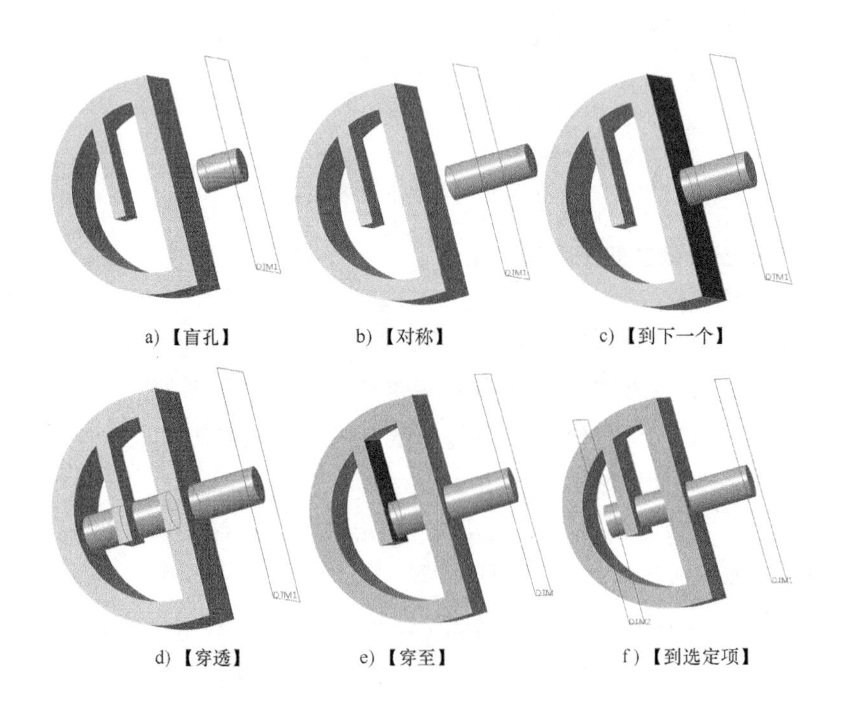

a)【盲孔】　b)【对称】　c)【到下一个】

d)【穿透】　e)【穿至】　f)【到选定项】

图 4-3 【深度】各选项的含义

3. 带锥度拉伸

单击【选项】按钮，弹出下滑面板，如图 4-4 所示。在下滑面板中选中【添加锥度】，可以直接拉伸出带有锥度的拉伸特征，如图 4-5 所示。

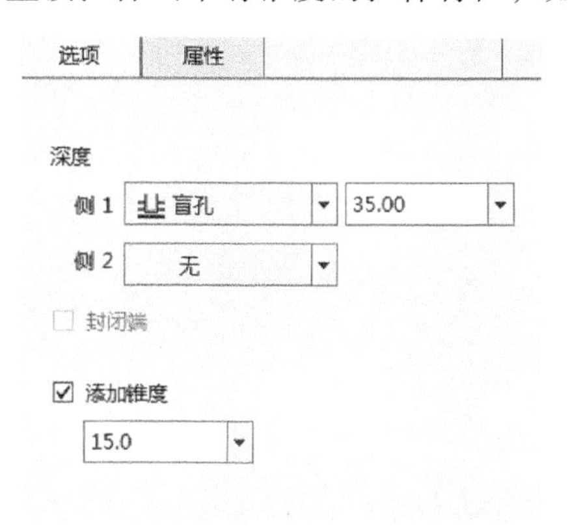

图 4-4 【选项】下滑面板

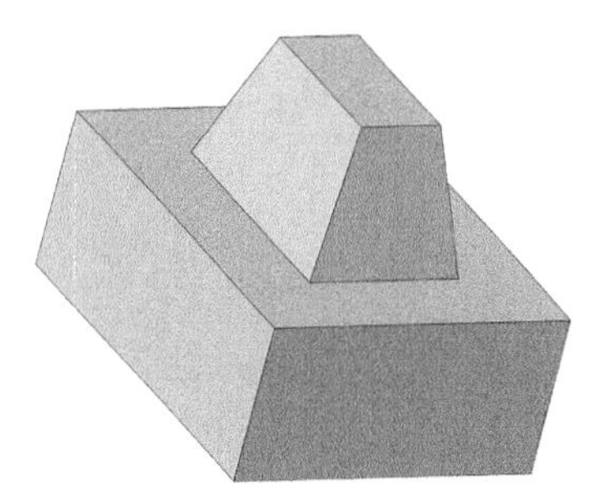

图 4-5 带锥度拉伸

4. 拉伸内部草绘解析

（1）进入草绘界面　单击【拉伸】特征面板中的【放置】按钮，弹出下滑面板，单击其中的【定义】按钮，或在图形区域内单击鼠标右键，在弹出的快捷菜单中选择【定义内部草绘】。弹出【草绘】对话框如图 4-6 所示。例如，指定基准平面 TOP 为草绘平面，选取基准平面 RIGHT 为参照，方向为“右”，其他选项使用系统默认值。单击对话框底部的按钮【草绘】，进入草绘界面，即可绘制截面草图。若草绘平面与屏幕不平行，可单击视图控制工具栏中的【草绘设置】按钮。

（2）绘制截面草图时注意事项　拉伸实体时二维草图必须为封闭图形；拉伸曲面和薄壳时草图截面可开放也可封闭；草图各图元可并行、嵌套，但不可自我交错。

5. 编辑拉伸特征

从【模型树】或图形区中单击鼠标选择要修改的拉伸特征，弹出如图 4-7 所示的快捷工具栏。单击【编辑定义】按钮，完成拉伸特征的编辑；若只更改模型的几个尺寸，单击【编辑尺寸】按钮，双击尺寸激活尺寸文本框，完成尺寸修改；若想对模型参考进行修改，

图 4-6 【草绘】对话框

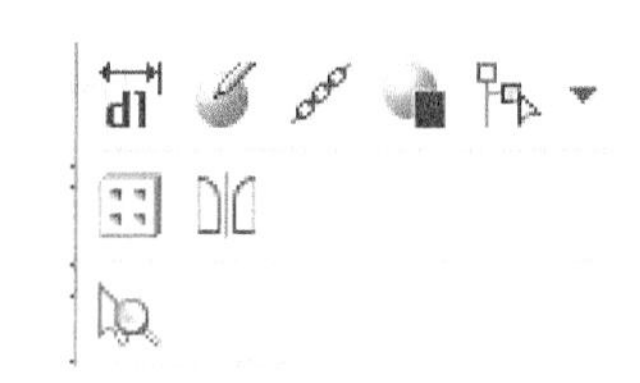

图 4-7 快捷工具栏

单击【编辑参考】按钮，在弹出的【编辑参考】对话框中对原始参考和新参考进行设置。

4.2 连杆的建模

本例以发动机连杆为建模对象，如图 4-8 所示。其主体由曲轴连接大端（半空心圆柱）、活塞连接小端（空心圆柱）、中间连接部分和大端连接部分组成，各部分自身和连接处有倒角和倒圆角工程特征。

图 4-8 连杆实物

建模过程

1. 新建文件

1）执行【文件】|【新建】命令，或单击快速访问工具栏中【新建】按钮，弹出【新建】对话框，如图 4-9 所示。

2）在【类型】选项组中选中【零件】单选按钮，在【子类型】选项组中选中【实体】单选按钮，在【名称】文本框中输入文件名称“liangan”，【使用默认模板】复选框为非选中状态。

3）单击【确定】按钮，弹出【新文件选项】对话框，选择“mmns_part_solid”选项，如图 4-10 所示。

2. 创建曲轴连接大端

1）单击【模型】选项卡中的【拉伸】工具按钮，在界面顶部显示【拉伸】特征面板。

2）特征面板中的【创建实体】按钮默认为选中状态，其他设置保存不变，创建实体特征。

3）草绘半空心圆柱截面。

① 进入草绘模式：单击【放置】按钮，弹出下滑面板，单击其中的【定义】按钮，弹出【草绘】对话框。指定基准平面 TOP 面为草绘平面，参照面为基准平面 RIGHT 面，其他选项使用系统默认值。单击对话框的【草绘】按钮，进入草绘模式。

② 粗略绘制圆柱体截面：单击特征工具栏中的【创建圆】按钮，通过圆心和点来创建圆。移动光标至参照面的交点处单击，即确定了圆心的位置，拖动鼠标远离圆心，再次单击，即确定了圆的大小，单击鼠标中键确定。重复画另一同心圆，如图 4-11 所示。

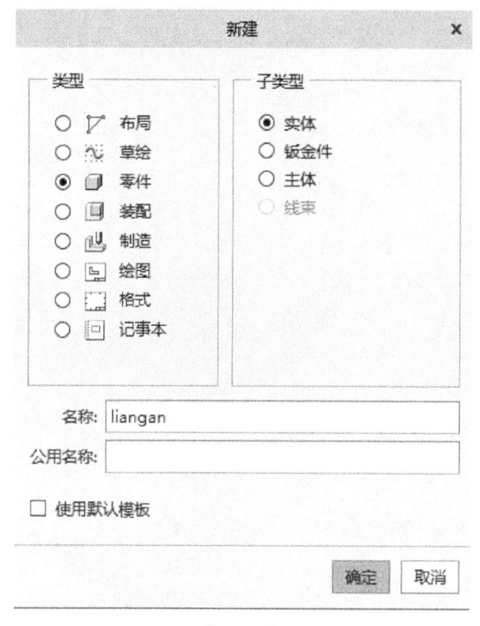

图 4-9 【新建】对话框

图 4-10 【新文件选项】对话框

③ 调整截面尺寸放置位置：选中图中某一尺寸，按住鼠标左键将该尺寸拖放到一合适的位置，释放鼠标左键，完成该尺寸的移动。移动尺寸后的草图如图 4-12 所示。

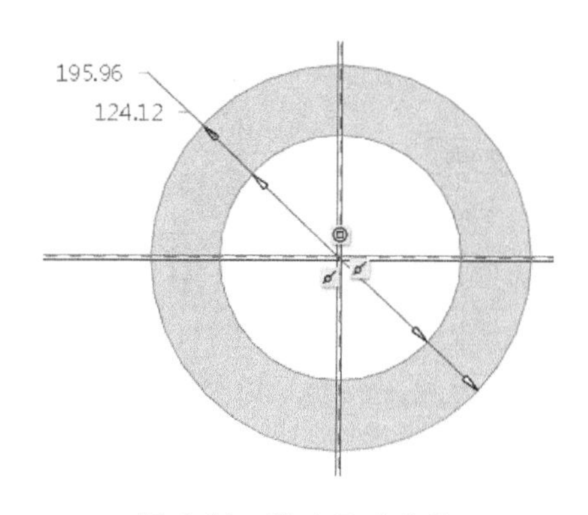

图 4-11　粗略尺寸草绘

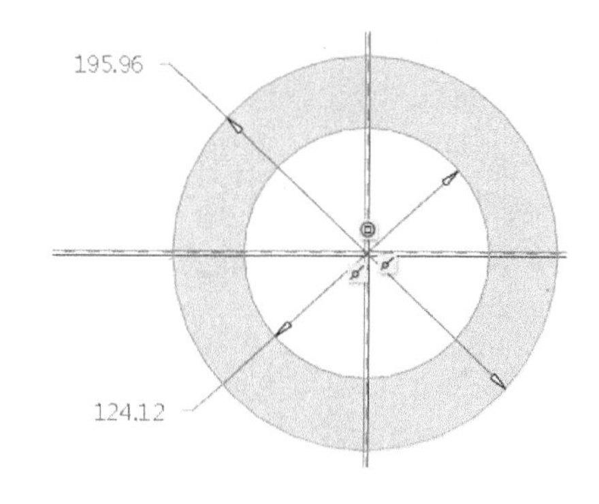

图 4-12　移动尺寸后草图

④ 修改截面尺寸：双击图中各尺寸，分别进行修改，修改后的直径分别为“75”和“65”，按鼠标中键或<Enter>键，完成修改。

⑤ 用直线切分成半圆：鼠标单击【草绘】特征工具栏中的【创建线】按钮，再在草绘两圆之间的竖直方向画两条线，用竖线分隔后的草绘如图 4-13 所示。

⑥ 删除多余线段：单击【编辑】特征工具栏中的【删除段】按钮，长按鼠标左键，在需要删除的线段上用鼠标划过，然后松开鼠标左键，如此反复，最后按鼠标中键退出【删除段】命令，草绘结果如图 4-14 所示。

⑦ 完成草图的绘制：单击草绘特征工具栏中的【确认】按钮，完成草图的绘制。

4）深度选项控制。单击【盲孔】工具按钮旁的倒三角下拉按钮，弹出下滑面板，

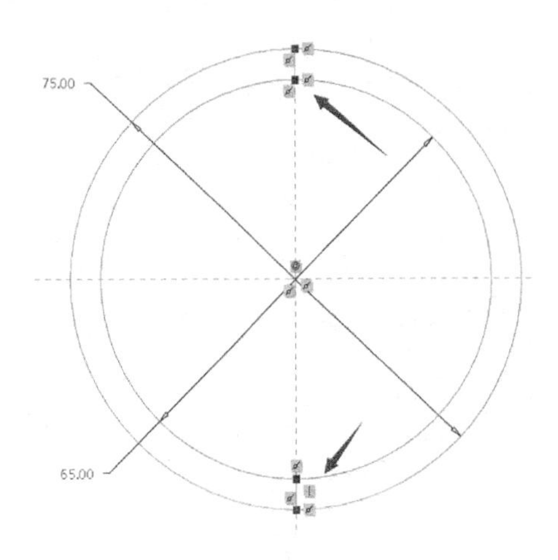

图 4-13 添加分割竖线草绘

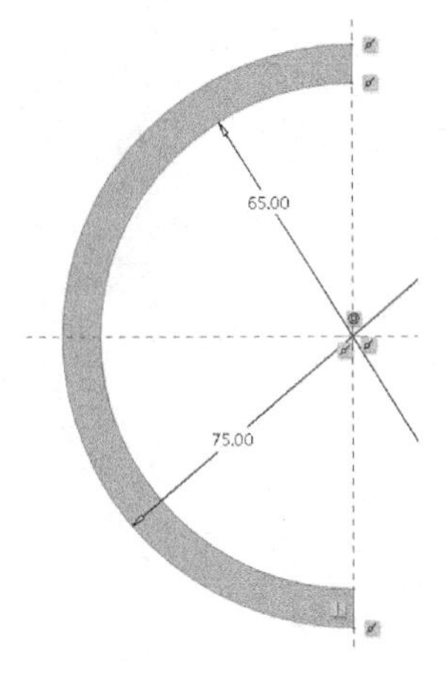

图 4-14 半圆草绘

选择下滑面板中【双侧深度】选项，并输入拉伸高度“45”。单击【确认】按钮，原草图便拉伸成为如图 4-15 所示的半空心圆柱。

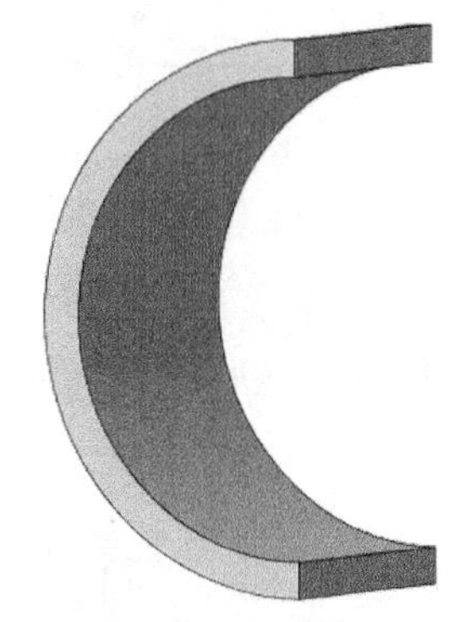

图 4-15 半空心圆柱

3. 创建活塞连接小端

1）单击特征工具栏中的【拉伸】工具按钮，在界面顶部弹出【拉伸】特征面板。

2）默认选中特征面板中的【创建实体】工具按钮。

3）草绘空心圆柱截面：

① 进入草绘模式：单击【放置】按钮，弹出下滑面板，单击【定义】按钮，弹出【草绘】对话框。指定基准平面 TOP 面为草绘平面，参照面为 RIGHT 基准面。其他选项使用系统默认值。单击【草绘】对话框中的草绘按钮，进入草绘模式。

② 单击特征工具栏中的【创建圆】工具按钮，在半圆左侧粗略绘制小空心圆柱体截面，绘制两个同心圆，圆心在水平参考线上。

③ 双击大圆、小圆尺寸，依次将尺寸修改为“55”“40”，双击鼠标中键退出尺寸修改，将大、小圆的圆心距竖直参考线的距离修改为“180”，尺寸修改后的空心圆柱草绘如图 4-16 所示。

④ 完成草图的绘制：单击草绘特征工具栏中的【确认】按钮，完成草图的绘制。

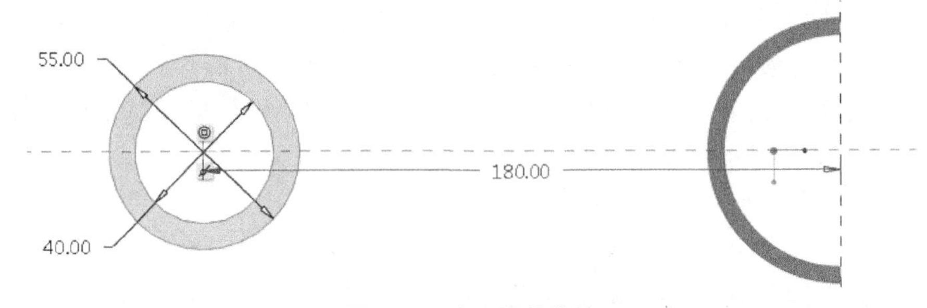

图 4-16 空心圆柱草绘

4）深度选项控制：单击界面顶部的【拉伸】特征面板中【双侧深度】工具按钮，输入拉伸高度“40”，可按<Enter>键、单击鼠标中键或在空白区域单击鼠标确认。单击特征面板中的按钮，生成空心圆柱，如图 4-17 所示。

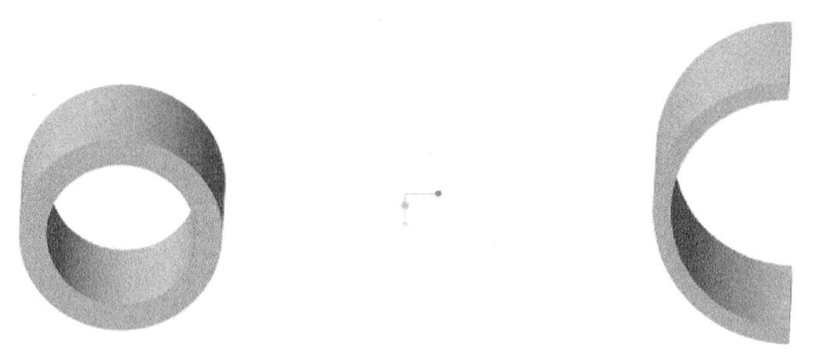

图 4-17　空心圆柱

4. 创建中间连接部分

1）单击特征工具栏中的【拉伸】工具按钮，在界面顶部弹出【拉伸】特征面板。

2）默认选中特征面板中的【创建实体】工具按钮。

3）草绘中间连接部分

① 进入草绘模式：单击【放置】按钮，弹出下滑面板，单击【定义】按钮，弹出【草绘】对话框。指定基准平面 TOP 面为草绘平面，参照面为 RIGHT 基准面。其他选项使用系统默认值。单击【草绘】对话框的草绘按钮，进入草绘模式。

② 绘制连接直线：单击功能区【设置】面板中的【参考】按钮，分别选取图形区左、右圆柱中的大圆作为参考；单击功能区【草绘】面板中的【直线】按钮，在选作参考的两圆上端分别单击作一条水平直线，单击鼠标中键确认；单击功能区【尺寸】面板中的【尺寸】按钮，分别单击水平直线和水平中线，再在两者之间的空白区域单击鼠标中键，弹出两者间距修改框，将间距修改为“15”，单击鼠标中键确认。中间连接部分草图一如图 4-18 所示。

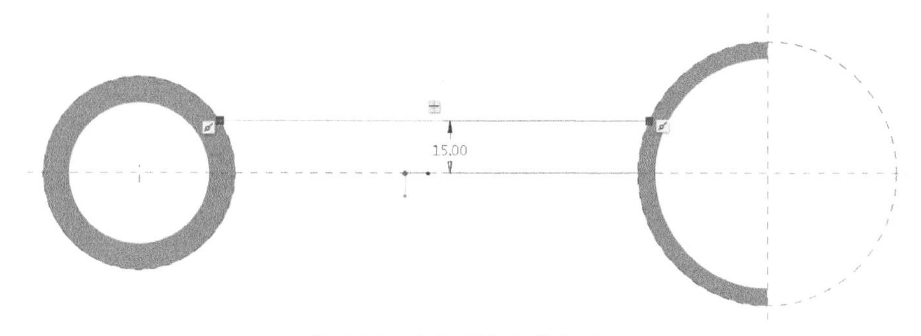

图 4-18　中间连接部分草图一

③ 绘制过渡圆弧：单击功能区【草绘】面板中【圆角】工具按钮右侧倒三角，单击其中【圆形修剪】按钮，单击鼠标左键分别选取直线和左侧参考圆、直线和右侧参考圆，生成两段过渡圆弧，单击鼠标中键确认；双击小圆处倒圆角尺寸，将尺寸修改为“65”，再双击大圆处倒圆角尺寸，将尺寸修改为“85”。中间连接部分草图二如图 4-19 所示（如果

直接单击【圆形】按钮，在修剪后会出现多余图元)。

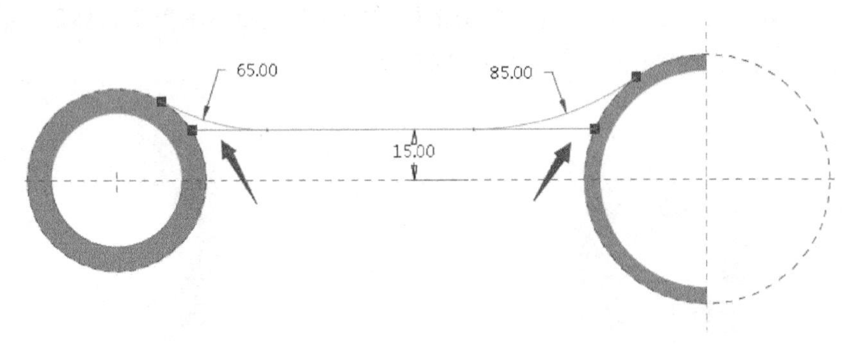

图 4-19 中间连接部分草图二

④ 修剪草图：单击功能区【编辑】面板中的【删除段】按钮，选取图 4-19 中箭头所指两端多余部分，再选中如图 4-19 所示残余图元，按<Delete>键将其删除，共有四处。修剪后的草图如图 4-20 所示。

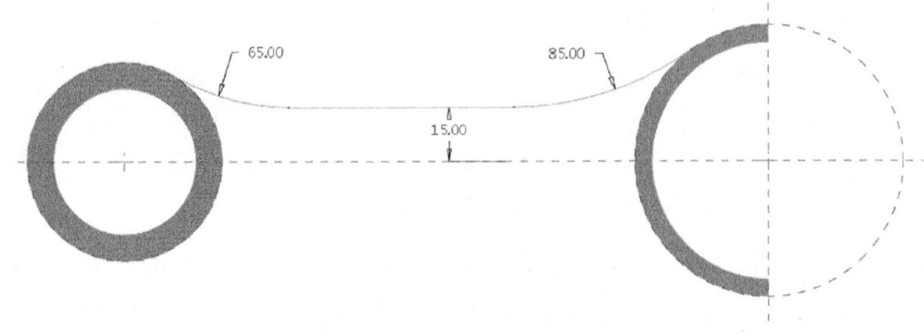

图 4-20 修剪后的草图

⑤ 镜像草图：单击功能区【草绘】面板中的【中心线】按钮 中心线，作一条与水平参考线重合的中心线，单击鼠标中键结束；用鼠标左键框选或按住<Ctrl>键依次选取三条线段。单击功能区【编辑】面板中的工具按钮 镜像，再单击刚绘制的水平中心线为镜像中心线，完成镜像操作。镜像后的草图如图 4-21 所示。

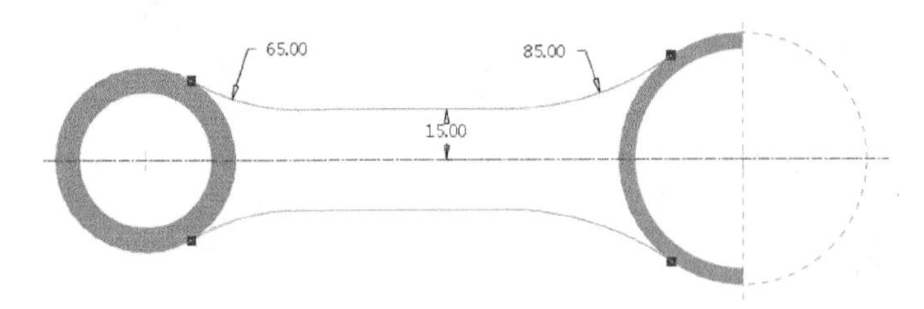

图 4-21 镜像后的草图

⑥ 构成封闭草图：单击功能区【草绘】面板中【弧】工具按钮右侧倒三角，单击其中【圆心和端点】按钮，单击左侧小圆圆心，再顺时针依次单击选取小圆与 R65 圆弧的上下两个交点；用同样方法逆时针依次选取大圆上下两交点，单击鼠标中键结束。完成中间连接部分草绘如图 4-22 所示。

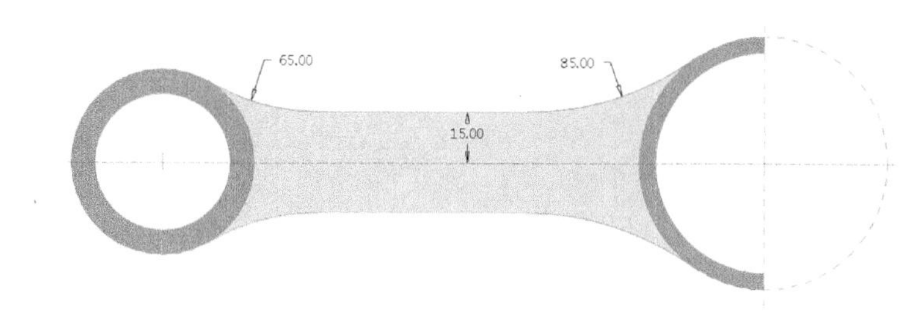

图 4-22 中间连接部分草图

⑦ 完成草图的绘制：单击草绘工具栏中的【确认】按钮✔，完成草图的绘制。

4）拉伸深度控制。单击拉伸工具栏中的【双侧深度】按钮，输入拉伸高度“20”，单击拉伸工具栏中的【确认】按钮✔，完成连接部分的拉伸，如图 4-23 所示。

5. 创建大端连接部分

1）单击功能区【形状】面板中的【拉伸】工具按钮，在界面顶部显示【拉伸】特征面板。

2）单击【放置】按钮，弹出下滑面板，单击【定义】按钮，弹出【草绘】对话框。选择如图 4-24 中所示面一为草绘平面，参照面为面二。其他选项使用系统默认值，进入草绘模式。

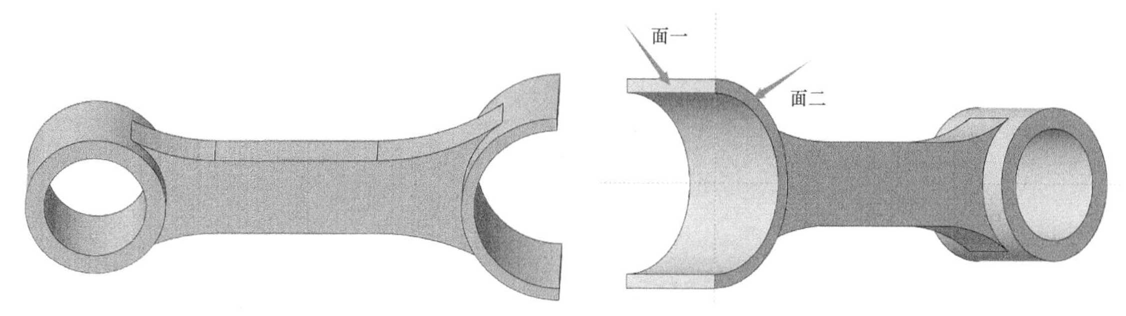

图 4-23 中间连接部分拉伸实体　　图 4-24 草绘和参照平面

3）绘制大端连接部分草图

① 选取参考：单击功能区【设置】面板中的【参考】工具按钮，选取如图 4-25 中所示箭头所指的零件边线为参考。

② 草绘矩形：单击功能区【草绘】面板中的【矩形】工具按钮，绘制如图 4-26 所示的矩形，其中长为“22”，宽为“20”，矩形一边距离竖直参考线距离为“12.5”。

③ 草绘圆：单击功能区【草绘】面板中的【圆】工具按钮，在矩形图形中绘制直径为“14”的圆，圆心距离矩形左边和上边距离均为“10”，绘制结果如图 4-27 所示。

④ 完成草图的绘制：单击草绘工具栏中的【确定】按钮✔，完成草图的绘制。

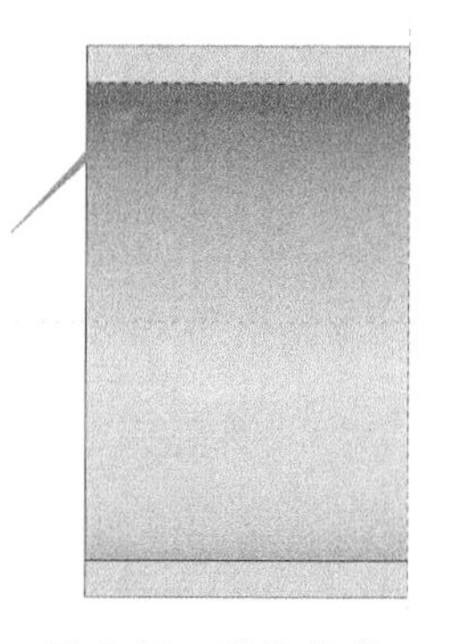

图 4-25 选取参考

4）深度选项控制：在【拉伸】特征面板输入拉伸高度“18”，

单击【方向控制】按钮，改变拉伸方向，单击【确认】按钮，生成单侧大端连接部分，如图 4-28 所示。

图 4-26 草绘矩形

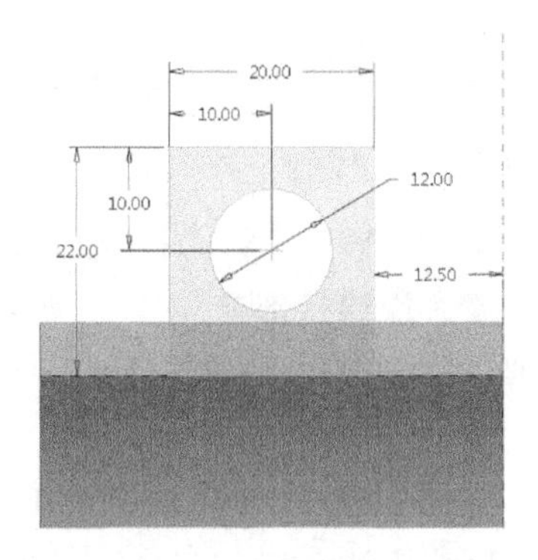

图 4-27 草绘圆

图 4-28 单侧大端连接部分

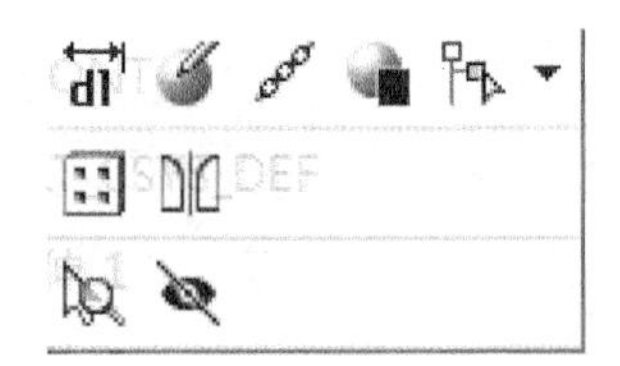

图 4-29 快捷工具栏

5）镜像单侧大端连接部分：选中导航区【模型树】中的 拉伸 4，在如图 4-29 所示的快捷工具栏中单击【镜像】工具按钮（或单击功能区【编辑】面板中的【镜像】工具按钮），弹出【镜像】特征面板，选取 FRONT 平面作为对称平面，单击【镜像】特征面板中的【确认】按钮，完成镜像，生成双侧大端连接部分，如图 4-30 所示。

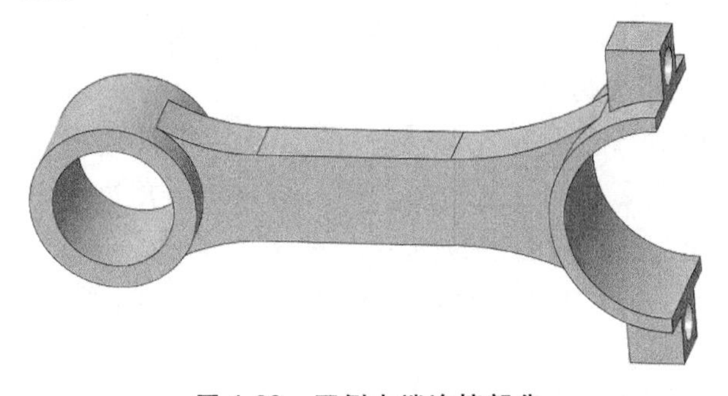

图 4-30 双侧大端连接部分

6）倒圆角：单击功能区【工程】面板中的【倒圆角】工具按钮，在界面顶部显示【倒圆角】特征面板，输入圆角半径为“8”，如图 4-31 所示。选择大端连接部分的四个棱边，单击【确认】按钮，生成圆角特征。倒圆角后的大端连接部分如图 4-32 所示。

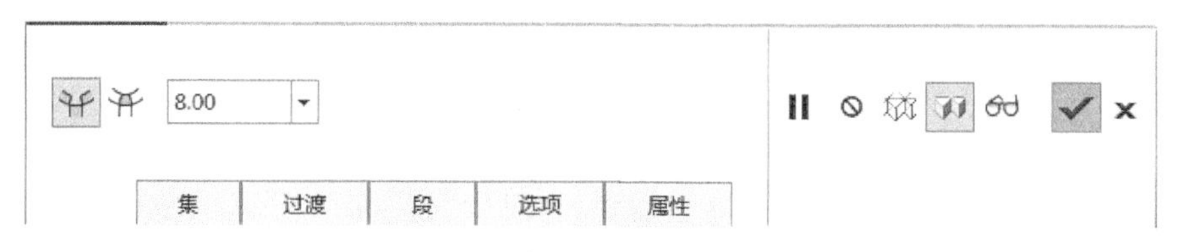

图 4-31　【倒圆角】特征面板

6. 两圆倒角

单击功能区【工程】面板中的【倒角】工具按钮，在界面顶部显示【倒角】特征面板，输入倒角尺寸为“1”，如图 4-33 所示。选择两圆孔四条棱边，单击【确认】按钮，生成倒角特征。倒角后的大端连接部分如图 4-34 所示。

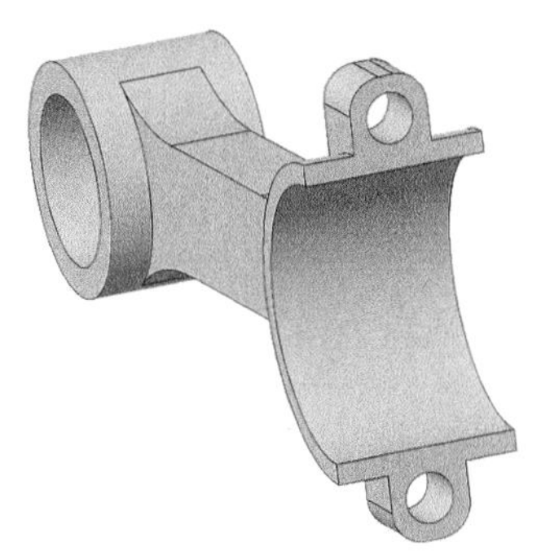
图 4-32　大端连接部分倒圆角

7. 重新定义连杆特征

【编辑定义】命令包含尺寸到特征细节的全部重定义，即重新定义截面的形状、尺寸和深度，以及草绘平面及参考平面。

图 4-33　【倒角】特征面板

1）在【模型树】中单击 拉伸 2 左侧三角符号，下侧弹出 截面 1 特征，单击该特征弹出如图 4-35 所示的快捷工具栏，单击其中【编辑定义】工具按钮，进入到圆柱草绘编辑界面。

2）设置小圆直径为“20”，单击草绘工具栏中的【确认】按钮，完成草图的绘制。重定义的连杆小圆柱特征如图 4-36 所示。

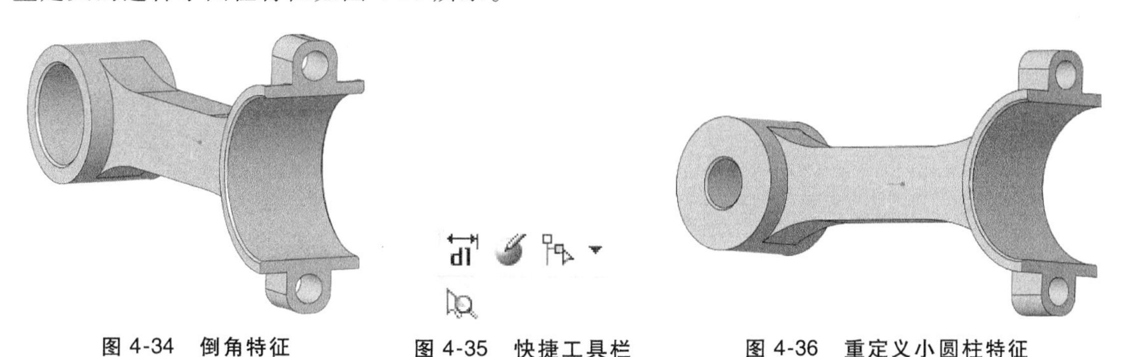
图 4-34　倒角特征　　图 4-35　快捷工具栏　　图 4-36　重定义小圆柱特征

8. 保存文件

执行【文件】|【保存】命令，或单击快速访问工具栏中的【保存】按钮，保存当前建立的零件模型。

4.3 底壳的建模

底壳是一种箱体类零件，创建完成后的模型效果如图 4-37 所示。通过本例的创建，熟悉拉伸创建特征的步骤及方法，重点掌握抽壳、复制、镜像等创建实体模型的方法。

图 4-37 底壳模型

建模过程

1. 新建文件

建立【类型】为 零件，【名称】为“dike”的新文件。

2. 拉伸六面体

1）单击功能区【形状】面板中的【拉伸】工具按钮，在界面顶部显示【拉伸】特征面板。

2）设置拉伸深度为“70”，拉伸方式及其他选项默认。

3）单击【放置】按钮，弹出下滑面板，单击【定义】按钮，弹出【草绘】对话框。选择 TOP 基准面为草绘平面，RIGHT 基准面为参考面，单击【草绘】按钮，进入草绘工作环境。

4）绘制如图 4-38 所示的正方形截面。

5）单击工具栏中【确认】按钮，返回【拉伸】特征面板。单击【确认】按钮，完成拉伸特征，六面体如图 4-39 所示。

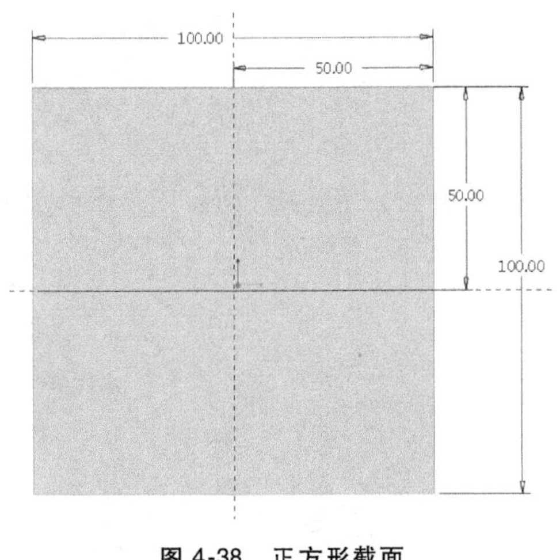

图 4-38 正方形截面

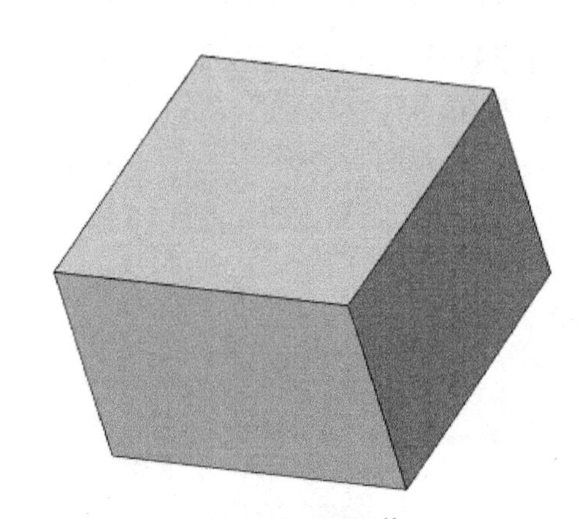

图 4-39 六面体

3. 抽壳

抽壳默认是将实体内部抽成等壁厚的空间，而此处需要通过适当选择、设置将六面体抽成顶部开口，底部不等壁厚的状态，具体操作流程如下：

1）单击功能区【工程】面板中的【抽壳】工具按钮，在界面顶部显示【壳】特征面板，设定抽壳厚度为“3”，如图 4-40 所示。

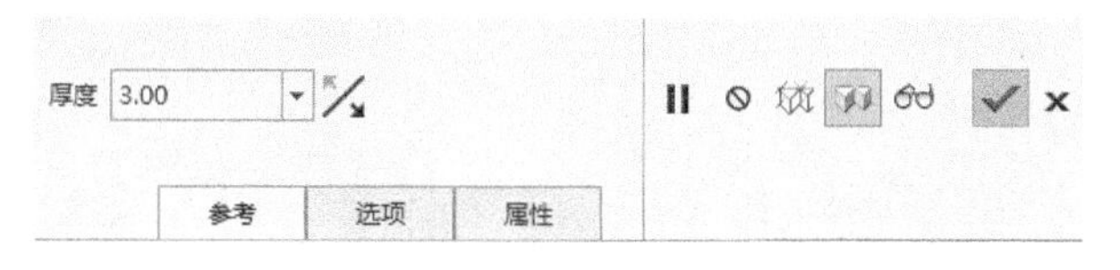

图 4-40　【壳】特征面板

2）单击【参考】按钮，弹出下滑面板，如图 4-41 所示。

3）单击【移除的曲面】列表框中的【选择项】，选择六面体的顶面为移除面。单击【非默认厚度】列表框中的【单击此处添加项】，选择六面体的底面为添加面，设置厚度为“5”，单击鼠标中键确定。【参考】下滑面板设置如图 4-42 所示。

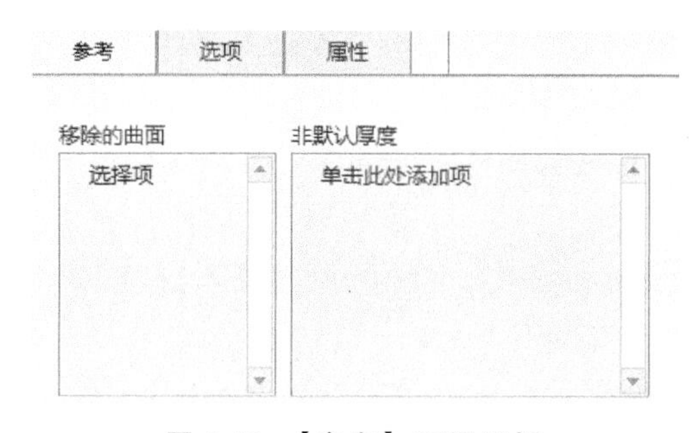

图 4-41　【参考】下滑面板

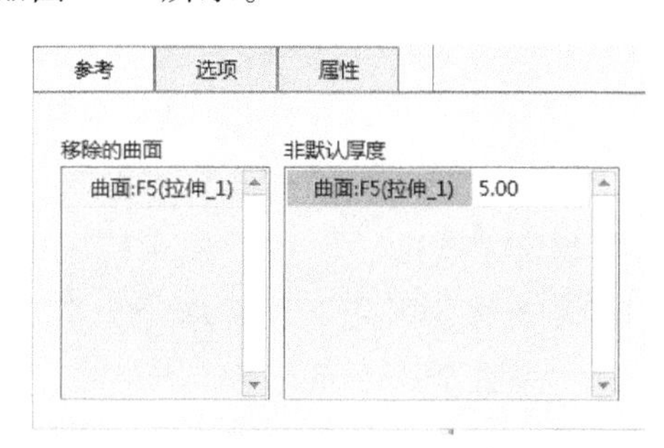

图 4-42　【参考】下滑面板设置

4）单击【确认】按钮，完成抽壳特征，抽壳后的六面体如图 4-43 所示。

4. 创建连接柱

1）单击功能区【形状】面板中的【拉伸】工具按钮，在界面顶部显示【拉伸】特征面板。

2）单击【放置】按钮，弹出下滑面板，单击【定义】按钮，弹出【草绘】对话框。选择开口顶面为草绘平面，RIGHT 基准面为参考面，单击【草绘】按钮，进入草绘工作环境。

3）在前导工具栏中选择【带边着色】，将图形棱边与面区别显示出来，设置如图 4-44 所示。

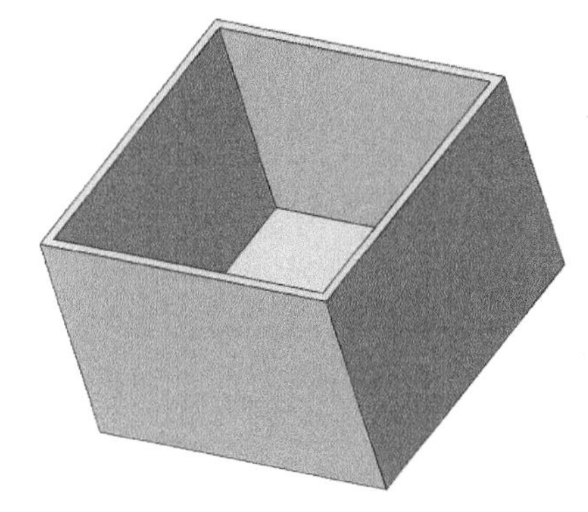

图 4-43　抽壳后的六面体

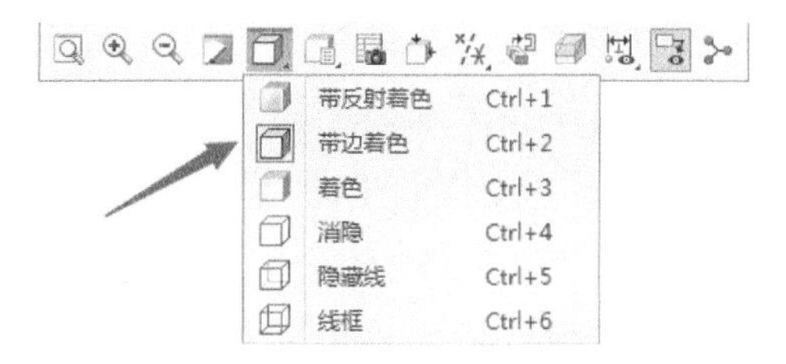

图 4-44　选择【带边着色】

4）单击功能区【草绘】面板中的【圆】工具按钮，在左上角处以壳体内壁顶部交点为圆心创建直径为“10”的圆，草绘如图 4-45 所示。

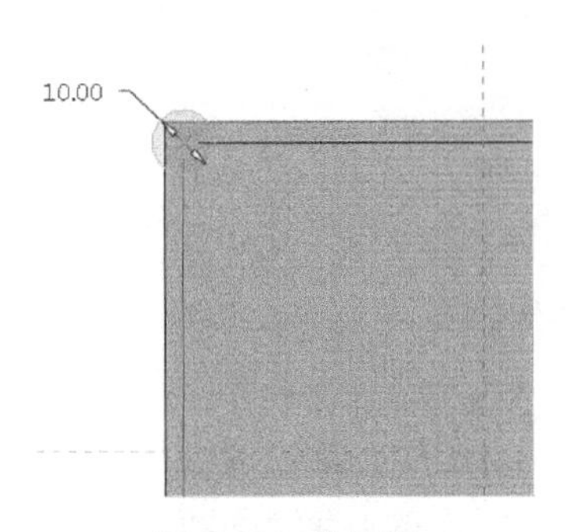

图 4-45　草绘圆

图 4-46　连接柱

5）单击功能区【关闭】面板中的【确认】按钮，返回【拉伸】特征面板。

6）设置拉伸方式为，选择壳体底面为选定面，其他选项默认。

7）单击【确认】按钮，完成拉伸特征。连接柱如图 4-46 所示。

5. 创建标准孔

1）单击功能区【工程】面板中的【孔】工具按钮，在界面顶部显示【孔】特征面板。

2）单击选取【孔】特征面板中的【标准孔】按钮，螺钉尺寸选取为“M5x.5”，孔深为“20”，其余默认，【孔】特征面板设置如图 4-47 所示。

图 4-47　【孔】特征面板设置

3）单击【放置】按钮，弹出下滑面板。按住<Ctrl>键依次选择壳体开口顶面和连接柱中心轴线来确定放置位置，其余设置为灰色，【放置】下滑面板设置如图 4-48 所示。

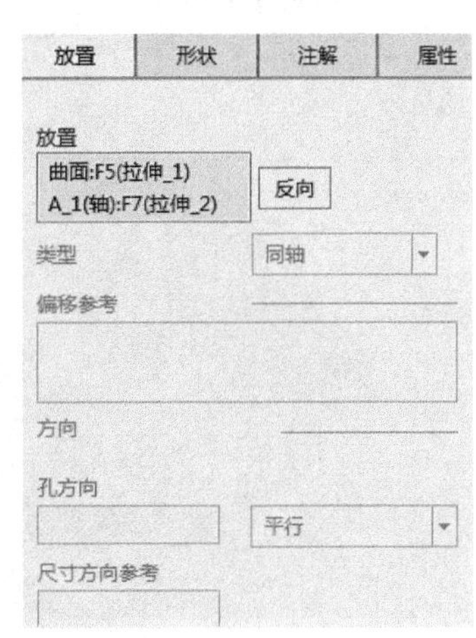

图 4-48　【放置】下滑面板设置

4）单击【确认】按钮，完成标准孔特征的建立。连接柱的标准螺纹孔如图 4-49 所示。

6. 阵列连接柱及螺纹孔

1）按住<Ctrl>键，在【模型树】中选中“拉伸 2”和“孔 1”两个特征，弹出如图 4-50 所示的快捷工具栏，单击其中的【分组】工具按钮，将以上两个特征组合在一起。

2）选中【模型树】中的【组】特征 组LOCAL_GROUP，在功能区【工程】面板中单击【阵列】工具按钮，在界面顶部显示【阵列】特征面板。

3）阵列形式选择为【方向】，分别选取底壳开口面靠近连接柱两侧外棱边为第 1 和第 2 方向参考，通过按钮调整阵列方向。【阵列】特征面板中的选项设置如图 4-51 所示，其中箭头所指为两不同参考边的设置位置。

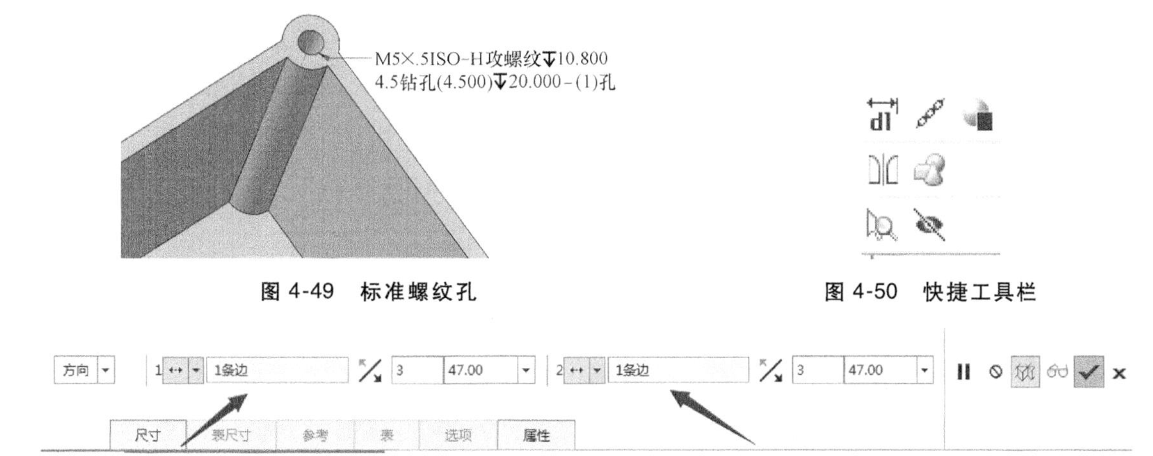

图 4-49　标准螺纹孔

图 4-50　快捷工具栏

图 4-51　【阵列】特征面板设置

4）单击【阵列】特征面板中的【确认】按钮，完成连接柱及安装孔的阵列，如图 4-52 所示。

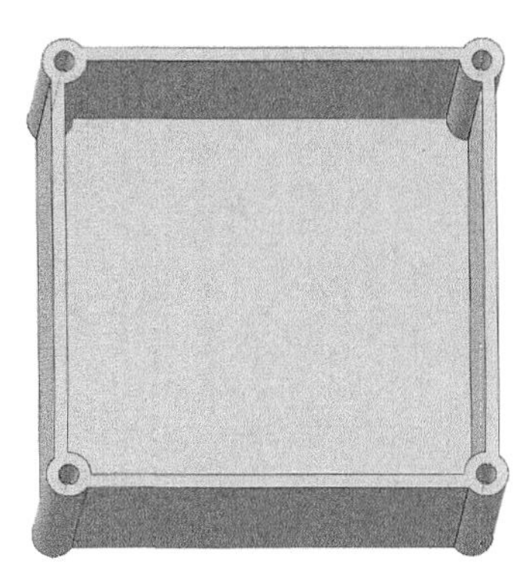

图 4-52　阵列特征

7. 保存模型

单击快速访问工具栏中的【保存】按钮，保存当前建立的“dike”模型。

4.4　托架的建模

本例创建托架的最终效果如图 4-53 所示。通过本例，进一步学习拉伸工具的使用；熟悉镜像操作方法；学习加强筋的创建方法。

建模过程

1. 新建文件

建立【类型】为　零件，【名称】为“tuojia”的新文件。

2. 创建托架底座

1）单击功能区【形状】面板中的【拉伸】工具按钮，在界面顶部显示【拉伸】特征面板。

2）设置拉伸深度为“12”，拉伸方式及其他选项默认。

3）单击【放置】按钮，弹出下滑面板，单击【定义】按钮，弹出【草绘】对话框。选择 TOP 基准面为草绘平面，RIGHT 基准面为参考面，单击【草绘】按钮，方向为“右”，进入草绘工作环境。

4）绘制如图 4-54 所示的长方形截面。

图 4-53 托架模型

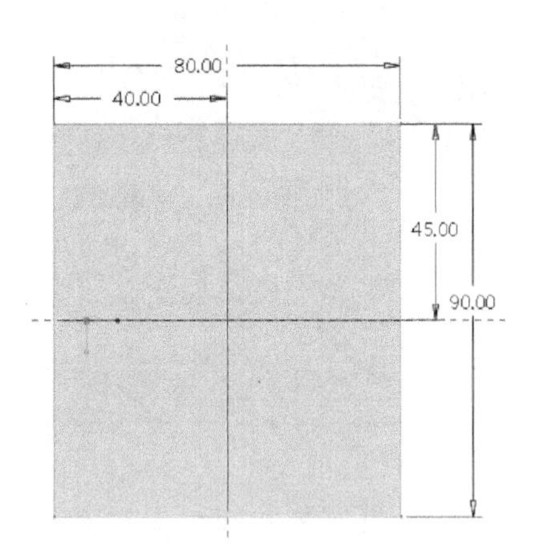

图 4-54 长方形截面

5）单击工具栏中【确认】按钮，返回【拉伸】特征面板。单击【确认】按钮，完成拉伸特征。

3. 创建托架底座槽

1）单击功能区【形状】面板中的【拉伸】工具按钮，在界面顶部显示【拉伸】特征面板。

2）设置拉伸方式为【对称】，深度为“80”，类型为【去除材料】。其他选项默认。

3）单击【放置】按钮，弹出下滑面板，单击【定义】按钮，弹出【草绘】对话框。选择 RIGHT 基准面为草绘平面，TOP 基准面为参考面，方向为“上”，单击【草绘】按钮，进入草绘工作环境。

4）在底部边线处绘制如图 4-55 所示的草绘截面。

5）单击工具栏中【确定】按钮，返回【拉伸】特征面板。单击【确认】按钮，完成拉伸特征，底座槽如图 4-56 所示。

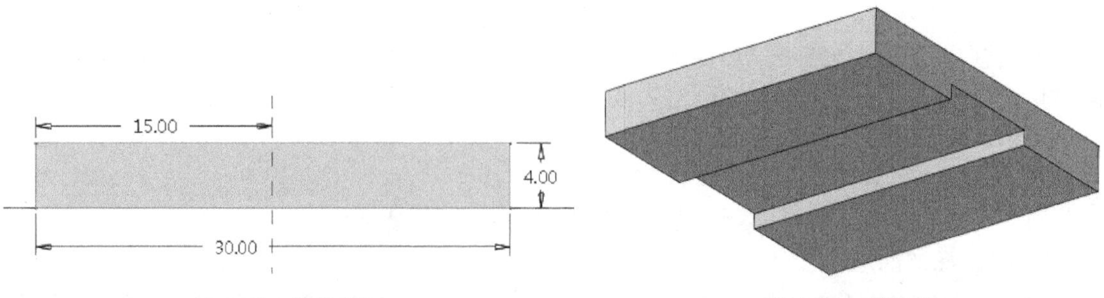

图 4-55 草绘截面

图 4-56 底座槽

4. 创建辅助平面

单击功能区【基准】面板中的【平面】工具按钮，弹出【基准平面】对话框，选择 TOP 基准面作为放置参考平面，方式为【偏移】，偏移距离为“70”，【基准平面】对话框设置如图 4-57 所示，单击对话框中【确定】按钮，完成辅助平面 DTM1 的创建。利用同样方法，选择 RIGHT 基准面作为放置参考平面，方式为【偏移】，偏移距离为“-90”，创建辅助平面 DTM2，两辅助平面的建立结果如图 4-58 所示。

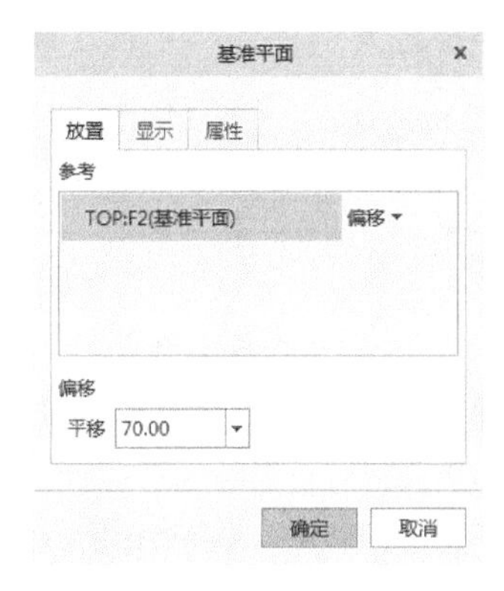

图 4-57　【基准平面】对话框设置

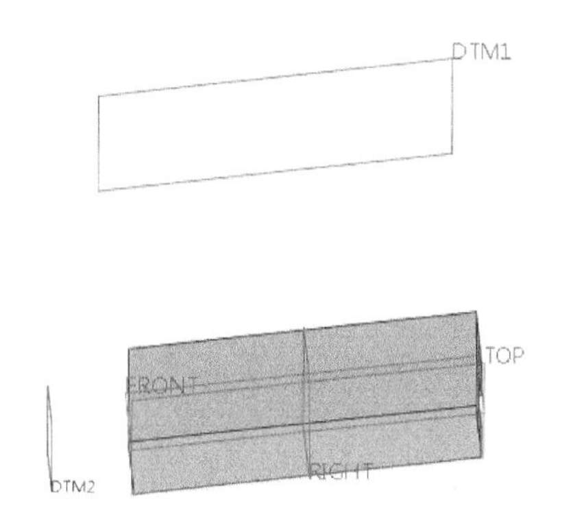

图 4-58　辅助平面 DTM1 和 DTM2

5. 创建圆柱

1）单击功能区【形状】面板中的【拉伸】工具按钮，在界面顶部显示【拉伸】特征面板。

2）设置拉伸方式为【对称】，深度为“60”，其他选项默认。

3）单击【放置】按钮，弹出下滑面板，单击【定义】按钮，弹出【草绘】对话框。选择 FRONT 基准面为草绘平面，TIGHT 基准面为参考面，方向为“右”，单击【草绘】按钮，进入草绘工作环境。

4）创建参考：单击功能区【设置】面板中的【参考】工具按钮，弹出【参考】对话框，分别选取辅助平面 DTM1 和 DTM2 建立两条参考线，单击对话框中的【关闭】按钮，结束参考设置。

5）草绘圆：单击功能区【草绘】面板中的【圆】按钮，在两参考线交点处画圆，直径为“30”，草绘圆截面如图 4-59 所示。

6）单击工具栏中【确认】按钮，返回【拉伸】特征面板。单击【确认】按钮，完成拉伸特征，圆柱如图 4-60 所示。

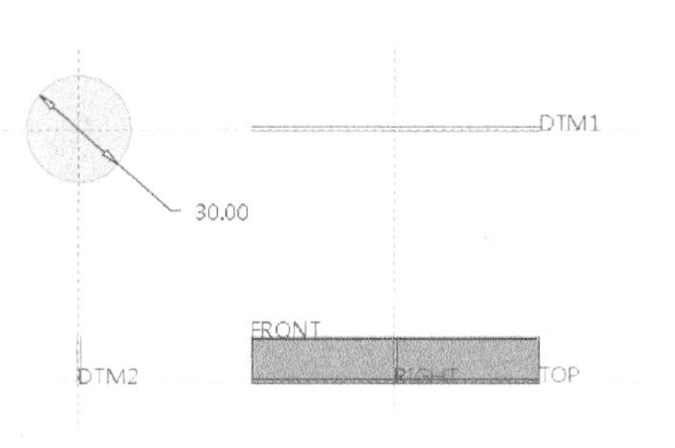

图 4-59　草绘圆截面

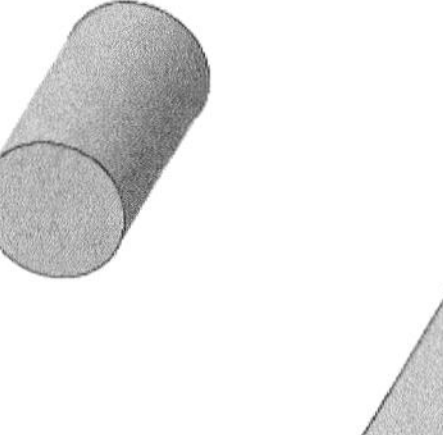

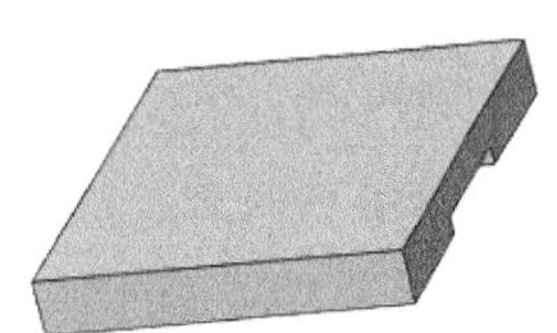

图 4-60　圆柱

6. 创建连接弧

1）单击功能区【形状】面板中的【拉伸】工具按钮，在界面顶部显示【拉伸】特征面板。

2）设置拉伸方式为【对称】，深度为“40”，单击【加厚草绘】工具按钮，深度为“8”，其他选项默认。

3）单击【放置】按钮，弹出下滑面板，单击【定义】按钮，弹出【草绘】对话框。选择 FRONT 基准面为草绘平面，RIGHT 基准面为参考面，方向为“右”，单击【草绘】按钮，进入草绘工作环境。

4）创建参考：单击功能区【设置】面板中的【参考】工具按钮，弹出【参考】对话框，分别选取草绘平面中的圆轮廓、方形底座左边和辅助平面 DTM2 建立参考，单击对话框中的【关闭】按钮，结束参考设置。

5）以参考圆底部为起点向右绘制水平直线交于竖直参考线，再向下绘制竖直直线至方形底座左边顶部终止，对水平直线和竖直直线交点处倒半径“30”的圆角，形成如图 4-61 所示草绘图形。

6）单击工具栏中【确认】按钮，返回【拉伸】特征面板。单击【确认】按钮，完成拉伸特征，连接弧如图 4-62 所示。

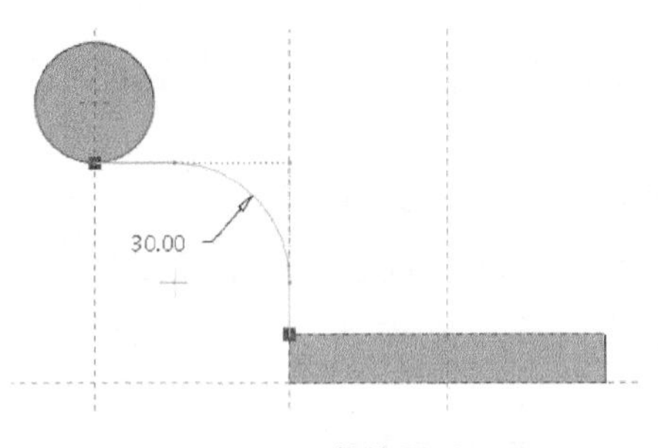

图 4-61 草绘图形

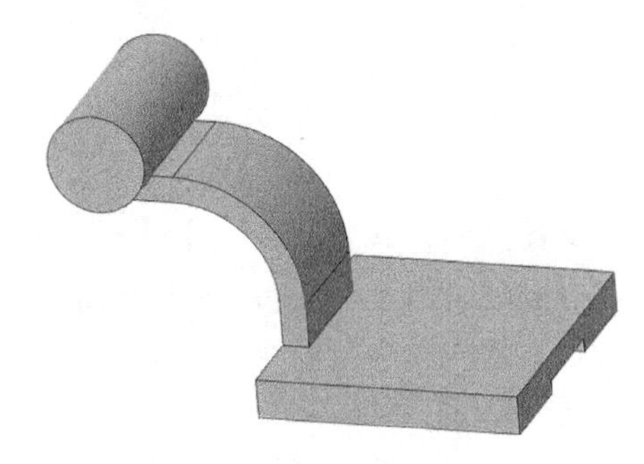

图 4-62 连接弧

7. 通过【拉伸】工具创建上部加强筋

1）单击功能区【形状】面板中的【拉伸】工具按钮，在界面顶部显示【拉伸】特征面板。

2）设置拉伸方式为【对称】，深度为“8”，其余选项默认。

3）单击【放置】按钮，弹出下滑面板，单击【定义】按钮，弹出【草绘】对话框。选择 FRONT 基准面为草绘平面，RIGHT 基准面为参考面，方向为“右”，单击【草绘】按钮，进入草绘工作环境。

4）创建参考：单击功能区【设置】面板中的【参考】工具按钮，弹出【参考】对话框，分别选取草绘平面中的圆轮廓、方形底座上边和辅助平面 DTM2 建立参考，单击对话框中的【关闭】按钮，结束参考设置。

5）单击功能区【草绘】面板中【弧】工具按钮 |【圆心和端点】工具按钮，将圆心选定在参考辅助平面 DTM2 建立的竖直参考线上，以参考圆顶部为圆弧起点，方形底座上边为圆弧终点作圆弧，设置圆弧半径为“100”，形成如图 4-63 所示的草绘图形。

6）单击工具栏中【确认】按钮，返回【拉伸】特征面板。若未生成加强筋，检查拉伸方向箭头是否如图 4-64 所示朝内，可通过单击该箭头或【拉伸】特征面板中第二个方向按钮调整方向。单击【确认】按钮，完成上部加强筋创建。

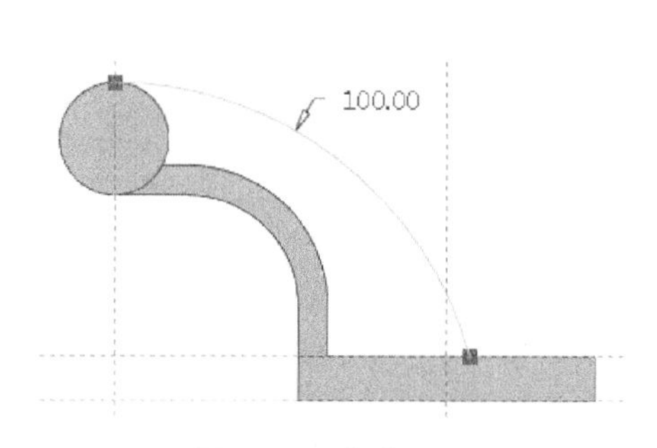

图 4-63　草绘图形

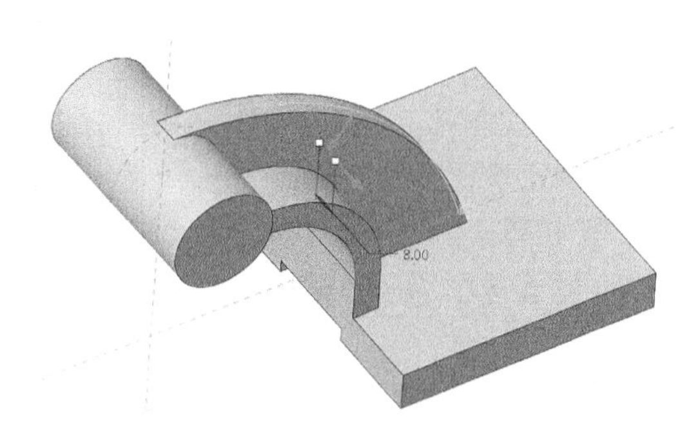

图 4-64　加强筋拉伸方向设置

8. 通过【筋】工具按钮创建下部加强筋

1）单击功能区【工程】面板中【筋】工具按钮|【轮廓筋】工具按钮，在界面顶部显示【轮廓筋】特征面板。

2）单击【参考】按钮，弹出下滑面板，单击【定义】按钮，弹出【草绘】对话框。选择 FRONT 基准面为草绘平面，RIGHT 基准面为参考面，方向为“右”，单击【草绘】按钮，进入草绘工作环境。

3）创建参考：单击功能区【设置】面板中的【参考】工具按钮，弹出【参考】对话框，选取连接弧下部圆轮廓建立参考，单击对话框中的【关闭】按钮，结束参考设置。

4）通过参考圆两端点创建一条直线，草绘如图 4-65 所示。注意：线段的两端点应与其接触的轮廓线重合。

5）单击工具栏中【确认】按钮，返回【轮廓筋】特征面板，设置厚度为“5”，单击图形中直线上的箭头调整方向朝内，单击【确认】按钮，完成拉伸特征，下部加强筋如图 4-66 所示。

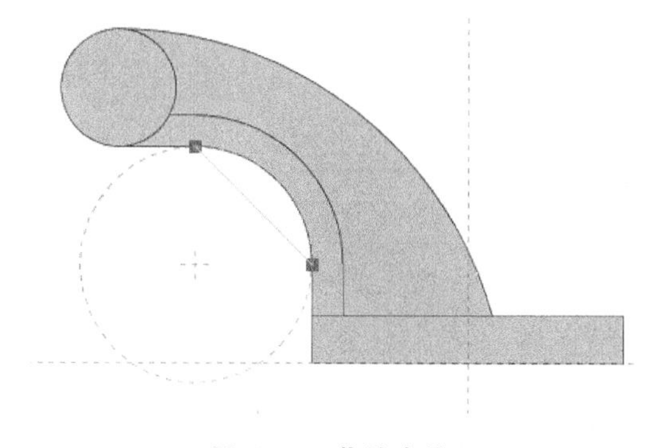

图 4-65　草绘直线

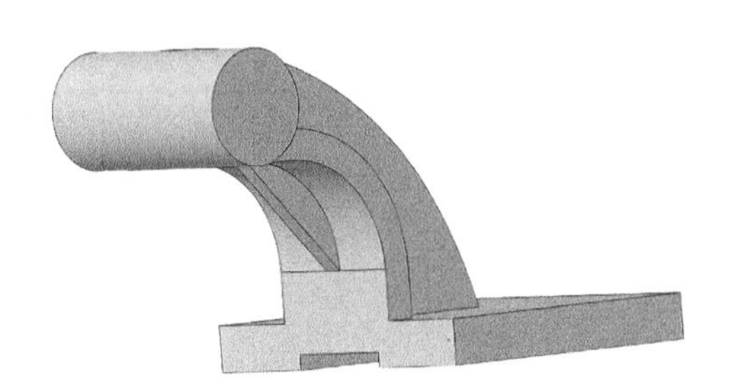

图 4-66　下部加强筋

9. 创建圆柱凸台

1）单击功能区【形状】面板中的【拉伸】工具按钮，在界面顶部显示【拉伸】特征面板。

2）设置拉伸深度为“20”，其他选项默认。

3）单击【放置】按钮，弹出下滑面板，单击【定义】按钮，弹出【草绘】对话框。选择 DMT2 辅助面为草绘平面，TOP 基准面为参考面，方向为“上”，单击【草绘】按钮，进入草绘工作环境。注意：可通过调整图形中草绘平面上的箭头调整视图方向。

4）创建参考：单击功能区【设置】面板中的【参考】工具按钮，弹出【参考】对话框，选取辅助面 DTM1 建立参考，单击对话框中的【关闭】按钮，结束参考设置。

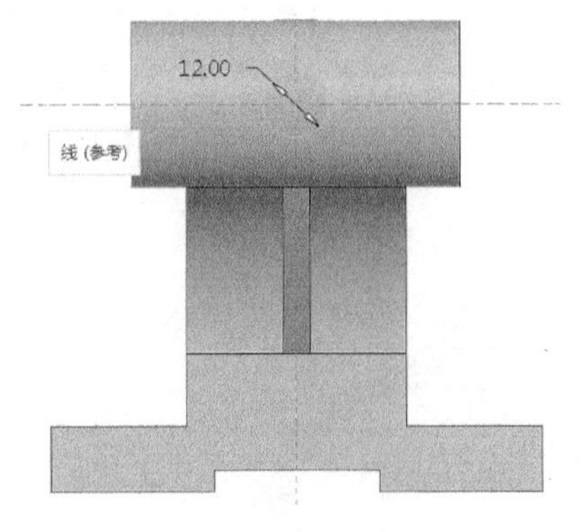

图 4-67 草绘圆截面

5）草绘如图 4-67 所示的圆截面。

6）单击工具栏中【确认】按钮，返回【拉伸】特征面板。单击【确认】按钮，完成拉伸特征，圆柱凸台如图 4-68 所示。

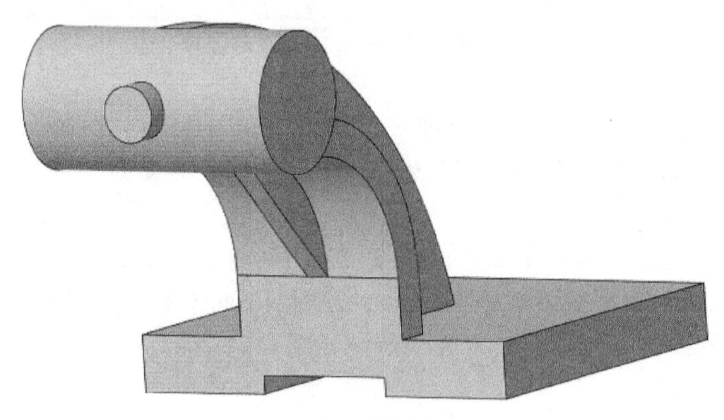
图 4-68 圆柱凸台

10. 创建连接孔

1）单击功能区【形状】面板中的【拉伸】工具按钮，在界面顶部显示【拉伸】特征面板。

2）设置拉伸形式为【穿透所有】，单击【去除材料】按钮，其他选项默认。

3）单击【放置】按钮，弹出下滑面板，单击【定义】按钮，弹出【草绘】对话框。选择底板上表面为草绘平面，RIGHT 基准面为参考面，方向为“右”，单击【草绘】按钮，进入草绘工作环境。

4）单击功能区【草绘】面板中的【选项板】工具按钮，弹出【草绘器选项板】对话框，单击其中【形状】选项卡，出现如图 4-69 所示的内容。选中其中【跑道形】选项，按住鼠标左键将其拖动到底板平面上，在界面顶部显示【导入截面】特征面板，将比例因子设置为“8”，单击面板中的【确认】按钮退出【导入截面】特征面板，关闭【草绘器选项板】对话框。

5）跑道形形状的参数设置如图 4-70 所示。

6）镜像跑道形形状：单击功能区【草绘】面板中的工具按钮 中心线，参照 FRONT 基准面建立水平中心线，用鼠标左键框选跑道形形状，单击功能区【编辑】面板中的【镜像】工具按钮 ，再单击创建的中心线，完成镜像。

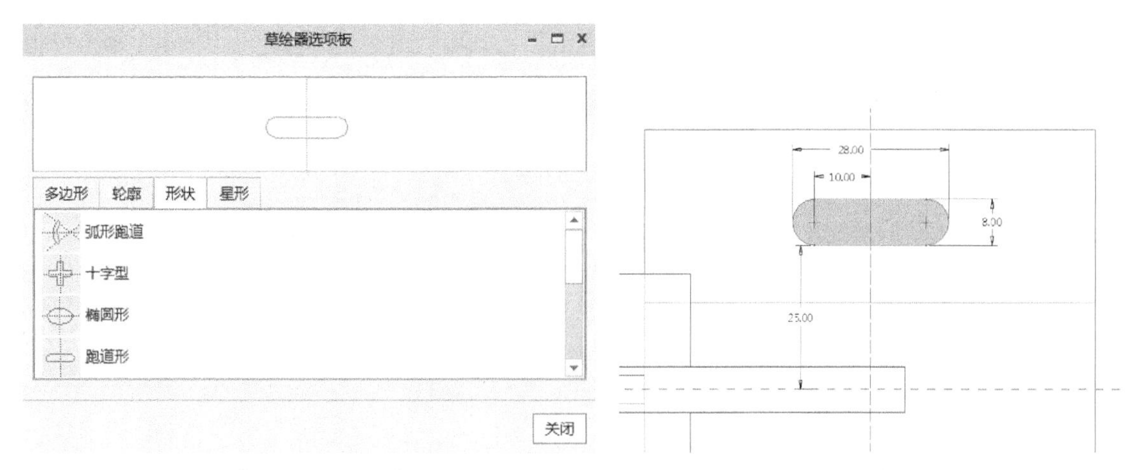

图 4-69　【草绘器选项板】对话框

图 4-70　参数设置

7）单击工具栏中【确认】按钮 ，返回【拉伸】特征面板，查看拉伸方向是否正确，单击【确认】按钮 ，完成拉伸特征，连接孔如图 4-71 所示。

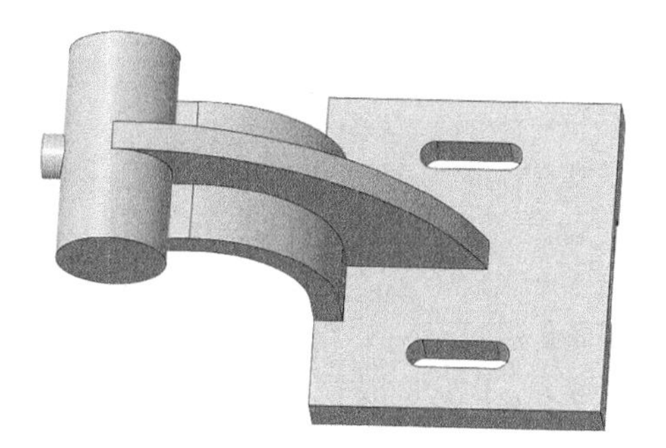

图 4-71　连接孔

11. 创建工程孔

1）单击功能区【工程】面板中的【孔】工具按钮 ，在界面顶部显示【孔】特征面板。

2）设置孔的直径为“20”，深度为“60”，单击【放置】按钮，按住<Ctrl>键选取图形中圆柱中心轴线及其一端面来确定放置位置。

3）单击【确定】按钮 ，完成圆柱内部孔特征的创建，如图 4-72 所示。

4）按以上步骤创建圆柱凸台内部孔特征，直径为“8”，深度为“20”，如图 4-73 所示。

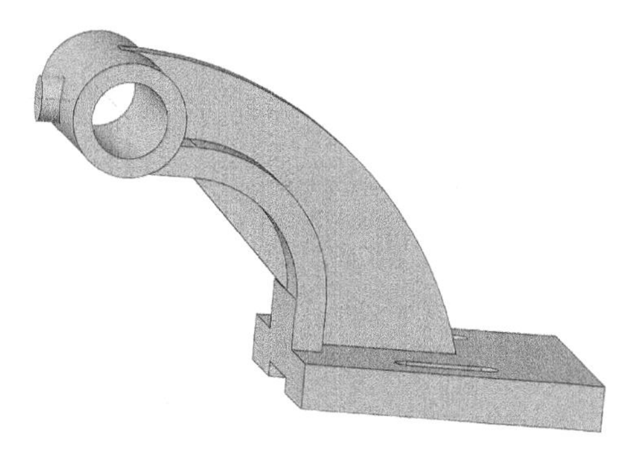

图 4-72　圆柱内部孔特征

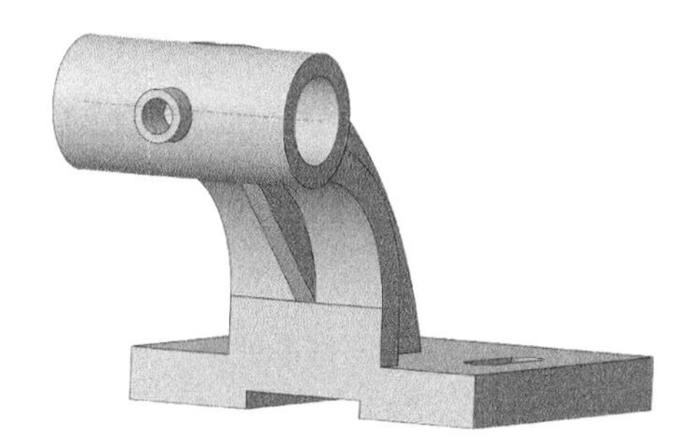

图 4-73　圆柱凸台内部孔特征

12. 创建倒圆角

单击功能区【工程】面板中的【倒圆角】工具按钮 ，在界面顶部显示【倒圆角】特征面板，输入圆角半径为“5”，按住<Ctrl>键分别选取底板的四条竖直棱角，单击【确定】

按钮✔，完成底板倒圆角。按此方法分别创建连接弧两端及上部加强筋底部半径为“15”的倒圆角。倒圆角后的托架如图 4-53 所示。

4.5 直齿圆柱齿轮的建模

齿轮是工业生产中最为广泛应用的机械零件之一。用于机床的传动装置、汽车的变速器和后桥、减速器和玩具中。直齿圆柱齿轮是最常用的齿轮之一。对于这种通用的机械零件，需要使用参数化的方法建模。设计新的齿轮时，输入齿轮的参数，自动生成新的齿轮。通过本例，进一步熟悉拉伸操作；掌握实现齿轮参数化的步骤和方法；学习渐开线的创建过程；学习旋转阵列特征的操作。

4.5.1 渐开线齿轮齿廓曲线

齿轮的齿形是渐开线（Involute Curve），渐开线的齿廓相互啮合能够保证齿的表面保持相切。渐开线如图 4-74 所示。渐开线的参数方程如下：

$$\begin{cases} m=r\cos u \\ n=r\sin u \end{cases},\quad \begin{cases} x=m+ru\sin u \\ y=n-ru\cos u \end{cases}$$

式中，r 为基圆半径；s 为发生线沿基圆滚过的长度；u 为夹角。

对于 Creo 中的关系式，要引入一个变量 t，t 的变化范围是 0~1。“pi” 表示圆周率，是 Creo 的默认变量。0°~90°范围内的渐开线曲线表达如下：

$u=t*90$

$r=$jyd/2

$s=($pi$*r*t)/2$

$x=r*\cos(u)+s*\sin(u)$

$y=r*\sin(u)-s*\cos(u)$

$z=0$

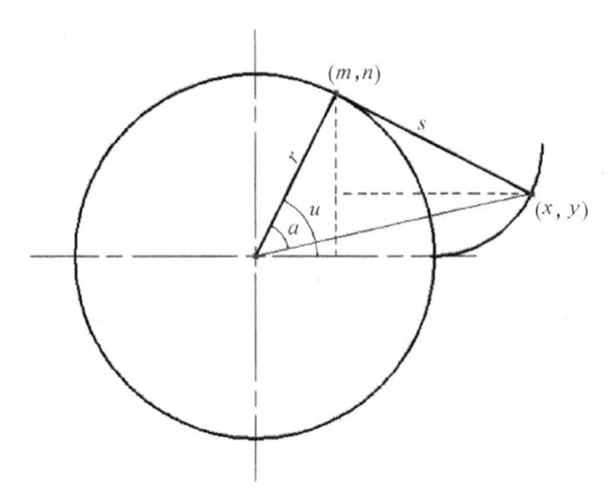

图 4-74 渐开线的数学分析

4.5.2 建模参数和关系

1）齿轮建模主要参数有：齿数：$z=60$；模数：$m=2.5$；齿形角：$a=20$；齿顶高系数：$ha=1$；顶隙系数：$c=0.25$；变位系数：$x=0$；齿宽：$ck=30$。

2）建模主要关系：

齿顶圆直径：cdyd$=z*m+2*m*(ha+x)$

齿根圆直径：cgyd$=z*m-2*m*(ha+c-x)$

分度圆直径：fdyd$=z*m$；

基圆直径：jyd$=z*m*\cos(a)$

齿厚：ch$=m*$pi/2$+2*x*m*\tan(a)$

建模过程

1. 新建文件

建立【类型】为 零件，【名称】为“zhichilun”的新文件。

2. 创建用户参数

1）选中【工具】选项卡，单击功能区【模型意图】中的工具按钮[] 参数，弹出【参数】窗口，如图 4-75 所示。

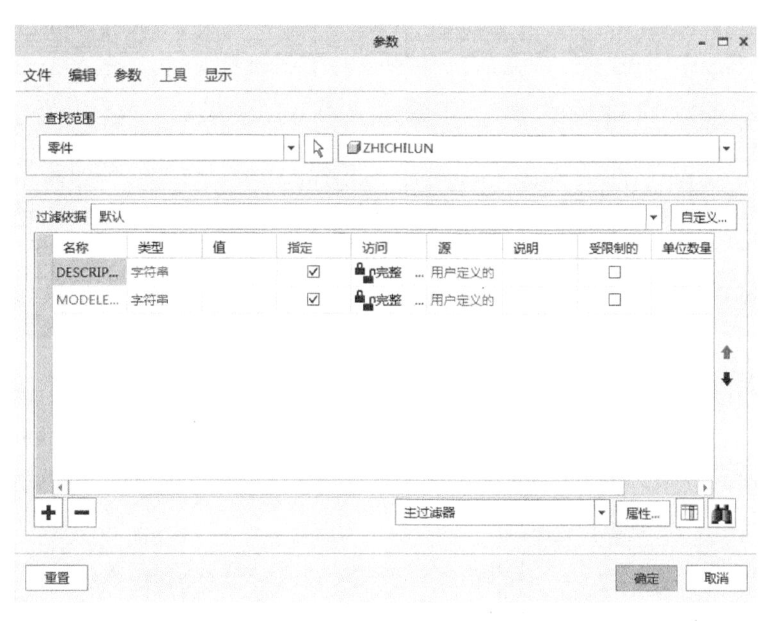

图 4-75　【参数】窗口

2）单击窗口中的【添加】按钮➕，会在窗口中弹出增加项，【类型】默认为“实数”，按此方法依次将直齿轮的主要参数名称代号和值输入其中。

3）单击【确定】按钮退出【参数】窗口。

3. 创建关系

打开【工具】选项卡，单击功能区【模型意图】中的工具按钮 d= 关系，弹出【关系】窗口，将直齿轮各参数间的关系式输入其中，如图 4-76 所示。单击【确定】按钮，退出【关系】窗口。

图 4-76　直齿轮关系设置

4. 创建齿根圆柱

1）打开【模型】选项卡，单击功能区【形状】面板中的【拉伸】工具按钮，在界面顶部显示【拉伸】特征面板。

2）单击【放置】按钮，弹出下滑面板，单击【定义】按钮，弹出【草绘】对话框。选择 FRONT 基准面为草绘平面，RIGHT 基准面为参考面，方向为“右”，单击【草绘】按钮，进入草绘工作环境。

3）在图形区中部绘制一个圆截面，直径初步设定为“200”（可以是任意值）。

4）单击工具栏中【确认】按钮，返回【拉伸】特征面板。设置拉伸深度为“50”（可以是任意值），其他选项默认。

5）单击【确认】按钮，完成拉伸特征，齿根圆柱如图 4-77 所示。

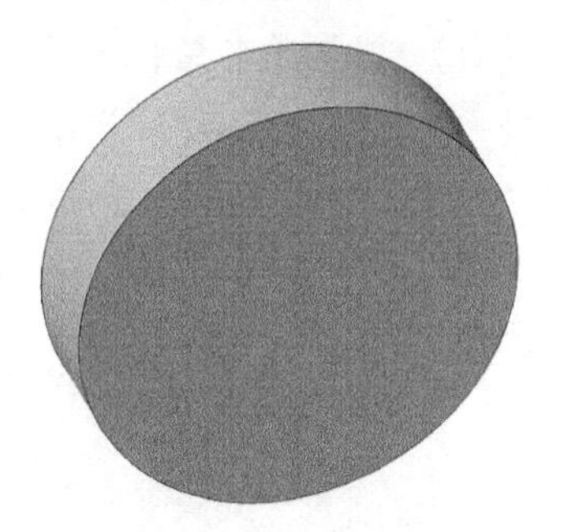

图 4-77 齿根圆柱

5. 更改变量名

1）选中【模型树】中的特征“拉伸 1”，在弹出的工具栏中单击【编辑尺寸】工具按钮，在图形区会显示出该特征的相关尺寸，如图 4-78 所示。

2）打开【工具】选项卡，单击功能区【模型意图】中的工具按钮 切换尺寸，图形区的尺寸会以对应符号显示，如图 4-79 所示。

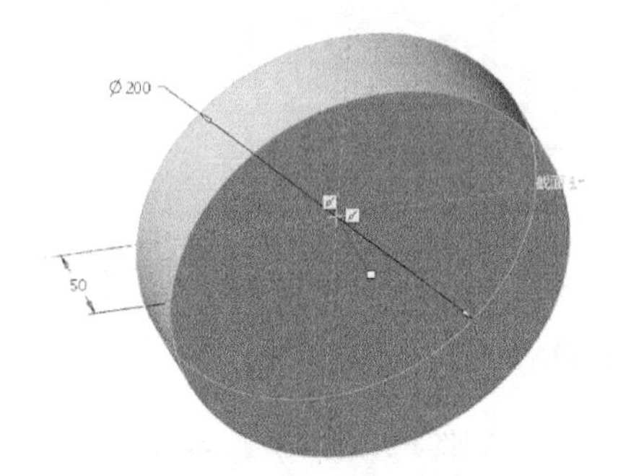

图 4-78 拉伸 1 相关尺寸

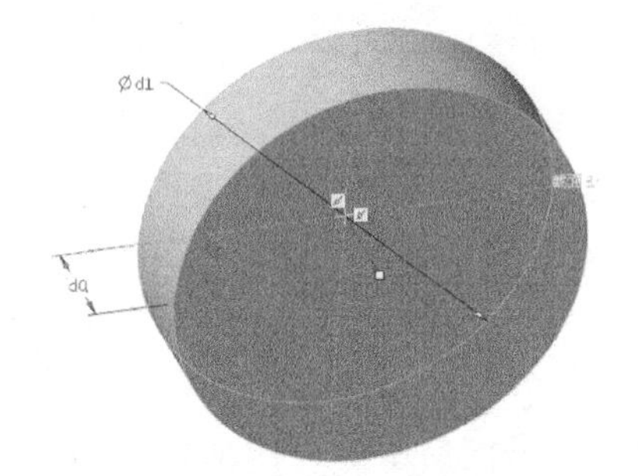

图 4-79 尺寸对应符号

3）双击符号“d0”，在界面顶部显示【尺寸】特征面板，将功能区【值】面板中的符号“d0”改为“k0”，用同样方法将符号“d1”改为“k1”，双击图形区空白区域退出。注意：新增加的特征尺寸所对应的符号是以字母 d 开头+数字序号的形式持续递增，为避免修改时引起序号对应发生变化，此处以字母 k 开头来代替。

6. 创建齿顶圆、分度圆、基圆

1）打开【模型】选项卡，单击功能区【基准】面板中的【草绘】工具按钮，弹出【草绘】对话框。选择 FRONT 基准面为草绘平面，RIGHT 基准面为参考面，方向为“右”，单击【草绘】按钮，进入草绘工作环境。

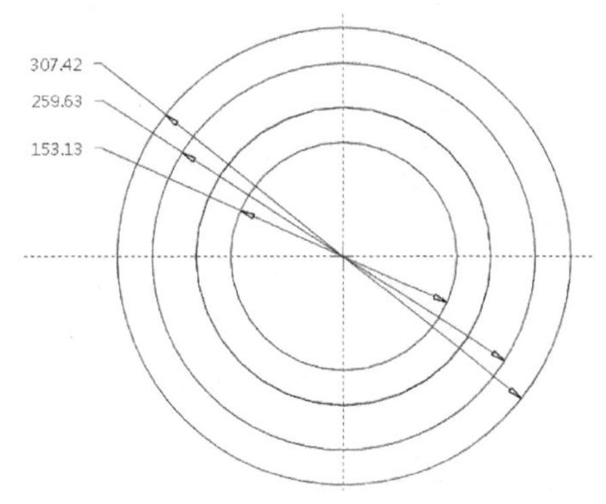

图 4-80 齿顶圆、分度圆、基圆

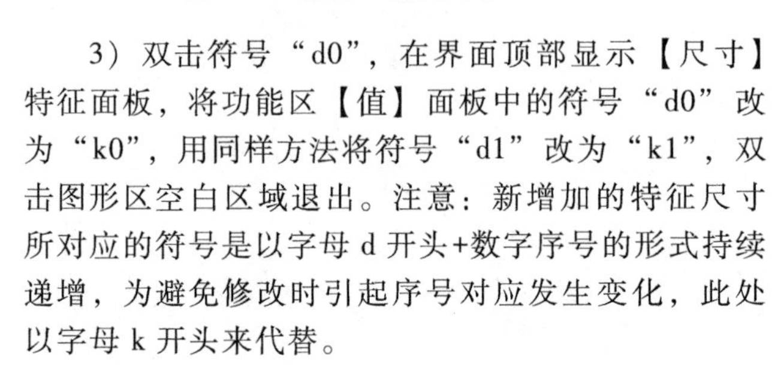

2）绘制如图 4-80 所示齿顶圆、分度圆、基圆，尺寸由大到小，数值任意。

3）单击功能区【关闭】面板中的【确认】按钮，完成草绘。

4）齿顶圆、分度圆、基圆尺寸符号修改：选中【模型树】中的特征“草绘 1”，在弹出的工具栏中单击【编辑尺寸】工具按钮，在图形区会显示出该特征的相关尺寸。打开

【工具】选项卡，单击功能区【模型意图】中的工具按钮 切换尺寸，分别将齿顶圆、分度圆、基圆尺寸符号对应修改为“k2”“k3”“k4”。

7. 添加关系

1）单击功能区【模型意图】中的工具按钮 d= 关系，弹出【关系】窗口，建立尺寸符号 k0 ~ k4 与齿轮特征的关系，添加关系有：k0 = ck，k1 = cgyd，k2 = cdyd，k3 = fdyd，k4 = jyd。

2）单击【确定】按钮退出【关系】窗口。

3）打开【模型】选项卡，单击功能区【操作】面板中的【重新生成】工具按钮，得到新的图形如图 4-81 所示。

8. 创建渐开线曲线

1）单击功能区【基准】，在下滑面板中选中【曲线】|【来自方程的曲线】命令，操作过程如图 4-82 所示。

图 4-81　重新生成

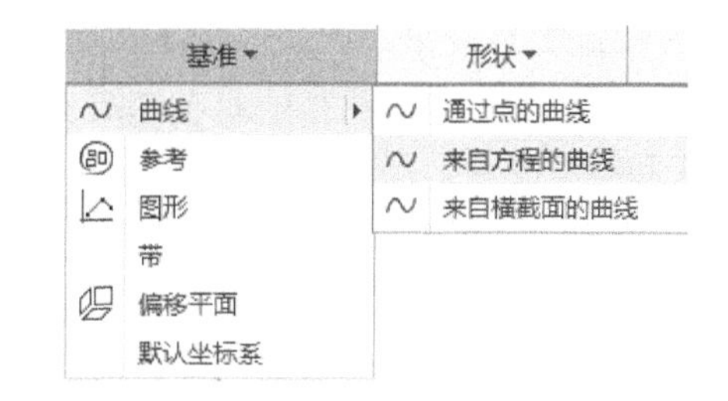

图 4-82　【来自方程的曲线】命令操作

2）弹出【曲线：从方程】特征面板，设置保持默认，如图 4-83 所示。

图 4-83　【曲线：从方程】特征面板

3）单击【参考】按钮，从【模型树】中选取系统默认坐标系 PRT_CSYS_DEF。

4）单击【方程】命令，弹出【方程】窗口，输入渐开线曲线表达式，如图 4-84 所示。

5）单击【确定】按钮退出【方程】窗口，单击功能区【确认】按钮，完成渐开线曲线绘制，如图 4-85 所示。

9. 创建第一个齿

1）创建渐开线与分度圆的交点：单击功能区【基准】面板中的工具按钮 点，弹出【基准点】对话框，按住<Ctrl>键选择分度圆上半部分和渐开线，创建交点 PNT0，如图 4-86

所示。单击【确定】按钮退出。

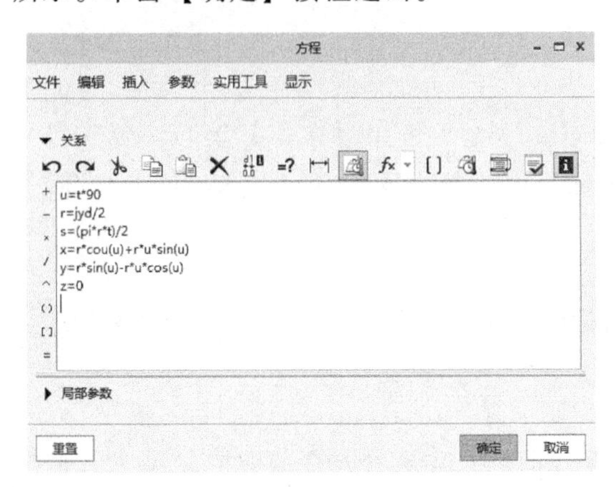

图 4-84 【方程】窗口

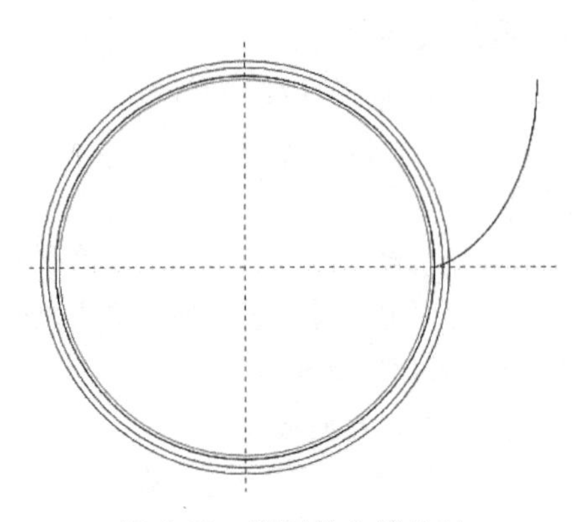

图 4-85 渐开线曲线绘制

2）创建基准平面 DTM1：单击功能区【基准】面板中的【平面】工具按钮，弹出【基准平面】对话框，按住<Ctrl>键分别选取齿根圆柱轴线和 PNT0，创建基准平面 DTM1，设置如图 4-87 所示，单击【确定】按钮退出。

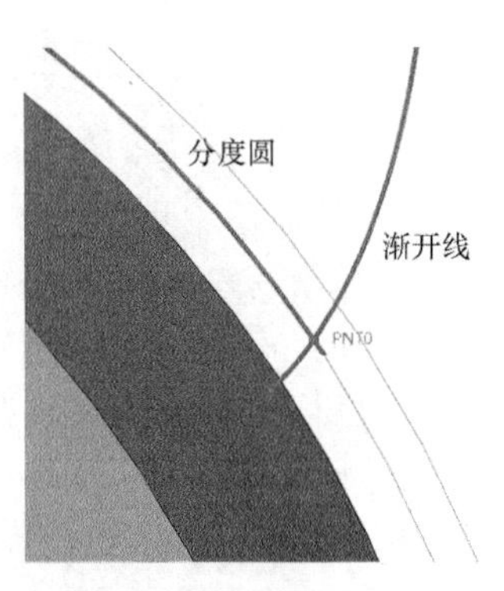

图 4-86 创建交点 PNT0

3）创建基准平面 DTM2：单击功能区【基准】面板中的【平面】工具按钮，弹出【基准平面】对话框，按住<Ctrl>键分别选取齿根圆柱轴线和基准平面 DTM1，创建基准平面 DTM2，设置如图 4-88 所示，【旋转】角度为任意小角度数值，注意偏移方向为渐开线的开口方向，单击【确定】按钮退出。

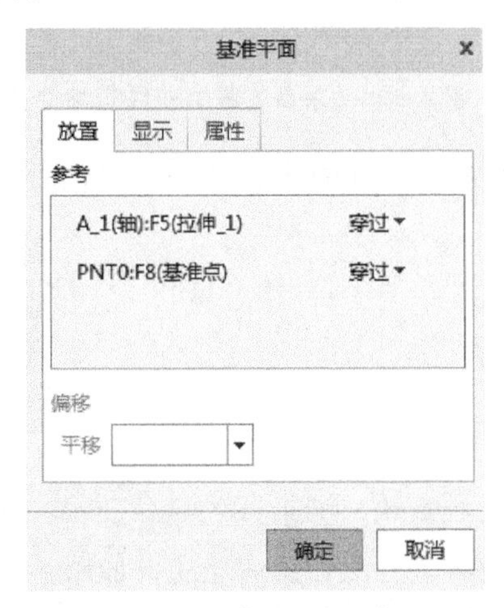

图 4-87 DTM1【基准平面】对话框

图 4-88 DTM2【基准平面】对话框

4）修改基准平面 DTM2 旋转角度尺寸符号为“k5”。

5）选择【工具】|【关系】命令，在【关系】窗口中增加如下关系式：

$$k5=90/z+2*x*\tan(a)/z$$

此关系式是根据基准平面 DTM2 作为渐开线镜像参考面得到的，单击【确定】按钮退出。

6）单击【模型】选项卡，在功能区【操作】面板中单击【重新生成】工具按钮，重新生成模型。

7）镜像渐开线：选取渐开线，单击功能区【编辑】|【镜像】工具按钮，弹出【镜像】特征面板，选取 DTM2 为镜像参考面，单击【确认】按钮，完成渐开线的镜像。

8）拉伸形成第一个齿：单击功能区【形状】|【拉伸】工具按钮，弹出【拉伸】特征面板。单击【放置】按钮，选取 FRONT 基准面作为草绘平面。单击功能区【草绘】面板中的工具按钮 投影，弹出【类型】对话框，默认【单一】选项，然后依次选取齿根圆、齿顶圆和两渐开线。使用功能区【编辑】面板中的工具按钮 删除段 修剪草图，修剪后的第一个齿轮齿廓如图 4-89 所示。单击工具栏中【确认】按钮，返回【拉伸】特征面板，设置拉伸方式为，选取齿根圆柱上与渐开线对应面为指定拉伸平面，单击【确认】按钮，完成第一个齿的拉伸，如图 4-90 所示。

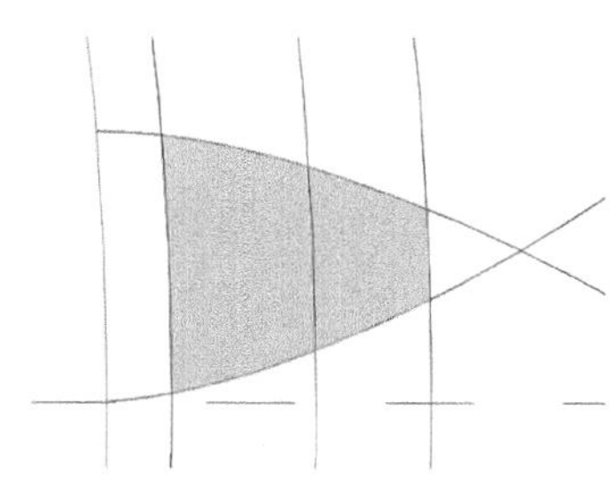

图 4-89　第一个齿轮齿廓

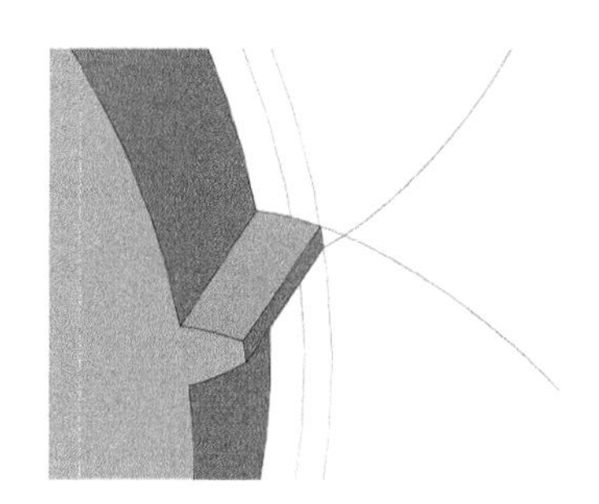

图 4-90　生成第一个齿

10. 阵列齿

1）在【模型树】中选中特征“拉伸 2”，再单击功能区【编辑】|【阵列】工具按钮，显示【阵列】特征面板，选取阵列方式为【轴】，在图形区单击齿根圆柱的轴，其余设置默认，单击【确认】按钮，完成阵列。

2）修改阵列齿特征的阵列个数符号和角度尺寸符号分别为“k6”和“k7”。

3）在【关系】窗口中增加如下关系式：$k6=z$，$k7=360/z$。

4）单击【模型】|【操作】|【重新生成】工具按钮，重新生成模型，阵列齿如图 4-91 所示。

11. 创建轴孔和键槽

1）单击功能区【形状】|【拉伸】工具按钮，弹出【拉伸】特征面板，单击【放置】按钮，选取 FRONT 基准面作为草绘平面。

2）绘制如图 4-92 所示的草绘图形，保证形状轮廓一致，尺寸不做调整。

3）单击【确认】按钮，返回【拉伸】特征面板。设置拉伸方式为，选取齿根圆柱上与草绘图形对应面为指定拉伸平面，单击【移除材料】工具按钮，单击【确认】按钮，完成轴孔和键槽的创建。

4）修改轴孔和键槽拉伸特征中轴孔的半径尺寸符号为“k8”，键槽与轴孔相邻两边为“k9”和“k10”，键槽顶边为“k11”。

5）在【关系】窗口中增加如下关系式：k8=0.32 * fdyd，k9=0.08 * k8，k10=k9，k11=0.3 * k8。

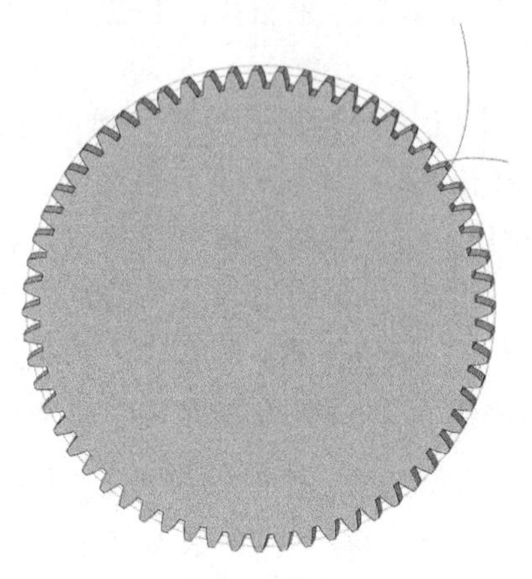

图 4-91 阵列齿

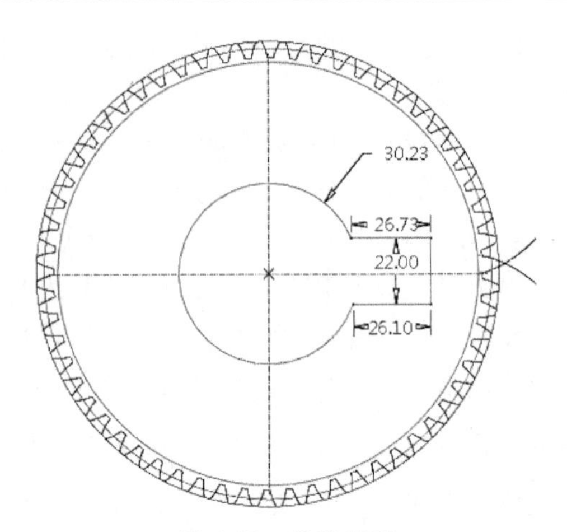

图 4-92 草绘图形

6）单击【模型】|【操作】|【重新生成】工具按钮，重新生成模型，创建轴孔和键槽如图4-93所示。

12. 修改齿轮主要参数重新生成

1）打开【工具】选项卡，单击功能区【模型意图】面板中的工具按钮[] 参数，弹出【参数】对话框。

2）修改其中对应名称的数值，修改内容有：齿数：$z=45$，模数：$m=4$，齿宽：ck = 40。修改后单击【确认】按钮退出。

3）单击【模型】|【操作】|【重新生成】工具按钮，重新生成模型，重新生成齿轮如图 4-94 所示。

13. 保存模型

保存当前建立模型零件。

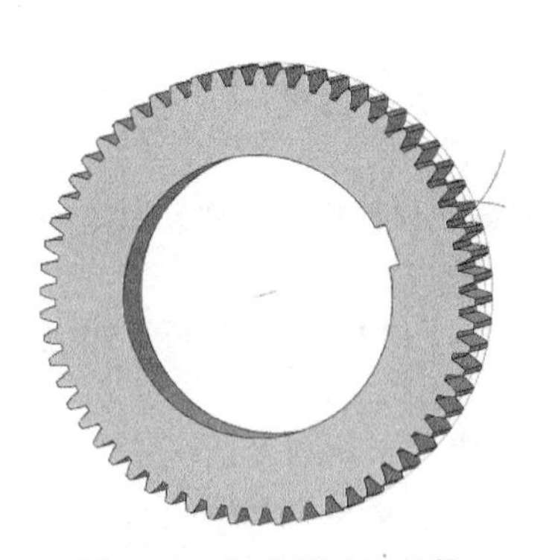

图 4-93 创建轴孔和键槽

图 4-94 重新生成齿轮

4.6 平面凸轮的建模

摆线类梅花凸轮由于输入和输出运动时均为同轴，且啮合平稳，广泛用于纺织机械、工程机械以及冶金工业的驱动装置和匀速、减速装置中。实物图片如图 4-95 所示。通过本例，学习掌握从方程创建凸轮轮廓曲线的方法。

建模过程

1. 新建文件

建立【类型】为 零件，【名称】为“pm_tulun”的新文件。

图 4-95　摆线类梅花凸轮实物

2. 创建外轮廓曲线

1）单击功能区【基准】，在下滑面板中选中【曲线】|【来自方程的曲线】命令，弹出【曲线：从方程】特征面板。

2）将默认“笛卡儿”坐标系选为“柱坐标”，单击【参考】按钮，从【模型树】中选取系统默认坐标系 PRT_CSYS_DEF。

3）单击【方程】命令，弹出【方程】窗口，输入如下外轮廓曲线表达式：

theta = t * 360

r = 50+(3.5 * sin(theta * 2.5))^2

z = 0

4）单击【确定】按钮退出【方程】窗口，单击功能区【确定】按钮，完成外轮廓曲线绘制，如图 4-96 所示。

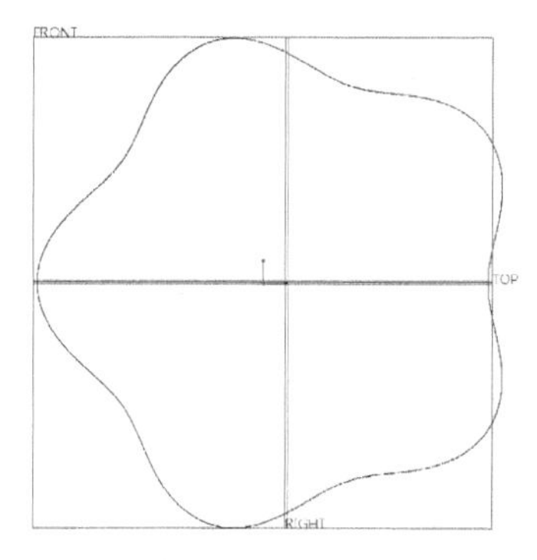

图 4-96　外轮廓曲线

3. 创建底板

1）单击功能区【形状】|【拉伸】工具按钮，弹出【拉伸】特征面板，单击【放置】按钮，选取 FRONT 基准面作为草绘平面。

2）绘制如图 4-97 所示的草绘截面，大圆直径为“140”，与大圆同心的小圆直径为“40”，最小圆相距中心为“60”，直径为“10”。

3）单击工具栏中【确认】按钮，返回【拉伸】特征面板。设置拉伸深度为“20”，单击方向按钮，使拉伸方向朝内。单击【确认】按钮，完成底板拉伸，如图 4-98 所示。

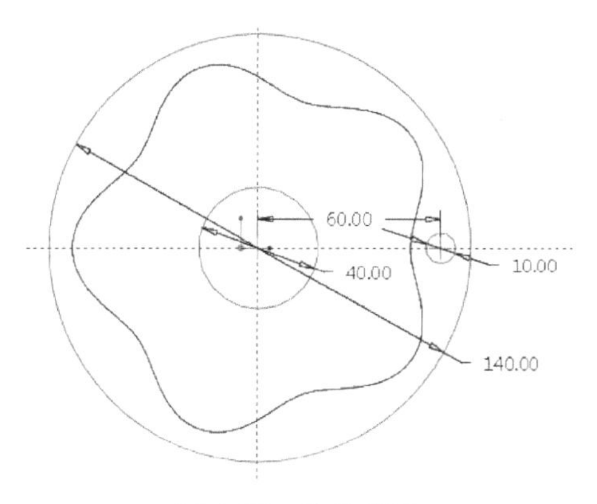

图 4-97　草绘截面

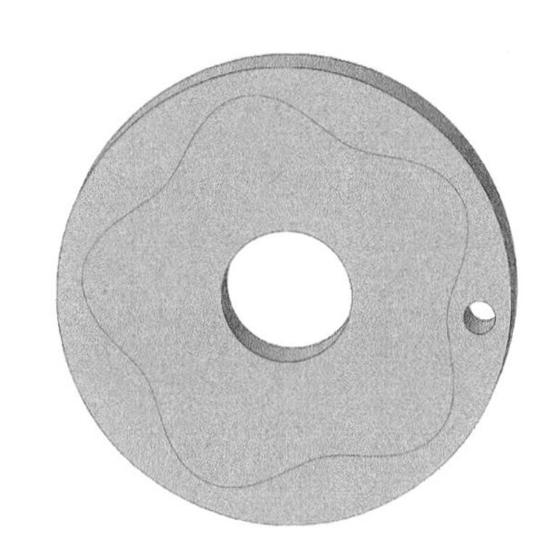

图 4-98　底板拉伸

4. 创建凸轮槽

1）单击功能区【形状】|【拉伸】工具按钮，弹出【拉伸】特征面板，单击【放置】按钮，选取 FRONT 基准面作为草绘平面。

2）单击功能区【草绘】面板中的工具按钮 投影，弹出【类型】对话框，默认【单一】选项，单击外轮廓曲线。

3）单击功能区【草绘】面板中的工具按钮 偏移，弹出【类型】对话框，默认【单一】选项，单击外轮廓曲线，输入偏移量为“-20”，使偏移方向与箭头方向相反，单击偏移量后的【确认】按钮，偏移结果如图 4-99 所示。

4）单击工具栏中【确认】按钮，返回【拉伸】特征面板，设置拉伸深度为“12”，单击方向按钮，使拉伸方向朝内，单击【移除材料】工具按钮，单击【确认】按钮，完成凸轮槽的拉伸，如图 4-100 所示。

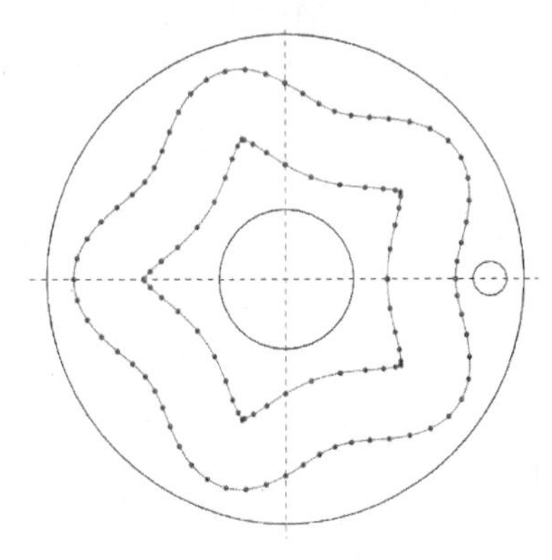

图 4-99 草绘凸轮内轮廓

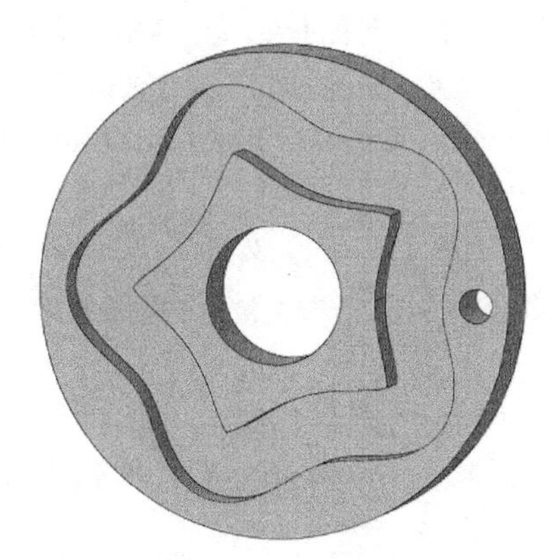

图 4-100 凸轮槽的拉伸

5. 保存模型

保存当前建立模型零件。

4.7 实训题

1. 创建基座，效果图如图 4-101 所示。

图 4-101 基座

各特征创建步骤如下：

1）使用拉伸工具创建底板，草绘如图 4-102 所示；拉伸高度为“20”，结果如图 4-103 所示。

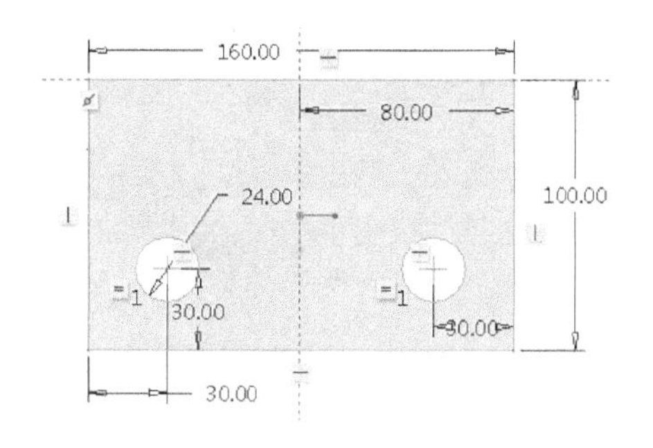

图 4-102　底面草绘

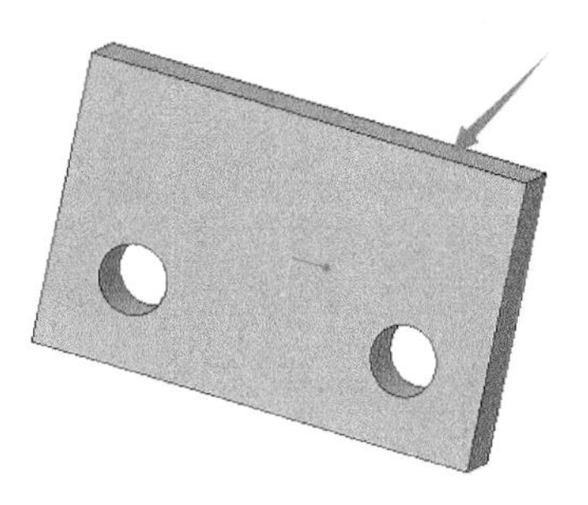

图 4-103　底板拉伸结果

2）使用拉伸工具创建空心圆柱，以图 4-103 中所示箭头指向的平面为草绘平面，绘制草绘如图 4-104 所示；拉伸高度为“90”，结果如图 4-105 所示。

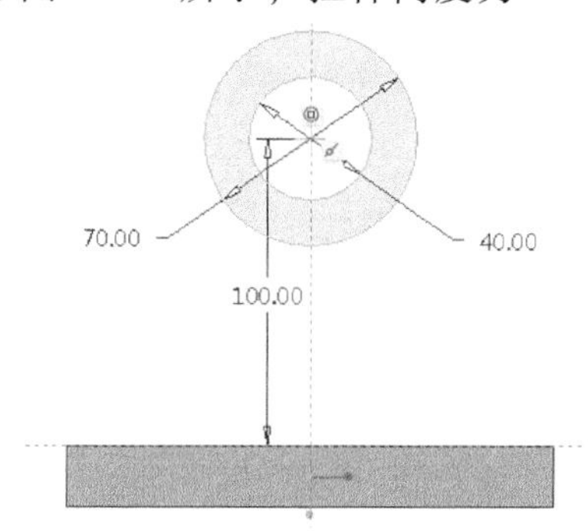

图 4-104　空心圆柱草绘

图 4-105　空心圆柱拉伸结果

3）使用拉伸工具创建背板，以上一步骤的平面为草绘平面，绘制草绘如图 4-106 所示；拉伸高度为“30”，结果如图 4-107 所示。

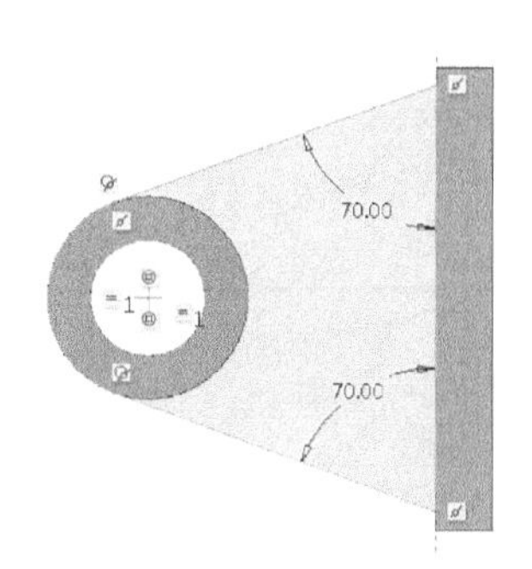

图 4-106　背板草绘

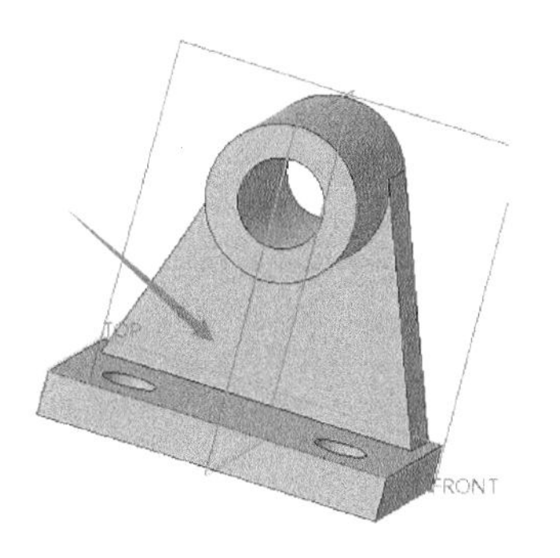

图 4-107　背板拉伸结果

4）使用拉伸工具创建加强筋，以图 4-107 中箭头所指基准平面为草绘平面，绘制草绘如图 4-108 所示；设置双向拉伸高度为“12”，结果如图 4-109 所示。

5）创建倒圆角和倒角。

2. 创建斜支撑座，效果图如图 4-110 所示。

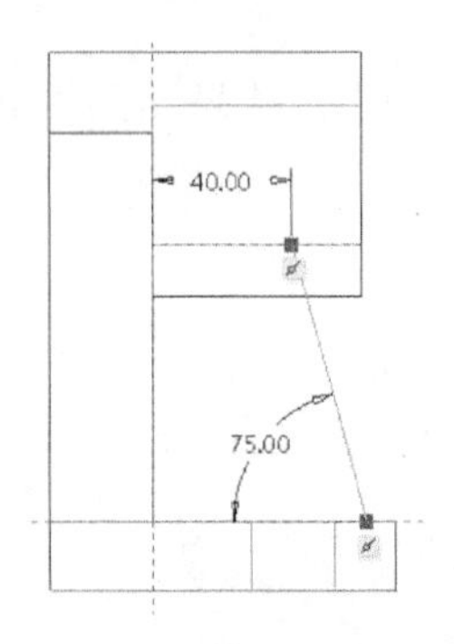

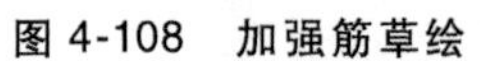
图 4-108 加强筋草绘

图 4-109 加强筋拉伸结果

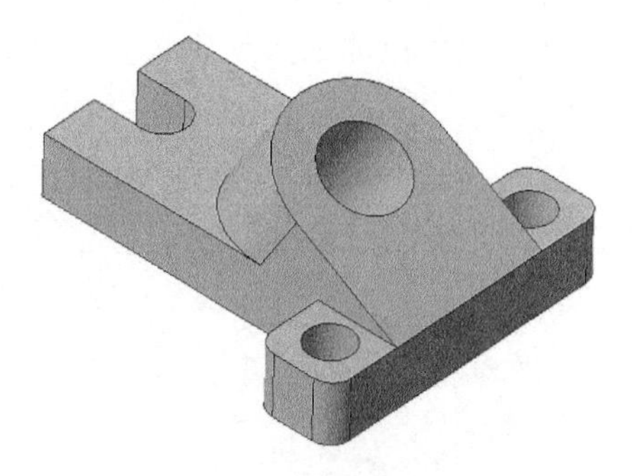
图 4-110 斜支撑座

各特征创建步骤如下：

1）使用拉伸工具创建底板，草绘如图 4-111 所示；拉伸高度为“30”，结果如图 4-112 所示。

2）创建辅助平面，以图 4-112 中所示箭头指向的平面和边为参考创建辅助平面，如图 4-113 所示，角度为“30”。

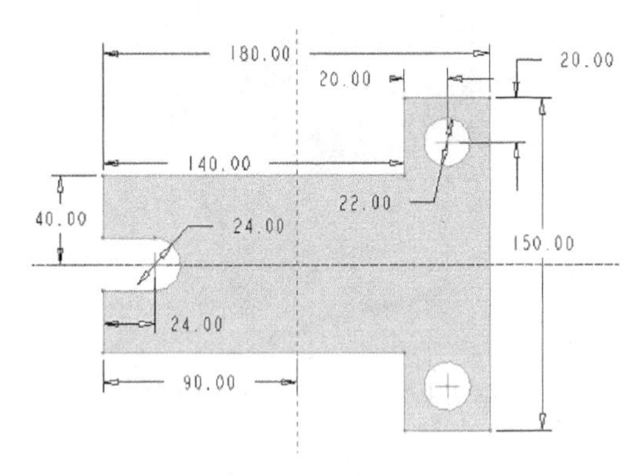

图 4-111 底板草绘

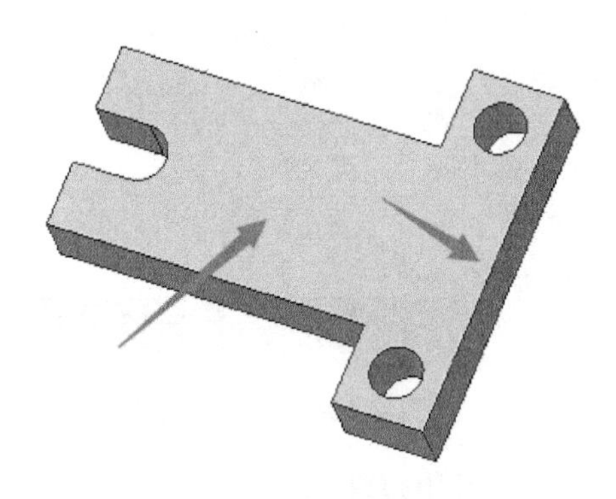
图 4-112 底板拉伸结果

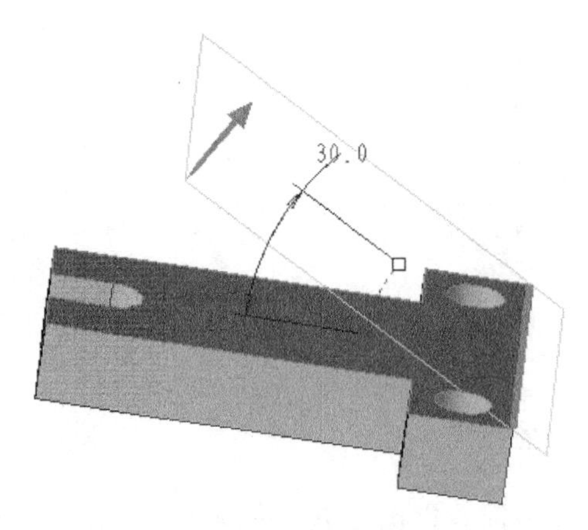

图 4-113 创建辅助平面

3）使用拉伸工具创建倾斜块，以辅助平面为草绘平面，绘制草绘如图 4-114 所示；拉伸高度为“90”，结果如图 4-115 所示。

4）使用拉伸工具删除多余部分，用拉伸工具创建去除材料，去除图 4-115 中所示底面箭头所指多余部分，结果如图 4-116 所示。

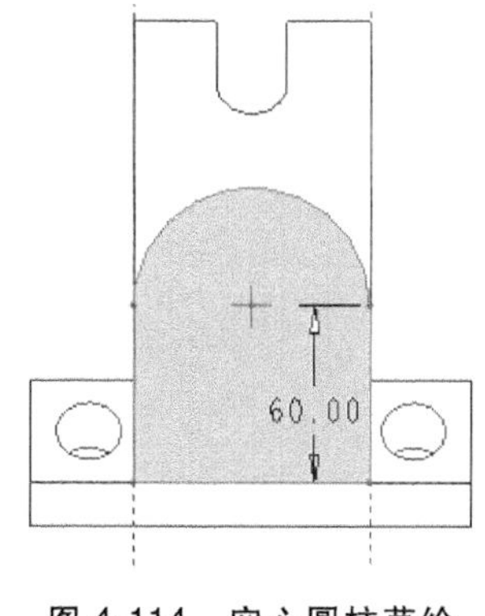

图 4-114　空心圆柱草绘

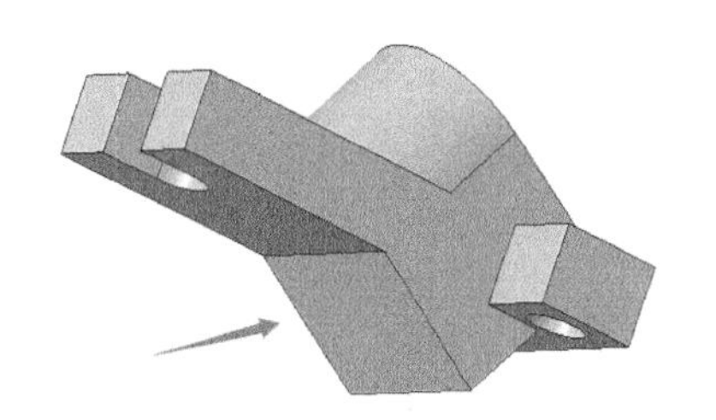

图 4-115　空心圆柱拉伸结果

5）拉伸圆孔，在倾斜平面上创建圆孔，结果如图 4-117 所示。

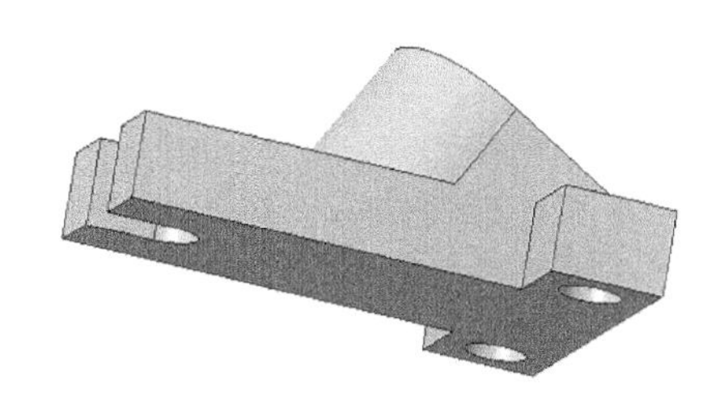

图 4-116　去除材料

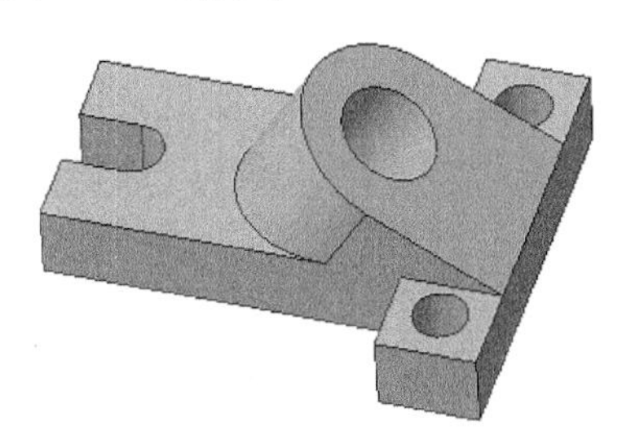

图 4-117　创建圆孔

6）创建倒圆角。

第5章

旋转类零件的建模

5.1 旋转命令简介

Creo 中旋转功能是一种生成三维物体的方法，使用这种命令需要定义一个旋转中心和草绘截面。绕旋转中心线旋转草绘截面而生成最终的特征。可以使用旋转工具来创建实体或曲面特征，并通过添加或移除材料以形成实心的或空心的特征。旋转类型包括旋转伸出项、旋转切口、旋转曲面以及旋转曲面修剪等。

创建旋转特征必须要具备旋转轴和草绘截面两个要素。旋转轴可以是草绘的中心线，也可以是已有实体的边或者已经存在的基准轴。如图 5-1 所示的旋转特征就是以三棱柱的一条边作为旋转中心创建的。

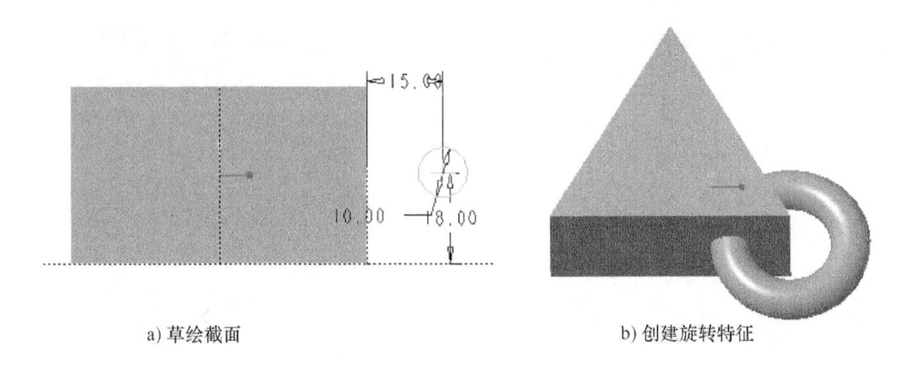

a) 草绘截面　　b) 创建旋转特征

图 5-1　以三棱柱的一条边作为旋转轴创建旋转特征

1.【旋转】特征面板

单击【形状】选项卡中的【旋转】工具按钮 旋转，在窗口顶部显示【旋转】特征面板。如图 5-2 所示。

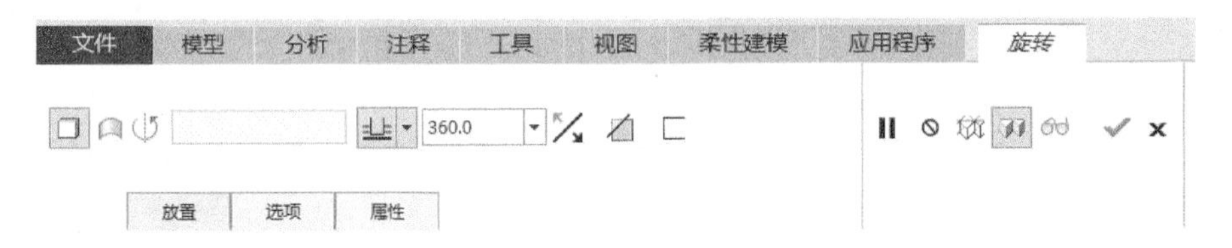

图 5-2 【旋转】特征面板

2.【旋转】特征面板的主要工具按钮简介

（1）特征类型选择

1）作为实体旋转：单击特征面板中的【作为实体旋转】按钮，使其呈按下状态。

2）移除材料：将【实体】按钮和【移除材料】按钮同时按下。

3）加厚草绘：将【实体】按钮和【加厚草绘】按钮同时按下。

4）作为曲面旋转：将【曲面】按钮按下。

（2）方向控制　用户可以通过单击特征面板中的切换方向按钮或者直接单击圆形区的方向箭头来控制旋转方向。

1）在添加材料旋转生成实体或曲面时，由按钮控制调整特征相对于草绘平面的方向。

2）加厚草绘：第一个方向按钮控制旋转的角度方向，第二个方向按钮控制材料沿厚度的生长方向。

（3）旋转角度控制　旋转时从草绘平面开始可以单方向旋转草绘截面，也可以双方向旋转草绘截面。单击【旋转】操作面板下方的【选项】按钮 选项，弹出【选项】面板，如图 5-3 所示，在此面板中可以完成相反方向的旋转操作角度设置。图 5-4 所示即用该方法所创建的双侧不等角度旋转。

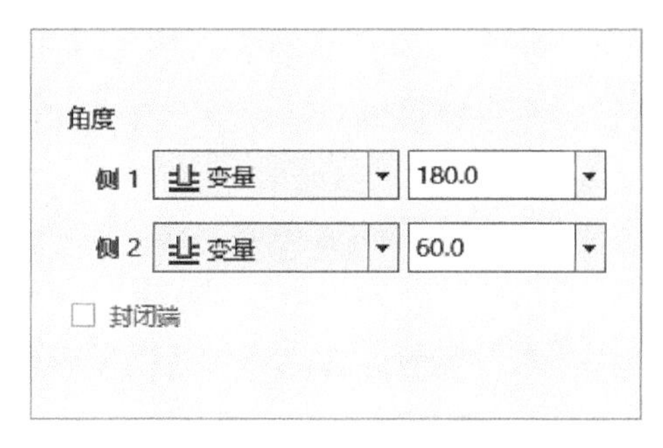

图 5-3 【选项】面板

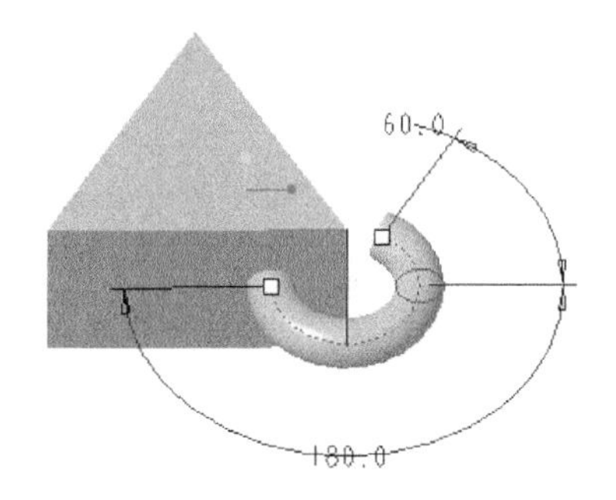

图 5-4　创建双侧不等角度旋转特征

各角度选项的含义如下：

•【盲孔】选项：按指定的角度从草绘平面开始单侧旋转草图创建特征，如图 5-5a 所示。要注意旋转方向和旋转角度的设置。

•【对称】选项：按指定角度的一半在草绘平面两侧同时创建旋转特征，如图 5-5b 所示。

•【旋转至选定的点、平面或曲面】选项：从草绘平面开始沿指定方向添加或去除材料，当遇到用户所选择的实体上的点、曲线、平面或一般面所在的位置停止特征，如图 5-5c所示。

3. 旋转内部草绘解析

1）单击【放置】按钮，弹出【放置】面板，此时可以选择一个现有的草绘或重新定义一个用于旋转操作的草绘。若需重新定义一个草绘，单击面板中的【定义】按钮 定义...，弹出【草绘】对话框。指定草绘平面和相关参考，单击【草绘】对话框中的 草绘 按钮，

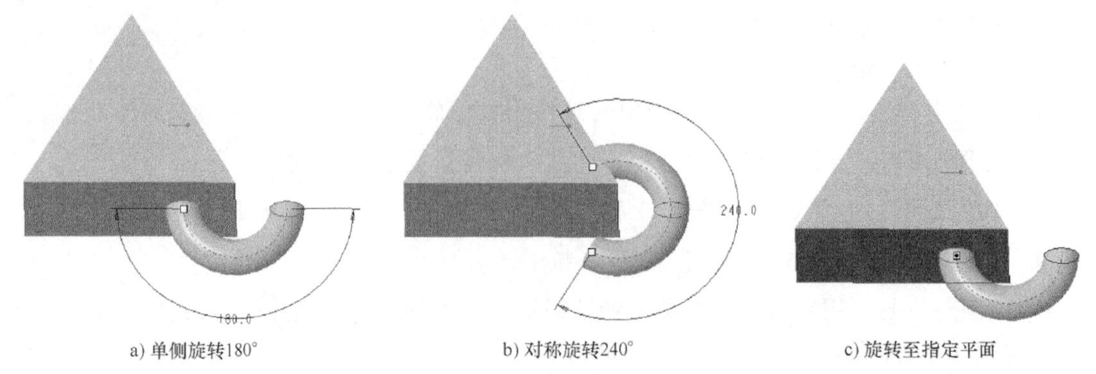

a) 单侧旋转180°　　b) 对称旋转240°　　c) 旋转至指定平面

图 5-5　各角度选项的含义

进入草绘界面，此时用户便可以根据自己的意愿定义旋转界面的草图了。若用户只需要对已有草绘进行旋转操作，那么直接选择满足要求的相关草绘即可。

2）绘制草图的注意事项：

① 如果草绘中有多条中心线存在，那么 Creo 将自动以所绘的第一条中心线作为旋转轴，但用户同样也可以根据自己的需求通过单击【放置】面板中轴选择控件，选择该草绘中绘制的其他中心线作为旋转轴。

② 创建实体时，旋转截面必须为封闭的几何；旋转曲面和薄壳时，截面可以是开放的，且旋转截面始终只能在中心线的一侧。

③ 绘制的草图不可以自我交错。

④ 1条边 为选择旋转轴列表框。注意：用户根据自己的需求需要选择其他中心线、基准轴或者实体边作为旋转轴时，要先行激活该列表框。

4. 编辑旋转特征

从【模型树】或图形区中选择需要修改的旋转特征，此时在弹出的快捷工具栏中选取【编辑定义】命令，可完成旋转特征的编辑。若只更改模型的几个尺寸，选择【编辑尺寸】命令，双击激活【尺寸】文本框，完成尺寸修改。然后单击快速访问工具栏中的【重新生成】按钮或在空白处单击两次鼠标左键（不是双击），完成模型修改。

5.2　法兰盘的建模

法兰盘（图 5-6）是生产中使用非常广泛的一类零件，常用于管件连接处的固定与密封。本例将简单地介绍法兰盘的大致创建方法，帮助读者理解并掌握旋转和阵列等命令的使用方法。

本例的法兰盘创建过程为：创建法兰盘主体、创建加强筋、阵列加强筋、创建阶梯孔、阵列阶梯孔。

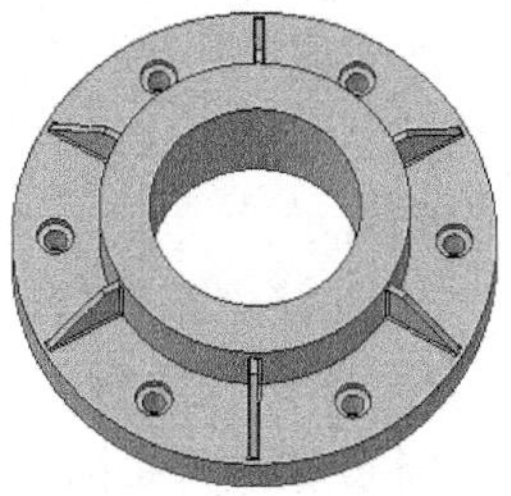

图 5-6　法兰盘

建模过程

1. 新建零件

新建一个文件名为“falanpan”的零件文件。

2. 创建法兰盘主体

1）单击快速访问工具栏中的【草绘】按钮，单击选择

TOP 面作为草绘平面，绘制如图 5-7 所示旋转截面和旋转轴。并标注对应尺寸、添加约束，单击【确认】按钮完成草绘。

2）单击【旋转】按钮，由于此时草绘区仅有一个草绘截面和中心线存在，因此系统将默认选择其为旋转截面和中心线。指定旋转角度为“360”。

3）单击【确定】按钮，得到如图 5-8 所示的法兰盘主体。

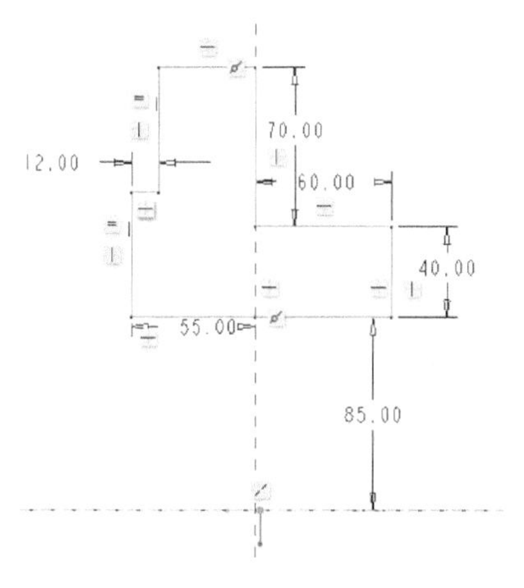

图 5-7　草绘截面

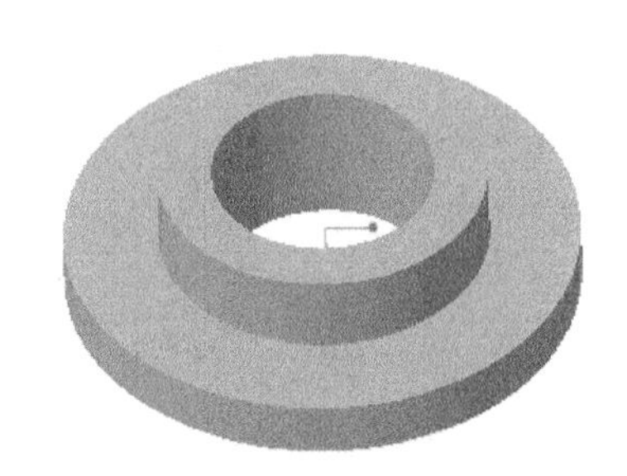

图 5-8　法兰盘主体

3. 绘制加强筋

1）选择 TOP 面，绘制如图 5-9 所示的加强筋截面。

2）单击【筋】工具按钮【轮廓筋】按钮。选择加强筋截面草绘，并指定加强筋厚度为“6”，单击【确认】按钮完成加强筋创建。得到如图 5-10 所示加强筋。

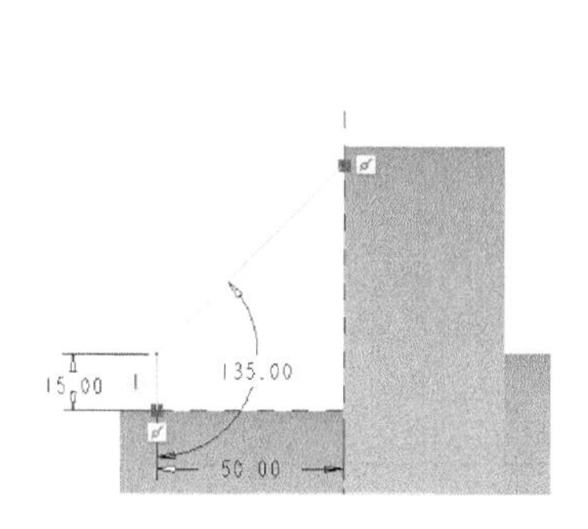

图 5-9　加强筋截面

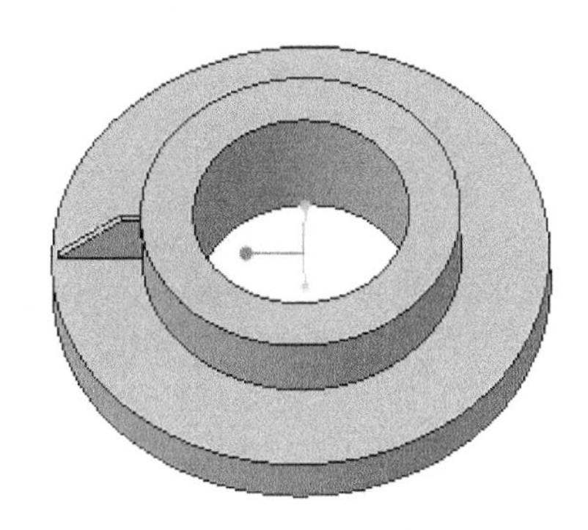

图 5-10　加强筋

4. 加强筋倒圆角

1）单击【圆角】按钮，打开【倒圆角】操作面板。

2）将圆角半径修改为“2”，选择加强筋与主体的所有交线。

3）单击【确认】按钮完成加强筋的圆角特征创建，结果如图 5-11 所示。

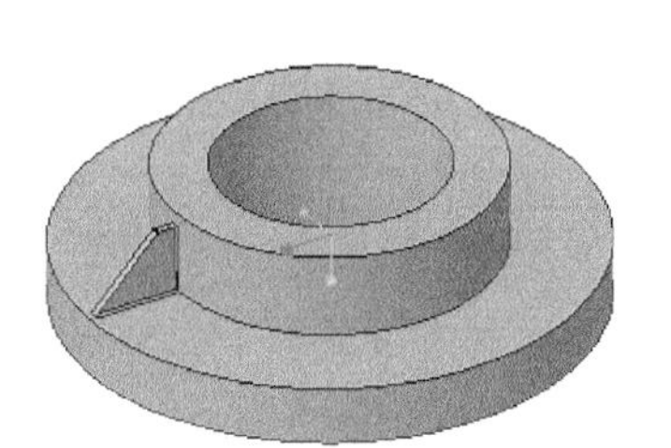

图 5-11　加强筋倒圆角

5. 阵列加强筋

1）选取加强筋作为阵列对象，单击【阵列】按钮，弹出【阵列】操作面板。

2）选择【轴】阵列方式，以法兰盘主体中心轴作为参考轴，阵列数量为“6”，角度为“60”，单击【确认】按钮，完成阵列特征创建。操作面板设置如图 5-12 所示，结果如图 5-13 所示。

图 5-12 【阵列】操作面板设置

6. 阵列圆角

方法同上，阵列结果如图 5-14 所示。

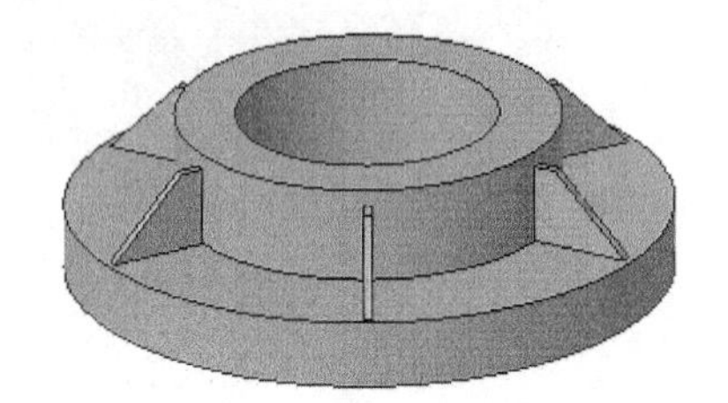

图 5-13 阵列加强筋

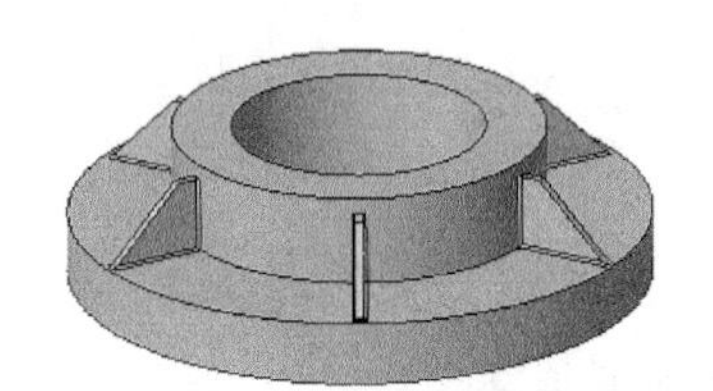

图 5-14 阵列圆角

7. 创建阶梯孔

1）以 RIGHT 面作为草绘平面，绘制如图 5-15 所示的草绘截面。

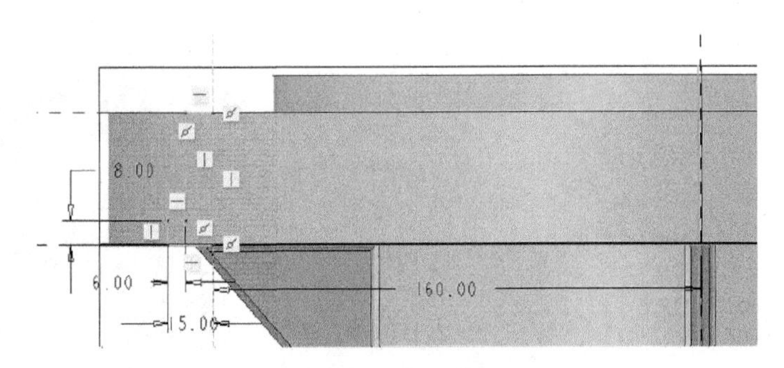

图 5-15 草绘截面

2）单击【旋转】工具按钮 旋转，选择上一步绘制的草绘截面与旋转中心线，并按下【移除材料】按钮。单击【确认】按钮，完成旋转特征创建。结果如图 5-16 所示。

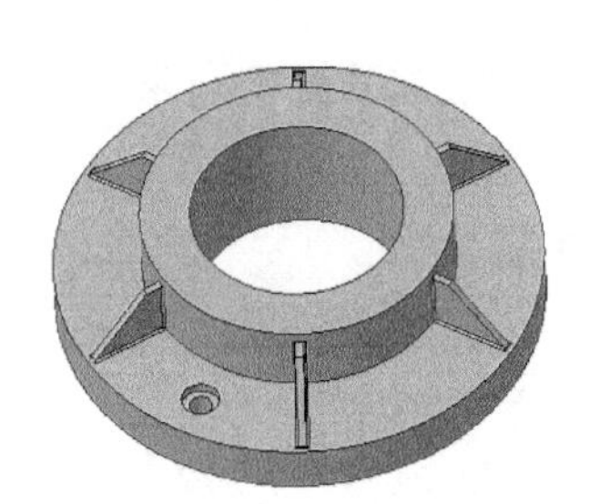

图 5-16 沉孔创建

8. 阵列阶梯孔

方法与前面相同，结果如图 5-6 所示。

9. 保存模型

保存当前建立的法兰盘模型。

5.3　阶梯轴的建模

本例的阶梯轴（图 5-17）主要使用旋转特征、拉伸特征、倒角和圆角特征等工具来完成模型的创建。

本例的创建过程为：创建阶梯轴主体、拉伸创建键槽、倒角及圆角。

建模过程

1. 建立一个新文件

建立文件名为“jietizhou”的新文件。

图 5-17　阶梯轴

2. 创建阶梯轴主体

1）选择 RIGHT 面作为草绘平面，绘制如图 5-18 所示的草绘截面和中心线。

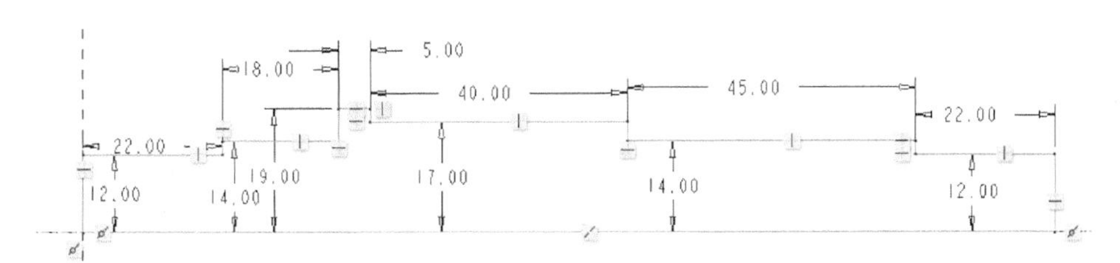

图 5-18　草绘截面和中心线

2）单击【旋转】工具按钮 旋转，选择上一步操作中绘制的草绘截面和中心线。指定旋转角度为“360”，单击【确认】按钮 ，完成阶梯轴主体创建，如图 5-19 所示。

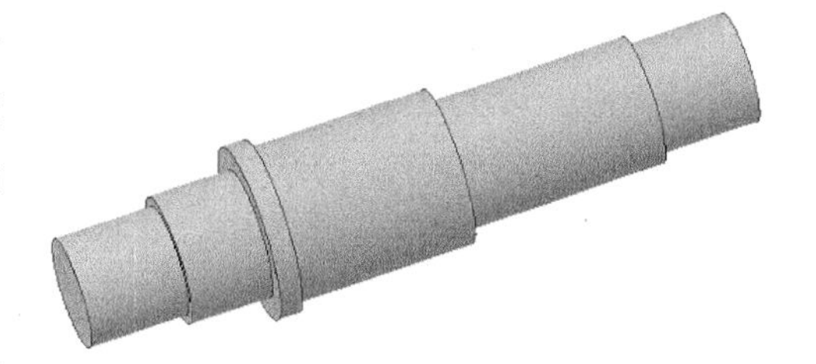

图 5-19　阶梯轴主体

3. 创建基准平面

1）单击【平面】工具按钮 ，打开【基准平面】对话框。

2）选择 TOP 面为基准面，设定参考形式为“平行”。按住<Ctrl>键然后选取键槽所在圆弧面，并将参考形式设定为“相切”，如图 5-20 所示。

3）单击【确定】按钮 确定 ，完成 DTM1 面创建，如图 5-21 所示。

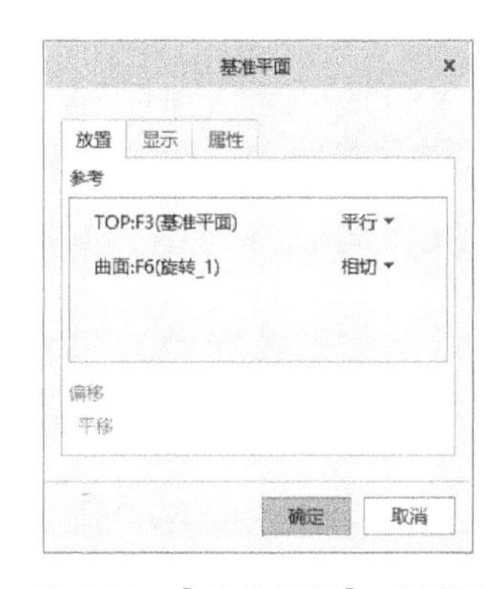

图 5-20　【基准平面】对话框

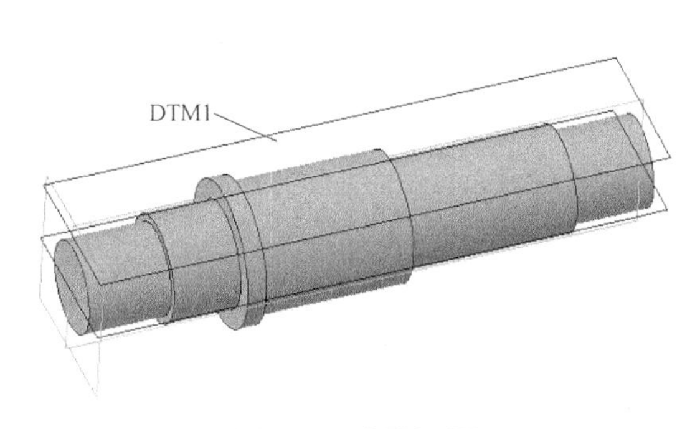

图 5-21　DTM1 面

4. 拉伸创建键槽

1）选择 DTM1 面作为草绘平面，绘制如图 5-22 所示的草绘截面。

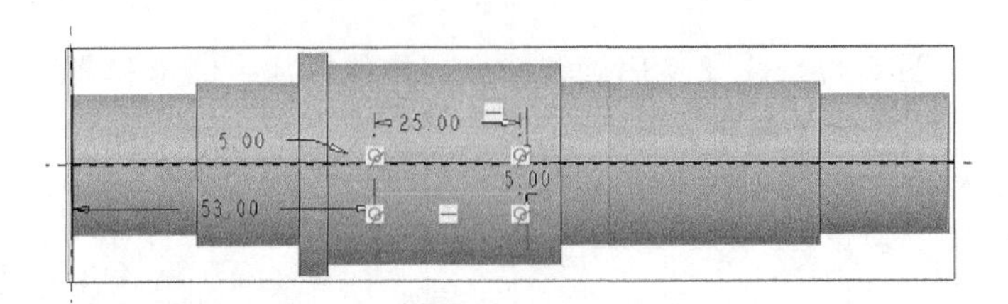

图 5-22 键槽截面

2）单击【拉伸】按钮，选择上一步所作的草绘作为拉伸截面，设定拉伸深度为“5”，调整拉伸方向，单击【移除材料】按钮。

3）单击【确认】按钮完成键槽创建，如图 5-23 所示。

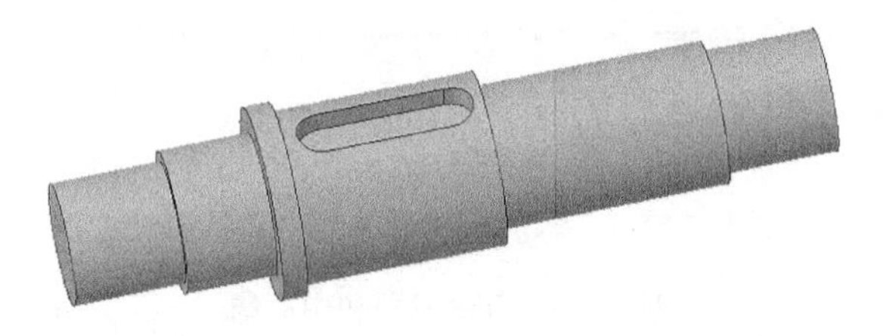

图 5-23 创建键槽

5. 创建倒角与圆角特征

1）单击【倒角】按钮倒角，打开【边倒角】操作面板。选择倒角类型为【D×D】，设定边长值为“1”，如图 5-24 所示。

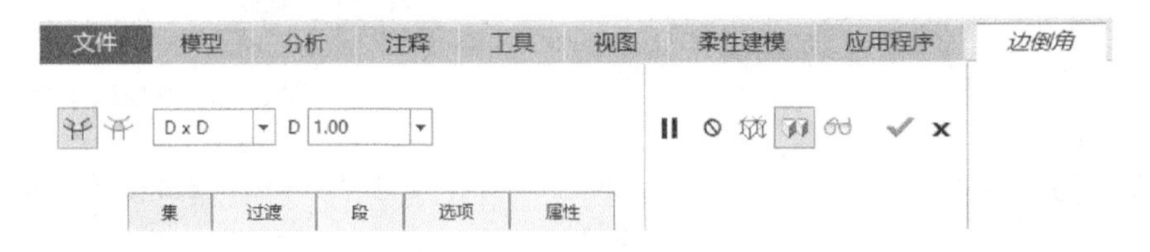

图 5-24 【边倒角】操作面板

2）依次选择需要倒角的边，如图 5-25 所示。

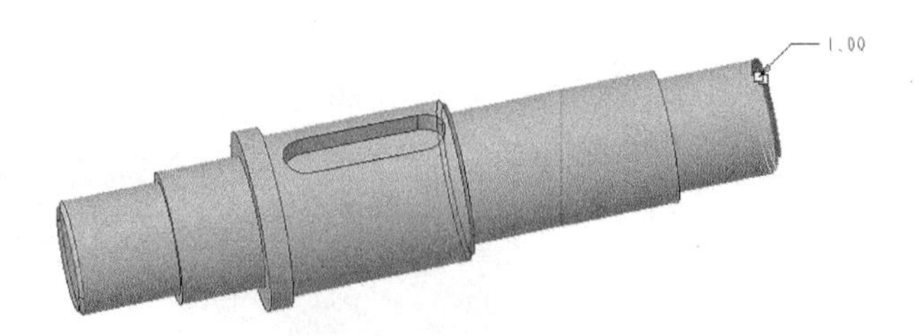

图 5-25 选择倒角边

3）单击【确认】按钮，完成倒角特征的创建，如图 5-26 所示。

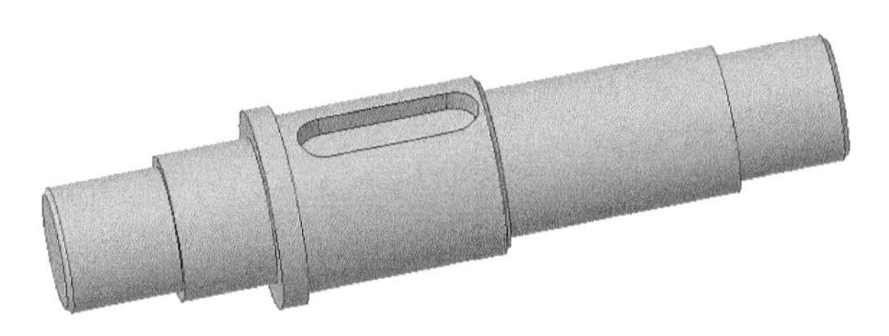

图 5-26　完成倒角

6. 倒圆角

1）单击【倒圆角】工具按钮 倒圆角，打开【倒圆角】操作面板。

2）设定圆角半径为“2”。

3）选择需要倒圆角的边，如图 5-27 所示。

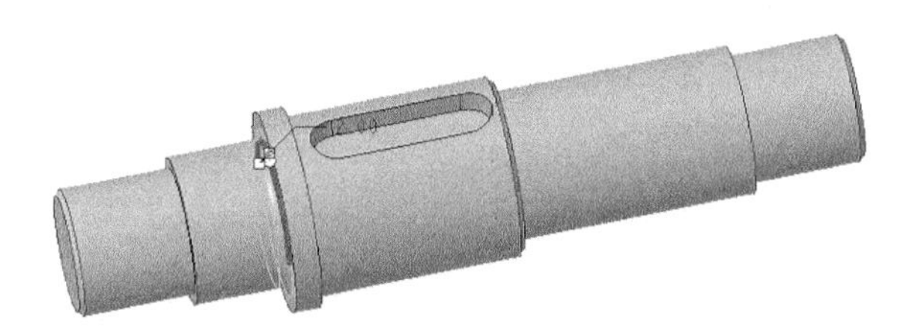

图 5-27　选择倒圆角的边

4）单击【确认】按钮，完成圆角的创建。最终效果如图 5-17 所示。

7. 保存模型

保存当前建立的阶梯轴模型。

5.4　带轮的建模

本例主要学习用旋转特征、拉伸切除特征、倒圆角特征以及阵列特征等工具创建带轮（图 5-28）。

本例的创建过程为：旋转创建带轮主体、拉伸切除轮辐孔、倒圆角、阵列轮辐孔及圆角、旋转切除 V 带槽、阵列 V 带槽、拉伸切除键槽。

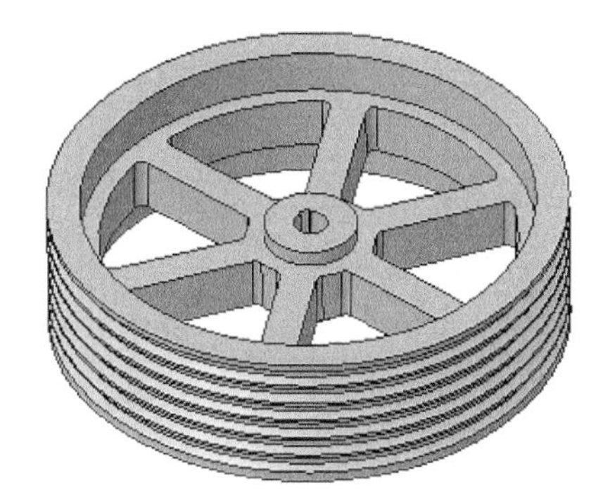

图 5-28　带轮

建模过程

1. 建立一个新文件

建立文件名为“dailun”的新文件。

2. 创建带轮主体

1）以 RIGHT 基准面为草绘平面，创建如图 5-29 所示草绘截面和中心线。

2）单击【旋转】工具按钮 旋转，选择上一步操作中绘制的草绘截面和中心线进行旋转操作，设定旋转角度为“360”。

3）单击【确认】按钮，完成带轮主体的创建。如图 5-30 所示。

3. 创建轮辐孔

1）以轮辐孔所在平面为草绘平面，绘制如图 5-31 所示的轮辐孔截面。需要特别注意的是，在绘制该轮辐孔截面的时候，应当先绘制左右两侧的构造中心线，然后再以此为基准绘制轮辐孔左右两侧的直边段。

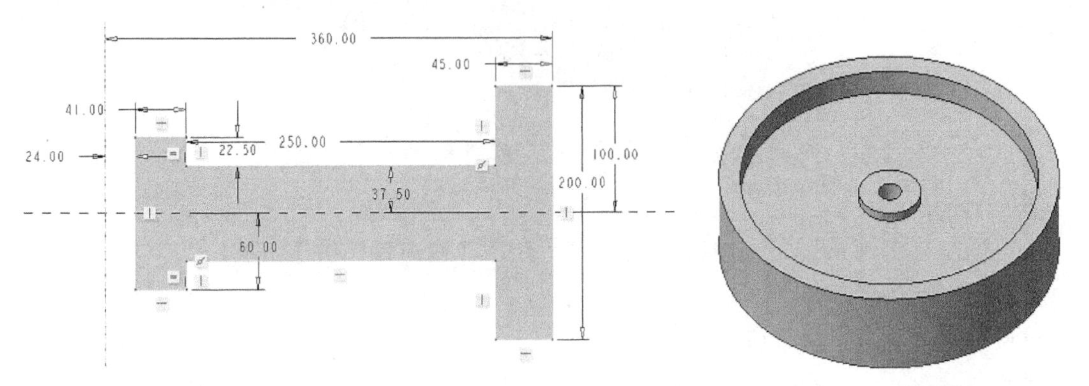

图 5-29　草绘截面和中心线　　　　图 5-30　带轮主体

2）单击【拉伸】工具按钮，选择拉伸类型为【拉伸至与所有曲面相交】，调整方向并按下【移除材料】按钮。

3）单击【确认】按钮，完成轮辐孔的创建。如图 5-32 所示。

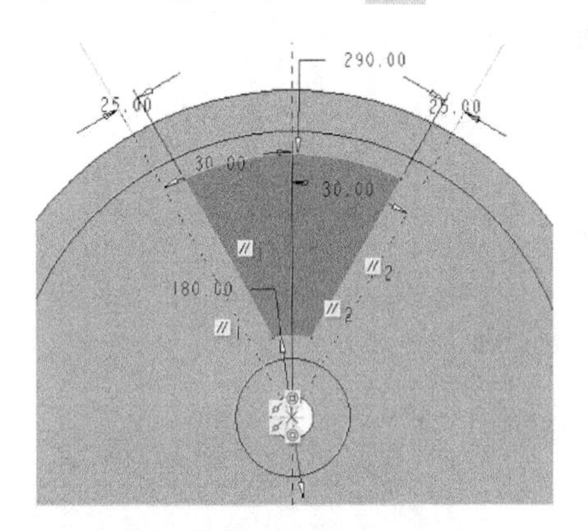

图 5-31　轮辐孔截面草绘

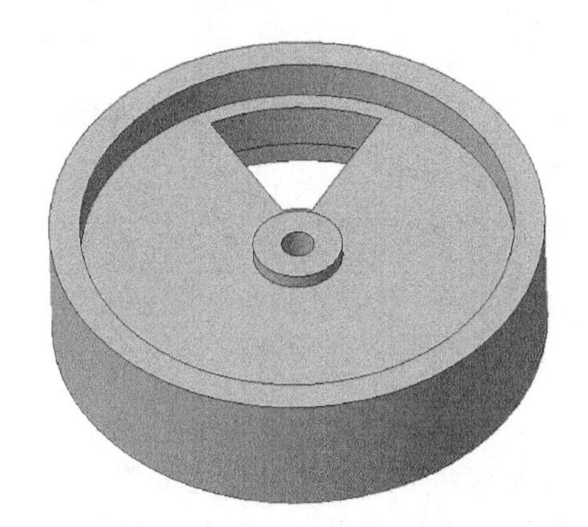

图 5-32　轮辐孔的创建

4. 阵列轮辐孔

1）选择上一步操作中创建的轮辐孔，单击【阵列】工具按钮，设置阵列类型为【轴】并指定模型的中心轴线为参考轴，指定阵列成员数为“6”，阵列角度为“60”。如图 5-33所示。

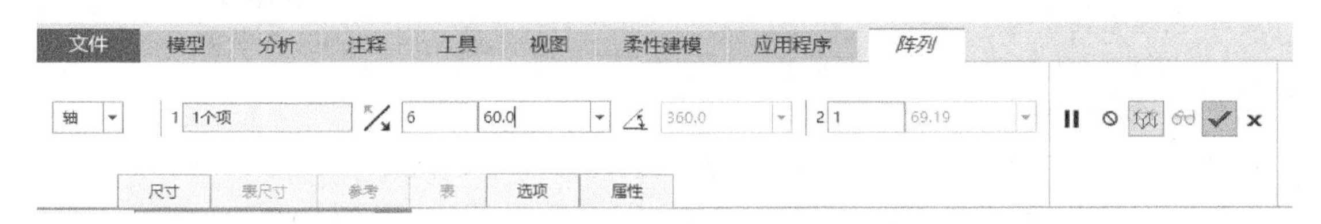

图 5-33　【阵列】操作面板设置

2）单击【确认】按钮，完成轮辐孔的阵列。如图 5-34 所示。

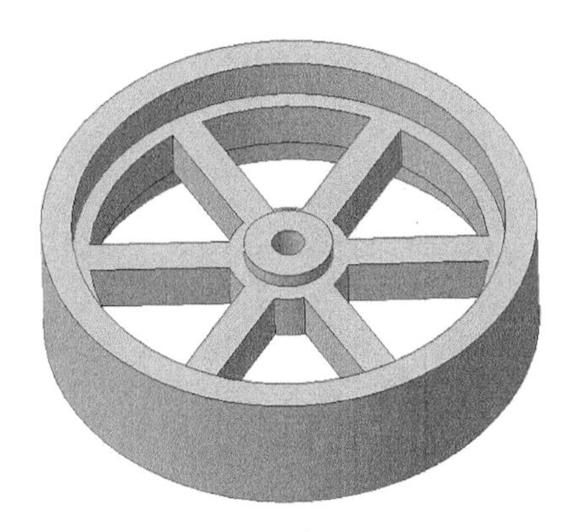

图 5-34　轮辐孔阵列

5. 倒圆角

1）单击【倒圆角】工具按钮 倒圆角，设定圆角半径为“12”，如图 5-35 所示。

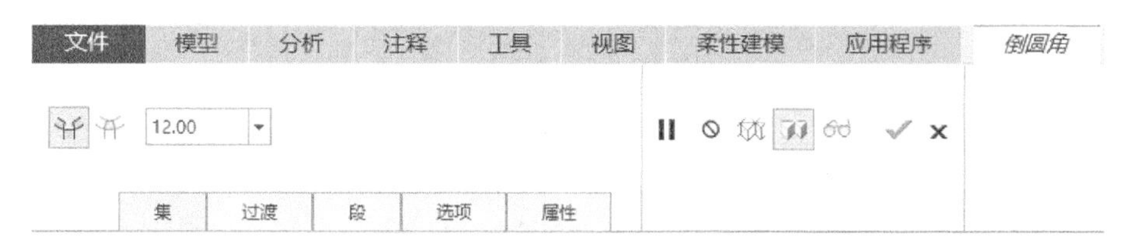

图 5-35　【倒圆角】操作面板

2）依次选择如图 5-36 所示的四条边线。单击【确认】按钮，完成倒圆角创建。如图 5-37 所示。

6. 阵列圆角

操作方法同步骤 4（阵列轮辐孔）。阵列后的效果如图 5-38 所示。

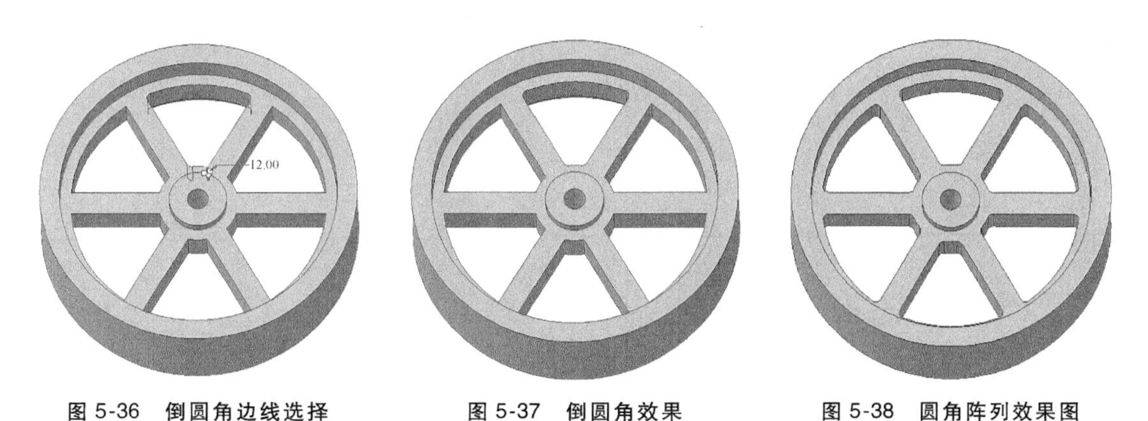

图 5-36　倒圆角边线选择　　图 5-37　倒圆角效果　　图 5-38　圆角阵列效果图

7. V 带槽创建

1）以 RIGHT 面为草绘截面，创建如图 5-39 所示的 V 带槽截面草绘。

2）单击【旋转】工具按钮 旋转，选择上一步操作中绘制的草绘截面进行旋转操作，设定旋转角度为“360”，并按下【移除材料】按钮。

3）单击【确定】按钮✓，完成 V 带槽的创建。如图 5-40 所示。

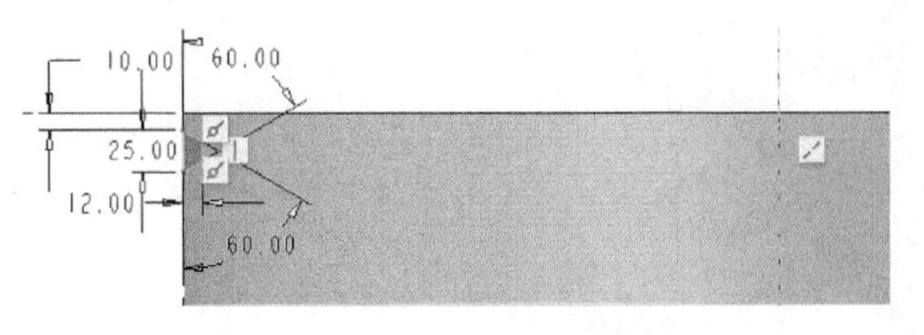

图 5-39 V 带槽截面草绘

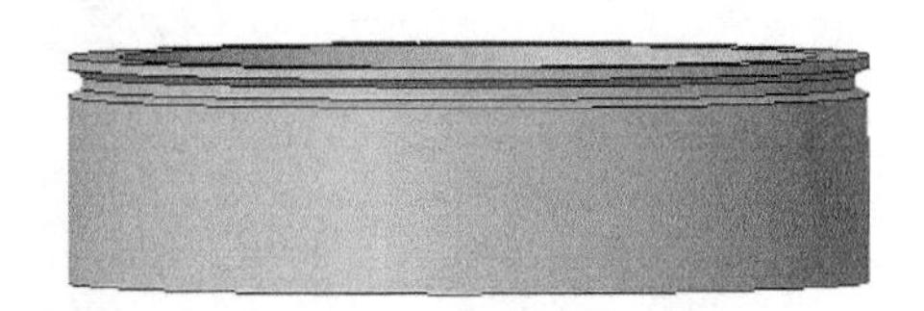

图 5-40 V 带槽的创建

8. 阵列 V 带槽

1）选择上一步操作中绘制的 V 带槽，单击【阵列】工具按钮，设置阵列类型为【方向】，指定模型的中心轴线为参考方向并调整方向，指定阵列成员数为“6”，阵列距离为“30”。如图 5-41 所示。

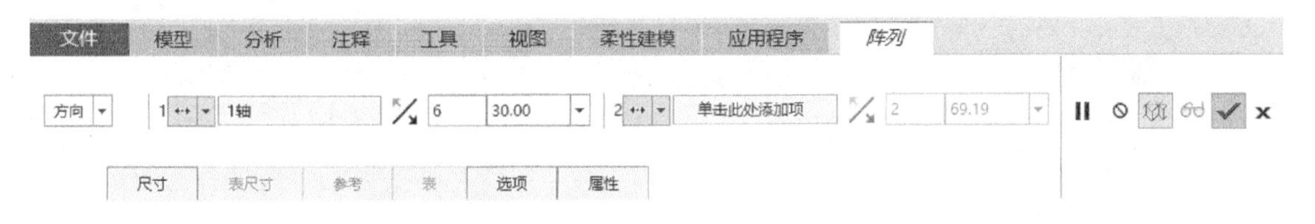

图 5-41 【阵列】操作面板设置

2）单击【确认】按钮✓，完成 V 带槽的阵列。如图 5-42 所示。

9. 拉伸创建键槽

1）创建如图 5-43 所示草绘截面。

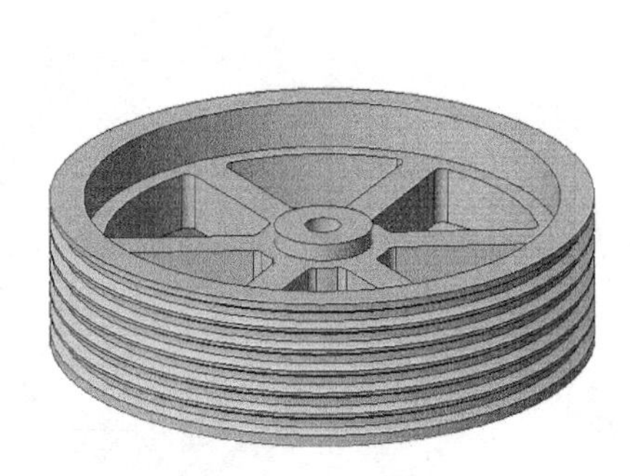

图 5-42 V 带槽阵列

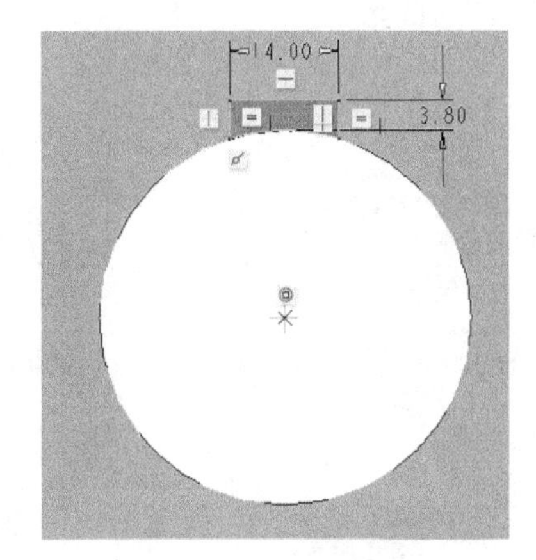

图 5-43 草绘截面

2）单击【拉伸】工具按钮，选择拉伸类型为【拉伸至与所有曲面相交】，调整方向并按下【移除材料】按钮。

3）单击【确认】按钮✓，完成键槽的创建。结果如图 5-27 所示。

10. 保存模型

保存当前建立的带轮模型。

5.5　实　训　题

绘制如图 5-44 所示普通球轴承模型。

1）利用【旋转】命令创建支撑环，其旋转截面如图 5-45 所示，支撑环模型如图 5-46 所示。

2）利用【旋转】命令在支撑环上开孔，其草绘截面如图 5-47 所示，开孔后效果如图 5-48 所示。

3）阵列开孔，旋转阵列类型为【轴】，阵列成员数为“12”，以支撑环旋转中心轴为阵列中心轴，完成阵列后效果如图 5-49 所示。

图 5-44　普通球轴承

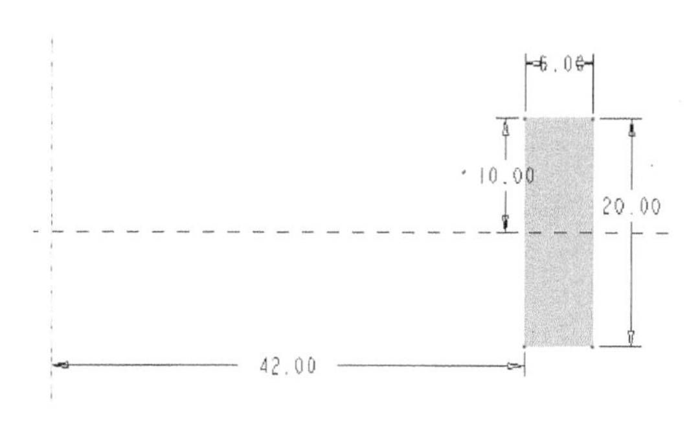

图 5-45　旋转截面

图 5-46　支撑环模型

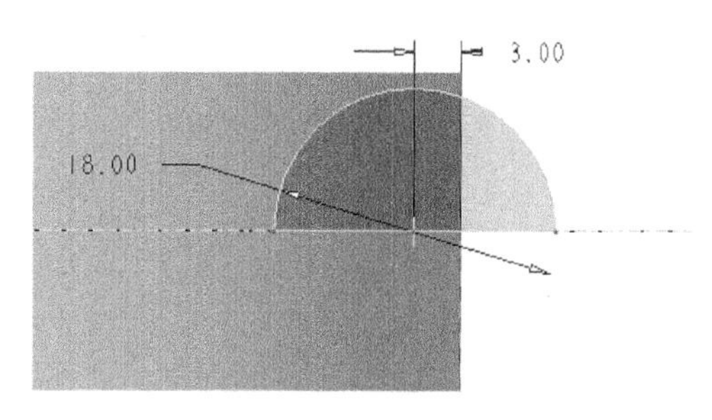

图 5-47　旋转截面

图 5-48　开孔后的支撑环

4）利用【旋转】命令创建滚珠，其草绘如图 5-50 所示，滚珠模型如图 5-51 所示。

图 5-49　阵列开孔

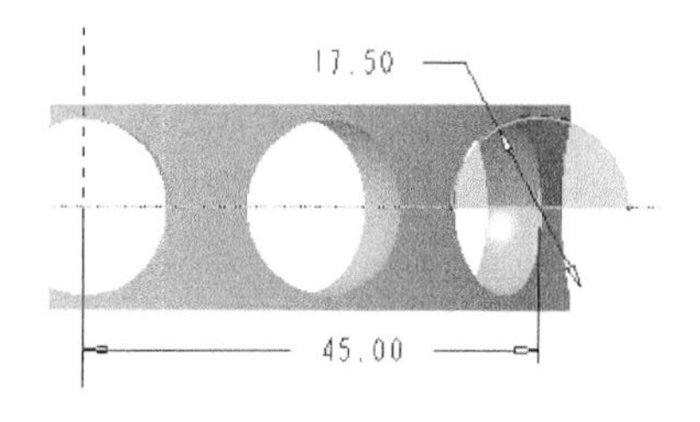

图 5-50　旋转截面

5）阵列滚珠，同步骤 3），阵列后效果如图 5-52 所示。

6）利用【旋转】命令创建轴承内外圈特征，其旋转截面如图 5-53 所示，最终效果如

图 5-44 所示。

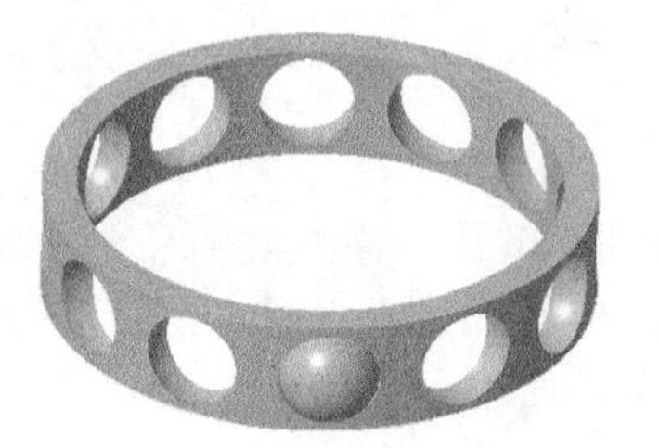

图 5-51　滚珠模型

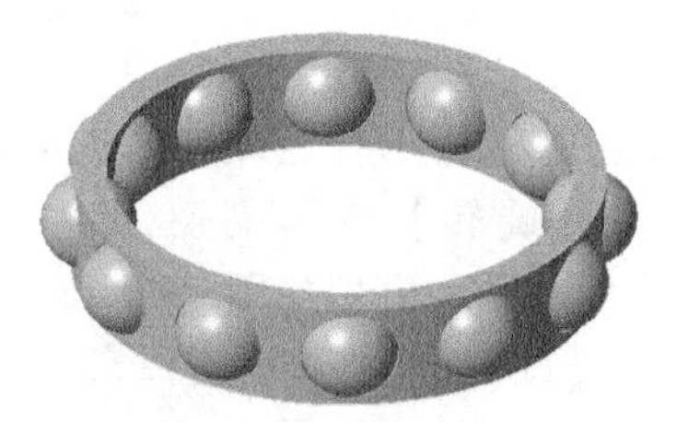

图 5-52　阵列滚珠

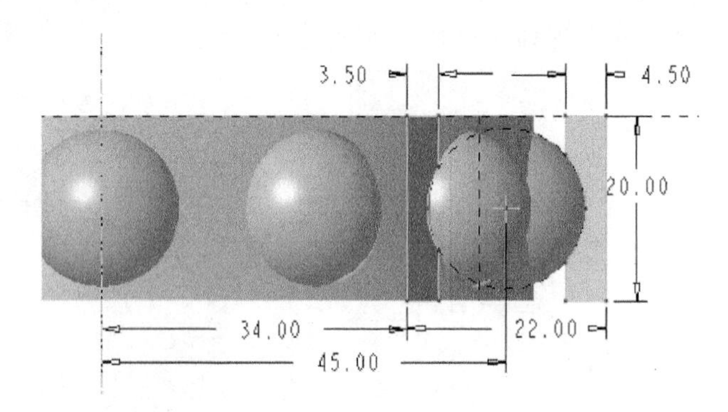

图 5-53　旋转截面

第6章

扫描类零件的建模

6.1 扫描命令简介

扫描功能是指使用一个截面沿一条或多条轨迹线扫描出所需的实体、曲面或薄壳的方法。扫描特征需要创建两个草绘图：扫描轨迹线和扫描截面。轨迹线可以是多条，可指定现有的曲线、边，也可进入草绘器草绘轨迹线。扫描的截面包括恒定截面和可变截面。

图 6-1 所示为利用一个截面及多条轨迹线创建的一个变截面轨迹特征。扫描时扫描截面垂直于原点轨迹线即图中直线，截面上各顶点分别受三条轨迹线驱动，最后截面缩成一个点，扫描完成后的模型如图 6-2 所示。

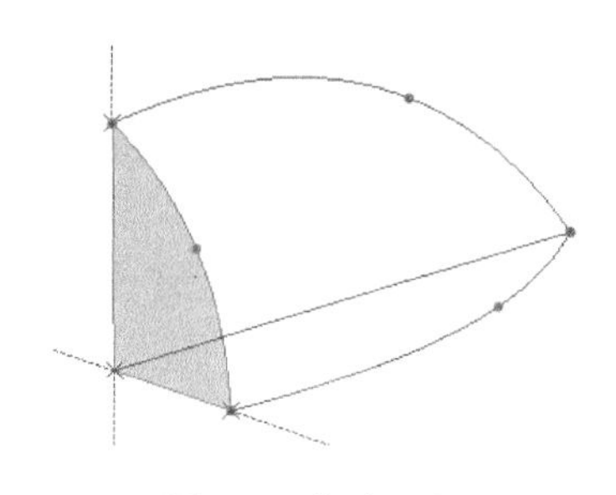

图 6-1 轨迹特征

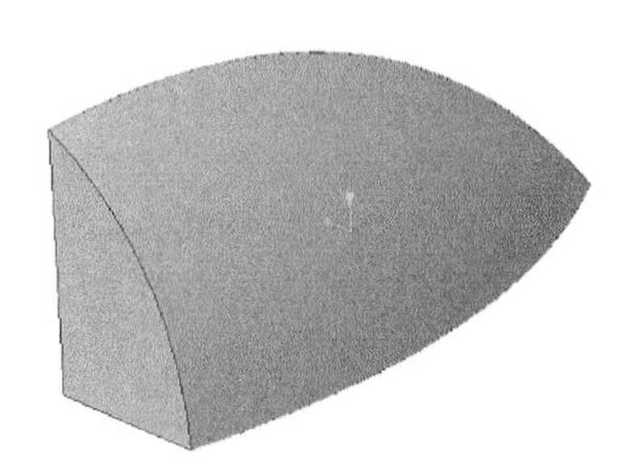

图 6-2 扫描效果图

1. 【扫描】特征面板

单击功能区【模型】选项卡中的【扫描】工具按钮，在界面顶部弹出【扫描】特征面板，如图 6-3 所示。

图 6-3 【扫描】特征面板

2.【参考】按钮

单击【参考】按钮，弹出下滑面板，如图 6-4 所示。在该面板可以指定扫描轨迹的类型及扫描截面的方向。

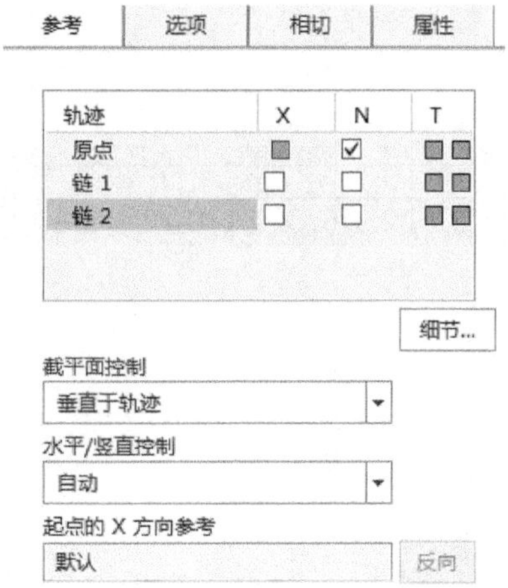

图 6-4 【参考】下滑面板

3. 扫描轨迹及扫描截平面控制

（1）扫描轨迹

1）【轨迹】的类型

① 原点轨迹线：在扫描的过程中，截面的原点永远落在此轨迹线上，创建扫描特征时必须选择一条原点轨迹线。

② 链轨迹线：即扫描过程中截面顶点参考的轨迹线，用于变截面扫描，可以有多条，其中一条可以是截面 *X* 方向控制轨迹线。

2）字母选项含义

- 【X】选项：该轨迹线作为 *X* 方向控制轨迹线。
- 【N】选项：该轨迹线作为法向轨迹线，扫描截面与该轨迹线垂直。
- 【T】选项：切向参考。

（2）扫描截平面控制　截平面控制就是对扫描截面在扫描过程中 *X* 方向和 *Z* 方向进行选择和控制。*Z* 方向控制有三种：【垂直于轨迹】、【垂直于投影】、【恒定法向】，如图 6-5 所示。

1）【垂直于轨迹】：截面扫描过程中，始终垂直于指定的轨迹，系统默认是垂直于原点轨迹。选择方法是：在【截平面控制】下拉列表中，选择【垂直于轨迹】选项，回到【轨迹】选项列表中，在对应的轨迹右侧选中【N】列复选框。

选择了【垂直于轨迹】选项后，会出现【水平/竖直控制】选项，该选项用于控制截面的 *X* 方向。有两个选择，如图 6-6 所示。

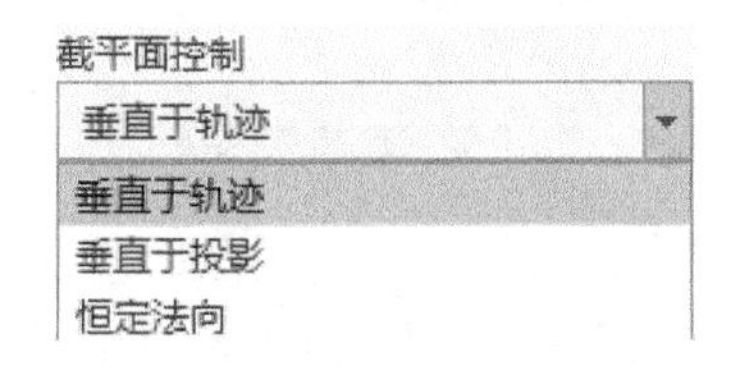

图 6-5 【截平面控制】种类

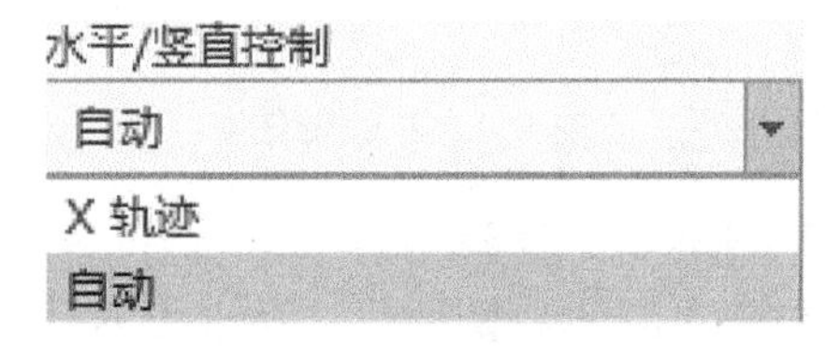

图 6-6 【水平/竖直控制】选项

- 【X 轨迹】：选择一条轨迹线作为 *X* 向轨迹。【X 轨迹】选项的几何意义是：扫描过程中，以原点轨迹上的点与 *X* 轴轨迹上的对应点的连线作为 *X* 轴。*X* 轴确定了，草绘平面的 *Y* 轴自然也就确定了，整个草绘平面也就完全控制了。
- 【自动】：系统自动选择 *X* 轴方向。

2）【垂直于投影】：扫描过程中扫描截面始终与轨迹线在某个平面的投影垂直。当选取该选项时，系统要求选取一个平面、轴、坐标轴或直图元来定义轨迹投射方向。

3）【恒定法向】：扫描过程中截面的 *Z* 方向总是指向某一个方向。选取该选项时，系统要求选取一个平面、轴、坐标轴或直图元来定义法向，且截面的绘图原点落在原点轨迹线上。

（3）扫描轨迹草图的属性

1）草图图元可封闭也可开放，但不能有交错情形。

2）扫描轨迹线可以是草绘的直线、圆弧、曲线或者三者的组合，也可选取已存在的基准曲线、模型边界作为扫描轨迹。

3）截面草图与轨迹线截面之间的比例要恰当。比例不恰当通常会导致特征创建失败。若扫描轨迹有圆弧线或是以样条定义，其最小的半径值与草图对比不可太小，否则特征截面在扫描时会自我交错，无法计算特征。

4. 扫描截面

（1）扫描截面的要求

1）草图各图元可并行、嵌套，但不可自我交错。

2）扫描实体时扫描截面必须封闭，扫描曲面和薄壳时草图截面可开放也可封闭。

3）截面草图的绘图平面，系统会自动定义为扫描轨迹的法向，并同时通过扫描轨迹起点。

（2）变截面扫描截面的形状控制　变截面扫描特征的外形首先取决于草绘截面的形状，其次是草绘截面中各图元与轨迹之间的约束。变截面扫描截面变化可以通过其他轨迹线控制，也可以采用关系式或图形控制。

1）使用关系式搭配 trajpar。trajpar 是可变截面扫描特征的一个特有参数。轨迹参数实际上就是扫描过程中扫描截面与原点轨迹的交点到扫描起点的距离占整个原点轨迹的比例值，其数值在 0~1 之间。用 trajpar 可以控制大小渐变、螺旋变化以及循环变化，从而可以得到各种各样的截面形状。

2）使用基准图形的方式来控制截面的变化。单击功能区【模型】选项卡中【基准】下滑面板中的 图形选项，进入草绘环境，单击功能区【草绘】面板中的 坐标系，在图形区合适位置单击建立坐标系，再绘制所需二维图形。扫描过程中，x 的坐标是变化的，X 轴起点代表扫描起始点，而 X 轴终点代表扫描结束点。y 值按二维曲线变化，让扫描截面某个尺寸（相当于 y 值）按上述规律变化，可使用下列关系式来控制：

sd# = evalgraph("graph_name", x_value)

在该关系式中，“sd#”代表欲变化参数的符号，“graph_name”为基准图形的名称，“x_value”代表扫描的行程，而“evalgraph”是用于计算基准图形的横坐标对应纵坐标值的函数。关系式的含义是由基准图形求得对应于“x_value”的 y 值，然后指定给“sd#”参数。

5. 扫描属性

单击【扫描】特征面板中的【选项】按钮，弹出下滑面板，如图 6-7所示。

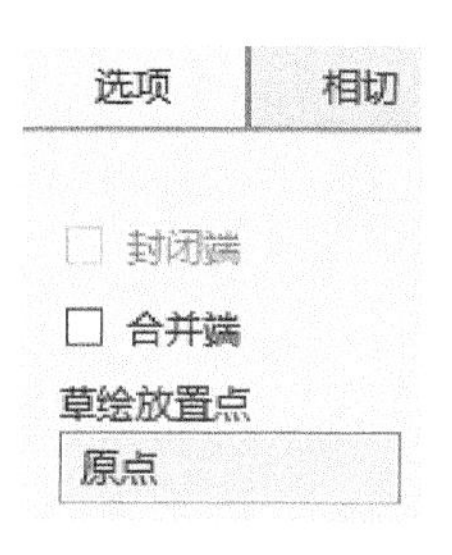

图 6-7　【选项】下滑面板

1）扫描实体或薄壳时，【选项】下滑面板中的【合并端】为黑色可选项，未选中则认为是自由端，【合并端】和自由端的特性如下：

- 【合并端】：系统自动计算扫出几何的延伸并和已有的实体进行合并，从而消除扫出几何和已有几何之间的间隙，选中【合并端】如图 6-8 所示。
- 自由端：【扫描】命令在端部不做任何特殊处理，几何和已有几何之间产生间隙，未选中【合并端】如图 6-9 所示。

2）扫描曲面时，【选项】下滑面板中的【封闭端】为黑色可选项，未选中则认为是开放端点，【封闭端】和开放端点的特性如下：

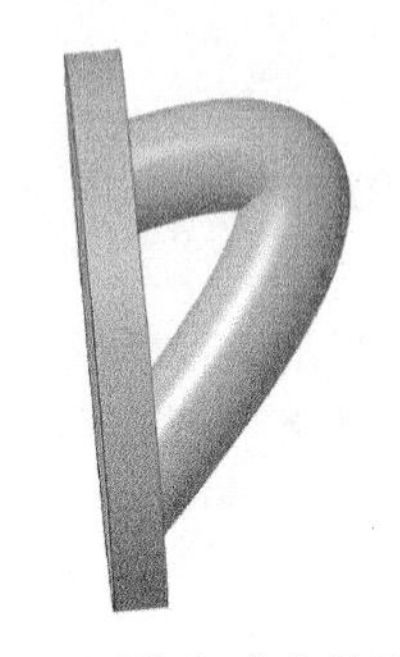

图 6-8 选中【合并端】

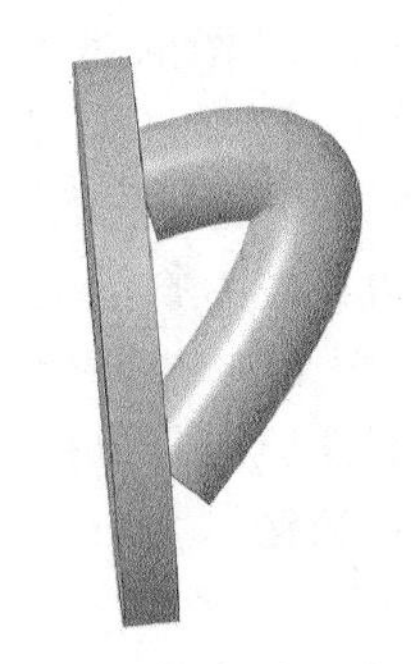

图 6-9 未选中【合并端】

- 【封闭端】：扫描的曲面端点封闭，如图 6-10 所示。
- 开放端点：扫描的曲面端点开放，如图 6-11 所示。

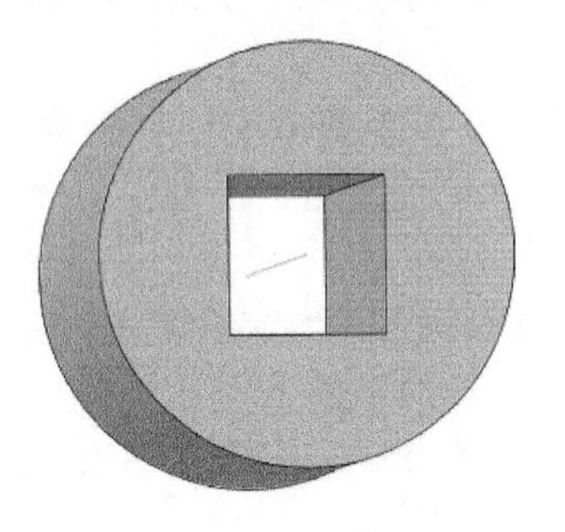

图 6-10 选中【封闭端】

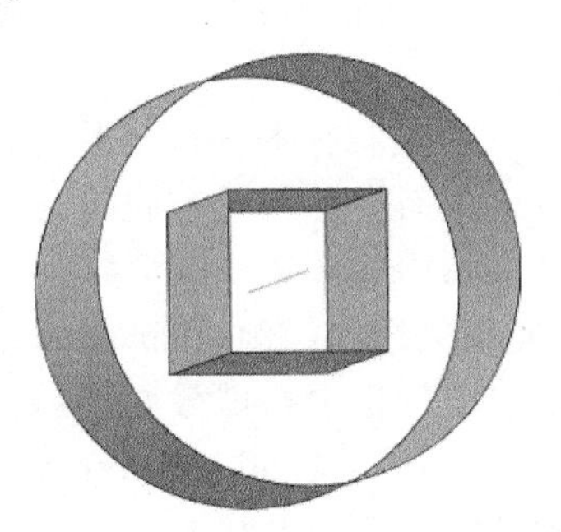

图 6-11 未选中【封闭端】

6.2 恒定截面变轨迹工字钢的建模

恒定截面变轨迹工字钢是一种拥有复杂轨迹线的工字钢，在实际工程中针对不同情况需要对工字钢进行变形处理，特别是在建筑行业，工字钢运用得非常广泛。一些工厂顶棚钢结构需要将工字钢折弯。弯曲工字钢实物如图 6-12 所示。通过本例学习参考轨迹线扫描造型操作。

图 6-12 弯曲工字钢实物

建模过程

1. 新建文件

建立【类型】为 零件，【名称】为“bgj_gzg”的新文件。

2. 扫描生成变轨迹工字钢

1）单击功能区【形状】面板中的【扫描】工具按钮，在界面顶部弹出【扫描】特征面板，如图 6-13 所示，面板中的【基准】工具按钮在最右侧，截图中未包括。

2）【扫描实体】工具按钮和【恒定截面】工具按钮均默认为选中状态。

图 6-13 【扫描】特征面板

3）单击特征面板右侧的【基准】工具按钮，在弹出的下滑面板中，单击【草绘】工具按钮，弹出【草绘】对话框。选择 FRONT 基准平面为草绘平面，单击【草绘】按钮，进入草绘模式。

4）绘制直径为“500”的两个半圆，如图 6-14 所示。单击功能区【关闭】面板中的【确认】按钮，完成轨迹草图的绘制。

5）单击【继续使用此工具】工具按钮，继续扫描特征的创建。

6）选中创建好的轨迹线，轨迹线上会出现扫描方向箭头，如图 6-15 所示。

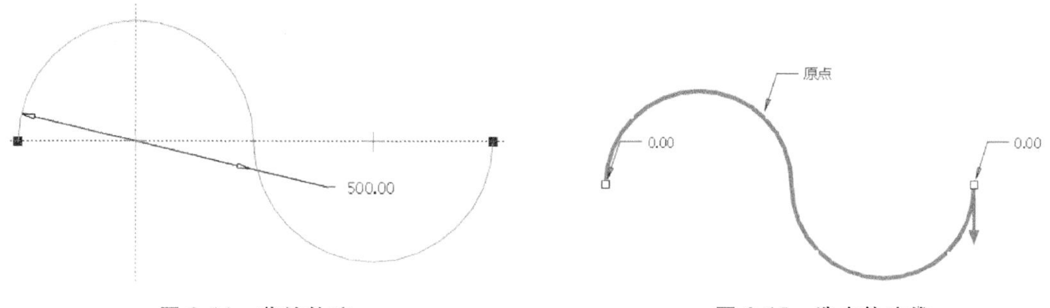

图 6-14　草绘轨迹　　　图 6-15　选中轨迹线

7）单击【创建或编辑扫描截面】按钮，进入草绘模式。

8）绘制如图 6-16 所示的工字钢截面草图，圆心落在几何中心上。

9）单击功能区【关闭】面板中的【确认】按钮，完成截面草图的绘制。单击【扫描】特征面板中的【确认】按钮，完成恒定截面变轨迹工字钢的创建，如图 6-17 所示。

10）创建倒圆。单击功能区【工程】面板中的【倒圆角】工具按钮，在界面顶部显

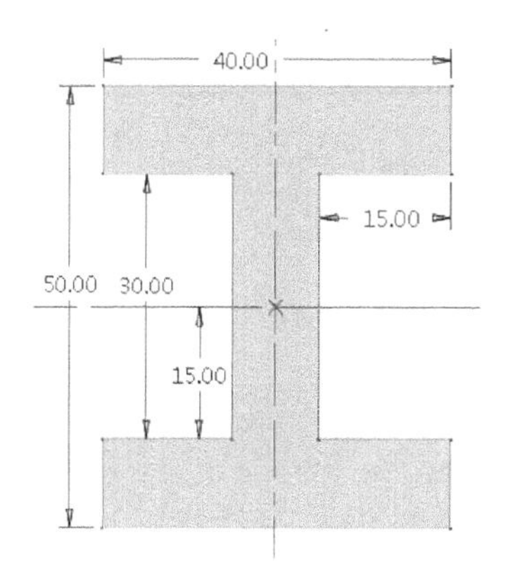

图 6-16　工字钢截面草图

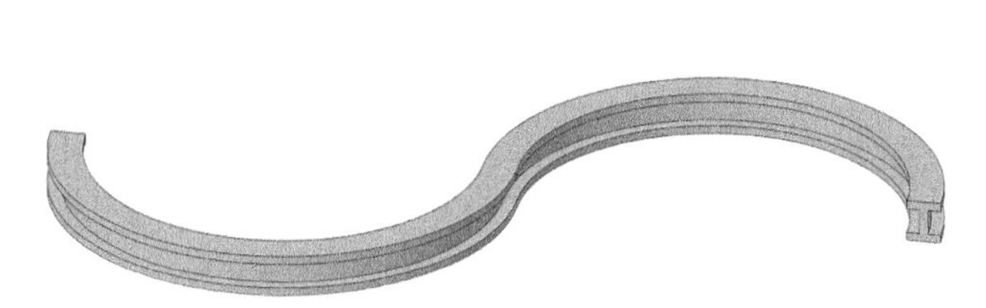

图 6-17　恒定截面变轨迹工字钢

示【倒圆角】特征面板，输入圆角半径为“3”，按住<Ctrl>键分别选取工字钢的四条内角，单击【确认】按钮，完成倒圆操作。

3. 保存模型

保存当前建立的恒定截面变轨迹工字钢模型。

6.3 异形弯管建模

异形弯管采用成套弯曲模具进行弯曲，主要用于输油、输气、输液等，在飞机、高铁上都有大量使用。本例创建的异形弯管是一圆沿一参考线扫描而成的，实物如图 6-18 所示。通过本例掌握利用坐标绘制参考点的方法；掌握利用参考点绘制参考线及利用参考线扫描异形弯管的方法。

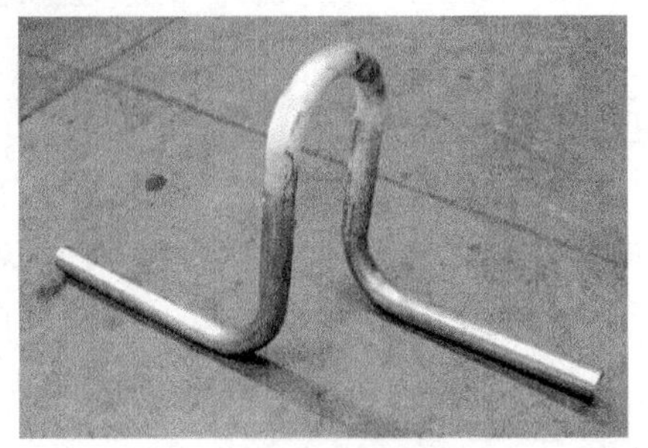

图 6-18 异形弯管实物

建模过程

1. 新建文件

建立【类型】为 零件，【名称】为“yixing_ wanguan”的新文件。

2. 创建参考点

1）单击功能区【基准】面板中工具按钮 点旁的倒三角，弹出如图 6-19 所示的下拉菜单。

2）单击工具按钮 偏移坐标系，弹出【基准点】对话框。【参考】选取【模型树】中的系统坐标系 PRT_CSYS_DEF，【类型】为默认的“笛卡尔”，依次输入六个参考点：“0、0、0”；“100、0、0”；“100、100、0”；“100、100、-50”；“100、0、-50”；“200、0、-50”，【基准点】对话框设置如图 6-20 所示。单击对话框中的【确定】按钮退出。

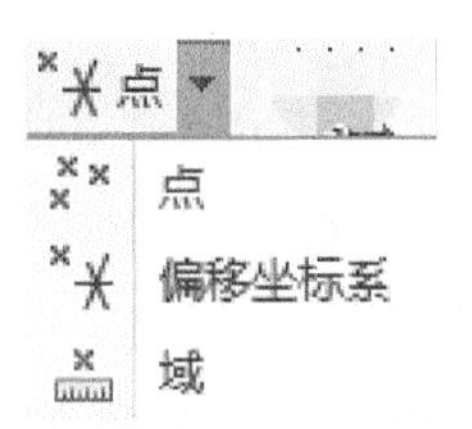

图 6-19 下拉菜单

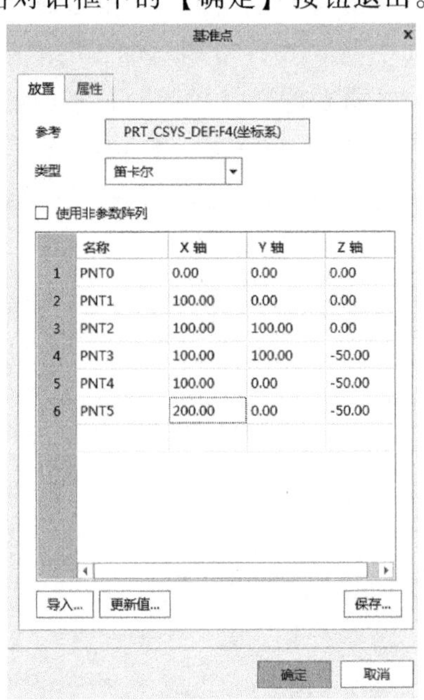

图 6-20 【基准点】对话框设置

3）打开【视图】选项卡，单击功能区【显示】面板中的【点显示】工具按钮和【点标记显示】工具按钮，得到如图 6-21 所示参考点。

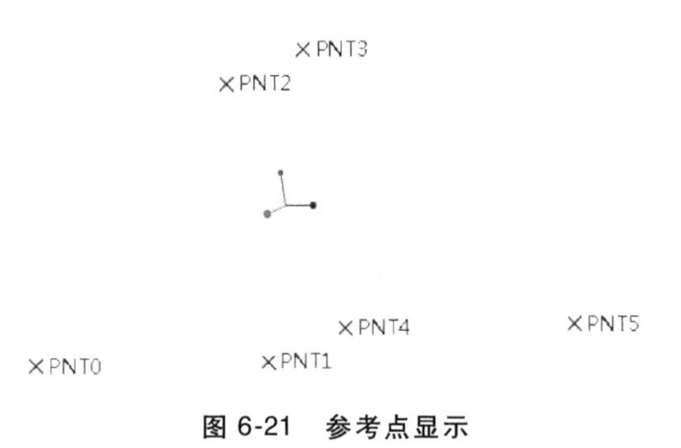

图 6-21　参考点显示

3. 创建扫描轨迹线

1）打开【模型】选项卡，单击功能区【基准】旁的倒三角，在下拉菜单中单击按钮 曲线，选择扩展选项中的 通过点的曲线，弹出【曲线：通过点】特征面板。

2）选中参考点 PNT0 和 PNT1，单击特征面板中的【直线连接】工具按钮，表示使用直线将 PNT1 点连接到 PNT0 点，单击新出现的【倒圆角】工具按钮，设置圆角半径为“20”，单击鼠标中键确定。再依次选中 PNT2 ~ PNT5。特征面板设置如图 6-22 所示。

图 6-22　特征面板设置

3）单击面板中的【确认】按钮，完成扫描轨迹线如图 6-23 所示。

4. 扫描实体异形弯管

1）单击功能区【形状】面板中的【扫描】工具按钮，在图形区顶部弹出【扫描】特征面板。

2）【扫描实体】工具按钮和【恒定截面】工具按钮均默认为选中状态。

3）选中创建好的轨迹线，单击【创建或编辑扫描截面】按钮，进入草绘模式。

4）在图形区以虚线十字交点为圆心绘制直径分别为“15”和“10”的同心圆。

5）单击功能区【关闭】面板中的【确认】按钮，完成截面草图的绘制。单击【扫描】特征面板中的【确认】按钮，完成异形弯管的创建，如图 6-24 所示。

5. 保存模型

保存当前建立的异形弯管模型。

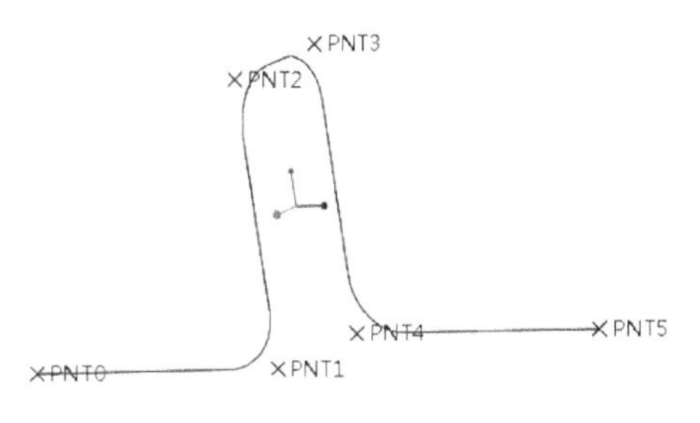

图 6-23　扫描轨迹线

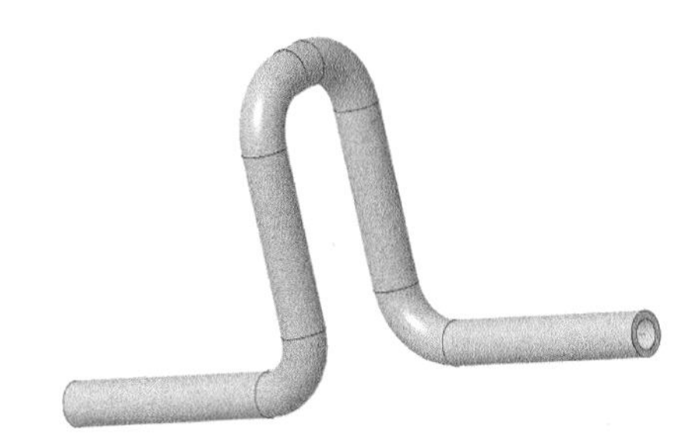

图 6-24　异形弯管

6.4 变截面扫描零件建模

变截面零件如图 6-25 所示。将固定梯形截面使用两条轨迹线进行可变截面扫描，再对梯形两平行边做参数化处理，完成建模。通过本例学习，掌握使用变截面扫描方式创建实体模型；熟悉使用关系式搭配 trajpar 参数来控制截面参数；熟悉使用基准图形的方式来控制截面的变化。

建模过程

1. 新建文件

建立【类型】为 零件，【名称】为“bianjiemian”的新文件。

2. 草绘轨迹线

单击功能区【基准】面板中的【草绘】工具按钮，弹出【草绘】对话框。选择基准平面 FRONT 作为草绘平面，基准平面 RIGHT 为参考平面，方向为“右”，绘制一条直线和一条折线，轨迹线草图如图 6-26 所示。单击功能区【关闭】面板中的【确认】按钮，完成轨迹草图的绘制。

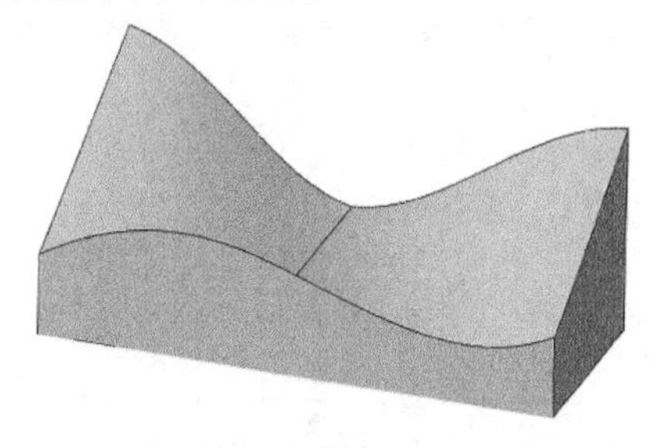

图 6-25 变截面零件

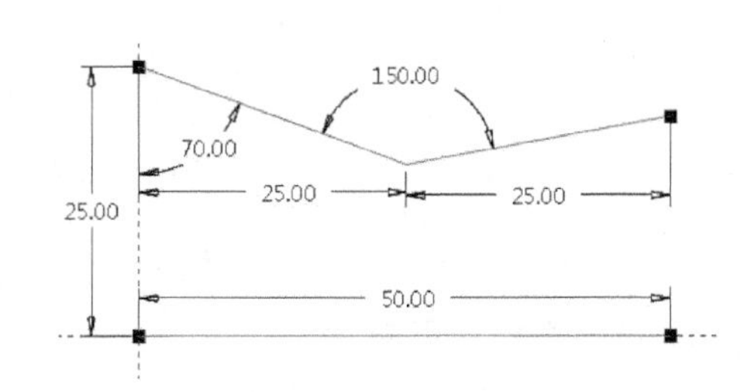

图 6-26 轨迹线草图

3. 变截面扫描

1）单击功能区【形状】面板中的【扫描】工具按钮，在图形区顶部弹出【扫描】特征面板。

2）按住<Ctrl>键依次选取直线和折线，默认选取的第一条轨迹为原点轨迹线，其他为链轨迹线。【扫描】特征面板中自动选中【变截面】选项，【参考】下滑面板中的选项默认，选取轨迹线如图 6-27 所示。

3）单击【创建或编辑扫描截面】按钮，进入草绘模式，绘制如图 6-28 所示的草绘截面。

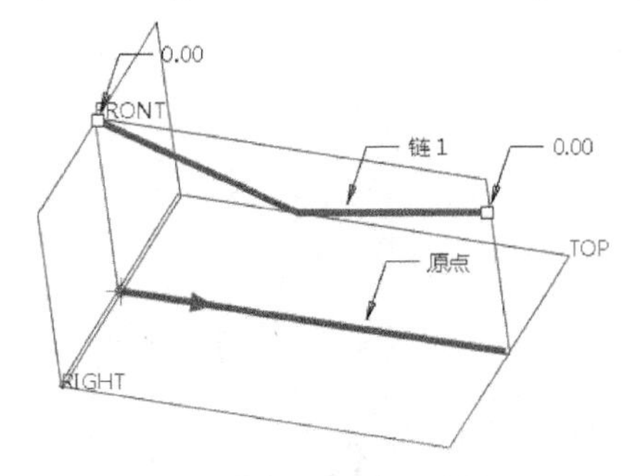

图 6-27 选取轨迹线

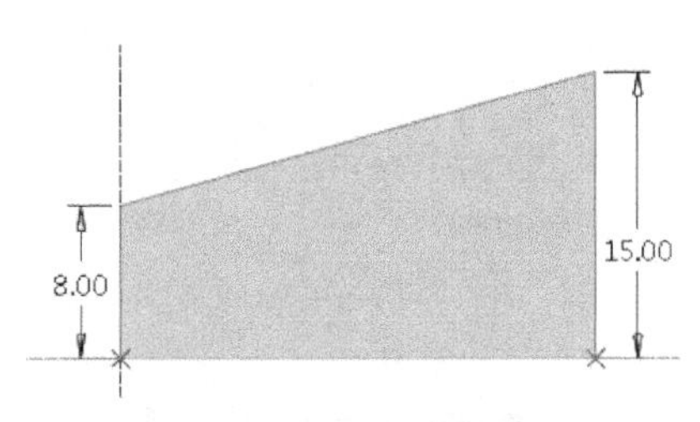

图 6-28 草绘截面

4）单击功能区【关闭】面板中的【确认】按钮，完成截面草图的绘制。单击【扫描】特征面板中的【确认】按钮，完成变截面扫描的创建，如图 6-29 所示。

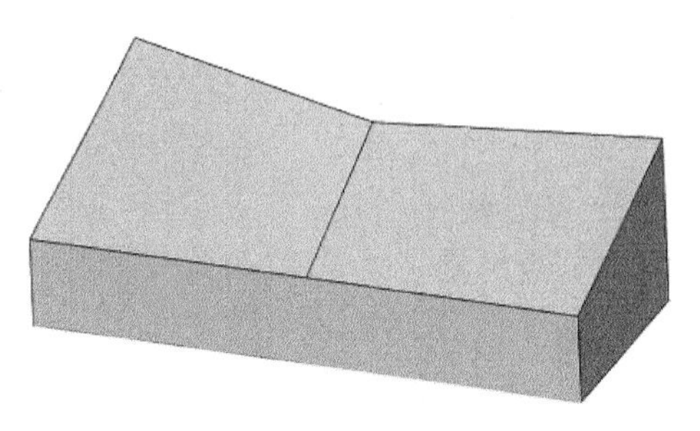

图 6-29　变截面扫描结果

4. 用关系式控制折线侧高度变化

1）选中【模型树】中特征 扫描 1，弹出快捷工具栏，单击其中的【编辑定义】工具按钮，进入到【扫描】特征面板。

2）单击【创建或编辑扫描截面】按钮，进入草绘模式。

3）打开【工具】选项卡，单击功能区工具按钮 d= 关系，弹出【关系】窗口。此时草绘梯形的尺寸均以尺寸符号的形式表示，该草图中梯形左侧和后侧竖直边尺寸符号分别为“sd4”和“sd5”，尺寸符号以用户实际情况为准。在【关系】窗口中输入以下关系式：

sd5 = 15+5 * cos（360 * trajpar）

4）单击【确定】按钮退出，打开【草绘】选项卡，单击功能区【关闭】面板中的【确认】按钮，单击【扫描】特征面板中的【确认】按钮，得到扫描结果如图6-30所示。

5. 用基准图形控制直线侧高度变化

1）单击功能区中【基准】下滑面板中的 图形选项，输入图形名称为“bolang”。在弹出的草绘环境中单击功能区【草绘】面板中的 坐标系，在图形区合适位置单击建立坐标系，再绘制如图 6-31 所示样条曲线，结构大致相同即可，尺寸未完全标出。

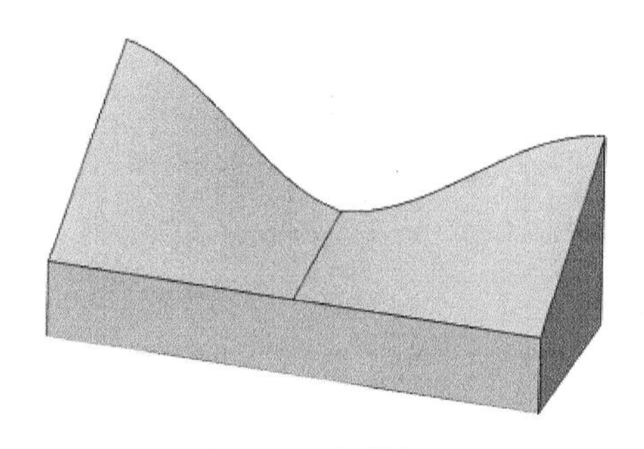

图 6-30　扫描结果

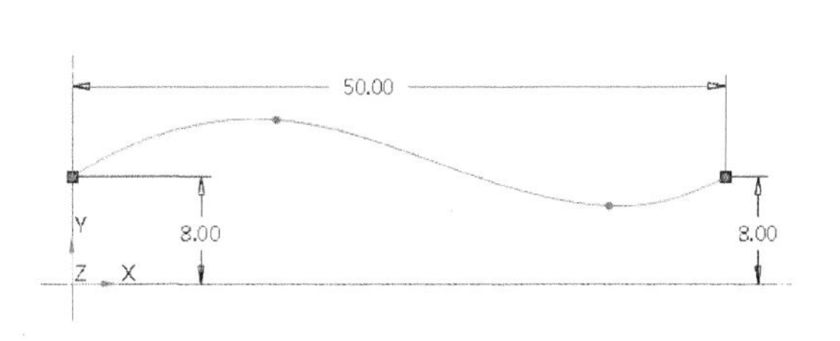

图 6-31　样条曲线大致尺寸

2）单击功能区【关闭】面板中的【确认】按钮，完成截面草图的绘制。

3）在【模型树】中用鼠标左键选中特征 BOLANG，按住左键将其拖动到特征 扫描 1之前。

4）选中【模型树】中特征 扫描 1，弹出快捷工具栏，单击其中的【编辑定义】工具按钮，进入到【扫描】特征面板。单击【创建或编辑扫描截面】按钮，进入草绘模式。打开【工具】选项卡，单击功能区工具按钮 d= 关系，弹出【关系】窗口，在【关系】窗口中输入以下关系式：sd4 = evalgraph("bolang",50 * trajpar)。

5）单击【确定】按钮退出，打开【草绘】选项卡，单击功能区【关闭】面板中的【确认】按钮，单击【扫描】特征面板中的【确认】按钮，得到扫描结果如图 6-25 所示。

6. 保存模型

保存当前建立的变截面扫描模型。

6.5 凸轮建模

本例建模完成的凸轮模型如图 6-32 所示。通过学习本例掌握用旋转方法创建凸轮主体的方法；熟悉使用基准图形的方式来控制截面的变化。

建模过程

1. 新建文件

建立【类型】为 零件，【名称】为“tulun”的新文件。

2. 创建凸轮主体

单击功能区【形状】面板中的【旋转】工具按钮，在界面顶部弹出【旋转】特征面板。选择基准平面 FRONT 作为草绘平面，绘制如图 6-33 所示的截面草图。单击功能区【关闭】面板中的【确认】按钮，完成轨迹草图的绘制。【旋转】特征面板中的设置保持默认，单击【确认】按钮，完成凸轮主体的创建，如图 6-34 所示。

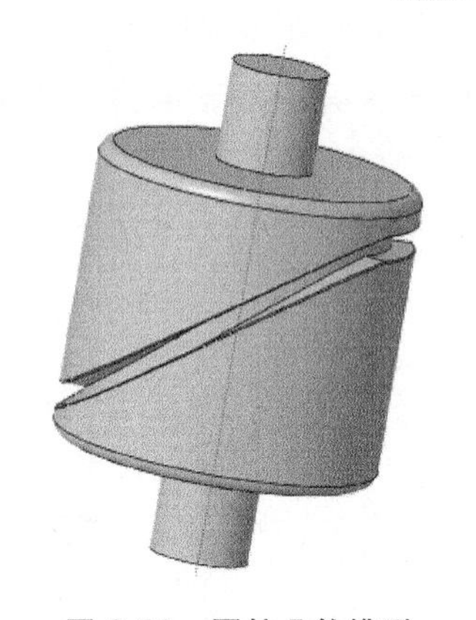

图 6-32　圆柱凸轮模型

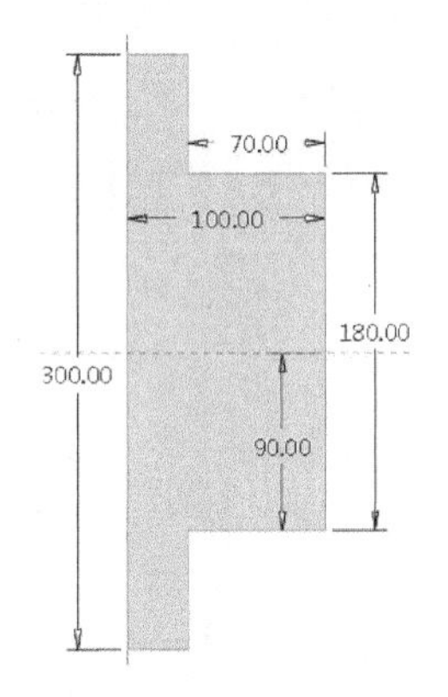

图 6-33　截面草图

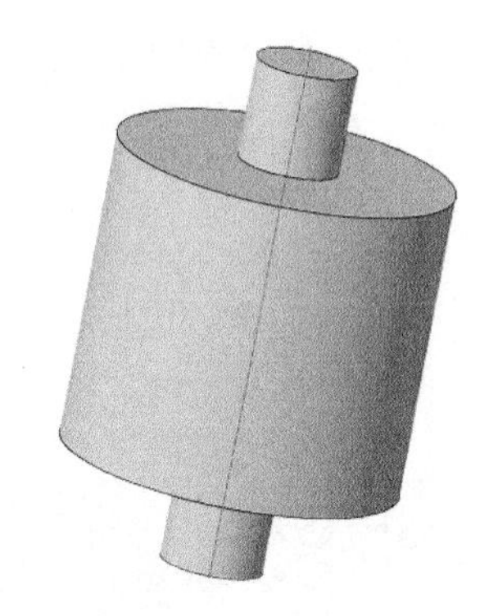

图 6-34　凸轮主体的创建

3. 创建基准图形

单击功能区中【基准】下滑面板中的 图形选项，输入图形名称为“tuxing”，在弹出的草绘环境中单击功能区【草绘】面板中的 坐标系，在图形区合适位置单击建立坐标系。单击功能区【草绘】面板中的 中心线，在 *Y* 轴右侧距离“314”处绘制竖直中心线，此处“314”为凸轮圆柱周长的一半。再绘制如图 6-35 所示基准图形，图形由样条曲线和两端直线组成。单击功能区【关闭】面板中的【确认】按钮，完成截面草图的绘制。注意：基准图形在两端对接处要尽可能平缓。

4. 扫描凸轮槽

1）单击功能区【形状】面板中的【扫描】工具按钮，进入到【扫描】特征面板。

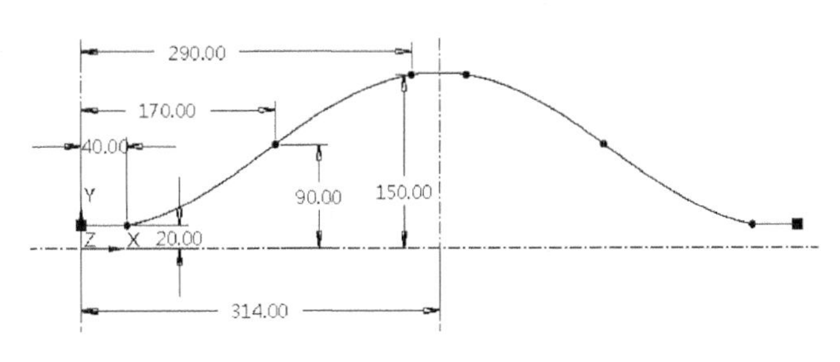

图 6-35　基准图形

2）选中上部凸轮轮廓线作为【原点轨迹】，单击【参考】下滑面板中的【细节】按钮，弹出【链】对话框，选中其中的【基于规则】，其余选项默认，如图 6-36 所示。单击对话框中的【确定】按钮退出，发现此时【原点轨迹】为整个圆环，如图 6-37 所示。

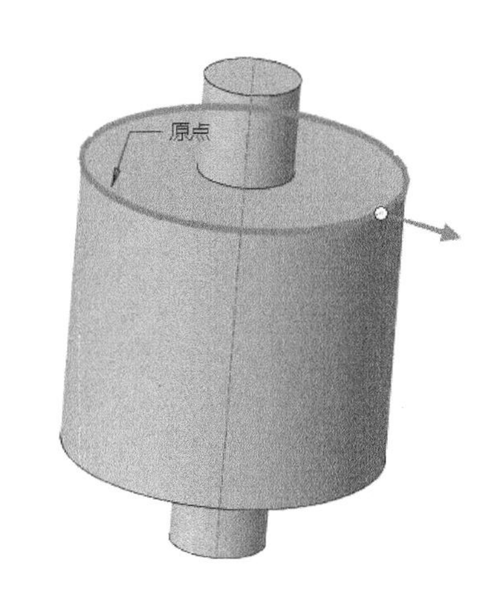

图 6-36 【链】对话框

图 6-37　原点轨迹线

3）单击【扫描】特征面板中的【移除材料】工具按钮和【变截面】工具按钮，其余默认。

4）单击【创建或编辑扫描截面】按钮，进入草绘模式。绘制如图 6-38 所示草绘截面，注意参照原点的距离。打开【工具】选项卡，单击功能区工具按钮 d= 关系，弹出【关系】窗口，此时草绘尺寸由尺寸符号代替，如图 6-39 所示。

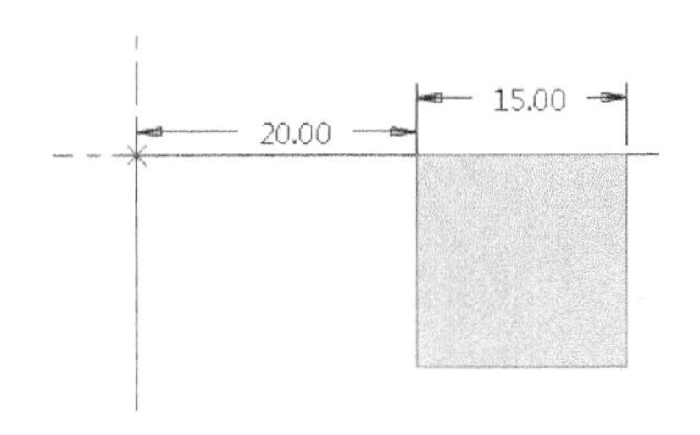

图 6-38　草绘截面

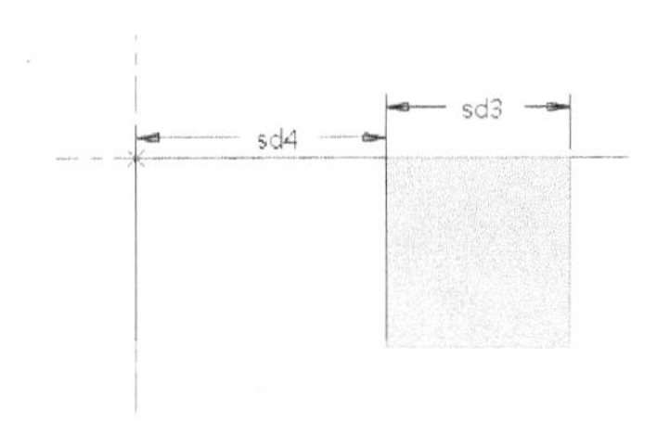

图 6-39　尺寸符号

5）在【关系】窗口中输入关系式：sd4 = evalgraph（"tuxing"，628 * trajpar），“sd#”根据实际情况输入。单击【确定】按钮退出，打开【草绘】选项卡，单击功能区【关闭】面板中的【确认】按钮，单击【扫描】特征面板中的【确认】按钮，得到扫描凸轮槽如图6-40所示。

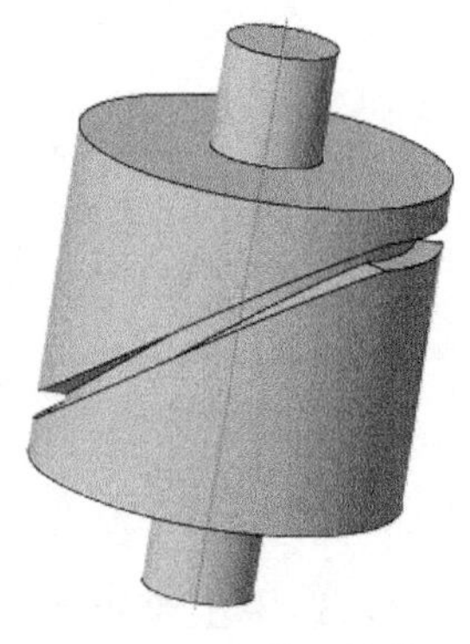

图6-40 扫描凸轮槽

5. 创建倒圆

单击功能区【工程】面板中的【倒圆角】工具按钮，对凸轮圆柱两端面棱边进行半径为“8”的倒圆操作。用同样方法对凸轮槽边缘轮廓进行半径为“1”的倒圆操作。倒圆后的凸轮如图6-32所示。

6. 保存模型

保存当前建立的凸轮模型。

6.6 实 训 题

1. 创建螺旋管，效果图如图6-41所示。

各特征创建步骤如下：

1）创建方程曲线。使用 通过点的曲线 命令创建曲线，方程如下：

x = 150 * t * cos(t * (4 * 180))

y = 150 * t * sin(t * (4 * 180))

z = 0

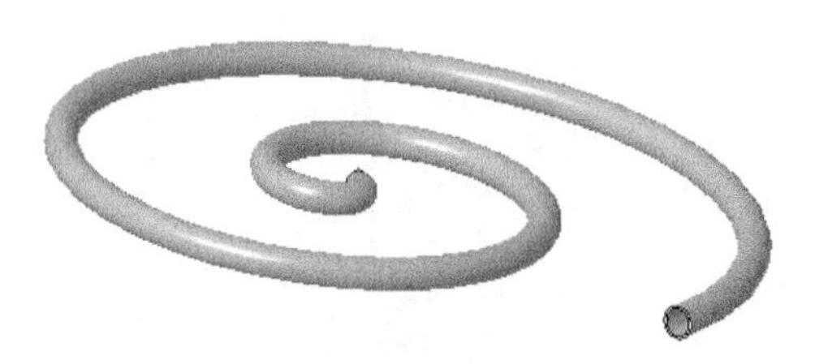

图6-41 螺旋管

曲线如图6-42所示。

2）创建螺旋管。使用【扫描】命令绘制如图6-43所示截面，最终得到螺旋管。

2. 创建曲形凳，效果图如图6-44所示。

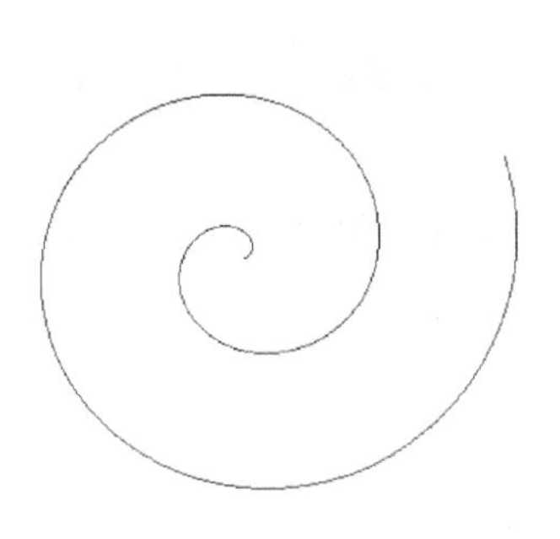

图6-42 螺旋方程曲线

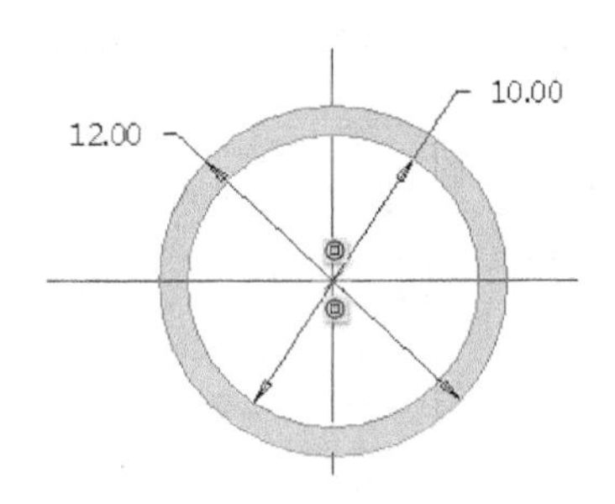

图6-43 螺旋管截面

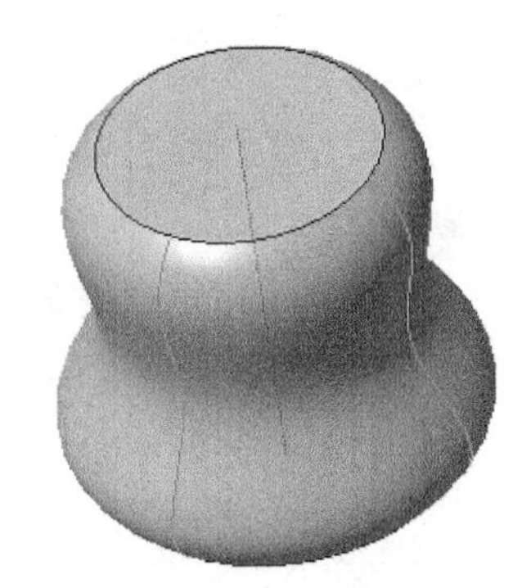

图6-44 曲形凳

各特征创建步骤如下：

1）草绘直线，长度为“400”，如图6-45所示。

2）创建参考轴，轴与草绘直线共线，如图6-46所示。

3）草绘样条曲线，如图6-47所示。

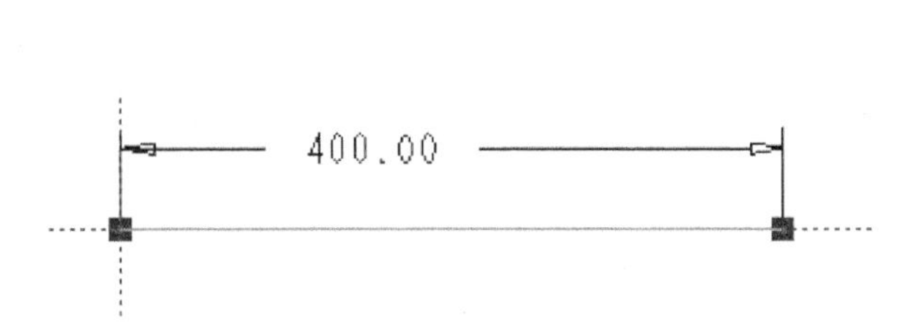

图 6-45　草绘直线

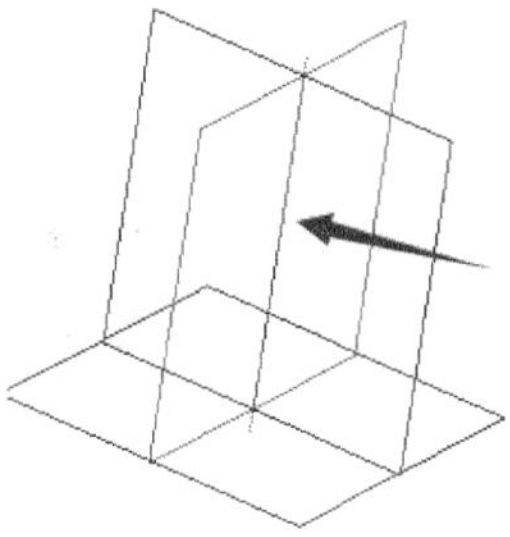

图 6-46　创建参考轴

4）阵列样条曲线，以【轴】方式阵列 4 条样条曲线，如图 6-48 所示。

5）使用【扫描】命令草绘圆，如图 6-49 所示，圆的边界与图中小叉“×”相交。

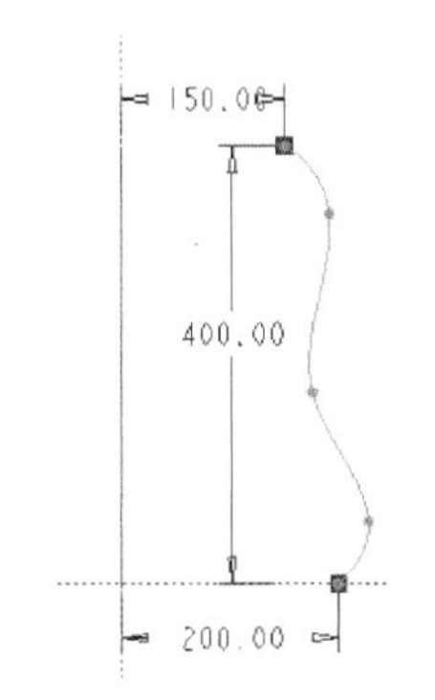

图 6-47　草绘样条曲线

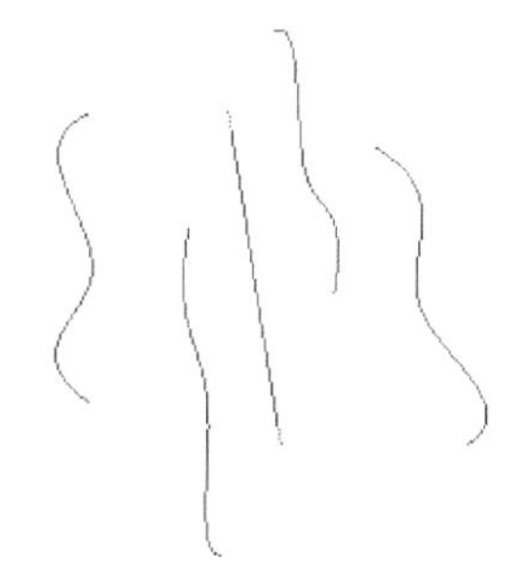

图 6-48　阵列样条曲线

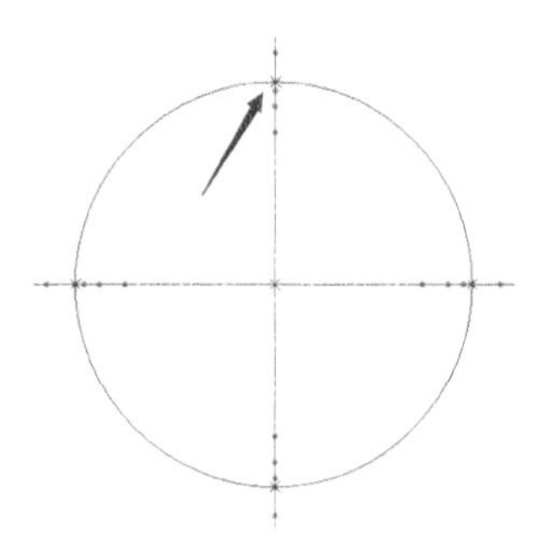

图 6-49　草绘圆

第7章
螺旋扫描类零件的建模

7.1　螺旋扫描命令简介

螺旋扫描是一种沿螺旋轨迹扫描二维截面来创建三维几何的特征创建方法。其中螺旋轨迹由螺旋扫描轮廓围绕旋转轴定义而成。定义二维截面以后，该截面沿螺旋轨迹扫描而形成螺旋扫描特征，如图7-1所示。

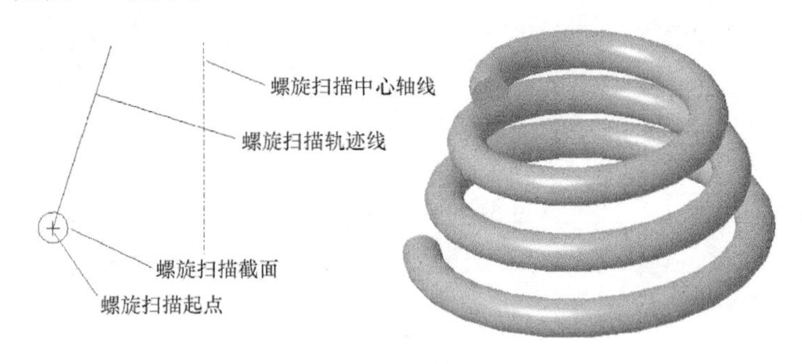

图7-1　螺旋扫描特征

1.【螺旋扫描】操作面板

单击【模型】选项卡中的【螺旋扫描】按钮 螺旋扫描，弹出【螺旋扫描】操作面板。如图7-2所示。

图7-2　【螺旋扫描】操作面板

2. 螺旋扫描特征控制

（1）螺旋扫描类型

1）创建实体特征：单击操作面板中的实体按钮，使其呈按下状态。

2）移除材料：将实体按钮和移除材料按钮同时按下。

3）扫描为曲面：单击操作面板中的曲面按钮，使其呈按下状态。

（2）螺旋扫描轮廓

1）单击【参考】选项，弹出如图 7-3 所示【参考】下滑面板。在此面板中可以对螺旋扫描轮廓进行相关设置。

2）绘制扫描轮廓和螺旋中心线：单击【定义】按钮，选择草绘平面，进入草绘模式。用实线绘制扫描轮廓线，用中心线绘制螺旋中心线或者选择已有的基准轴或模型的某条边作为螺旋中心线。

3）螺旋扫描轮廓起点的调整：系统有一个默认的螺旋扫描起点，如果用户希望改变此起点只需要在完成扫描轮廓的绘制后单击示意起点的箭头，或者在绘制过程中选择需要作为起点的点，长按右键，在右键快捷菜单中选择【起点】选项即可改变轮廓线的起点。

图 7-3 【参考】下滑面板

（3）螺旋扫描截面

1）单击【螺旋扫描】操作面板中的工具按钮，进入草绘模式，绘制扫描截面。

2）设置界面方向。单击【参考】选项，在【参考】下滑面板中选择【截面方向】：

- 【垂直于轨迹】，螺旋扫描截面方向将与轨迹线时刻保持垂直。
- 【穿过旋转轴】，螺旋扫描截面位于穿过旋转轴的平面内。

（4）螺旋扫描方向控制

1）创建薄壳特征：由方向按钮控制材料沿厚度生长方向。

2）移除材料：由方向按钮控制材料移除方向。

（5）螺旋方向　定义轨迹的螺旋方向。

1）按下特征面板中的【使用左手定则】工具按钮，创建特征为左旋。

2）按下特征面板中的【使用右手定则】工具按钮，创建特征为右旋。

（6）螺距控制　单击【间距】选项，弹出如图 7-4 所示【间距】下滑面板。通过添加【间距】来控制螺距。

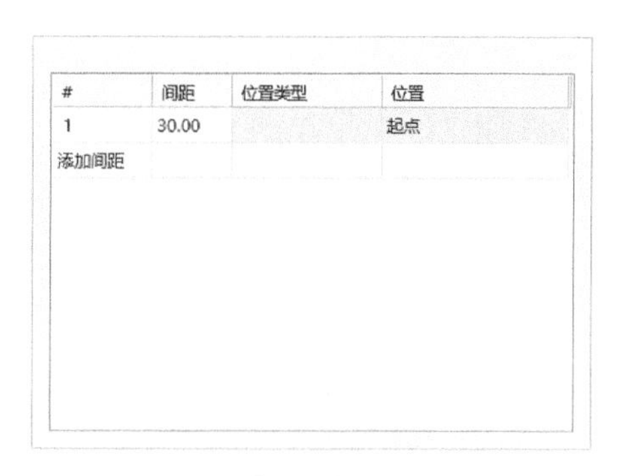

图 7-4 【间距】下滑面板

7.2　六角头螺栓的建模

通过对本例的学习，帮助读者进一步熟悉拉伸特征、倒角特征和圆角特征的操作步骤，并学习掌握螺旋扫描特征的操作。

本实例的最终效果如图 7-5 所示。创建过程大致为：拉伸螺栓头部实体、创建螺栓头部与螺杆之间的小台阶、创建螺杆、端部倒角、创建外螺纹以及倒圆角。

建模过程

1. 建立一个新文件

建立文件名为“luoshuan”的新文件。

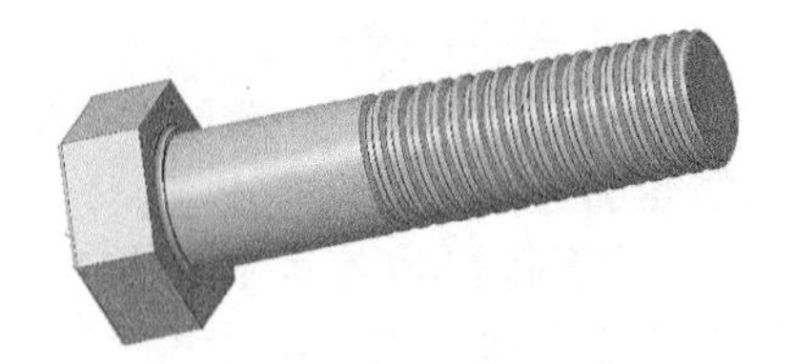

图 7-5 六角头螺栓

2. 创建螺栓头部实体

1）以 FRONT 面作为草绘平面，利用选项板工具，绘制如图 7-6 所示截面，单击【确认】按钮，完成草绘。

2）单击【拉伸】按钮，选择【拉伸为实体】选项，并指定拉伸深度值为“6.4”，单击【确认】按钮，完成拉伸操作，如图 7-7 所示。

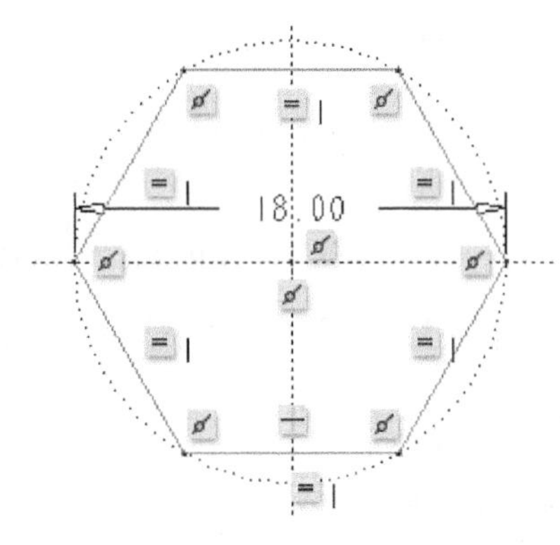

图 7-6 螺栓头部截面草绘

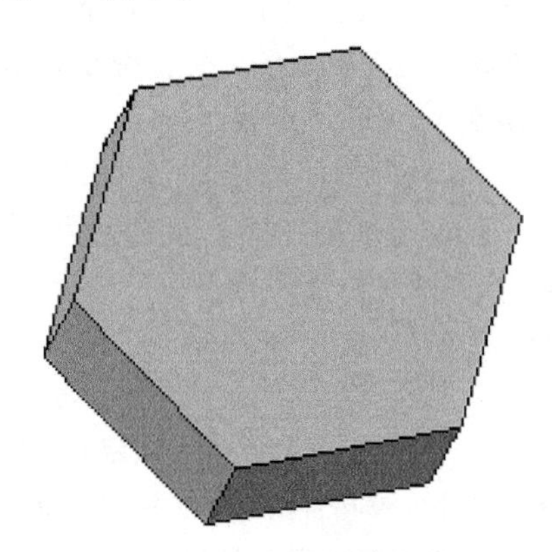

图 7-7 六角头螺栓头部

3. 创建螺栓头部与螺杆之间的小台阶

1）以螺栓头部的一个端面为草绘平面，创建如图 7-8 所示的草绘截面。单击【确认】按钮，完成草绘截面的创建。

2）单击【拉伸】按钮，以上一步操作中绘制的草绘作为拉伸截面，选择【拉伸为实体】选项，并指定拉伸深度值为“0.4”，单击【确认】按钮，完成拉伸操作。结果如图 7-9 所示。

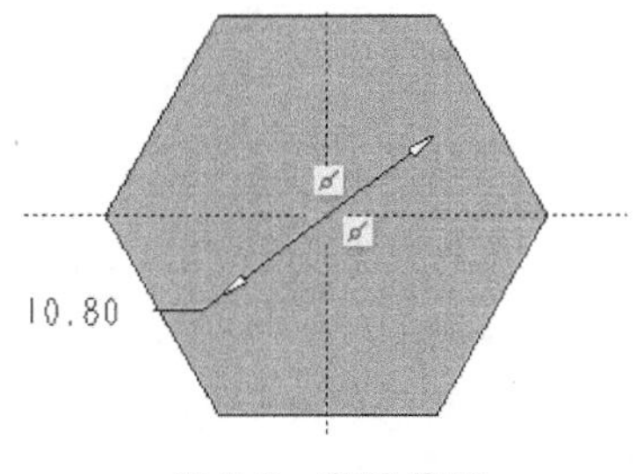

图 7-8 草绘截面

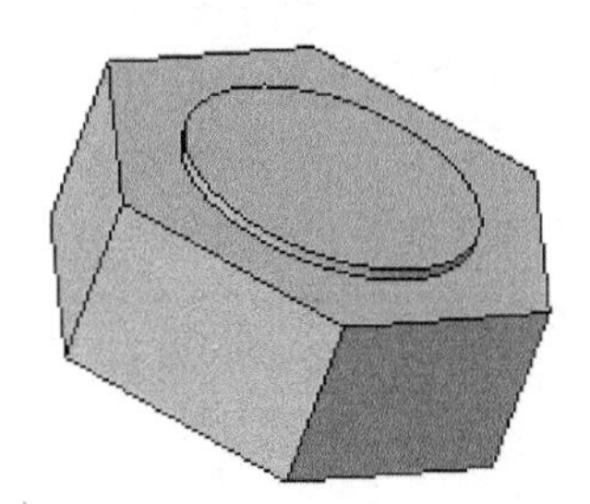

图 7-9 拉伸小台阶

4. 创建螺杆

1）以小台阶的端面为草绘截面，绘制如图 7-10 所示的草绘截面。单击【确认】按钮

，完成草绘截面的创建。

2）单击【拉伸】按钮，以上一步操作中绘制的草绘作为拉伸截面，选择【拉伸为实体】选项，并指定拉伸深度值为“50”，单击【确认】按钮，完成拉伸操作。结果如图 7-11 所示。

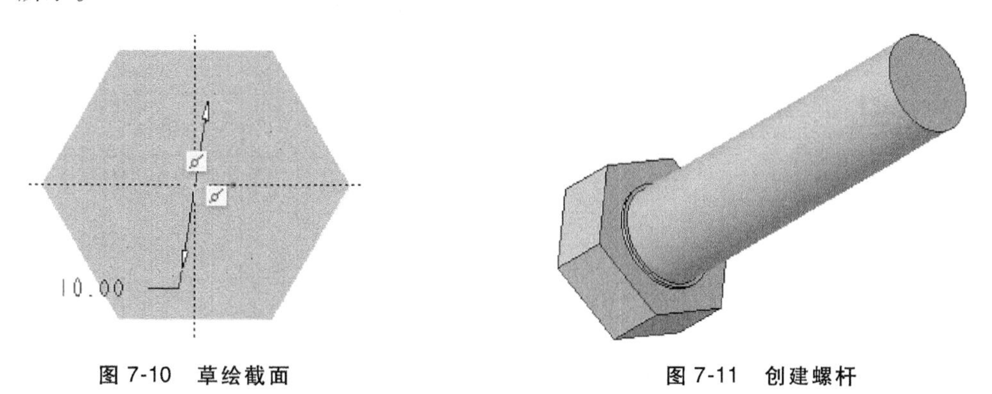

图 7-10　草绘截面　　　　图 7-11　创建螺杆

5. 倒角

选择螺杆端面与侧面的交线进行倒角，倒角类型与参数设置如图 7-12 所示，单击【确认】按钮，完成倒角创建。

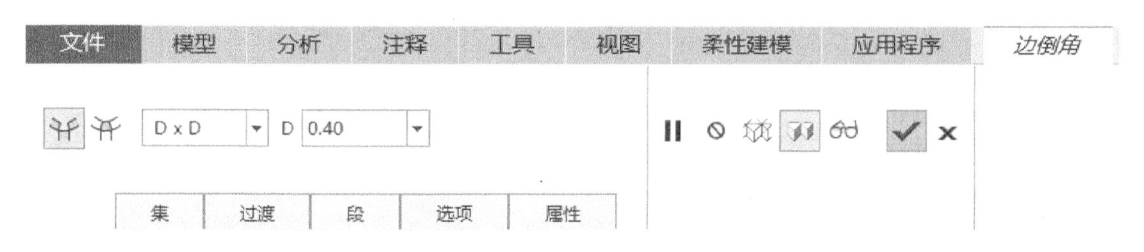

图 7-12　倒角参数设置

6. 创建外螺纹

1）单击【螺旋扫描】按钮 螺旋扫描，弹出【螺旋扫描】操作面板。

2）单击【参考】按钮，打开【参考】下滑面板，单击【定义】按钮，并选择 TOP 面作为草绘平面绘制螺旋扫描轮廓与螺旋中心线，如图 7-13 所示。单击【确认】按钮，完成扫描轮廓创建。注意，中心线所在位置应与螺杆轴线位置重合。

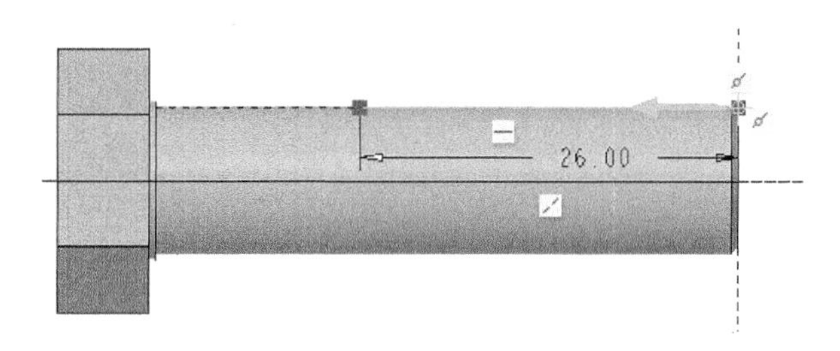

图 7-13　绘制扫描轮廓

3）单击【创建或编辑扫描截面】按钮，绘制如图 7-14 所示的扫描截面。单击【确认】按钮✓，完成扫描截面创建。

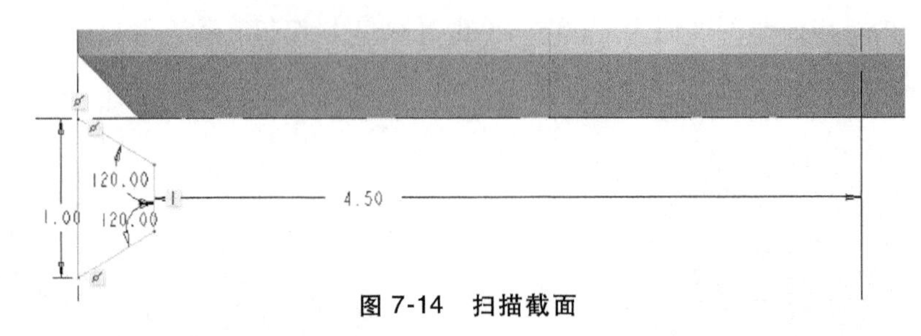

图 7-14　扫描截面

4）选择【扫描成实体】选项，按下【移除材料】按钮，设定【间距值】为“1.5”，选择【右手螺旋定则】，如图 7-15 所示。单击【确认】按钮✓，完成螺旋扫描设置。螺旋扫描效果如图 7-16 所示。

图 7-15　螺旋扫描参数设定

7. 倒圆角

单击【倒圆角】工具按钮 倒圆角，打开【倒圆角】特征面板。在螺栓头部端面的各边和小台阶与螺栓头部的交线处倒半径为“0.4”的圆角。最终生成的螺栓如图 7-5 所示。

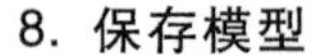

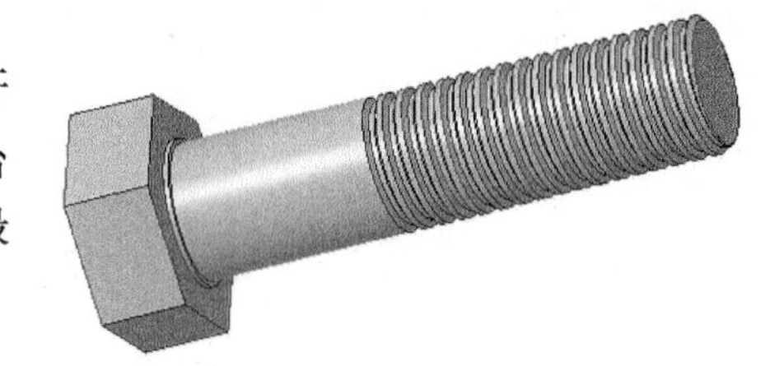

图 7-16　创建螺旋扫描

8. 保存模型

保存当前建立的螺栓模型。

7.3　螺母的建模

通过对本例的学习，帮助读者进一步熟悉掌握常用特征创建以及螺旋扫描操作。本例中所创建的螺母如图 7-17 所示。

创建本例的大致过程为创建螺母本体、旋转移除材料、镜像旋转特征和创建螺纹。

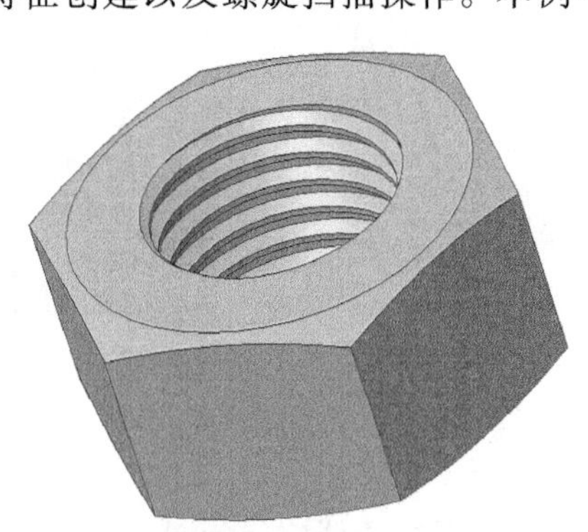

图 7-17　螺母

建模过程

1. 建立一个新文件

建立文件名为“luomu”的新文件。

2. 创建螺母本体

1）以 TOP 面为草绘平面，绘制如图 7-18 所示的草图。

2）单击【确认】按钮✓，完成草绘。

3）单击【拉伸】工具按钮，单击【拉伸为实体】按钮，并指定【深度值】为“8.4”。

4）单击【确认】按钮，完成拉伸。如图 7-19 所示。

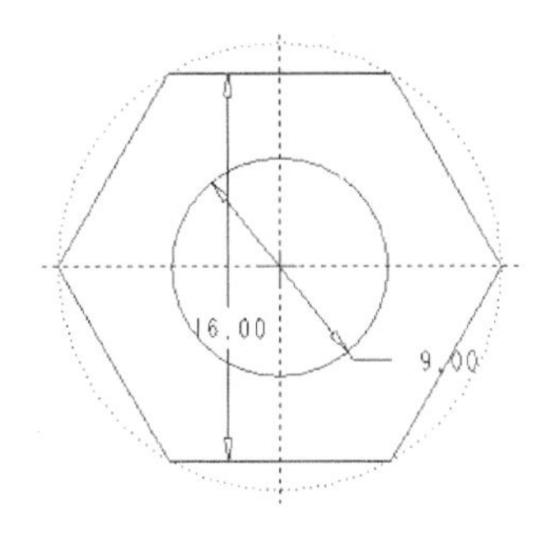

图 7-18　螺母主体截面草绘

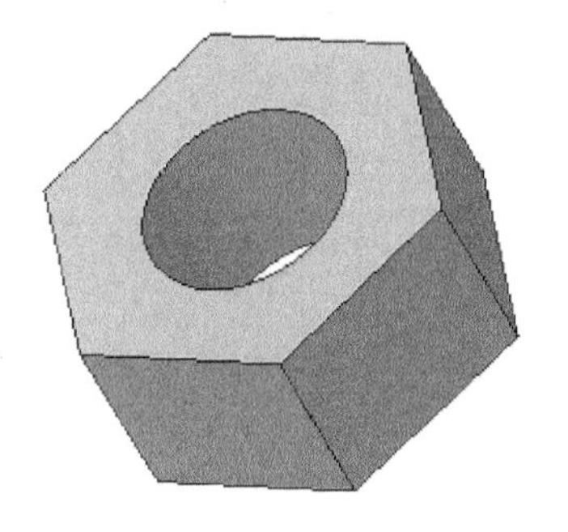

图 7-19　螺母主体创建

3. 旋转移除材料

1）以 FRONT 面作为草绘平面，创建如图 7-20 所示的草绘。

2）单击【确认】按钮，完成草绘。

3）单击【旋转】工具按钮，单击【作为实体旋转】按钮，指定选择角度为“360”，并按下【移除材料】按钮。

4）单击【确认】按钮，完成旋转移除材料操作。如图 7-21 所示。

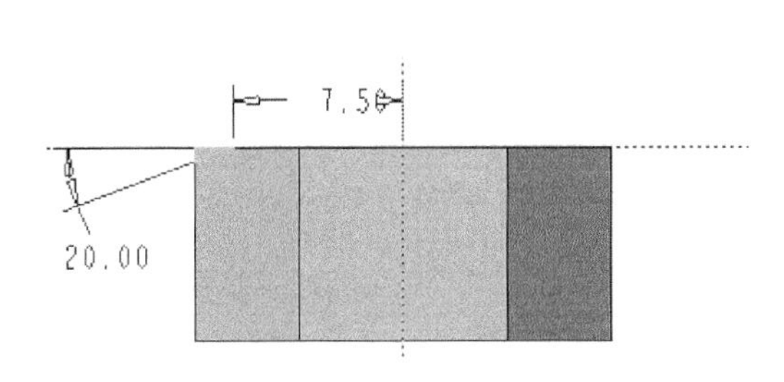

图 7-20　旋转移除材料截面

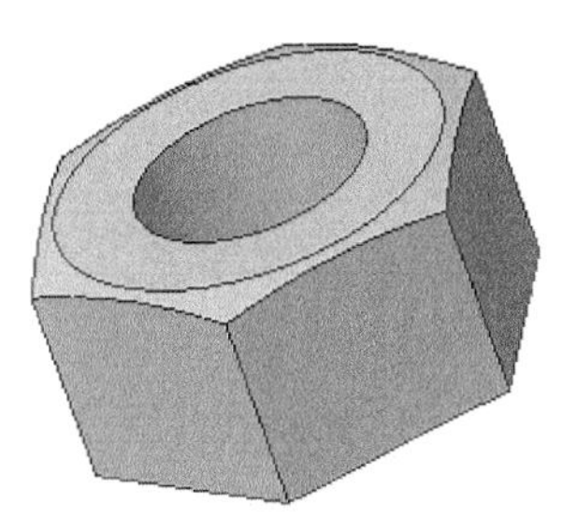

图 7-21　旋转移除材料

4. 镜像旋转特征

1）以 TOP 面为基准，将平移距离设定为“4.2”，创建螺母的中间平面 DTM1 面。

2）在【模型树】中，单击选择“旋转”特征。单击【镜像】按钮，弹出【镜像】操作面板，选择 DTM1 面作为镜像平面。

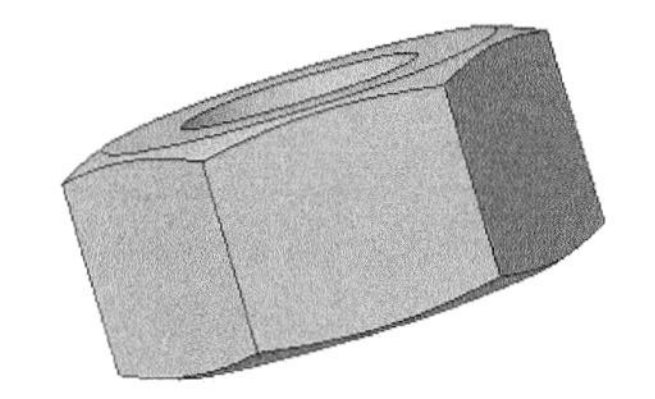

图 7-22　镜像旋转特征

3）单击【确认】按钮，完成镜像操作。结果如图 7-22 所示。

5. 创建螺纹

1）单击【螺旋扫描】按钮，弹出【螺旋扫描】操作面板。

2）以 FRONT 面作为草绘平面，绘制如图 7-23 所示扫描轮廓线和螺旋中心线。

3）单击【确认】按钮，完成轮廓线和螺旋中心线的绘制。

4）单击【创建或编辑扫描截面】按钮，绘制如图 7-24所示的螺旋扫描截面。单击【确认】按钮，完成扫描截面创建。

5）选择【扫描成实体】选项，按下【移除材料】按钮，设定【间距值】为“1.25”，选择【右手螺旋定则】，如图 7-25 所示。单击【确认】按钮，完成螺旋扫描。其最终效果如图 7-17 所示。

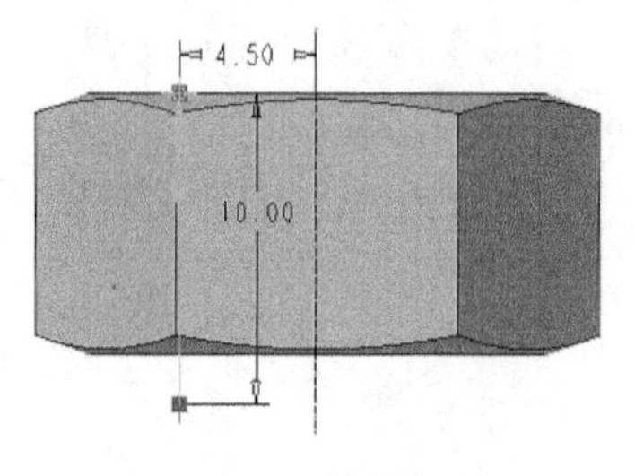

图 7-23 扫描轮廓线和螺旋中心线草绘

6. 保存模型

保存当前建立的螺母模型。

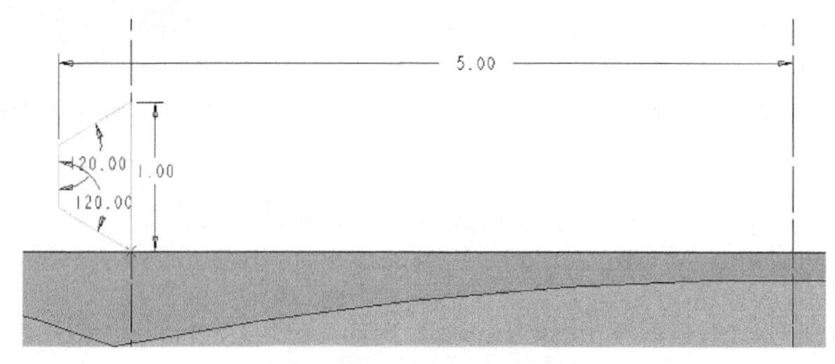

图 7-24 螺旋扫描截面

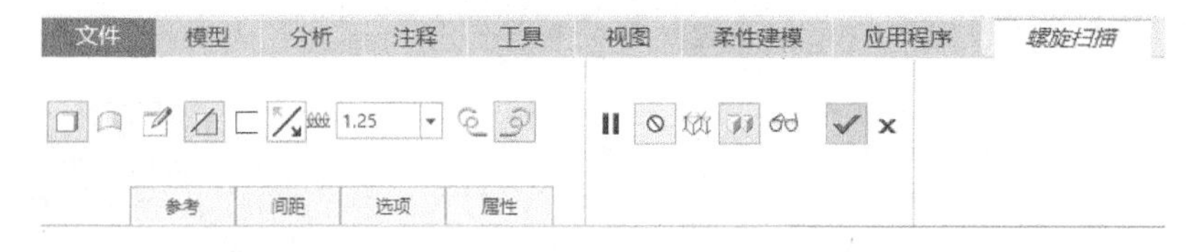

图 7-25 螺旋扫描参数设定

7.4 变节距螺旋弹簧的建模

变节距螺旋弹簧在生活中经常见到，其样式如图 7-26 所示。

建模过程

1. 建立一个新文件

建立文件名为“tanhuang”的新文件。

2. 创建螺旋扫描实体

1）单击【螺旋扫描】按钮 螺旋扫描，弹出【螺旋扫描】操作面板。

2）以 FRONT 面作为草绘平面，绘制如图 7-27 所示的扫描轮廓线和螺旋中心线。

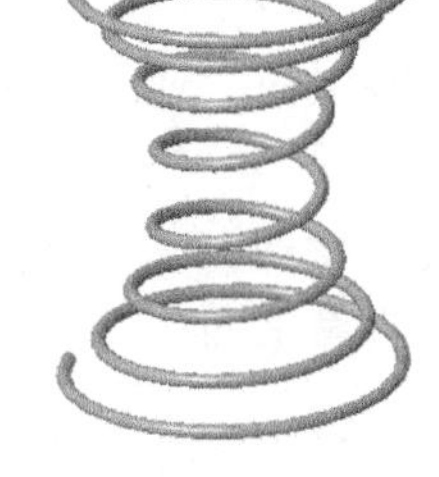

图 7-26 变节距螺旋弹簧

3）单击【确认】按钮，完成轮廓线和螺旋中心线绘制。

4）单击【创建或编辑扫描截面】按钮，绘制如图 7-28 所示的扫描截面。然后单击【确认】按钮，完成扫描截面创建。

5）单击【间距】按钮，弹出【间距】下滑面板。设置如图 7-29 所示的参数。

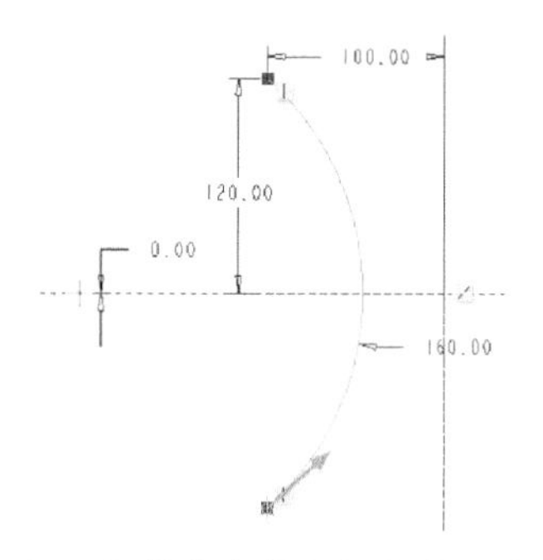

图 7-27　扫描轮廓线和螺旋中心线草绘

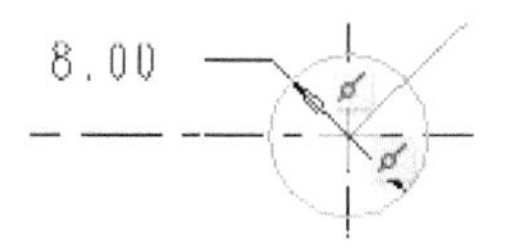

图 7-28　扫描截面

#	间距	位置类型	位置
1	16.00		起点
2	16.00		终点
3	48.00	按值	120.00
添加间距			

图 7-29　间距参数设置

6）单击【确认】按钮✔，完成螺旋扫描。其最终效果如图 7-26 所示。

3. 保存模型

保存当前建立的变节距螺旋弹簧模型。

7.5　实　训　题

绘制如图 7-30 所示模型。

1）利用旋转工具创建锥台结构。旋转截面如图 7-31 所示，旋转后的锥台如图 7-32 所示。

图 7-30　实训题

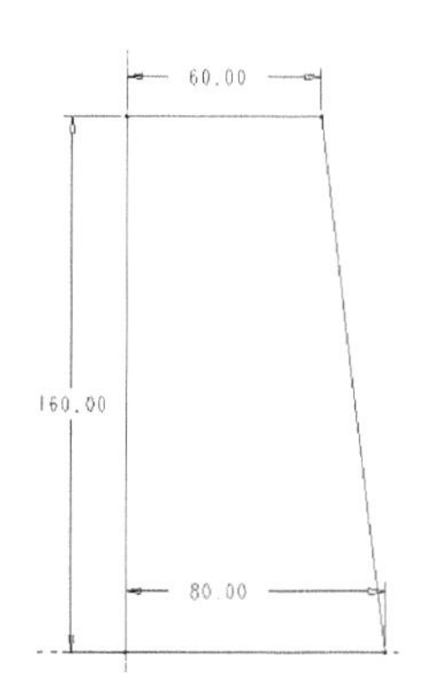

图 7-31　旋转截面

2）利用螺旋扫描工具创建螺纹。

① 以锥台的旋转中心线作为螺旋扫描中心线，以锥台母线作为螺旋扫描轮廓线。

② 绘制如图 7-33 所示的扫描截面，并指定节距为“15”。完成螺旋扫描。

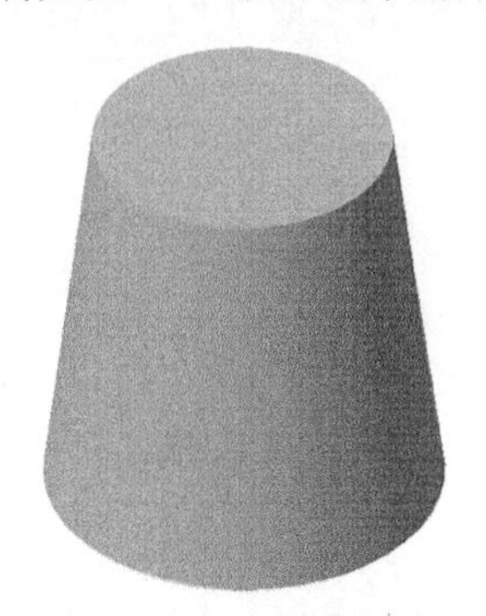

图 7-32 锥台

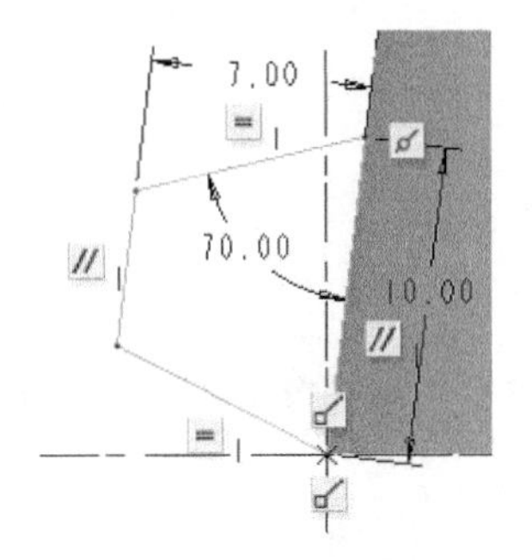

图 7-33 扫描截面

第 8 章

混合类零件的建模

8.1 混合特征命令简介

混合特征就是将一组截面沿其发生线用过渡曲面连接形成一个连续的特征。混合特征至少由两个截面组成，如图 8-1 所示。

1. 特征面板

1）混合特征面板：执行【模型】|【形状】|【混合】命令，打开【混合】特征面板，如图 8-2 所示。

2）【截面】下滑面板：混合特征的截面可以草绘也可以选取已有截面。单击【混合】特征面板【截面】按钮，打开【截面】下滑面板，如图 8-3 所示。若需草绘截面，则选中【草绘截面】选项，若选取已有截面，则选中【选定截面】选项。

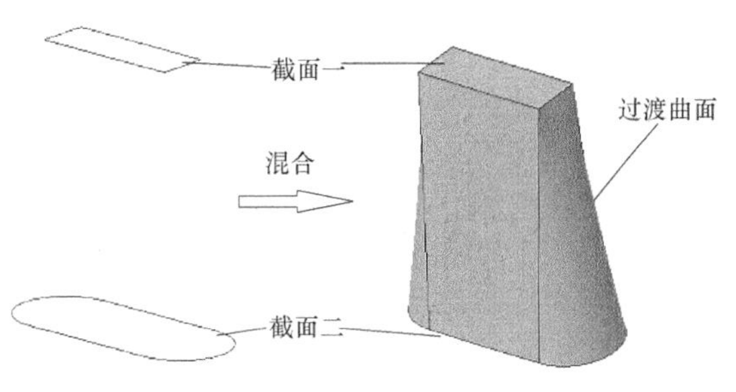

图 8-1 混合特征

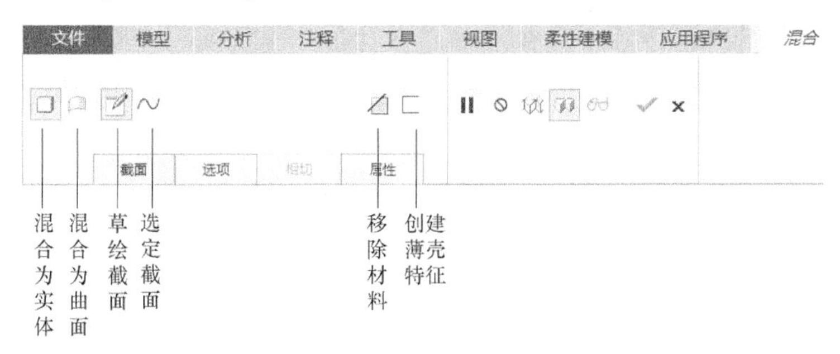

图 8-2 【混合】特征面板

图 8-3 【截面】下滑面板

3）【选项】下滑面板：【选项】下滑面板用于控制过渡曲面的属性。单击【混合】特征面板【选项】按钮，打开【选项】下滑面板，如图 8-4 所示。

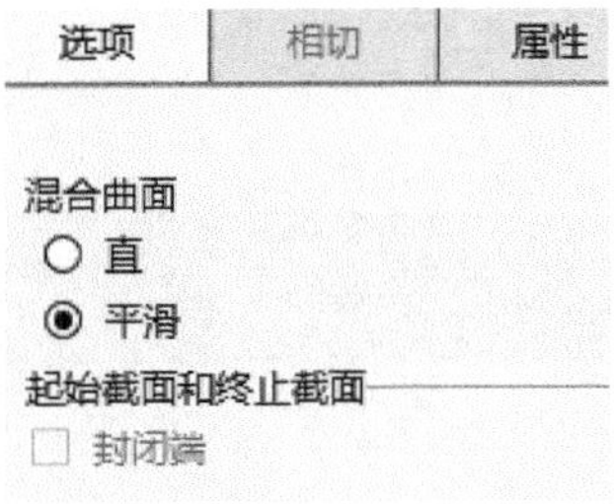

选项 相切 属性
混合曲面
○ 直
◉ 平滑
起始截面和终止截面
☐ 封闭端

图 8-4 【选项】下滑面板

2. 混合特征截面要求

混合特征各截面必须满足以下要求：

1）可使用多个子截面定义混合特征，至少要有两个子截面。

2）混合为实体时每个子截面草图必须封闭。

3）每个子截面只允许有一个环。

4）每个子截面草图的顶点数量必须相同，否则可以用以下两种方式使得每个子截面草图的顶点数量相同：

方法一：利用【分割】工具按钮把图元打断，产生数量相同的顶点。

方法二：利用混合顶点。

（1）【分割】按钮的应用　利用【分割】按钮把椭圆图元打断。如图 8-5 所示，当矩形截面混合至椭圆形截面时，由于椭圆并没有顶点，便需要通过【分割】按钮把椭圆打断，使其分成四段图元（产生四个顶点），便能定义混合特征。

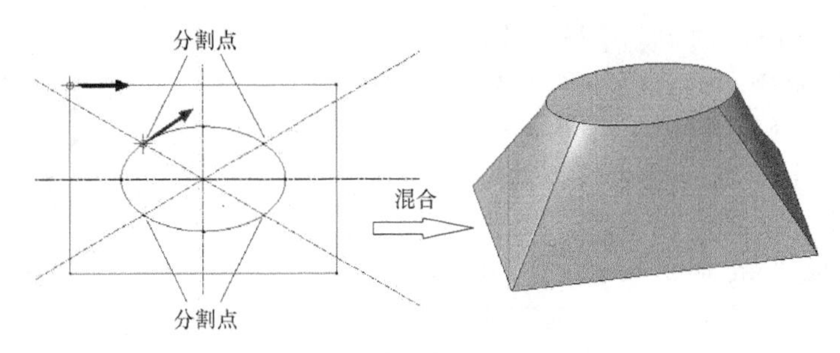

图 8-5 【分割】按钮的应用

（2）混合顶点的应用　混合边界会从一个截面的顶点混合至另一截面的顶点，每个顶点只允许一条边界通过。若鼠标单击顶点并按鼠标右键，在弹出的快捷菜单中选取【混合顶点】选项，便会在顶点显示小圆圈符号，它将允许增加多条边界通过，混合顶点的应用如图 8-6 所示。在同一个截面中可加设多个混合顶点，在同一个顶点，也可加设多个混合顶点。值得注意的是各个子截面草图的顶点数量加混合顶点的数量必须相等，在同一顶点可加设多个混合顶点。

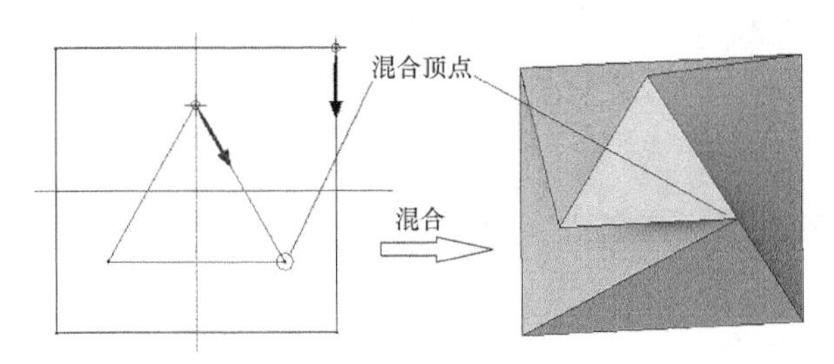

图 8-6 混合顶点的应用

特别强调，草绘截面也可以是绘制点。若草图中只有一个绘制点存在，并没有额外的绘制性图元，如直线或圆，它将被视为有效的草图截面，其他截面的顶点都会与它连接，定义混合边界。绘制点如图 8-7 所示，模型以三个子截面定义，第三个截面是只有一个绘制点的图元，它将被视为顶点，成形后所有边界都会通过它。

（3）删除混合顶点　鼠标单击混合顶点使之显示，按鼠标右键从快捷菜单中选取【从列表中拾取】选项，单击【混合顶点】选项，单击【确定】按钮，再按<Delete >键便能删除混合顶点。

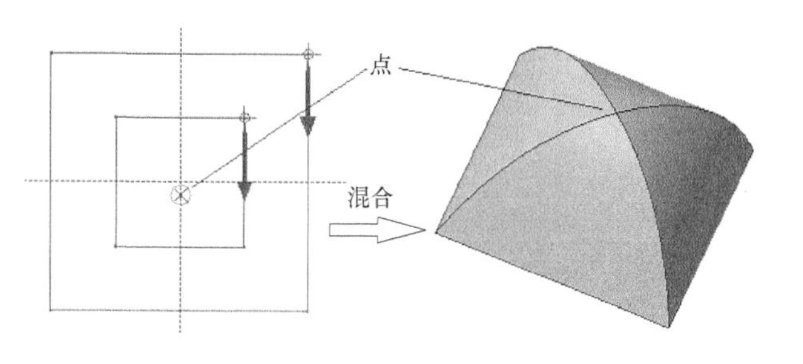

图 8-7　绘制点

（4）起始点　每个截面草图，系统都会自动加设起始点，并以箭头显示。第一条混合边界将通过所有截面草图的起始点，第二条边界，则连接与各截面起始点相邻的顶点，以此类推定义所有边界。各个截面的起始点只要同步，不管选择哪一顶点作为起始点，都能定义相同的混合特征。如果两起始点位于不同的顶点位置，会构建出不同混合特征。改变起始点的混合如图 8-8 所示。

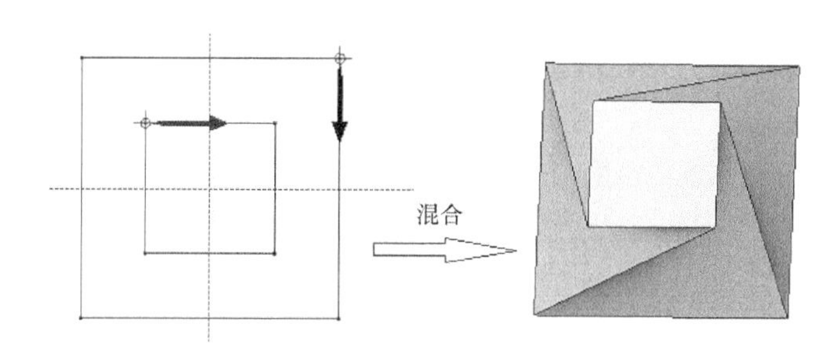

图 8-8　改变起始点的混合

注意：鼠标单击起始点并按鼠标右键，在弹出的快捷菜单中再次选取【起点】选项，便能改变箭头的方向。鼠标单击下一点，在快捷菜单中再次选取【起点】选项，便将起始点移到该点。

3. 切换截面

1）绘制一个子截面草图后，单击草绘器中的【确认】按钮 ✔，退出草绘模式。执行【混合选项】|【截面】|【插入】命令，输入两子截面之间的深度数值。单击【草绘】进入草绘模式，绘制第二个子截面。

如果重新编辑特征草图，作用的草图会以黄色显示，【编辑】命令只对作用的草图有效，新增的图元也被视为该草图的一部分。若要新增截面，可重复切换截面，当所有草图都以灰色显示时，代表进入新的截面，绘制的草图将定义新的混合截面。

2）删除指定的截面。执行【混合选项】|【截面】命令，选中需要删除的截面，单击【移除】按钮便能删除截面。

8.2　旋转混合命令简介

旋转混合特征（图 8-9）就是将一组沿轴线旋转的截面沿其发生线用过渡曲面连接形成一个连续的特征。旋转混合特征至少由两个截面组成。

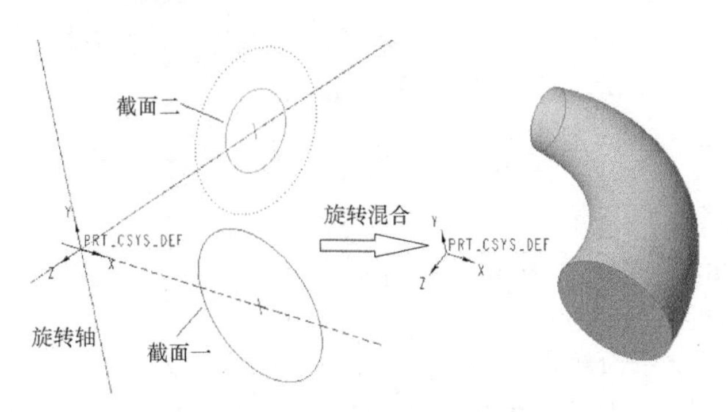

图 8-9 旋转混合特征

1. 特征面板

1）【旋转混合】特征面板。执行【模型】|【形状】|【旋转混合】命令，弹出【旋转混合】特征面板，如图 8-10 所示。

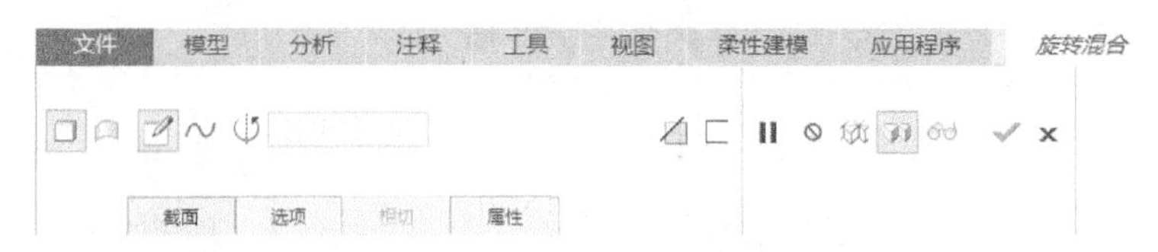

图 8-10 【旋转混合】特征面板

2）单击【旋转混合】特征面板中的【截面】按钮，打开【截面】下滑面板，如图8-11所示。

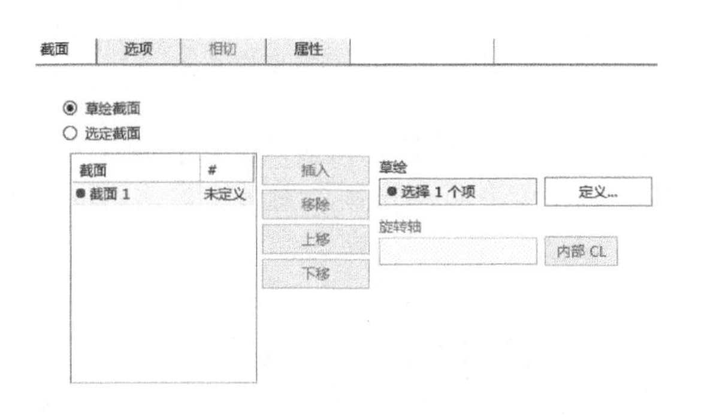

图 8-11 【截面】下滑面板

3）单击【旋转混合】特征面板中的【选项】按钮，打开【选项】下滑面板，如图 8-12 所示。

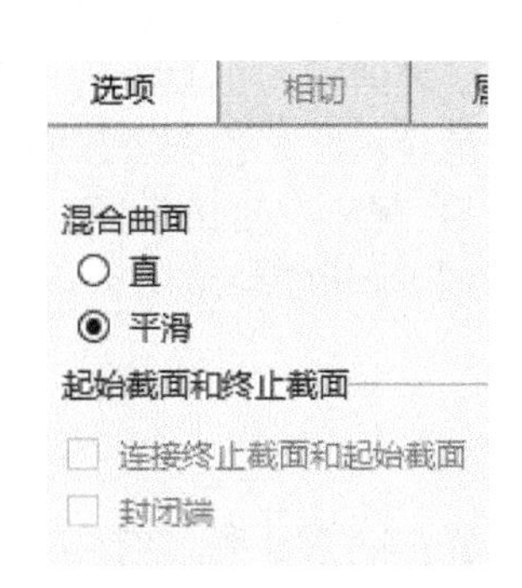

图 8-12 【选项】下滑面板

2. 旋转混合特征截面要求

旋转混合各个子截面必须遵守混合截面草图的规定，如起始点位置、截面顶点数量相同等。旋转混合完成第一个子截面草图，需要选取合适的旋转轴。值得注意的是，使用【草绘截面】选项，两个子截面的旋转角度不得>120°，而使用【选定截面】选项，可选取大于限制角度 120°的两个子截面作为旋转构建特征。

3. 切换截面

1）绘制一个截面草图后，单击草绘器中的【确定】按钮✓，退出草绘模式。执行【混合选项】|【截面】|【插入】命令，输入两个子截面之间的旋转角度。单击草绘进入草绘模式，绘制第二个子截面。

2）删除指定的截面。单击【混合选项】|【截面】命令，选中需要删除的截面。单击【移除】按钮便能删除截面。

8.3　花瓶的建模

花瓶种类多样，常见的花瓶一般用作摆饰或插花，常见花瓶形状如图 8-13 所示。通过本例掌握混合特征、抽壳特征的操作。

建模过程

1. 建立一个新文件

新建一个名称为“huaping”的实体文件。

2. 创建实体花瓶

图 8-13　花瓶形状

1）单击功能区【形状】按钮，在下滑面板中单击【混合】工具按钮，在窗口顶部弹出【混合】特征面板，如图 8-14 所示。

2）单击特征面板中【截面】按钮，弹出【截面】下滑面板，如图 8-15 所示。

3）单击【定义】按钮，弹出【草绘】对话框，选取基准平面 TOP 为草绘平面，基准平面 RIGHT 为参考平面，方向为“右”，单击【草绘】按钮，进入草绘模式。

4）绘制截面 1：绘制直径为“110”圆，如图 8-16 所示。单击功能区【关闭】面板中的【确认】按钮✓，退出草绘模式。

5）单击【截面】按钮，在下滑面板中出现【截面 2】，在【偏移自】下输入距【截面 1】的距离为“80”，如图 8-17 所示。

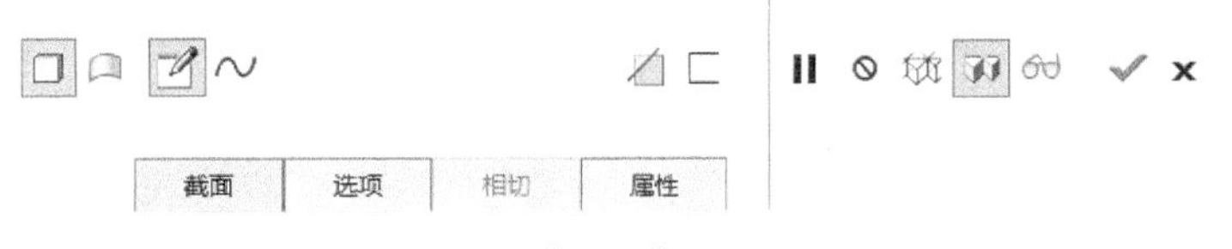

图 8-14　【混合】特征面板

图 8-15　【截面】下滑面板

6）绘制截面 2：单击下滑面板中的【草绘】按钮，绘制直径为“80”的圆。单击功能区【关闭】面板中的【确认】按钮，退出草绘模式。

7）绘制截面 3：单击【截面】按钮，再单击下滑面板中的【插入】按钮，在下滑面板中出现【截面 3】，在【偏移自】下输入距【截面 2】的距离为“250”。单击下滑面板中的【草绘】按钮，绘制直径为“150”的圆。单击功能区【关闭】面板中的【确认】按钮，退出草绘模式。

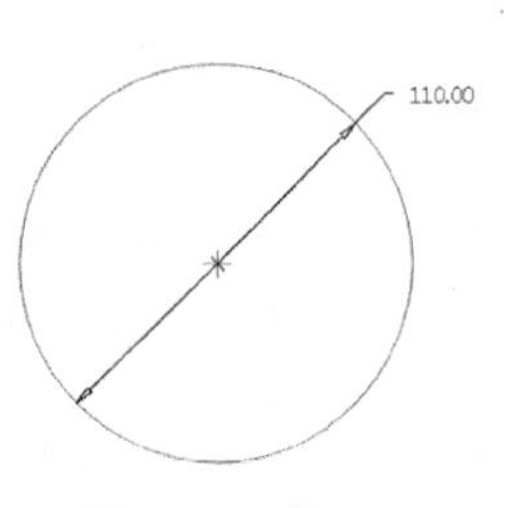

图 8-16 截面 1

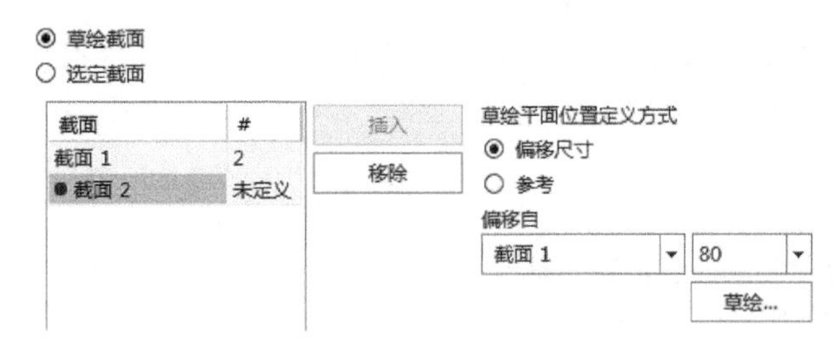

图 8-17 【截面】下滑面板设置

8）绘制截面 4：单击【截面】按钮，再单击下滑面板中的【插入】按钮，在下滑面板中出现【截面 4】，在【偏移自】下输入距【截面 3】的距离为“50”。单击下滑面板中的【草绘】按钮，绘制直径为“50”的圆。单击功能区【关闭】面板中的【确认】按钮，退出草绘模式。

9）绘制截面 5：单击【截面】按钮，再单击下滑面板中的【插入】按钮，在下滑面板中出现【截面 5】，在【偏移自】下输入距【截面 4】的距离为“100”。单击下滑面板中的【草绘】按钮，绘制直径为“50”的圆。单击功能区【关闭】面板中的【确认】按钮，退出草绘模式。

10）绘制截面 6：单击【截面】按钮，再单击下滑面板中的【插入】按钮，在下滑面板中出现【截面 6】，在【偏移自】下输入距【截面 5】的距离为“20”。单击下滑面板中的【草绘】按钮，绘制直径为“70”的圆，如图 8-18 所示。单击功能区【关闭】面板中的【确认】按钮，退出草绘模式。

11）单击【混合】特征面板中的【确认】按钮，完成实体花瓶创建，如图 8-19 所示。

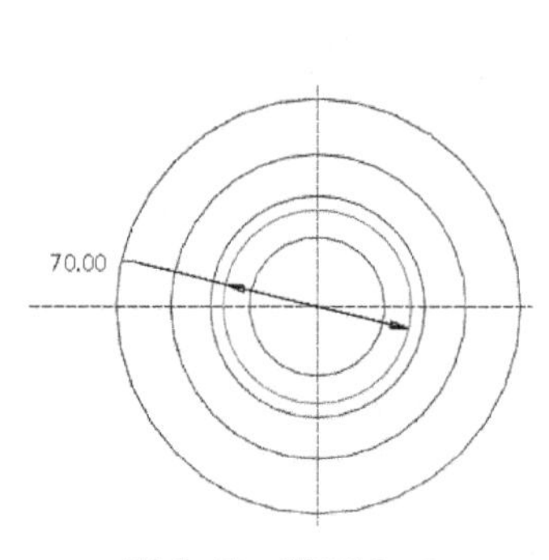

图 8-18 截面 2～6

图 8-19 实体花瓶

3. 抽壳

1）单击功能区【工程】面板中的【壳】工具按钮，在窗口顶部弹出【壳】特征面板，设置厚度为“5”，选中实体花瓶的瓶口面，将花瓶内部进行均匀壁厚抽壳。

2）单击【参考】按钮，在下滑面板中单击【非默认厚度】|【选择项】，选中实体花瓶底面，设置厚度为“10”，在窗口任意空白区域单击鼠标左键确定。设置内容如图 8-20 所示。

3）单击特征面板中的【确认】按钮，完成实体花瓶抽壳，如图 8-21 所示。

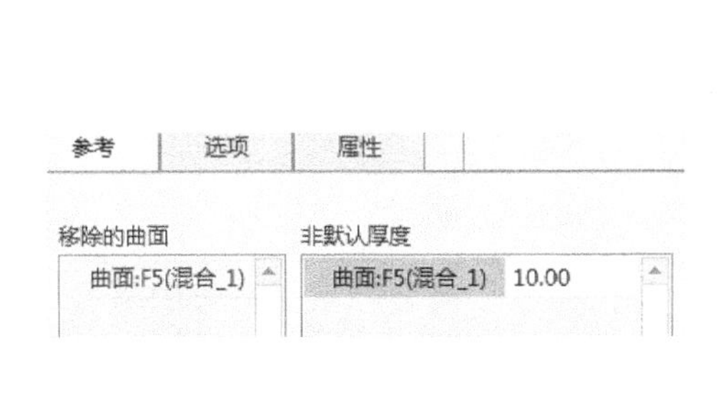

图 8-20　实体花瓶底面抽壳厚度设置

图 8-21　实体花瓶抽壳

4. 保存模型

保存当前建立的花瓶模型。

8.4　通风管道的建模

通风管道的实物如图 8-22 所示。它的建模是一个典型的混合特征的创建。通过本例掌握用混合特征创建薄板特征以及当各子截面所含顶点数量不同时的处理方法，掌握用旋转混合创建特征。

图 8-22　通风管室内部分

建模过程

1. 建立一个新文件

新建一个名称为“tfgd”的实体文件。

2. 建立辅助平面

单击功能区【基准】面板中的【平面】工具按钮，弹出【基准平面】对话框，选择基准平面 TOP 为参考平面，【平移】距离为“-450”，如图 8-23所示。单击对话框中【确定】按钮退出，完成辅助平面 DTM1 的创建。

3. 使用【混合】命令创建方形口

1）单击功能区【形状】按钮，在下滑面板中单击【混合】工具按钮，在窗口顶部弹出【混合】特征面板。

2）单击【截面】下滑面板中的【定义】按钮，弹出【草绘】对话框，选取辅助平面DTM1为草绘平面，基准平面RIGHT为参考平面，方向为“上”，单击【草绘】按钮，进入草绘模式。

3）绘制边长为“500”的正方形，绘制好的草绘截面1如图8-24所示。

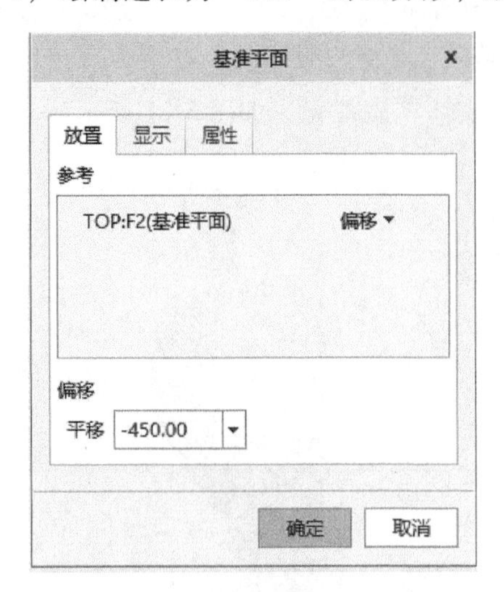

图8-23 【基准平面】对话框

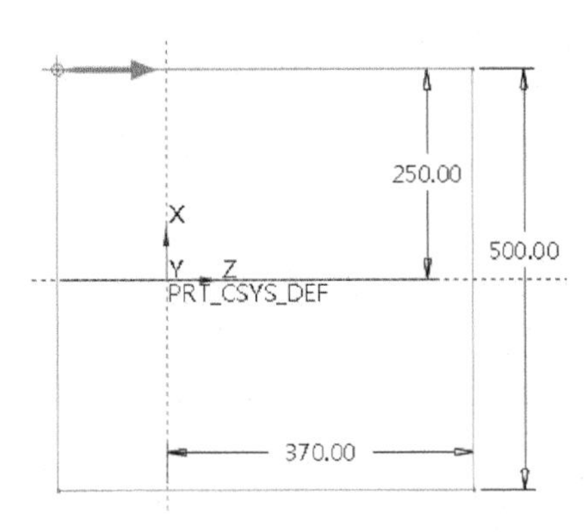

图8-24 草绘截面1

4）单击功能区【关闭】面板中的【确认】按钮，退出草绘模式。

5）单击【截面】按钮，在下滑面板中出现【截面2】，在【偏移自】下输入距【截面1】的距离为“50”。单击下滑面板中的【草绘】按钮，绘制边长为“400”的正方形，注意对比各截面箭头方向是否一致，如图8-25所示。单击功能区【关闭】面板中的【确认】按钮，退出草绘模式。

6）单击【混合】面板中的【创建薄壳特征】工具按钮，输入厚度为“5”，单击鼠标中键确定。

7）单击【截面】按钮，再单击下滑面板中的【插入】按钮，在下滑面板中出现【截面3】，在【偏移自】下输入距【截面2】的距离为“200”。单击下滑面板中的【草绘】按钮，绘制直径为“160”的圆，距离竖直参考线距离为“160”。单击功能区【草绘】面板中的工具按钮 中心线，绘制两条倾角为“45°”的中心线。单击功能区【编辑】面板中的【分割】工具按钮，依次在两条中心线与圆的交点处进行单击，完成分割。选中左上角交点，单击鼠标右键，在快捷菜单中选择其中的【起点】选项，多次选择【起点】选项可调整箭头方向。绘制好的截面3如图8-26所示。注意对比各截面箭头方向是否一致。单击功能区【关闭】面板中的【确认】按钮，退出草绘模式。

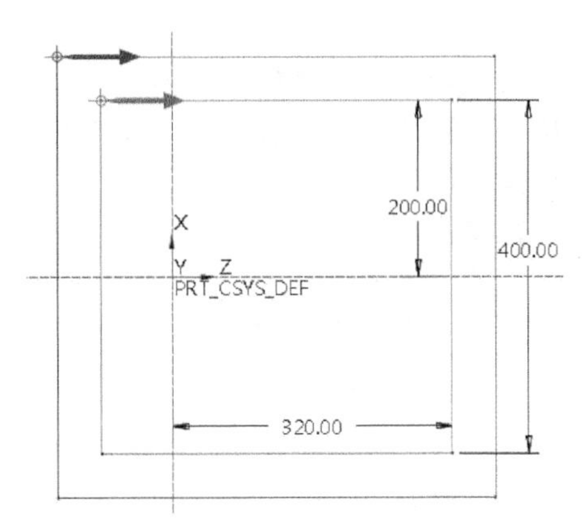

图8-25 草绘截面2

8）单击【截面】按钮，再单击下滑面板中的【插入】按钮，在下滑面板中出现【截面 4】，在【偏移自】下输入距【截面 3】的距离为“200”。单击下滑面板中的【草绘】按钮，按照上一步骤的方式绘制同图 8-26 所示同样的截面。注意对比各截面箭头方向是否一致，单击功能区【关闭】面板中的【确认】按钮，退出草绘模式。

9）单击【混合】功能面板中的【选项】按钮，在下滑面板中选择【直】选项。单击【混合】特征面板中的【确认】按钮，完成方形口创建，如图 8-27 所示。

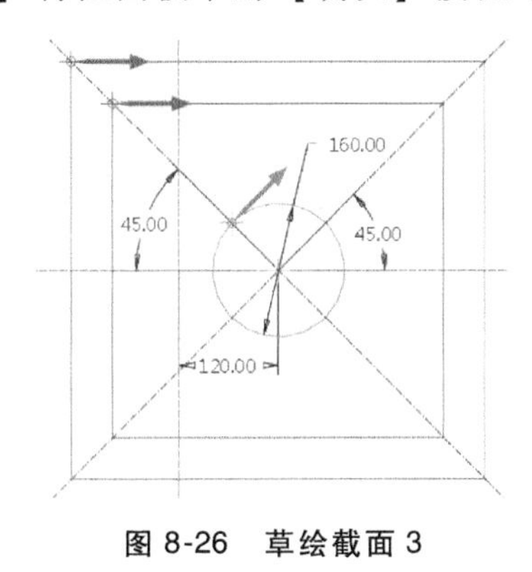

图 8-26　草绘截面 3

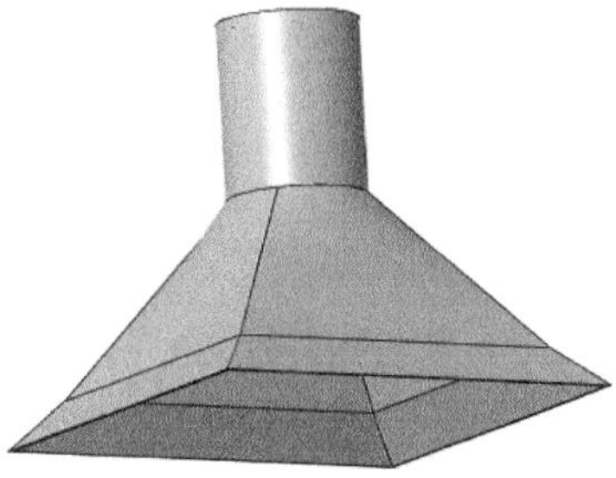

图 8-27　方形口创建

4. 使用【旋转混合】命令创建弯头

1）单击功能区【形状】按钮，在下滑面板中单击【旋转混合】工具按钮，在窗口顶部弹出【旋转混合】特征面板。单击面板中的【创建薄壳特征】工具按钮，输入厚度为“5”，单击鼠标中键确定，其余默认。设置如图 8-28 所示。

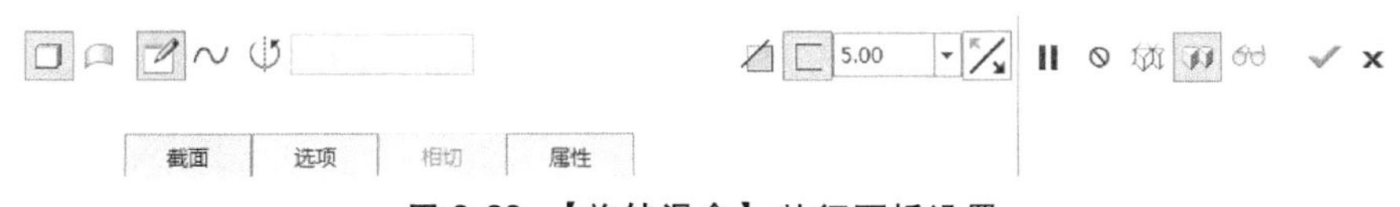

图 8-28　【旋转混合】特征面板设置

2）单击特征面板中【截面】按钮，弹出【截面】下滑面板，如图 8-29 所示。

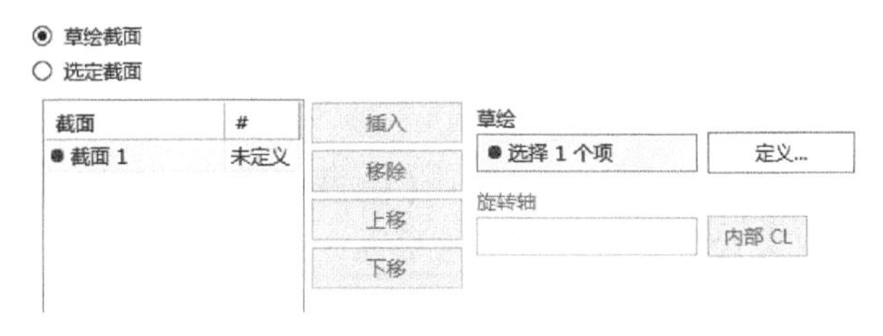

图 8-29　【截面】下滑面板

3）单击【定义】按钮，弹出【草绘】对话框，选取方形口的圆柱端端面为草绘平面，基准平面 RIGHT 为参考平面，方向为“上”，单击【草绘】按钮，进入草绘模式。

4）单击功能区【设置】面板中的【参考】工具按钮，选取圆柱端外圆环为参考基准。单击功能区【草绘】面板中的【圆】工具按钮，选中参考圆圆心绘制同样大小的圆。单击功能区【关闭】面板中的【确认】按钮，退出草绘模式。

5）选择如图 8-30 所示坐标系中的 X 坐标轴为旋转轴。单击【截面】下滑面板中的【插入】按钮，在下滑面板中出现【截面 2】，在【偏移自】下输入距【截面 1】的旋转角度为“90”。图形区显示结果如图 8-31 所示。注意：旋转轴根据实际情况选定。

6）单击下滑面板中的【草绘】按钮，进入草绘模式，参考虚线圆的位置绘制如图 8-32 所示的圆。单击功能区【关闭】面板中的【确认】按钮，退出草绘模式。

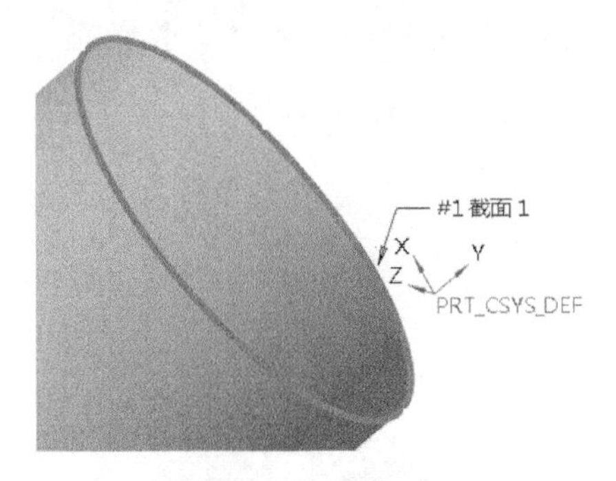

图 8-30 坐标系

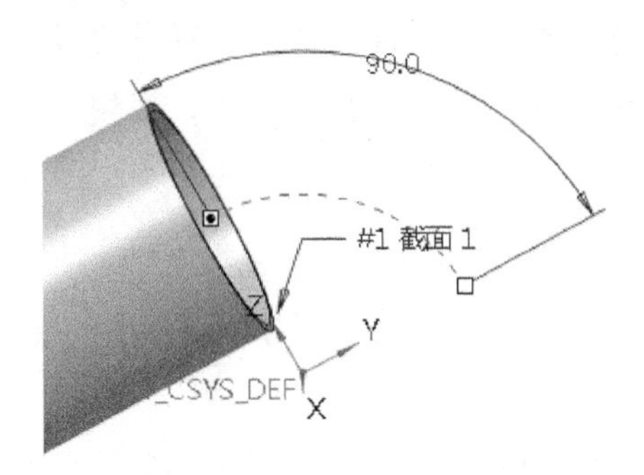

图 8-31 旋转角度及方向示意

7）单击【旋转混合】特征面板中的【确认】按钮，完成弯管创建，如图 8-33 所示。

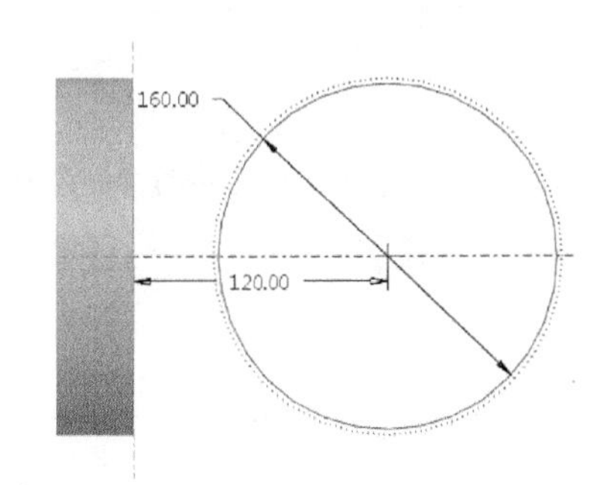

图 8-32 草绘圆

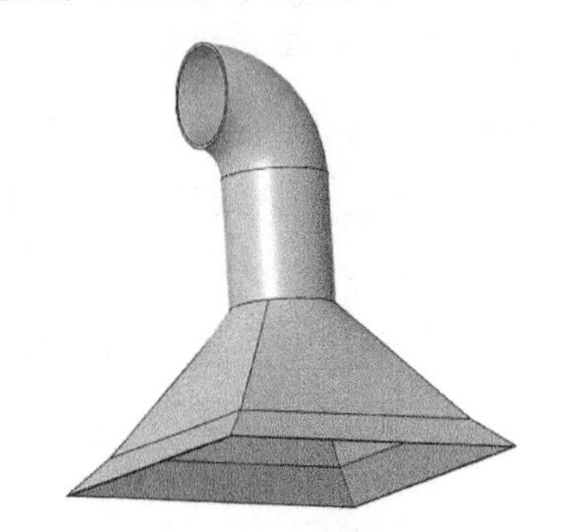

图 8-33 创建弯管

5. 使用【混合】命令创建圆形口

1）单击功能区【形状】按钮，在下滑面板中单击【混合】工具按钮，在窗口顶部弹出【混合】特征面板。单击功能区中的【创建薄壳特征】工具按钮，输入厚度为“5”，单击鼠标中键确定。

2）单击特征面板中【截面】按钮，弹出【截面】下滑面板，单击【定义】按钮，弹出【草绘】对话框，选取弯管端口平面为草绘平面，基准平面 RIGHT 为参考平面，方向为“左”，单击【草绘】按钮，进入草绘模式。

3）单击功能区【设置】面板中的【参考】工具按钮，选取弯管端口外圆环为参考基准。单击功能区【草绘】面板中的【圆】按钮 3点，单击参考圆环的上、下顶点，并在参考圆环上其他任意位置单击，通过三点草绘圆。单击功能区【关闭】面板中的【确认】按钮，退出草绘模式。

4）单击【截面】按钮，在下滑面板中出现【截面 2】，在【偏移自】下输入距【截面 1】的距离为“200”。单击下滑面板中的【草绘】按钮，进入草绘模式，按上一步骤的方式草绘圆。单击功能区【关闭】面板中的【确认】按钮，退出草绘模式。

5）单击【混合】特征面板中的【确认】按钮，完成圆形口创建，通风管道模型如

图 8-34 所示。

6. 保存模型

保存当前建立的通风管模型。

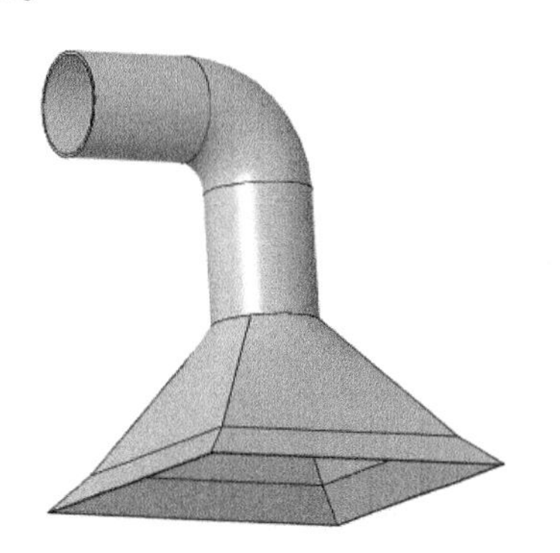

图 8-34　通风管道模型

8.5　圆号的建模

简易圆号如图 8-35 所示。通过本例掌握用【混合】命令创建特征，掌握用【旋转混合】命令创建特征，熟悉壳特征的创建。

建模过程

1. 建立一个新文件

新建一个名称为“yuanhao”的实体文件。

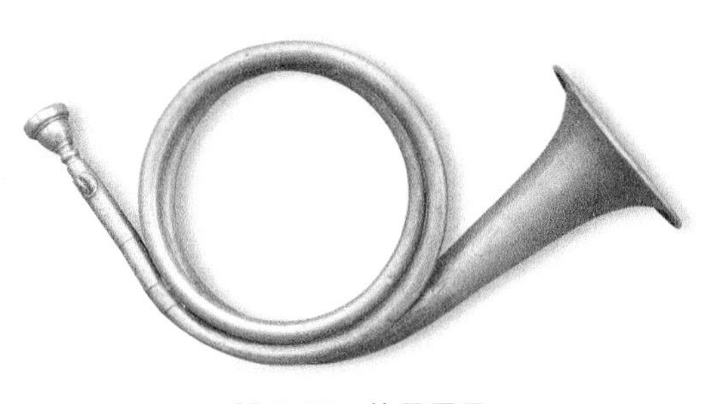

图 8-35　简易圆号

2. 使用【混合】命令创建圆号进口

1）单击功能区【形状】按钮，在下滑面板中单击【混合】工具按钮，在窗口顶部弹出【混合】特征面板。

2）单击【截面】下滑面板中的【定义】按钮，弹出【草绘】对话框，选取基准平面 TOP 为草绘平面，基准平面 RIGHT 为参考平面，方向为“上”，单击【草绘】按钮，进入草绘模式。

3）在竖直参考线右侧相距“100”处绘制直径为“14”的圆，如图 8-36 所示。单击功能区【关闭】面板中的【确认】按钮，退出草绘模式。

4）单击【截面】按钮，在下滑面板中出现【截面 2】，在【偏移自】下输入距【截面 1】的距离为“160”。单击下滑面板中的【草绘】按钮，进入草绘模式，在竖直参考线右侧相距“100”处绘制直径为“12”的圆，如图 8-37 所示。单击功能区【关闭】面板中的【确认】按钮，退出草绘模式。

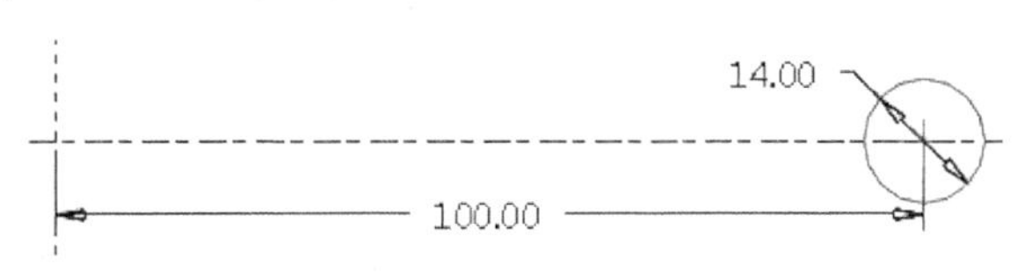

图 8-36　草绘截面 1

5）单击【混合】特征面板中【确认】的按钮，完成圆号进口的创建，如图 8-38

所示。

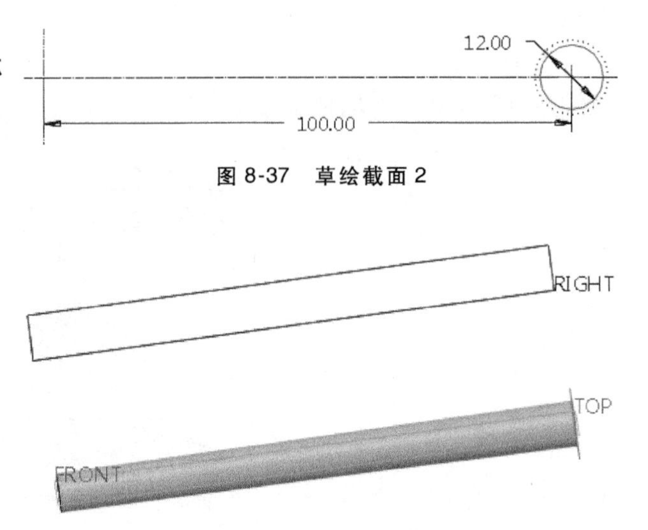

图 8-37　草绘截面 2

图 8-38　圆号进口创建

3. 使用【旋转混合】命令创建圆环

1）单击功能区【形状】按钮，在下滑面板中单击【旋转混合】工具按钮，在窗口顶部弹出【旋转混合】特征面板。

2）单击特征面板中【截面】按钮，弹出【截面】下滑面板。单击【定义】按钮，弹出【草绘】对话框，选取圆号进口大端端面为草绘平面，基准平面 RIGHT 为参考平面，方向为“左”，单击【草绘】按钮，进入草绘模式。

3）单击功能区【设置】面板中的【参考】工具按钮，选取大端圆边为参考基准。单击功能区【草绘】面板中的【圆】工具按钮，选中参考圆圆心绘制同样大小的圆。单击功能区【关闭】面板中的【确认】按钮，退出草绘模式。

4）选择如图 8-39 所示坐标系中的 Z 坐标轴为旋转轴。单击【截面】下滑面板中的【插入】按钮，在下滑面板中出现【截面 2】，在【偏移自】下输入距【截面 1】的旋转角度为“120”，图形区显示结果如图 8-39 所示。

5）单击下滑面板中的【草绘】按钮，进入草绘模式，在参考虚线圆的位置处绘制如图 8-40 所示的圆。单击功能区【关闭】面板中的【确认】按钮，退出草绘模式。

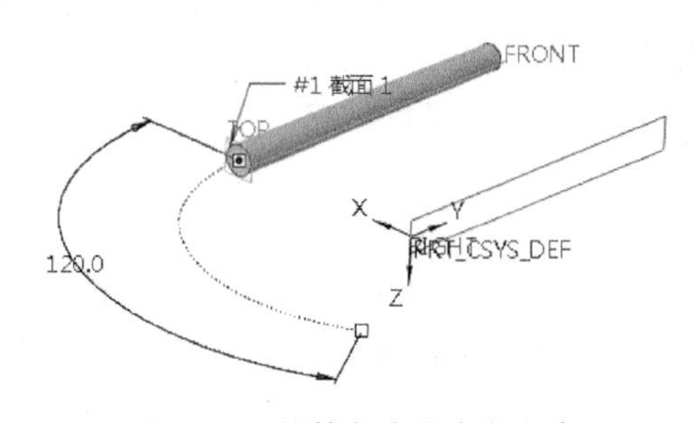

图 8-39　旋转角度及方向示意

6）单击【截面】下滑面板中的【插入】按钮，在下滑面板中出现【截面 3】，在【偏移自】下输入距【截面 2】的旋转角度为“120”。单击下滑面板中的【草绘】按钮，进入草绘模式，在参考虚线圆的位置处绘制如图 8-41 所示的圆。单击功能区【关闭】面板中的【确认】按钮，退出草绘模式。

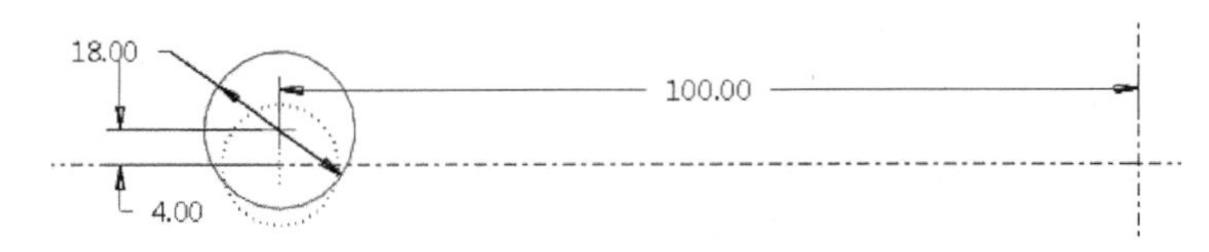

图 8-40　截面 2

7）单击【截面】下滑面板中的【插入】按钮，在下滑面板中出现【截面 4】，在【偏移自】下输入距【截面 3】的旋转角度为“120”。单击下滑面板中的【草绘】按钮，

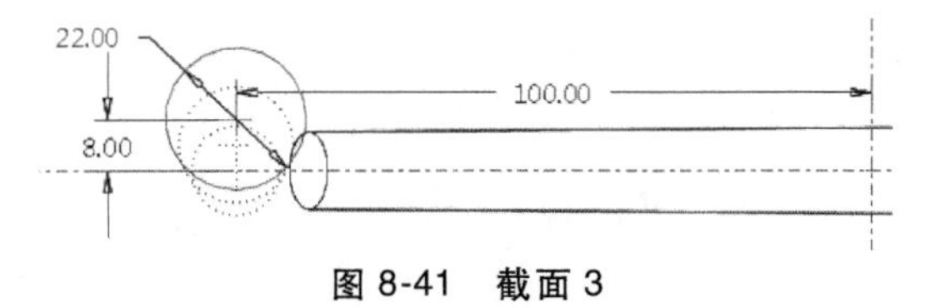

图 8-41　截面 3

进入草绘模式，在参考虚线圆的位置处绘制如图 8-42 所示的圆。单击功能区【关闭】面板中的【确认】按钮，退出草绘模式。

8）单击【截面】下滑面板中的【插入】按钮，在下滑面板中出现【截面 5】，在【偏移自】下输入距【截面 4】的旋转角度为“90”。单击下滑面板中的【草绘】按钮，进入草绘模式，在参考虚线圆的位置处绘制如图 8-43 所示的圆。单击功能区【关闭】面板中的【确认】按钮，退出草绘模式。

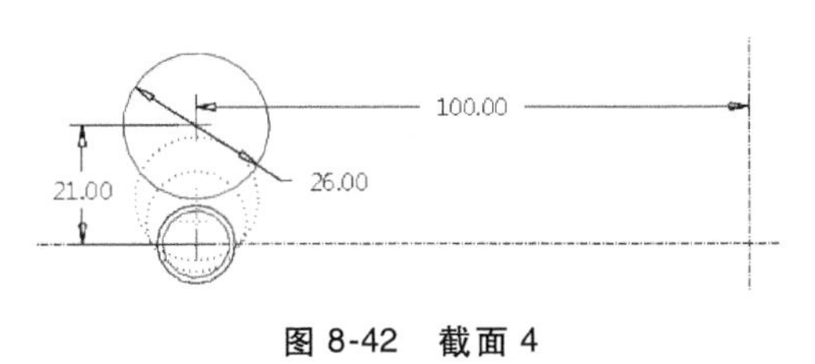

图 8-42　截面 4

9）单击【旋转混合】特征面板中的按钮，完成圆环创建，如图 8-44 所示。

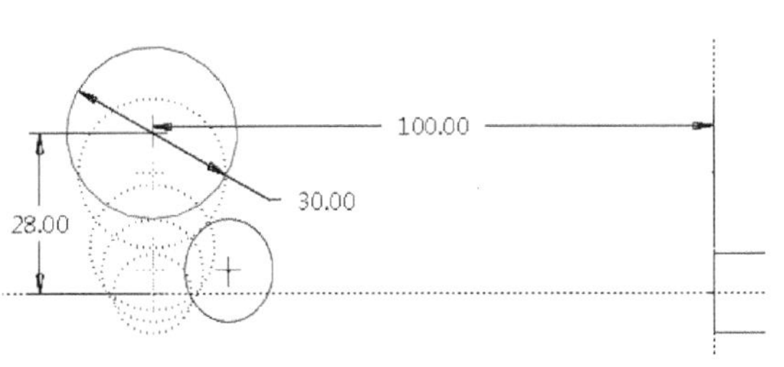

图 8-43　截面 5

4. 使用【混合】命令创建圆号出口

1）单击功能区【形状】按钮，在下滑面板中单击【混合】工具按钮，在窗口顶部弹出【混合】特征面板。

2）单击【截面】下滑面板中的【定义】按钮，弹出【草绘】对话框，选取圆环端面为草绘平面，基准平面 TOP 为参考平面，方向为“右”，单击【草绘】按钮，进入草绘模式。

3）单击功能区【设置】面板中的【参考】工具按钮，以圆环端面圆边为参考基准，单击功能区【草绘】面板中的【圆】按钮 3点，单击参考圆环左、右顶点，并在参考圆环上其他任意位置单击，通过三点草绘同心圆。单击功能区【关闭】面板中的【确认】按钮，退出草绘模式。

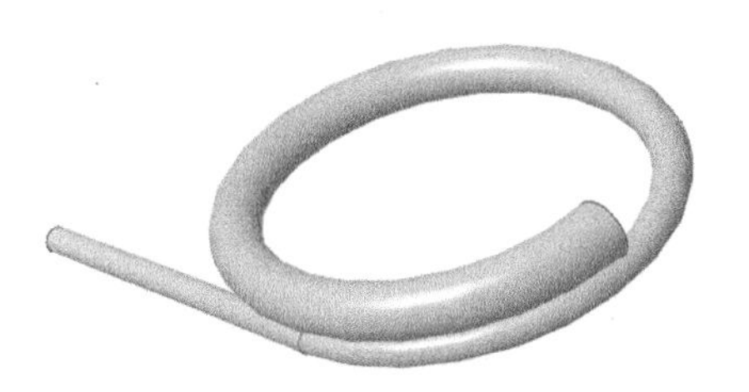
图 8-44　创建圆环

4）单击【截面】按钮，在下滑面板中出现【截面 2】，在【偏移自】下输入距【截面 1】的距离为“100”。单击下滑面板中的【草绘】按钮，进入草绘模式，在参考虚线圆的位置处绘制如图 8-45 所示的圆。单击功能区【关闭】面板中的【确认】按钮，退出草绘模式。

5）单击【截面】下滑面板中的【插入】按钮，在下滑面板中出现【截面 3】，在【偏移自】下输入距【截面 2】的距离为“80”。单击下滑面板中的【草绘】按钮，进入草绘模式，在参考虚线圆的位置处绘制如图 8-46 所示的圆。单击功能区【关闭】面板中的【确认】按钮，退出草绘模式。

6）单击【混合】特征面板中的【确认】按钮，完成圆号出口的创建，如图 8-47 所示。

5. 抽壳

单击功能区【工程】面板中的【壳】工具按钮，在窗口顶部弹出【壳】特征面板，设置厚度为“3”，按住<Ctrl>键选中圆号进口和出口端面，将实体圆号进行均匀壁厚抽壳。

单击特征面板中的【确认】按钮，完成实体圆号抽壳。如图 8-48 所示。

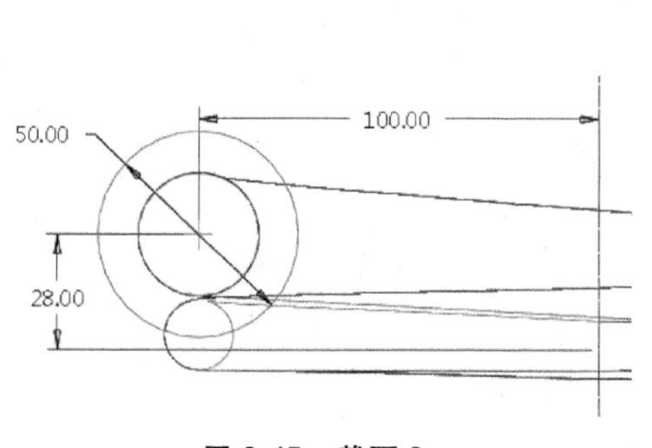

图 8-45 截面 2

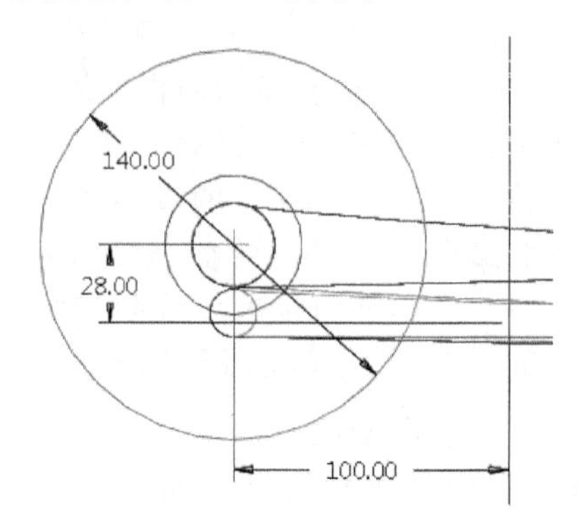

图 8-46 截面 3

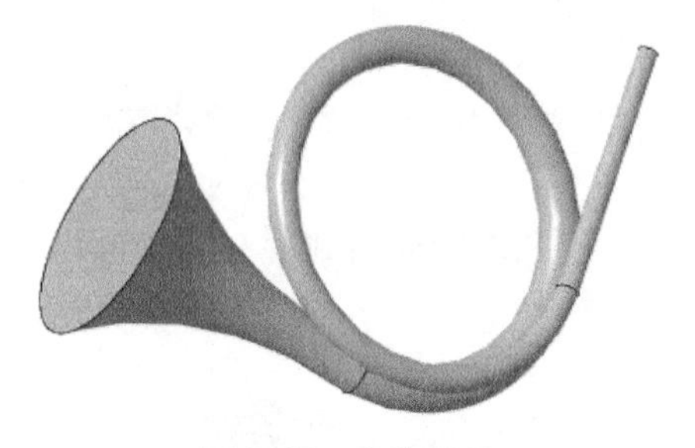

图 8-47 实体圆号

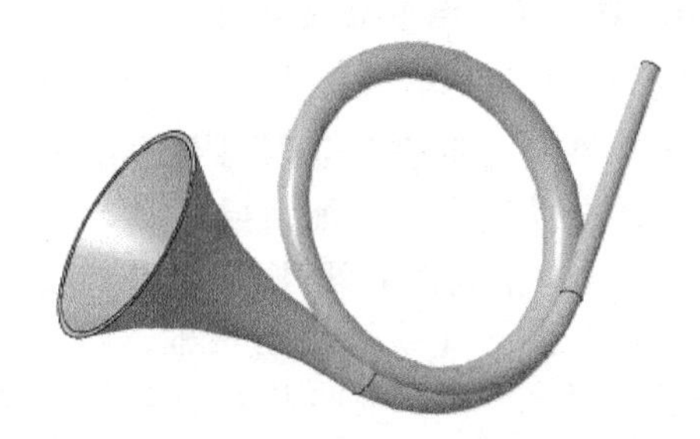

图 8-48 实体圆号抽壳

6. 创建嘴口

1）单击功能区【形状】面板中的工具按钮旋转，在界面顶部弹出【旋转】特征面板，选择 FRONT 平面为草绘平面，进入草绘模式，绘制草图如图 8-49 所示。

2）单击功能区【关闭】面板中的【确认】按钮，完成草绘；单击【旋转】特征面板中的【确认】按钮，完成嘴口创建。

3）单击功能区【工程】面板中的工具按钮倒圆角，对嘴口下部进行半径为“3”的倒圆角操作，对嘴口上部进行半径为“1”的倒圆角操作，结果如图 8-50 所示。

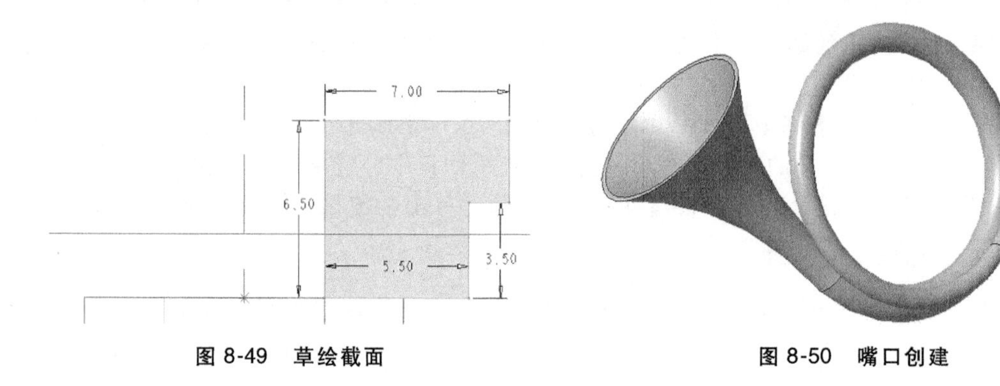

图 8-49 草绘截面

图 8-50 嘴口创建

7. 保存模型

保存当前建立的圆号模型。

8.6　圆柱铣刀的建模

圆柱铣刀实物如图 8-51 所示。通过本例掌握利用选取截面创建混合特征的方法。

建模过程

1. 创建草绘文件

1）单击【新建】工具按钮，在弹出的【新建】对话框中选择 草绘，【名称】为“yz_xidao. sec”，单击【确定】按钮，进入草绘界面。

2）圆柱铣刀主体和切削刃尺寸如图 8-52 所示，均布 12 个切削刃后的草绘截面如图 8-53 所示。

3）单击【保存】工具按钮，选择一个易找文件夹作保存位置，单击【确定】按钮，完成草绘文件创建。

图 8-51　圆柱铣刀实物

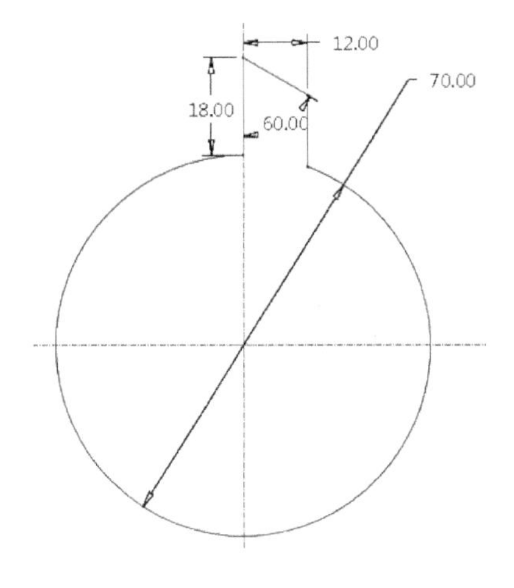

图 8-52　尺寸参照

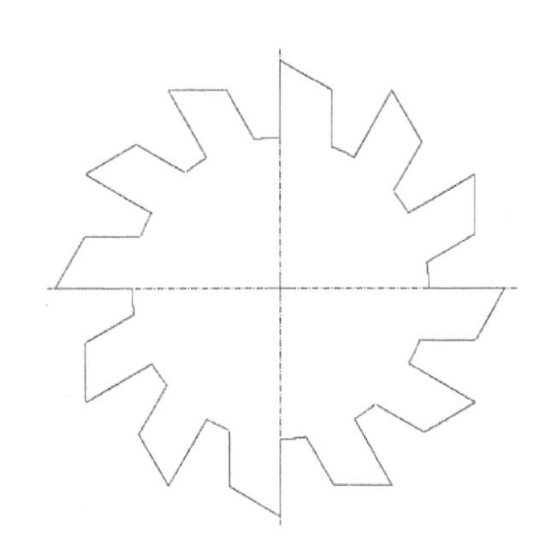

图 8-53　草绘截面

2. 创建圆柱铣刀主体

1）新建“yz_ xidao”零件文件。

2）单击功能区【形状】按钮，在下滑面板中单击【混合】工具按钮，在窗口顶部弹出【混合】特征面板。

3）单击【截面】下滑面板中的【定义】按钮，弹出【草绘】对话框，选取基准平面 TOP 为草绘平面，基准平面 RIGHT 为参考平面，方向为“右”，单击【草绘】按钮，进入草绘模式。

4）单击功能区【获取数据】面板中的【文件系统】工具按钮，在弹出的【打开】对话框中选择前面保存的名为“yz_ xidao. sec”的铣刀草绘文件。单击【打开】对话框中右下角的【打开】按钮，在图形区任意位置单击，出现草绘图形，并在草绘图形上方弹出【导入截面】特征面板。

5）选中草绘图形中心符号⊗，按住鼠标左键将图拖拽至竖直和水平基准线交点处。在

【旋转角度】符号后输入“0”，在【比例因子】符号后输入“1”，其余设置默认，【导入截面】特征面板设置如图 8-54 所示。单击功能区的【确认】按钮，完成草绘图形导入。单击功能区【关闭】面板中的【确认】按钮，退出草绘模式。

图 8-54 【导入截面】特征面板设置

6）单击【截面】按钮，在下滑面板中出现【截面 2】，在【偏移自】下输入距【截面 1】的距离为“40”。单击下滑面板中的【草绘】按钮，进入草绘模式，绘制截面 2。

7）按上述 4）、5）步骤的同样方法完成截面 2 至截面 6 的创建。从截面 2 以后的截面需单击【插入】按钮生成，各截面的【旋转角度】分别为：“30”“60”“90”“120”“150”，【比例因子】均为“1”，【偏移距离】均为“40”，可以通过观察各截面的箭头方向来判断截面设置效果。

8）单击【混合】特征面板中的【确认】按钮，完成圆柱铣刀主体创建，如图 8-55 所示。

3. 创建轴孔和键槽

1）单击功能区【形状】|【拉伸】工具按钮，弹出【拉伸】特征面板，单击【放置】按钮，选取圆柱铣刀端面作为草绘平面。

2）绘制如图 8-56 所示草绘图形。

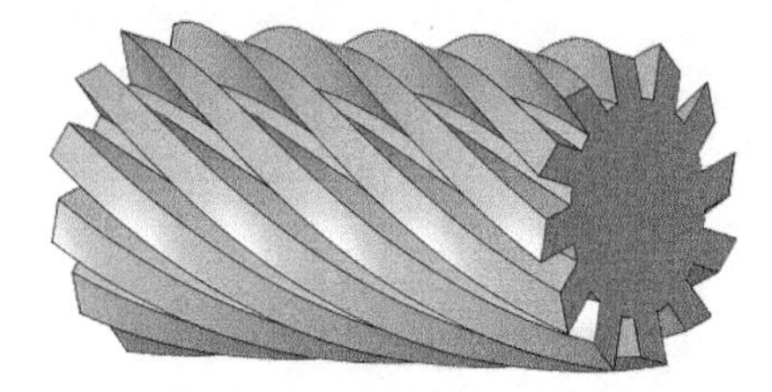

图 8-55 圆柱铣刀主体

3）单击【确认】按钮，返回【拉伸】特征面板，设置拉伸方式为，选取圆柱铣刀另一端面为指定拉伸平面，单击【移除材料】工具按钮，单击【确认】按钮，完成轴孔和键槽的创建，如图 8-57 所示。

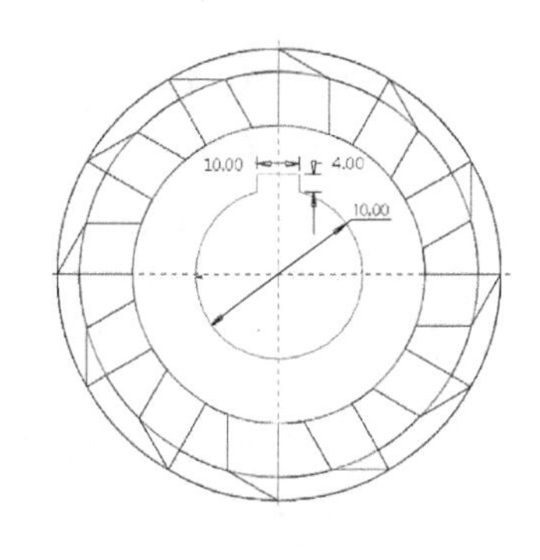

图 8-56 草绘轴孔和键槽

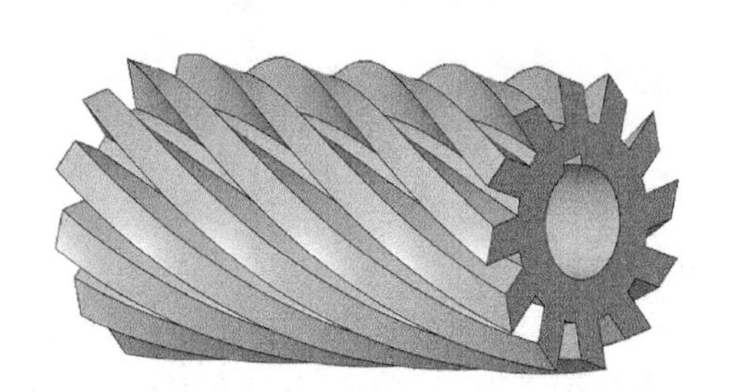

图 8-57 轴孔和键槽的创建

4）创建倒圆角。单击功能区【工程】面板中的【倒圆角】工具按钮，在界面顶部显示【倒圆角】特征面板，输入圆角半径为“2”，按住<Ctrl>键分别选取切削刃与圆柱之间的交线，单击【确认】按钮，完成倒圆角操作。

4. **保存模型**

保存当前建立的圆柱铣刀模型。

8.7 实 训 题

创建异形台座，效果图如图 8-58 所示。各特征创建步骤如下：

1）创建截面 1。使用混合工具创建截面 1，如图 8-59 所示，并在圆上分割 4 个点。

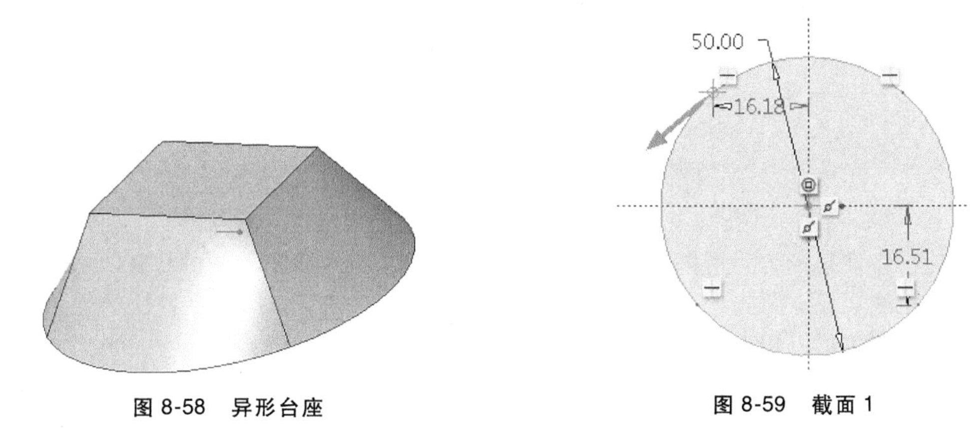

图 8-58　异形台座　　图 8-59　截面 1

2）创建截面 2。在距离“15”处创建截面 2，如图 8-60 所示，注意箭头方向一致。

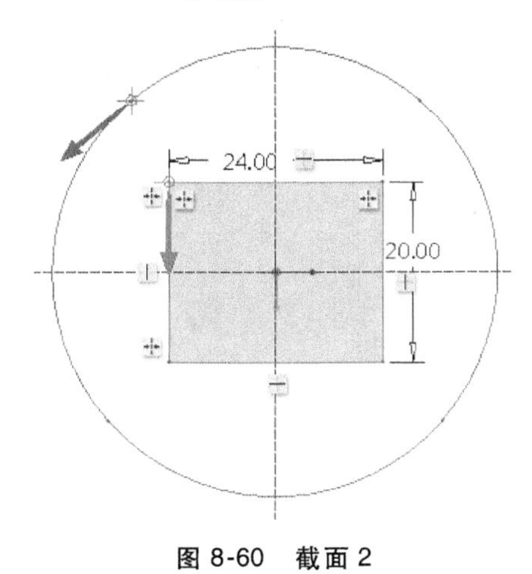

图 8-60　截面 2

第 9 章

扫描混合类零件的建模

9.1 扫描混合命令简介

扫描混合特征是沿着一条轨迹线将多个截面用过渡曲面连接而形成的特征。扫描混合可以具有两种轨迹：原点轨迹（必需）和第二轨迹（可选）。每个扫描混合特征必须至少具有两个截面，用户也可以根据需要在这两个截面间添加截面。扫描混合的轨迹曲线由用户定义，可以是一条草绘曲线、基准曲线或边。

将多个截面用过渡曲面/曲线沿某一条轨迹线进行连接，就形成了扫描混合特征。扫描混合可创建实体、薄壳以及曲面等特征，也可以用于移除材料，以形成孔。它同时具备了扫描和混合的效果。如图 9-1 所示的扫描混合特征便是由三个截面和一条轨迹扫描混合而成的。

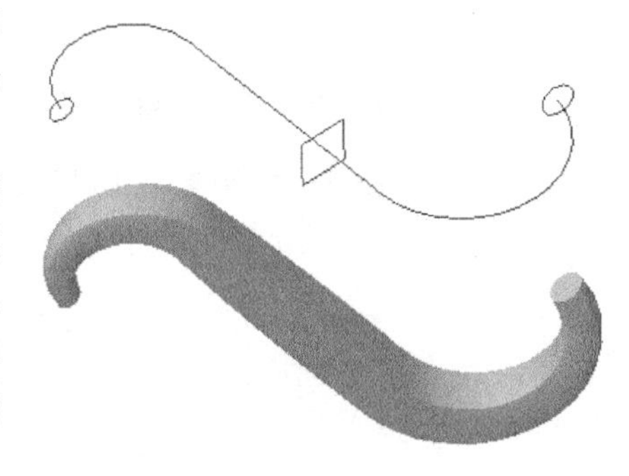

图 9-1　扫描混合特征

1.【扫描混合】操作面板

单击工具栏中的【扫描混合】按钮 扫描混合，弹出【扫描混合】特征操作面板。如图 9-2 所示。

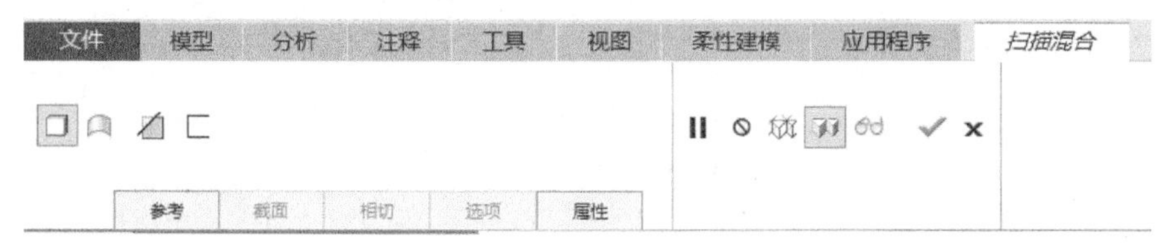

图 9-2　【扫描混合】特征操作面板

2. 主要工具按钮简介

1）特征类型

① 创建实体特征：单击特征操作面板中的实体按钮，使其呈按下状态。

② 创建曲面：将曲面按钮按下。

③ 移除材料：将和按钮同时按下。

④ 创建薄壳：将和按钮同时按下。

2）【参考】下滑面板：如图 9-3 所示，用来指定扫描轨迹和截平面控制。

【截平面控制】选项用于设置定向截平面的方式，分别是：

- 【垂直于轨迹】：扫描混合过程中，扫描混合截面在轨迹的整个长度上始终保持与轨迹线垂直。
- 【垂直于投影】：扫描混合过程中，扫描混合截面在轨迹的整个长度上始终保持与选定参考垂直。
- 【恒定法向】：扫描混合截面的法线方向总是指向指定方向。

3）【截面】下滑面板：如图 9-4 所示，用于指定或创建混合截面以及控制混合顶点。

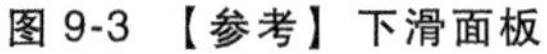
图 9-3 【参考】下滑面板

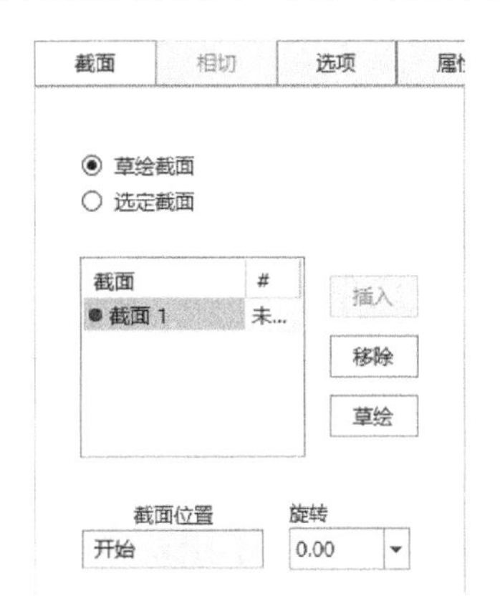

图 9-4 【截面】下滑面板

截面扫描混合需要至少两个截面，截面可以是已有模型的截面，也可以是草绘截面。

- 【截面位置】：即扫描混合截面插入位置。插入位置默认为开放轨迹的起点和终点。为了更精确地控制扫描混合特征，也可以在其他位置插入截面，但用户必须在插入点处事先打断轨迹。
- 【旋转】文本框：可以指定截面沿法向的旋转角度。

4）【选项】下滑面板：可使用面积或截面的周长来控制扫描混合截面，但是必须在原始轨迹上指定控制点的位置。

9.2 吊钩的建模

本节将通过如图 9-5 所示吊钩模型的建模，帮助读者熟悉扫描混合特征的使用方法。

建模过程

1. 建立新文件

建立文件名为“diaogou”的新文件。

2. 用混合扫描方法创建吊钩

1）以 RIGHT 面为草绘平面，创建如图 9-6 所示的草绘作为扫描混合轨迹线。

2）在如图 9-7 所示标记的位置将草绘轨迹用【分割】命令打断。

3）单击【扫描混合】工具按钮 扫描混合，选择草绘曲线作为扫描轨迹线。以单击轨迹线起始箭头的方式，将轨迹的起点设置为轨迹曲线的顶点。如图 9-8 所示。

4）打开【截面】下滑面板，选择【草绘截面】单选项，单击【草绘】按钮，此时，系统默认过起始点且与轨迹垂直的平面为草绘平面，绘制如图 9-9 所示的草绘。单击【确认】按钮，完成截面 1 的绘制。

5）单击【插入】按钮，单击选择轨迹线上的分割点 1（打断点），然后单击【草绘】按钮，此时，系统以过分割点 1 且与轨迹垂直的平面为草绘平面，绘制如图 9-10 所示截面 2，单击【确认】按钮，完成截面 2 的绘制。

6）依照步骤 5）依次在分割点 2、3 和 4 处绘制如图 9-11、图 9-12 以及图 9-13 所示的截面 3、截面 4 和截面 5。

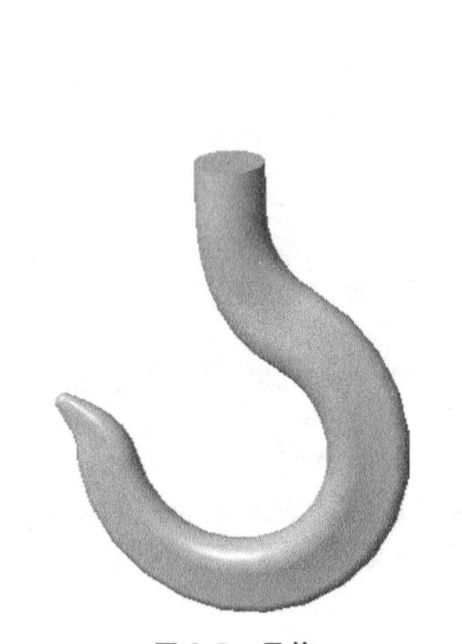

图 9-5　吊钩

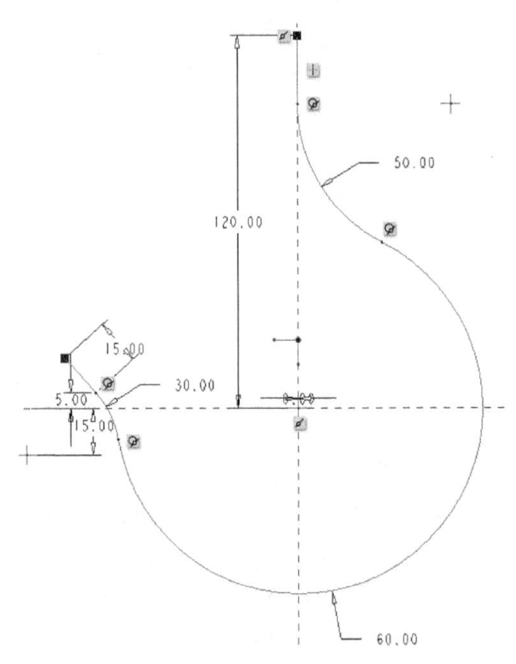

图 9-6　扫描混合轨迹线草绘

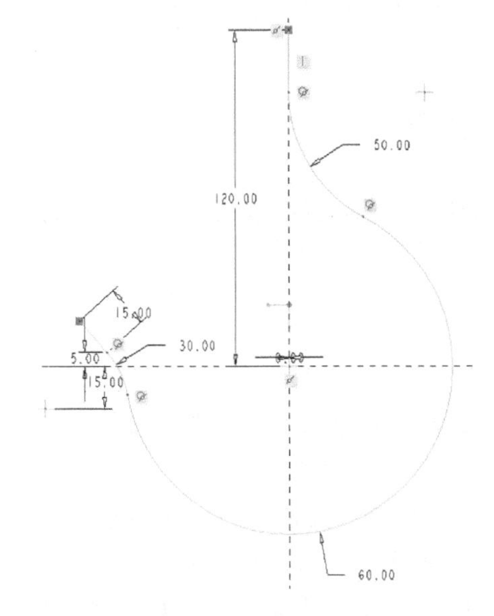

图 9-7　分割点位置示意

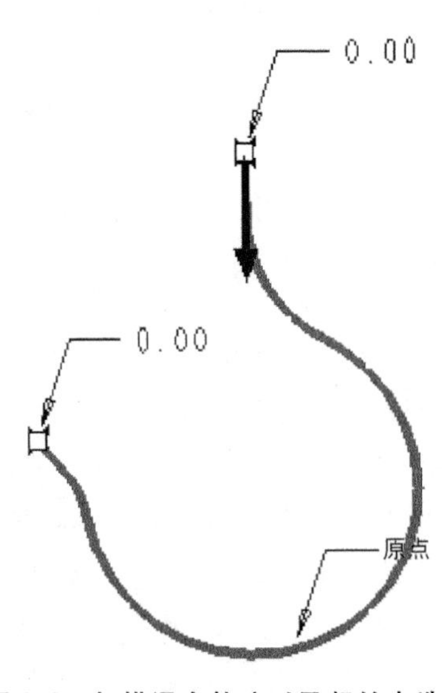

图 9-8　扫描混合轨迹以及起始点选择

7）单击【插入】按钮，单击选择轨迹线的终止点，然后单击【草绘】按钮，此时，系统以过轨迹线终止点且与轨迹垂直的平面为草绘平面，绘制如图 9-14 所示截面 6，单击【确认】按钮 ✔，完成截面 6 的绘制。

8）单击【确认】按钮 ✔，完成扫描混合，效果如图 9-15 所示。

需要特别注意的是，每个截面必须具有相同的结点数，截面中图元的连接处将被系统自动视为结点（如直线段与圆弧段的连接点）。例如，一个完整的圆本身是没有结点的，因此需要用户通过【分割】命令手动创建结点。另外，创建的结点与起始点的位置及方向应当尽量沿着轨迹线并在同一方向（除特殊要求外），否则生成的扫描混合特征将出现扭曲的现象。

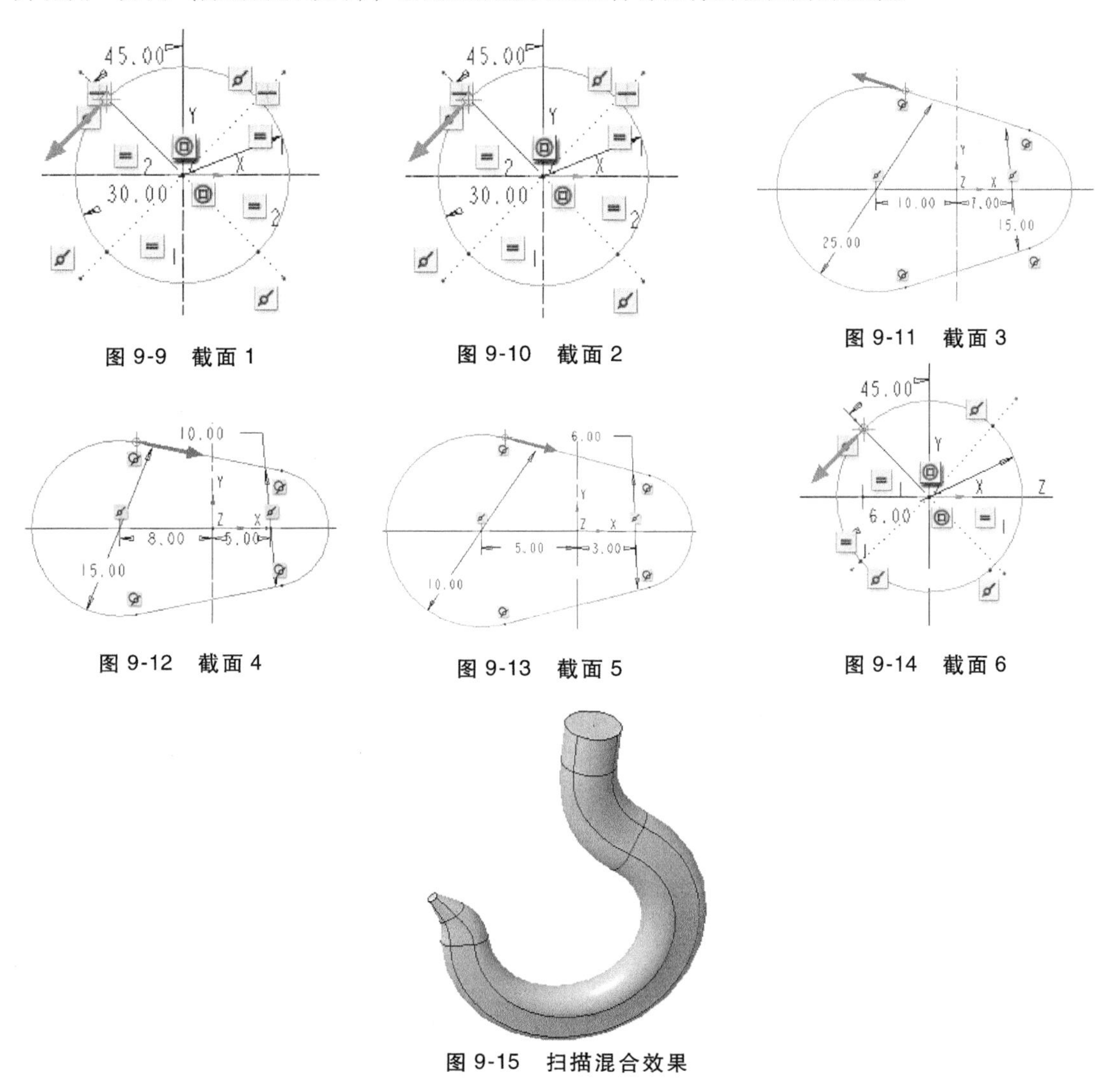

图 9-9　截面 1

图 9-10　截面 2

图 9-11　截面 3

图 9-12　截面 4

图 9-13　截面 5

图 9-14　截面 6

图 9-15　扫描混合效果

3. 倒圆角修饰

1）单击【倒圆角】按钮 倒圆角，设置圆角半径为“2.5”。

2）单击选择钩尖处锐边，单击【确认】按钮 ✔，完成倒圆角操作。最终效果如图 9-5所示。

4. 保存文件

保存当前建立的吊钩模型。

9.3 手轮的建模

本节将以图 9-16 所示手轮为例，帮助读者熟悉和掌握扫描混合的操作过程。

建模过程

1. 建立新文件

建立文件名为“shoulun”的新文件。

2. 用旋转特征创建主体结构

1）以 RIGHT 平面作为草绘平面，创建如图 9-17 所示草绘。单击【确认】按钮，完成草绘。

图 9-16 手轮

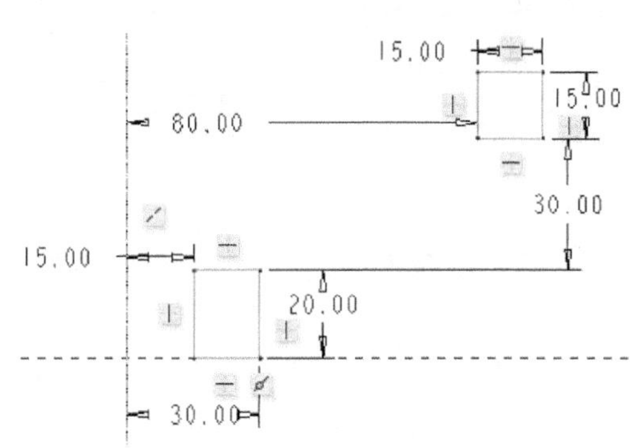

图 9-17 旋转草绘

2）单击【旋转】按钮 旋转，选择【生成实体】，将上一步绘制的草绘旋转“360”得到如图 9-18 所示的手轮主体部分。

3. 用扫描混合特征创建轮辐

1）以 RIGHT 面为草绘平面，绘制如图 9-19 所示扫描混合轨迹线。单击【确认】按钮，完成草绘。

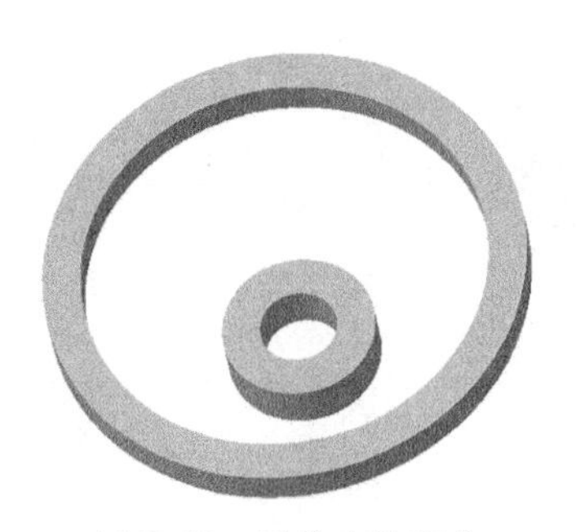

图 9-18 手轮主体部分

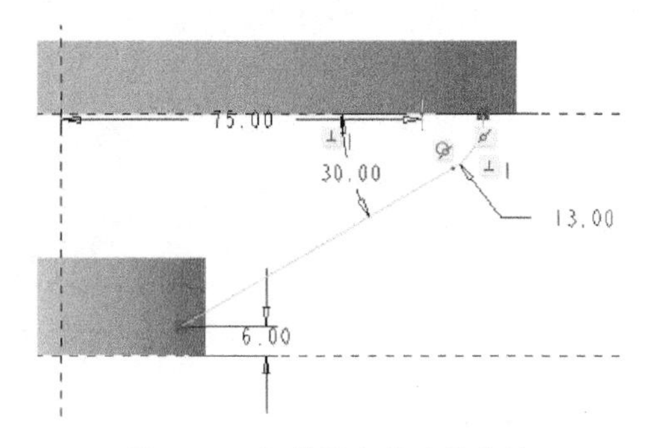

图 9-19 扫描混合轨迹线草绘

2）单击【扫描混合】按钮 扫描混合，选择上一步操作中的草绘作为扫描混合的轨迹线。并确定轨迹起始点，如图 9-20 所示。

3）分别在轨迹线起始点与终止点绘制如图 9-21 和 9-22 所示截面。单击【确认】按钮 ✔，完成截面绘制。

需要特别注意的是，每个草绘的结点数量必须相同。例如，终止点处截面草绘中本身就包含有三个结点，因此，对于没有结点的完整圆，就需要使用分割的方式增加 3 个结点，且结点相对于轨迹线的位置要基本一致，以避免出现扫描混合特征扭转的现象。

扫描混合结果如图 9-23 所示。

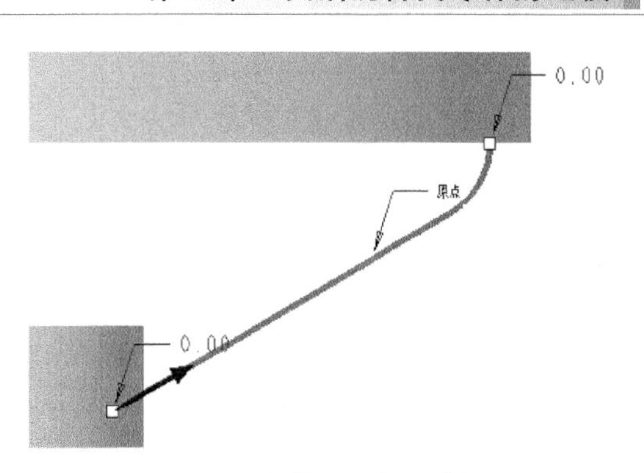

图 9-20　扫描混合轨迹选择

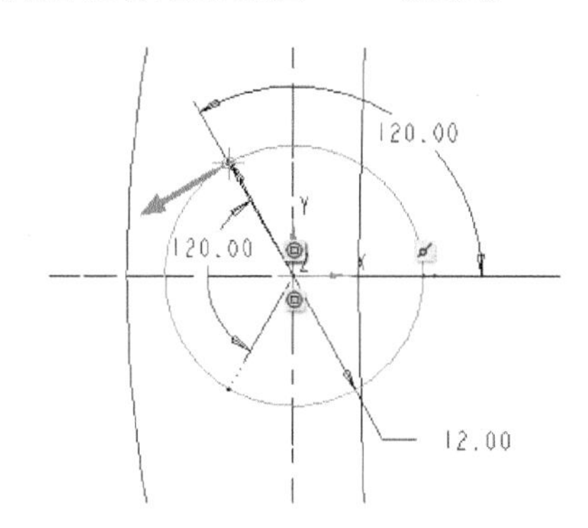

图 9-21　起始点处截面草绘

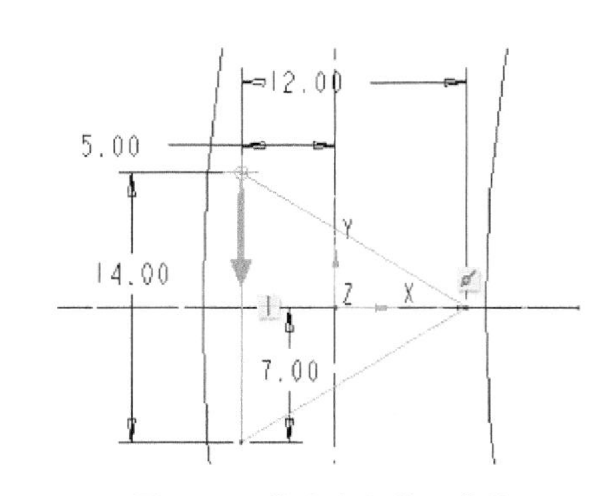

图 9-22　终止点处截面草绘

4. 阵列扫描混合特征

1）在模型特征树中选择扫描混合特征，单击【阵列】按钮，弹出【阵列】特征操作面板，如图 9-24 所示。

2）选择阵列类型为【轴】，选择手轮主体的中心轴线作为旋转轴，设置成员数为“3”并定义旋转阵列角度为“120.0”，单击【确认】按钮 ✔，完成阵列操作。效果如图 9-16 所示。

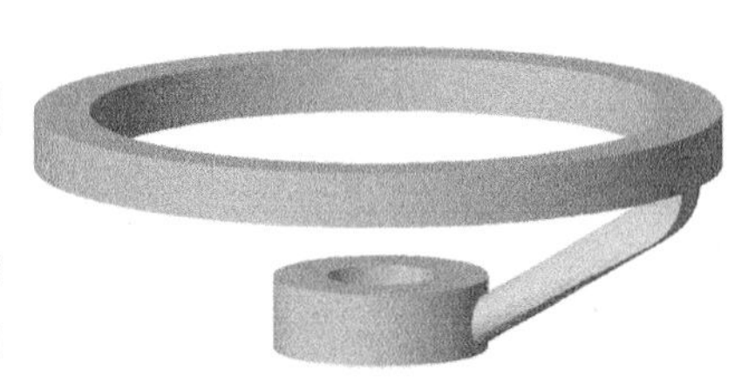

图 9-23　扫描混合结果

图 9-24　【阵列】特征操作面板

5. 保存文件

保存当前建立的手轮模型。

9.4　斜齿圆柱齿轮的建模

通过对如图 9-25 所示的斜齿圆柱齿轮建模过程的分析，读者可以进一步了解和掌握扫描混合的使用，同时学习斜齿圆柱齿轮的参数化建模步骤和方法。

如图 9-25 所示的斜齿圆柱齿轮模型严格按照相应计算公式确定齿形尺寸，其基本参数见表 9-1。

图 9-25　斜齿圆柱齿轮

建模过程

1. 建立新文件

建立文件名为“xiechilun”的新文件。

2. 输入齿轮参数

1）打开菜单栏中的【工具】选项卡，如图 9-26 所示。单击【参数】按钮 参数，打开【参数】窗口，如图 9-27 所示。

2）对于新文件，【参数】窗口中仅仅包含“DESCRIPTION”与“MODELED_ BY”两项默认参数，因此，用户需要手动依次将表 9-2 中的齿轮参数输入到【参数】窗口中。

但是表 9-2 中参数“mn、*z*、alpha、beta、*b*、*h*、*c*、*x*”均为原始参数，需要用户输入值，而其余参数是通过上述参数计算出来的，所以可以不用输入值，默认为“0.000000”。

3）单击【工具】选项卡中的【关系】按钮 d= 关系，打开如图 9-28 所示【关系】窗口。

表 9-1　齿轮基本参数

模数/mm	齿数	螺旋角/(°)	齿形角/(°)
3	30	16	20

图 9-26　【工具】选项卡

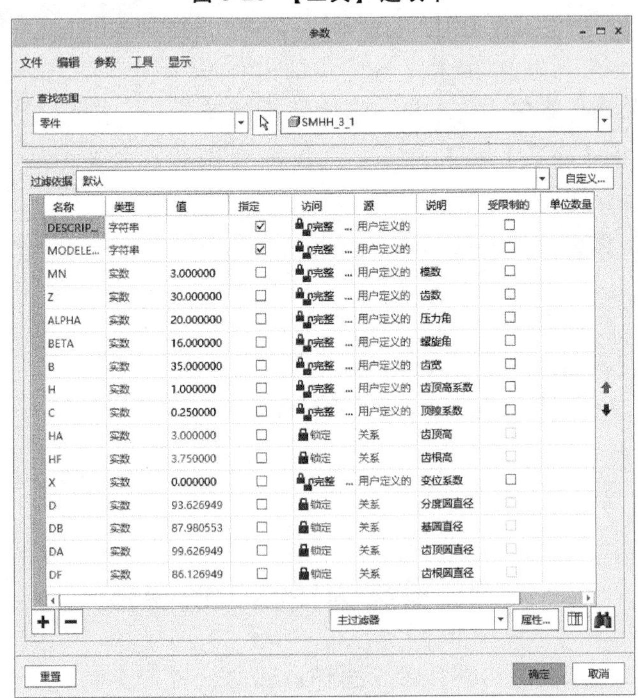

图 9-27　【参数】窗口

表 9-2　需要设置的参数

项目	值	描述	项目	值	描述
mn	3	模数	x	0	变位系数
z	30	齿数	h_a	（默认）	齿顶高
alpha	20	齿形角	h_f	（默认）	齿根高
beta	16	螺旋角	d	（默认）	分度圆直径
b	35	齿宽	d_a	（默认）	齿顶圆直径
h	1	齿顶高系数	d_f	（默认）	齿根圆直径
c	0.25	齿隙系数	d_b	（默认）	基圆直径

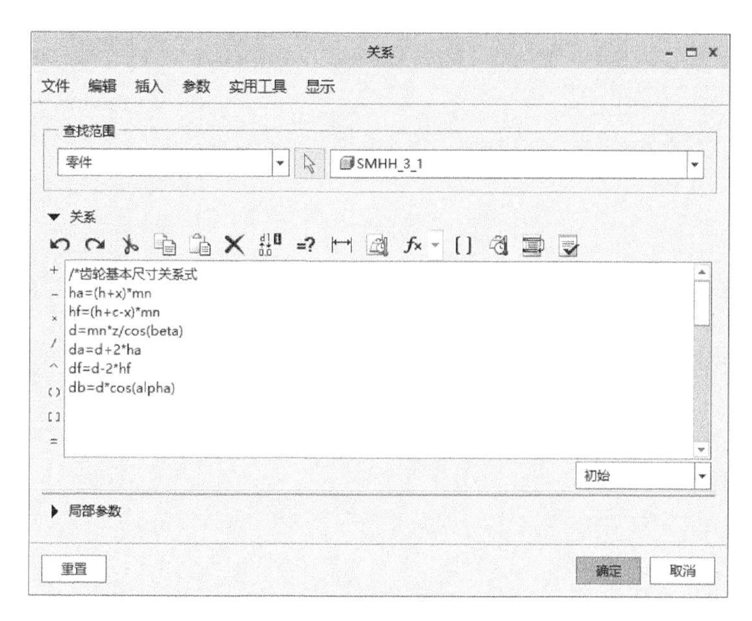

图 9-28　【关系】窗口

在文本框中键入如下关系式：

$h_a=(h+x)^*\mathrm{mn}$

$h_f=(h+c-x)^*\mathrm{mn}$

$d=\mathrm{mn}*z/\cos(\mathrm{beta})$

$d_a=d+2^*h_a$

$d_f=d-2^*h_f$

$d_b=d^*\cos(\mathrm{alpha})$

注意，在键入关系式时，系统不会区分大小写。

单击【确定】按钮完成关系式键入。此时，单击【模型】选项卡中的【重新生成】按钮，再打开【参数】窗口，就可以看到之前默认的参数值已经变为计算得到的结果。如图 9-27 所示。

3. 拉伸创建齿根圆

1）以 FRONT 面作为草绘平面，进行草绘。以原点作为圆心绘制一个任意直径的圆，如图 9-29 所示，单击【确认】按钮，完成草绘。

2）单击【拉伸】按钮，按下【拉伸为实体】按钮，然后单击【确认】按钮。注意，此时不需要输入拉伸深度值。

3）打开【关系】窗口，然后在【模型树】中单击上一步拉伸操作所得到的特征拉伸 1，此时，在图形区中将会显示与该特征相关的所有尺寸值或者尺寸名，如图 9-30 所示，尺寸值和尺寸名的显示可以通过按钮进行切换。用户可以直接将尺寸名键入到【参数】文本框，同时也可以用鼠标左键单击图形区中相应的尺寸，其尺寸名便被自动输入到【关系】窗口的文本框中。

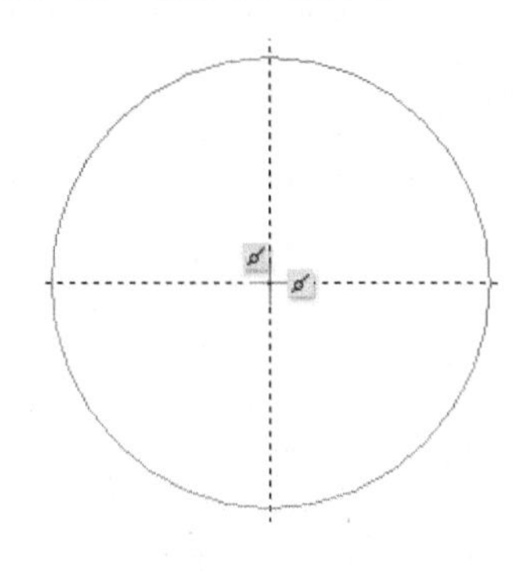

图 9-29 齿根圆草绘

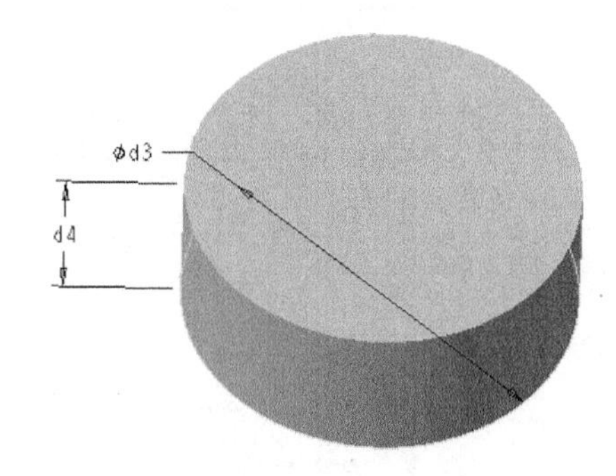

图 9-30 齿根圆拉伸

由图 9-30 所示可以看出，尺寸 d3 表示齿根圆的直径，尺寸 d4 表示齿宽，因此，在【关系】窗口的文本框中输入：

d3 = df

d4 = b

如图 9-31 所示。注意，只是本书中的实例的尺寸名为“d3”和“d4”，用户在实际操作中需要键入或选取对应的尺寸名。

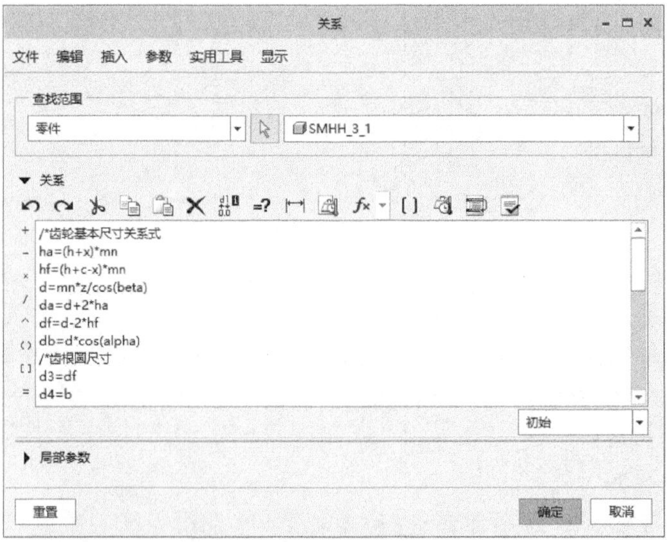

图 9-31 键入齿根圆尺寸关系

4. 创建渐开线

利用曲线的参数方程绘制渐开线。

1）打开【模型】选项卡，单击【基准】按钮 基准 ▼ 打开【基准】下滑菜单，选择【来自方程的曲线】。如图 9-32 所示。

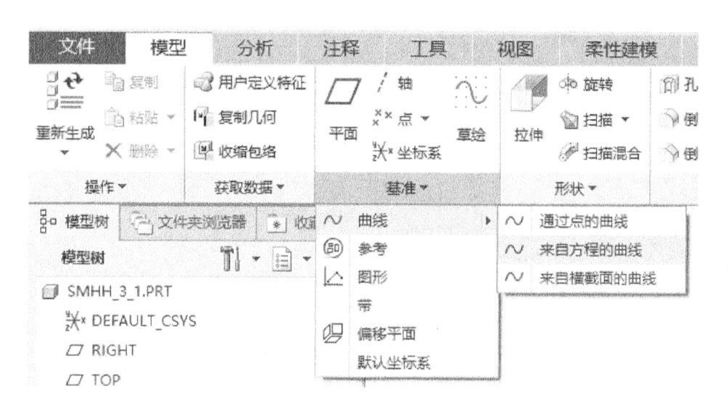

图 9-32 选择【来自方程的曲线】

完成上述操作后，将打开如图 9-33 所示的【曲线：从方程】操作面板。

图 9-33 【曲线：从方程】操作面板

2）单击模型中的原始坐标系 DEFAULT_CSYS 作为绘制渐开线的坐标参考。选择坐标形式为“笛卡儿”。单击【定义方程】按钮 方程... ，弹出如图 9-34 所示的【方程】窗口。

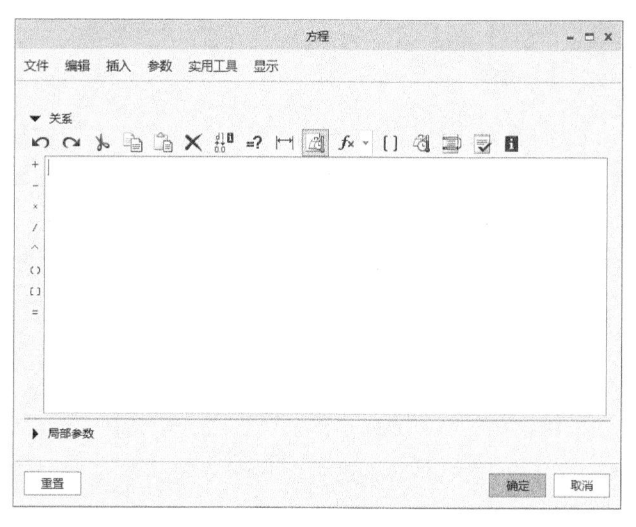

图 9-34 【方程】窗口

在文本框中键入渐开线参数方程：

$ang = 90 * t$

$r = db/2$

$s = pi * r * t/2$

$x = r * \cos(ang) + s * \sin(ang)$

$y = r * \sin(ang) - s * \cos(ang)$

$z = 0$

单击【确定】按钮 确定，完成参数方程的键入。此时，图形区出现通过刚才的参数方程所绘制出来的渐开线，如图 9-35 所示。

5. 拉伸创建分度圆曲面

1）以 FRONT 面作为草绘平面，绘制以原点为圆心的圆。如图 9-36 所示。

注意，此时用户可以直接双击弱尺寸值，将弱尺寸数值修改为“d”（即代表分度圆直径的参数名），此时弹出如图 9-37 所示的提示框，单击【是（Y）】按钮即可。也可以类同于前面的步骤，将该分度圆的直径信息以“关系”的形式键入到【关系】窗口的文本框中，再利用【重新生成】按钮完成该尺寸的修改。在建模过程中为了方便识别和修改相关关系，建议读者将形如此类的尺寸关系式也键入到【关系】窗口中。

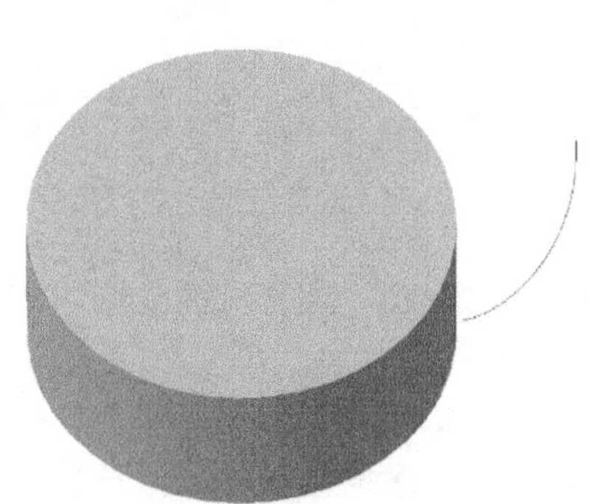

图 9-35 绘制渐开线

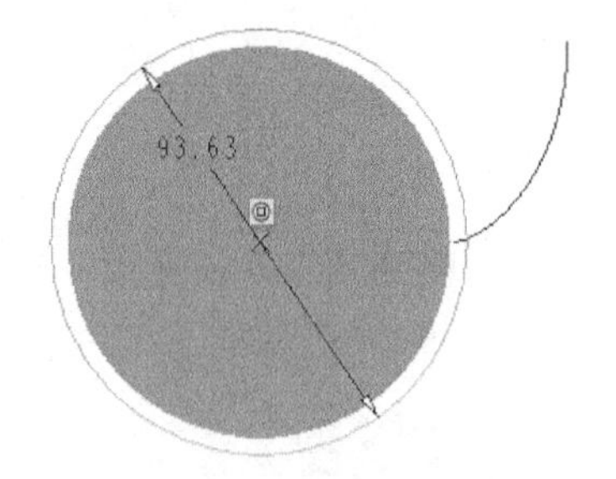

图 9-36 绘制分度圆

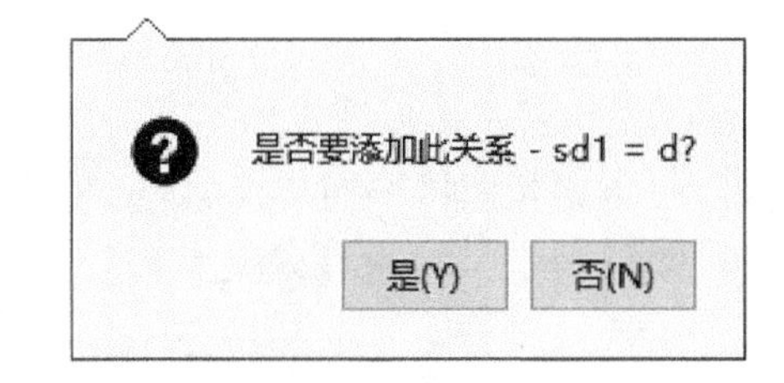

图 9-37 提示框

2）单击【拉伸】按钮，选择拉伸曲面，然后单击【确认】按钮。

3）将分度圆半径与拉伸深度分别定义为参数“d”和“b”并键入到【关系】窗口中，如图 9-38 所示。得到的结果如图 9-39 所示。

同样地，由于操作习惯和操作模型的不同，读者在具体操作时需要确认尺寸名是否与所需操作的尺寸对应。

6. 镜像渐开线

1）单击【模型】选项卡中的【点】按钮 点，弹出如图 9-40 所示的【基准点】对话框。

2）按住<Ctrl>键，同时单击选择分度圆曲面与渐开线，单击【确定】按钮 确定，便成功在分度圆曲面与渐开线的交点处创建了基准点 PNT0。

3）单击【模型】选项卡中的【平面】按钮，弹出【基准平面】对话框。

4）按住<Ctrl>键，同时单击选择齿根圆的中心轴线和基准点 PNT0，并将【参考】形式设定为“穿过”，如图 9-41 所示，单击【确定】按钮，便成功创建了一个同时过齿根圆中

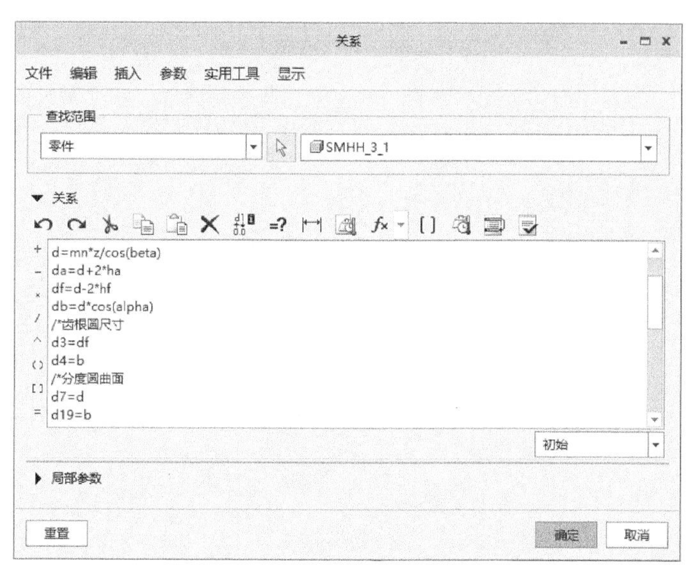

图 9-38　分度圆曲面“关系”键入

心轴线和基准点 PNT0 的基准平面 DTM1。

5）单击【模型】选项卡中的【平面】按钮，弹出【基准平面】对话框，按住<Ctrl>键，同时单击选择齿根圆的中心轴线和基准平面 DTM1，并将【参考】形式分别设定为“穿过”和“偏移”，如图 9-42 所示。创建过齿根圆中心轴线并与基准平面 DTM1 呈一定角度的基准平面 DTM2

6）找到基准平面 DTM2 与 DTM1 之间的角度尺寸名，并在【关系】窗口中将其定义为“360/4/z”，如图 9-43 所示。单击【重新生成】按钮，最终得到的基准平面 DTM1 和 DTM2，如图 9-44 所示。

图 9-39　分度圆曲面

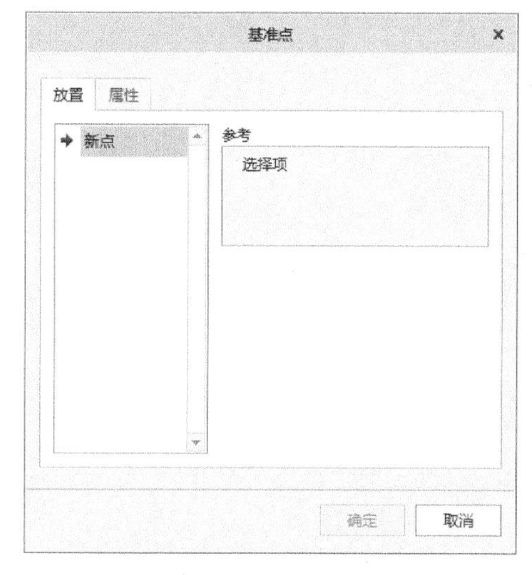

图 9-40　【基准点】对话框

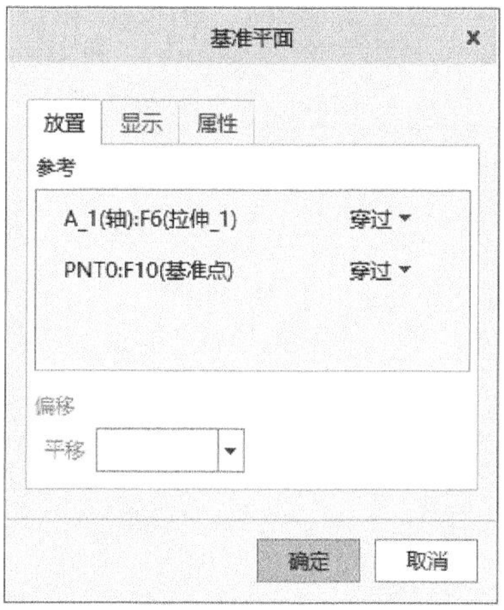

基准平面
放置　显示　属性
参考
A_1(轴):F6(拉伸_1)　穿过
PNT0:F10(基准点)　穿过
偏移
平移
确定　取消

图 9-41　【基准平面】对话框

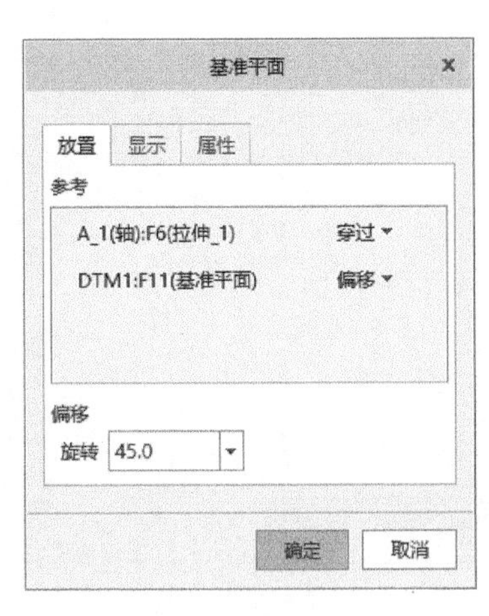

图 9-42 【基准平面】对话框

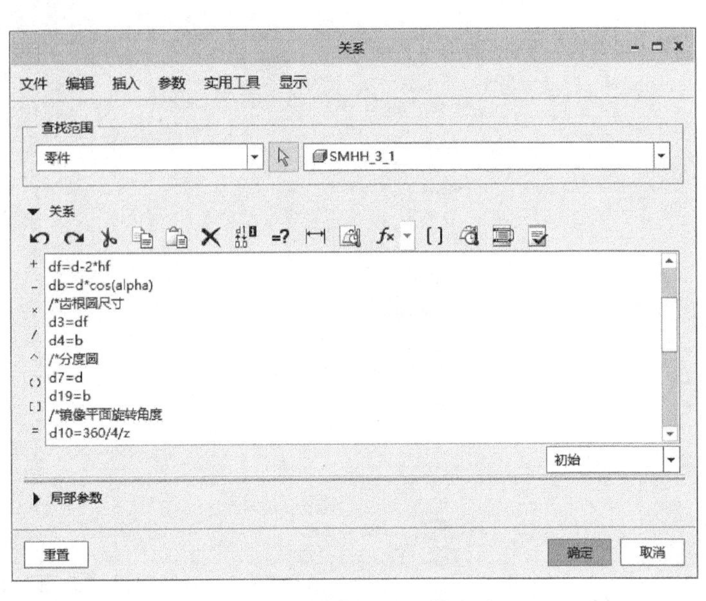

图 9-43 镜像平面旋转角度

7）选择【模型树】中的 曲线 1 即渐开线，或直接在图形区单击拾取。单击【镜像】按钮 镜像，选择基准平面 DTM2 作为镜像平面，单击【确认】按钮，完成【镜像】操作。效果如图 9-45 所示。

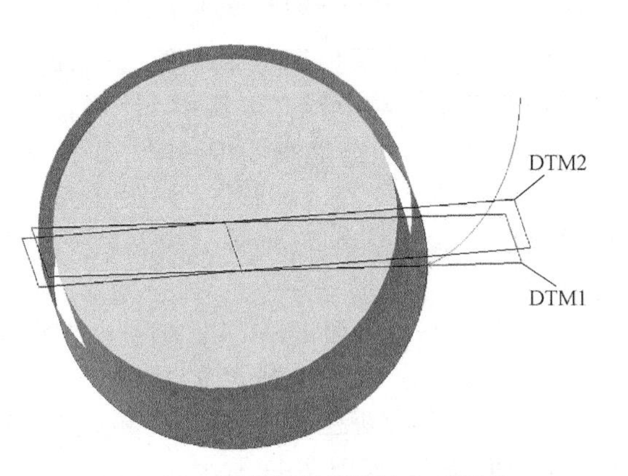

图 9-44 基准平面 DTM1 与 DTM2

7. 创建扫描混合轨迹线

1）以 RIGHT 面为草绘平面，创建如图 9-46所示的草绘。单击【确认】按钮，完成轨迹线草图绘制，并将该直线与中心轴线的角度“关系”定义为“beta”。如图 9-47 所示。

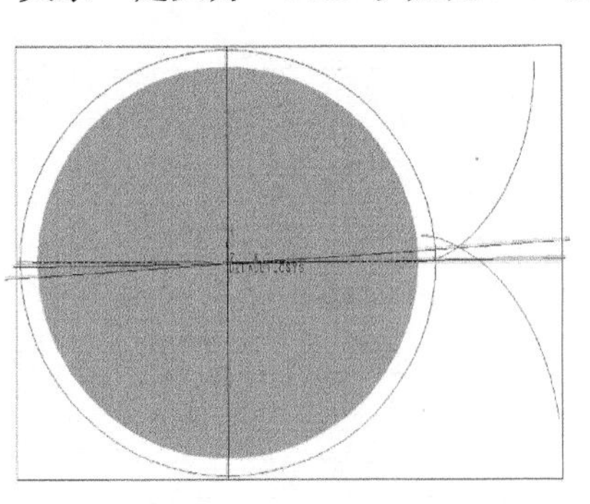

图 9-45 镜像渐开线

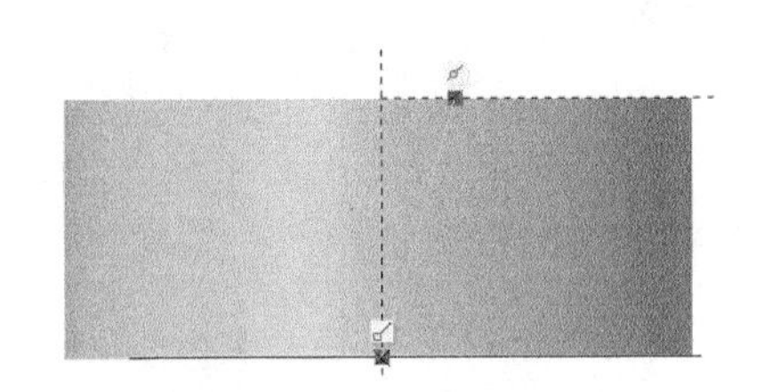

图 9-46 轨迹线草图

2）从【模型树】中选择上一步操作中的草绘 草绘 3，单击【投影】按钮 投影，选择分度圆曲面作为投影曲面，单击【确认】按钮，完成投影操作，得到扫描混合轨迹线。如图 9-48 所示。

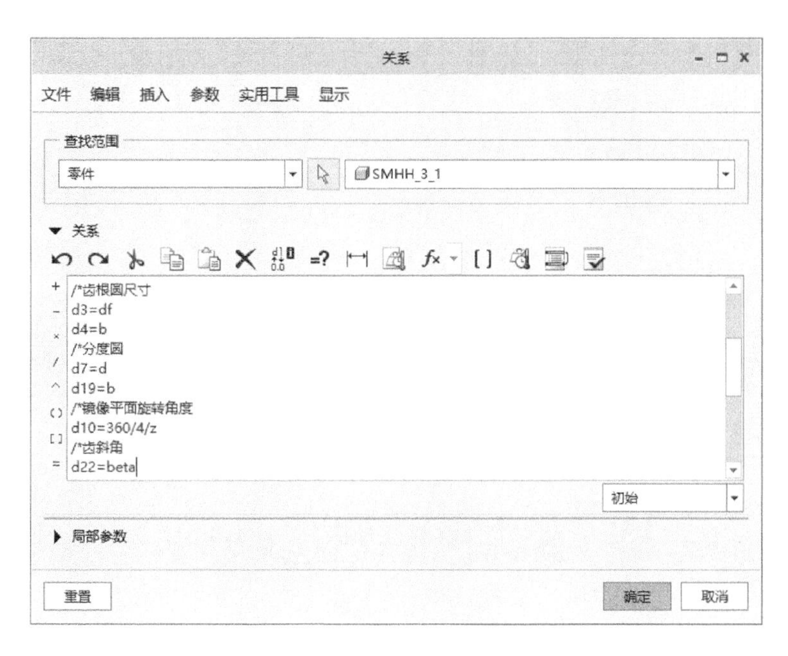

图 9-47　齿斜角

8. 创建齿廓线

1）以 FRONT 平面作为草绘平面，绘制如图 9-49 所示的齿廓草绘。

其中，最内侧圆弧为齿根圆部分投影所得，最外侧圆弧为部分齿顶圆，两侧齿廓为两条渐开线的部分投影，另外，两个圆角为齿根圆角，其半径相等。注意，在使用【删除段】命令裁切多余部分图元的时候，必须把不需要的部分裁切干净，只剩下齿廓线的封闭区域。读者可以按下【突出显示开放端】按钮辅助检查。

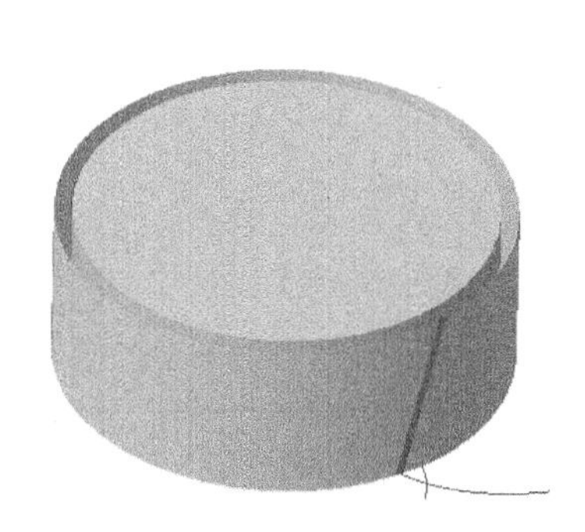

图 9-48　扫描混合轨迹线

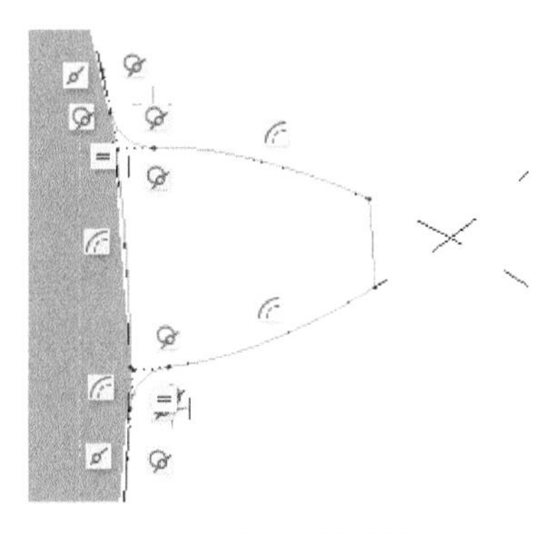

图 9-49　齿廓草绘

2）单击【确认】按钮，完成草绘。并将齿根圆角半径和齿顶圆弧半径的关系式分别键入到【关系】窗口，其关系式分别为：

```
if h>=1
d24=0.38*mn
endif
if h<1
```

d24 = 0.46 * mn

endif

与

d25 = da/2

如图 9-50 所示。

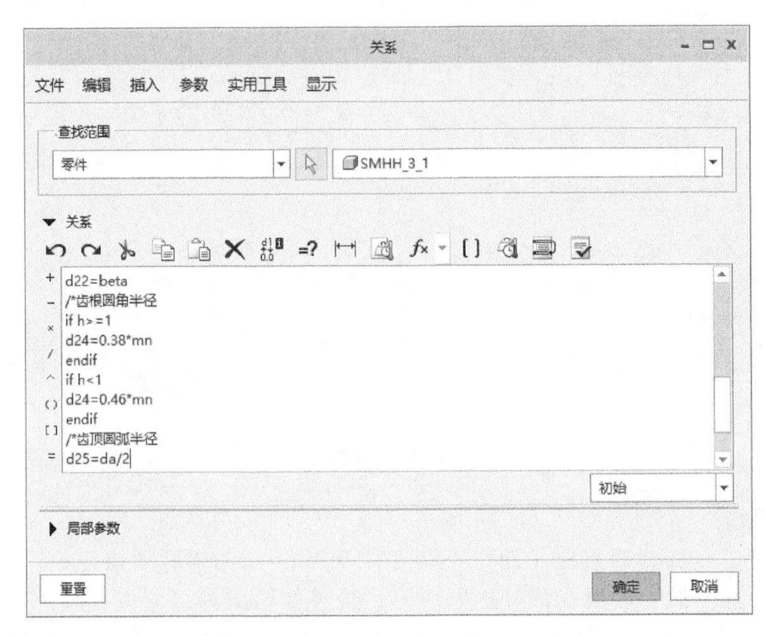

图 9-50 齿根圆角半径与齿顶圆弧半径

3）单击【确定】按钮，完成关系式键入，并单击【重新生成】按钮，得到最终的齿廓线。

9. 复制齿廓线

1）从【模型树】中选择上一步操作中的齿廓线草绘 草绘 4，或者直接在图形区中拾取。单击【模型】选项卡下【操作】面板中的复制按钮 复制。

2）打开【粘贴】按钮 粘贴 的下拉菜单，单击【选择性粘贴】选项，如图 9-51 所示，弹出如图 9-52 所示的【选择性粘贴】对话框。

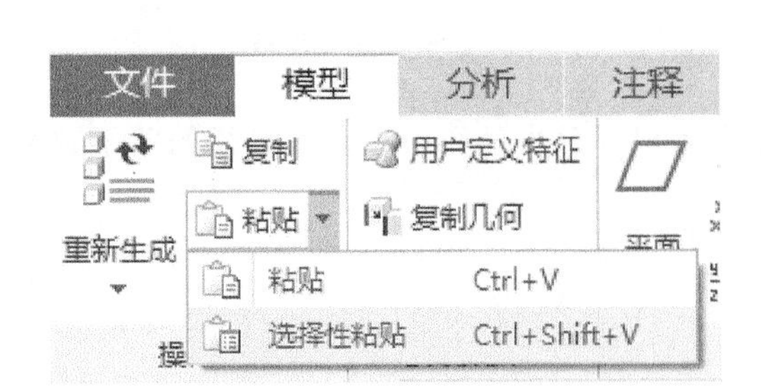

图 9-51 【选择性粘贴】

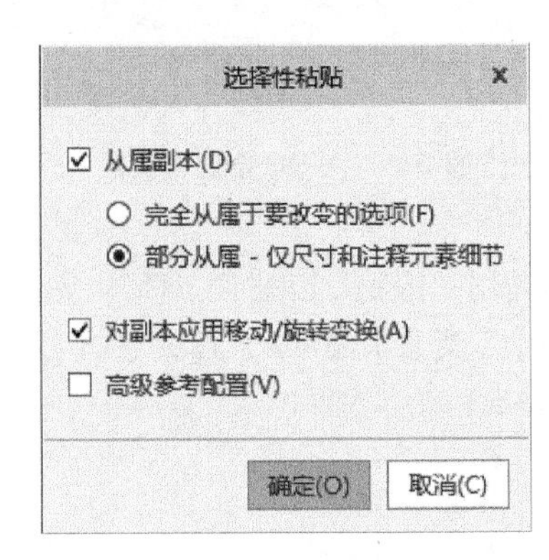

图 9-52 【选择性粘贴】对话框

3）选中【从属副本】复选框下的【部分从属】选项和【对副本应用移动/旋转变换】复选框。单击【确定】按钮，进入如图 9-53 所示【移动（复制）】操作面板。

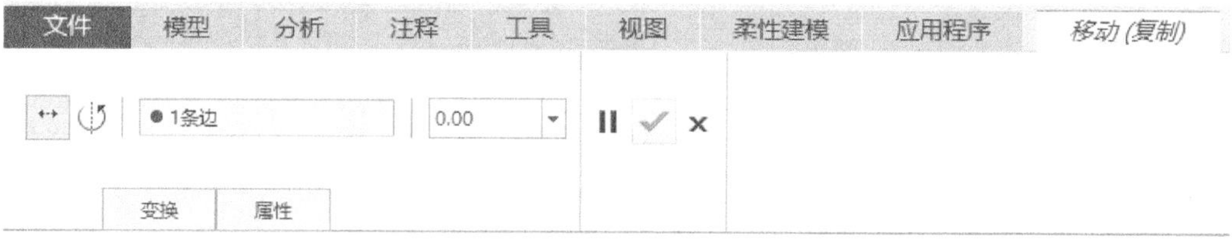

图 9-53　【移动（复制）】操作面板

单击选择齿根圆中心轴线作为移动参考，按下【沿选定参考平移特征】按钮，输入平移距离为“b”（齿宽），按下<Enter>键，弹出如图 9-54 提示框，单击【是（Y）】。此时即完成了平移操作，若方向不对，可以将平移距离输入为“-b”。此时不要关闭【移动（复制）】操作面板，单击【变换】按钮，打开【变换】下滑面板，单击【新移动】，同样地，单击选择齿根圆中心轴线作为移动参考，按下【相对选定参考旋转特征】按钮，输入旋转角度为“asin（2*b*tan（beta/d））”，按下<Enter>键，在弹出的提示框中单击【是（Y）】按钮，此时便完成了一个齿上两端的齿廓的创建。如图 9-55 所示。

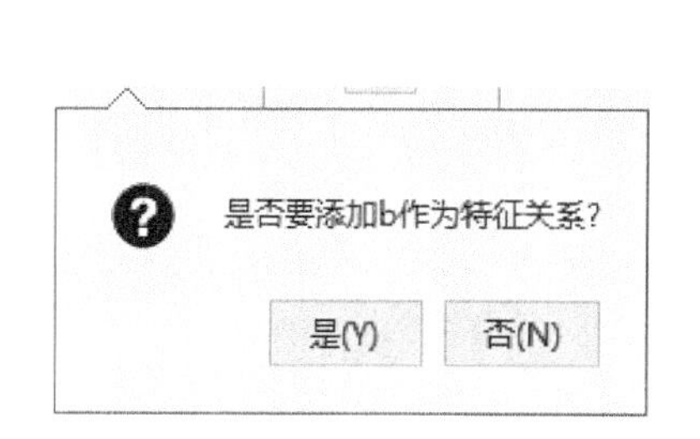

图 9-54　提示框

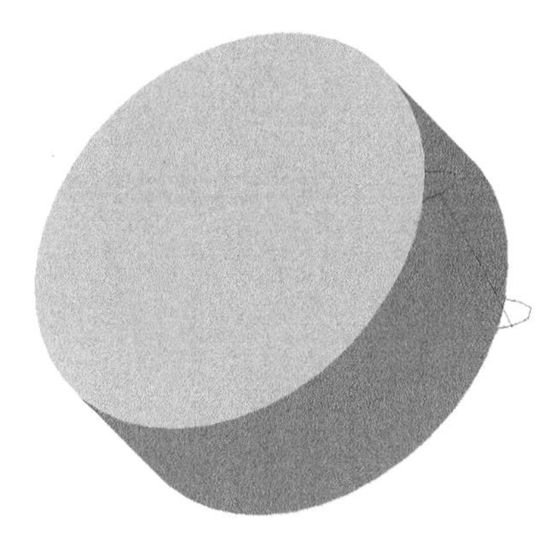

图 9-55　复制得到的齿廓

10. 创建第一个轮齿

1）单击【扫描混合】按钮，按下【创建一个实体】按钮，选定前面操作中得到的扫描混合轨迹线，并依次添加两个齿廓线作为扫描混合截面 1 和截面 2。

2）单击【确认】按钮，完成第一个轮齿的创建。效果如图 9-56 所示。

图 9-56　第一个轮齿的创建

11. 阵列轮齿

1）从【模型树】中或者图形区单击选择上一操作中所得到轮齿。单击【阵列】按钮，打开【阵列】操作面板，选择阵列方式为【轴】，选择齿根圆中心轴线作为参考轴。

2）单击【确认】按钮，完成阵列。

3）由于前面的操作中，没有指定阵列成员数与阵列角度，因此需要在【关系】窗口中写入如下“关系”：

d37 = 360/z

p40 = z

其中“d37”为阵列角度，“p40”为阵列成员数。用户需要根据自己的模型找到相应的尺寸名。单击【确定】按钮，完成关系式键入，单击【重新生成】按钮，得到如图 9-57 所示的效果。

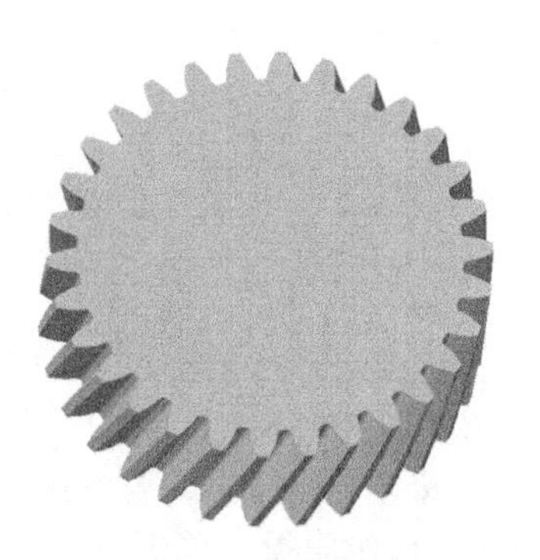

图 9-57　阵列效果图

12. 创建修饰特征

1）以 FRONT 平面为草绘平面，绘制如图 9-58 所示的草绘截面。

2）单击【确认】按钮，完成草绘。

3）单击【拉伸】按钮，按下【拉伸为实体】按钮，输入【拉伸深度】为“10”，然后单击【确认】按钮，完成拉伸操作。效果如图 9-59 所示。

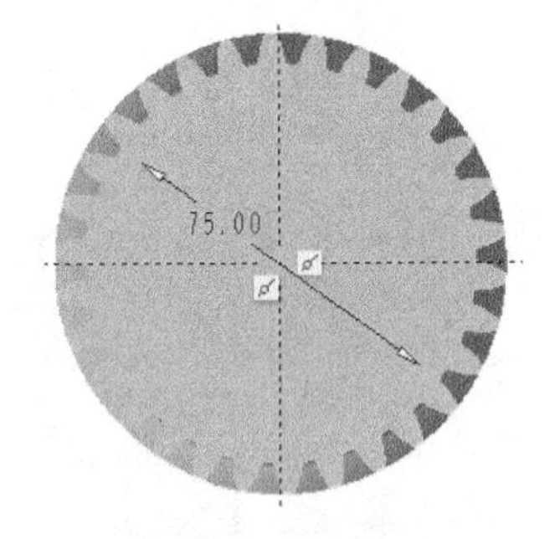

图 9-58　草绘截面

图 9-59　拉伸效果

4）单击【平面】按钮，弹出【基准平面】对话框，按住<ctrl>键同时选取齿轮的上下两个表面，并将【参考】形式分别设置为“中间平面”和“平行”，单击【确定】按钮，此时便成功地创建了两面的中间平面 DTM3（基准平面）。如图 9-60 所示。

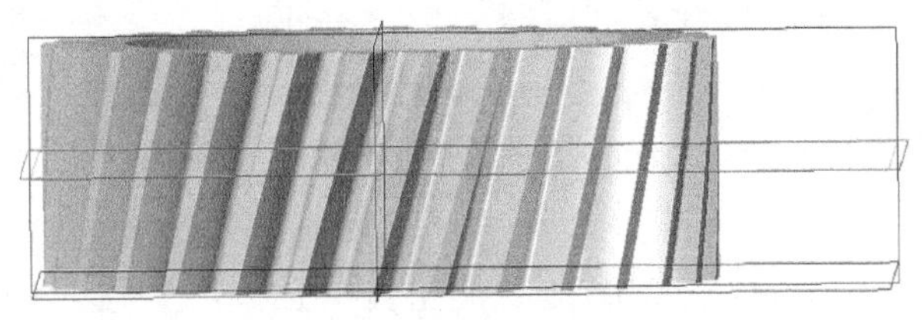

图 9-60　创建中间平面 DTM3

5）以基准平面 DTM3 为镜像平面，对第 3）步中的拉伸特征进行镜像操作。

6）以基准平面 DTM3 为草绘平面，绘制如图 9-61 所示的草绘截面。

7）单击【拉伸】按钮，按下【拉伸为实体】按钮，并设置拉伸形式为【对称拉伸】，输入【拉伸深度】为“25”，然后单击【确认】按钮，完成拉伸操作。如图

9-62 所示。

8）以第 7）步操作中得到的特征的端面（如图 9-63 所示平面）为草绘平面，绘制如图 9-64 所示的草绘截面。

9）单击【拉伸】按钮，按下【拉伸为实体】按钮，同时按下【移除材料】按钮，并设置拉伸形式为【拉伸至与所有曲面相交】。拉伸过程中若方向不对，用户可以单击【将拉伸的深度方向更改为草绘的另一侧】按钮进行换向。然后单击【确认】按钮，完成拉伸操作。如图 9-25 所示。

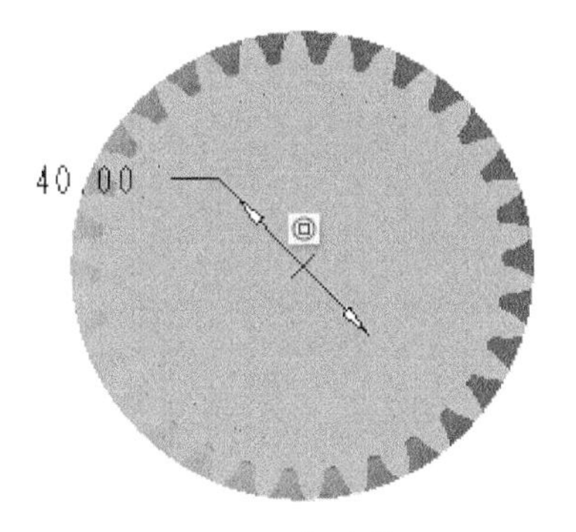

图 9-61　草绘截面

图 9-62　拉伸效果

图 9-63　草绘平面

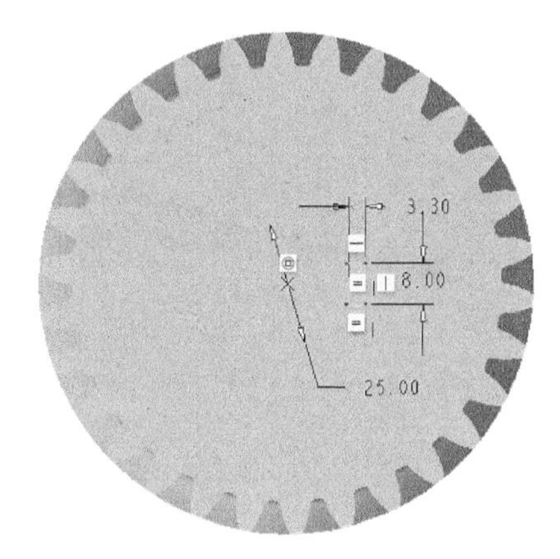

图 9-64　草绘截面

9.5　实　训　题

利用扫描混合命令绘制如图 9-65 所示的把手模型。

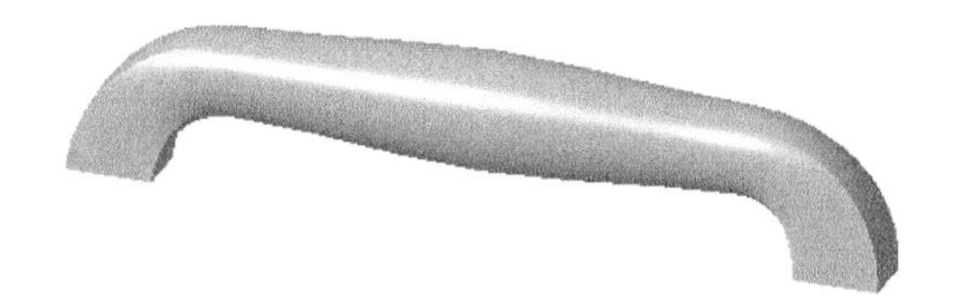

图 9-65　实训题

（1）利用扫描混合命令创建模型一侧

1）绘制如图 9-66 所示的扫描轨迹。

2）分别在轨迹线的三个结点处（包括起始点和终止点）绘制如图 9-67、图 9-68 和图 9-69 所示的扫描截面，注意截面的结点位置。

三个截面相对位置如图 9-70 所示。

3）指定断面类型为【垂直】。完成扫描混合，如图 9-71 所示。

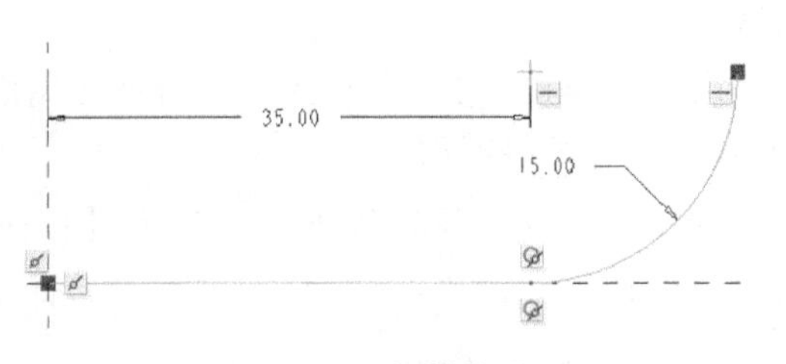

图 9-66　扫描轨迹

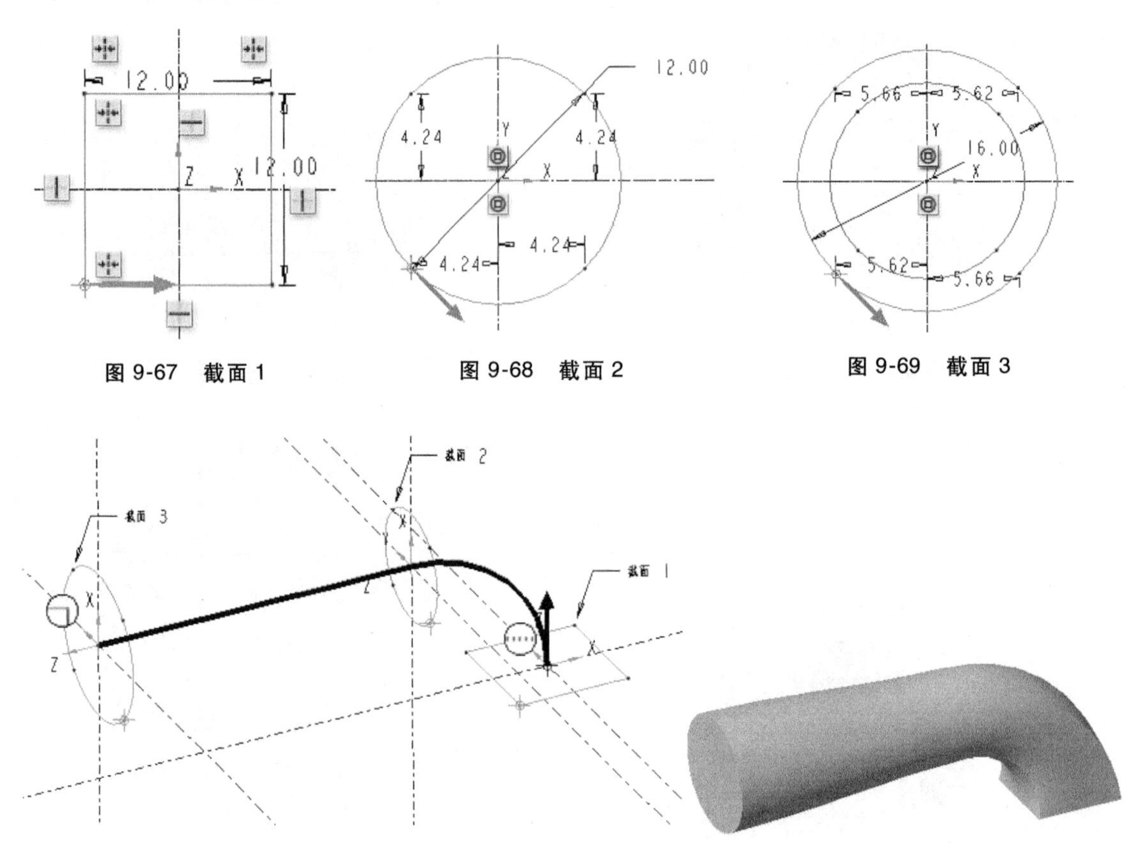

图 9-67　截面 1

图 9-68　截面 2

图 9-69　截面 3

图 9-70　三个截面相对位置

图 9-71　扫描混合

（2）利用【镜像】命令，对模型进行镜像最终得到如图 9-65 所示的把手模型。

第 10 章

曲面类零件的建模

10.1　曲面生成命令简介

Creo 4.0 系统在模型控制面板中提供了许多曲面功能按钮来进行曲面特征的创建和编辑，创建曲面特征的方法可分为：直接创建和间接创建。

直接创建是用【拉伸】、【旋转】、【扫描】、【扫描混合】、【混合】、【旋转混合】功能面板中的【创建曲面】工具按钮实现，这种方法创建的曲面称为规则曲面。

间接创建主要是通过【填充】、【边界混合】等工具按钮实现，是从曲线开始创建曲面，而曲线可以由基准点来创建，可创建非常复杂的曲面特征，也称为自由曲面。用曲面创建复杂零件的主要过程如下：

1）创建数个单独的曲面。

2）对曲面进行修剪、合并、偏移等操作。

3）将单独的各个曲面合并为一个整体的面组。

4）将曲面（面组）变成实体零件。

1. 一般曲面的创建

在 Creo 4.0 中，有两种创建曲面特征的方法：直接创建和间接创建。直接创建是用拉伸、旋转、扫描等方法创建曲面特征，这种方法很难得到复杂的曲面。间接创建是从曲线开始创建曲面，而曲线可以由基准点来创建，因此具有很大的灵活性，可创建非常复杂的曲面特征。

（1）创建拉伸曲面　拉伸曲面是在完成二维截面的草图绘制后，垂直此截面“长出”曲面，其过程如图 10-1 所示。创建方式同拉伸实体一样，注意按下【创建曲面】按钮。此外在【拉伸】特征面板中单击【选项】按钮，在【选项】下滑面板中选中【封闭端】，即完成封闭拉伸曲面创建。

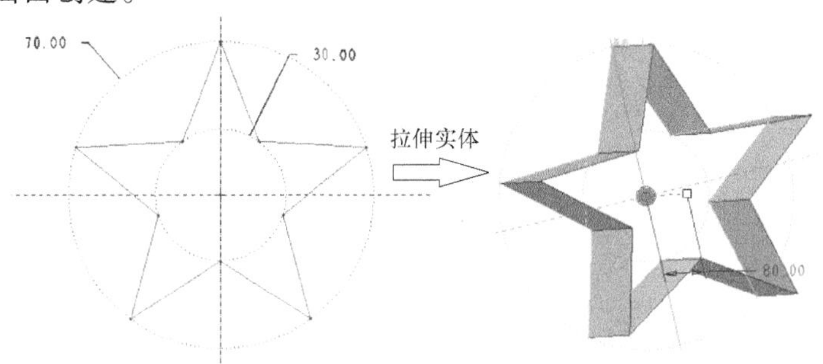

图 10-1　拉伸曲面创建

（2）创建旋转曲面　旋转曲面是将二维截面绕着一条中心线旋转，创建一个曲面，其过程如图 10-2 所示。创建方式同旋转实体一样，注意按下【创建曲面】按钮。

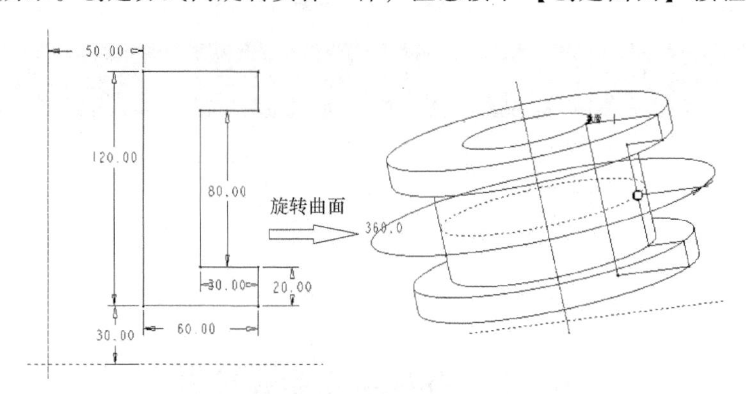

图 10-2　旋转曲面创建

（3）创建平面曲面　用【填充】命令来创建平面曲面。曲面的填充是以一个基准平面或零件上的平面作为草绘平面，绘制封闭的线条后，再使用【填充】命令将封闭线条的内部填入材料，产生一个平面形的填充曲面。其过程如图 10-3 所示。先草绘截面，再单击工具按钮 填充 即可。

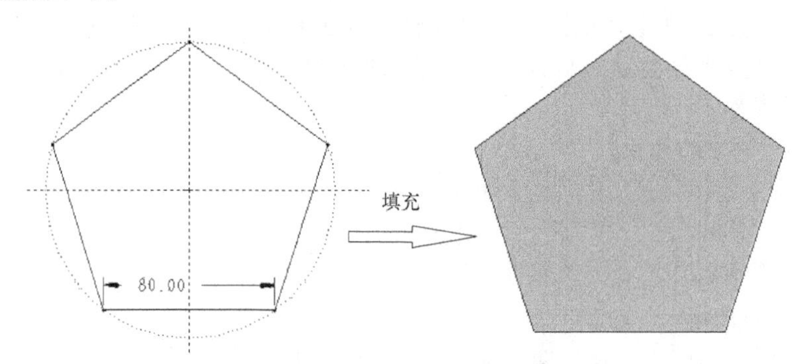

图 10-3　平面曲面创建

（4）创建混合曲面　所谓边界混合就是参考若干曲线或点（它们在一个或两个方向上定义曲面）来创建混合曲面，在每个方向上选定第一个和最后一个图元来定义曲面的边界。若添加更多的参考图元，如控制点和边界，则能更精确地定义曲面形状。选取参考图元的规则如下：

1）模型边、基准点、曲线或边的端点可作为参考图元使用。

2）在每个方向上，都必须按连续的顺序选择参考图元。

3）对于在两个方向上定义的混合曲面来说，其外部边界必须形成一个封闭的环，这意味着外部边界必须相交。

下面通过创建手机盖的实例来介绍边界混合创建自由曲面的操作过程。

1）创建基准曲线。草绘并镜像样条曲线，创建如图 10-4 所示的基准曲线一，单击【确认】按钮 。

2）创建基准平面 DTM1，使其平行于 RIGHT 平面并且通过基准曲线一的顶点，如图 10-5 所示。

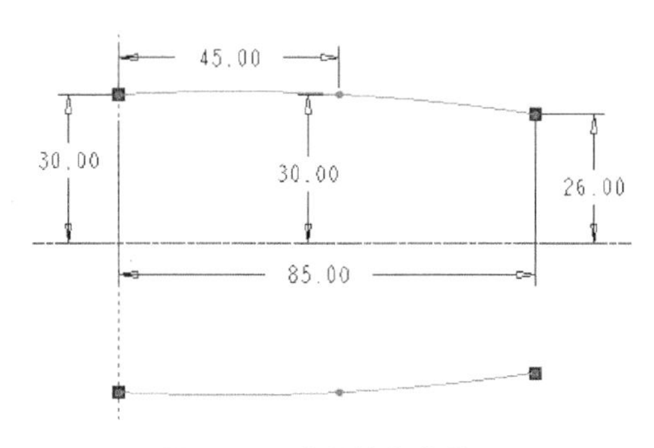

图 10-4　绘制基准曲线一

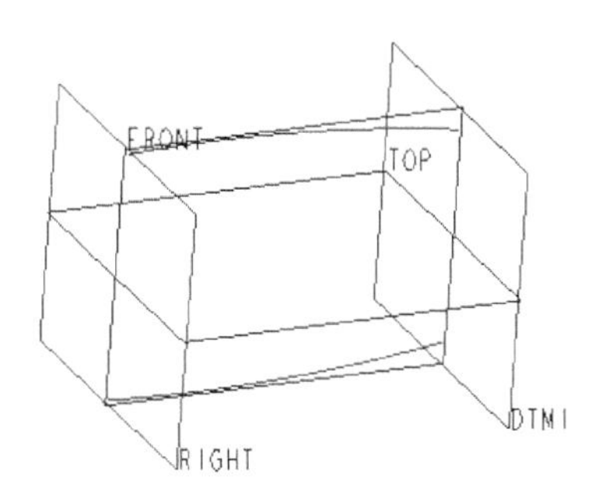

图 10-5　创建基准平面

3）单击【模型】选项卡中的【草绘】按钮，选取 DTM1 作为草绘平面，单击【草绘】按钮，进入二维草绘模式。绘制如图 10-6 所示的基准曲线二，草绘过程中可以先在基准线上添加一个构造点 点 。注意：这里用的是构造点而不是几何点，然后以这个点为圆心作圆，最后绘制水平相切直线。单击【确认】按钮 。

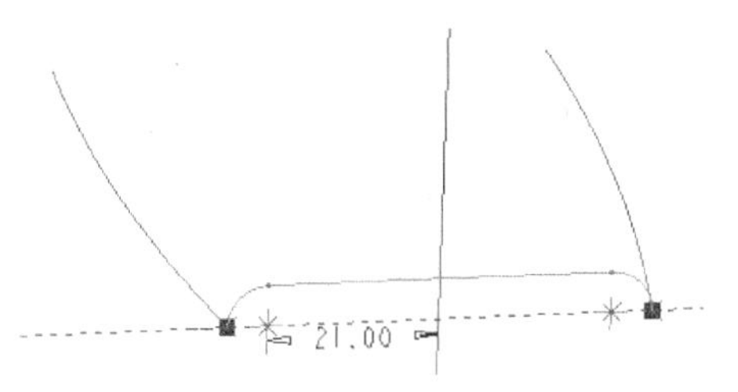

图 10-6　绘制基准曲线二

4）在 FRONT 面上绘制如图 10-7 所示的基准曲线三。草绘过程中可以选择基准曲线一作为参考，然后用样条曲线和直线来绘制基准曲线，为了美观，需要添加相切约束。单击【确认】按钮 。

5）在 RIGHT 面上绘制如图 10-8 所示的基准曲线四，可参考基准曲线二的绘制方法。

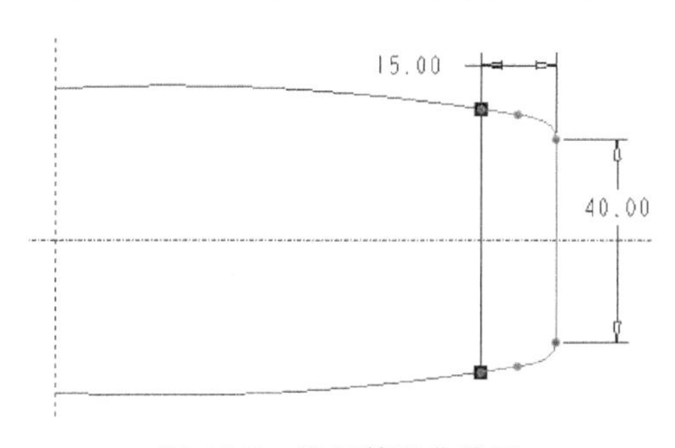

图 10-7　绘制基准曲线三

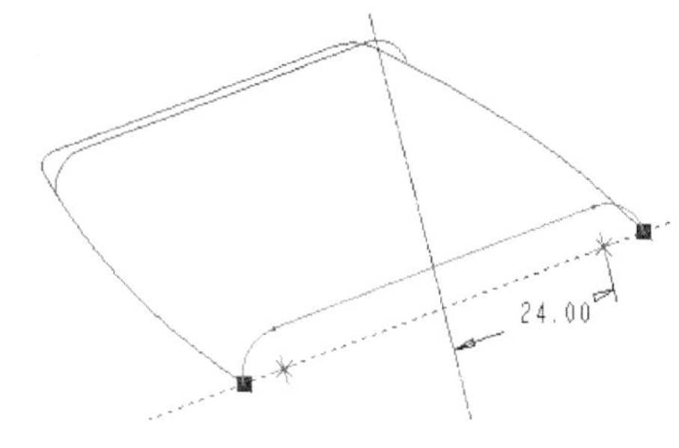

图 10-8　绘制基准曲线四

6）创建边界曲面一。单击【模型】选项卡中【曲面】面板中的工具按钮，在界面顶部弹出【边界混合】特征面板，如图 10-9 所示。

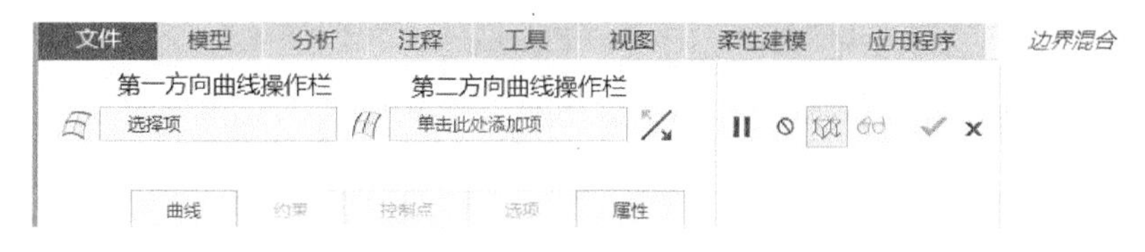

图 10-9　【边界混合】特征面板

单击【第一方向曲线操作栏】，按住<Ctrl>键选择第一方向的两条曲线；单击特征面板中【第二方向曲线操作栏】下的【单击此处添加项】，按住<Ctrl>键，选择第二方向的两条曲线。选取边界线如图 10-10 所示。单击【确定】按钮，完成边界曲面一的创建。如图 10-11 所示。

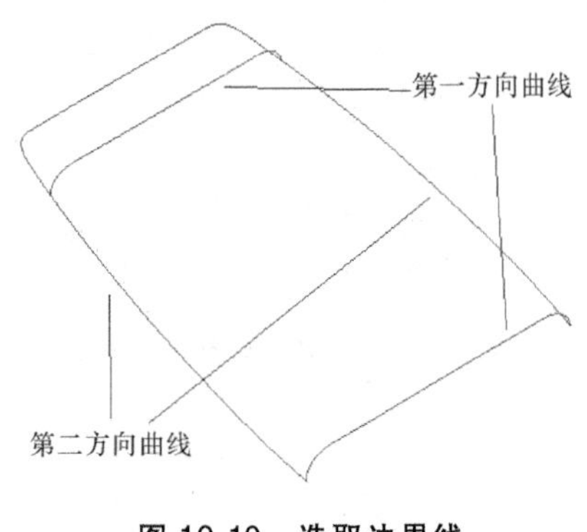

图 10-10 选取边界线

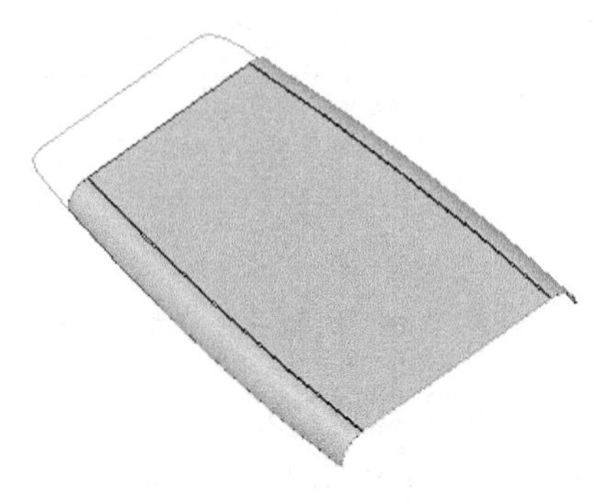

图 10-11 边界曲面一

7）创建边界曲面二。参照边界曲面一的创建方法创建边界曲面二，结果如图 10-12 所示。

混合曲面、扫描混合曲面、扫描曲面的创建方法与其对应所创建实体的方法相同，操作时只需注意在各自特征面板中把【生成实体】按钮改为【生成曲面】按钮即可。

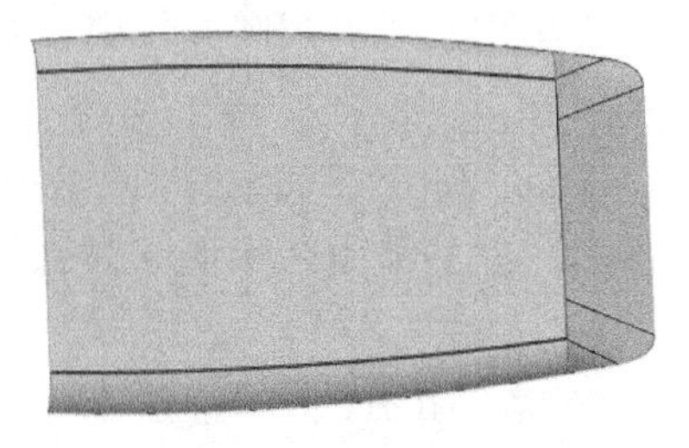

图 10-12 边界曲面二

2. 曲面的编辑

1）曲面的平移或旋转。选取曲面后单击【复制】工具按钮，再在【粘贴】下拉菜单中选择【选择性粘贴】工具按钮，在界面顶部弹出【移动（复制）】特征面板，如图 10-13 所示。设置平移或旋转的方向：平移曲面时，必须指定平移方向，而旋转曲面时，必须指定旋转参考轴。平移或旋转的方向为沿着或绕着基准平面或零件上平面的法线方向，如直的曲线、边或轴线，坐标系的轴线等。

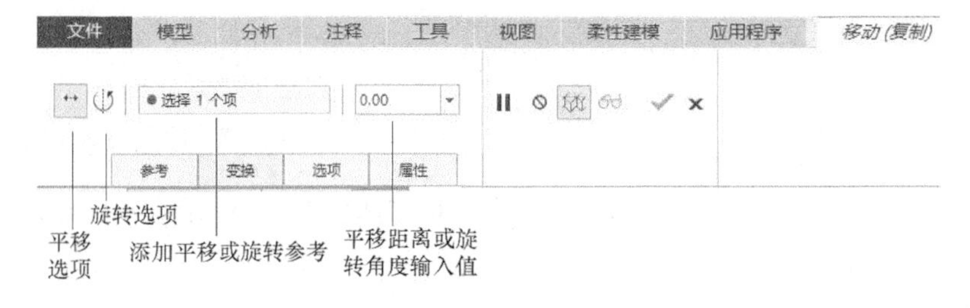

图 10-13 【移动（复制）】特征面板

2）曲面的镜像。单击工具按钮 镜像，选取一个基准平面或零件上的平面作为镜像平面，同实体镜像操作方法相同。

3）曲面的合并。【合并】工具按钮 合并 用以将两个曲面合并，并移除多余部分，【合并】特征面板如图 10-14 所示。例如，平面与圆柱曲面相交，将其合并，操作过程如图 10-15 所示。

图 10-14　【合并】特征面板

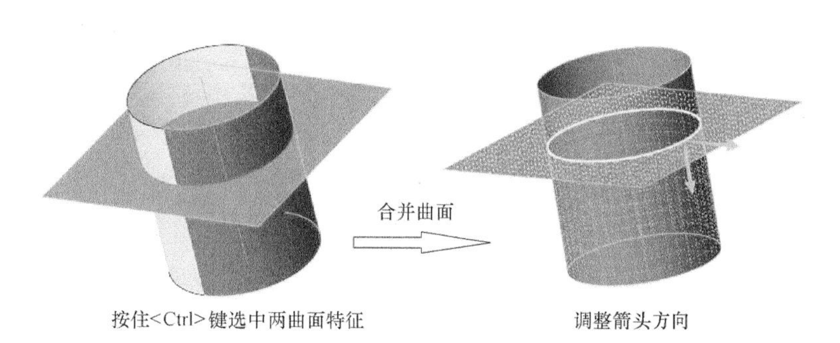

图 10-15　合并曲面

4）曲面的修剪。【修剪】工具按钮 修剪 的功能是利用一个修剪工具（可为曲线、平面或曲面）来修剪一个现有的曲面或曲线，【修剪】特征面板如图 10-16 所示。平面与圆柱曲面修剪过程如图 10-17 所示。

图 10-16　【修剪】特征面板

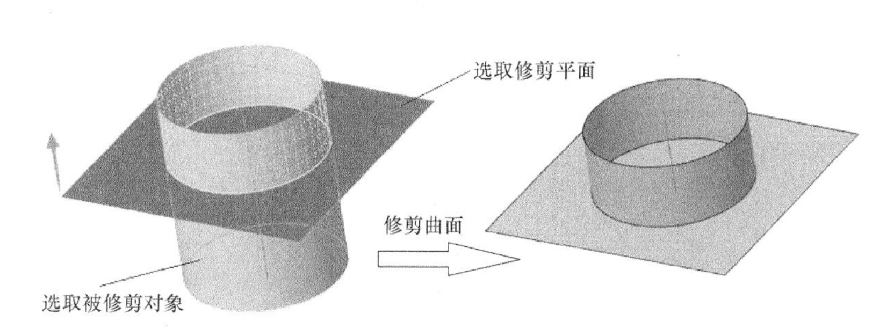

图 10-17　修剪曲面

5）曲面的延伸。【延伸】工具按钮 延伸 的功能是将曲面沿着边界线作延伸，【延伸】特征面板如图 10-18 所示。曲面沿原始曲面延伸如图 10-19 所示；曲面延伸至参考平面，如图 10-20 所示。

图 10-18 【延伸】特征面板

6）曲面的偏移。【偏移】工具按钮 偏移 的功能是将曲面或线条偏移某个距离，以产生一个新的曲面或一条新型的曲线，其选项包括：【曲面偏移】、【曲面延展】、【曲面延展并拔模】、【沿着参照曲面偏移线条】、【垂直参照曲面偏移曲线】。【偏移】特征面板如图 10-21 所示，曲面偏移过程如图 10-22 所示

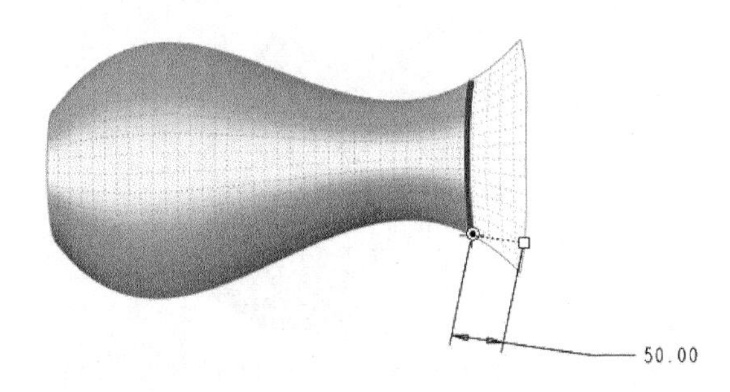

图 10-19 曲面沿原始曲面延伸

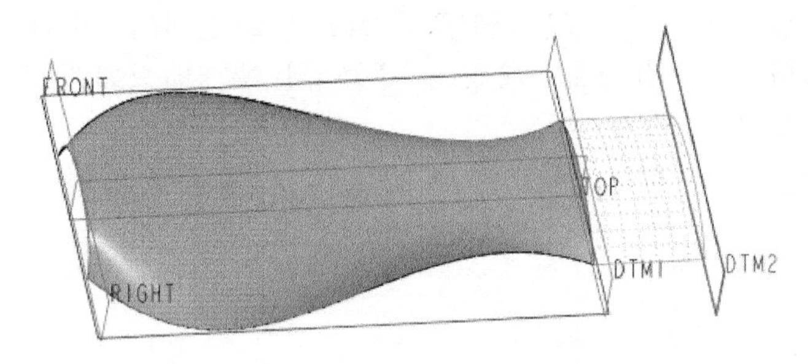

图 10-20 曲面延伸至参考平面

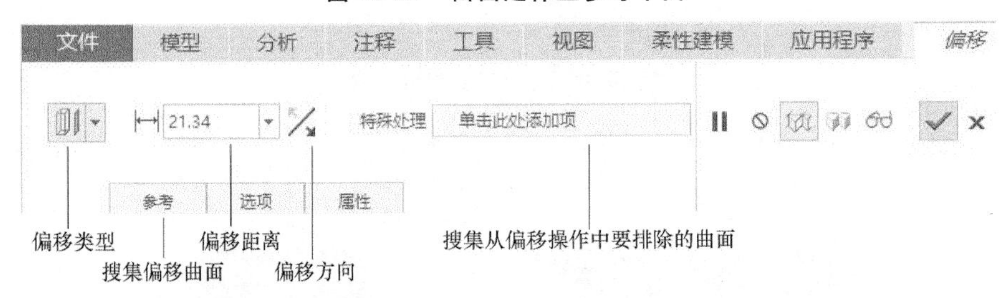

图 10-21 【偏移】特征面板

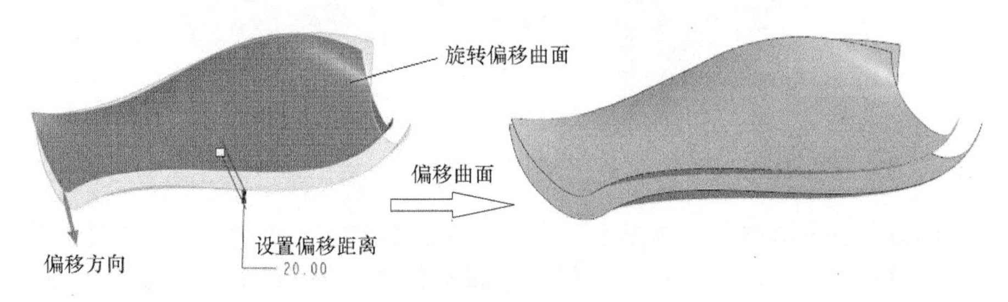

图 10-22 偏移曲面

7）曲面加厚。【加厚】工具按钮 加厚 用以将一个曲面偏移某个厚度，生成薄壳实体。

8）实体化。【实体化】工具按钮 实体化 用以将曲面填入实体材料，用曲面切削部分实体或用曲面取代部分实体面。

10.2　螺杆的建模

螺杆实物如图 10-23 所示。通过本例熟悉边界混合创建曲面的方法。

建模过程

1. 新建一个文件

新建一个名为“luogan”的文件。

2. 草绘花瓣截面

1）单击功能区【基准】面板中的【草绘】工具按钮，选取基准平面 TOP 为草绘平面，基准平面 RIGHT 为参考平面，方向为“右”，进入草绘模式。

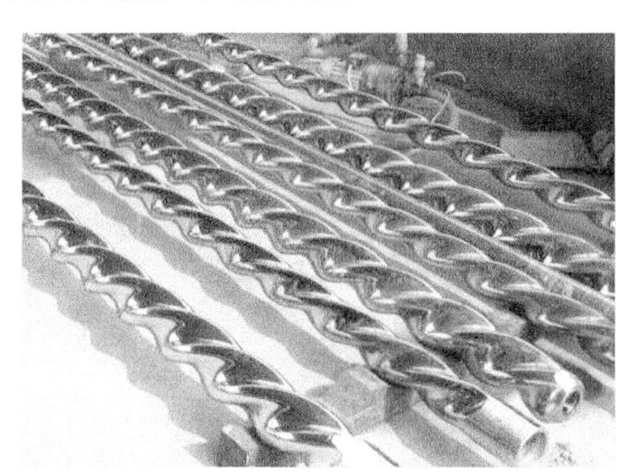

图 10-23　螺杆实物

2）调用正五边形。单击功能区【草绘】面板中的【选项板】按钮，弹出【草绘器选项板】对话框，选中【多边形】列表框中的 五边形，按住鼠标左键将其拖拽至图形区空白区域，在界面顶部弹出【导入截面】特征面板，设置边长为“60”，其余设置默认。关闭对话框，单击功能面板中的【确认】按钮，返回草绘模式。

3）调整正五边形位置并设置为构造线。单击功能区【约束】面板中的工具按钮 重合，选中正五边形中心，单击竖直中心线，再选中正五边形中心，单击水平中心线，将正五边形中心移动至坐标轴原点，如图 10-24 所示。按住<Ctrl>键，依次选中正五边形的五条边，弹出快捷工具栏，如图 10-25 所示，单击其中的【切换构造】工具按钮，正五边形变为虚线。

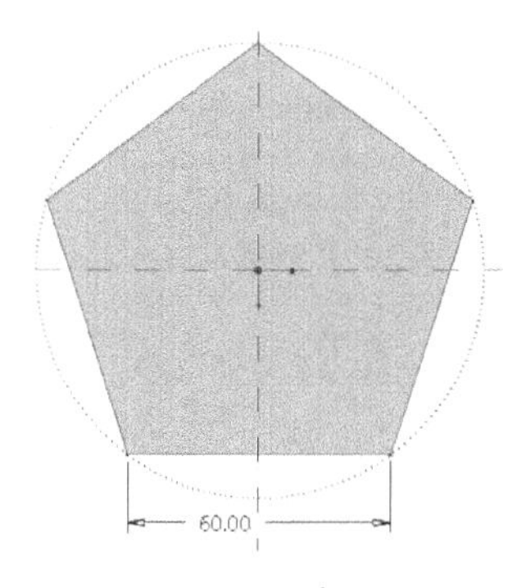

图 10-24　正五边形

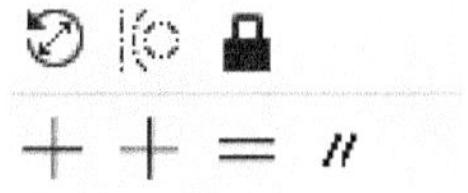

图 10-25　快捷工具栏

4）单击功能区【草绘】面板中的工具按钮 圆，分别在正五边形的五个顶点处绘制直径为“45”的圆。单击功能区【草绘】面板中的工具按钮 圆角，再分别单击相邻两圆，绘制五条倒圆角圆弧。单击功能区【约束】面板中的工具按钮 相等，按住<Ctrl>键依次选中五条倒圆角圆弧，使其半径一致，设置圆弧半径为“25”。单击功能区【编辑】面板中的工具按钮 删除段，对多余线段进行删除，草绘花瓣截面如图 10-26 所示。

5）单击功能区【关闭】面板中的【确认】按钮，完成草绘。

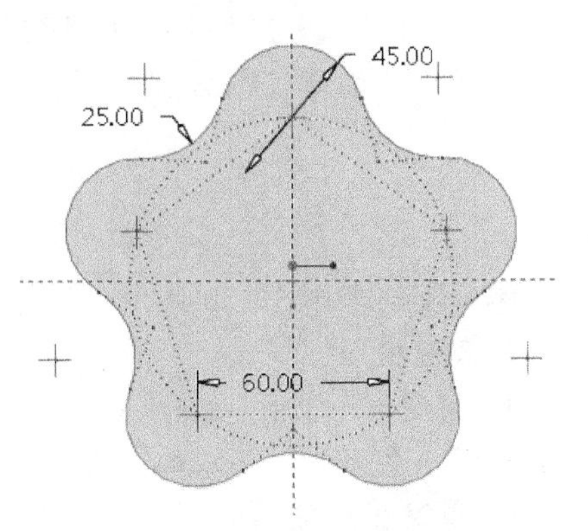

图 10-26 草绘花瓣截面

3. 阵列草绘截面

选中草绘特征，单击功能区【编辑】面板中的【阵列】工具按钮，在界面顶部弹出【阵列】特征面板。阵列方式选择为【方向】，选取坐标轴“*Y* 轴”作为阵列方向，阵列个数为“6”，间距为“300”，特征面板设置如图 10-27 所示。单击特征面板中的【确认】按钮，完成截面阵列。

图 10-27 【阵列】特征面板设置

4. 创建螺旋曲面

1）单击功能区【曲面】面板中的【边界混合】工具按钮，在界面顶部弹出【边界混合】特征面板，如图 10-28 所示。

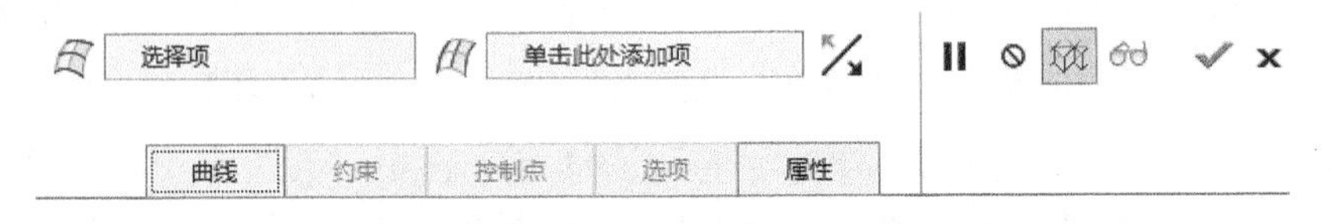

图 10-28 【边界混合】特征面板

2）按住<Ctrl>键，按同一方向依次选中阵列的 6 个截面，得到的连贯曲面如图 10-29 所示。

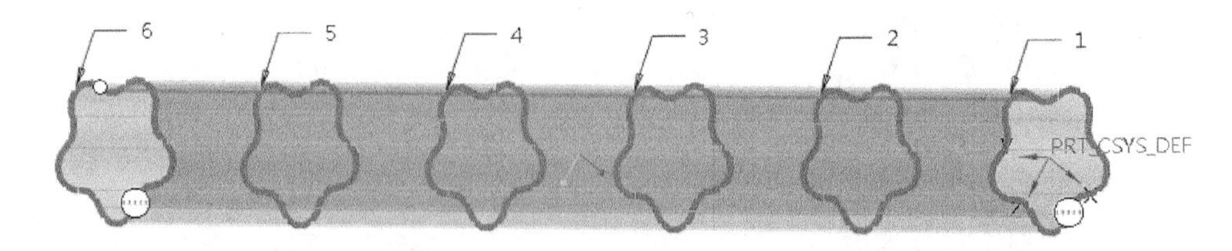

图 10-29 连贯曲面

3）在图形区空白区域长按鼠标右键，弹出如图 10-30 所示的选项组，选择其中的【控制点】。图形一一端截面变得如图 10-31 所示，草绘轮廓中的连接点会突出显示。

4）按螺旋形式依次选点：在图 10-31 中所示右侧的草绘截面上选择一个突显点作为第一个控制点，下一个截面中的连接点将会以突出点显示，第二个控制点选取如图 10-32 所

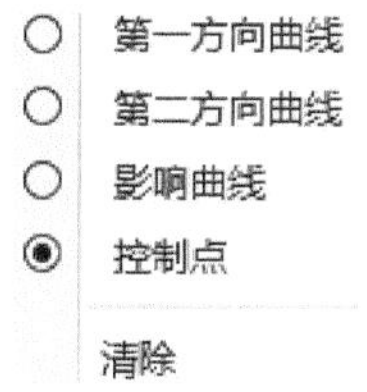

○ 第一方向曲线
○ 第二方向曲线
○ 影响曲线
◉ 控制点
清除

图 10-30　【控制】选项组

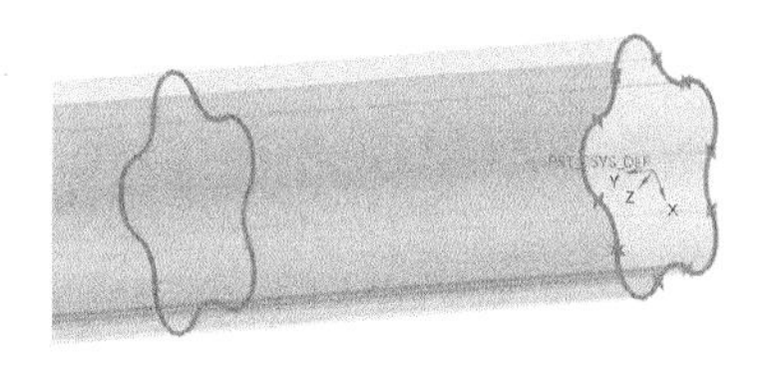

图 10-31　突显连接点

示，按此规律依次选择后续控制点。注意：需要修改上一控制点时，可通过长按鼠标右键，在弹出的【控制】选项组中选取【上一链】/【下一链】进行截面转换。

5）单击特征面板中的【确认】按钮，完成螺旋曲面创建，如图 10-33 所示。

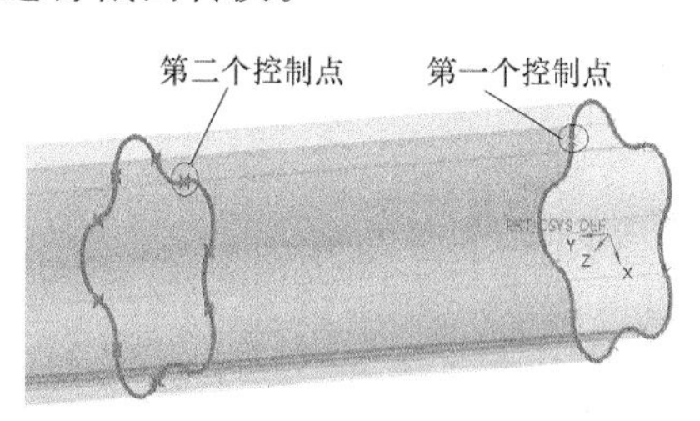

图 10-32　控制点选取

5. 填充端面

单击功能区【曲面】面板中的工具按钮 填充，在界面顶部弹出【填充】特征面板，选择草绘轮廓，单击特征面板中的【确认】按钮，完成填充。注意：【填充】命令对阵列的界面无效。

6. 合并曲面

按住 < Ctrl > 键，选中【模型树】中的

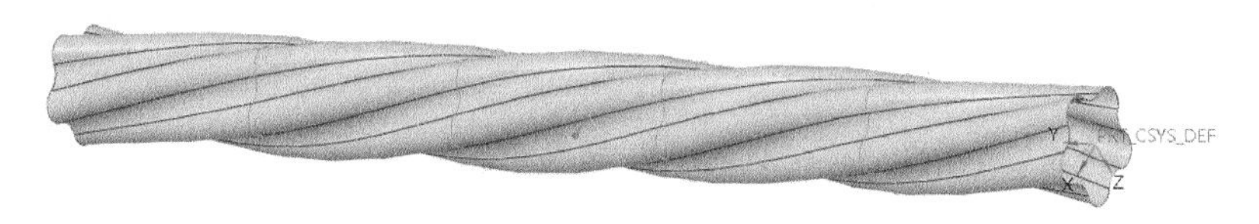

图 10-33　螺旋曲面创建

边界混合 1 和 填充 1，单击功能区【编辑】面板中的工具按钮 合并，在界面顶部弹出【合并】特征面板，单击特征面板中的【确认】按钮，在【模型树】中生成 合并 1。

7. 拉伸平面

通过拉伸创建曲面，将开口的另一端截面进行封口。

1）单击功能区【形状】面板中的【拉伸】工具按钮，进入【拉伸】特征面板。

2）单击【拉伸为曲面】工具按钮，设置为【对称拉伸】，拉伸深度为“200”。单击【放置】按钮，选择基准平面 FRONT 为草绘平面，基准平面 RIGHT 为参考平面，方向为“下”。单击功能区【设置】面板中的工具按钮 参考，选择未封闭端口为参考边，绘制关于中心线对称的长“200”直线，如图 10-34 所示。

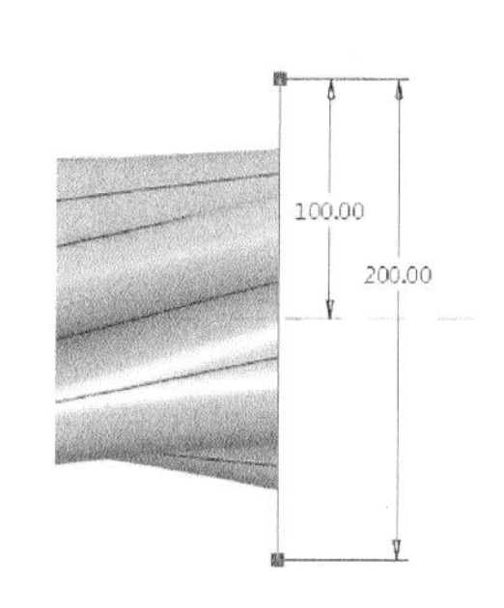

图 10-34　草绘直线

3）单击功能区中的【确认】按钮，完成平面拉伸，如图 10-35 所示。

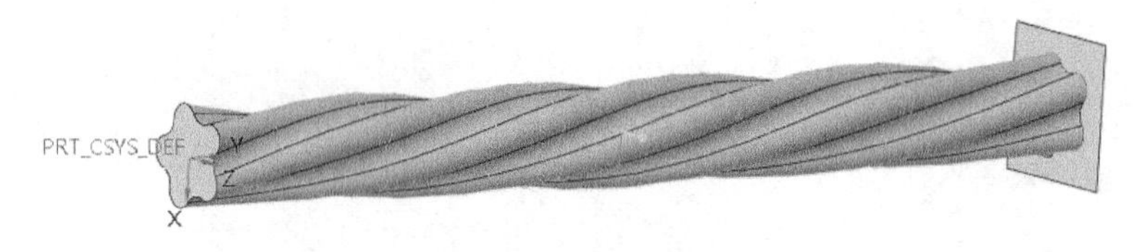

图 10-35 拉伸平面

8. 合并曲面

按住 <Ctrl> 键，选中【模型树】中的 合并 1 和 拉伸 1，单击功能区【编辑】面板中的工具按钮 合并，在界面顶部弹出【合并】特征面板。单击图中箭头方向使其朝内，如图 10-36 所示。单击特征面板中的【确认】按钮，在【模型树】中生成 合并 2，合并曲面后的结果如图 10-37 所示。

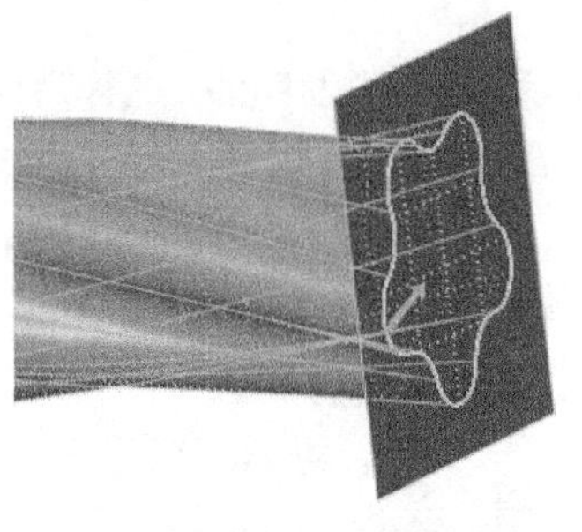

图 10-36 调整方向

9. 创建连接头

1）单击功能区【形状】面板中的【旋转】工具按钮 旋转，在界面顶部弹出【旋转】特征面板。

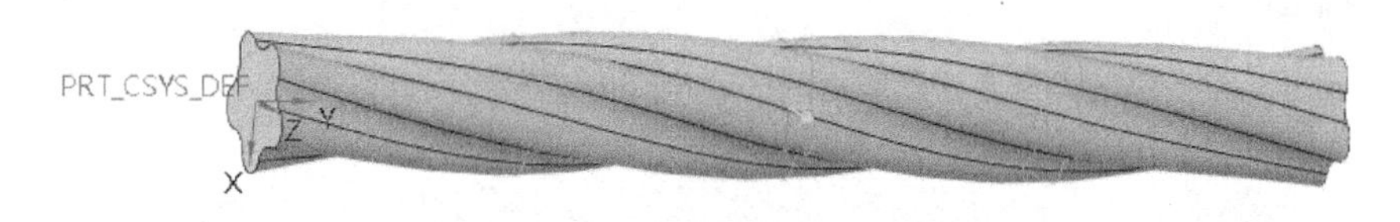

图 10-37 曲面合并

2）单击【拉伸为曲面】工具按钮，其他设置默认。单击【放置】按钮，选择基准平面 FRONT 为草绘平面，基准平面 RIGHT 为参考平面，方向为“下”，进入草绘模式。

3）在靠原点坐标端绘制如图 10-38 所示的草绘截面，单击功能区【基准】工具按钮 中心线，绘制水平旋转轴。

4）单击特征面板中的【确认】按钮，完成连接头创建。

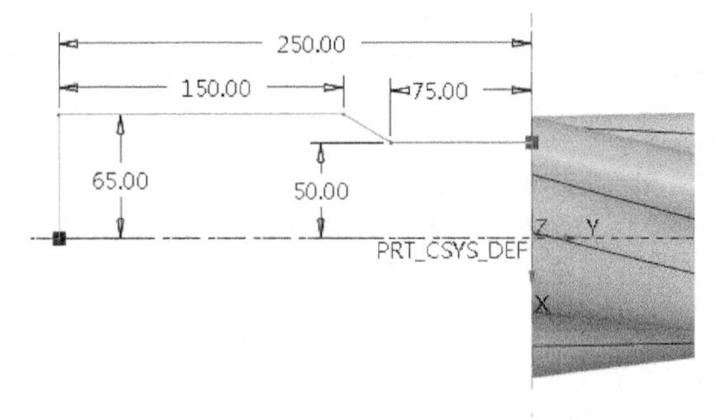

图 10-38 草绘截面

10. 合并曲面

按住 <Ctrl> 键，选中【模型树】中的 合并 2 和 旋转 1，单击功能区【编辑】面板中的工具按钮 合并，在界面顶部弹出【合并】特征面板。单击图中箭头方向使其朝外，如图 10-39 所示。单击特征面板中的【确认】按钮，在【模型树】中生成 合并 3。

11. 曲面实体化

选中【模型树】中的 合并 3，单击功能区【编辑】面板中的工具按钮 实体化，在界面顶部弹出【实体化】特征面板。单击特征面板中的【确认】按钮，完成曲面实体化。

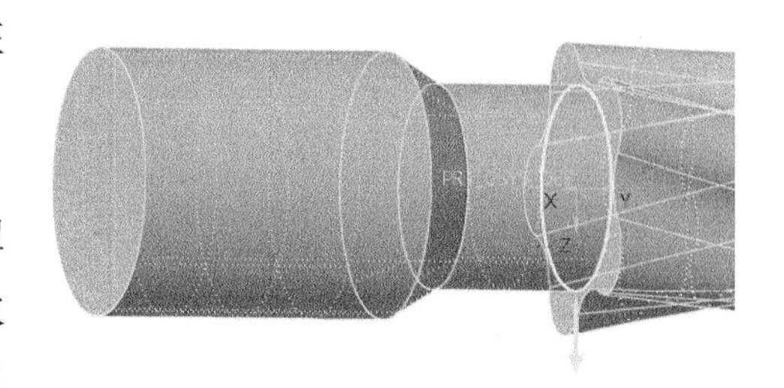
图 10-39 方向设置

12. 绘制沉头孔

1）单击功能区【工程】面板中的工具按钮 孔，在界面顶部弹出【孔】特征面板，依次选中【创建简单孔】按钮和【使用标准孔轮廓】按钮，设置孔径为“60”，方式为穿透，孔为沉头孔，相关设置如图 10-40 所示。

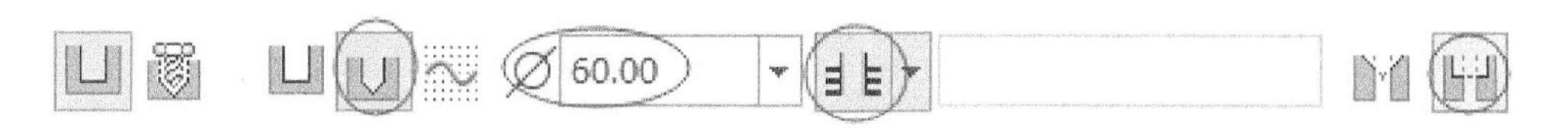

图 10-40 【孔】特征面板设置

2）按住<Ctrl>键，选中连接头端面和中心轴为沉头孔的参考。

3）单击【形状】按钮，在弹出的下滑面板中进行如图 10-41 所示的设置。

4）单击特征面板中的【确认】按钮，完成沉头孔创建，如图 10-42 所示。

13. 倒角

1）单击功能区【工程】面板中的工具按钮 倒角，在界面顶部弹出【边倒角】特征面板，选中螺杆靠近连接柱的端面棱角创建倒角。【边倒角】特征面板设置如图 10-43 所示。

2）单击特征面板中的【确认】按钮，完成边倒角，如图 10-44 所示。

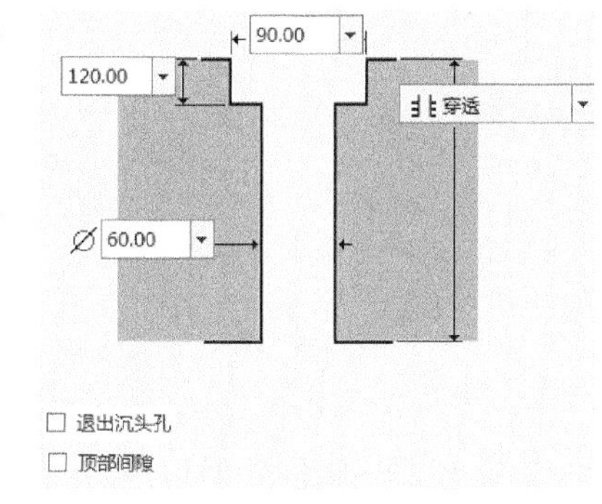

图 10-41 【形状】下滑面板设置

14. 保存模型

保存当前建立的螺杆模型。

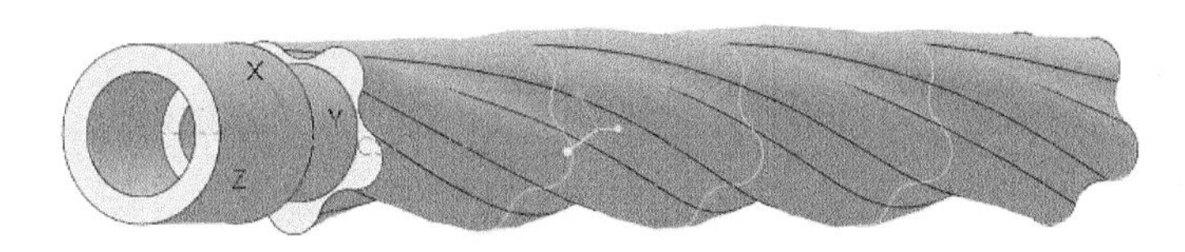
图 10-42 沉头孔创建

图 10-43 【边倒角】特征面板设置

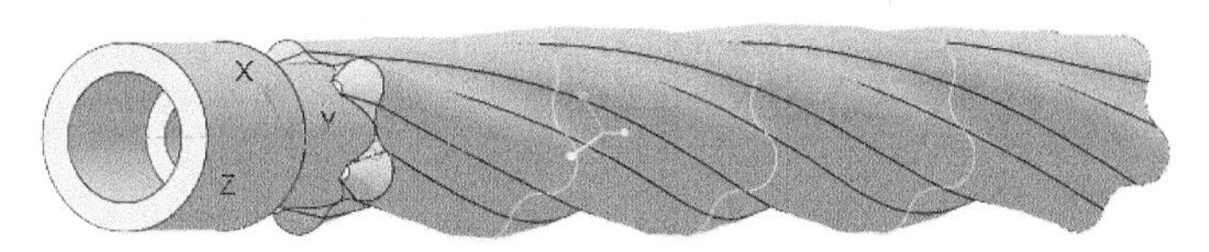
图 10-44 边倒角

10.3 电熨斗的建模

电熨斗实物如图 10-45 所示。这是一个标准的由曲面构成的物体，通过本例，掌握边界混合的曲面特征创建方法和运用扫描创建曲面物体的方法。

建模过程

1. 新建一个文件

新建一个名为“dianyundou”的文件。

2. 草绘轨迹线

图 10-45 电熨斗实物

1）单击功能区【基准】面板中的【草绘】工具按钮，选取基准平面 TOP 为草绘平面，基准平面 RIGHT 为参考平面，方向为“右”，进入草绘模式。在竖直基准线右侧沿水平基准线绘制水平直线段，长度为“320”，草绘轨迹线 1 如图 10-46 所示。单击功能区【关闭】面板中的【确认】按钮，退出草绘。

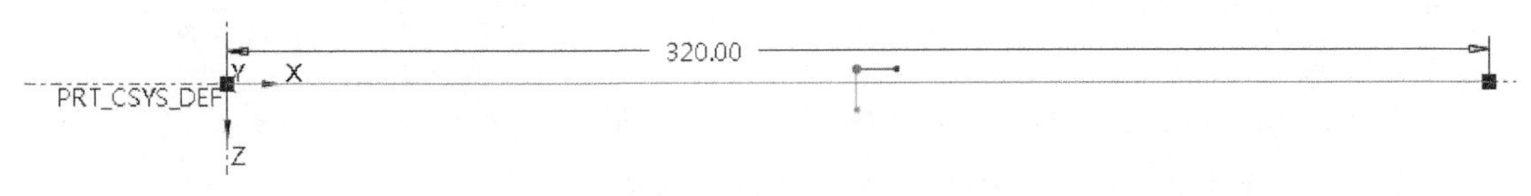

图 10-46 草绘轨迹线 1

2）单击功能区【基准】面板中的【草绘】工具按钮，单击【使用先前的】选项，进入草绘模式。单击功能区【草绘】面板中的工具按钮 样条，以原点为起点绘制四点样条曲线，双击鼠标中键确定。标注各点尺寸如图 10-47 所示，单击功能区【关闭】面板中的【确认】按钮，完成草绘轨迹线 2 的创建。

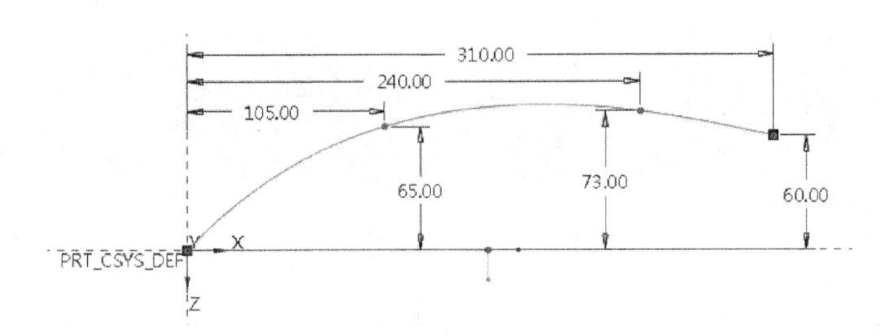

图 10-47 草绘轨迹线 2

3）单击功能区【基准】面板中的【草绘】工具按钮，选取基准平面 FRONT 为草绘平面，基准平面 RIGHT 为参考平面，方向为“右”，进入草绘模式。单击功能区【草绘】面板中的工具按钮 样条，以原点为起点绘制五点样条曲线，双击鼠标中键确定。标注各点尺寸如图 10-48 所示，单击功能区【关闭】面板中的【确认】按钮，完成草绘轨迹线 3 的创建。

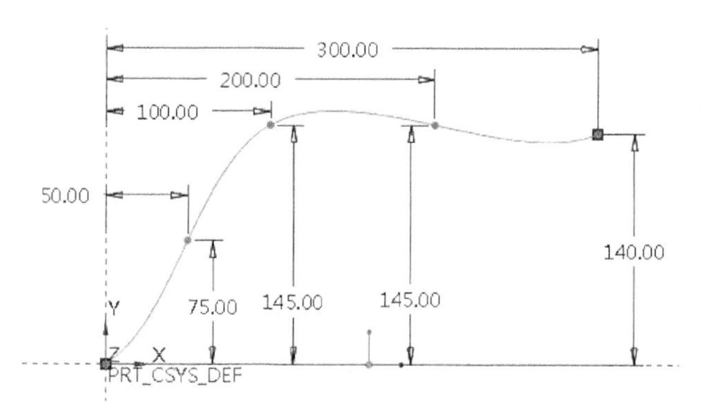

图 10-48　草绘轨迹线 3

3. 扫描曲面

1）单击功能区【形状】面板中的工具按钮 扫描，单击特征面板中的【扫描为曲面】工具按钮，按住<Ctrl>键依次选中草绘轨迹线 1、草绘轨迹线 2、草绘轨迹线 3。单击轨迹线 1，再单击原点箭头以调整方向，结果如图 10-49 所示。

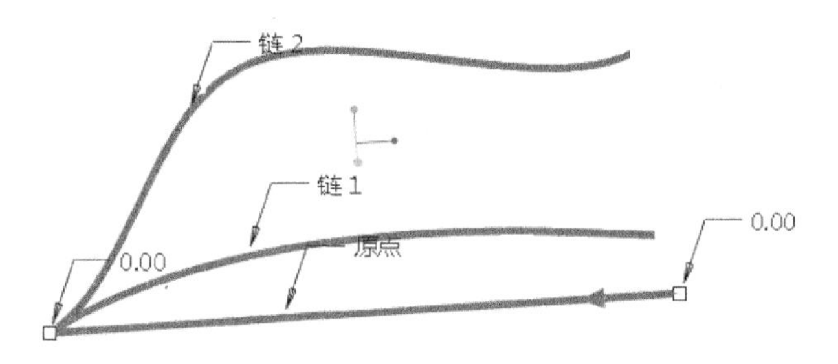

图 10-49　草绘轨迹线选取

2）单击特征面板中的【创建或编辑扫描截面】工具按钮，草绘轨迹线 2 和草绘轨迹线 3 上的末尾点在基准线上均以×点的形式表示。以这两点为端点绘制圆弧，圆弧圆心在水平参考线上，如图 10-50 所示。单击功能区【关闭】面板中的【确认】按钮，完成草绘。

3）单击功能区的【确认】按钮，完成曲面扫描，结果如图 10-51 所示。

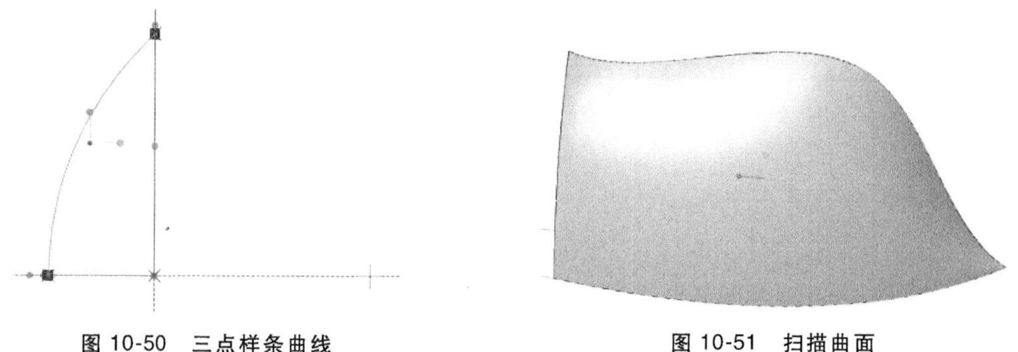

图 10-50　三点样条曲线　　　　图 10-51　扫描曲面

4. 延伸曲面

选中扫描曲面尾部棱边，单击功能区【编辑】面板中的工具按钮 延伸，在界面顶部弹出【延伸】特征面板，保持默认方式【沿原始曲面延伸曲面】，输入数值为“20”。单击功能区的【确认】按钮，完成曲面延伸。

5. 镜像曲面

选中图中曲面，单击功能区【编辑】面板中的工具按钮镜像，在界面顶部弹出【镜像】特征面板，选择基准平面 FRONT 为镜像平面，单击功能区的【确认】按钮，完成曲面镜像，如图 10-52 所示。

6. 合并两侧曲面

按住<Ctrl>键，在图形区选中两曲面，单击功能区【编辑】面板中的工具按钮合并，在界面顶部弹出【合并】特征面板，单击功能区的【确认】按钮，完成曲面合并。

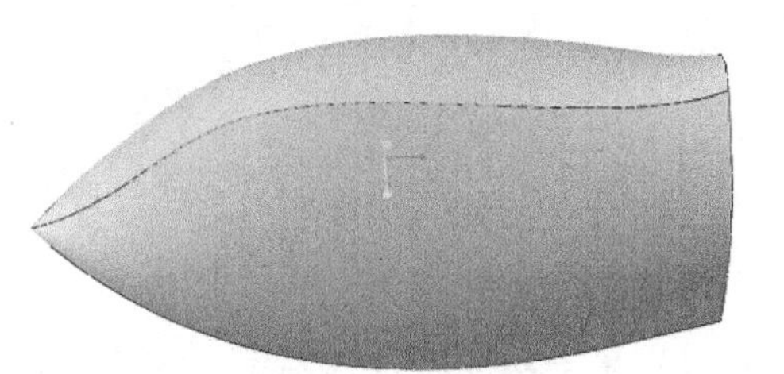

图 10-52 曲面镜像

7. 拉伸尾部曲面

1）单击功能区【形状】面板中的【拉伸】工具按钮，在界面顶部弹出【拉伸】特征面板，单击【拉伸为曲面】工具按钮，设置拉伸方式为【对称拉伸】，深度为“200”。单击【放置】按钮，选中基准平面 FRONT 为草绘平面，进入草绘模式。

2）以水平参考线上曲面尾部端点为起点画斜线，高度为“150”，与水平参考线夹角为“108”；再以尾部端点为椭圆圆心画椭圆，椭圆长、短径分别为“100”和“60”，通过修剪多余线段得到如图 10-53 所示的草绘截面。

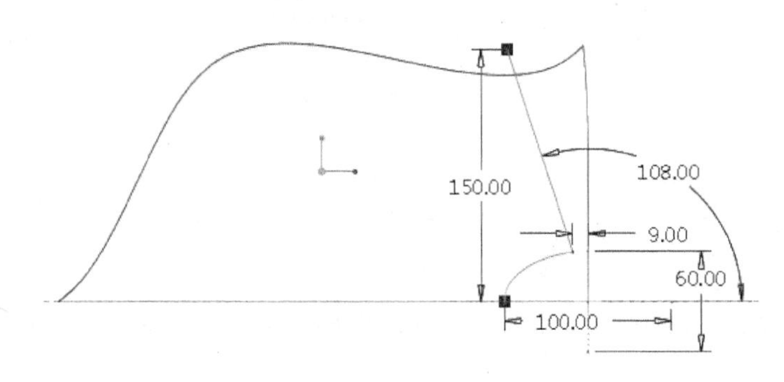

图 10-53 草绘截面

3）单击功能区【关闭】面板中的【确认】按钮，完成草绘。单击功能区的【确认】按钮，完成尾部曲面拉伸。

8. 合并尾部曲面

按住<Ctrl>键选中【模型树】中的合并 1 和拉伸 1，单击功能区【编辑】面板中的合并，在界面顶部弹出【合并】特征面板。注意查看图形区中的两箭头方向是否正确，否则单击箭头进行调整，如图 10-54 所示。单击功能区的【确认】按钮，完成曲面合并，如图 10-55 所示。

9. 倒圆角

单击功能区【工程】面板中的工具按钮倒圆角，在界面顶部弹出【倒圆角】特征面板，设置圆角半径为“15”，按住<Ctrl>键选中所有相交棱边。单击功能区的【确认】按钮，完成倒圆角操作，如图 10-56 所示。

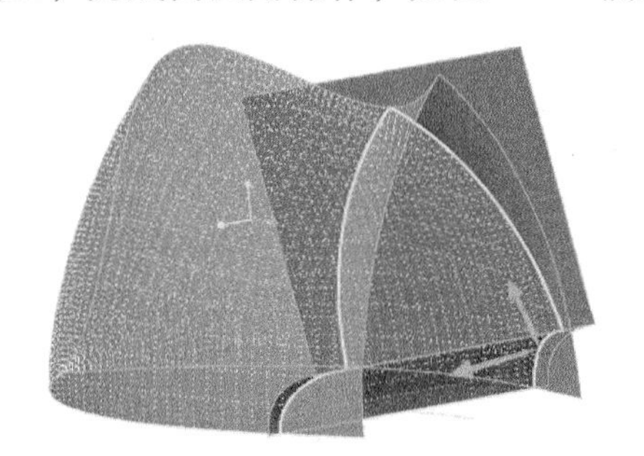
图 10-54　合并箭头方向

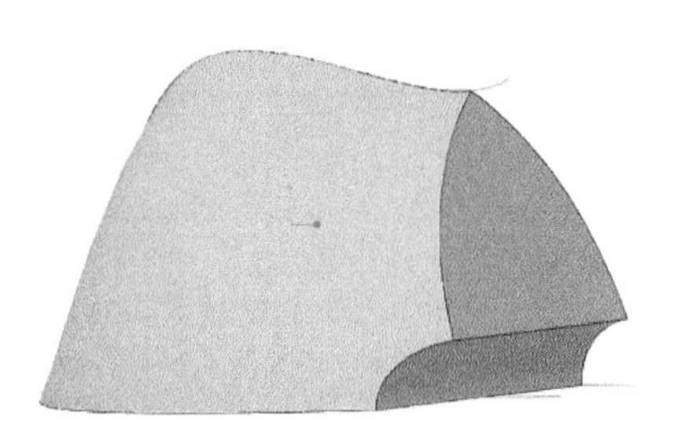
图 10-55　曲面合并结果

10. 草绘椭圆

单击功能区【基准】面板中的【草绘】工具按钮，选择基准平面 FRONT 为草绘平面，基准平面 RIGHT 为参考平面，方向为“右”，进入草绘模式。绘制如图 10-57 所示椭圆，单击功能区【关闭】面板中的【确认】按钮，完成草绘。

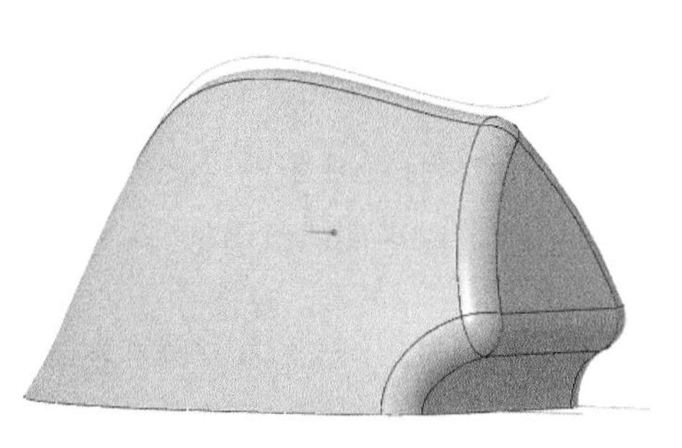
图 10-56　倒圆角

11. 拉伸椭圆孔

1）单击功能区【形状】面板中的【拉伸】工具按钮，在界面顶部弹出【拉伸】特征面板。单击【拉伸为曲面】工具按钮，设置拉伸方式为【对称拉伸】，深度为“200”。单击【放置】按钮，选中基准平面 FRONT 为草绘平面，进入草绘模式。

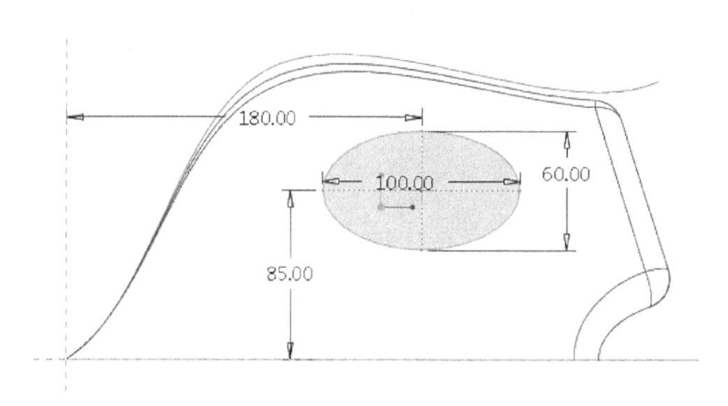

图 10-57　草绘椭圆

2）单击功能区【草绘】面板中的工具按钮 偏移，弹出【类型】选项组，选择其中的【环】选项。单击图形区中的草绘椭圆，输入朝外偏移距离为“20”，偏移结果如图 10-58所示。

3）单击功能区【关闭】面板中的【确认】按钮，完成草绘。单击特征面板中的【移除材料】工具按钮，选择合并曲面为移除对象。单击功能区的【确认】按钮，完成拉伸椭圆孔操作，如图 10-59 所示。

12. 创建平面曲线

1）单击功能区【曲面】面板中的工具按钮 样式，在界面顶部弹出【样式】特征面板。

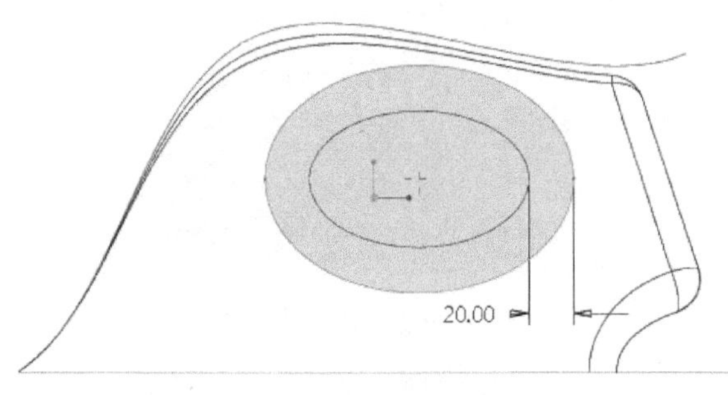

图 10-58 偏移草绘椭圆

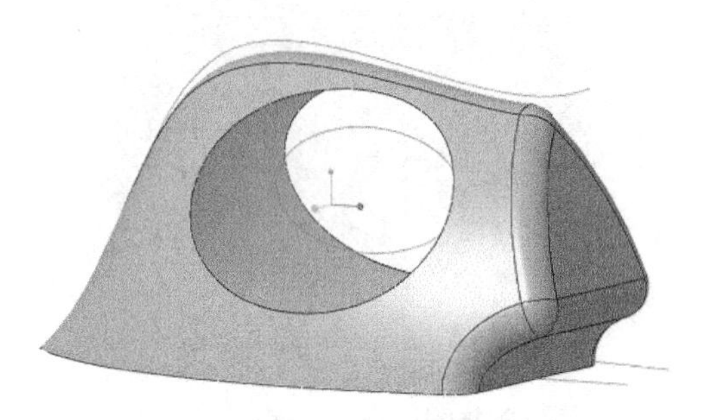

图 10-59 拉伸椭圆孔

2）单击特征面板中的【曲线】工具按钮，在界面顶部弹出【造型：曲线】特征面板。单击【创建平面曲线】工具按钮，再单击【参考】按钮，弹出【参考】下滑面板，选择基准平面 TOP 为参考平面，偏移值为“85”，设置如图 10-60 所示。

3）按住<Shift>键，单击鼠标左键依次选取电熨斗中部三个椭圆前端与参考平面的交汇处，绘制平面曲线如图 10-61 所示。

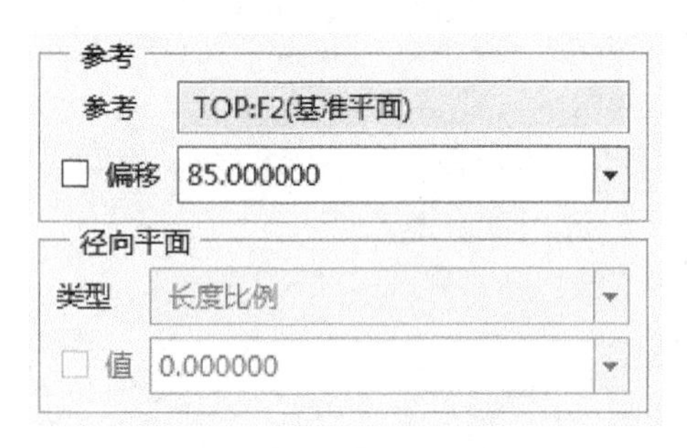

图 10-60 【参考】下滑面板设置

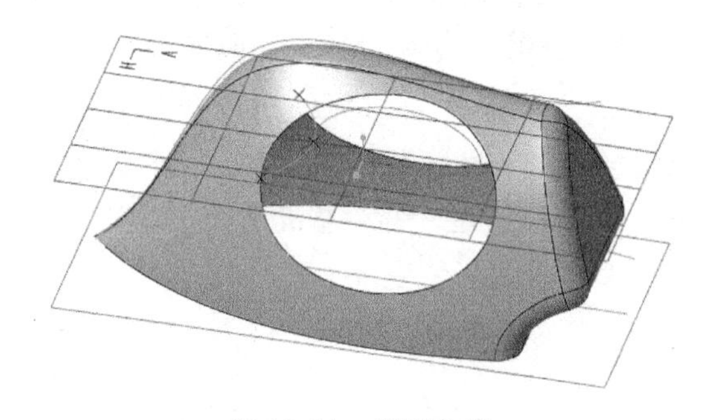

图 10-61 平面曲线

4）单击【创建平面曲线】特征面板中的【确认】按钮，再单击【样式】特征面板中的【确认】按钮，完成平面曲线创建。

13. 创建边界混合曲面

1）单击功能区【曲面】面板中的【边界混合】工具按钮，在界面顶部弹出【边界混合】特征面板。

2）按住<Ctrl>键依次选取电熨斗中部外侧椭圆棱边、中间椭圆曲线、内侧椭圆棱边。外侧和内侧椭圆棱边分上、下两段，在选取时需要同时按住<Ctrl>键和<Shift>键，使上下边合并为 1 条链，然后再松开<Shift>键，再选取中间椭圆曲线，最终为 3 条链。

3）选取完链后，松开<Ctrl>键，在图形区空白区域单击鼠标右键，在弹出的选项组中选择【控制点】，上一步创建的平面曲线上的点会高亮显示，依次单击曲线上逐个出现的三个高亮点。

4）单击特征面板中的【约束】按钮，在弹出的下滑面板中将条件设置为【相切】，设置如图 10-62 所示。单击功能区的【确认】按钮，完成边界混合曲面创建。

5）按住<Ctrl>键选中【模型树】中的 合并 2 和 边界混合 1，单击功能区【编辑】面板中的 合并，在界面顶部弹出【合并】特征面板。单击功能区的【确认】按钮，完成曲面合并，如图 10-63 所示。

边界	条件
方向 1 - 第一条链	相切
方向 1 - 最后一条链	相切

图 10-62　【约束】下滑面板设置

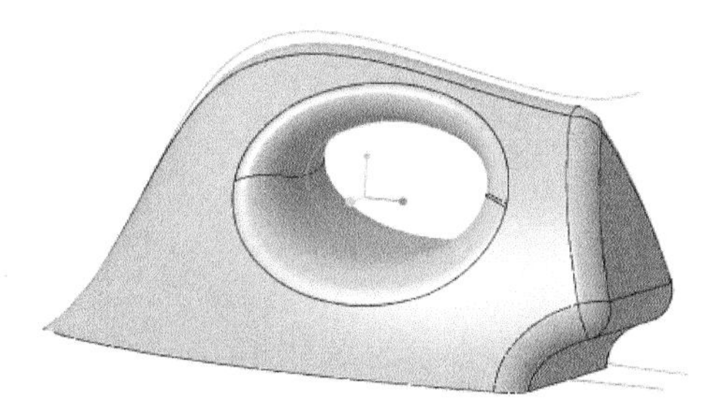

图 10-63　曲面合并

14. 创建底面

1）单击功能区【形状】面板中的【拉伸】工具按钮，在界面顶部弹出【拉伸】特征面板，单击【拉伸为曲面】工具按钮，设置拉伸方式为【对称拉伸】，深度为“200”。单击【放置】按钮，选中基准平面 FRONT 为草绘平面，进入草绘模式。

2）以原点为起点绘制长度为“350”的水平直线，单击功能区【关闭】面板中的【确定】按钮，完成草绘。单击功能区的【确认】按钮，完成底部平面拉伸，如图 10-64所示。

3）按住<Ctrl>键选中【模型树】中的 合并 3 和 拉伸 3，单击功能区【编辑】面板中的 合并，在界面顶部弹出【合并】特征面板，查看箭头是否朝内。单击功能区的【确认】按钮，完成曲面合并，如图 10-65 所示。

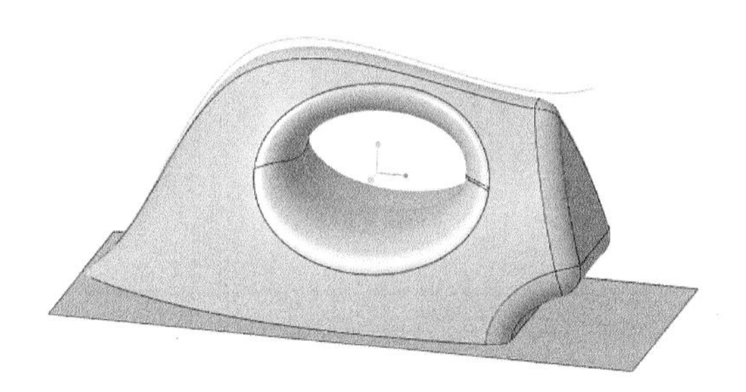

图 10-64　底部平面拉伸

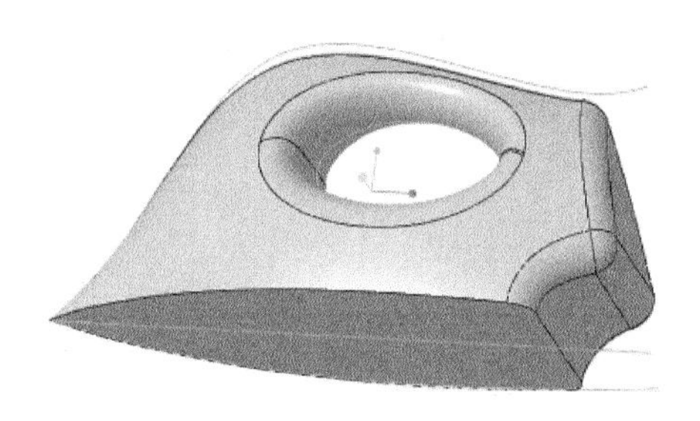

图 10-65　曲面合并

15. 实体化

选中【模型树】中 合并 4，单击功能区【编辑】面板中的工具按钮 实体化，在界面顶部弹出【实体化】特征面板。单击功能区的【确认】按钮，完成实体化，此时图形的颜色会变为正常的默认实体灰色。

16. 拉伸底部

1）单击功能区【形状】面板中的【拉伸】工具按钮，在界面顶部弹出【拉伸】特征面板，设置深度为“5”，其余设置默认。单击【放置】按钮，选熨斗底面为草绘平面，进入草绘模式。

2）单击功能区平【草绘】面板中的工具按钮 偏移，弹出【类型】选项框，选择其中的【环】选项。单击熨斗底面，输入朝内偏移距离为“10”，注意偏移方向。单击功能区【草绘】面板中的工具按钮 圆角，对尖角倒圆角，圆角半径为“10”，结果如图 10-66 所示。

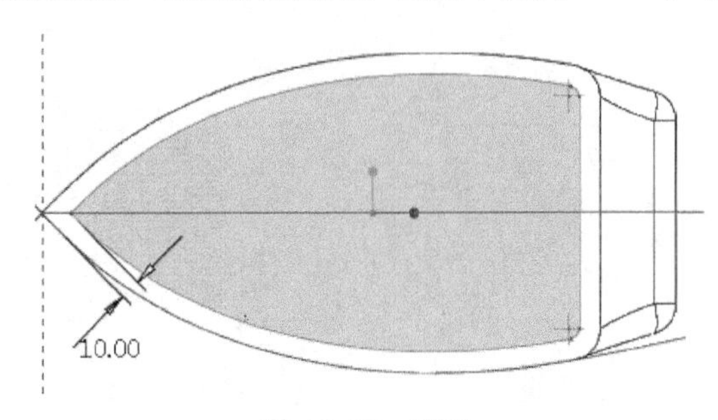

图 10-66 草绘

3）单击功能区【关闭】面板中的【确认】按钮，完成草绘。单击功能区的【确认】按钮，完成底部拉伸，如图 10-67 所示。

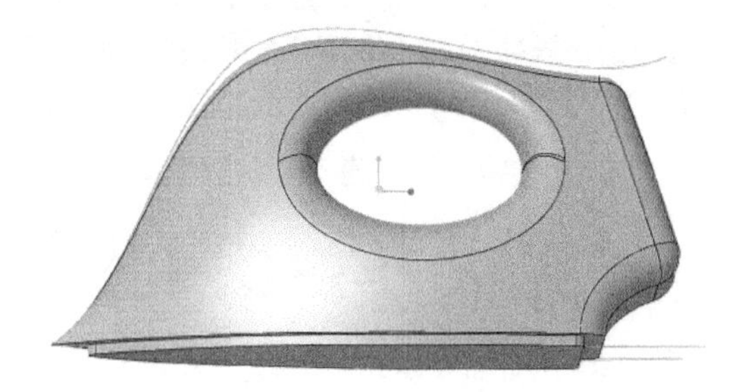

图 10-67 底部拉伸

17. 保存模型

保存当前建立的电熨斗模型。

10.4 螺旋桨的建模

船用螺旋桨实物如图 10-68 所示。通过本例掌握混合生成曲面的方法以及曲面阵列的技巧。

图 10-68 船用螺旋桨实物

建模过程

1. 新建一个文件

新建一个名为“luoxuanjiang”的文件。

2. 旋转连接柱

1）单击功能区【形状】面板中的【旋转】工具按钮 旋转，在界面顶部弹出【旋转】特征面板。

2）设置保持默认，单击【放置】按钮，选择基准平面 TOP 为草绘平面，进入草绘模式。

3）单击功能区【基准】面板中的工具按钮 中心线，以竖直中心线为参考绘制旋转中心线，并绘制如图 10-69 所示的草绘截面。

4）单击功能区【关闭】面板中的【确定】按钮 ✔，完成草绘。单击特征面板中的【确认】按钮 ✔，完成连接柱创建。

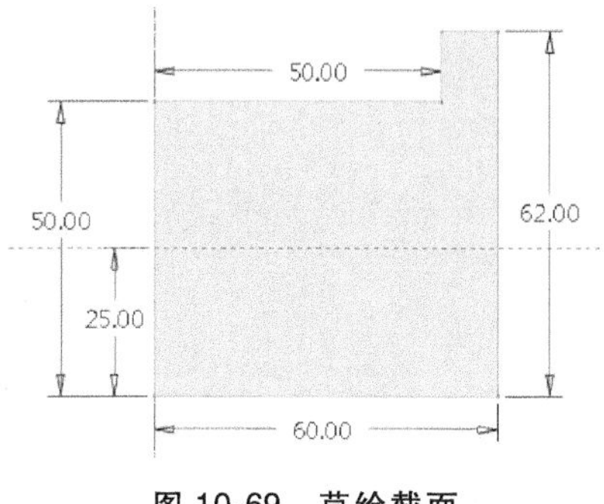

图 10-69　草绘截面

3. 创建辅助平面

单击功能区【基准】面板中【平面】工具按钮，弹出【基准平面】对话框，选取 TOP 平面作为参考平面，【平移】距离为“300”，单击对话框中的【确定】按钮，完成辅助平面 DTM1 的创建。

4. 创建叶片曲面

1）单击功能区【形状】按钮，在下滑面板中选取工具按钮 混合，在窗口顶部弹出【混合】特征面板。

2）单击特征面板中的【混合为曲面】工具按钮。单击特征面板中【截面】按钮，弹出【截面】下滑面板。单击【定义】按钮，弹出【草绘】对话框，选取辅助平面 DTM1 为草绘平面，基准平面 RIGHT 为参考平面，方向为“右”，单击【草绘】按钮，进入草绘模式。

3）绘制椭圆截面 1。绘制如图 10-70 所示草绘椭圆，椭圆圆心距原点水平距离为“20”，长径为“80”，短径为“4”。单击功能区【关闭】面板中的【确认】按钮 ✔，退出草绘模式。

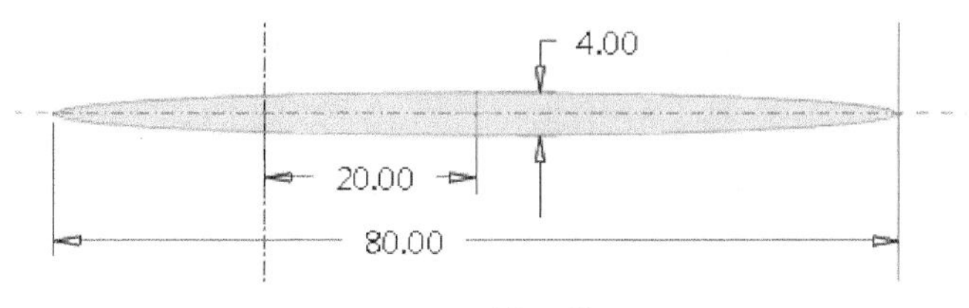

图 10-70　椭圆截面 1

4）单击【截面】按钮，在下滑面板中出现【截面 2】，在【偏移自】下输入距【截面 1】的距离为“150”，注意查看图形区中的虚线方向，相反则前面加负号。

5）绘制椭圆截面 2。单击下滑面板中的【草绘】按钮，绘制如图 10-71 所示草绘椭圆，椭圆圆心距原点水平距离为“55”，长径为“130”，短径为“6”。注意椭圆截面 1 的投影显示影响，单击功能区【关闭】面板中的【确认】按钮 ✔，退出草绘模式。

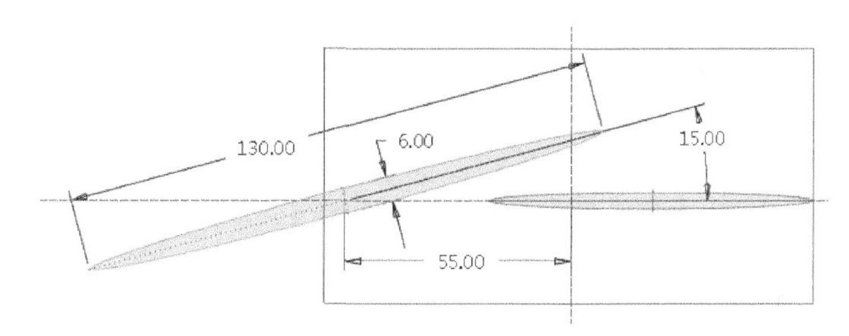

图 10-71　椭圆截面 2

6）绘制截面 3。单击【截面】按钮，再单击下滑面板中的【插入】按钮，在下滑面板中出现【截面 3】，在【偏移自】下输入距【截面 2】的距离为“100”。注意查看图形区中的虚线方向，相反则前面加负号。

7）绘制椭圆截面3。单击下滑面板中的【草绘】按钮，绘制如图10-72所示的草绘椭圆，椭圆圆心在原点上，长径为“60”，短径为“5”。注意椭圆截面1、2的投影显示影响，单击功能区【关闭】面板中的【确认】按钮，退出草绘模式。

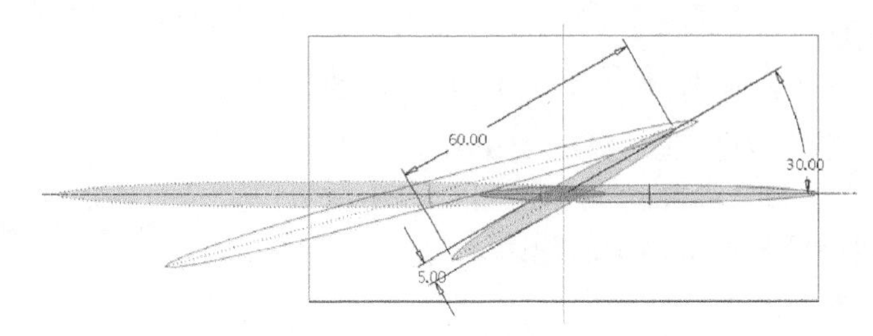

图10-72 椭圆截面3

8）单击特征面板中的【选项】按钮，在弹出的下滑面板中选中【封闭端】。单击【混合】特征面板中的【确认】按钮，完成叶片曲面创建，如图10-73所示。

5. 拉伸叶片端面

1）单击功能区【形状】面板中的【拉伸】工具按钮，在界面顶部弹出【拉伸】特征面板，单击【拉伸为曲面】工具按钮，设置拉伸方式为【对称拉伸】，深度为“50”。单击【放置】按钮，选中基准平面FRONT为草绘平面，进入草绘模式。

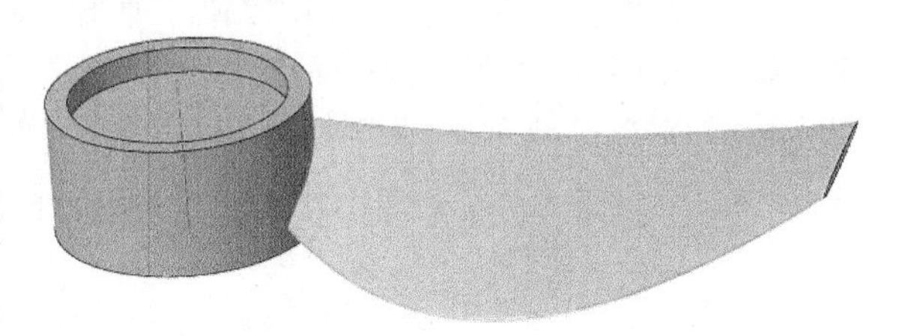

图10-73 叶片曲面创建

2）绘制如图10-74所示的三点样条曲线，两端点距离水平中心线的距离分别为“290”和“250”，距离竖直中心线的距离均为“40”，样条曲线中点位置调整合适即可。

3）单击功能区【关闭】面板中的【确认】按钮，退出草绘模式。单击特征面板中的【确认】按钮，完成叶片端面创建，如图10-75所示。

6. 合并曲面

按住<Ctrl>键，在图形区选中叶片曲面和叶片端面，单击功能区【编辑】面板中的工具按钮 合并，在界面顶部弹出【合并】特征面板，单击功能区的【确认】按钮，完成曲面合并，如图10-76所示。

7. 叶片曲面实体化

选中【模型树】中 合并1，单击功能区【编辑】面板中的工具按钮 实体化，在界面顶部弹出【实体化】特征面板。单击功能区的【确认】按钮，完成实体化，此时图形的颜色会变为正常的默认实体灰色。

8. 叶片阵列

针对实体化进行阵列，需要先将和实体化相关的曲面特

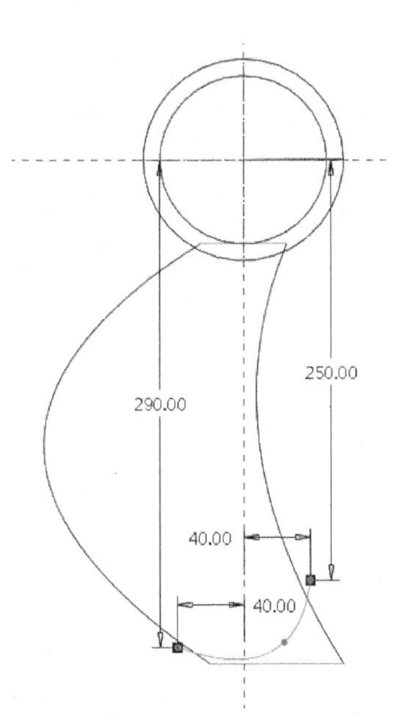

图10-74 三点样条曲线

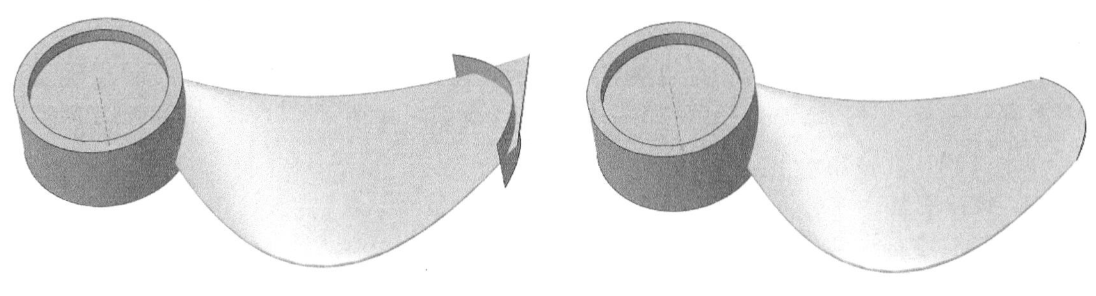

图 10-75　叶片端面创建　　　　图 10-76　曲面合并

征进行分组。

1）创建分组：选中【模型树】中的 混合 1、 拉伸 1、 合并 1、 实体化 1，在弹出的快捷工具栏中单击【分组】工具按钮，在【模型树】中得到分组特征 组LOCAL_GROUP 。

2）选中【模型树】中特征 组LOCAL_GROUP，单击功能区【编辑】面板中的【阵列】工具按钮，在界面顶部弹出【阵列】特征面板。阵列方式选择为【轴】，选取连接柱中心轴为阵列轴，其他设置默认。

3）单击功能区的【确认】按钮，完成叶片阵列，如图 10-77 所示。

图 10-77　叶片阵列

9. 创建轴孔和键槽

1）单击功能区【形状】|【拉伸】工具按钮，弹出【拉伸】特征面板，单击【放置】按钮，选取连接柱凹槽端面作为草绘平面。

2）绘制如图 10-78 所示草绘图形。

3）单击【确认】按钮，返回【拉伸】特征面板，设置拉伸方式为，选取连接柱另一端面为指定拉伸平面，单击【移除材料】工具按钮，单击【确认】按钮，完成轴孔和键槽的创建，如图 10-79 所示。

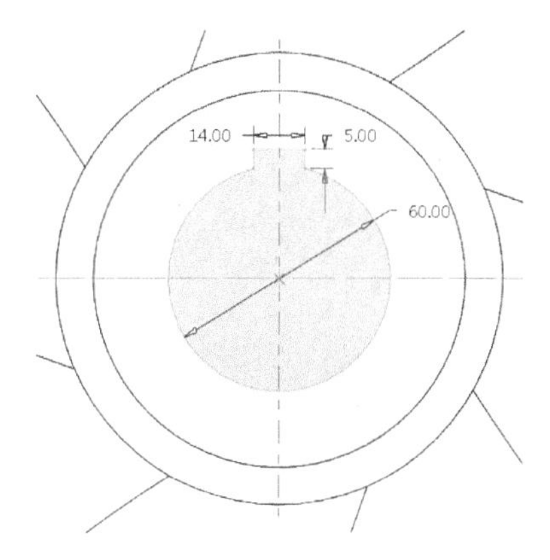

图 10-78　草绘图形

图 10-79　轴孔和键槽

10. 倒圆角

单击功能区【工程】面板中的【倒圆角】工具按钮 倒圆角，在界面顶部显示【倒圆角】特征面板，输入圆角半径为“2”，按住<Ctrl>键，分别选取叶片与连接柱之间的交线，单击【确认】按钮，完成倒圆角操作。

11. 保存模型

保存当前建立的螺旋桨模型。

10.5 轮胎的建模

花纹轮胎是运输机械中常用的轮胎零部件。本例创建的花纹轮胎，效果如图 10-80 所示。通过本例掌握采用【环形折弯】命令创建模型的方法，掌握简单曲面拉伸、复制样本特征、曲面合成、曲面镜像、曲面旋转、曲面合成实体等操作。

图 10-80 花纹轮胎

建模过程

1. 新建一个文件

新建一个名为“luntai”的文件。

2. 拉伸主体曲面

1）单击功能区【形状】面板中的【拉伸】工具按钮，在界面顶部弹出【拉伸】特征面板。

2）单击特征面板中【拉伸为曲面】工具按钮，设置拉伸深度为“20”。

3）单击【放置】按钮，选取基准平面 TOP 为草绘平面，进入草绘模式。

4）绘制关于水平和竖直中心线对称的矩形截面，长、宽分别为“1800”“320”，如图 10-81 所示。

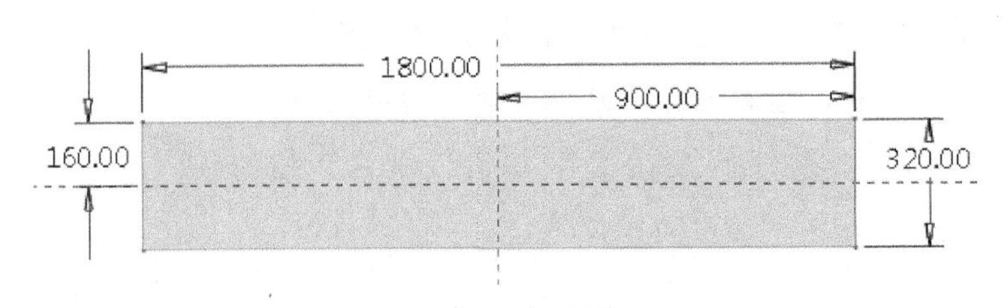

图 10-81 矩形截面

5）单击功能区【关闭】面板中的【确认】按钮，完成草绘。单击特征面板中【选项】按钮，在弹出的下滑面板中选中【封闭端】选项。单击特征面板中的【确认】按钮，完成主体曲面拉伸，如图 10-82 所示。

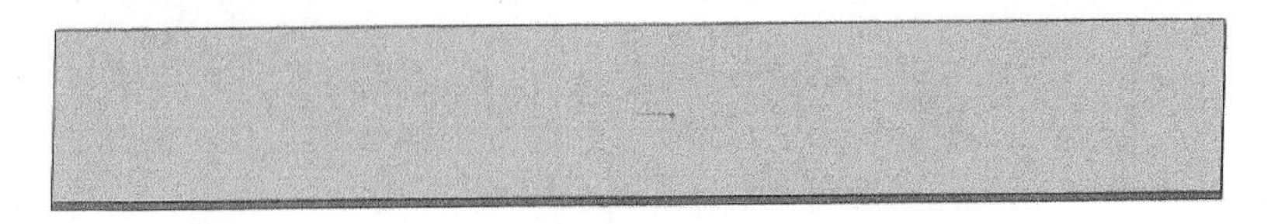

图 10-82 主体曲面

3. 拉伸矩形凸面

1）单击功能区【形状】面板中的【拉伸】工具按钮，在界面顶部弹出【拉伸】特征面板。

2）单击特征面板中【拉伸为曲面】工具按钮，设置拉伸方式为【双向对称拉伸】，深度为“12”。

3）单击【放置】按钮，选取主体曲面上表面为草绘平面，进入草绘模式。

4）以上表面左上角为参考边绘制如图 10-83 所示草绘矩形截面，单击功能区【草绘】面板中的工具按钮 中心线，以水平基准线为参考绘制水平中心线。

5）选中矩形截面，单击功能区【编辑】面板中的工具按钮 镜像，再单击水平中心线，完成矩形截面镜像。

6）单击功能区【关闭】面板中的【确认】按钮，完成草绘。单击特征面板中【选项】按钮，在弹出的下滑面板中选中【封闭端】选项。单击特征面板中的【确认】按钮，完成矩形凸面拉伸，如图 10-84 所示。

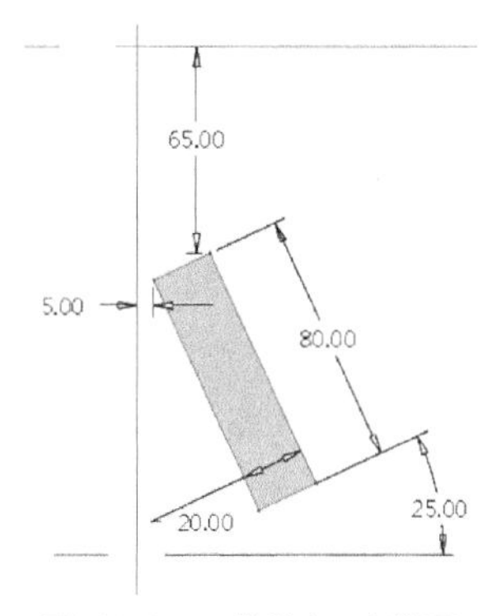

图 10-83　草绘矩形截面

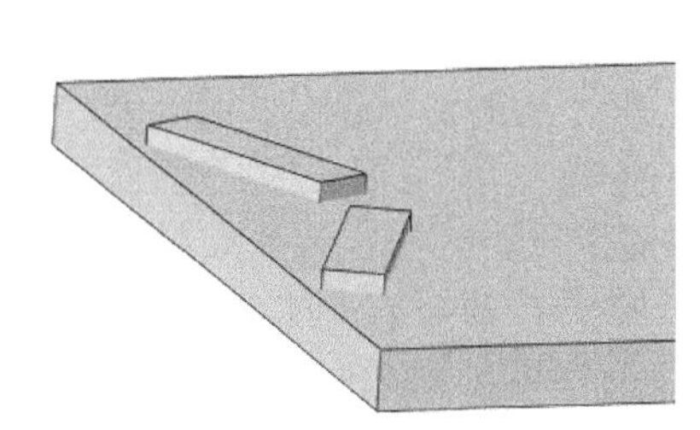
图 10-84　矩形凸面

4. 阵列样本特征

选中【模型树】中特征 拉伸 2，单击功能区【编辑】面板中的【阵列】工具按钮，在界面顶部弹出【阵列】特征面板。阵列方式选择为【方向】，选取主体曲面长边为参考方向。设置矩形凸面个数为“30”，间距为“60”。单击功能区的【确认】按钮，完成矩形凸面阵列，如图 10-85 所示。

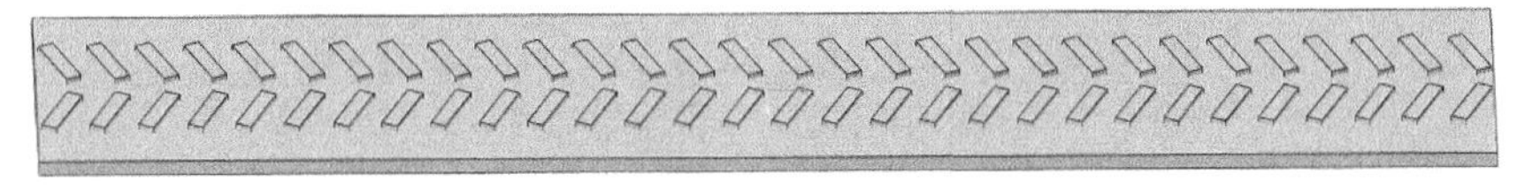
图 10-85　矩形凸面阵列

5. 合成曲面

按住<Ctrl>键，在【模型树】中选取 拉伸 1 和阵列特征中的 拉伸 2 [1]，单击功能区【编辑】面板中的工具按钮 合并，在界面顶部弹出【合并】特征面板。通过调节箭头来合成所需的合并结果，如图 10-86 所示。单击功能区的【确认】按钮，完成曲面合并，如图 10-87 所示。

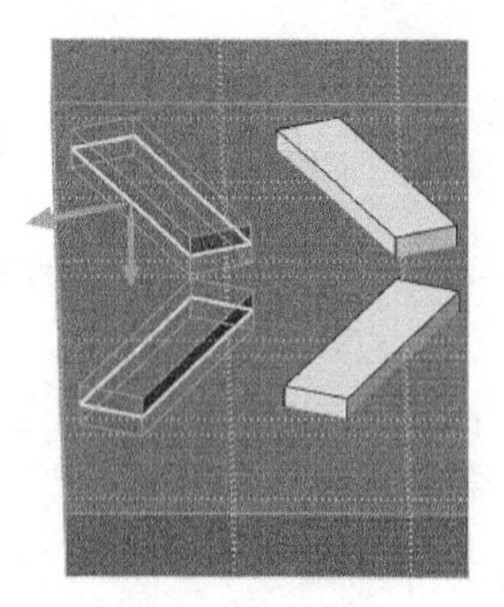

图 10-86 合并方向

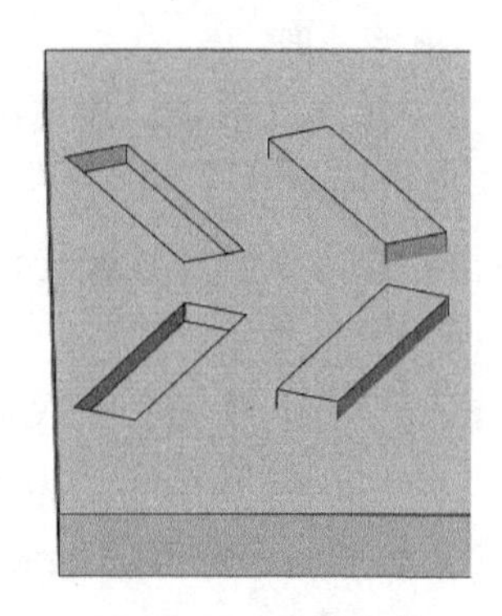

图 10-87 曲面合并

6. 合并特征阵列

选中【模型树】中特征 合并 1，在界面顶部弹出【阵列】特征面板。默认阵列形式为【参考】，单击功能区的【确认】按钮，完成合并特征阵列，如图 10-88 所示。

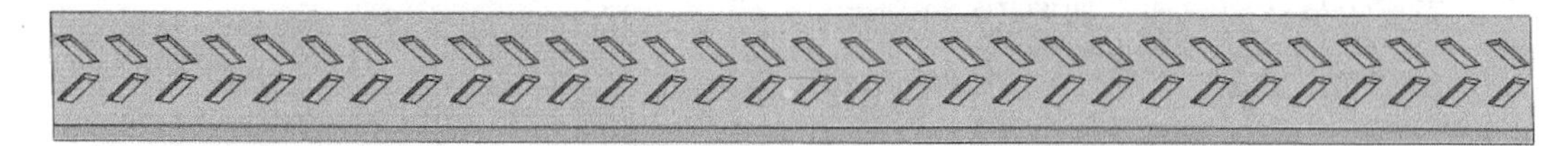

图 10-88 合并特征阵列

7. 使用【环形折弯】命令成形轮胎

1）单击功能区【工程】按钮，在弹出下滑面板中单击工具按钮 环形折弯，在界面顶部弹出【环形折弯】特征面板。

2）单击特征面板中的【参考】按钮，弹出【参考】下滑面板如图 10-89 所示。

3）单击【轮廓截面】右侧【定义】按钮，选取主体曲面短截面端面为草绘平面，方向为“下”，进入草绘模式。

4）绘制圆心在竖直中心线上且直径为“640”的大圆，大圆顶部与主体曲面底部相切；在大圆内部绘制与大圆相切的小圆，直径为“30”，圆心距离竖直中心线距离为“100”；小圆靠外端绘制长度为“15”的相切直线，草绘修剪后如图 10-90 所示。

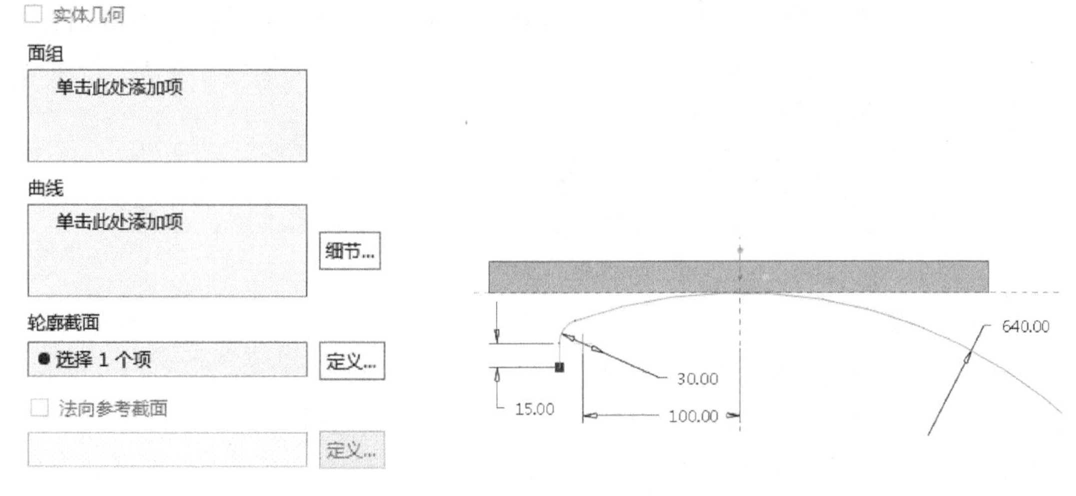

图 10-89 【参考】下滑面板

图 10-90 草绘

5）以同样方法绘制右侧图形。单击功能区【基准】面板中的工具按钮 坐标系，在原点处建立坐标系，如图 10-91 所示。

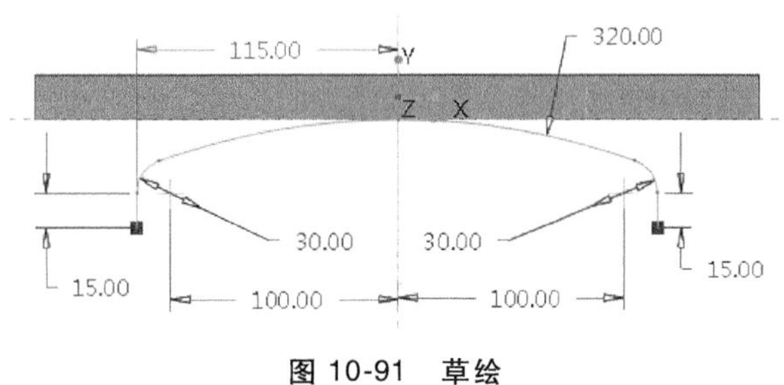

图 10-91　草绘

6）单击功能区【关闭】面板中的【确认】按钮，退出草绘模式。单击特征面板中倒三角，选择其中【360 度折弯】选项，单击轮胎前后两个需要贴合的侧面，再单击特征面板中的【参考】|【面组】选项组，选取主体曲面。单击功能区的【确认】按钮，完成环形折弯，如图 10-80 所示。

8. 曲面实体化

选中【模型树】中 环形折弯 1，单击功能区【编辑】面板中的工具按钮 实体化，在界面顶部弹出【实体化】特征面板。单击功能区的【确认】按钮，完成实体化，此时图形的颜色会变为正常的默认实体灰色。

9. 保存文件

保存当前建立的轮胎模型。

10.6 实　训　题

创建水杯，效果图如图 10-92 所示。

各特征创建步骤如下：

1）使用旋转工具创建杯体，草绘截面如图 10-93 所示；旋转生成壳体如图 10-94 所示。

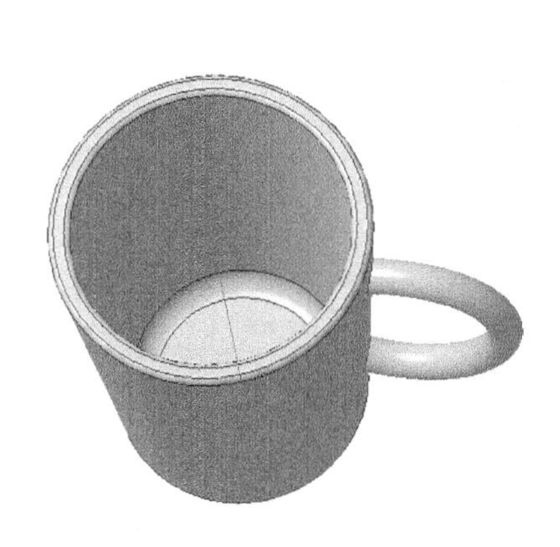

图 10-92　水杯

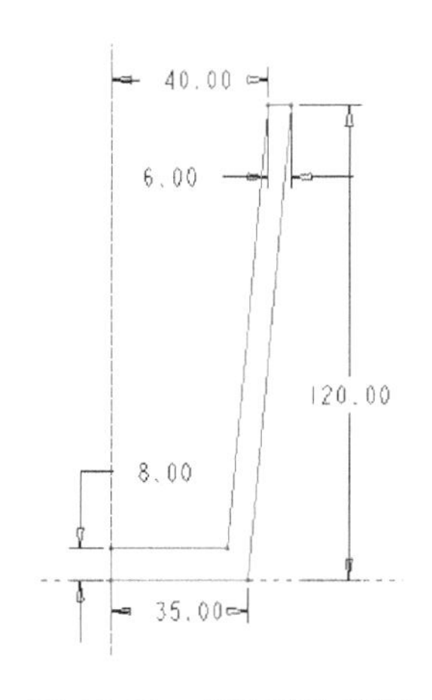

图 10-93　杯体草绘截面

2）倒圆角。底部内、外棱边进行半径为“6”的倒圆角，顶部杯口进行半径为“1.5”的倒圆角，结果如图 10-95 所示。

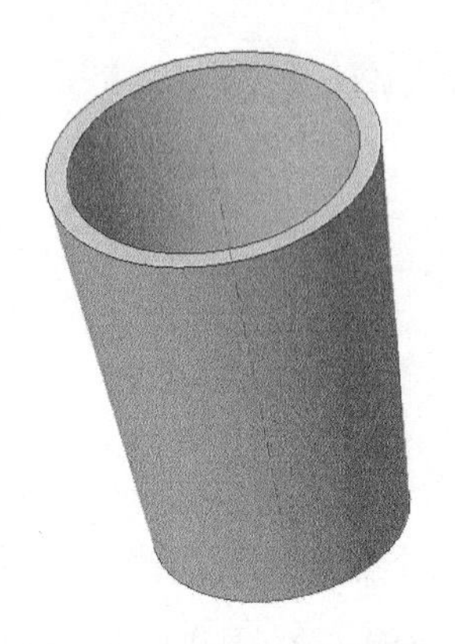

图 10-94 旋转生成壳体

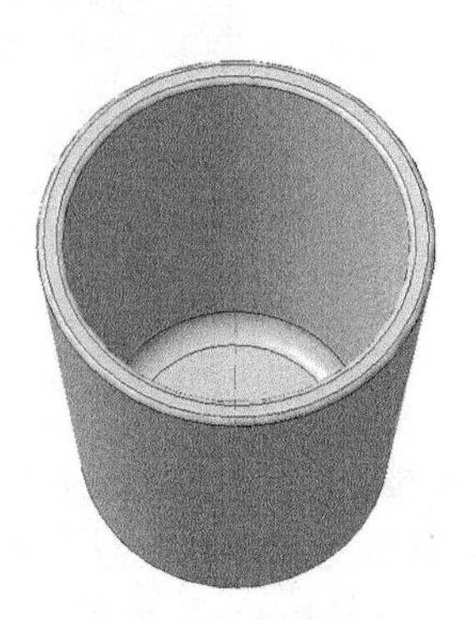

图 10-95 倒圆角

3）草绘轨迹线，在草绘环境中绘制样条曲线轨迹线，如图 10-96 所示。

4）使用扫描工具创建把手曲面。绘制直径为“10”的圆截面，注意通过调整样条曲线使把手两端在杯体曲面内部，结果如图 10-97 所示

5）合并曲面并实体化。

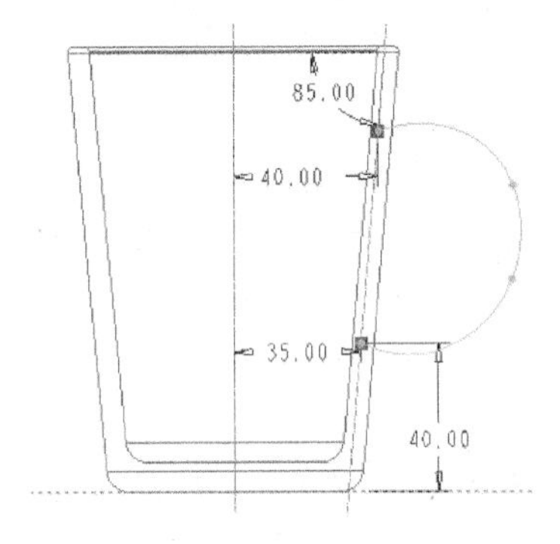

图 10-96 草绘样条曲线轨迹线

图 10-97 扫描把手曲面

第11章 零件装配

11.1 装配功能简介

Creo Parametric 4.0 的装配功能允许将零件和子装配以一定的装配关系放置在一起以形成装配体，即机器或部件。用户可以在装配模式下添加和设计新的零件，也可以阵列元件、镜像装配、替换元件等。在装配模式下，产品的全部或部分结构一目了然，这有助于帮助用户检查各零件之间的关系和干涉问题，从而能够更好地把握产品细节结构的优化设计。

1. 创建装配体的方法

1）单击【文件】|【新建】命令，弹出【新建】对话框，在【类型】选项中选择【装配】单选按钮，在【子类型】选项组中选择【设计】单选项，并在【名称】文本框中定义即将创建的装配体的名称（也可以保持默认名称），如图 11-1 所示。

2）取消选择【使用默认模板】选项，最后单击【确定】按钮，弹出【新文件选项】对话框。一般而言，应该在【模板】选项列表中选择“mmns_ asm_ design”，如图 11-2 所示。其中“mm”代表单位“毫米”，“n”代表单位“牛”，“s”代表单位“秒”，用户也可

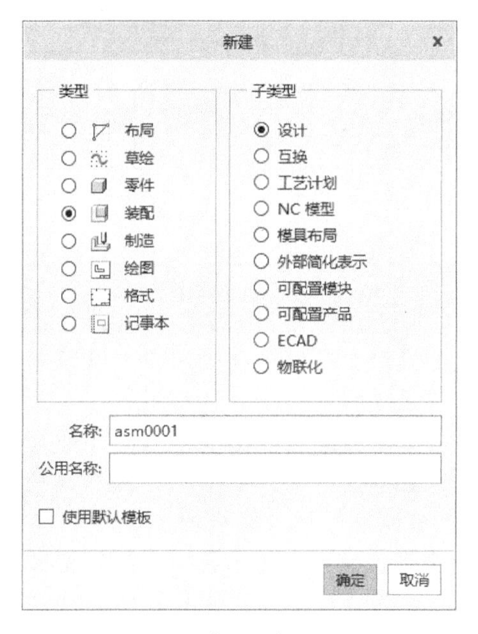

图 11-1 【新建】对话框

图 11-2 【新文件选项】对话框

以根据自己的需求选择其他选项。【模板】选择完毕后，单击【确认】按钮正式进入装配环境的工作界面。

装配环境下的工作界面与零件模块相似，不同的是在【模型】选项卡中增加了【元件】面板，如图 11-3 所示。

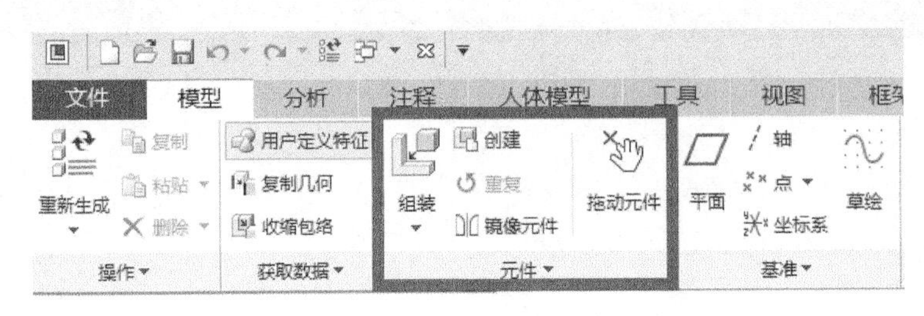

图 11-3 【元件】面板

3）单击【模型】选项卡中【元件】面板中的【组装】按钮，弹出如图 11-4 所示的【文件打开】对话框。

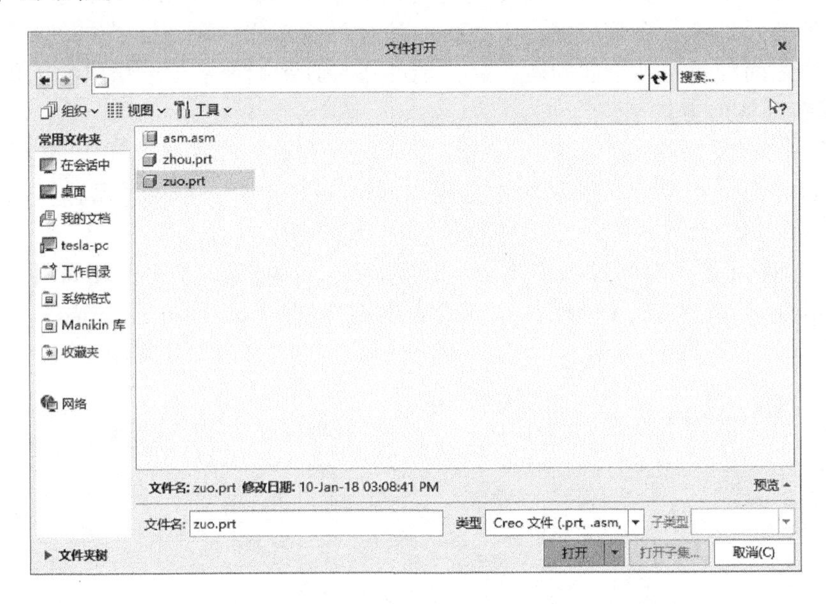

图 11-4 【文件打开】对话框

4）在【文件打开】对话框中选择要装入的元件，用户可以单击右下角的【预览】按钮打开如图 11-5 所示预览区，预览即将调入装配环境的模型，在预览区中用户可以通过鼠标中键旋转与拖拽模型。

单击【打开】按钮将选中的模型加载到装配环境中。图形区中出现调入的元件，并弹出如图 11-6 所示的【元件放置】操作面板。

一个模型在空间存在 6 个自由度，因此，在模型被调入图形区后会出现如图 11-7 所示的 3D 拖动器控件。其中三个环分别控制模型三个方向的旋转，三个箭头分别控制模型在三个方向的平移，用户操作的时候只需要拖拽相应的环或者箭头即可。单击【元件放置】操作面板上的【3D 拖动器】按钮可以切换 3D 拖动器的显示与隐藏。

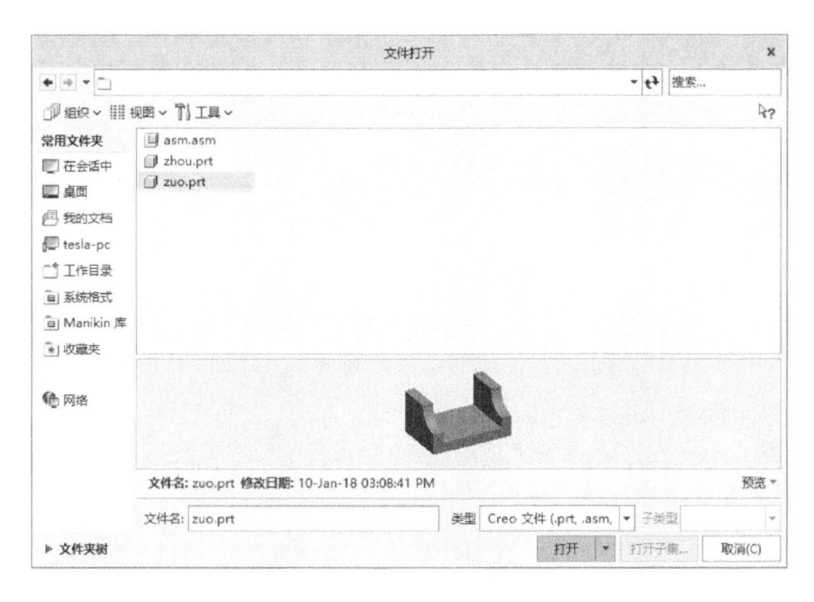

图 11-5　模型预览

图 11-6　【元件放置】操作面板

5）单击【元件放置】操作面板中的【放置】按钮，弹出【放置】下滑面板，如图11-8所示。

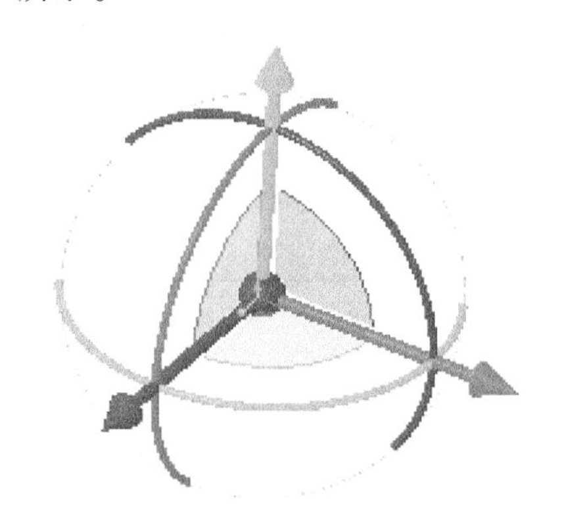

图 11-7　3D 拖动器控件

图 11-8　【放置】下滑面板

面板中，左侧区域表示的是约束集，用于创建和管理零件或子装配与其他参考项的装配关系。【约束类型】下拉列表中包括自动、距离、角度偏移、平行、重合、法向、共面、居中、相切、固定、默认 11 种约束类型，用户可以根据自己的需要进行选择。在【偏移】文本框中用户可以对某些特定的约束类型输入指定的参数，例如【距离】约束类型就需要输入与参考之间的距离值，【角度偏移】约束类型需要输入与参考之间的角度值。

一般而言，用户在装配一个零件时往往需要进行多次约束操作。在完成一次零件约束后，若还需添加新的约束，单击【新建约束】，即可继续创建新的约束条件，直到完全约束或满足用户需求的部分约束，单击【确认】按钮，完成本次零件的装配。

注意，若用户在装配过程需要对之前装配的模型的装配关系进行修改，可以在【模型树】或者图形区中选中要修改装配关系的模型，在弹出的快捷工具栏中单击【编辑定义】按钮，便可以对该模型进行装配关系的修改了。

2. 约束类型

模型的装配实质上就是对模型的六个自由度进行约束控制的过程。针对这六个自由度，Creo 提供了如下约束类型：

- 【自动】约束：元件参考相对于装配参考自动放置。
- 【距离】约束：元件参考偏移至装配参考，即元件参考与装配参考以指定距离放置。
- 【角度偏移】约束：元件参考与装配参考成一定角度，即元件参考与装配参考以指定角度放置。
- 【平行】约束：元件参考定向至装配参考，即元件参考平行于装配参考。
- 【重合】约束：元件参考与装配参考重合。
- 【法向】约束：元件参考与装配参考垂直。
- 【共面】约束：元件参考与装配参考共面。
- 【居中】约束：元件参考与装配参考同心。
- 【相切】约束：元件参考与装配参考相切。
- 【固定】约束：将元件固定到当前位置。用户可以在使用【3D 拖动器】命令将元件放置到指定位置后，使用【固定】约束将该元件进行固定约束。另外，【固定】约束完全限制了模型的六个自由度，因此，被【固定】约束的元件处于完全约束状态。
- 【默认】约束：在默认位置组装元件，即将元件上的默认坐标系与装配环境中的默认坐标系对齐。一般在装配环境中装入第一个元件时使用该约束。

为了使读者方便理解各约束的使用，下面结合图例对常用的几种约束进行说明。

（1）【距离】约束　【距离】约束是指元件和装配参考成平行关系，并具有指定的距离值。距离约束可以是点、线和面三种参考之间两两的相互关系。同时，【距离】约束的距离值可以为“0”，当距离为“0”时，两参考相互重合。图 11-9 所示的是两平面参考的距离值为“30”时的【距离】约束。

（2）【角度偏移】约束　【角度偏移】是指元件与装配的参考之间的角度关系，并具有指定的角度值。【角度偏移】适用的参考对象为线和面。同样地，若指定的角度值为“0”时，两参考之间重合。图 11-10 所示的是两参考面的角度值为“30”时的【角度偏移】约束。

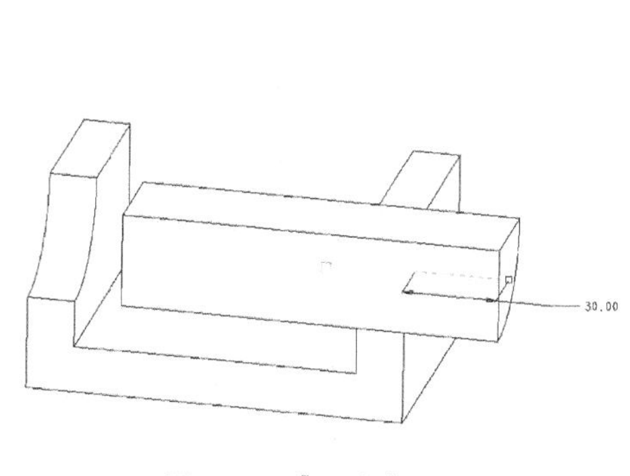

图 11-9 【距离】约束

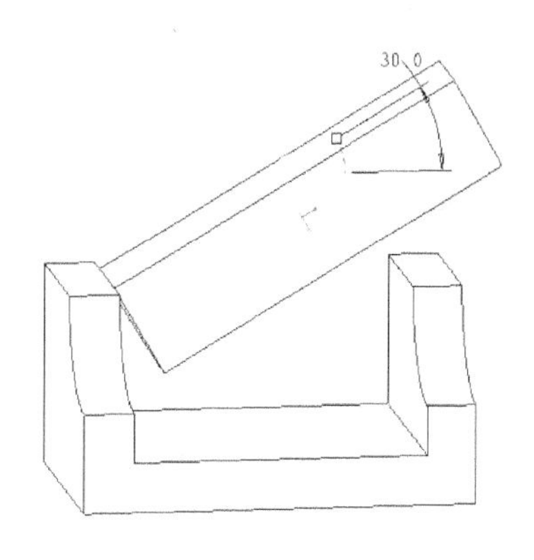

图 11-10 【角度偏移】约束

（3）【重合】约束　【重合】约束是指元件与装配的参考之间的重合关系，同样地适用与点、线与面之间的两两关系。图 11-11 所示的是几种常见的重合关系。

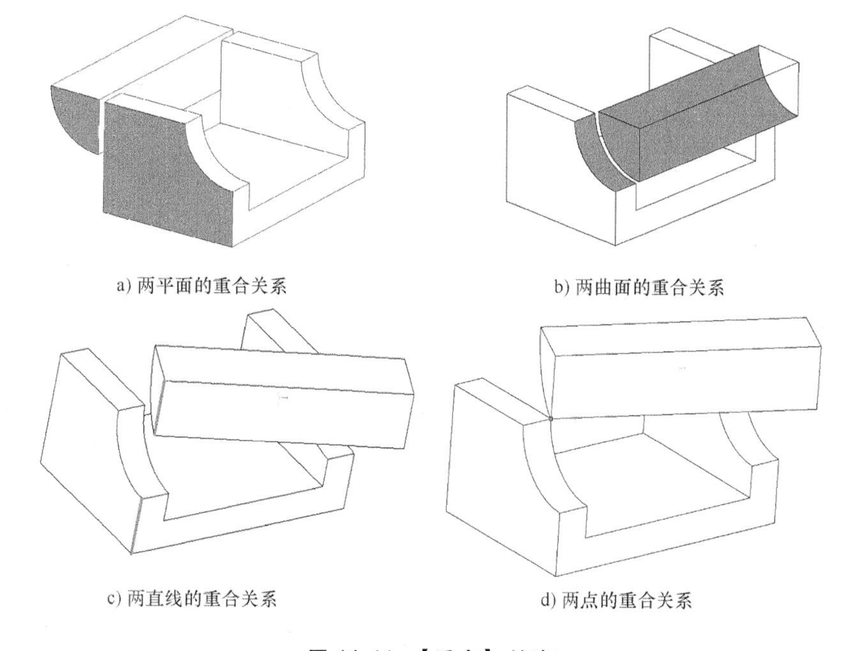

图 11-11 【重合】结束

当然，【重合】约束并不局限与上述四种，也可以是点与面、点与线、线与面等组合形式，用户可以根据需求自由搭配。

（4）【相切】约束　【相切】约束是指元件与装配的参考相切，如图 11-12 所示。

3. 元件编辑

一个装配体完成后，可以对装配体中的任何元件，包括零件和次组件进行打开、编辑定义等操作。

在【模型树】中或者图形区，选中要操作的模型，单击鼠标左键，在如图 11-13 所示的快捷工具栏中，单击【激活】按钮◈，即激活当前装配体中的选定模型。此时用户可以对已经激活的模型进行编辑操作，同时可以在装配关系下参考其他的模型特征辅助进行，操作完成后激活总装配体，回到装配环境；单击【打开】按钮，即在一个新打开的零件/装配环境下打开零件/子装配模型，用户可以对其进行相应的操作；单击【编辑定义】按钮，即打开该模型的【元件放置】操作面板，此时用户可以对该模型的约束进行修改、删除或者新增约束。

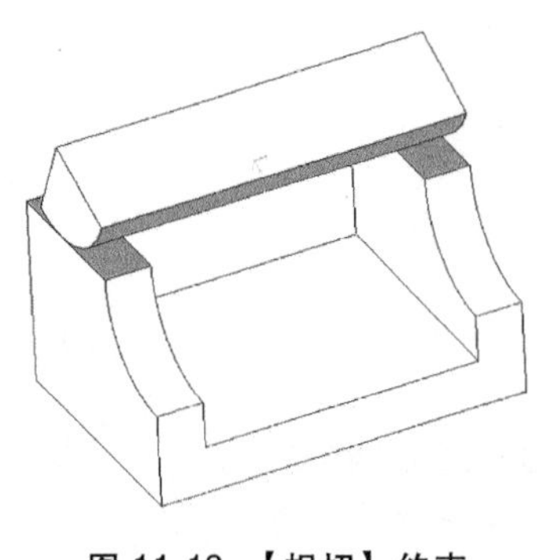

图 11-12 【相切】约束

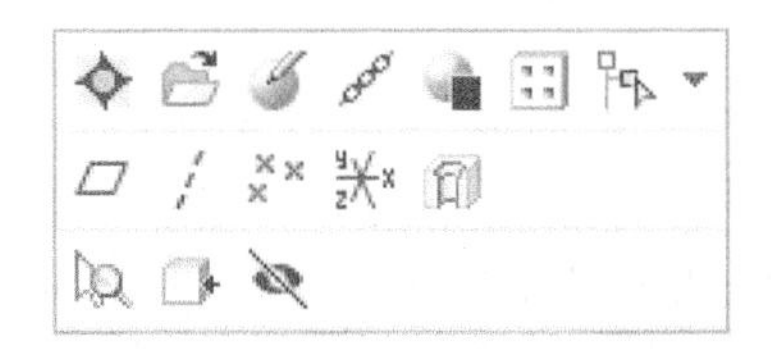

图 11-13 快捷工具栏

11.2 球阀的装配

本例将如图 11-14 所示的零件装配在一起。注意，该实例目的是为了向读者演示装配过程和方法，因此模型中的零件很多细节已经被忽略。

1. 新建文件

单击【新建】按钮，或者单击【文件】|【新建】命令。打开【新建】对话框，选择新文件【类型】为【装配】，【子类型】为【设计】，并输入文件名为“qiufa”，取消选择【使用默认模板】。单击【确定】按钮打开【新文件选项】对话框，选择【模板】为“mmns_ asm_ design”，单击【确定】按钮，进入装配环境。

2. 调入阀体

单击【组装】按钮，弹出【打开】对话框，选择“FATI. prt”，单击【打开】按钮或者直接双击该文件，调入到装配环境中。如图 11-15 所示。

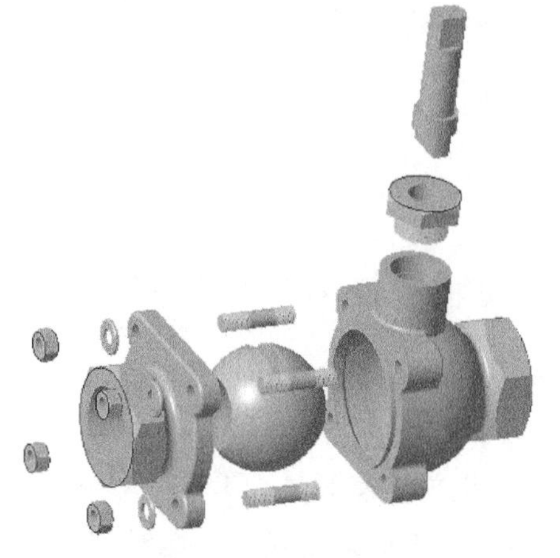

图 11-14 装配零件

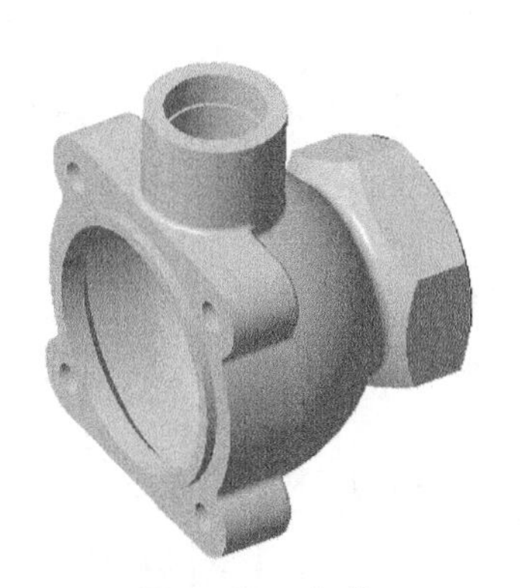

图 11-15 阀体

此时，自动切换到【元件放置】操作面板，分别用鼠标左键单击选择“FATI”的坐标系和装配环境的坐标系作为参考，将【约束类型】设定为【重合】，单击【确认】按钮 ，完成第一个零件“FATI”的放置，如图 11-16 所示。

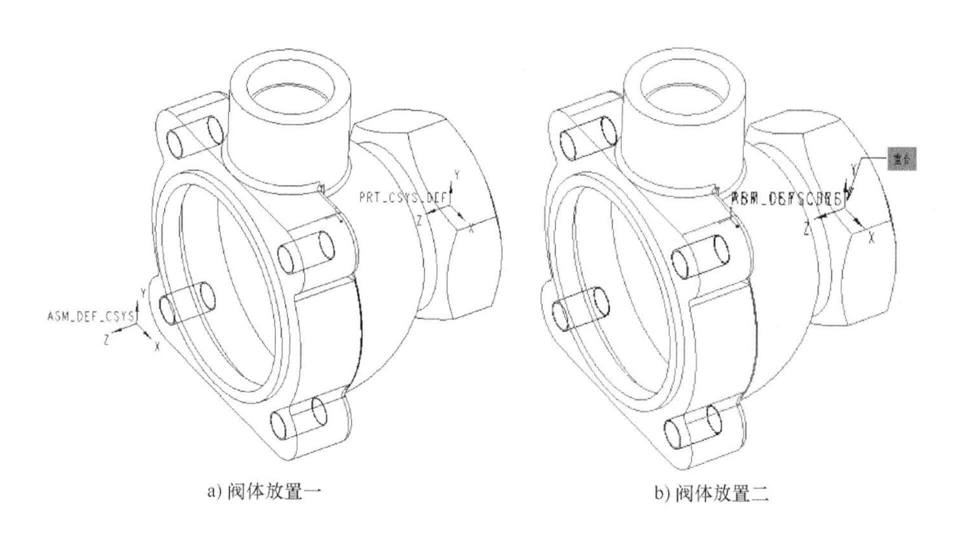

a) 阀体放置一　　b) 阀体放置二

图 11-16　阀体放置

3. 装配阀芯

1）调入名为“FAXIN. prt”的阀芯零件模型。在【元件放置】操作面板中，指定【约束类型】为【重合】，分别选取阀芯的通孔曲面和阀体的进口曲面作为约束参考。如图 11-17a所示。

2）单击【新建约束】按钮，再指定【约束类型】为【平行】，分别选取阀芯槽的底面和阀体的顶面作为约束参考。如图 11-17b 所示。

3）单击【新建约束】按钮，再指定【约束类型】为【距离】，分别选取阀芯槽的侧面和阀体的顶部的基准轴作为约束参考，并在【偏移】文本框中输入距离值为“5.5”，若方向不对可以输入负值“-5.5”进行偏移方向切换。如图 11-17c、d 所示。

4）单击【确认】按钮 ，完成阀芯的放置。

4. 装配阀杆

1）调入名为“FAGAN. prt”的阀杆零件模型。在【元件放置】操作面板中，指定【约束类型】为【重合】，分别选取阀杆的外圆曲面和阀体上阀杆安置孔的内圆曲面作为约束参考。如图 11-18a 所示，若方向不对可以单击【放置】下滑面板中的【反向】按钮 。

2）单击【新建约束】按钮，再指定【约束类型】为【重合】，分别选取阀杆的端面和阀芯槽的底面作为约束参考。如图 11-18b 所示。

3）单击【新建约束】按钮，再指定【约束类型】为【平行】，分别选取阀杆前端的侧平面和阀芯槽的侧面作为约束参考。如图 11-18c。

4）单击【确认】按钮 ，完成阀杆的放置。

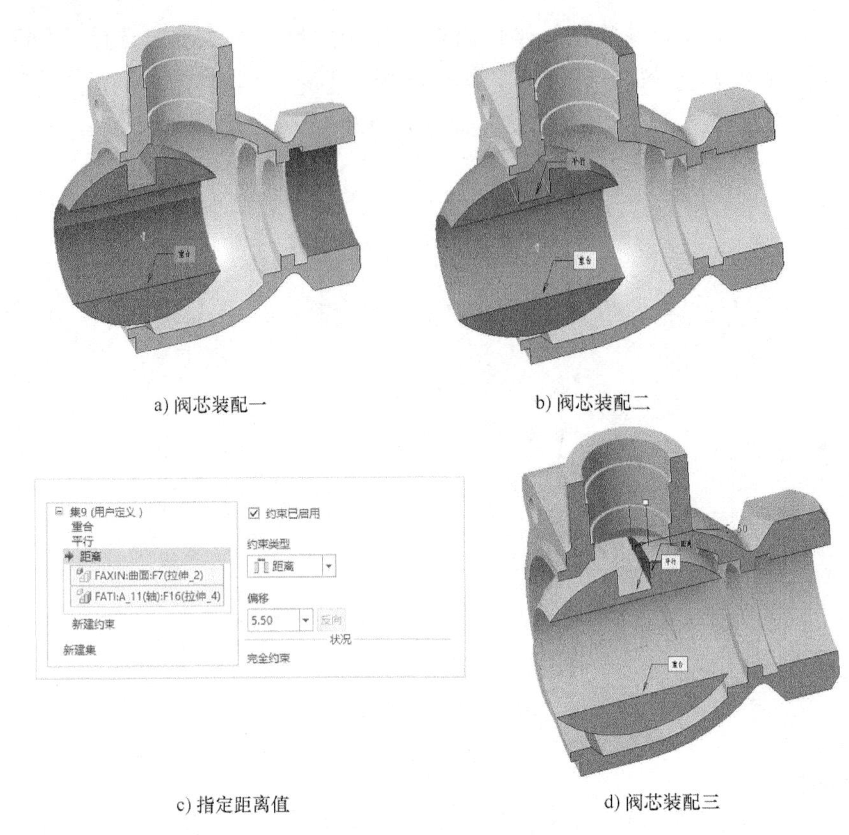

a) 阀芯装配一　　b) 阀芯装配二

c) 指定距离值　　d) 阀芯装配三

图 11-17　阀芯装配

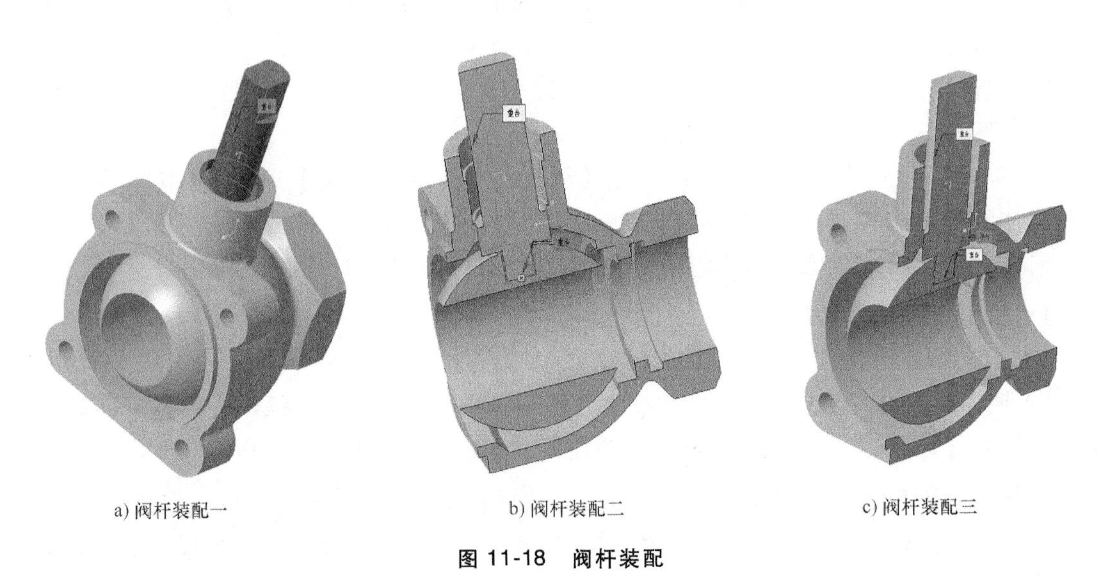

a) 阀杆装配一　　b) 阀杆装配二　　c) 阀杆装配三

图 11-18　阀杆装配

5. 装配止退结构

1）调入名为“ZHITUIJIEGOU. prt”的止退结构零件模型。在【元件放置】操作面板中，指定【约束类型】为【重合】，分别选取止退结构的内圆曲面和阀杆的外圆曲面作为约束参考。如图 11-19a 所示，若方向不对可以单击【放置】下滑面板中的【反向】按钮。

2）单击【新建约束】按钮，再指定【约束类型】为【重合】，分别选取止退结构的阶梯面和阀体的端面作为约束参考。如图 11-19b 所示。

3）单击【确认】按钮，完成止退结构的放置。

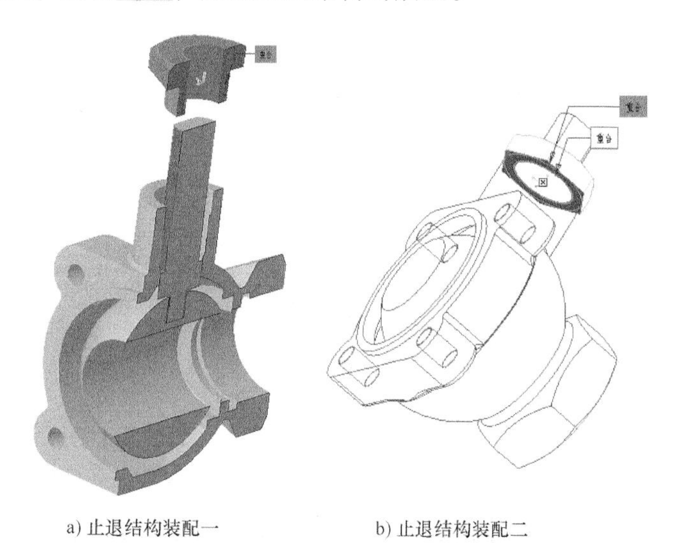

a) 止退结构装配一　　b) 止退结构装配二

图 11-19　止退结构装配

6. 装配螺柱

1）调入名为“M10LUOZHU. prt”的螺柱零件模型。在【元件放置】操作面板中，指定【约束类型】为【重合】，分别选取螺柱的外圆曲面和安装孔的内圆曲面作为约束参考。如图 11-20a 所示。

2）单击【新建约束】按钮，再指定【约束类型】为【距离】，分别选取螺柱的端面和阀体的端面作为约束参考，并指定距离值为“-17”，若方向不对可以单击【反向】按钮切换方向。如图 11-20b 所示。

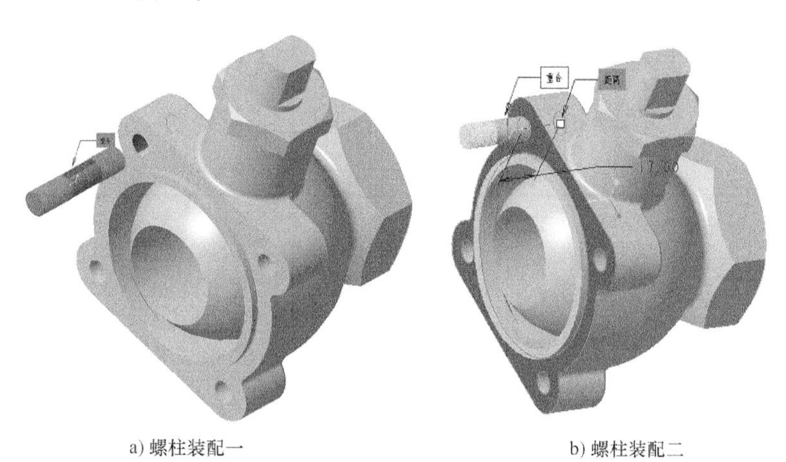

a) 螺柱装配一　　b) 螺柱装配二

图 11-20　螺柱装配

3）单击【确认】按钮，完成一个螺柱的放置。

4）在【模型树】或者图形区中，选中螺柱，单击【阵列】按钮，选定阵列类型为【轴】，选择阀体的中心轴线作为阵列参考轴，指定阵列成员数为“4”、阵列角度为“90”，单击【确认】按钮，完成螺柱的阵列，如图 11-21 所示。

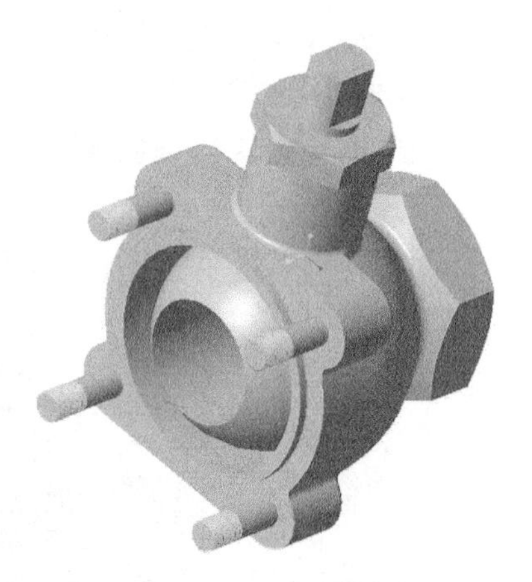

图 11-21 阵列螺柱

7. 装配阀盖

1）调入名为“FAGAI. prt”的阀盖零件模型。在【元件放置】操作面板中，指定【约束类型】为【重合】，分别选取阀盖的端面和阀体对应的端面作为约束参考。如图 11-22a 所示。

2）单击【新建约束】按钮，再指定【约束类型】为【重合】，分别选取阀盖的侧面和阀体的对应侧面作为约束参考。如图 11-22b 所示。

3）单击【新建约束】按钮，再指定【约束类型】为【重合】，分别选取阀盖的连接孔内圆曲面和对应的螺柱外圆曲面作为约束参考。如图 11-22c 所示。

4）单击【确认】按钮，完成阀盖的放置。

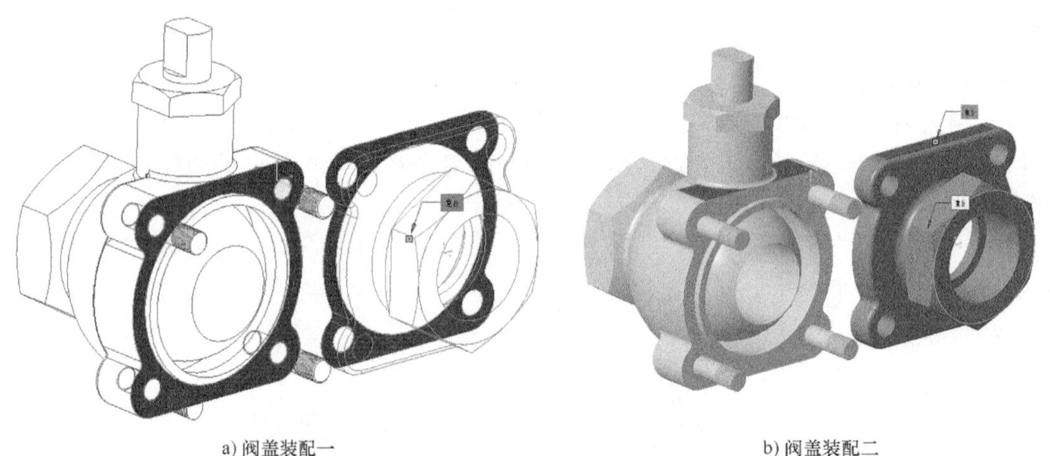

a) 阀盖装配一　　b) 阀盖装配二

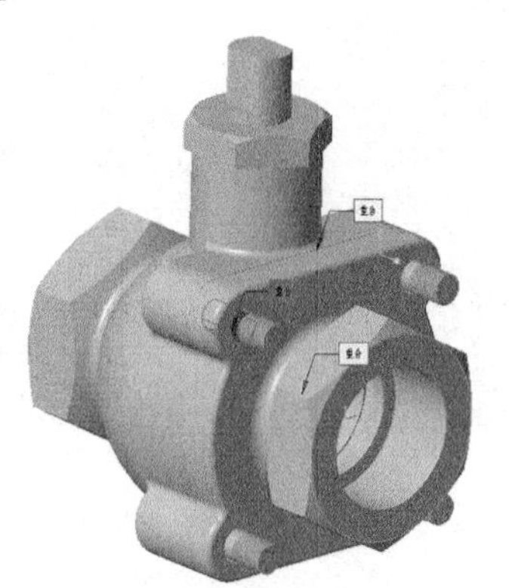

c) 阀盖装配三

图 11-22 阀盖装配

8. 装配垫片

1）调入名为“DIANPIAN. prt”的垫片零件模型。在【元件放置】操作面板中，指定【约束类型】为【重合】，分别选取垫片的端面和阀盖对应的端面作为约束参考。如图 11-23a所示。

2）单击【新建约束】按钮，再指定【约束类型】为【重合】，分别选取垫片通孔内圆曲面和螺柱的外圆曲面作为约束参考。如图 11-23b 所示。

3）单击【确定】按钮，完成垫片的放置。

4）在【模型树】或者图形区中，选中螺柱，单击【阵列】按钮，选定阵列类型为【参考】，即参考之前的阵列操作的形式，单击【确认】按钮，完成垫片的阵列，如图 11-24所示。

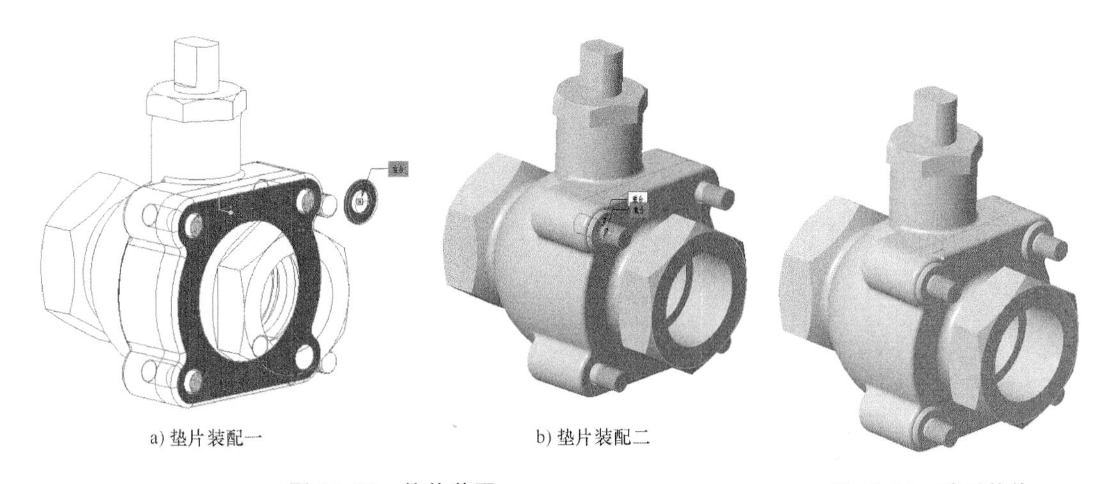

a) 垫片装配一　　b) 垫片装配二

图 11-23　垫片装配

图 11-24　阵列垫片

9. 装配螺母

参照第 8 步中垫片的装配和阵列方法装配螺母，最终效果如图 11-25a 所示，图 11-25b 所示为球阀剖切视图。

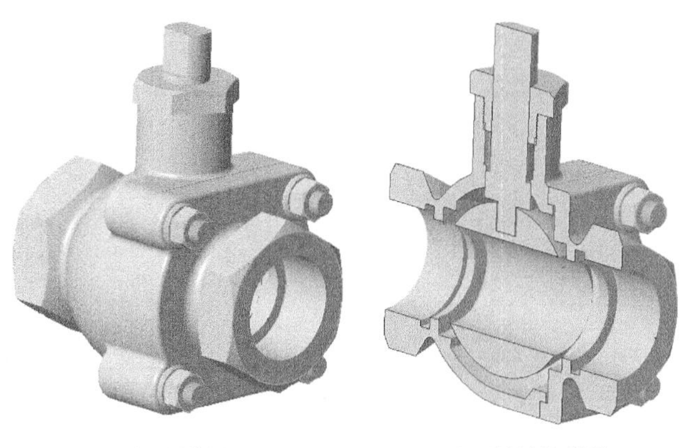

a）球阀总装图　　b）球阀剖切视图

图 11-25　装配螺母

10. 保存文件

保存当前建立的装配模型。

注意，对于一些复杂的装配体而言，往往由于一些视觉的阻挡导致无法选择相关参考进行装配操作。此时，用户可以使用隐藏部分遮挡零件或者采取剖切的方法把被遮挡的零件模型暴露在视野中。本例的球阀装配就运用到了截面剖切的方法。单击【截面】按钮的下拉列表，选择【X 方向】选项即可。用户也可以根据自己的需求选取或定义其他方向上的截面，此处不做展开。

11.3 减速器的装配

本实例将完成如图 11-26 所示的一级减速器的装配。其装配过程依次为：装配输出轴子装配、装配输入轴子装配以及总装配。

1. 新建零件文件

单击【新建】按钮，或者单击【文件】|【新建】命令。打开【新建】对话框，选择新文件【类型】为【装配】，【子类型】为【设计】，并输入文件名为【shuchuzhou】，取消选择【使用默认模板】。单击【确定】按钮打开【新文件选项】对话框，选择【模板】为“mmns_ asm_ design”，单击【确定】按钮，进入装配环境。

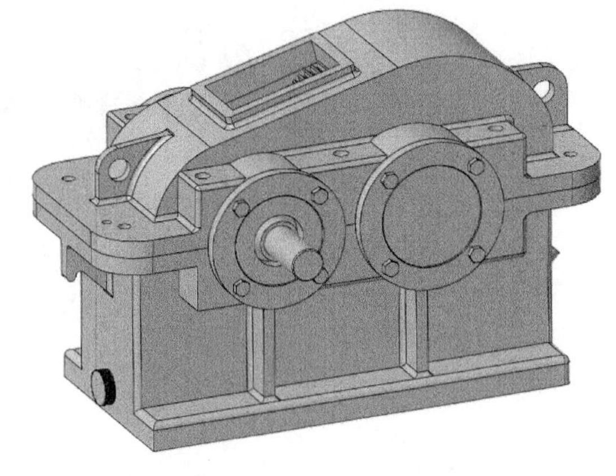

图 11-26 一级减速器

2. 放置大轴

单击【组装】按钮，弹出【打开】对话框，选择“dazhou. prt”，单击【打开】按钮或者直接双击该文件，调入到装配环境中。

此时，自动切换到【元件放置】操作面板，分别用鼠标左键单击选择“dazhou”的坐标系和装配环境的坐标系作为参考，将【约束类型】设定为【重合】，单击【确认】按钮，完成第一个零件“dazhou”的放置，如图 11-27 所示。

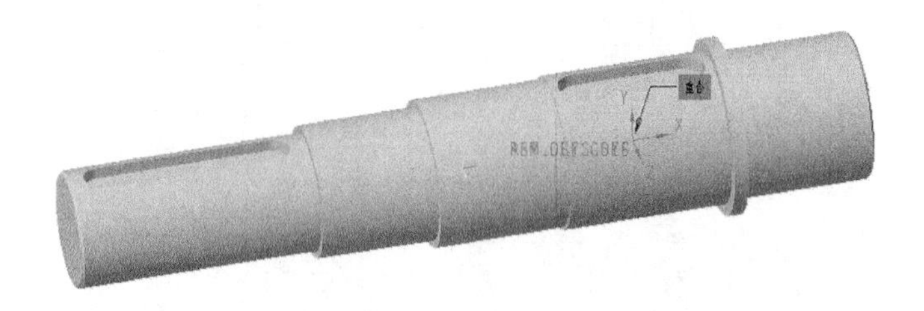

图 11-27 放置大轴

3. 装配键

1）调入名为“jian. prt”的键模型。在【元件放置】操作面板中，指定【约束类型】为【重合】，分别选取键的端平面和大轴键槽的底面作为约束参考。如图 11-28a 所示。

2）单击【新建约束】按钮，再指定【约束类型】为【重合】，分别选取键的侧平面和大轴键槽的侧面作为约束参考。如图 11-28b 所示。

3）单击【新建约束】按钮，再指定【约束类型】为【重合】，分别选取键的圆弧曲面和大轴键槽的圆弧对应曲面作为约束参考。如图 11-28c 所示。

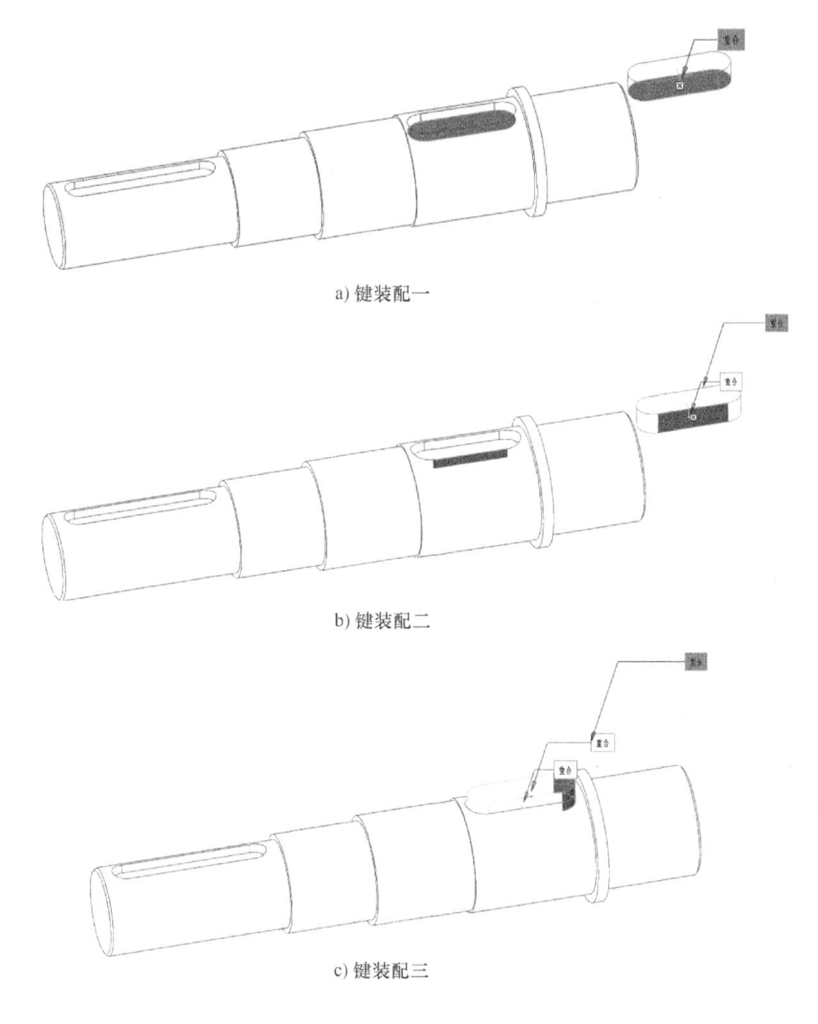

a) 键装配一

b) 键装配二

c) 键装配三

图 11-28　键装配

4）单击【确认】按钮，完成键的放置。

4. 装配大齿轮

1）调入名为“dachilun. prt”的大齿轮模型。在【元件放置】操作面板中，指定【约束类型】为【重合】，分别选取大齿轮的轴孔曲面和大轴的外圆曲面作为约束参考。如图 11-29a所示。

2）单击【新建约束】按钮，再指定【约束类型】为【重合】，分别选取大齿轮键槽的侧面和键对应的侧平面作为约束参考。如图 11-29b 所示。

3）单击【新建约束】按钮，再指定【约束类型】为【重合】，分别选取大齿轮的端面和对应轴肩的阶梯面作为约束参考。如图 11-29c 所示。

4）单击【确认】按钮 ✓，完成大齿轮的放置。

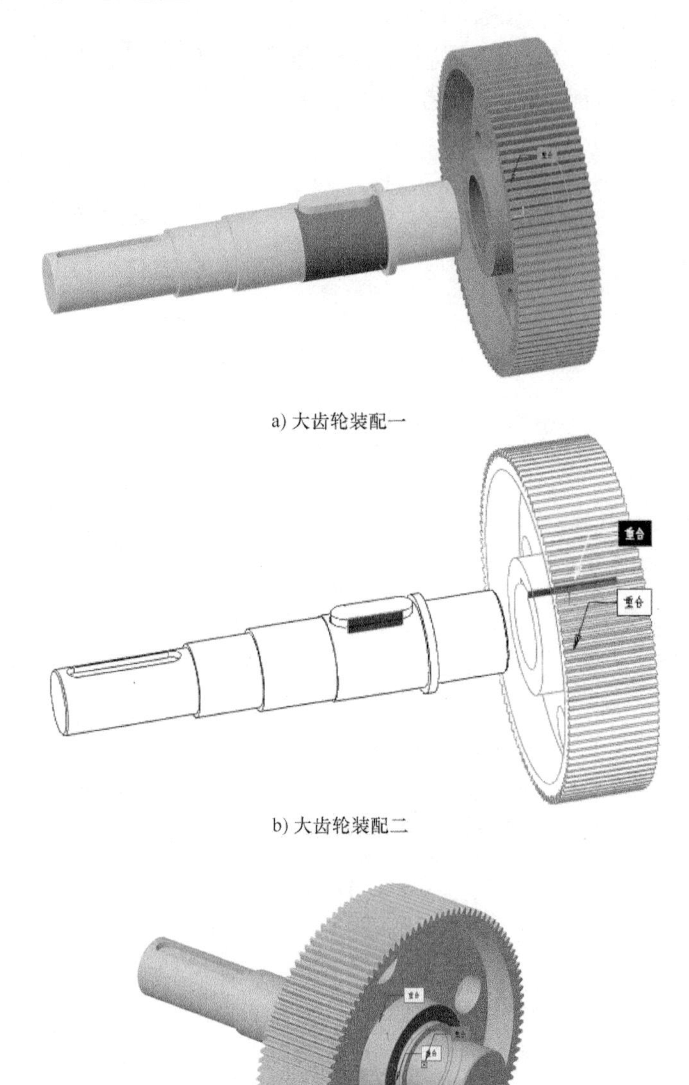

a) 大齿轮装配一

b) 大齿轮装配二

c) 大齿轮装配三

图 11-29　大齿轮装配

5. 装配轴挡

1）调入名为“zhoudang. prt”的轴挡模型。在【元件放置】操作面板中，指定【约束类型】为【重合】，分别选取轴挡的轴孔曲面和大轴的外圆曲面作为约束参考。如图 11-30a 所示。

2）单击【新建约束】按钮，再指定【约束类型】为【重合】，分别选取轴挡的端面和大轴轴肩对应的阶梯面作为约束参考。如图 11-30b 所示。

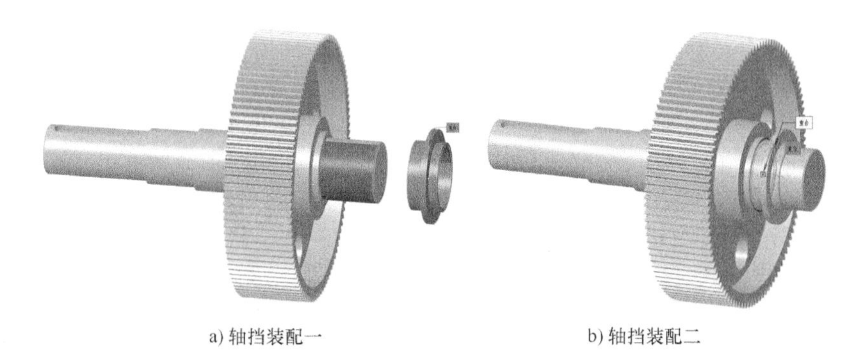

a) 轴挡装配一　　b) 轴挡装配二

图 11-30　轴挡装配

3）单击【确认】按钮，完成轴挡的放置。

相同的方法装配另一侧轴挡。

6. 装配 6210 轴承

1）调入名为“6210. asm”的轴承子装配模型。在【元件放置】操作面板中，指定【约束类型】为【重合】，分别选取轴承的轴孔曲面和大轴的外圆曲面作为约束参考。如图 11-31a所示。

2）单击【新建约束】按钮，再指定【约束类型】为【重合】，分别选取轴承的端面和轴挡对应的端面作为约束参考。如图 11-31b 所示。

3）单击【确认】按钮，完成轴承的放置。

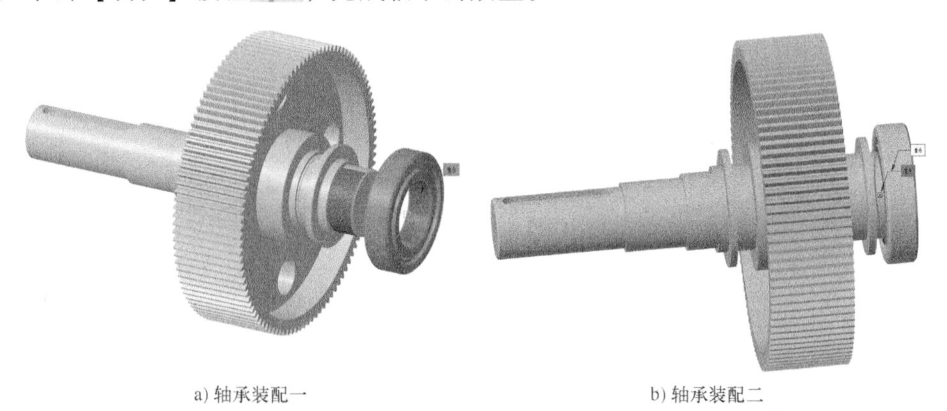

a) 轴承装配一　　b) 轴承装配二

图 11-31　轴承装配

相同的方法装配另一侧轴承。

到此已经完成了输出轴的装配过程，用同样的方法装配输入轴。并分别保存得到名为“shuchuzhou”和“shuruzhou”的两个装配作为减速器总装配的子装配。

7. 新建装配文件

用同样的方法新建一个名为“jiansuqi”的装配文件。

8. 放置箱座

单击【组装】按钮，弹出【打开】对话框，选择“xiangzuo. prt”，单击【打开】按钮或者直接双击该文件，调入到装配环境中。

用鼠标左键单击选择“xiangzuo”的坐标系和装配环境的坐标系作为参考，将【约束类型】设定为【重合】，单击【确认】按钮✔，完成第一个零件“xiangzuo”的放置，如图11-32所示。

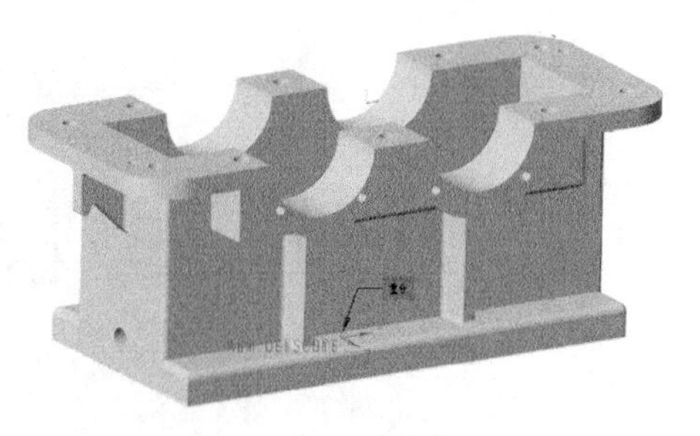
图11-32 放置箱座

9. 装配端盖

1）调入名为“duangai”的端盖模型。在【元件放置】操作面板中，指定【约束类型】为【重合】，分别选取端盖的外圆曲面和轴承安装孔的内圆曲面作为约束参考。如图11-33a所示。

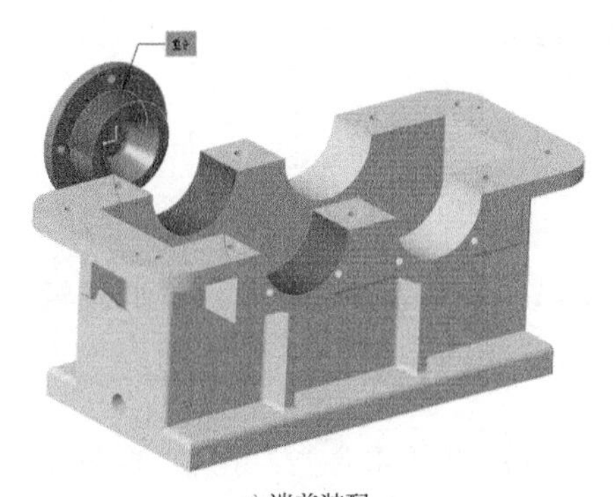
a) 端盖装配一

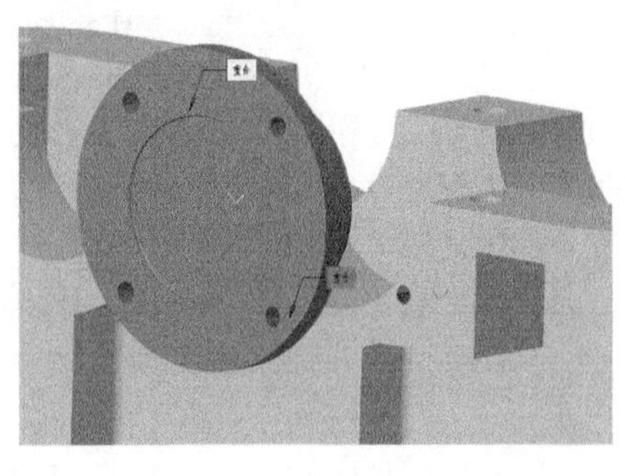
b) 端盖装配二

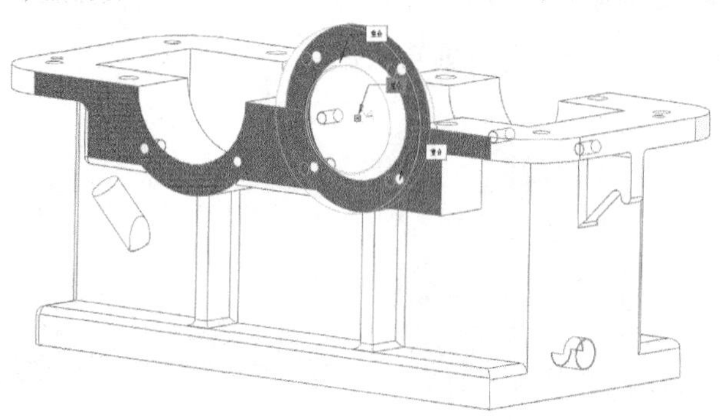
c) 端盖装配三

图11-33 端盖装配

2）单击【新建约束】按钮，再指定【约束类型】为【重合】，分别选取端盖的安装孔内圆曲面和箱座上对应的安装孔内圆曲面作为约束参考。如图11-33b所示。

3）单击【新建约束】按钮，再指定【约束类型】为【重合】，分别选取端盖的阶梯面和箱座上对应的端面作为约束参考。如图11-33c所示。

4）单击【确认】按钮✔，完成端盖的放置。

用同样的方法放置另外三个端盖，如图11-34所示。

图11-34 端盖装配

10. 输入轴装配

1）调入名为“shuruzhou. asm”的输入轴子装配模型。在【元件放置】操作面板中，指定【约束类型】为【重合】，分别选取输入轴子装配的轴承外圆曲面和轴承安装孔的内圆曲面作为约束参考。如图 11-35a 所示。

2）单击【新建约束】按钮，再指定【约束类型】为【重合】，分别选取输入轴子装配轴承端面和端盖对应的端面作为约束参考。如图 11-35b 所示。

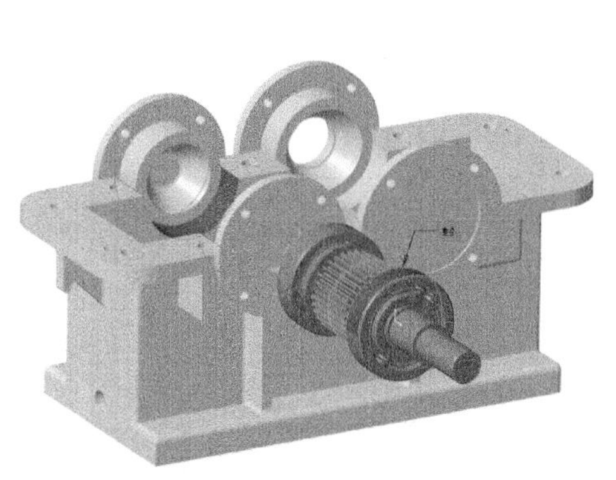

a) 输入轴装配一

b) 输入轴装配二

图 11-35　输入轴子装配

3）单击【确认】按钮 ✔，完成输入轴的放置。

同样的方法装配输出轴子装配。如图 11-36 所示。

图 11-36　输出轴子装配

11. 箱盖装配

1）调入名为“xianggai. prt”的箱盖模型。在【元件放置】操作面板中，指定【约束类型】为【重合】，分别选取箱盖的端面和箱座的端面作为约束参考。如图 11-37a 所示。

2）单击【新建约束】按钮，再指定【约束类型】为【重合】，分别选取箱盖的定位销孔内圆曲面和箱座对应的定位销孔内圆曲面作为约束参考。如图 11-37b 所示。

3）重复上一步操作对位另一个定位销孔，如图 11-37c 所示。

4）单击【确认】按钮 ✔，完成箱盖的放置。

12. 油塞装配

1）调入名为“yousai. prt”的油塞模型。在【元件放置】操作面板中，指定【约束类型】为【重合】，分别选取油塞的外圆曲面和箱座的油塞安装孔内圆曲面作为约束参考。如图 11-38a 所示。

2）单击【新建约束】按钮，再指定【约束类型】为【重合】，分别选取油塞的阶梯面和箱座的端面作为约束参考。如图 11-38b 所示。

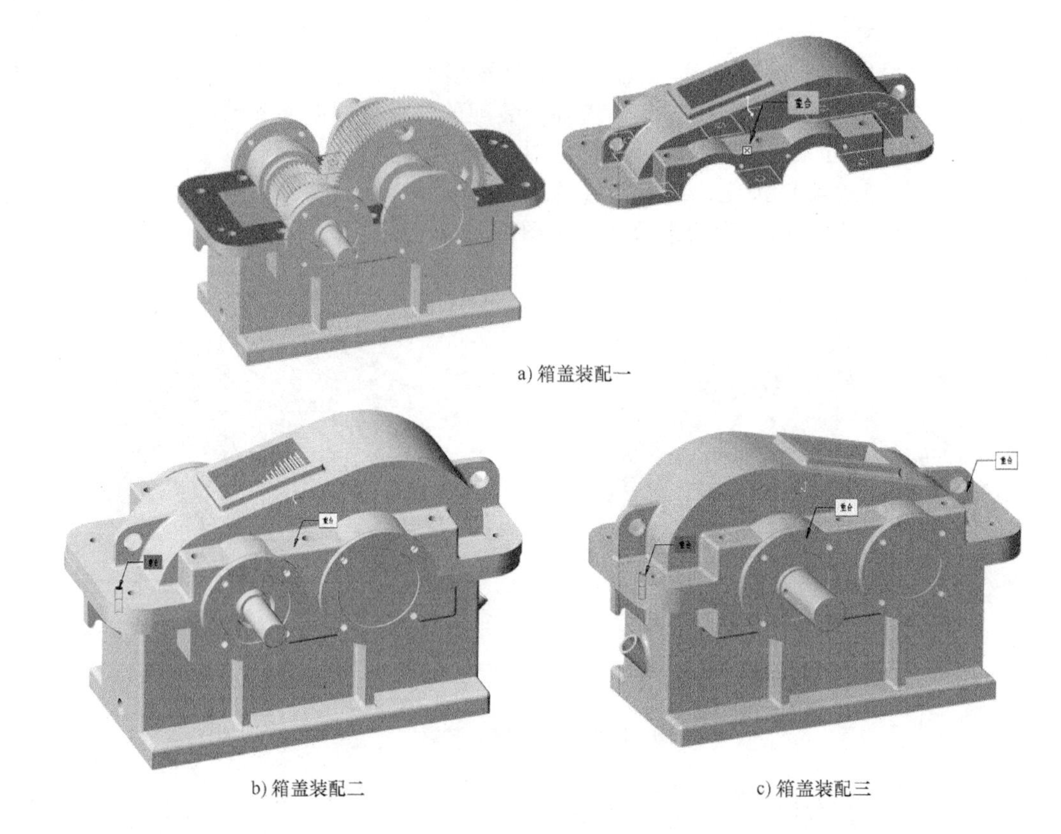

a) 箱盖装配一

b) 箱盖装配二

c) 箱盖装配三

图 11-37 箱盖装配

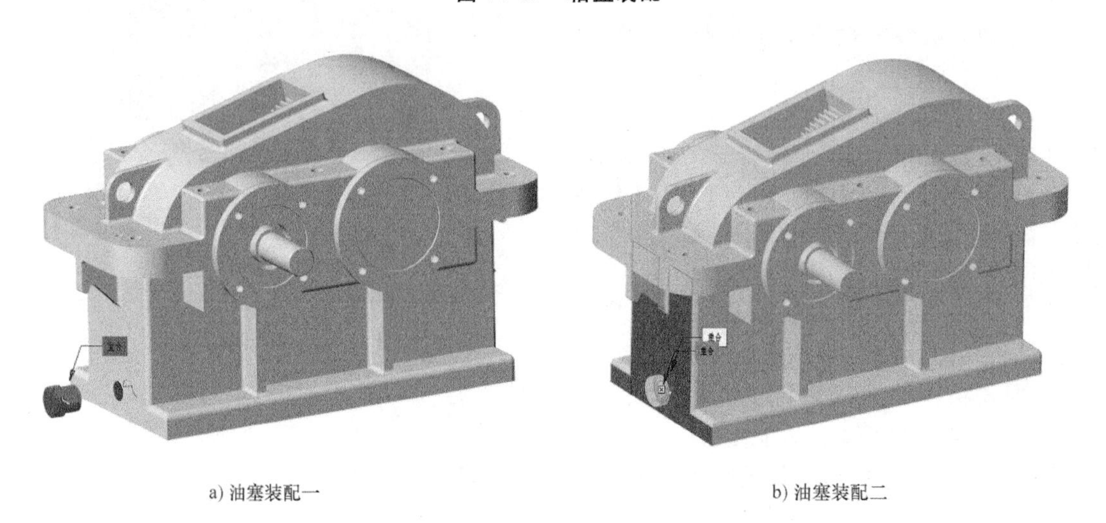

a) 油塞装配一

b) 油塞装配二

图 11-38 油塞装配

3）单击【确认】按钮 ✓，完成油塞的放置。

13. 端盖螺栓装配

1）调入名为“m8. prt”的螺栓模型。在【元件放置】操作面板中，指定【约束类型】为【重合】，分别选取螺栓的外圆曲面和端盖安装孔内圆曲面作为约束参考。如图 11-39a 所示。

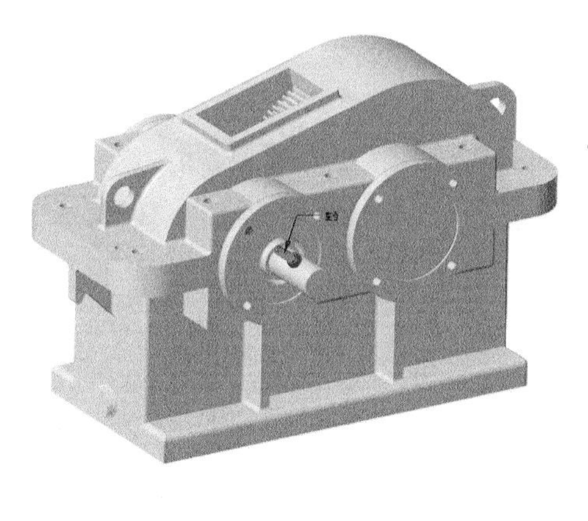

a) 螺栓装配一

b) 螺栓装配二

图 11-39　螺栓装配

2）单击【新建约束】按钮，再指定【约束类型】为【重合】，分别选取螺栓的阶梯面和端盖安装孔的端面作为约束参考。如图 11-39b 所示。

3）单击【确认】按钮，完成螺栓的放置。

4）选择已装配的螺栓模型，单击【阵列】按钮，设定阵列类型为【轴】，选择端盖中心轴线为阵列参考轴，阵列成员数为“4”，阵列角度为“90.0”，单击【确认】按钮完成螺栓的阵列。如图 11-40所示。

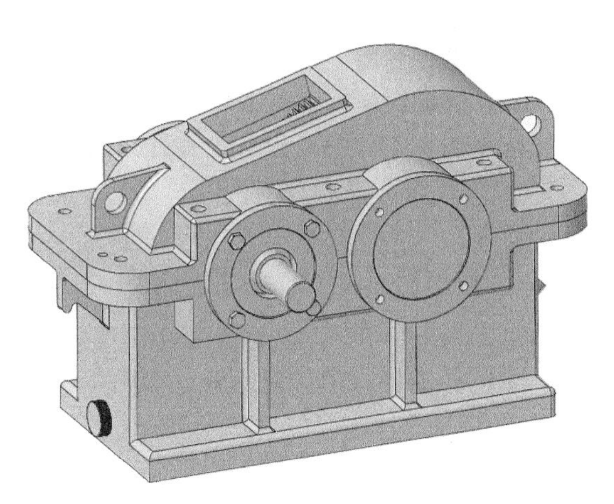

图 11-40　阵列螺栓

同样的方法，装配另外三个端盖上的螺栓，最终效果图如图 11-26 所示。

11.4　实　训　题

完成如图 11-41 所示的气缸模型装配。气缸分解图如图 11-42 所示。

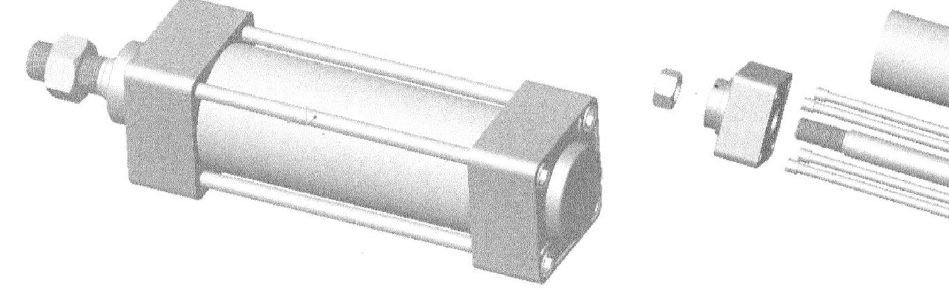

图 11-41　气缸模型

图 11-42　气缸分解图

第 12 章

二维工程图的生成

12.1 工程图创建界面及创建过程介绍

工程图是表达设计产品结构、形状及加工参数的重要图样，是设计者与制造者沟通的桥梁，在现代设计制造业中占有极其重要的地位。

零部件工程图的创建是由 Creo 4.0 中的工程图模块来完成的。零件的工程图与其零件三维模型及其装配模式下的零件都保持着参数化的关联，因此在零件和装配上的任何修改都会动态地反映在工程图上。本节通过新建一个工程图过程认识一下工程图的生成过程。

1. 工程图创建界面

新建工程图文件的操作过程如下：

1）新建绘图文件。单击【新建】工具按钮，弹出【新建】对话框。在【类型】选项组中选择 绘图，取消选择【使用默认模板】复选框，如图 12-1 所示。单击【确定】按钮，弹出【新建绘图】对话框，如图 12-2 所示。

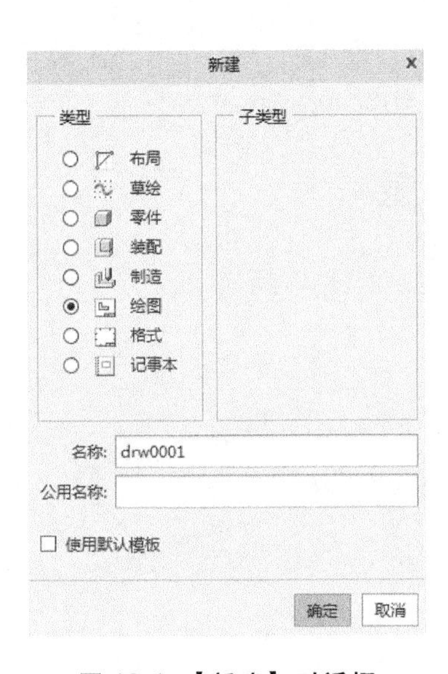

图 12-1 【新建】对话框

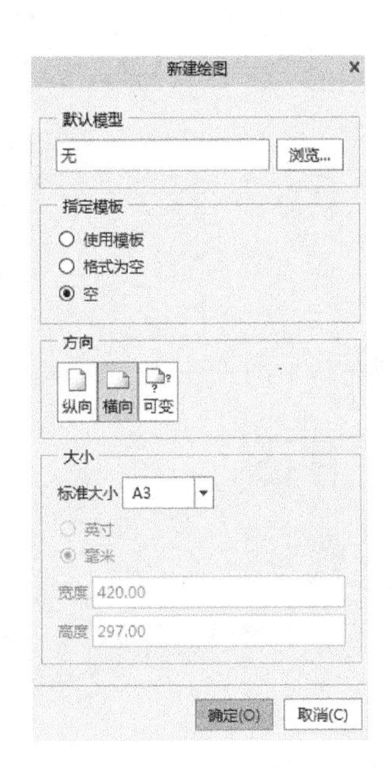

图 12-2 【新建绘图】对话框

●【默认模型】下拉列表：单击【浏览】按钮，弹出【打开】对话框，选择要为其创建工程视图的模型。注意：如果在新建工程图文件之前，已经在 Creo 中打开某零件或装配模型，那么此时可以不用单击【浏览】按钮来选择该模型，因为系统会将其视为默认模型。

●【指定模板】选项组：包括【使用模板】、【格式为空】和【空】三个单选项。

◆【使用模板】选项：选中该选项后会在下方显示【模板】选项内容，可在已有模板类型中去选择所需要的模板类型。

◆【格式为空】选项：选中该选项后会在下方显示【格式】选项内容，单击【浏览】按钮选择用户自行创建的工程图模板。

◆【空】选项：选中该选项后可选择用户自行创建的工程图模板。

2）单击对话框中的【确定】按钮，进入工程图工作界面，如图 12-3 所示。

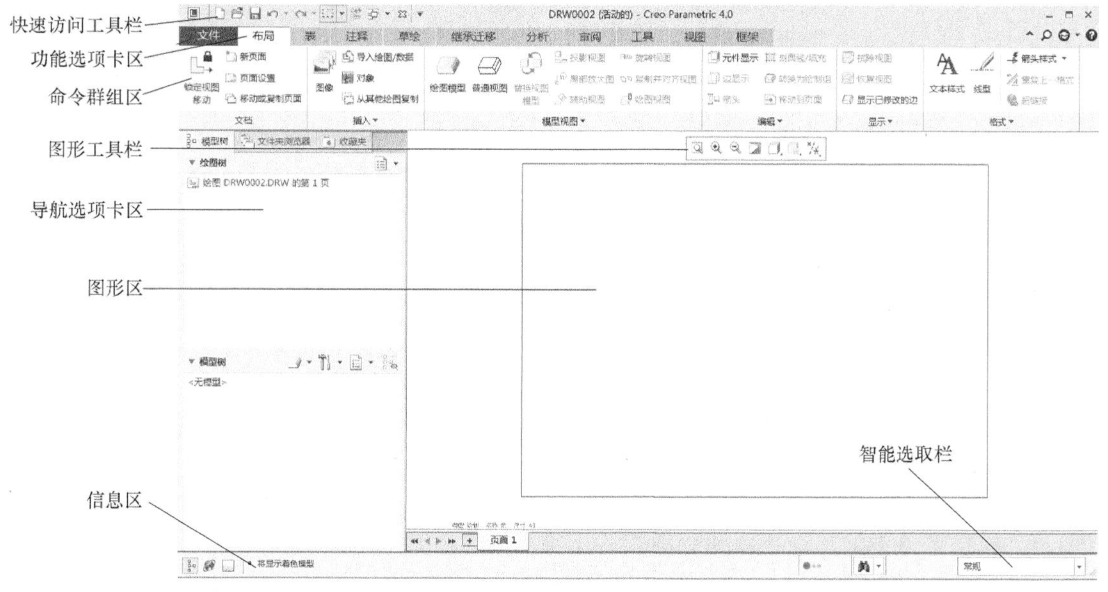

图 12-3　工程图工作界面

3）工程图的工作界面包括快速访问工具栏区、功能选项卡区、下拉菜单、命令群组区、图形区、图形工具栏、信息区、页面编辑区、导航选项卡区和智能选取栏区等。常用的工程图功能选项卡主要有【布局】、【表】、【注释】和【草绘】，其中的常用命令将在后续章节中结合实例详细介绍。

2. 修改绘图属性

绘图属性可对视图、截面、几何公差等格式进行限定，在工程图中最重要的一个投影视角也是在这里设置，设置流程如下：

1）单击【文件】|【准备】|【绘图属性】命令，弹出【绘图属性】对话框，单击对话框中【详细信息选项】后的【更改】按钮，弹出【选项】对话框，如图 12-4 所示。

2）在对话框【选项】下方空白栏中输入“projection_ type”，在【值】下方空白栏中单击，显示内容为“third_ angle”，单击该空白栏末尾倒三角，在弹出列表选项中选择“first_ angle”，即把第三视角改成第一视角。

3）单击【确定】按钮退出【选项】对话框，单击【关闭】按钮退出【绘图属性】对话框。

3. 创建工程图的一般流程

工程图以表达完整为目的，由各种视图组成。这些视图包括标准三视图、辅助视图、投

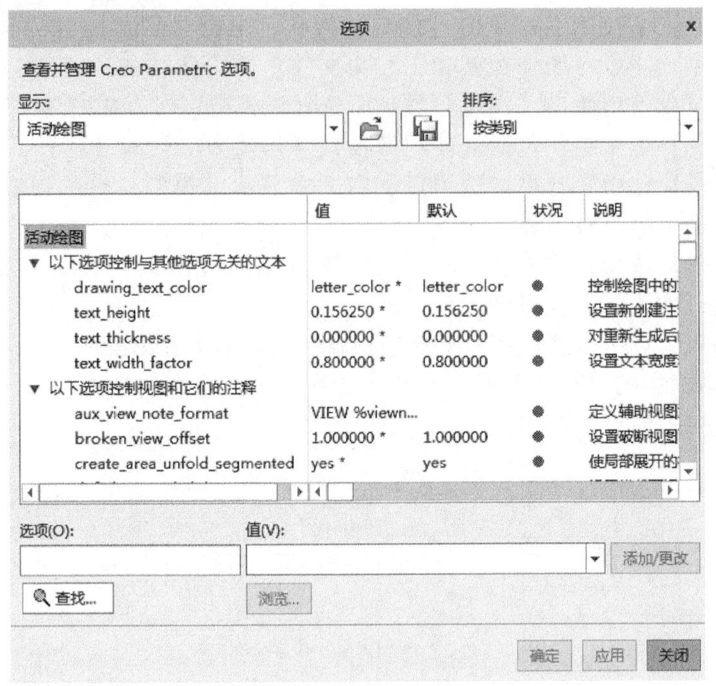

图 12-4 【选项】对话框

影视图、半剖视图、剖视图、局部视图等。工程图创建前需要进行很好的规划，明确视图种类及个数，明确标注类型等。创建工程图的一般流程如下：

1）新建工程图文件，进入工程图创建界面。

2）添加零件或装配件三维模型。

3）创建视图。

① 创建常规视图，常规视图常被用作主视图。

② 创建投影视图。

③ 当投影图难以将零件表达清楚时，创建辅助视图。

④ 必要时创建详细视图。

⑤ 必要时创建剖视图。

4）工程图标注。

① 尺寸标注。

② 尺寸公差标注。

③ 几何公差标注。

④ 标注表面粗糙度。

⑤ 添加注解。

5）输出或打印工程图。

12.2 视图创建实例

12.2.1 轴的零件图的创建

如图 12-5 所示的轴，轴长 415，最大外径为 70。在创建轴的零件图时，为了节省图纸空间采用了破断视图，此外，在表现键槽结构时，应用了移出截面特征。移出截面属于普通视图，其优势在于可以任意移动位置，移出截面的前提是需要创建截面。

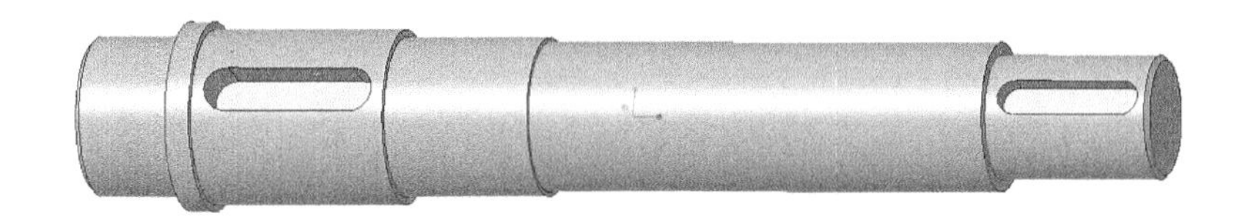

图 12-5 轴零件

1. 导入模型

单击界面顶部快速访问工具栏中的【打开】按钮，导入如图 12-5 所示的轴零件 “zhou. prt”。

2. 创建辅助平面

单击功能区【基准】面板中的【平面】工具按钮，选取轴端端面为参考平面，输入适当偏移距离，在键槽处创建辅助平面。按此方法，分别在两处键槽中部创建辅助平面，如图 12-6 所示。

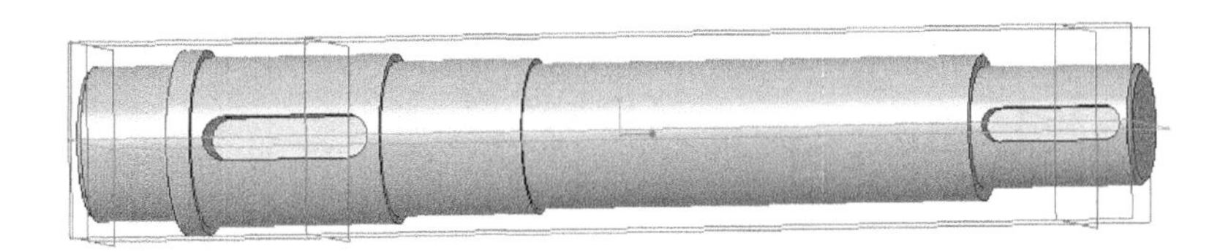

图 12-6 创建辅助平面

3. 定义零件剖切截面

1）单击前导工具栏中的【视图管理器】工具按钮，弹出【视图管理器】对话框，单击【截面】选项卡后，对话框如图 12-7 所示。

图 12-7 【视图管理器】对话框

2）在【视图管理器】对话框中单击【新建】|【平面】，然后输入截面的名称为“A”，按<Enter>键后在界面顶部弹出【截面】特征面板，如图 12-8 所示。

3）创建大键槽截平面。单击在大键槽处创建的辅助平面，箭头方向不应影响断面图的显示效果，可通过特征面板中的【反向工作截面】工具按钮进行调节，结果如图 12-9 所示。其余设置不变，单击特征面板中的【确认】按钮，完成创建。

4）创建小键槽截平面。命名截面名称为“B”，弹出【截面】特征面板后，单击在小键槽处创建的辅助平面，其余设置不变，创建如图 12-10 所示图形。单击特征面板中的【确认】按钮，完成

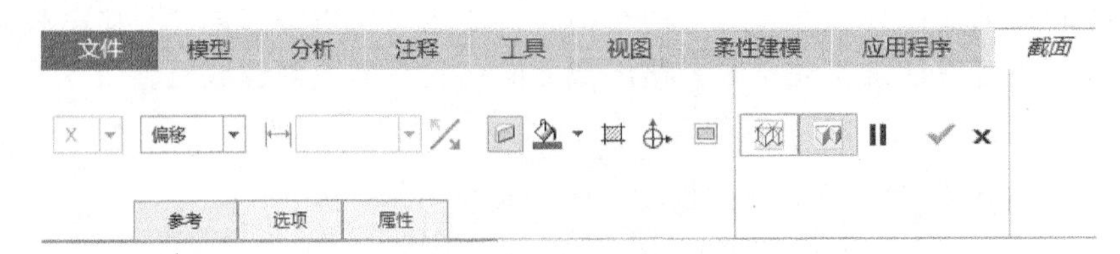

图 12-8 【截面】特征面板

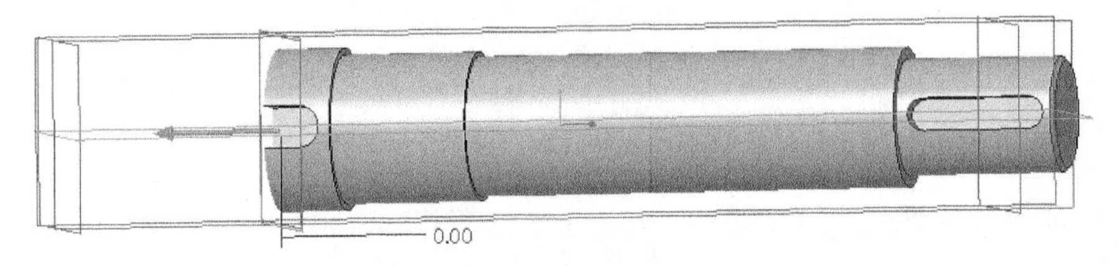

图 12-9 创建大键槽截平面

创建。

5）回到【视图管理器】对话框，双击空白框中的【无横截面】，将轴恢复完整，单击【关闭】按钮退出。单击界面顶部的快速访问工具栏中的【保存】按钮，保存截面创建内容。

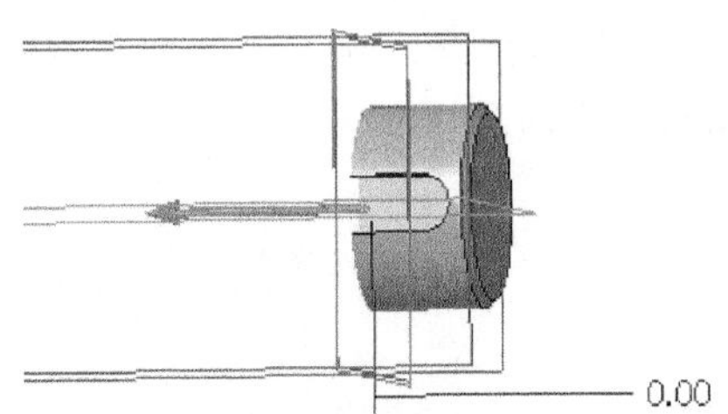

图 12-10 创建小键槽截平面

4. 新建工程图文件

1）单击界面顶部快速访问工具栏中的【新建】按钮，新建一个【名称】为“zhou”的绘图文件。在弹出的【新建绘图】对话框中将轴零件“zhou. prt”导入【默认模型】列表，其余设置如图 12-11 所示。单击【确定（O）】按钮，进入工程图工作界面。

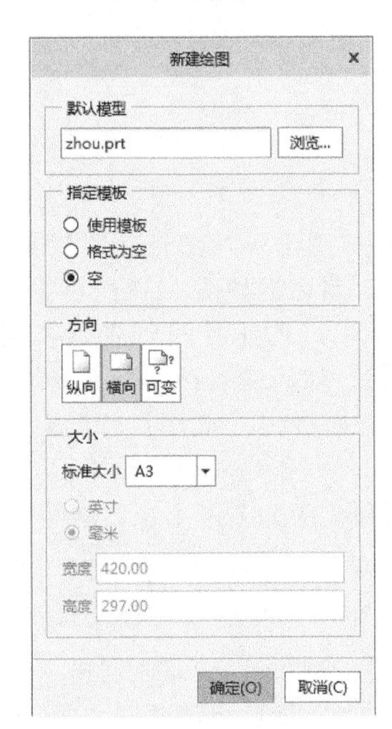

图 12-11 【新建绘图】对话框设置

2）修改绘图属性：单击【文件】|【准备】|【绘图属性】命令，弹出【绘图属性】对话框，单击对话框中【详细信息选项】后的【更改】按钮，弹出【选项】对话框。搜索“projection_ type”，将【值】的内容设置为“first_ angle”，即把第三视角改成第一视角。设置好后单击【确定】按钮，返回工程图工作界面。

5. 创建主视图

注意：工程图中的各个视图必须在【布局】选项卡中创建。

1）在功能区【模型视图】面板中单击【普通视图】工具按钮，弹出如图 12-12 所示的【选择组合状态】对话框。接受默认设置，单击【确定（O）】按钮。

2）在界面底部系统信息区提示：选择绘图视图的中心点。，在图形区方框内选择一点单击，弹出【绘图视图】对话框，如图 12-13 所示。此时在图形区显示轴零件的预览情况。

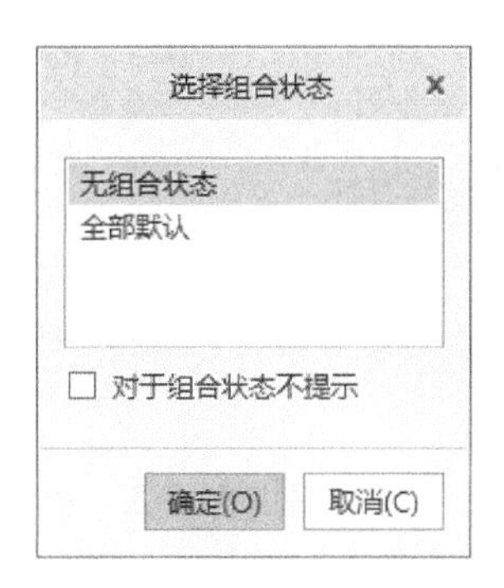

图 12-12 【选择组合状态】对话框

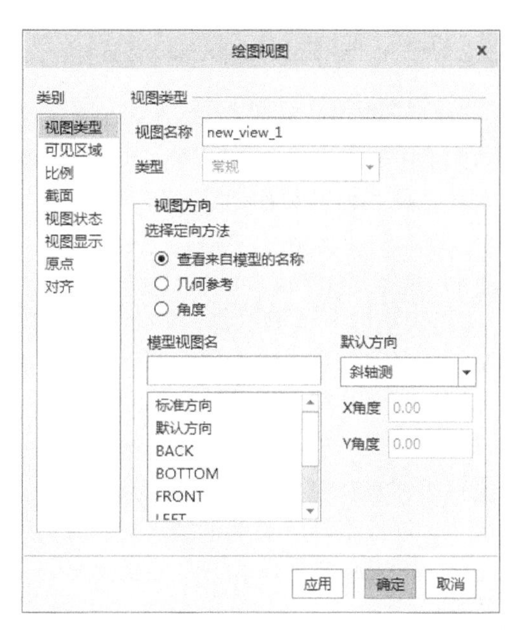

图 12-13 【绘图视图】对话框

3）修改视图名称：在【视图名称】文本框中输入“主视图”。

4）定义主视图方向：在【视图方向】选项组中选择 几何参考，再在模型上选取轴小端端面为【参考 1】并选择“右”，选取小键槽侧面为【参考 2】并选择“上”，设置好后的内容如图 12-14 所示。调整好方向后的主视图如图 12-15 所示。

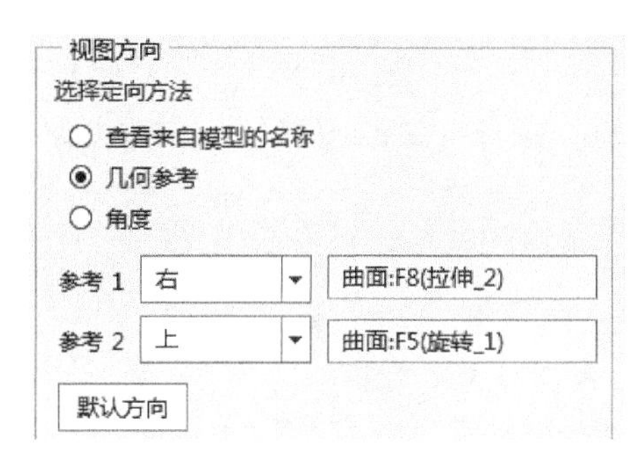

图 12-14 【视图方向】设置

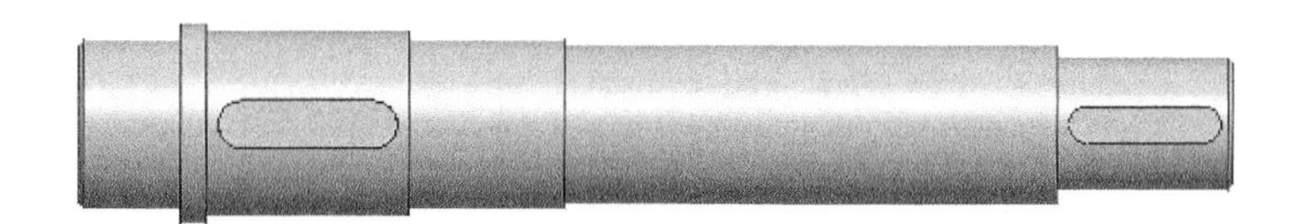

图 12-15 主视图

5）比例设置：单击【绘图视图】对话框中【类型】列表框中的“比例”，进入到【比例和透视图选项】选项组。设置【自定义比例】为“1”，单击对话框中【应用】按钮。

6）视图显示设置：单击【绘图视图】对话框中【类型】列表框中的“视图显示”，进入到【视图显示选项】选项组。设置【显示样式】为消隐，【相切边显示样式】为无，其余保持默认，设置内容如图 12-16 所示。单击对话框中【应用】按钮，再单击【确定】按钮退出对话框。

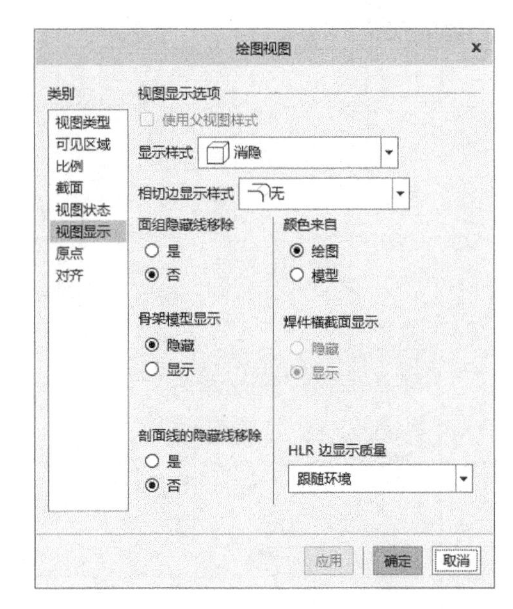

图 12-16　视图显示设置

7）调整主视图位置：单击图形区中左视图上的任意位置选中主视图，再单击鼠标右键，在弹出的快捷菜单中取消锁定视图移动的选中状态。用鼠标将主视图移动到适当位置，如图 12-17 所示。可以看出轴的长度已经接近模板框边界，对类似轴的细长杆件需要做破断处理。

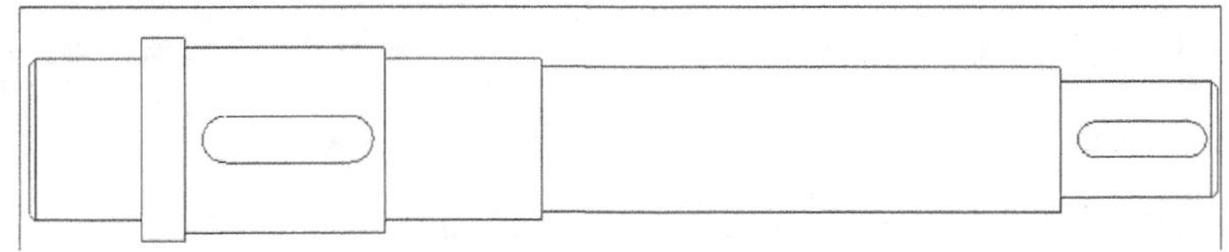

图 12-17　消隐后的主视图

6. 创建破断视图

1）双击主视图，弹出【绘图视图】对话框，在【类别】列表框中单击“可见区域”，在【视图可见性】下拉列表框中选择【破断视图】，如图 12-18 所示。

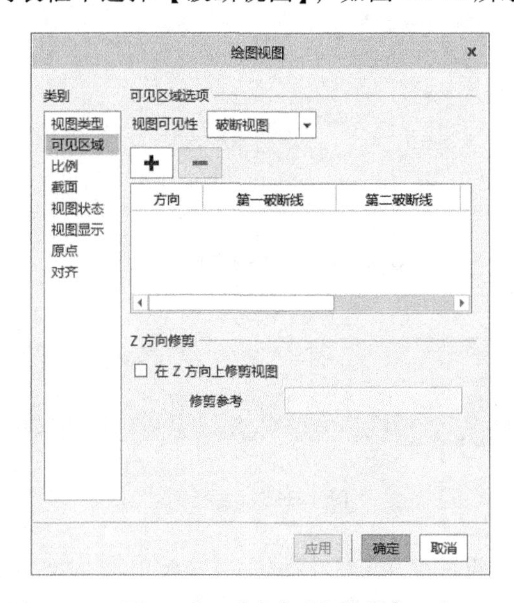

图 12-18　选择【破断视图】

2）单击【添加断点】按钮 ➕，系统在界面底部信息区提示：➡ 草绘一条水平或竖直的破断线。在如图 12-19 所示位置处单击选中上边，拖动鼠标向下移动创建第一条竖直破断线。此时系统在界面底部信息区提示：➡ 拾取一个点定义第二条破断线。在如图 12-20 所示位置处单击选中上边，自动创建第二条竖直破断线。

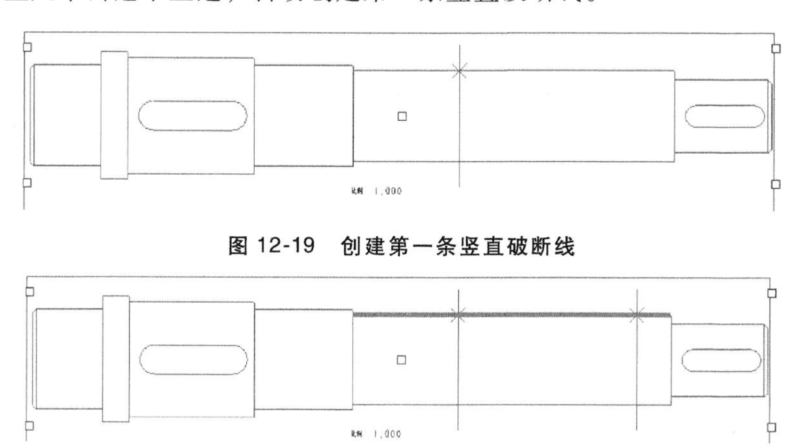

图 12-19　创建第一条竖直破断线

图 12-20　创建第二条竖直破断线

3）如图 12-21 所示，拖动箭头处的水平滚动条，显示出【破断线样式】，并在下方选取【草绘】选项。此时系统在界面底部信息区提示：➡ 为样条创建要经过的点。　。

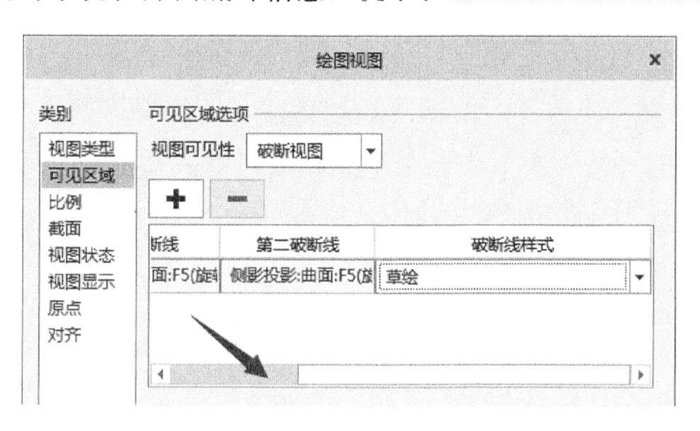

图 12-21　设置【破断线样式】

4）直接在主视图第一条竖直破断线处绘制样条曲线，完成后单击鼠标中键确定，第二条样条曲线自动生成，如图 12-22 所示。

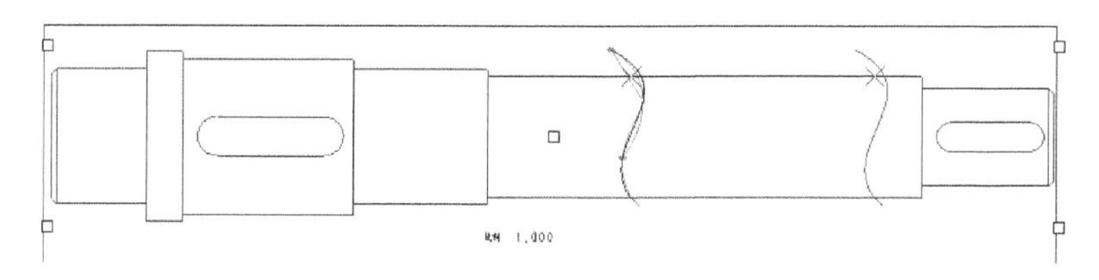

图 12-22　绘制样条曲线

5）单击对话框中【应用】按钮，再单击【确定】按钮退出对话框。用鼠标选中主视图中两段图形，调整视图到合适位置，删除底部比例显示文字，如图 12-23 所示。

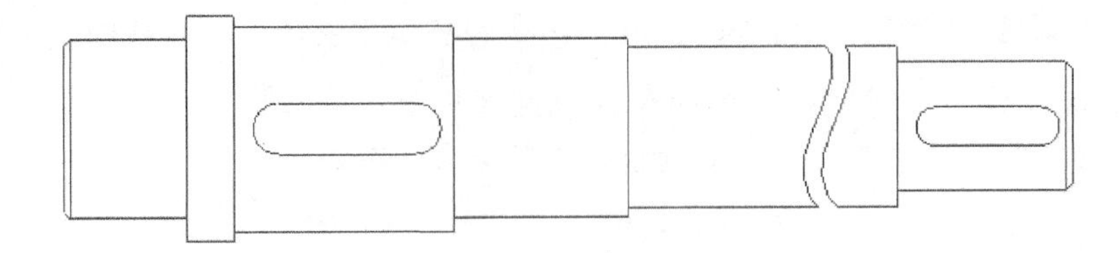

图 12-23 调整主视图位置

7. 移除截面

1）创建左侧投影视图。在功能区【模型视图】面板中单击工具按钮 投影视图，鼠标从主视图上向左侧移动，得到左视图如图 12-24 所示。

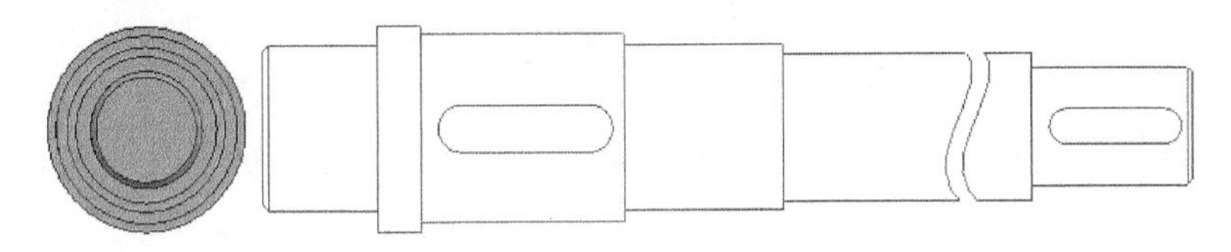

图 12-24 左视图

2）双击左视图，弹出【绘图视图】对话框。修改【视图名称】为“左侧截面”；设置视图【显示样式】为 消隐，【相切边显示样式】为 无，其余保持默认，单击对话框中【应用】按钮。

3）创建大键槽截面。单击【绘图视图】对话框中【类别】列表框中的“截面”，进入到【截面选项】选项组。选中其中的 2D 横截面，单击其中的【将横截面添加到视图】按钮，选择【名称】下面的“A”，再选中【模型边可见性】右面的 区域。【绘图视图】对话框设置如图 12-25 所示，单击对话框中【应用】按钮。

4）单击【绘图视图】对话框中【类型】列表框中的“对齐”，进入到【视图对齐选项】选项组。取消选择【将视图与其他视图对齐】。单击对话框中【应用】按钮，再单击【确定】按钮退出对话框。

5）移动大键槽截面至主视图下方，选中截面，单击鼠标右键，在弹出的快捷菜单中选取“添加箭头”。此时系统在界面底部信息区有提示，根据提示单击主视图中大键槽的位置，出现左侧投影箭头。通过鼠标调整箭头和大键槽截面至适当位置，删除标注汉字中的“截面”两字，将剩余的“A-A”移至视图正上方，结果如图 12-26 所示。

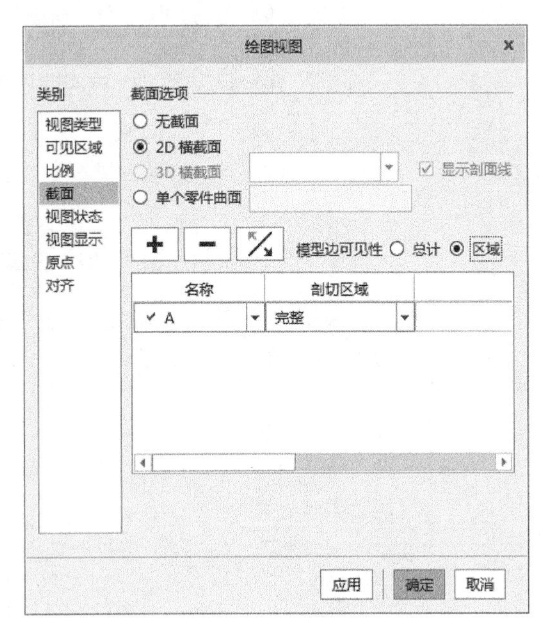

图 12-25 【绘图视图】对话框

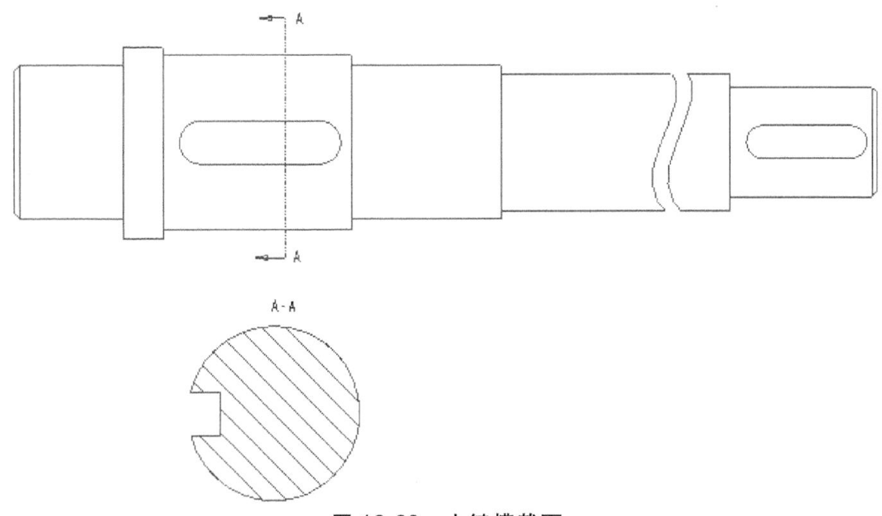

图 12-26　大键槽截面

6）用上述同样方法投影并创建小键槽截面，结果如图 12-27 所示。注意：设置过程中选取截面【名称】为“B”。

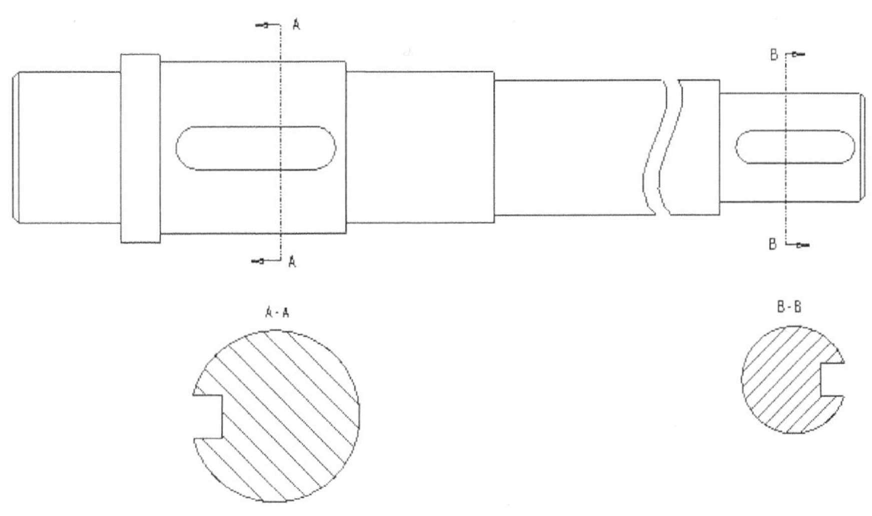

图 12-27　小键槽截面

8. 保存工程图文件

单击界面顶部快速访问工具栏中的【保存】按钮，完成轴的工程图创建。

12.2.2　托架零件图的创建

如图 12-28 所示的托架，在创建零件图时，采用前面第 4 章中的托架模型进行零件图的创建。通过本实例的学习，使读者掌握局部剖视图和旋转剖视图的操作方法。

建模过程

1. 导入模型

单击界面顶部快速访问工具栏中的【打开】按钮，导入图 12-28 所示的托架零件“tuojia. prt”。

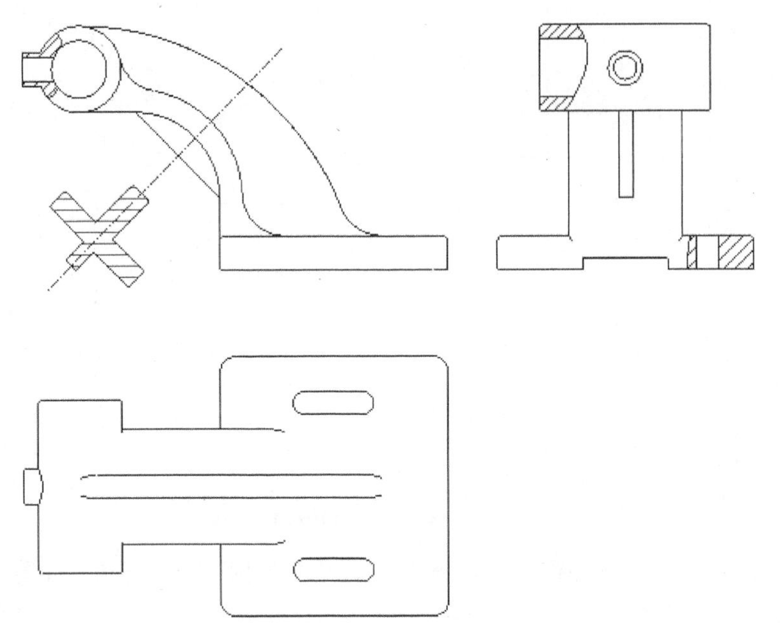

图 12-28 托架

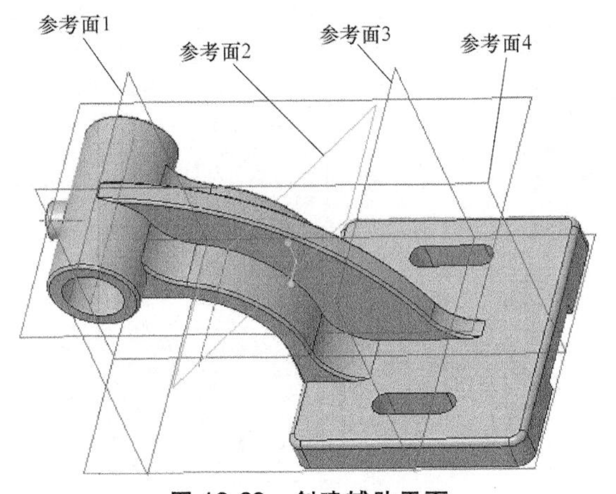

图 12-29 创建辅助平面

2. 创建辅助平面

单击功能区【基准】面板中的【平面】工具按钮，创建如图 12-29 所示的四个参考面：参考面 1 为在圆柱孔处的竖直辅助面；参考面 2 为过圆弧段中心轴且与竖直平面成 45°的辅助面；参考面 3 为过底板孔的竖直辅助面；参考面 4 为托架的对称面。

3. 定义零件截面

1）单击【前导工具栏】中的【视图管理器】工具按钮，弹出【视图管理器】对话框，单击选项卡【截面】|【新建】|【平面】后，输入截面的名称（对应参考面 1、2、3、4 所创建的截面名称分别为 A、B、C、D），按<Enter>键确定。在弹出【截面】特征面板中选取参考面，以四个参考平面创建的截面效果分别如图 12-30、图 12-31、图 12-32、图 12-33 所示。可通过特征面板中的【反向工作截面】工具按钮调节箭头方向，单击特征面板中的【确认】按钮，完成创建。

2）回到【视图管理器】对话框，双击空白框中的【无横截面】，将托架恢复完整，单击【关闭】按钮退出。单击界面顶部的快速访问工具栏中的【保存】按钮，保存截面创建内容。

4. 新建工程图文件

1）单击界面顶部快速访问工具栏中的【新建】按钮，新建一个【名称】为“tuojia”的绘图文件。在弹出的【新建绘图】对话框中将托架零件“tuojia. prt”导入【默认模型】

列表，其余设置如图 12-34 所示。单击【确定】按钮，进入工程图工作界面。

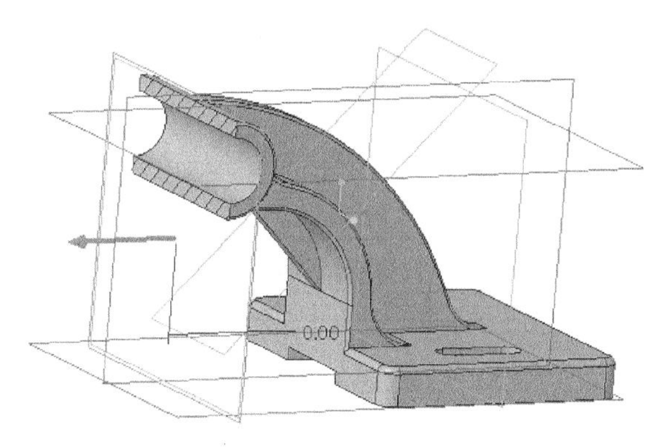

图 12-30　截面 A

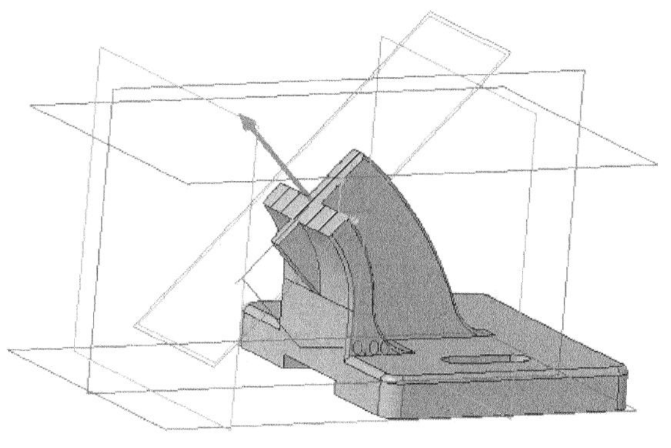

图 12-31　截面 B

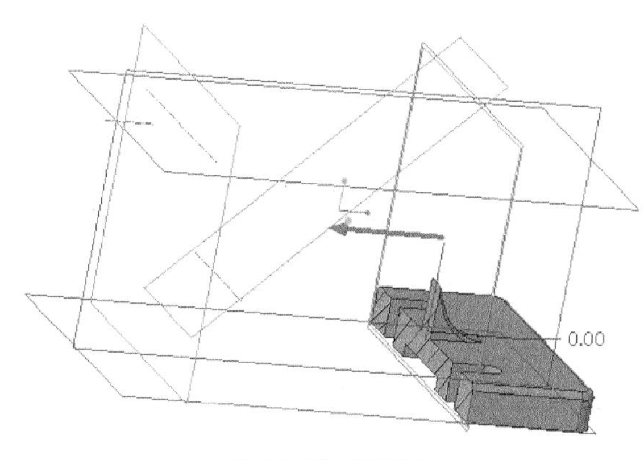

图 12-32　截面 C

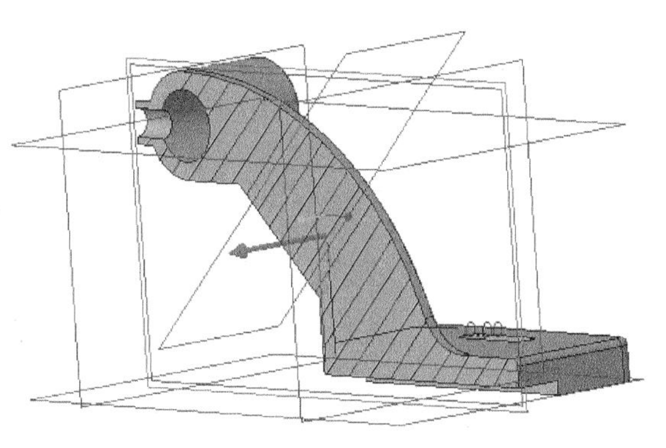

图 12-33　截面 D

2）修改绘图属性。单击【文件】|【准备】|【绘图属性】，弹出【绘图属性】对话框，单击对话框中【详细信息选项】后的【更改】按钮，弹出【选项】对话框。搜索“projection_ type”，将【值】的内容设置为“first_ angle”，即把第三视角改成第一视角。设置好后单击【确定】按钮，返回工程图工作界面。

5. 创建主视图

1）在功能区【模型视图】面板中单击【普通视图】工具按钮，弹出【选择组合状态】对话框。接受默认设置，单击【确定】按钮。在图形区方框内选择一点单击，弹出【绘图视图】对话框，此时在图形区显示托架零件的预览情况。

2）修改视图名称。在【视图名称】后的文本框中输入“主视图”。

3）定义主视图方向。在【视图方向】选项组中选择 ◉ 几何参考，调整好方向后的主视图如图 12-35 所示。

4）比例设置。单击【绘图视图】对话框中【类型】列

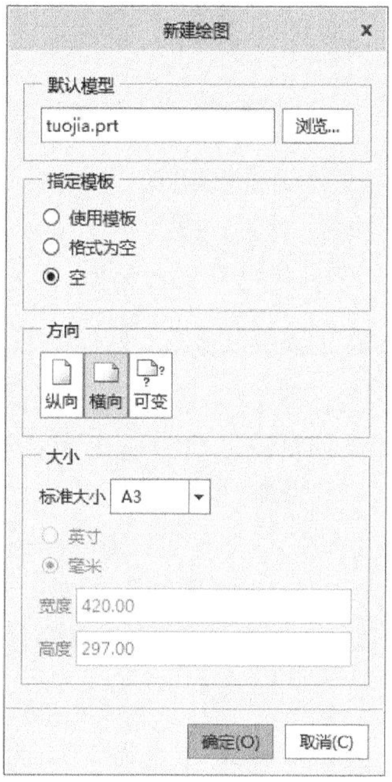

图 12-34　【新建绘图】对话框设置

表框中的“比例”，进入到【比例和透视图选项】选项组。设置【自定义比例】为“1”，单击对话框中【应用】按钮。

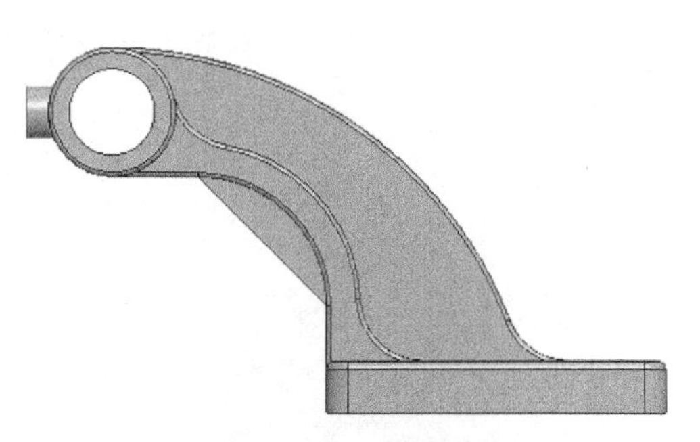

图 12-35 主视图

5）视图显示设置。单击【绘图视图】对话框中【类型】列表框中的“视图显示”，进入到【视图显示选项】选项组。设置【显示样式】为消隐，【相切边显示样式】为无，其余保持默认。单击对话框中【应用】按钮，消隐后的主视图如图 12-36 所示，再单击【确定】按钮退出对话框。

6）调整主视图位置：单击图形区中主视图上的任意位置选中主视图，再单击鼠标右键，在弹出的快捷菜单中取消 锁定视图移动 的选中状态。用鼠标将主视图移动到适当位置，删除主视图下方注释内容“比例”。

6. 投影右视图

1）在功能区【模型视图】面板中单击工具按钮 投影视图，鼠标从主视图上向右侧移动，得到右视图如图 12-37 所示。

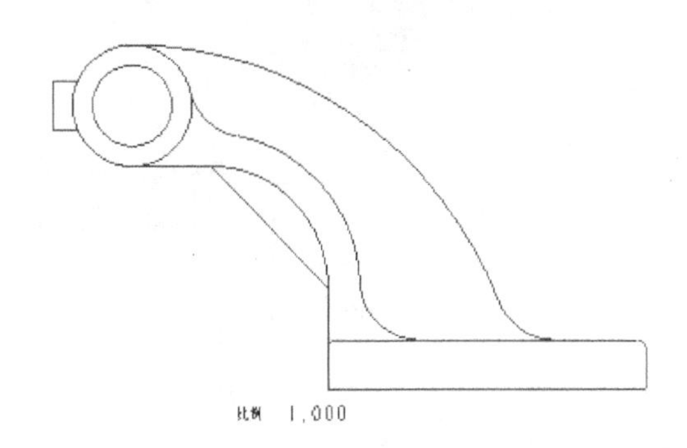

图 12-36 消隐后的主视图

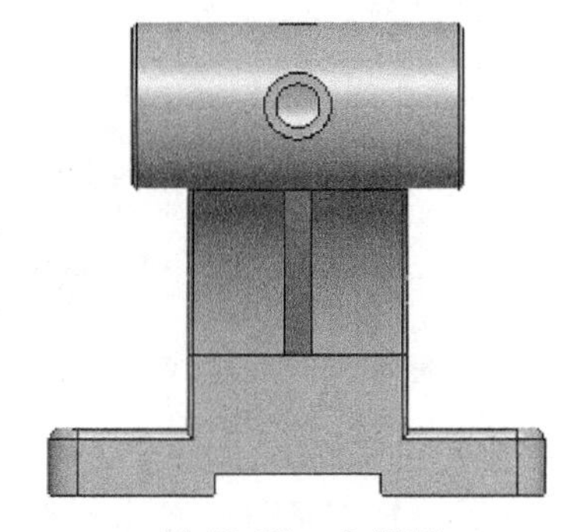

图 12-37 右视图

2）双击右视图，弹出【绘图视图】对话框。修改【视图名称】：在【视图名称】文本框中输入“右视图”。

3）视图显示设置。单击【绘图视图】对话框中【类型】列表框中的“视图显示”，进入到【视图显示选项】选项组。设置【显示样式】为消隐，【相切边显示样式】为无，其余保持默认。单击对话框中【应用】按钮，消隐后的右视图如图 12-38 所示，再单击【确定】按钮退出对话框。

7. 投影俯视图

选中主视图后，用上述同样方法投影俯视图，结果如图 12-39 所示。

8. 创建主视图局部剖

1）双击主视图，弹出【绘图视图】对话框。单击【类型】列表框中的“截面”，进入到【截面选项】选项组。选择其中的 2D 横截面，单击其中的【将横截面添加到视图】按钮，选择【名称】下面的“D”，【剖切区域】下选择“局部”。在界面底部系统信息区提示：选择截面间断的中心点< D >，在如图 12-40 所示的位置单击，随后出现一个“×”

形符号。在界面底部系统信息区提示：“草绘样条”，草绘如图 12-41 所示的样条曲线，画最后一点时离起始点一定距离，单击鼠标中键确定。单击对话框中【应用】按钮，再单击【确定】按钮退出对话框。

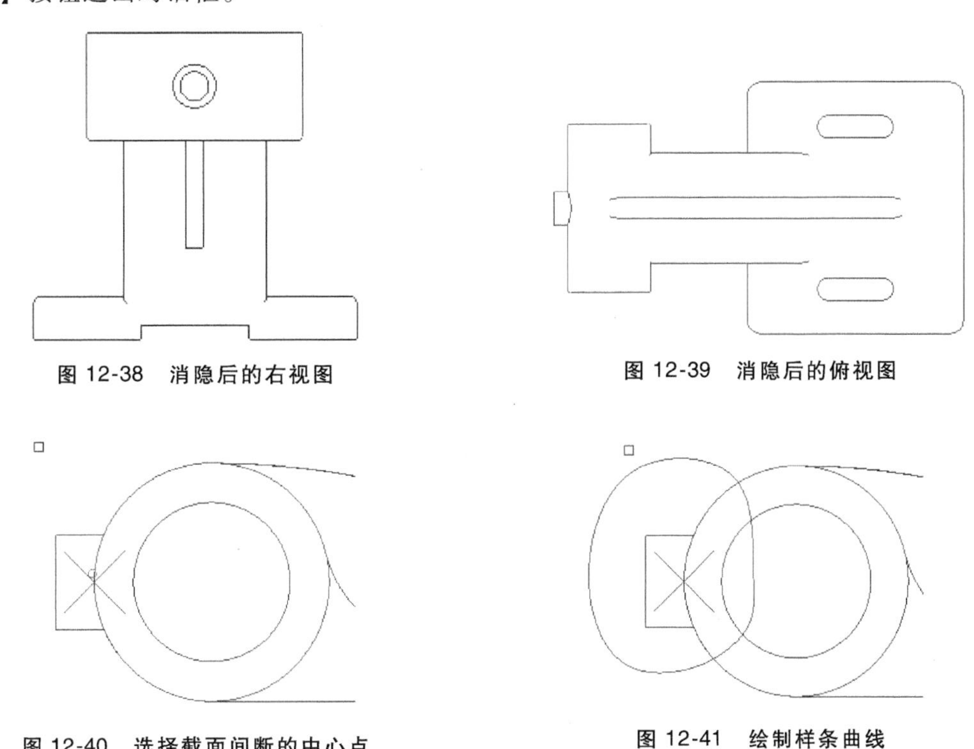

图 12-38　消隐后的右视图

图 12-39　消隐后的俯视图

图 12-40　选择截面间断的中心点

图 12-41　绘制样条曲线

2）双击样条曲线区域内的剖面线，弹出【菜单管理器】对话框。选中其中的“比例”，弹出【修改模式】下滑面板，单击其中的按钮【半倍】，可对剖面线进行加密。调整合适后单击【菜单管理器】中的【完成】按钮退出，修改后的剖面线如图 12-42 所示。

9. 创建右视图局部剖

1）创建右视图中左上角局部剖视图。双击右视图，弹出【绘图视图】对话框。单击【类型】列表框中的“截面”，进入到【截面选项】选项组。选择其中的 2D 横截面，单击其中的【将横截面添加到视图】按钮，选择【名称】下面的“A”，【剖切区域】下选择“局部”。在界面底部系统信息区提示：选择截面间断的中心点，在如图 12-43 所示的位置单击并绘制样条曲线，画最后一点时离起始点一定距离，单击鼠标中键确定。

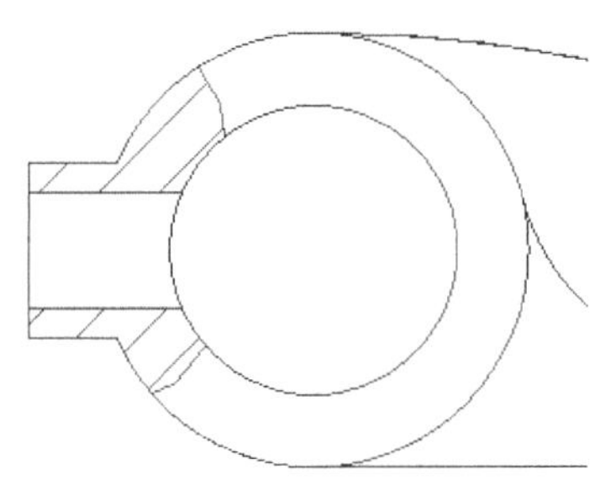

图 12-42　修改剖面线

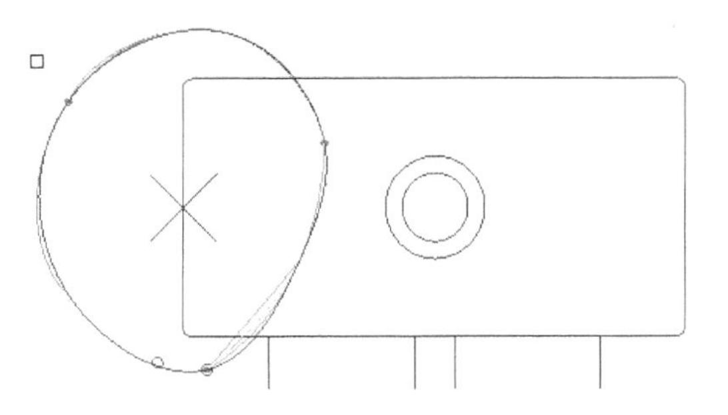

图 12-43　中心点位置与样条曲线一

2）按步骤 1）创建右视图中右下角局部剖视图。其中选择【名称】下面的截面为“C”，中心点位置与样条曲线如图 12-44 所示。单击对话框中【应用】按钮，再单击【确定】按钮退出对话框。

3）双击样条曲线区域内的剖面线，弹出【菜单管理器】对话框。选中其中的“比例”，弹出【修改模式】下滑面板，调整剖面线比例，调整比例后的剖面线如图 12-45 所示。

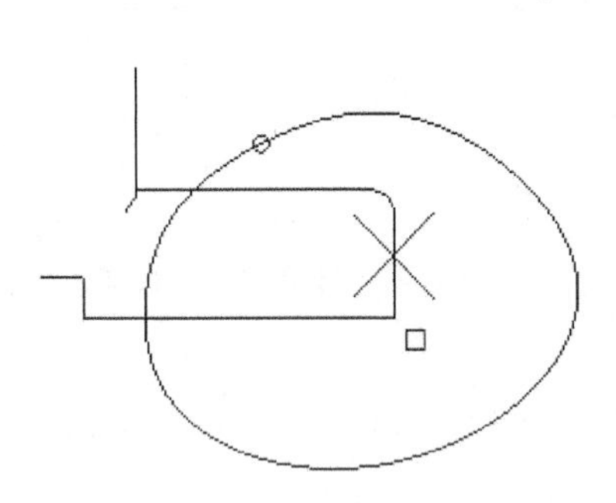

图 12-44　中心点位置与样条曲线二

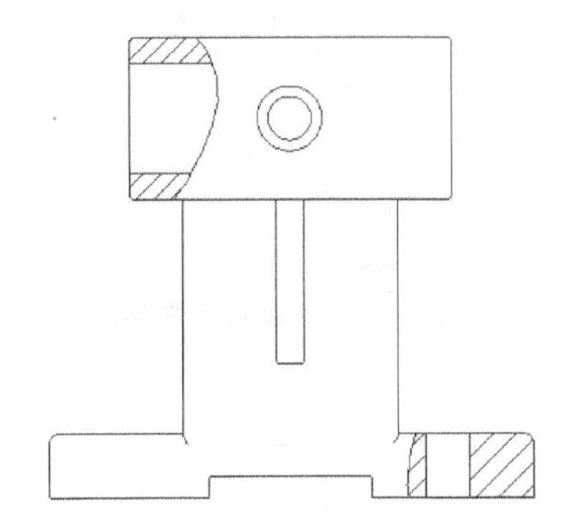

图 12-45　修改剖面线

10. 创建主视图旋转剖

1）在功能区【模型视图】面板中单击工具按钮 旋转视图，在界面底部系统信息区提示：选择旋转界面的父视图，单击主视图后再出现提示：选择绘图视图的中心点，此时在主视图背部空白区域单击，弹出【绘图视图】对话框。

2）【视图名称】保持默认，在【旋转视图属性】下的【横截面】内选择“B”，单击【应用】按钮，在图形区出现截面。再选择参考面 2 作为【对齐参考】，单击【确定】按钮退出。

3）移动旋转视图到适当位置，删除截面注释“截面 D-D”和比例注释“比例 1.000”字样，如图 12-46 所示。

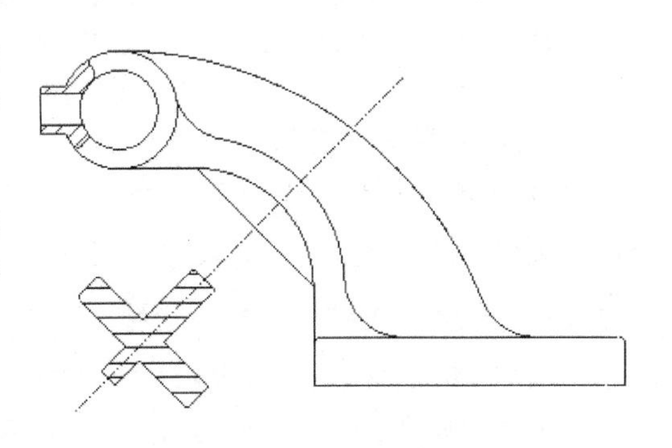

图 12-46　旋转视图

11. 保存工程图文件

单击界面顶部快速访问工具栏中的【保存】按钮，完成托架的工程图创建。

12.2.3　基座零件图的创建

创建如图 12-47 所示的基座零件工程图，零件模型可通过直接调用光盘文件中本章节的基座零件得到。通过本实例的学习，使读者掌握创建常规视图、全剖视图-阶梯剖、半剖视图以及轴测视图的创建方法。基座长 215，高 96，宽 140。

1. 导入模型

单击界面顶部快速访问工具栏中的【打开】按钮，导入基座零件“jizuo. prt”。

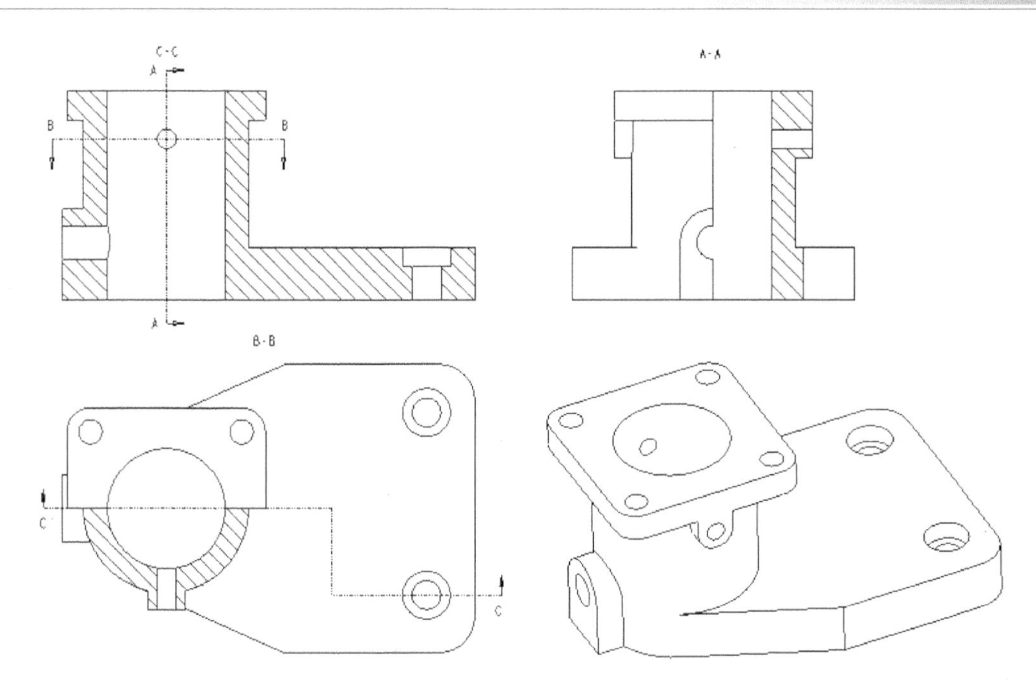

图 12-47　基座零件工程图

2. 创建辅助平面

单击功能区【基准】面板中的【平面】工具按钮，创建如图 12-48 所示的两个参考面：参考面 1 为在圆柱孔处的竖直辅助面；参考面 2 为在前后侧孔处的水平辅助面。

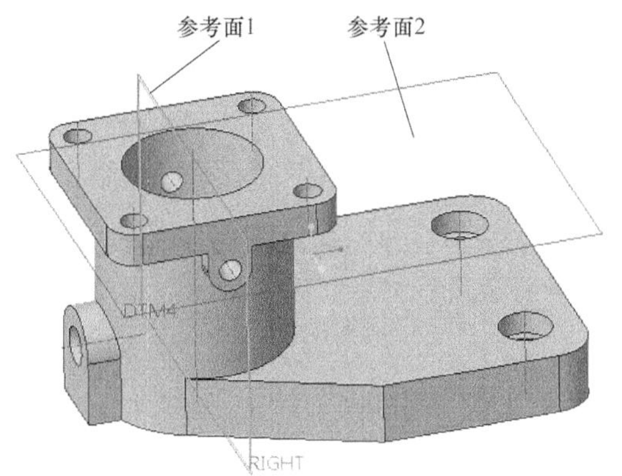

图 12-48　创建辅助平面

3. 定义零件截面

1）通过【平面】命令创建零件截面。单击前导工具栏中的【视图管理器】工具按钮，弹出【视图管理器】对话框，单击选项卡【截面】|【新建】|【平面】后，输入截面的名称（对应参考面 1、2 所建立的截面名称分别为 A、B），按<Enter>键确定。在弹出【截面】特征面板中选取参考面，以两个参考平面建立的截面效果分别如图 12-49、图 12-50 所示。可通过特征面板中的【反向工作截面】工具按钮调节箭头方向，单击特征面板中的【确认】按钮，完成创建。

2）通过【偏移】命令创建阶梯状剖切截面。单击【视图管理器】对话框中的【无横截面】，并选【名称】中的“截面 B”，单击鼠标右键在快捷菜单中取消选择“显示截面”，将基座视图恢复原样。单击选项组中的【新建】|【偏移】后，输入截面的名称“C”，按<Enter>键确定。选择基座底板上表面作为草绘平面，进入草绘模式。选中阶梯孔为参考，绘制如图 12-51 所示折线，折线穿过大圆和沉孔中心。

3）单击功能区【关闭】面板中的【确认】按钮，再单击【截面】特征面板中的【确认】按钮，完成截面 C 创建，如图 12-52 所示。双击【无横截面】，单击【关闭】按钮退出。

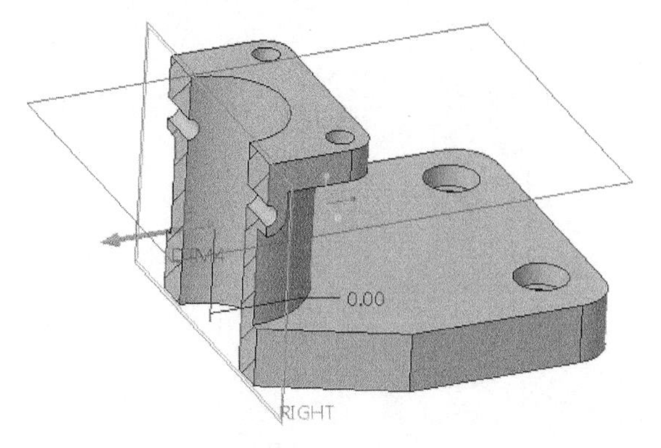

图 12-49 截面 A

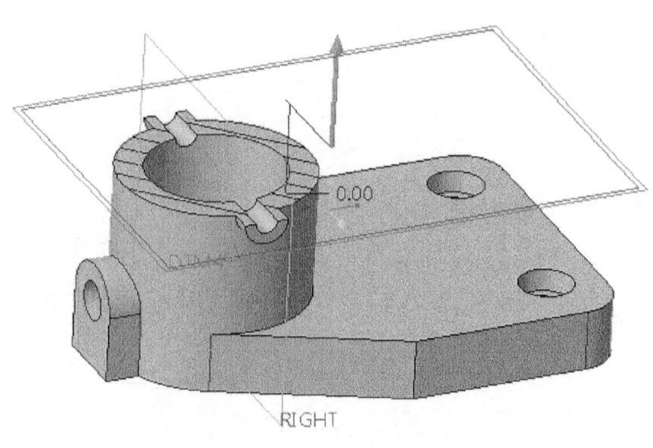

图 12-50 截面 B

4. 创建定向轴测视图

1）令基准平面不显示，调整图形区基座零件大致如图 12-53 所示。

2）单击前导工具栏中的【视图管理器】工具按钮，弹出【视图管理器】对话框，单击选项卡【定向】|【新建】后，输入截面的名称为“定向”，按<Enter>键确定。

3）单击【关闭】按钮退出。单击界面顶部的快速访问工具栏中的【保存】按钮，保存截面创建内容。

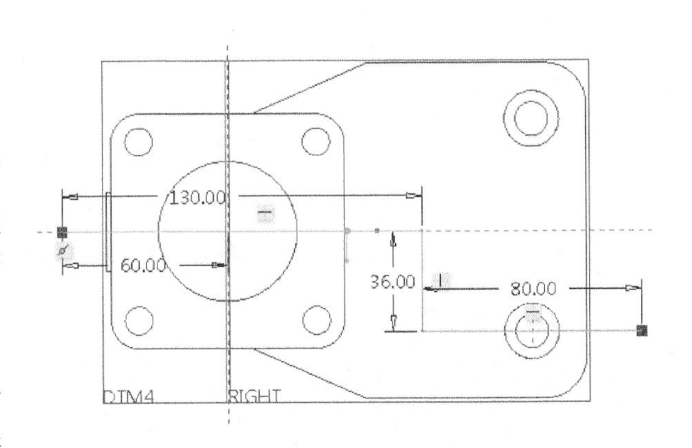

图 12-51 绘制折线

5. 新建工程图文件

1）单击界面顶部快速访问工具栏中的【新建】按钮，新建一个【名称】为“jizuo”的绘图文件。在弹出的【新建绘图】对话框中将基座零件“jizuo. prt”导入【默认模型】列表，其余设置如图 12-54 所示。单击【确定】按钮，进入工程图工作界面。

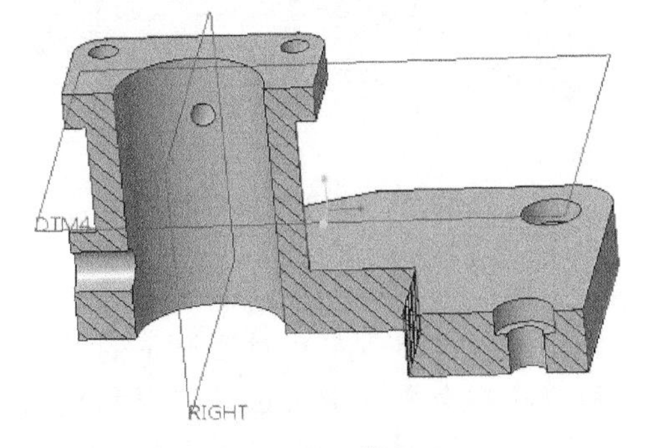

图 12-52 截面 C

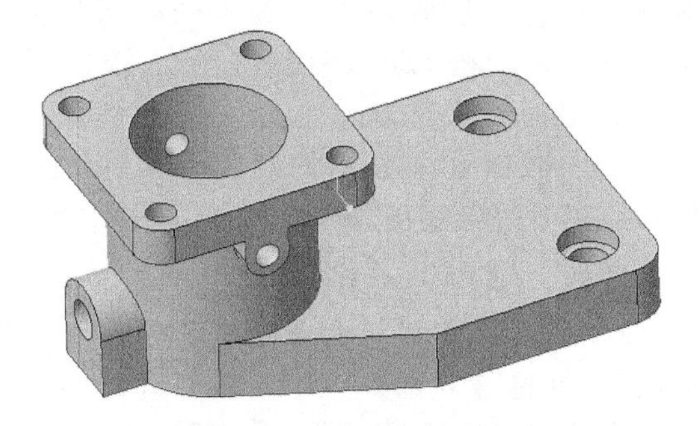

图 12-53 调整基座零件视角

2）修改绘图属性：单击【文件】|【准备】|【绘图属性】，弹出【绘图属性】对话框，单击对话框中【详细信息选项】后的【更改】按钮，弹出【选项】对话框。搜索“projection_ type”，将【值】的内容设置为“first_ angle”，即把第三视角改成第一视角。设置好后单击【确定】按钮，返回工程图工作界面。

6. 创建主视图

1）在功能区【模型视图】面板中单击【普通视图】工具按钮，弹出【选择组合状态】对话框。接受默认设置，单击【确定】按钮。在图形区方框内选择一点单击，弹出【绘图视图】对话框，此时在图形区显示基座零件的预览情况。

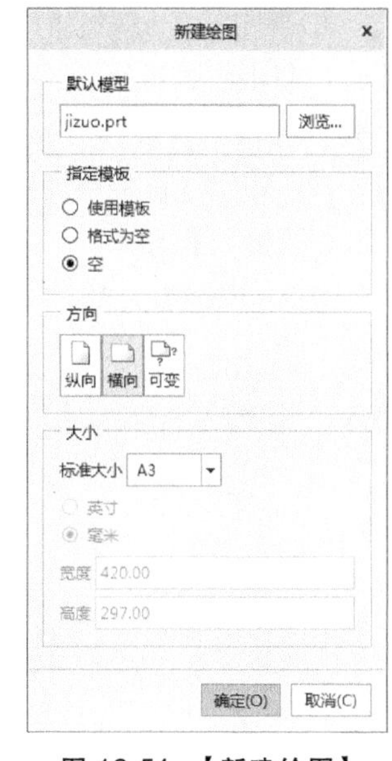

图 12-54　【新建绘图】对话框设置

2）修改视图名称。在【视图名称】文本框中输入“主视图”。

3）定义主视图方向。在【视图方向】选项组中选择 几何参考，调整好方向后的主视图如图 12-55 所示。

4）比例设置。单击【绘图视图】对话框中【类型】列表框中的“比例”，进入到【比例和透视图选项】选项组。设置【自定义比例】为“1”，单击对话框中【应用】按钮。

5）视图显示设置。单击【绘图视图】对话框中【类型】列表框中的“视图显示”，进入到【视图显示选项】选项组。设置【显示样式】为 消隐，【相切边显示样式】为 无，其余保持默认。单击对话框中【应用】按钮，消隐后的主视图如图 12-56 所示，再单击【确定】按钮退出对话框。

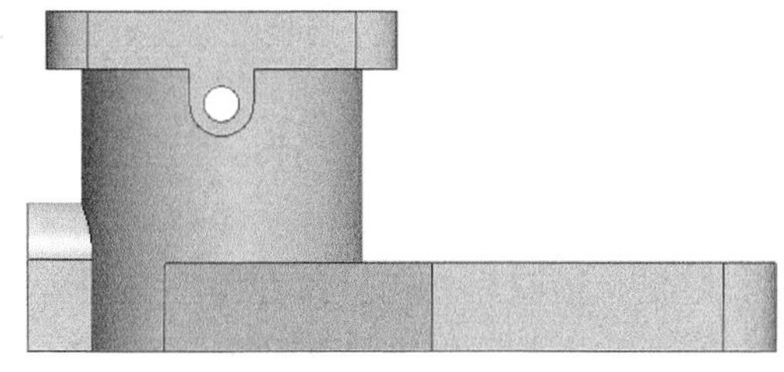

图 12-55　主视图

6）调整主视图位置。单击图形区中主视图上的任意位置选中主视图，再单击鼠标右键，在弹出的快捷菜单中取消 锁定视图移动 的选中状态。用鼠标将主视图移动到适当位置，删除主视图下方注释内容“比例”。

7. 投影右视图

1）在功能区【模型视图】面板中单击工具按钮 投影视图，鼠标从主视图上向右侧移动，得到右视图如图 12-57 所示。

2）双击右视图，弹出【绘图视图】对话框。修改视图名称：在【视图名称】文本框中输入“右视图”。

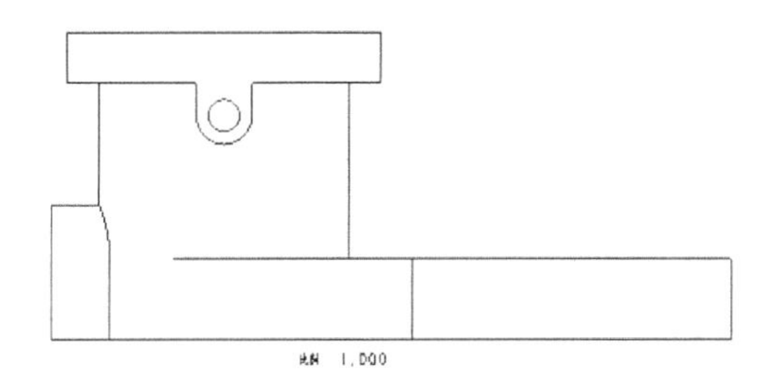

图 12-56　消隐后的主视图

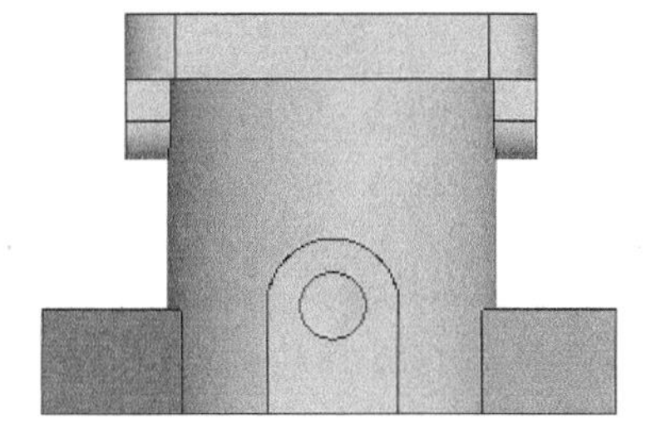

图 12-57　右视图

3）视图显示设置。单击【绘图视图】对话框中【类型】列表框中的“视图显示”，进入到【视图显示选项】选项组。设置【显示样式】为 消隐，【相切边显示样式】为 无，其余保持默认。单击对话框中【应用】按钮，消隐后的右视图如图 12-58 所示，再单击【确定】按钮退出对话框。

8. 投影俯视图

选中主视图后，用上述同样方法投影俯视图，结果如图 12-59 所示。

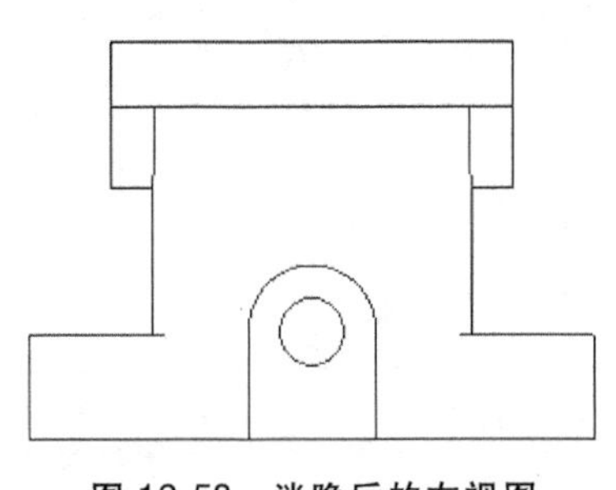

图 12-58 消隐后的右视图

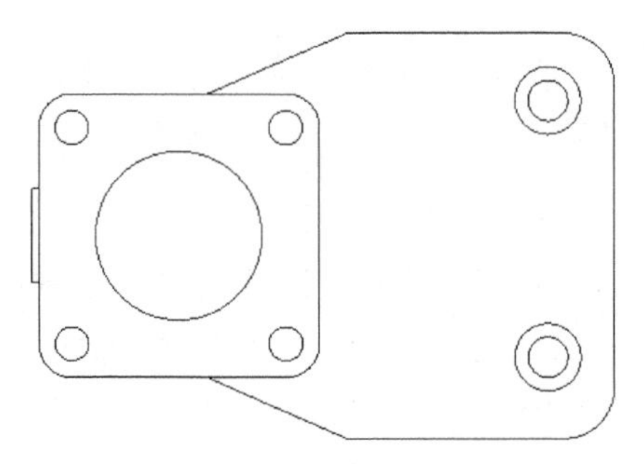

图 12-59 消隐后的俯视图

9. 创建轴测图

1）在功能区【模型视图】面板中单击【普通视图】工具按钮，弹出【选择组合状态】对话框。接受默认设置，单击【确定】按钮。在图形区方框内右下角空白区域选择一点单击，弹出【绘图视图】对话框，此时在图形区显示零件的预览情况。

2）修改视图名称。在【视图名称】文本框中输入“轴测视图”。

3）定义轴测图方向。在【模型视图名】下选择之前在零件图中创建好的定向名称“轴测视图”，单击对话框中【应用】按钮。

4）比例设置。单击【绘图视图】对话框中【类型】列表框中的“比例”，进入到【比例和透视图选项】选项组。设置【自定义比例】为“1”，单击对话框中【应用】按钮。

5）视图显示设置。单击【绘图视图】对话框中【类型】列表框中的“视图显示”，进入到【视图显示选项】选项组。设置【显示样式】为 消隐，【相切边显示样式】为 无，其余保持默认。单击对话框中【应用】按钮，消隐后的轴测视图如图 12-60 所示，再单击【确定】按钮退出对话框。调整各视图到合适位置，删除轴测图下方注释内容“比例”。

10. 创建主视图阶梯剖

1）双击主视图，弹出【绘图视图】对话框。单击【类型】列表框中的“截面”，进入到【截面选项】选项组。选择其中的 2D 横截面，单击其中的【将横截面添加到视图】按钮，选择【名称】下面的“C”。单击对话框中【应用】按钮，阶梯剖视图如图 12-61 所示，再单击【确定】按钮退出。

2）通过调整剖面线消除上图箭头所示截断线。再双击剖面线处的空白区域，弹出【菜单管理器】对话框。单击【拭除】，选中【X 区域】，再单击【拾取】，弹出【选择】对话框框。按住<Ctrl>键依次单击主视图中需要画剖面线的空白区域，单击【选择】对话框中的【确定】按钮，再单击【菜单管理器】中的【显示】，最后单击【完成】按钮。

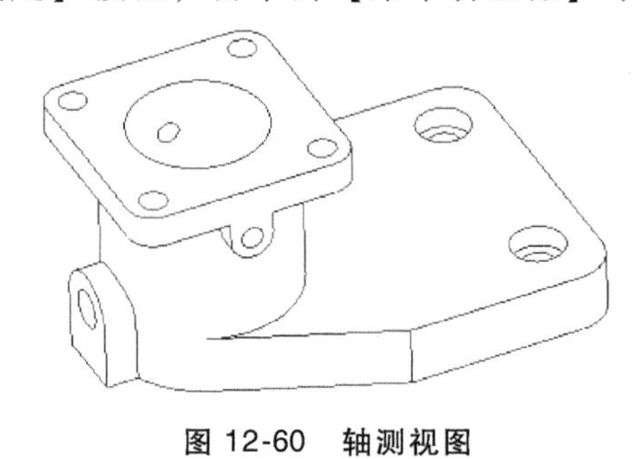

图 12-60　轴测视图

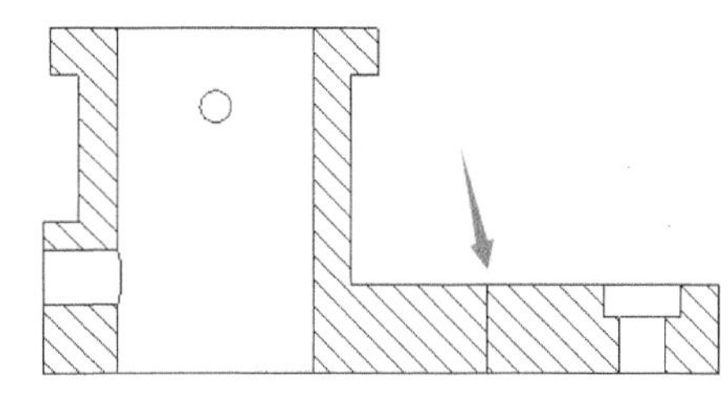

图 12-61　阶梯剖视图

3）添加箭头：选中主视图，单击鼠标右键，在弹出的快捷菜单中选取“添加箭头”，再单击俯视图，对出现箭头位置进行适当调整，如图 12-62 所示。

11. 创建右视图半剖视图

1）修改绘图属性。单击【文件】|【准备】|【绘图属性】，弹出【绘图属性】对话框，单击对话框中【详细信息选项】后的【更改】按钮，弹出【选项】对话框。搜索“half_ section_ line”，将【值】的内容设置为“centerline”，即把半剖视图的横截面处的实线显示改为点画线。设置好后单击【确定】按钮，返回工程图工作界面。

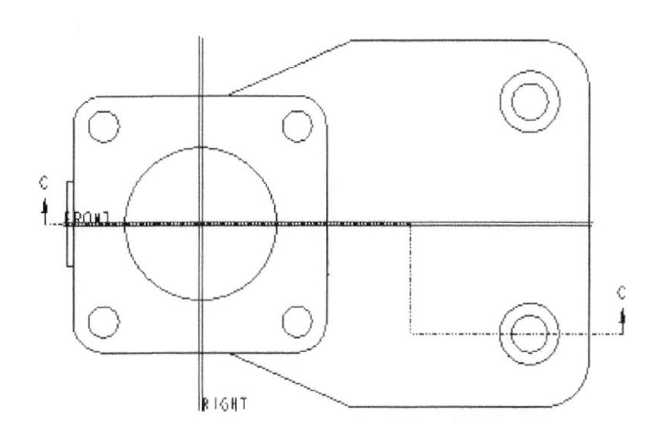

图 12-62　添加箭头后的俯视图

2）双击右视图，弹出【绘图视图】对话框。单击【类型】列表框中的“截面”，进入到【截面选项】选项组。选择其中的 2D 横截面，单击其中的【将横截面添加到视图】按钮，选择【名称】下面的“A”，【剖切区域】下选择“半剖”。在界面底部系统信息区提示：为半截面创建选择参考平面。，选择如图 12-63 所示的对称平面作为参考平面，注意箭头方向。单击对话框中【应用】按钮，单击【确定】按钮退出对话框。

3）双击样条曲线区域内的剖面线，弹出【菜单管理器】对话框。选中其中的“比例”，弹出【修改模式】下滑面板，调整剖面线比例，调整比例后的剖面线如图 12-64 所示。

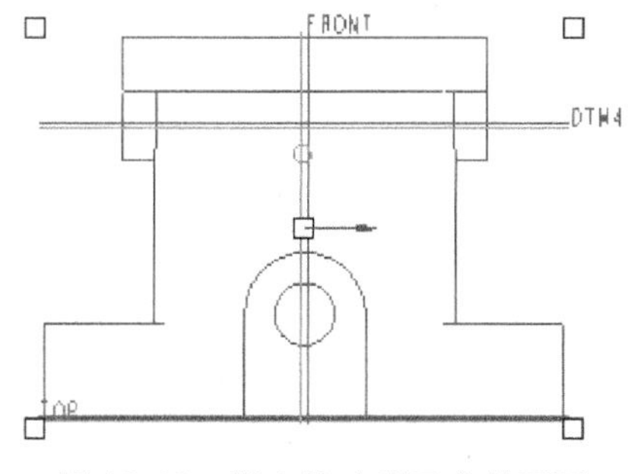

图 12-63　指定箭头所示参考平面

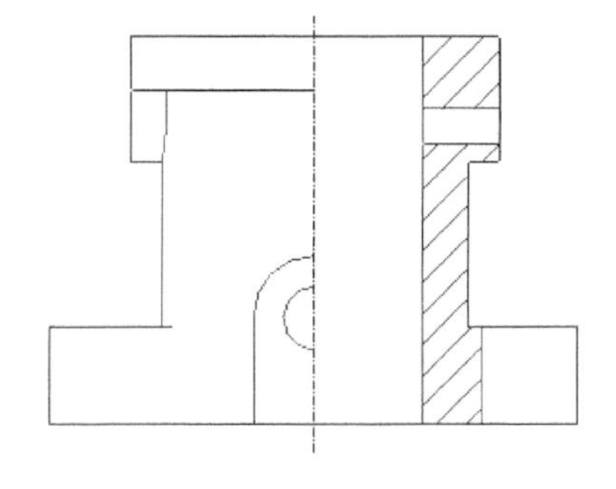

图 12-64　半剖结果

4）添加箭头。选中右视图，单击鼠标右键，在弹出的快捷菜单中选取“添加箭头”，再单击主视图，对出现箭头位置进行适当调整。

12. 创建俯视图半剖视图

1）双击俯视图，弹出【绘图视图】对话框。单击【类型】列表框中的“截面”，进入到【截面选项】选项组。选择其中的◉ 2D 横截面，单击其中的【将横截面添加到视图】按钮➕，选择【名称】下面的“B”，【剖切区域】下选择“半剖”。在界面底部系统信息区提示：⇨ 为半截面创建选择参考平面。，选择如图 12-65 所示对称平面作为参考平面，注意箭头方向。单击对话框中【应用】按钮，单击【确定】按钮退出对话框。

2）双击样条曲线区域内的剖面线，弹出【菜单管理器】对话框。选中其中的“比例”，弹出【修改模式】下滑面板，调整剖面线比例，调整比例后的剖面线如图 12-66 所示。

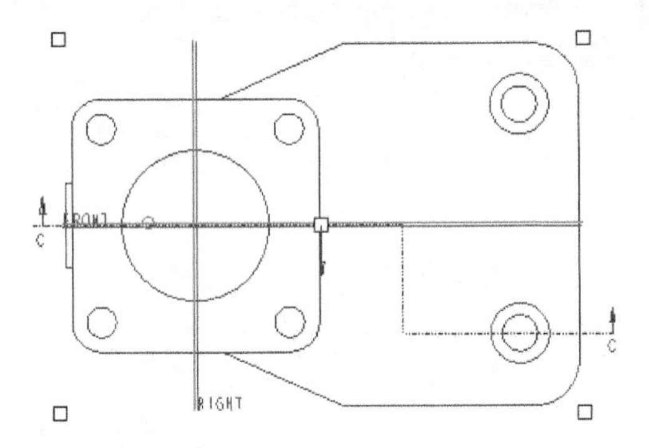

图 12-65 指定箭头所示参考平面

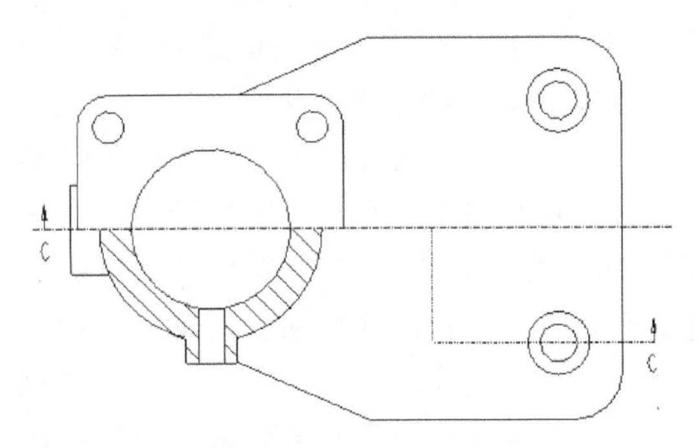

图 12-66 半剖结果

3）添加箭头。选中俯视图，单击鼠标右键，在弹出的快捷菜单中选取“添加箭头”，再单击主视图，对出现箭头位置进行适当调整。

13. 保存工程图文件

单击界面顶部快速访问工具栏中的【保存】按钮，完成基座的工程图创建。

12.3 工程图标注实例

本例为对轴零件图进行标注的实例。实例中涉及尺寸、注解、基准、尺寸公差、几何公差和表面粗糙度的标注及编辑，在学习本实例的过程中读者需要注意对轴进行标注的要求及特点。实例完成效果如图 12-67 所示。通过本例掌握自动生成尺寸并编辑的方法；掌握手动添加尺寸并编辑的方法；掌握表面粗糙度、尺寸公差、几何公差的添加方法；掌握基准轴的添加与编辑方法；掌握工程图注解的创建方法。

建模过程

1. 打开工程图文件

单击界面顶部快速访问工具栏中的【打开】按钮，导入轴零件的工程图“zhou.drw”。

2. 修改绘图属性

1）修改尺寸标注属性。单击【文件】|【准备】|【绘图属性】，弹出【绘图属性】对话框，单击对话框中【详细信息选项】后的【更改】按钮，弹出【选项】对话框。搜索“de-

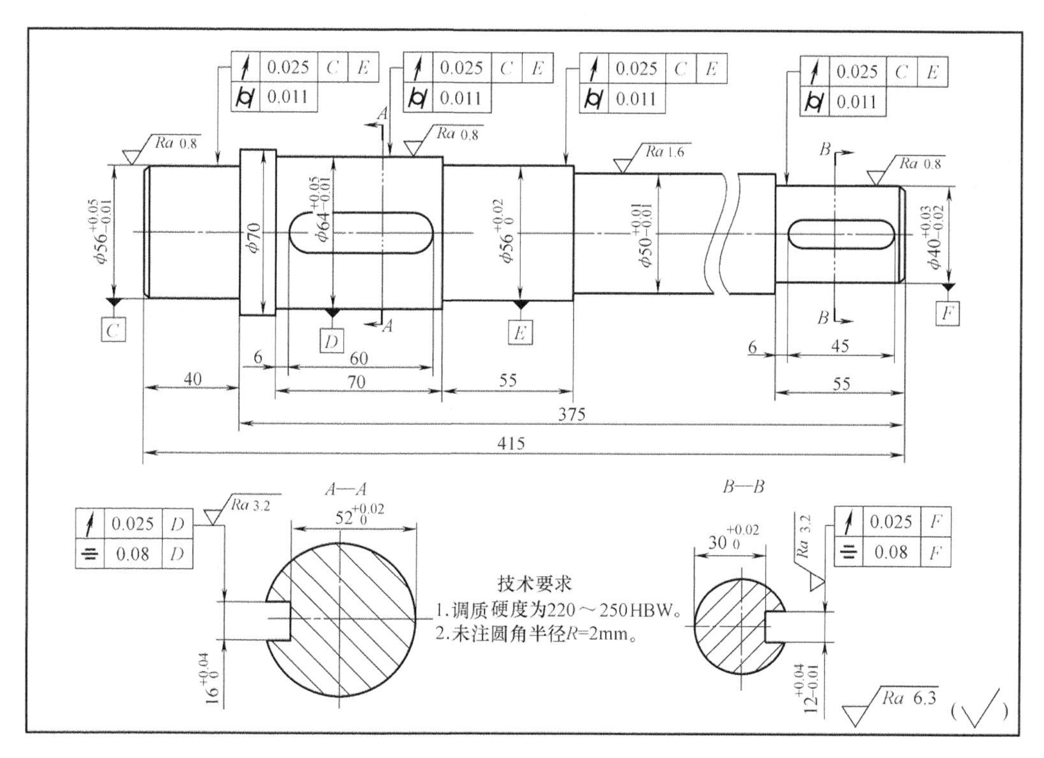

图 12-67　轴零件的尺寸标注

fault_ lindim_ text_ orientation”，将【值】的内容设置为“parallel_ to_ and_ above_ leader”，即在尺寸标注时的显示方式为尺寸在直线上方。

2）修改公差显示属性。搜索“tol_ display”，将【值】的内容设置为“yes”，即公差显示可用。设置好后单击【确定】按钮，返回工程图工作界面。

3. 显示自动生成基准轴和尺寸

1）打开【注释】选项卡，单击功能区【注释】面板中的【显示模型注释】工具按钮，弹出【显示模型注释】对话框，如图 12-68 所示。

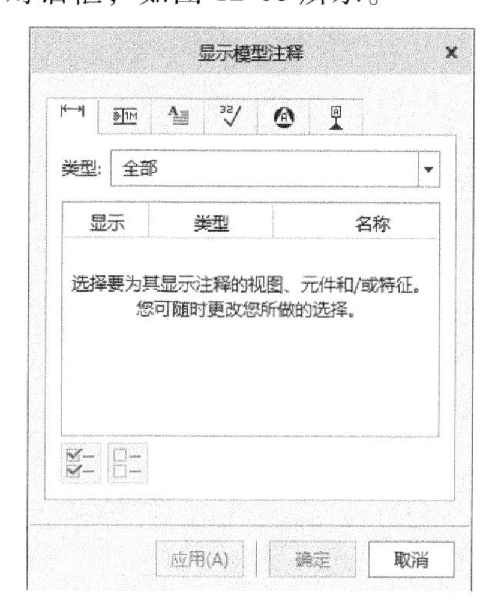

图 12-68　【显示模型注释】对话框

2）选中【显示模型注释】对话框中的选项卡，按住<Ctrl>键，在图形区依次单击需要显示基准轴的地方。单击【全选】按钮，再单击【应用】按钮，完成基准轴的显示，如图 12-69 所示。

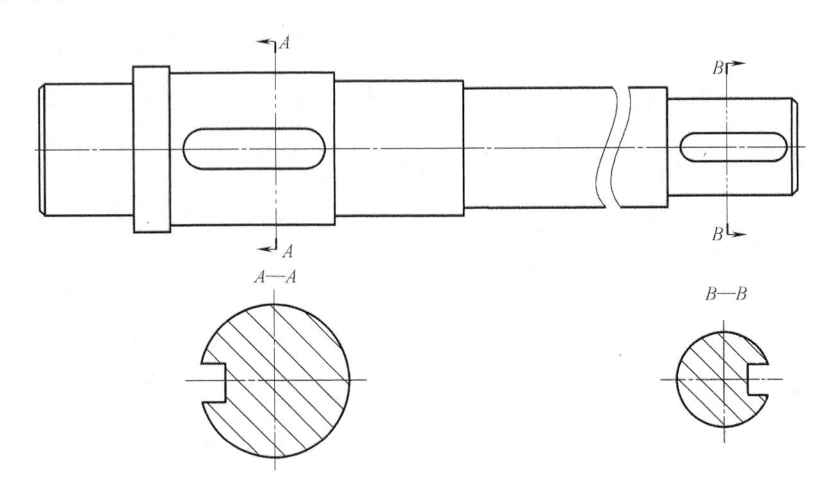

图 12-69 基准轴的显示

3）选中【显示模型基准】对话框中的选项卡，在图形区中选择轴右侧小段部分中的小键槽，显示结果如图 12-70 所示。在【显示模型基准】对话框中选中需要尺寸，在图形区中对应尺寸则会变为黑色，单击对话框中的【应用】按钮。保留尺寸如图 12-71 所示，单击对话框中的【取消】按钮退出。

4）移动尺寸到合适位置。单击尺寸，拖动尺寸到轴下方，如图 12-72 所示，上方用于标注表面粗糙度等。

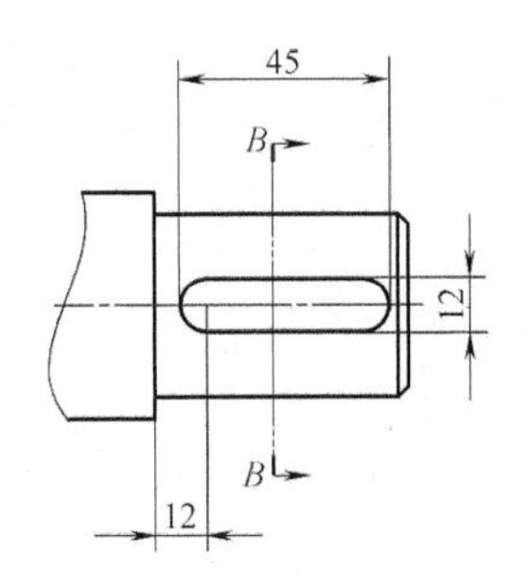

图 12-70 小键槽尺寸

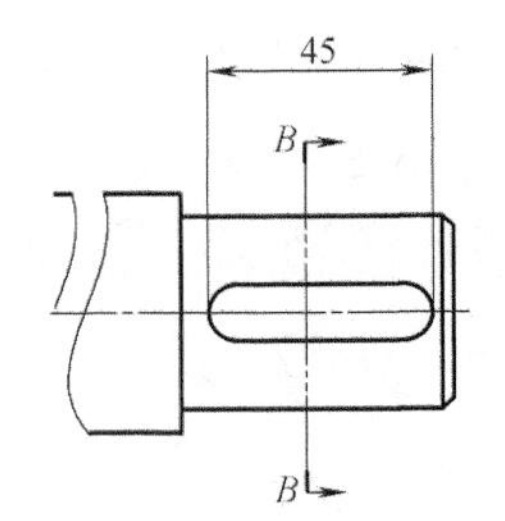

图 12-71 保留尺寸

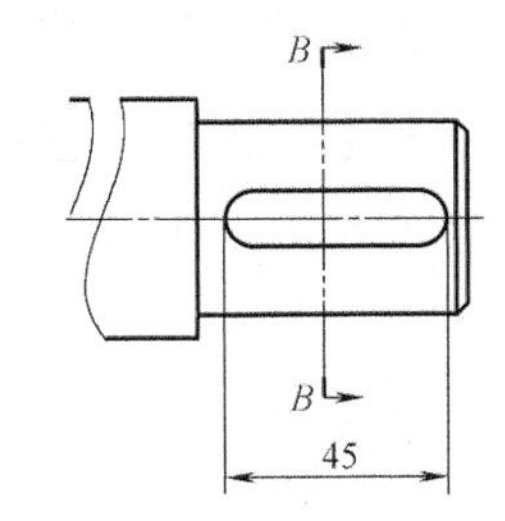

图 12-72 移动尺寸

4. 手动添加尺寸并编辑

1）在功能区【注释】面板中单击【尺寸】工具按钮，弹出【选择参考】选项卡，选项保持默认。选择如图 12-73 中所示左侧箭头所指的边，按住<Ctrl>键再选择右侧箭头所指的边，在适当位置单击鼠标中键放置，结果如图 12-74 所示。

2）创建直线与圆弧之间的尺寸标注。选择如图 12-75 所示箭头所指的边，在与尺寸“45”同水平位置处单击鼠标中键放置，结果如图 12-76 所示。

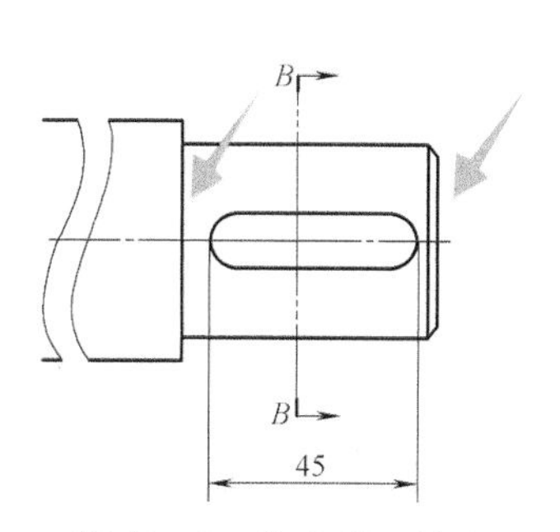

图 12-73　箭头所示的边

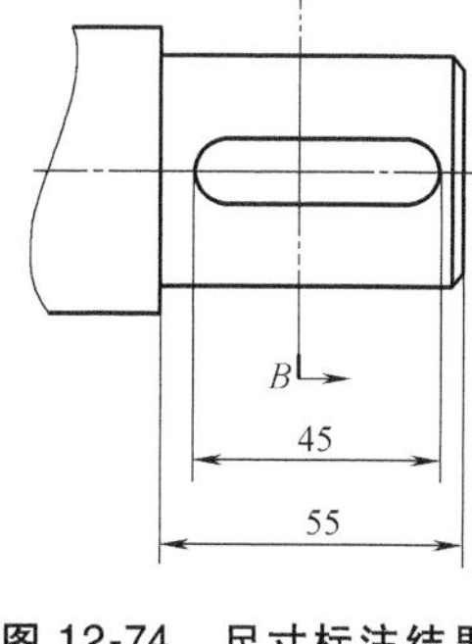

图 12-74　尺寸标注结果

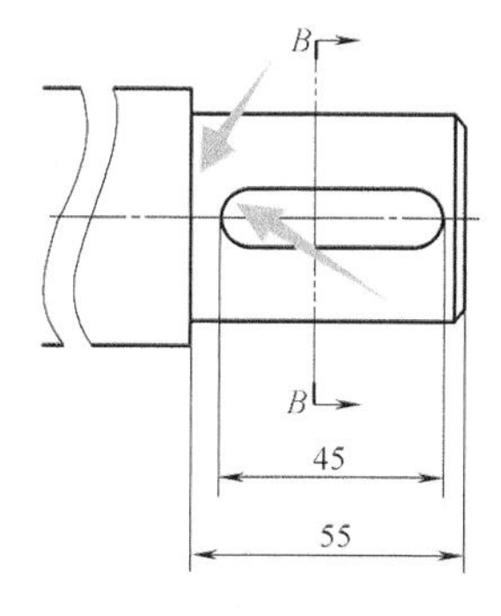

图 12-75　箭头所指的边

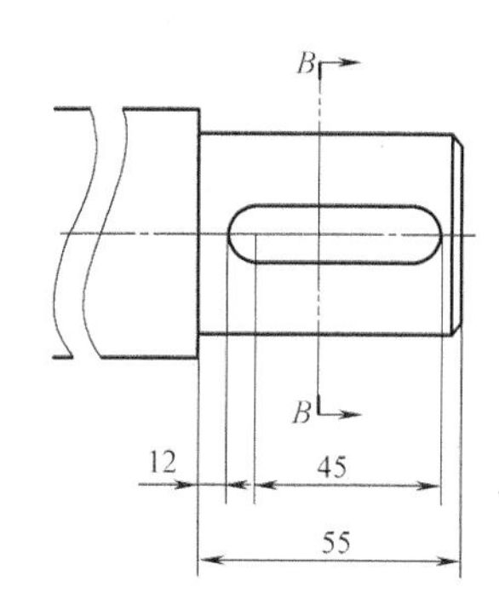

图 12-76　尺寸标注结果

3）调整尺寸显示效果。双击尺寸“12”，在界面顶部弹出【尺寸】选项卡，在功能区【显示】菜单中单击倒三角，在下拉列表中选择 最小，尺寸显示结果如图 12-77 所示。

4）按上述步骤完成水平尺寸的标注，其中圆弧和圆弧的标注参见第 2）、3）步，尺寸标注结果如图 12-78 所示。

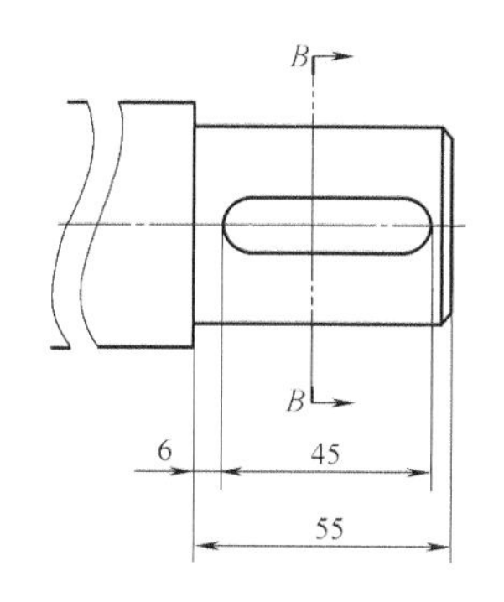

图 12-77　调整尺寸显示效果

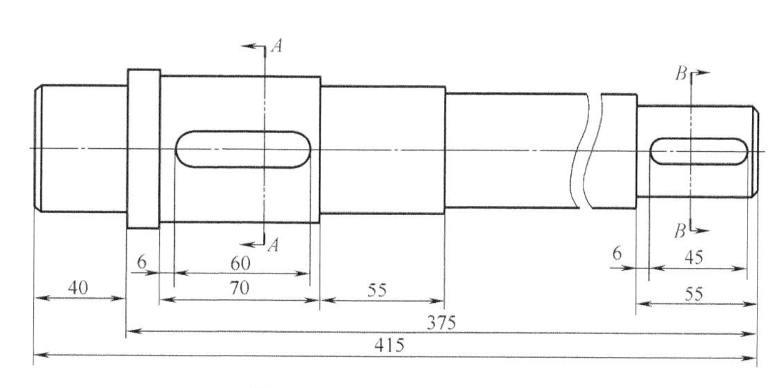

图 12-78　水平尺寸的标注

5）按上述步骤完成竖直尺寸的标注，尺寸标注结果如图 12-79 所示。

5. 显示尺寸的直径符号并添加尺寸公差

1）单击轴中最左侧尺寸“56”，弹出【尺寸】选项卡。在功能区【尺寸文本】面板中单击【尺寸文本】按钮，在弹出下滑面板中的【前缀/后缀】下方第一个空白框中输入符号“ϕ”，该符号可在下滑面板中的【符号】列表框中选取，结果如图 12-80 所示。

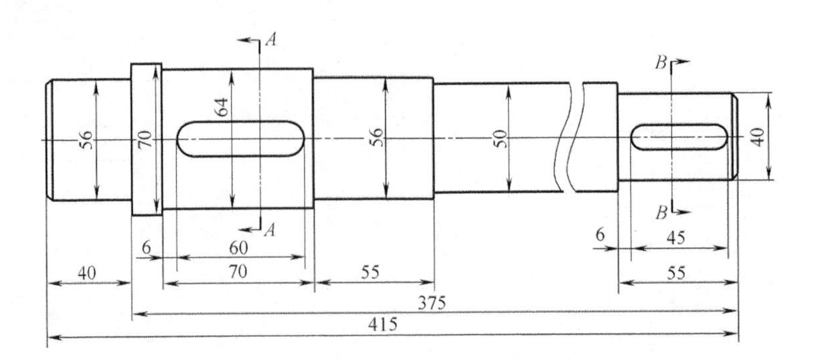

图 12-79 竖直尺寸的标注

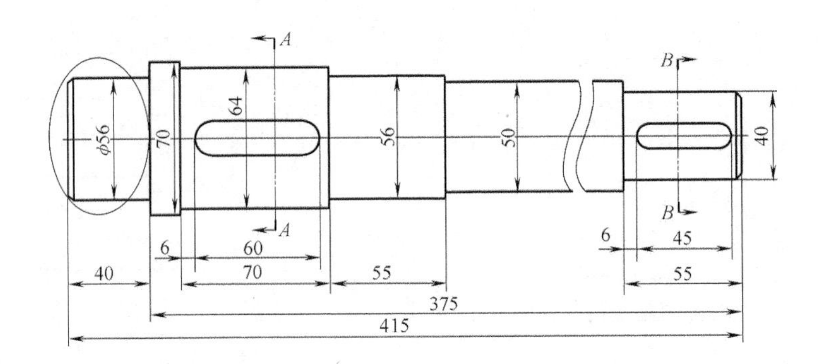

图 12-80 显示直径符号

2）单击轴中最左侧尺寸“56”，弹出【尺寸】选项卡。在功能区【公差】面板中单击左侧【公差】按钮，在弹出下滑面板中选择选项 $^{+0.2}_{-0.1}$ 正负，此时可在【公差】面板中输入公差值，结果如图 12-81 所示。

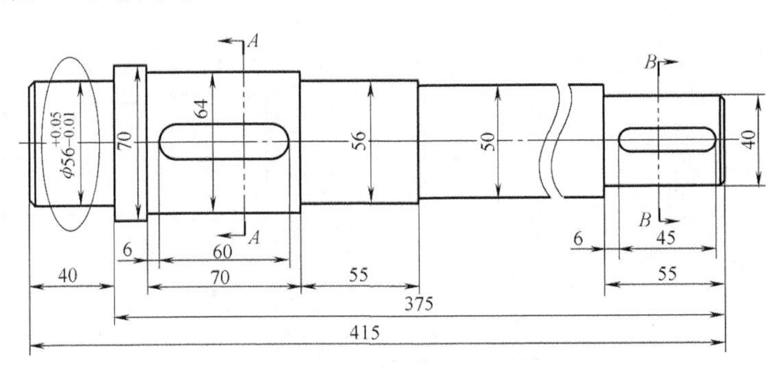

图 12-81 标注尺寸公差

3）参照上述步骤，显示剩余尺寸的直径符号和公差。

6. 设置参考基准

1）放置基准。单击功能区【注释】面板中的工具按钮 基准特征符号，在如图 12-82 所示轴最左端尺寸与边线交点处单击，向下方移动鼠标后单击鼠标中键确定，结果如图 12-83所示。

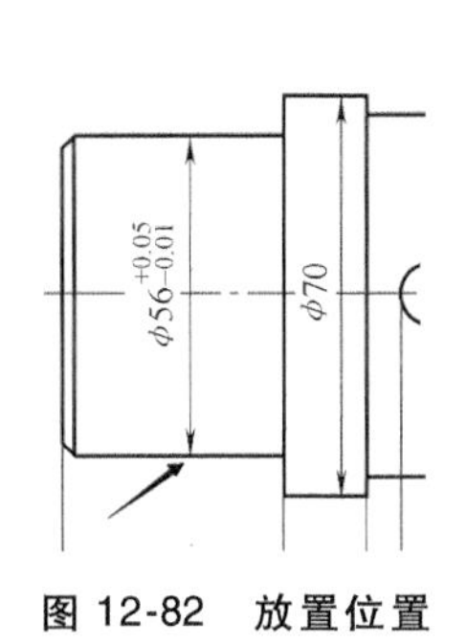

图 12-82　放置位置

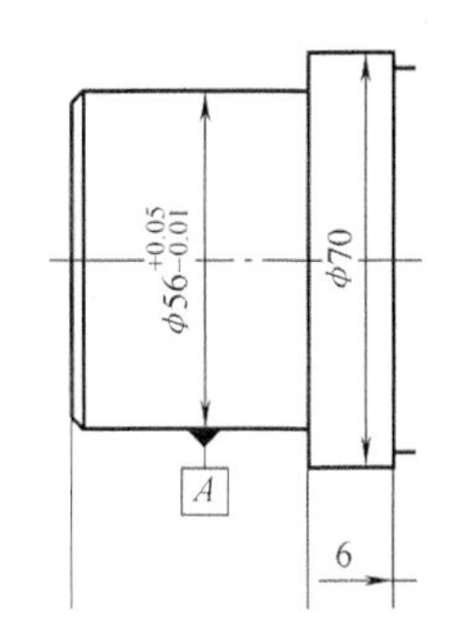

图 12-83　参考基准 A

2）修改符号。双击创建好的基准符号，在界面顶部弹出【基准特征】选项卡，在下方【标签】面板中输入字母“C”，从而区别基准符号，在空白区域单击，回到【注释】选项卡。

3）按上述方式标注轴的其他参考基准，结果如图 12-84 所示。

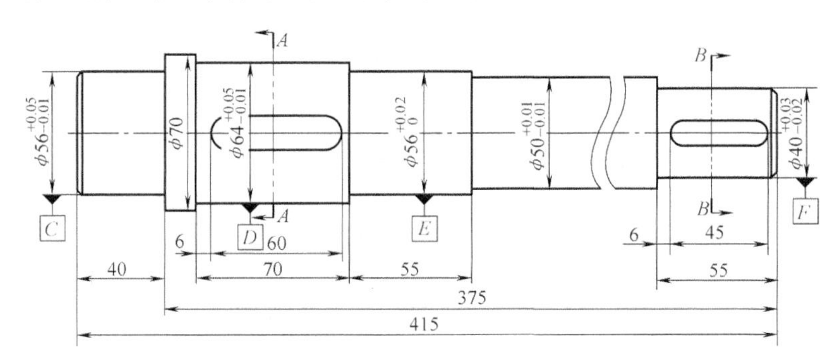

图 12-84　其余参考基准

7. 创建几何公差

1）放置几何公差。单击功能区【注释】面板中的【几何公差】工具按钮，在轴最左端上边单击，向上移动鼠标，在适当位置单击鼠标中键确定，结果如图 12-85 所示。

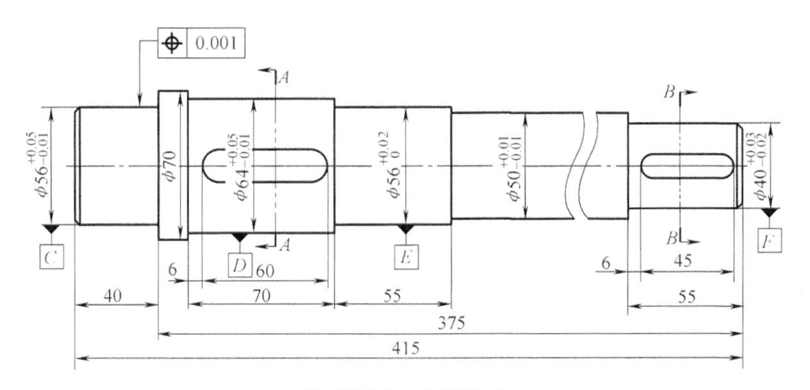

图 12-85　几何公差

2）修改几何公差属性。单击【文件】|【准备】|【绘图属性】，弹出【绘图属性】对话框，单击对话框中【详细信息选项】后的【更改】按钮，弹出【选项】对话框。搜索“gtol_ lead_ trail_ zeros”，将【值】的内容设置为“lead_ only（metric）”，即显示公差开

头的“0”。

3）修改几何公差内容。双击创建好的几何公差，在界面顶部弹出【几何公差】选项卡。在功能区【符号】面板中单击倒三角按钮，在下拉列表中选取 偏差度；在【公差和基准】面板中修改公差并添加基准符号，如图 12-86 所示。在空白区域单击完成，结果如图 12-87 所示。

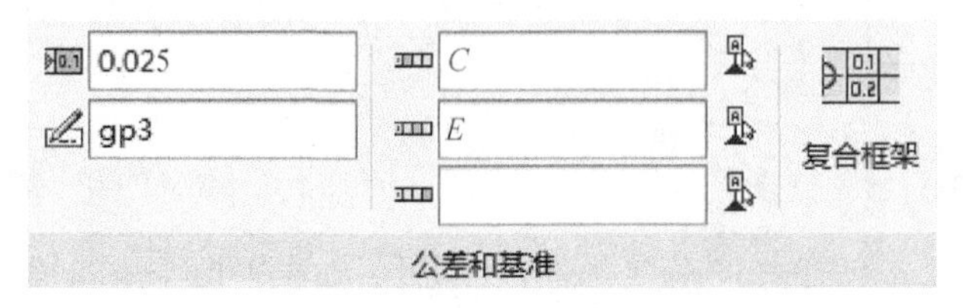

图 12-86 【公差和基准】面板设置

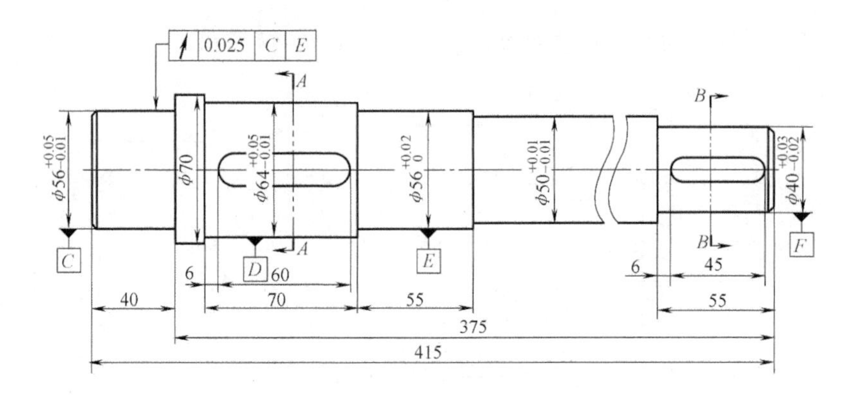

图 12-87 修改后的几何公差

4）在同一位置处添加多种公差。单击功能区【注释】面板中的【几何公差】工具按钮，在之前公差下方合适位置单击放置，修改内容后如图 12-88 所示。

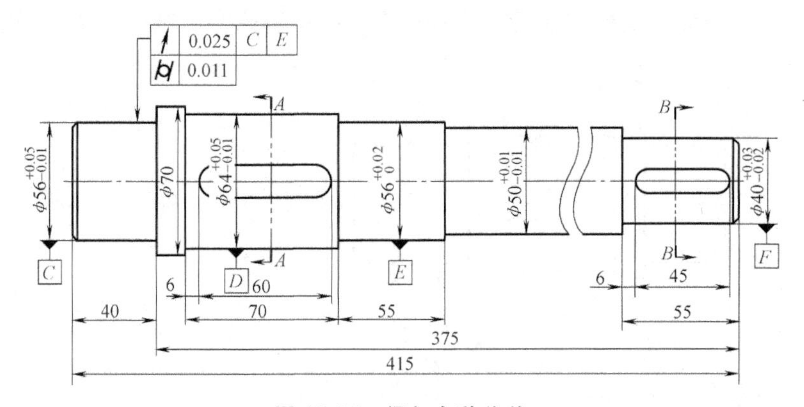

图 12-88 添加多种公差

5）按上述方法完成剩余几何公差的创建，如图 12-89 所示。

8. 添加表面粗糙度

Creo 4.0 中没有提供新国标的表面粗糙度符号，为此首先需要创建符合规范的表面粗糙度符号，然后使用其创建表面符号。

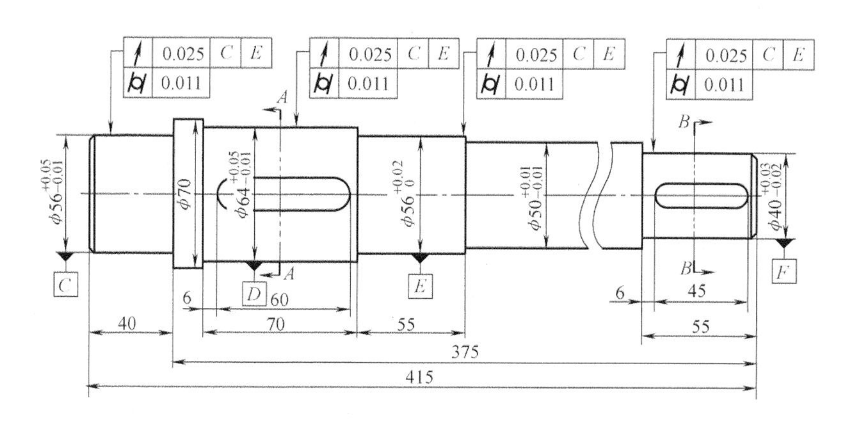

图 12-89　轴上所有几何公差

1）草绘表面粗糙度符号。单击【草绘】选项卡，在图形区中绘制如图 12-90 所示的符号。尺寸大小可参考图中数字的大小，使用直线绘制时在单击第一点后可单击鼠标右键，在快捷菜单中选择其中的【角度】选项并设置为“0”，从而保证直线水平。

2）添加注解。单击【注释】选项卡，选择功能区【注释】面板中的【注解】，在表面粗糙度符号末尾添加注释内容“\ *Ra* 3.2\ ”，注意其中的斜杠方向，结果如图 12-91 所示。

图 12-90　表面粗糙度符号　　　　图 12-91　添加注解

3）创建符号。单击功能区【注释】面板中的【符号】旁的倒三角，在下拉列表中选择 符号库。弹出菜单选项，单击其中【定义】选项组中的【新建】按钮，输入【符号名】为“国标”，单击按钮 ✔，进入图形创建窗口。在弹出的【菜单管理器】中选择【绘图复制】，然后框选图 12-91，单击【选择】对话框中的【确定】按钮，图形出现在新的窗口中。

4）添加属性。单击【菜单管理器】中的【属性】，弹出【符号定义属性】对话框，如图 12-92 所示。选择【允许的放置类型】下的全部选项，【拾取原点】全部选择表面粗糙度符号三角下方顶点；【符号实例高度】选择 可变的 - 相关文本，然后单击“*Ra* 3.2”；【属性】选择 允许文本反向复选框。单击对话框中的【可变文本】选项卡，检查可变文本是否设置成功，设置内容保持默认。设置完成后单击【确定】按钮退出，再单击【菜单管理器】中的【完成】按钮，在图形区按住<Alt>键删除之前的草绘图形。

5）使用自定义表面粗糙度符号标注。单击功能区【注释】面板中的【符号】旁的倒三角，在下滑面板中选择 自定义符号。弹出【自定义绘图符号】对话框，选择【定义】选项组中的【符号名】为“国标”，【放置】中的【类型】改为“垂直于图元”。选择需要标注的地方单击鼠标左键，再单击鼠标中键确定，完成轴上所有标注后单击【自定义符号】对话框中的【确定】按钮退出。对图形布局做适当调整后如图 12-93 所示。

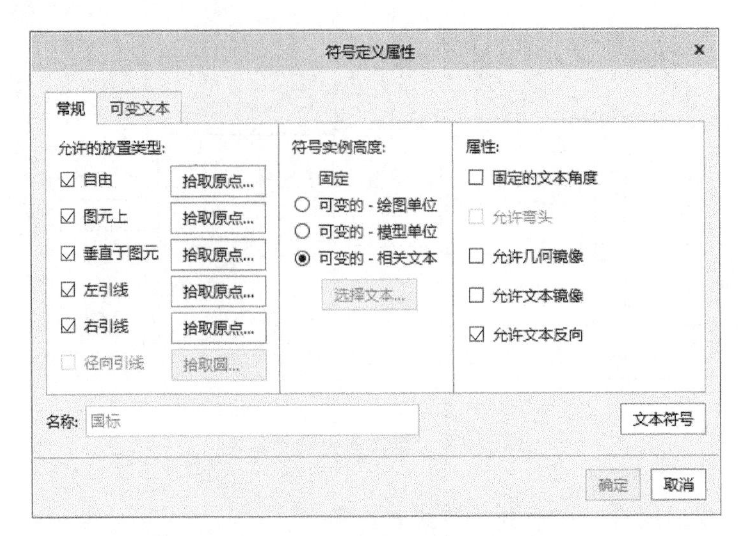

图 12-92 【符号定义属性】对话框

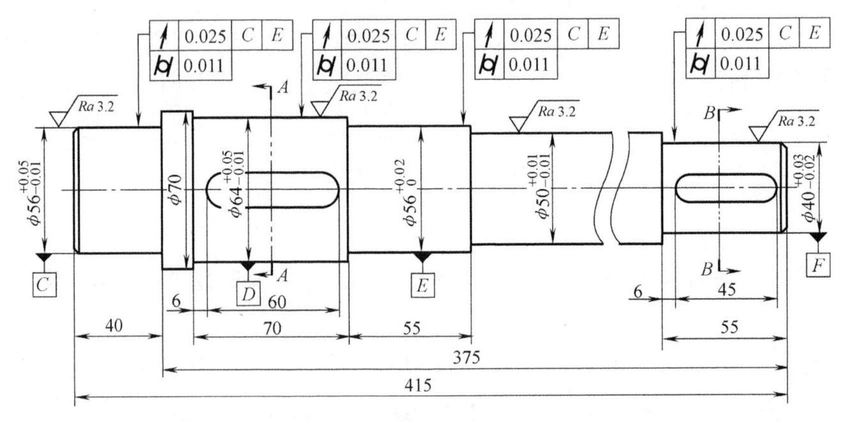

图 12-93 使用自定义表面粗糙度符号标注

6）修改表面粗糙度数值。双击标注好的表面粗糙度，弹出【自定义绘图符号】对话框，选择其中的【可变文本】选项卡，设置表面粗糙度为“0.8”，所有修改好后的表面粗糙度如图 12-94 所示。

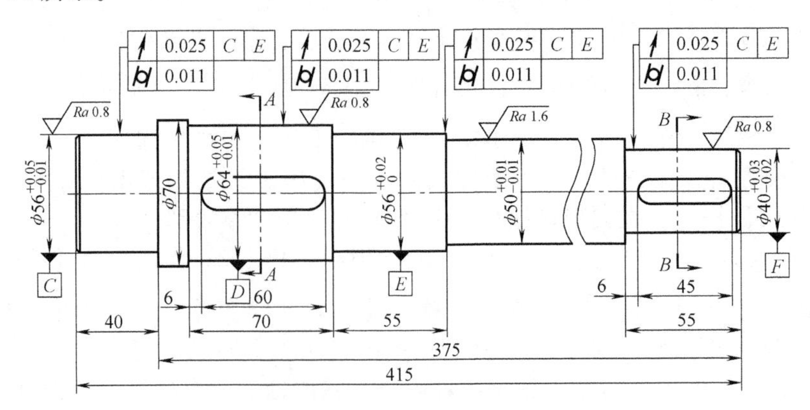

图 12-94 表面粗糙度修改

9. 横截面标注

按照标注轴的方法标注两横截面的参数、公差和表面粗糙度，结果如图 12-95 所示。

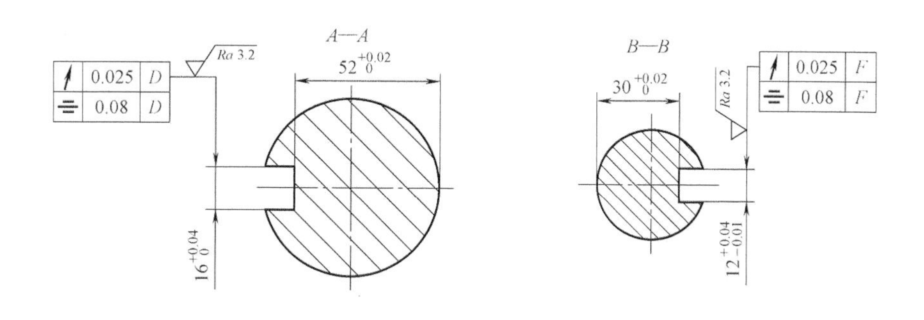

图 12-95　横截面标注

10. 插入技术要求和其余公差

1）单击功能区【注释】面板中的工具按钮 注解，在空白区单击，输入“技术要求”；再在其下方插入注释框，输入要求内容，调整好字体大小，最后效果如图 12-96 所示。

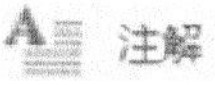

2）在图框中右上角插入注释“其余”和 Ra 6.3，如图 12-97 所示。

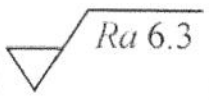

技术要求

1.调质HBW=220～250。

2.未注圆角半径R=2mm。

图 12-96　技术要求

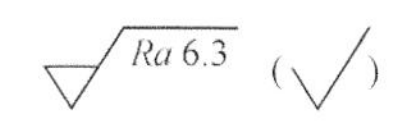

图 12-97　其余表面粗糙度

11. 保存工程图

单击界面顶部快速访问工具栏中的【保存】按钮，完成轴工程图的标注。

12.4　装配图模板的创建与应用实例

本实例首先创建一个装配工程图的模板“moban. frm”，如图 12-98 所示，然后调用该模板。零件图模板的创建方法与工程图模板的创建方法相似。通过本例掌握创建工程图模板的操作方法；掌握表格的创建及编辑方法；掌握装配图明细表的创建方法；掌握重复区域的设置及操作方法；掌握工程图模板的调用；掌握球标的创建与编辑方法。

建模过程

1. 新建模板

单击【新建】按钮，在【新建】对话框中选择【类型】为 格式，设置文件【名称】为“moban”。单击【确定】按钮，弹出【新格式】对话框，选择【指定模板】为【空】，设置【标准大小】为“A3”，其余默认，单击【确定】按钮，进入模板编辑环境，如图 12-99 所示。

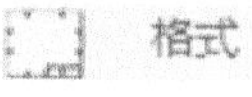

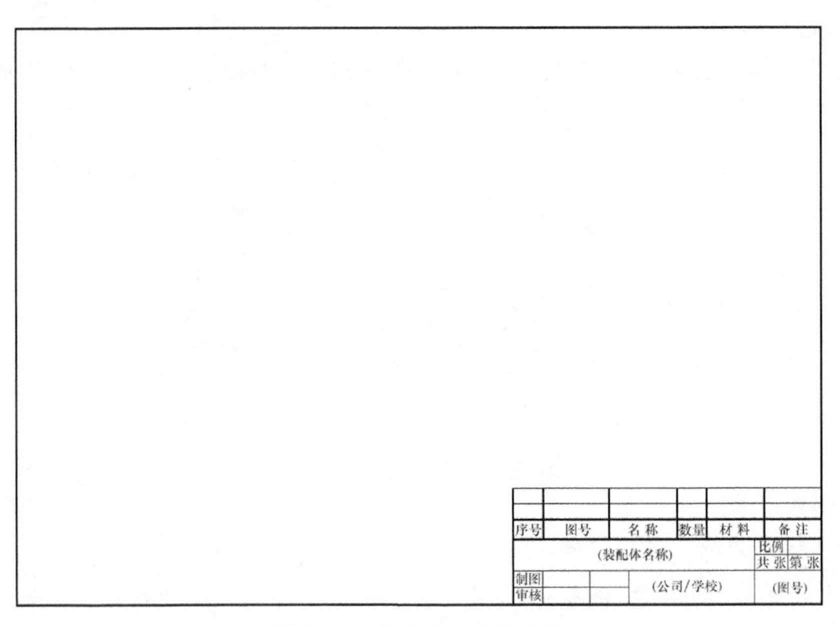

图 12-98 创建的工程图模板

2. 插入并编辑表格

完整的装配工程图除了包括标题栏之外还应该包括明细表，标题栏与明细表主要是靠表格来完成的。Creo 提供了很多绘制表格的方法，下面主要介绍插入表格的方法。

1）单击功能区【表】选项卡，再单击【表】工具按钮，在下拉列表中单击按钮 插入表...，系统弹出【插入表】对话框，如图 12-100 所示。

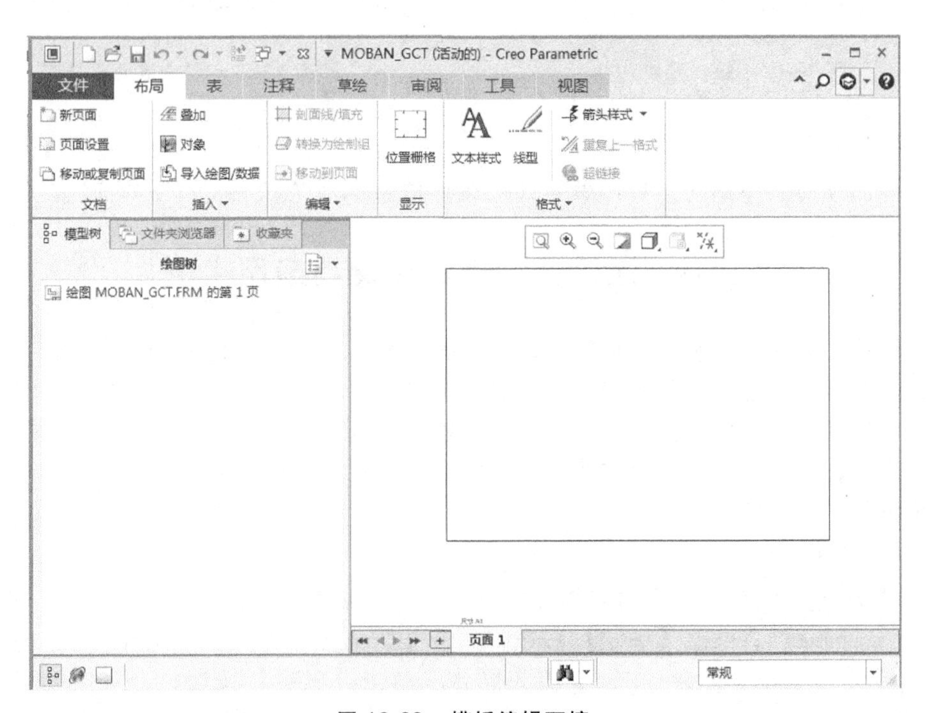

图 12-99 模板编辑环境

【方向】类型说明：

- 表的增长方向，向右且向下。
- 表的增长方向，向左且向下。
- 表的增长方向，向右且向上。
- 表的增长方向，向左且向上。

注意：表格的方向非常重要，如果需要创建的明细表从上往下排序，则需要选择向下增长；如果需要明细表从下往上排序，则需要选择向上增长。

2）在【方向】选项组中，单击向右且向上增长按钮，设置【表尺寸】中的【列数】为“10”，【行数】为“7”。其余设置保持默认，单击对话框中的【确定】按钮，在图形区任意位置单击放置，放大后查看结果如图 12-101 所示。

3）修改单元格尺寸。选中左上角的单元格，选择功能区【行和列】面板中的工具按钮 高度和宽度，弹出【高度和宽度】对话框，如图 12-102 所示。

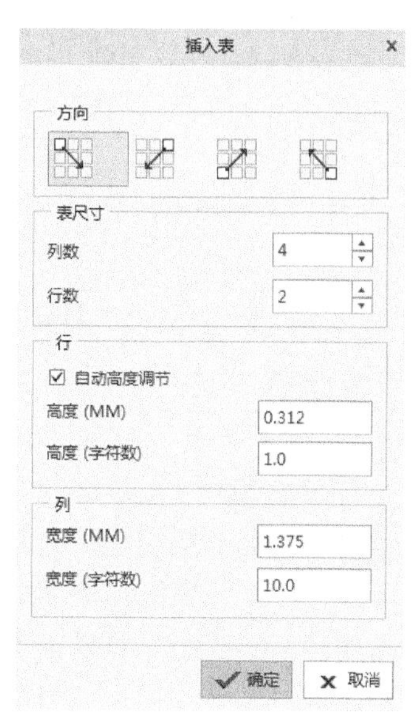

图 12-100　【插入表】对话框

图 12-101　插入表

4）取消选择对话框中的【自动高度调节】复选框，设置【高度（绘图单位）】为“8”，【宽度（绘图单位）】为“15”，单击【预览】按钮查看，正确后单击【确定】按钮退出。按此方法修改后续单元格列宽分别为（从左至右）15、25、10、10、25、15、25、5、12、18；按此方法修改后续单元格行高分别为（从上至下）8、8、10、8、8、8、8。完成设置后的表格如图 12-103 所示。

5）合并单元格。按住<Ctrl>键依次选中需要合并的单元格，单击功能区【行和列】面板中的工具按钮 合并单元格，完成合并，合并内容如图 12-104 所示，合并后的表格如图 12-105所示。

6）移动表格。框选整个表格，单击功能区【表】面板中的工具按钮 移动特殊，单击表格右下角的顶点，弹出【移动特殊】对话框。选择其中的选项，再单击图框的右下角顶点，单击对话框中的【确定】按钮完成。

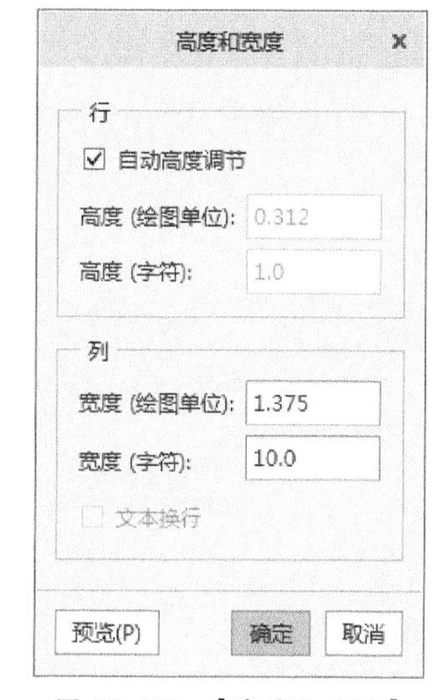

图 12-102　【高度和宽度】对话框

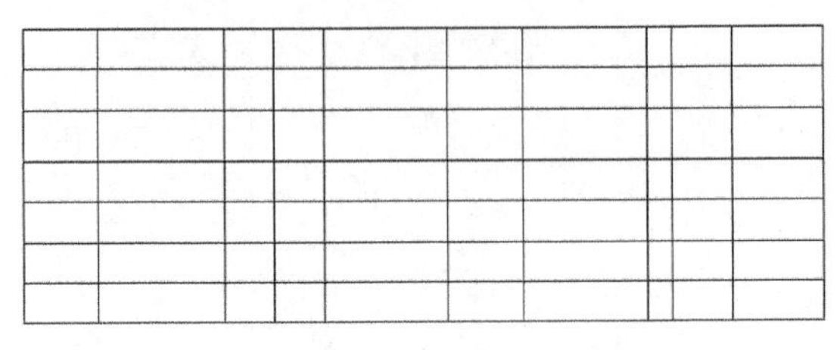

图 12-103　尺寸修改后的表格

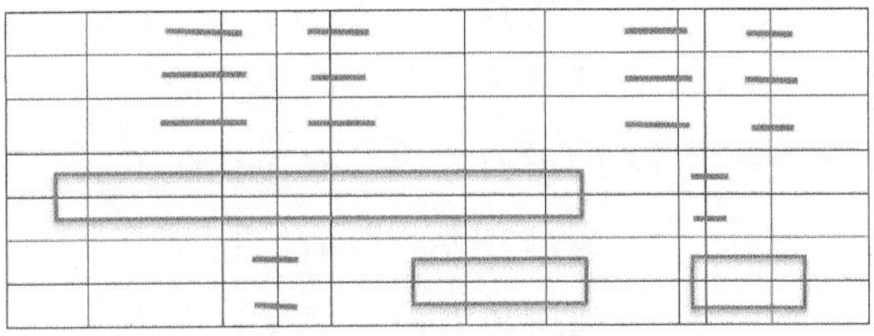

图 12-104　合并内容

3. 插入表格文字

1）设置文本样式。单击功能区【表格】面板旁的倒三角，在弹出下滑面板中选取 管理文本样式，弹出【文本样式库】对话框，如图 12-106 所示。

2）单击对话框中的【新建…】按钮，弹出【新文本样式】对话框，设置【样式名称】为“xin”，在【字符】选项组中取消选择【高度】后的【默认】并设置其为“6”，在【注解或尺寸】选项组中设置【水平】为“中心”，【竖直】为“中间”，设置内容如图 12-107 所示。单击【确定】按钮退出，再单击【文本样式库】对话框上的【关闭】按钮，完成样式新建。

3）使用文本样式。单击功能区【格式】面板中的【文本样式】工具按钮，弹出【选择】对话框，框选所有表格，弹出【文本样式】对话框。在【复制自】选项组中的【样式名称】后选择“xin”，单击对话框下方【应用】按钮，再单击【确定】按钮退出。

4）插入表格文字。双击单元格（不行则按住<Alt>键并双击），输入文字，完成所有文字输入后如图 12-108 所示。

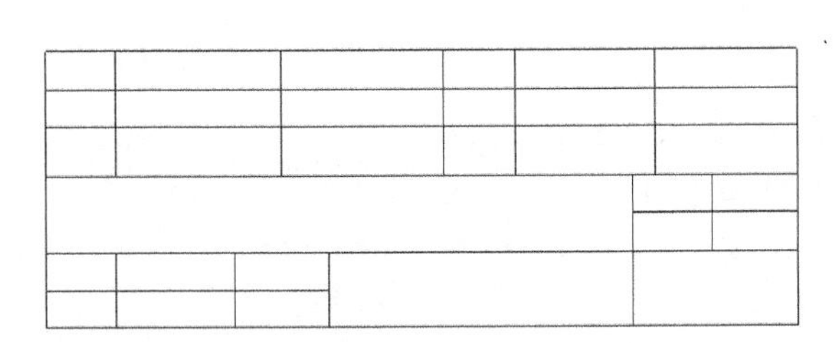

图 12-105　合并后的表格

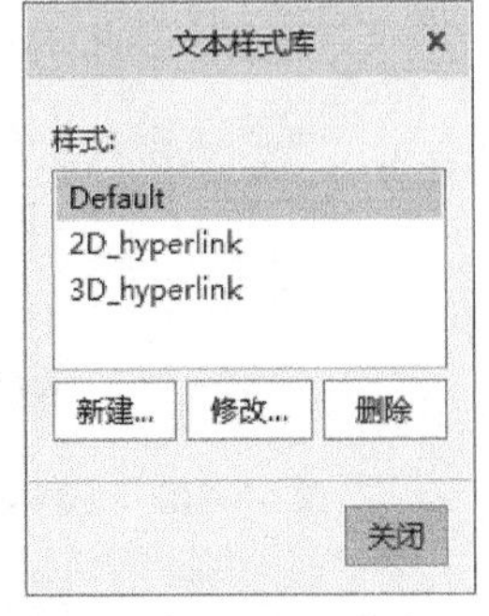

图 12-106　【文本样式库】对话框

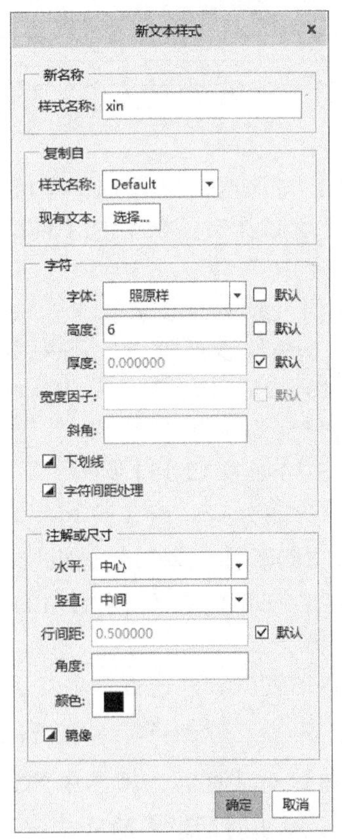

图 12-107　【新文本样式】对话框设置

4. 保存模板

单击界面顶部快速访问工具栏中的【保存】按钮，将模板文件“moban”保存。

5. 调用模板

单击【新建】按钮，在【新建】对话框中选择【类型】为 绘图，取消选择【使用默认模板】，文件【名称】保持默认。单击【确定】按钮，弹出【新建绘图】对话框，选择【指定模板】下的 格式为空，单击【浏览】按钮，找到刚才保存的模板并单击【打开】，最后单击底部【确定】按钮，进入绘图环境。

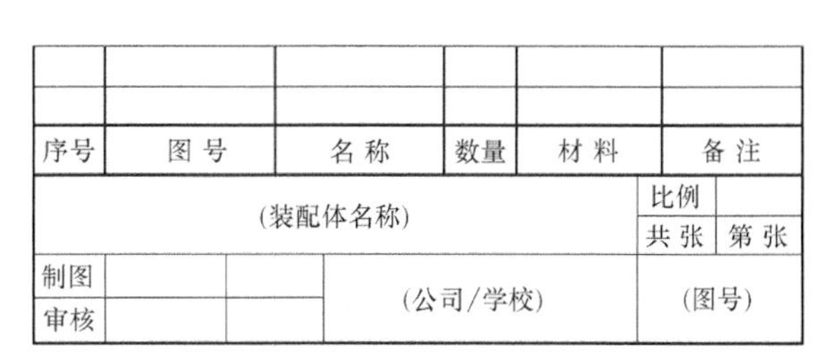

序号	图号	名称	数量	材料	备注
(装配体名称)				比例	
				共 张	第 张
制图		(公司/学校)		(图号)	
审核					

图 12-108　插入表格文字

12.5　部件装配图生成实例

本实例的模型如图 12-109 所示，为一个岩心夹持器的装配模型，其工程图如图 12-110 所示。本实例调用前面创建的工程图模板“moban”，装配体工程图的创建方法与零件工程图的创建方法基本类似。模型螺纹均使用修饰螺纹。通过本实例的学习，使读者掌握装配体主要视图的创建、装配体剖视图的创建、分解视图的创建、标注装配体等内容。

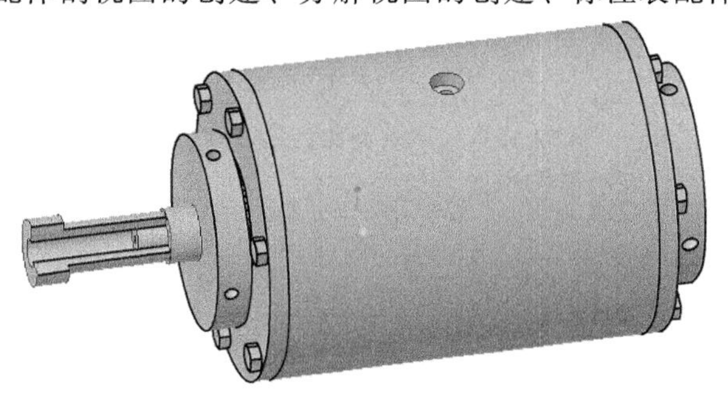

图 12-109　岩心夹持器

建模过程

1. 打开装配模型

单击界面顶部快速访问工具栏中的【打开】按钮，导入岩心夹持器装配模型“zhuhe. asm”。

2. 创建定向

单击前导工具栏中的【视图管理器】工具按钮，弹出【视图管理器】对话框，单击选项栏中的【定向】|【新建】后，输入名称为“定向”，按<Enter>键确定。用鼠标选中名称“定向”，单击鼠标右键在快捷菜单中选择【重新定义】，弹出【视图】对话框。设置【参考一】为“前”，选中图中对应参考平面；设置【参考二】为“左”，选中图中对应参考平面，单击【确定】按钮完成设置。

3. 创建截面

通过【平面】命令创建零件截面。单击前导工具栏中的【视图管理器】工具按钮，弹出【视图管理器】对话框，单击选项栏中的【截面】|【新建】|【平面】后，输入截面的名

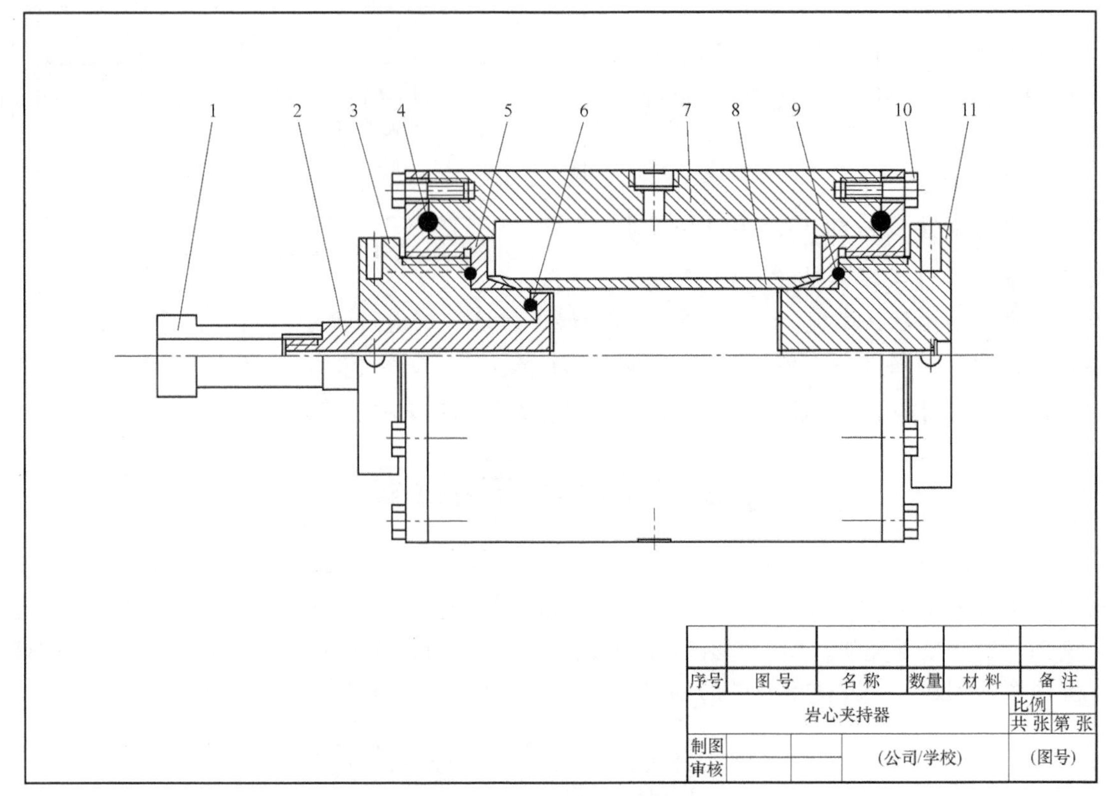

图 12-110　岩心夹持器装配图

称“A”，按<Enter>键确定。在弹出【截面】特征面板的列表中选取参考面，单击特征面板中的【确认】按钮✔完成创建，结果如图 12-111 所示。双击【无横截面】，单击【关闭】按钮退出。

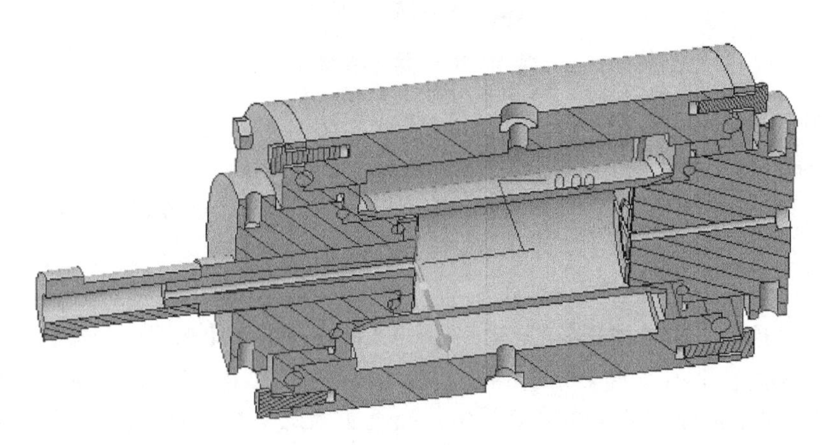

图 12-111　岩心夹持器装配模型截面

4. 新建工程图

单击【新建】按钮，在【新建】对话框中选择【类型】为 绘图，取消选择【使用默认模板】，文件【名称】为“jiachiqi”。单击【确定】按钮，弹出【新建绘图】对话框，选择【指定模板】下的◉ 格式为空，单击【浏览】按钮，找到模板“moban”并单击【打开】，最后单击底部【确定】按钮，进入绘图环境。

5. 创建主视图

1）在功能区【模型视图】面板中单击【普通视图】工具按钮，弹出【选择组合状态】对话框，接受默认设置，单击【确定】按钮。在图形区方框内选择一点单击，弹出【绘图视图】对话框，此时在图形区显示岩心夹持器的预览情况。

2）修改视图名称。在【视图名称】文本框中输入“主视图”。

3）定义主视图方向。在【在模型视图名】下选择“定向”，单击【绘图视图】对话框中【应用】按钮。

4）比例设置。单击【绘图视图】对话框中【类型】列表框中的“比例”，进入到【比例和透视图选项】选项组。设置【自定义比例】为“1”，单击对话框中【应用】按钮。

5）视图显示设置。单击【绘图视图】对话框中【类型】列表框中的“视图显示”，进入到【视图显示选项】选项组。设置【显示样式】为 消隐，【相切边显示样式】为 无，其余保持默认。单击对话框中【应用】按钮，消隐后的主视图如图 12-112 所示，再单击【确定】按钮退出对话框。

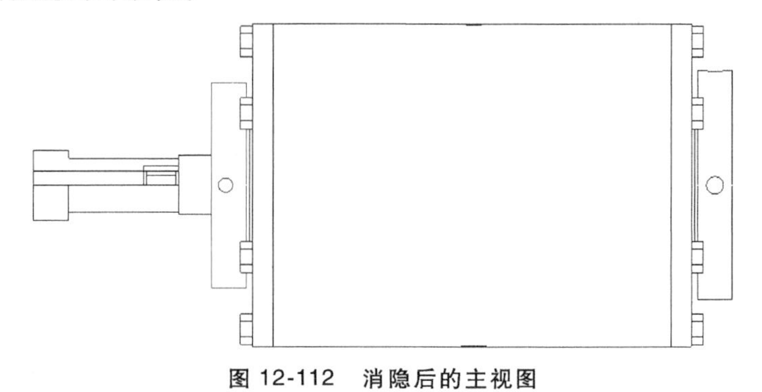

图 12-112　消隐后的主视图

6）调整主视图位置。单击图形区中主视图上的任意位置选中主视图，再单击鼠标右键，在弹出的快捷菜单中取消 锁定视图移动 的选中状态。用鼠标将主视图移动到适当位置。

6. 半剖主视图

1）修改绘图属性。单击【文件】|【准备】|【绘图属性】，弹出【绘图属性】对话框，单击对话框中【详细信息选项】后的【更改】按钮，弹出【选项】对话框。搜索“half_section_line”，将【值】的内容设置为“centerline”，即把半剖视图的横截面处的实线显示改为点画线；搜索“thread_standard”，将【值】的内容设置为“std_ansi_imp_assy”，即调整装配螺纹的显示样式。设置好后单击【确定】按钮，返回工程图工作界面。

2）双击主视图，弹出【绘图视图】对话框。单击【类型】列表框中的“截面”，进入到【截面选项】选项组。选择其中的◉ 2D 横截面，单击其中的【将横截面添加到视图】按钮，选择【名称】下面的“A”，【剖切区域】下选择“半剖”，对称水平参考面作为参考平面，箭头方向为上。单击对话框中【应用】按钮，单击【确定】按钮退出对话框，结果如图 12-113 所示。注意：参考平面为装配图中绘制的平面，如果没有合适的供选择，则需要自己在装配图中创建。

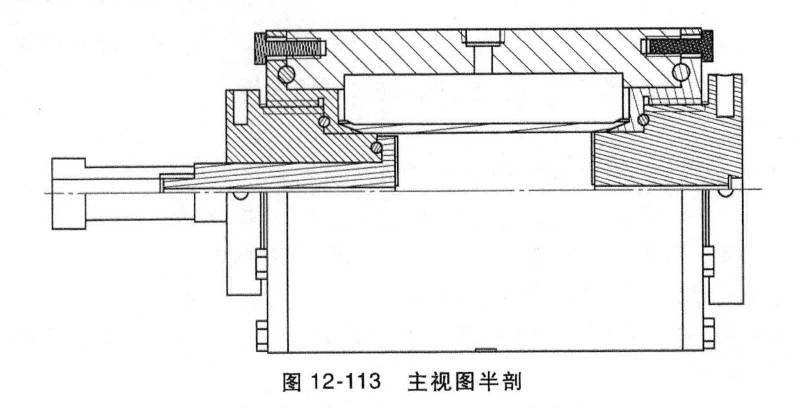

图 12-113 主视图半剖

7. 修改主视图剖面线

双击图中剖面线，弹出【菜单管理器】对话框。通过单击【下一个】/【上一个】可以变换剖面线在图中的位置；单击【角度】可修改剖面的倾角，一般选取 45°或 135°；单击【排除】可将该零件不以剖面线显示。按照上述几种功能修改装配图的剖面线如图 12-114 所示。

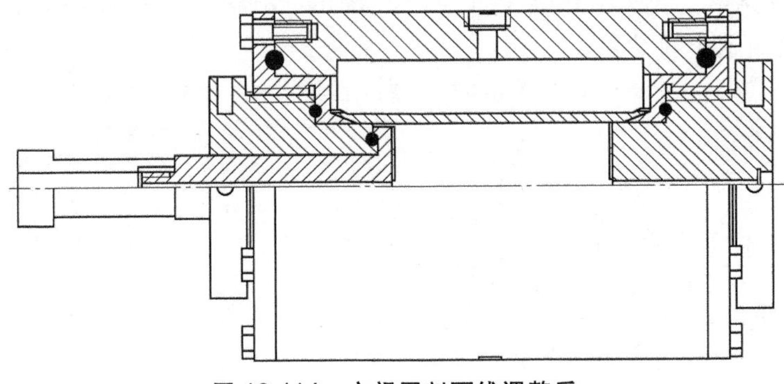

图 12-114 主视图剖面线调整后

8. 添加基准轴

打开【注释】选项卡，单击功能区【注释】面板中的【显示模型注释】工具按钮，弹出【显示模型注释】对话框。选中【显示模型基准】对话框中的选项卡，按住<Ctrl>键，在图形区依次单击需要显示基准轴的视图。单击【全选】按钮，再单击【应用】按钮，完成基准轴的显示，如图 12-115 所示。对各基准轴长度进行适当调整。注意：当有些特征无法选中时可在【模型树】中将遮挡特征隐藏，然后逐步选取基准轴。

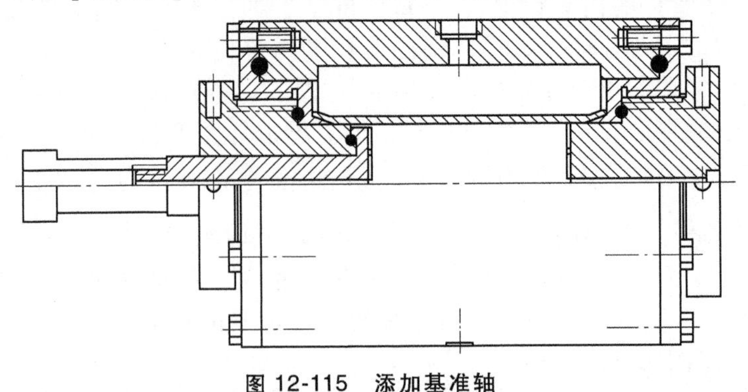

图 12-115 添加基准轴

9. 标注零件序号

单击功能区【注释】面板中的【注解】旁的倒三角，在下滑面板中选取 引线注解，弹出【选中参考】对话框，在零件上单击鼠标，再将鼠标移动到序号放置位置单击鼠标中键，输入编号后再单击鼠标中键确定。按此方式完成所有零件序号标注，标注完成后框选所有尺寸调节显示大小，完成后如图 12-110 所示。

10. 保存工程图

单击界面顶部快速访问工具栏中的【保存】按钮，完成岩心夹持器的装配图创建。

12.6　工程图的打印输出

打印出图是 CAD 工程设计中非常重要的环节。在 Creo 4.0 的零件模式、装配模式以及工程图模式下，都可以在功能区中选择【文件】|【打印】|【打印】，然后进行打印出图操作。

1. 打印注意事项

在 Creo 系统中进行打印出图操作需要注意以下几点：

1）打印操作前，需要对 Creo 的系统配置文件进行必要的打印选项设置。

2）在打印出图时一般选择系统打印机 MS Printer Maganer。需要注意的是在零件模式和装配模式下，如果模型是着色状态，不能选择系统打印机，一般可以选择 Generic Color Postscript 打印机类型。

3）屏幕中灰色显示的隐藏线，在打印时为虚线。

2. 工程图打印的一般过程

1）本节以岩心夹持器工程图为例，说明打印的一般操作过程。这是一张 A3 幅面的工程图，要求打印在 A4 幅面的纸上。按上述打印操作命令打开【打印】选项卡，如图 12-116 所示。

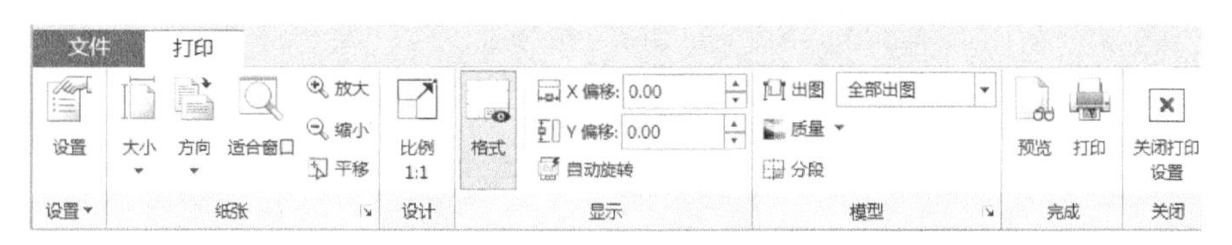

图 12-116　【打印】选项卡

2）【设置】面板。单击【设置】面板中的【设置】工具按钮，弹出【打印机配置】对话框，如图 12-117 所示。可单击【打印机】右侧【命令和设置】按钮，弹出打印机类型选项板。

3）【纸张】面板：可选择纸张大小和方向等，单击【纸张】面板旁的箭头弹出【纸张】对话框，可对尺寸、单位、标签等进行设置。

4）【显示】面板：可对图形的显示效果进行调节，包括图中模板是否显示，及图纸所处位置及旋转角度。

5）【模型】面板：可对图中需要打印部分进行选择，包括图纸框的选择和层的选择，其次可对打印质量进行设置。

6）【完成】面板：单击【预览】可对设置完成后选择打印部分进行查看，单击【打印】会弹出【打印】对话框，如图 12-118 所示。

图 12-117 【打印机配置】对话框

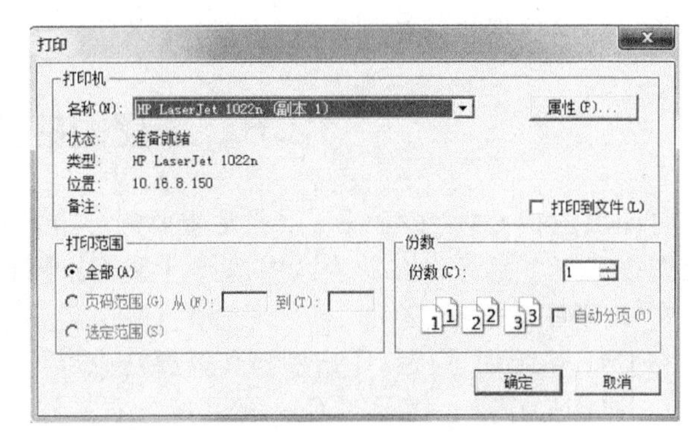

图 12-118 【打印】对话框

12.7 实 训 题

1. 阀盖零件如图 12-119 所示，创建阀盖零件工程图如图 12-120 所示。

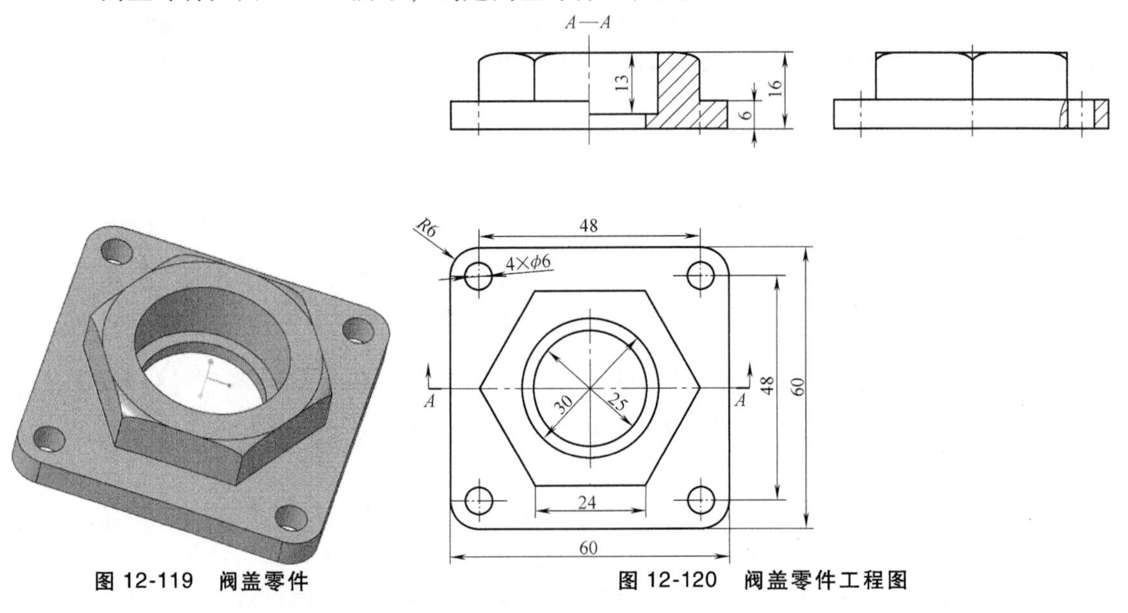

图 12-119 阀盖零件

图 12-120 阀盖零件工程图

2. 创建顶杆机构装配图，如图 12-121 所示。

操作步骤如下：

1）在装配图中设置好【定向】名称为“重定”，以它作为主视图；创建好主视图和左视图剖面，分别如图 12-122 和图 12-123 所示。

2）进入到工程图界面，单击【普通视图】按钮，放置主视图，设置后如图 12-124

所示。再分别投影左视图和俯视图，将左视图设置为半剖视图。

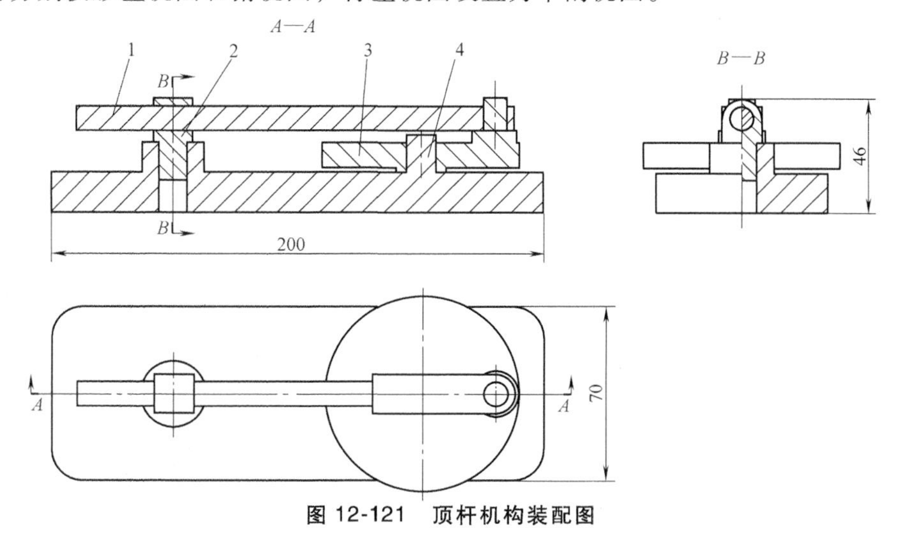

图 12-121　顶杆机构装配图

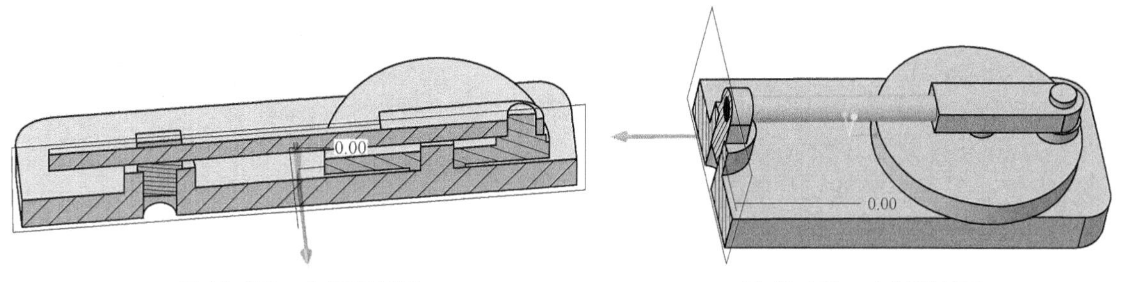

图 12-122　主视图剖面　　图 12-123　左视图剖面

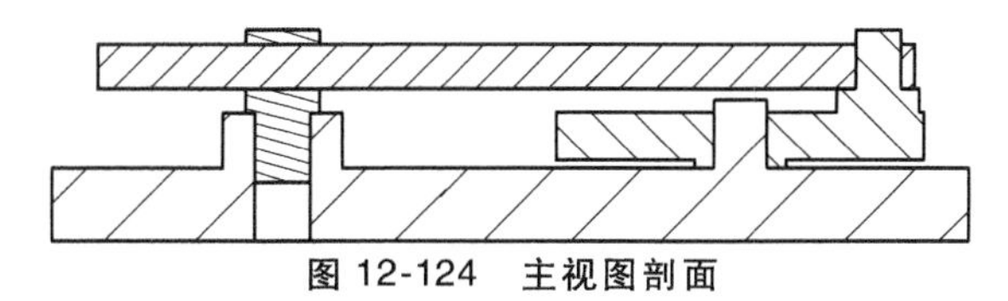

图 12-124　主视图剖面

3）重新调整剖面线，添加截面箭头，结果如图 12-125 所示。

4）添加主要尺寸和中心线，对零件进行编号。

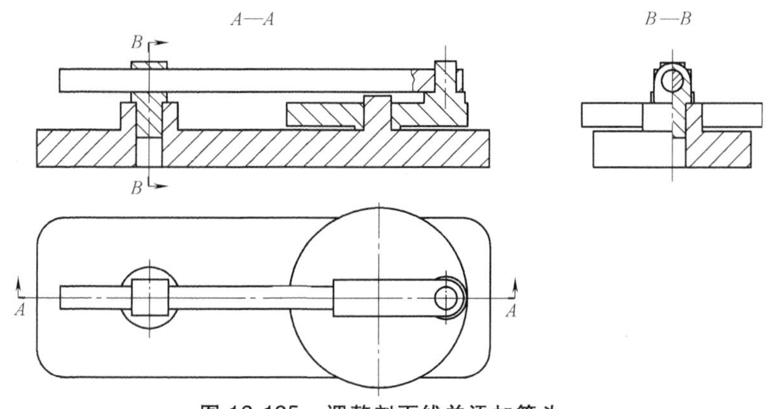

图 12-125　调整剖面线并添加箭头

第13章 零部件渲染

Creo 4.0 在渲染功能上比以前版本有了很大的提高。照片级逼真感渲染允许通过调整各种参数来改进模型外观，增强细节部分，使设计者获得很好的视图效果。调整渲染参数时模型将随之实时更新，可以不断移动旋转模型，从不同角度观看渲染效果。这样的效果在现在的设计过程中显得越来越重要。

合理地应用颜色、纹理及光照，更改背景以及应用其他效果，如反射、色调映射及景深，可以得到近乎照片级的设计模型效果，图 13-1 所示就是 Creo 4.0 的渲染效果。

图 13-1　渲染效果

13.1　Render Studio 介绍

Creo Render Studio 可以对诸如模型外观、场景和光照等元素进行设置来创建模型的渲染图像。渲染图像可以呈现环境如何反映到表面上，揭示设计缺陷或确认设计目标。从渲染图像中，还可以看到在光照、阴影和环境的真实设置下，一个模型化对象的外观。

从【Render Studio】选项卡（图 13-2）中，可以使用下列命令。

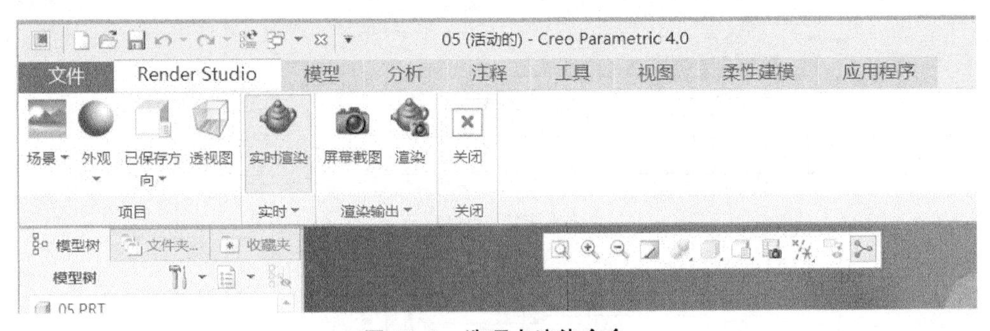

图 13-2　选项卡渲染命令

- 【外观】（Appearances）：将外观应用到模型或者修改模型中使用的现有材料。
- 【场景】（Scenes）：将替代 HDRI 场景应用到模型。还可以编辑场景来修改默认场景、环境、光源和背景。

- 【已保存方向】(Saved Orientations)：设置或修改观察方向。
- 【透视图】(Perspective View)：将模型设置为透视图模式。
- 【实时渲染】(Real-Time Rendering)：打开和关闭实时光线跟踪处理。
- 【渲染输出】(Render Output)：保存具有已定义设置的渲染图像。

Creo Render Studio 由 Lu13ion KeyShot 渲染引擎提供支持。可以采用模型定义的场景和外观，也可将模型保存为可在独立的 KeyShot 应用程序中打开的 BIP 文件。

13.1.1　关于场景信息

在【Render Studio】选项卡中，单击【实时】(Real-Time)|【场景信息】(Scene information)，将打开包含实时渲染信息的信息窗口，如图 13-3 所示。

图 13-3　渲染场景信息

- 【FPS】：通过 TraverseFlush 发送的帧数。通过对最后 10 帧中每个成功的 TraverseFlush 回调所花费的时间求平均值，计算每秒帧数。
- 【时间】(Time)：渲染器处理当前图像所花费的时间。当渲染器出于任何原因重新启动时，例如，移动了照相机或更改了实时设置，将重置此时间。
- 【样本】(Samples)：样本越多，质量越好、反射和阴影越准确。样本数趋近于无穷大时，图像会变得更加逼真。
- 【三角形】(Triangles)：当前渲染中处于活动状态的三角形的数量。
- 【分辨率】(Resolution)：当前图像的分辨率。
- 【取景范围】(FOV)：当前相机的取景范围。
- 【单位】(Unit)：场景的测量单位。

13.1.2　保存或导出渲染输出文件

1. 要保存渲染输出

1) 在【Render Studio】选项卡上，单击【渲染】(Render)，【渲染】(Render) 对话

框随即打开，如图 13-4 所示。

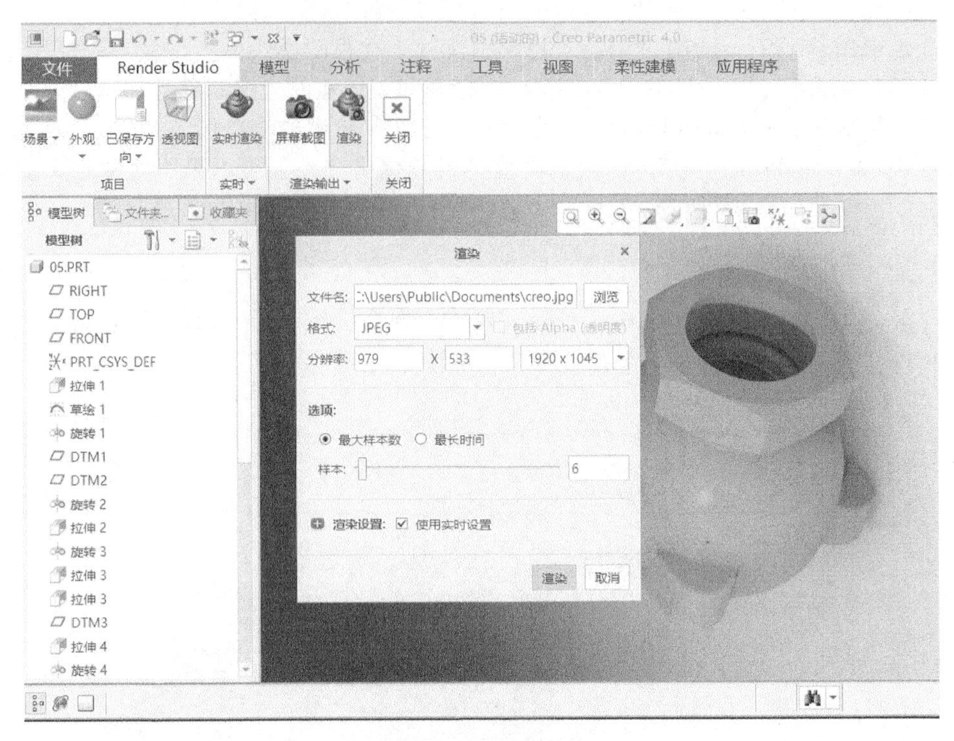

图 13-4 保存渲染输出

2）在【文件名】(File Name) 文本框中键入名称并指定要保存渲染图像的路径。

3）在【格式】(Format) 下拉列表框中，选择（JPEG、TIFF、PNG 等）渲染输出格式输出。

4）或者，进行如下所述的修改：

① 选中【包括 Alpha（透明度）】(Include Alpha (Transparency)) 复选框，以启用 PNG 或 TIFF 文件格式的透明背景。

② 在【分辨率】(Resolution) 文本框中键入或选择分辨率。

③ 在【选项】(Options) 选项组，指定【最大样本数】(Maximum Samples) 或【最长时间】(Maximum Time) 的值以指示渲染质量。

- 最大样本数：设置为 256。渲染质量也取决于模型以及用户所做的其他设置。
- 【最长时间】(Maximum Time)：使该选项设置的渲染时间没有任何限制。

2. 要将渲染模型另存为截图

1）确保【实时渲染】(Real-Time Rendering) 选项处于活动状态。

2）在【Render Studio】选项卡上，单击 【屏幕截图】(Screenshot)，将打开【保存截图】(Save screenshot) 对话框，如图 13-5 所示。

3）键入名称并为屏幕截图选择一个路径。

4）单击【保存】(Save) 按钮，以 PNG 格式保存截图，或者也可以通过单击【文件】(File) |【另存为】(Save As) |【保存副本】(Save a Copy)，以 PNG 或 TIFF 格式保存文件。

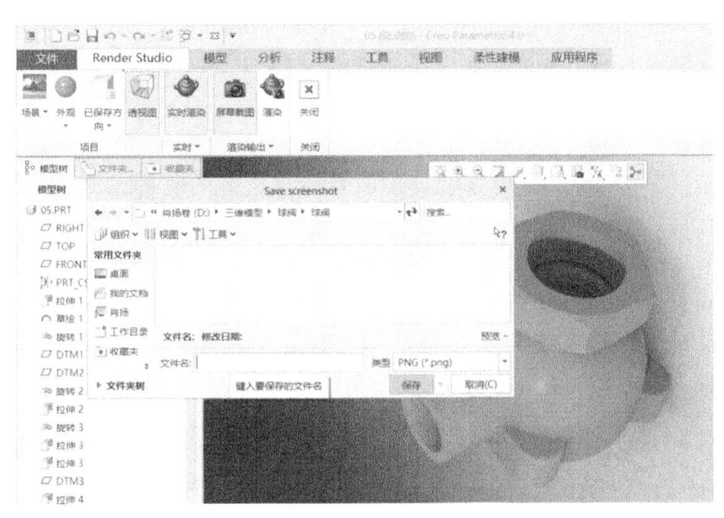

图 13-5 【保存截图】对话框

13.2 实时渲染对象

在【Render Studio】选项卡上，可以通过单击【实时渲染】(Real-Time Rendering)来打开或关闭照片级真实效果渲染。

13.2.1 实时渲染设置

单击【Render Studio】|【实时】(Real-Time)|【实时设置】(Real-Time Settings)，【实时渲染设置】(Real-Time Rendering Settings) 对话框随即打开，如图 13-6 所示。

在对话框中可以进行如下选项的修改：

- 【光照预设】(Lighting Presets:)：从【自定义】(Custom)、【性能模式】(Performance Mode)、【基本】(Basic)、【产品】(Product)、【内部】(Interior) 或【完全仿真】(Full Simulation) 中进行选择。光照预设针对阴影、照明和光线反射指定了预定义值。默认值为【基本】(Basic)。
- 【光线反射】(Ray Bounces:)：移动滑块或在文本框中键入光反射数，光线可从不同曲面反射指定次数，较强的反射可照亮场景中较暗的区域。
- 【间接反射】(Indirect Bounces:)：移动滑块或在文本框中键入间接光线反射数。数字越大，从不同对象反弹或反射的颜色越多。用户可以使用此设置以及【全

图 13-6 【实时渲染设置】对话框

局照明】（Global Illumination）或【内部模式】（Interior Mode）打造唯一的效果。

- 【阴影质量】(Shadow Quality:)：移动滑块或在文本框中键入最多四位小数的值。数字越大，投射在地面上的阴影质量越好。随着将值增加到 1.0000 以上，阴影的不规则或不一致边将会变为一致边和锐边。
- 【自身阴影】(Self Shadows)：显示投射在其他对象上的阴影。如图 13-7 所示。
- 【全局照明】(Global Illumination)：照亮环境。对象的颜色将投射在附近其他对象上。间接反射越多，全局照明越强。如图 13-8 所示。
- 【地面照明】(Ground Illumination)：以对象的颜色照亮地面。对象的颜色投射在地面上时，对象的阴影将显得暗淡无光。如图 13-9 所示。

图 13-7 杯子的自身阴影

图 13-8 全局照明强度增大效果

- 【焦散】(Caustics)：查看对象或地面上的焦散效果。在玻璃类材料或金属材料上，焦散效果将更好。光线穿过对象进行反射或折射时将产生真实的焦散效果。如图 13-10 所示。

图 13-9 白色地面投射在对象上

图 13-10 焦散效果显示在金属杯和玻璃杯周围

- 【内部模式】(Interior Mode)：启用内部照明。选中此复选框后，模型将暴露在自然光下。如果选择【全局照明】（Global Illumination），则将照亮较暗区域。用户还可以增加【光线反射】(Ray Bounces:）并在模型上投射更多光源。
- 【内核数】(Number of cores)：渲染可使用的 CPU 内核数。默认值设置为 75%-6 个内核。

单击【确定】（OK）可保存当前对话框的设置。将文件保存成渲染图像后，将使用这些设置。

13.2.2 示例：实时渲染玻璃杯

1）打开“glass. prt”文件，如图 13-11 所示。

2）打开【Render Studio】选项卡以渲染该零件。默认情况下，选中【实时渲染】(Real-Time Rendering)。最佳做法是使用曲面面组，而不使用实体几何。如图 13-12 中所示突出显示，零件必须具有两个不同的曲面面组，才能获得照片级真实渲染输出。

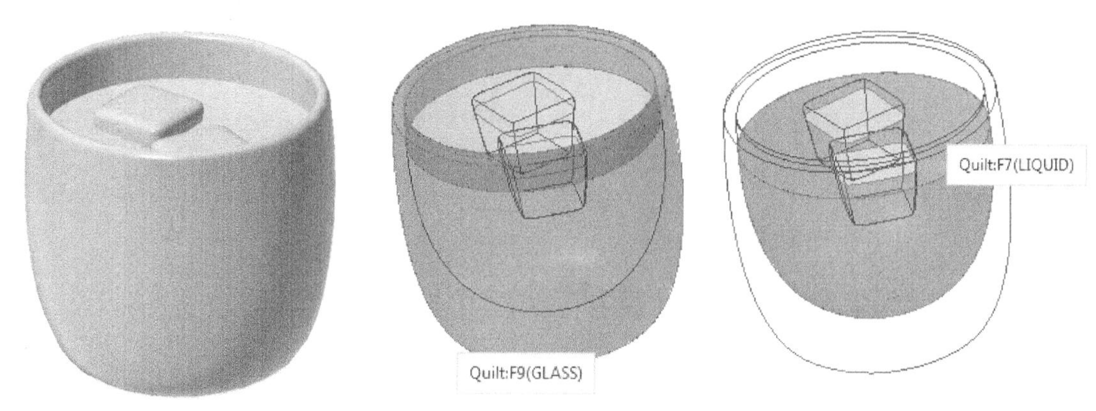

图 13-11　玻璃杯　　　　图 13-12　杯子与液体曲面面组

3）单击【外观】（Appearances）以打开外观库。

4）选择并应用【库】（Library）中的适当材料外观。在本示例中，可应用如图 13-13 所示外观：

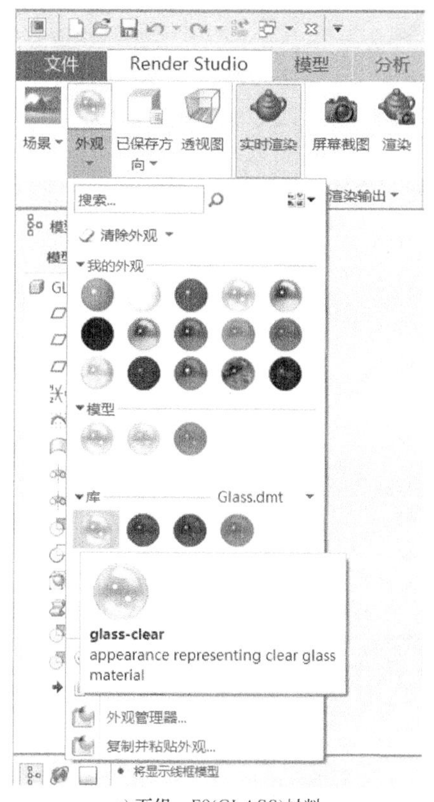

a) 面组：F9(GLASS)材料　　　　b) 面组：F7(Liquid)材料

图 13-13　材料选择

5）单击【编辑模型外观】（Edit Model Appearances）以修改材料属性。在本示例中，可选择如图 13-14 所示的属性。

6）单击【实时】（Real-Time）|【实时设置】（Real-Time Setings），【实时渲染设置】（Real-Time Rendering Settings）对话框随即打开。

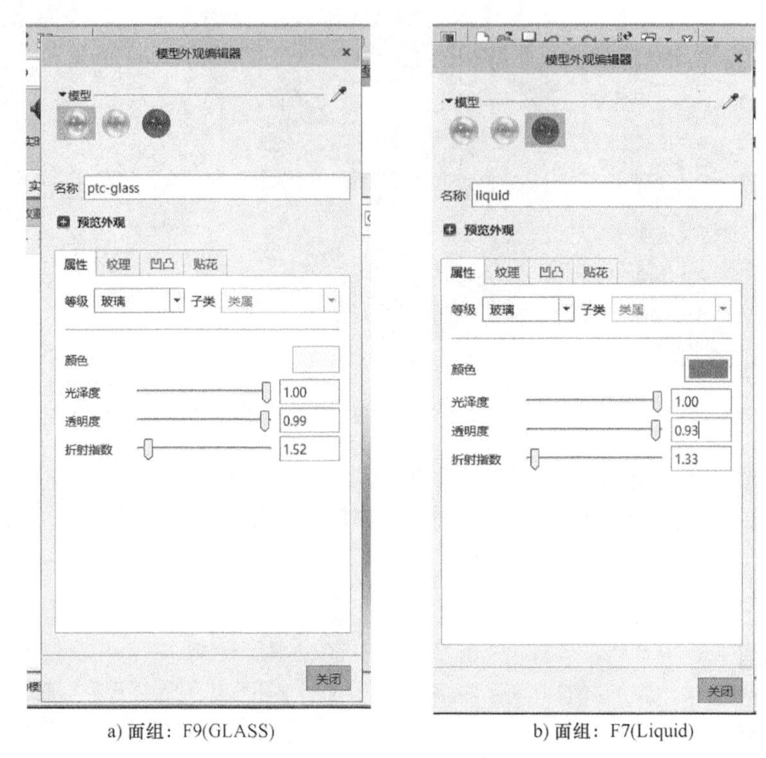

a) 面组：F9(GLASS)　　b) 面组：F7(Liquid)

图 13-14　修改材料属性

7）修改光线反射和照明值来生成照片级真实光源效果。在本示例中设置如图 13-15 所示。

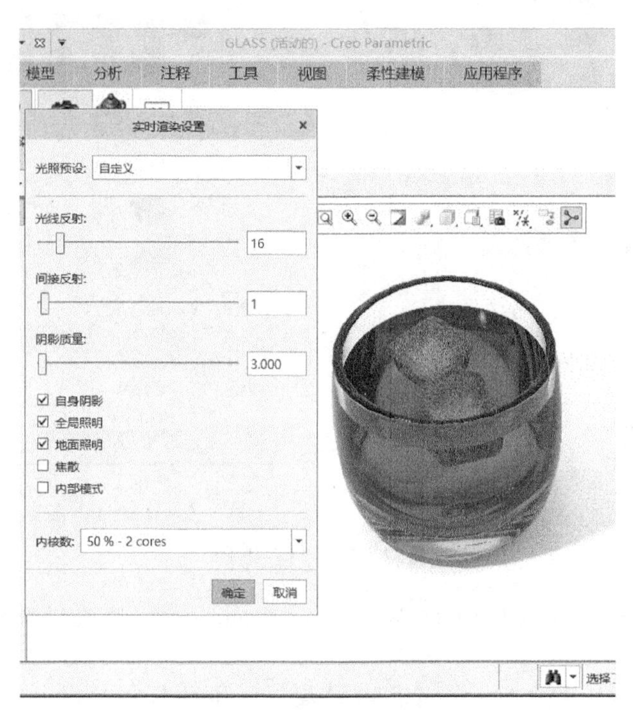

图 13-15　渲染设置

8)单击【确定】(OK)。

渲染 glass. part 以显示照片级真实材料和光源效果,如图 13-16 所示。

图 13-16　渲染结果

13.3 实 训 题

1. 渲染如图 13-17 所示的四驱车模型。
2. 渲染如图 13-18 所示的飞船模型。

图 13-17　四驱车模型

图 13-18　飞船模型

第 14 章

机构运动分析与仿真

14.1　机构模块概述

Creo 4.0 机构模块可以对机构进行运动仿真分析。机构模块的功能主要包括创建机构、定义特殊连接、创建伺服电动机、机构分析与回放。通过机构模块，用户可以直接观察、记录并以图形或动画形式显示运动仿真分析结果，如位移线图、速度线图、加速度线图等。

单击功能区中的【应用程序】|【机构】命令，系统进入机构工作界面如图 14-1 所示。

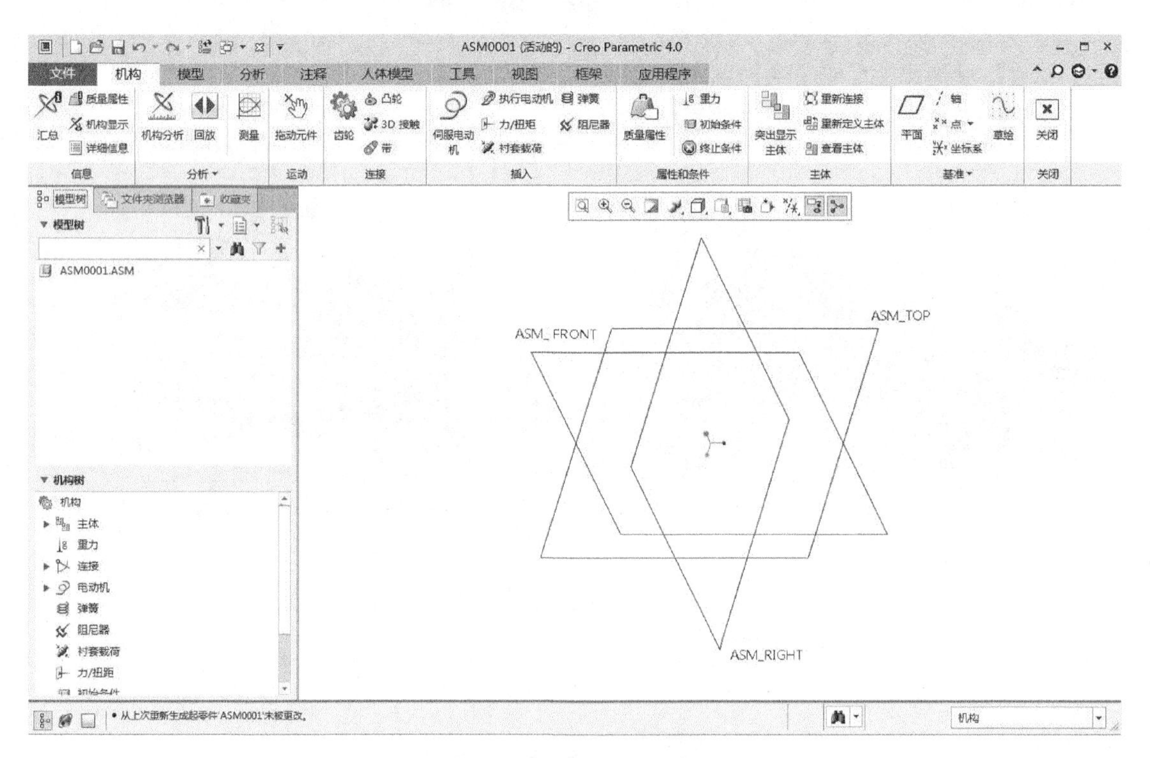

图 14-1　机构工作界面

1）【连接】面板用于创建特殊连接，包括凸轮、齿轮副、带传动等特殊连接。只有定义了特殊连接后，才能够进行运动仿真与分析。

• 齿轮副连接：齿轮副用来定义两个旋转轴之间的速度关系，能够模拟一对齿轮之间的啮合运动和传动关系。具体操作方法见 14. 4 节。

• 凸轮副连接 凸轮：凸轮副的定义方法是分别在两个构件上指定一个（或一组）曲面或曲线以创建凸轮连接。具体操作方法见 14. 5 节。

2）【插入】面板用于定义伺服电动机、执行电动机、弹簧、力/力矩、阻尼器等。

• 创建伺服电动机：机构按照连接条件装配完毕后，要想使它“动”起来，必须为之施加伺服电动机。把伺服电动机施加在以【销】方式连接的构件（公共轴）上，可以令该构件实现旋转运动；施加在以【滑块】方式连接的构件上，可以令该构件实现平移运动。具体方法见 14. 4 节、14. 5 节和 14. 6 节。

3）【分析】面板用于对所创建的机构进行分析，使用回放功能对分析结果进行回放，检查元件之间的干涉，观察分析结果。

14. 2　机构运动仿真的一般过程

机构运动仿真的一般过程如图 14-2 所示。

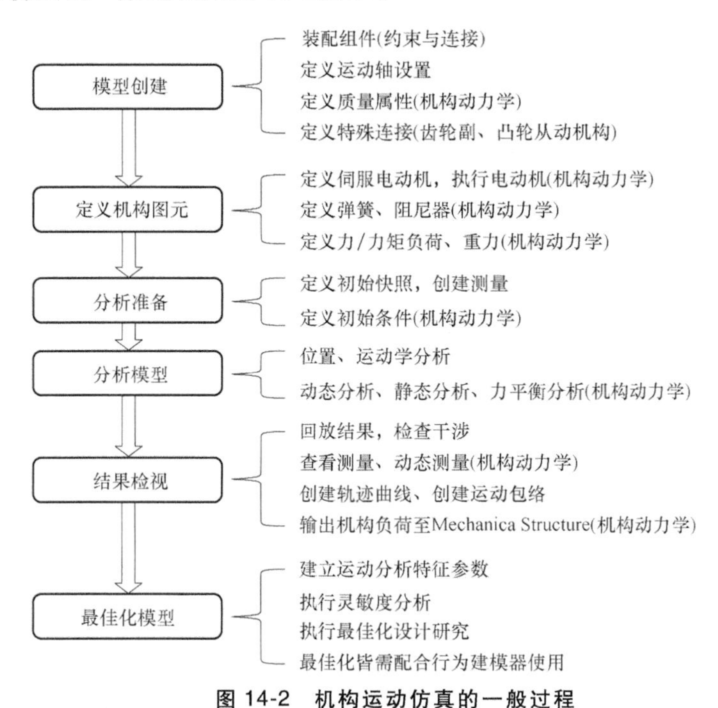

图 14-2　机构运动仿真的一般过程

14. 3　机构模型的创建

1. 机构模型创建

在进行机构的运动学分析和仿真之前，必须进入装配工作界面完成各元件的连接。元件之间的连接是利用一组预先定义的约束集来实现的，组件的主要连接类型及其自由度见表 14-1。

表 14-1　组件的主要连接类型及其自由度

连接类型	平移自由度	旋转自由度	说　明
焊接	0	0	连接定义:坐标系对齐 作用;将两个主体焊接在一起,两个主体之间没有相对运动
刚性(Rigid)	0	0	连接定义:使用约束方式放置元件 作用:将两主体定义为刚体,无相对运动
滑动杆(Slider)	1	0	连接定义:轴对齐;平面—平面配对/偏距(限制沿轴向平移) 作用:使主体绕轴转动,限制沿轴向平移
销(Pin)	0	1	连接定义:轴对齐;平面—平面配对/偏距(限制沿轴向平移) 作用:使主体绕轴转动,限制沿轴向平移
圆柱(Cylinder)	1	1	连接定义:轴对齐 作用:使主体能够绕轴转动,沿轴向平移
球(Ball)	0	3	连接定义:点与点对齐 作用:可在任何方向上旋转
平面(Planar)	2	1	连接定义:平面—平面对齐/匹配 作用:使主体在平面内相对运动,绕垂直于该平面的轴转动
轴承(Bearing)	1	3	连接定义:直线上的点 作用:球接头与滑动杆接头的混合
6DOF	3	3	连接定义:坐标系对齐 作用:建立三根平移运动轴和三根旋转运动轴,使主体可在任何方向上平移和转动

注：1. 主体：机构模型的基本元件。主体是受严格控制的一组零件，在组内没有自由度。
2. 基础：不运动的主体。

2. 各种连接创建

首先进入装配工作界面，需要指定连接类型，以及元件（后调入的为元件）和装配件（模型区已创建好的连接模型）的约束参考。

单击【组装】按钮，打开要调入的零件，弹出【元件放置】操作面板，如图 14-3 所示。

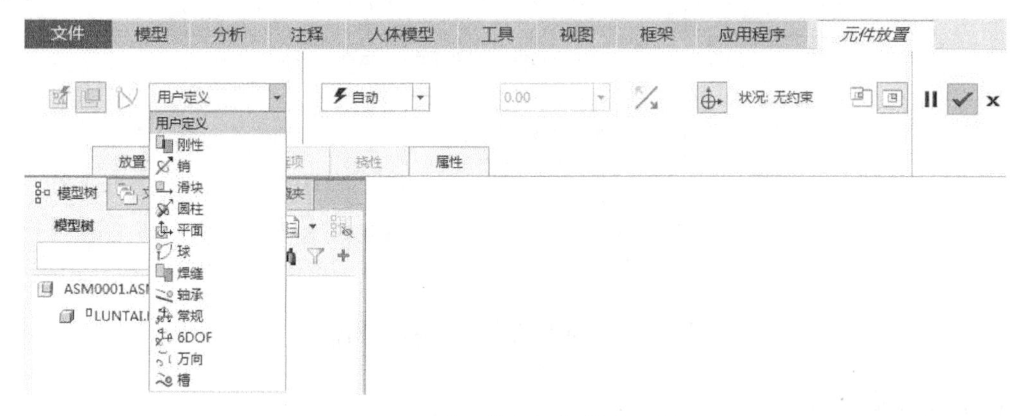

图 14-3　【元件放置】操作面板

单击【元件放置】操作面板中的【放置】按钮，弹出【放置】对话框，如图 14-4 所示。

仅一个约束往往不足以确定元件之间的连接关系，可一直添加约束，直到完成连接定义。下面介绍几种常用的连接方式：

图 14-4 【放置】对话框

1）【刚性】连接 刚性：通常机架与底座、箱体等构件之间都应采用【刚性】连接。

2）【销】连接 销：由一个【轴对齐】约束和一个与轴垂直的【平移】约束组成。【轴对齐】约束将两个构件上的轴线对齐，生成公共轴线，【平移】约束限制两个构件沿着轴线的移动。用【销】连接的两个构件仅仅具有一个绕公共轴线旋转的自由度。【销】连接适用于轴类零件或带有孔的零件。

3）【滑块】连接 滑块：用来设定两个相互连接的构件之间沿直线方向相对移动。使用【轴对齐】约束将两个构件上的轴线对齐，生成移动方向的轴线，使用【旋转】约束来限制构件绕轴线转动。实施【滑块】连接后，被连接的构件只有一个平移自由度。【滑块】连接适用于活塞零件、平移从动件或推杆类零件。

4）【圆柱】连接 圆柱：设定一个构件的圆柱面包围（或被包围）另一个构件的圆柱面。【圆柱】连接使用【轴对齐】约束来限制其他四个自由度，被连接的构件具有两个自由度：一个是绕指定轴线的旋转自由度，另一个是沿着轴向的平移自由度。【圆柱】连接适用于有相对平移且自身可以绕其中心线旋转的轴类零件。

5）【平面】连接 平面：被连接的构件具有一个旋转自由度和两个平移自由度。【平面】连接适用于作平动的零件，如连杆之类。

6）【球】连接 球：由一个【点对齐】约束组成。【球】连接适用于机械中的球形铰链和万向节等零件。

14.4　齿轮机构运动仿真

建模过程

1. 模型建立

用第 4 章介绍的直齿轮生成方法创建主动齿轮和从动齿轮，进行减速箱中的齿轮机构运动仿真。齿轮模数 $m=4$，齿形角 $a=20°$，主动齿轮齿数为 30，被动齿轮齿数为 50，齿宽为 40。零件分别命名为“zhu-chilun”和“bei-chilun”，如图 14-5 和图 14-6 所示，保存在适当位置。

图 14-5　主动齿轮

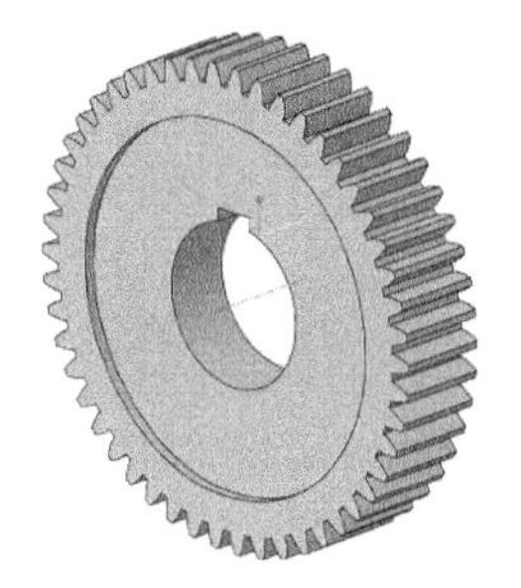

图 14-6　被动齿轮

2. 新建装配文件

单击【文件】|【新建】|【装配】选项，输入文件名称为“chilun”，【使用默认模板】为非选中状态。单击【确定】按钮，弹出【新文件选项】对话框，选择“mmns asm design”选项。”

3. 创建骨架模型

1）创建骨架模型作为齿轮的安装轴。单击功能区中的【模型】|【元件】|【创建】选项，弹出【创建元件】对话框，如图 14-7 所示。单击【确定（O）】按钮，弹出【创建选项】对话框，选择【创建特征】，如图 14-8 所示。单击【确定（O）】按钮完成设置。

图 14-7 【创建元件】对话框

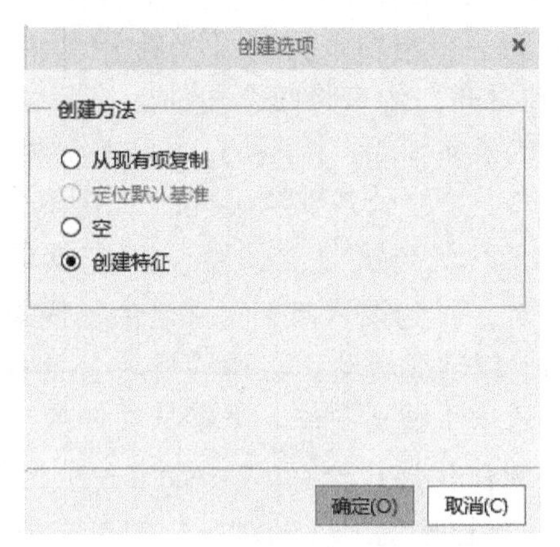

图 14-8 【创建选项】对话框

2）单击【模型】|【基准】|【轴】命令，弹出【基准轴】对话框，按住<Ctrl>键选取基准平面 FRONT 和 RIGHT 作为【参考】，创建基准轴一，如图 14-9 所示。

3）单击【模型】|【基准】|【轴】命令，弹出【基准轴】对话框。选取基准平面 TOP 为【参考】，单击【偏移参考】下方空白框，按住<Ctrl>键选取基准平面 FRONT 和 RIGHT 作为【偏移参考】，在基准平面“FRONT”后输入距离为“160”，如图 14-10 所示。单击【确定】按钮，完成基准轴二创建，如图 14-11 所示。

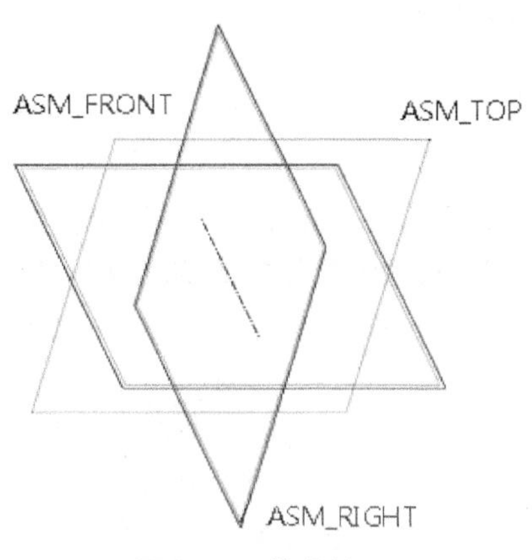

图 14-9 基准轴一

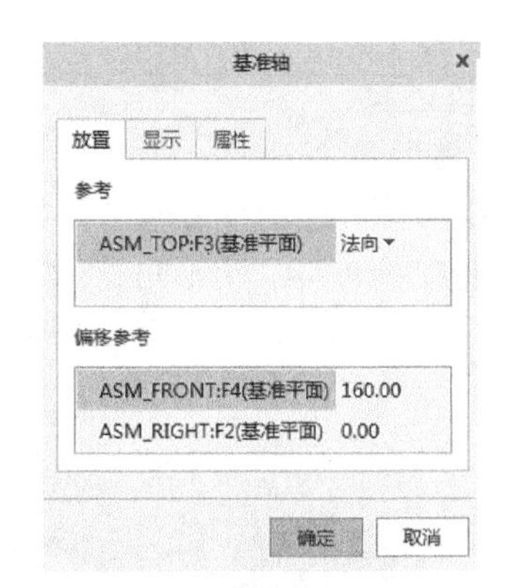

图 14-10 【基准轴】对话框

4）激活骨架模型，单击【视图】|【窗口】|【激活】命令，激活骨架模型。

4. 组装主动齿轮

1）单击功能区中的【模型】|【元件】|【组装】命令，在界面弹出的【打开】对话框

中选择模型“zhudongzhou. prt”，单击【打开】按钮，在界面顶部弹出【元件放置】操作面板。

2）单击操作面板中【用户定义】按钮，在下拉列表中选择 销。单击面板中【放置】按钮，弹出【放置】对话框，如图 14-12 所示。

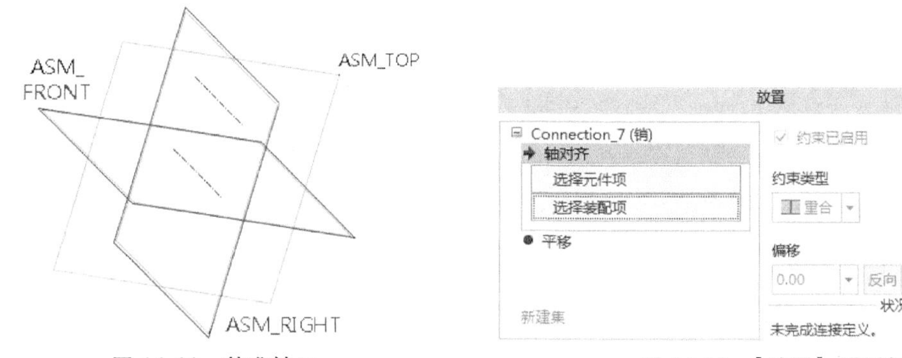

图 14-11　基准轴二　　　　图 14-12　【放置】对话框

3）在【轴对齐】下方选取主动齿轮轴线和基准轴一，约束类型为【重合】，如图 14-13 所示。在【平移】下方选取齿轮端面和基准，约束类型为【重合】，如图 14-14 所示。

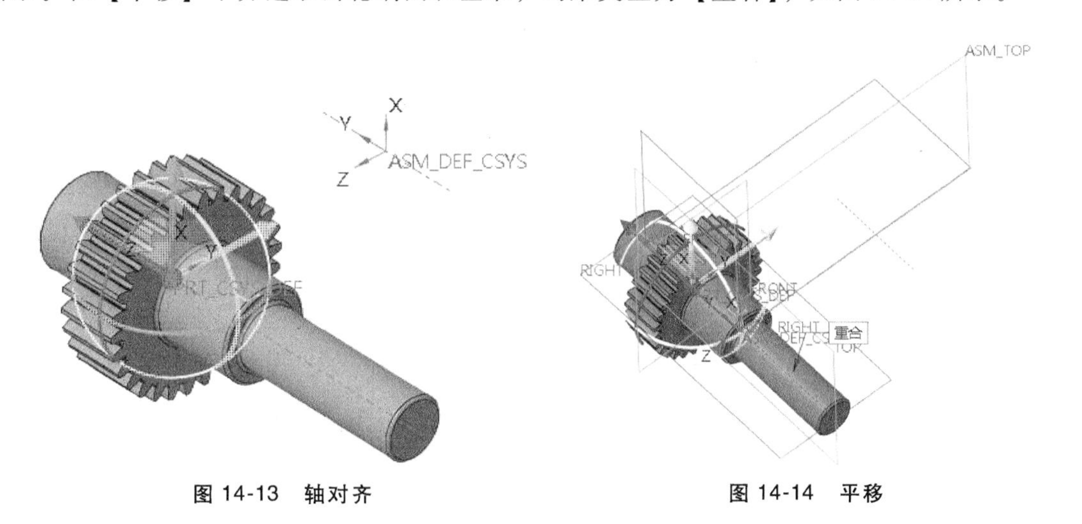

图 14-13　轴对齐　　　　图 14-14　平移

5. 组装被动齿轮

1）单击功能区中的【模型】|【元件】|【组装】命令，在界面弹出的【打开】对话框中选择模型“chongdongzhou. prt”，单击【打开】按钮，在界面顶部弹出【元件放置】操作面板。

2）按主动齿轮相同方式放置被动齿轮。单击【移动】，弹出下滑面板，选择【运动类型】为“旋转”，单击齿轮并旋转至合适位置，以防止齿轮干涉，如图 14-15 所示。

3）单击操作面板中的按钮，完成主动齿轮放置，如图 14-16 所示。

6. 进入机构模块

单击功能区中的【应用程序】|【机构】工具按钮，在界面顶部弹出【机构】选项卡。

7. 定义齿轮副连接

在功能区中单击【机构】|【连接】|【齿轮】工具按钮，系统弹出【齿轮副定义】对话框。如图 14-17 所示设置主动齿轮的参数，其中【运动轴】选取主动齿轮中心轴，节圆【直径】设置为“120”。单击对话框中【齿轮 2】，按同样方式【运动轴】选取被动齿轮中心轴，节圆【直径】设置为“200”，单击【确定】按钮退出。

图 14-15 【放置】面板设置

图 14-16 齿轮装配

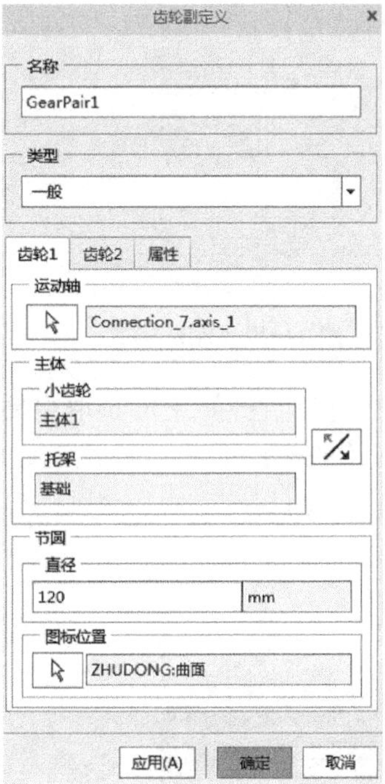

图 14-17 【齿轮副定义】对话框

8. 定义伺服电动机

1）在功能区中单击【机构】|【插入】|【伺服电动机】工具按钮，在界面顶部弹出【电动机】特征面板，如图 14-18 所示。

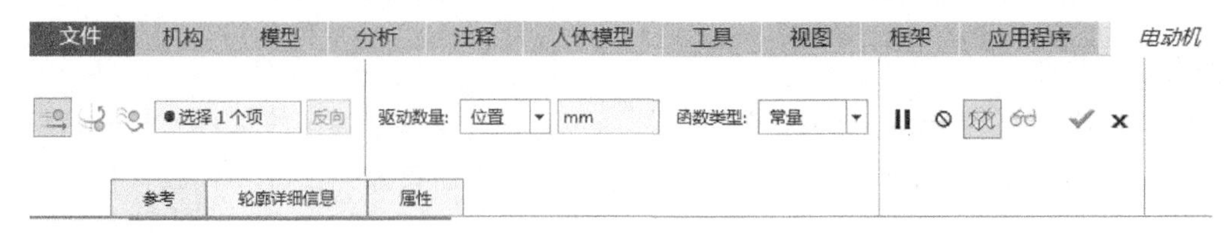

图 14-18 【电动机】特征面板

2）单击特征面板中的【参考】按钮，选取主动齿轮轴线处的旋转标识作为电动机驱动的连接轴，选中连接轴后的【参考】下滑面板，如图 14-19 所示，单击【反向】按钮可以改变电动机的运动方向。单击下滑面板中的【编辑运动轴设置】工具按钮，弹出【运动轴】对话框，如图 14-20 所示。选定的连接轴和主体将高亮显示，单击对话框中的【确认】按钮退出。

图 14-19 【参考】下滑面板

图 14-20 【运动轴】对话框

3）定义伺服电动机参数。在【电动机】特征面板中单击【轮廓详细信息】按钮，弹出下滑面板如图 14-21 所示。此处面板中的【驱动数量】有【角位置】、【角速度】、【角加速度】和【扭矩】四个选项；【电动机函数】中的【函数类型】包括【常量】、【余弦】、【斜坡】等。本实例中设置【驱动数量】为【角加速度】，【函数类型】为【常量】，去掉选择【使用当前位置作为初始值】复选框。设置【初始角】为“0”，【初始角速度】为“10”，角加速度的【系数】为“10”，【轮廓详细信息】下滑面板设置如图 14-22所示。

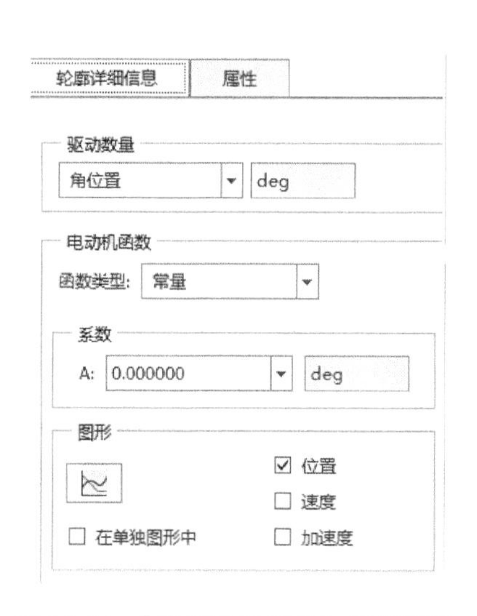

图 14-21 【轮廓详细信息】下滑面板

图 14-22 【轮廓详细信息】下滑面板设置

4）绘制电动机运动参数曲线。在【图形】选项组中，选择【位置】、【速度】、【加速度】复选框，单击工具按钮绘制曲线图形，弹出【图形工具】窗口如图 14-23 所示。选中【图形】选项组中的【在单独图形中】选项，图形变得如图 14-24 所示。

5）单击特征面板中的【确认】按钮，完成电动机设置。

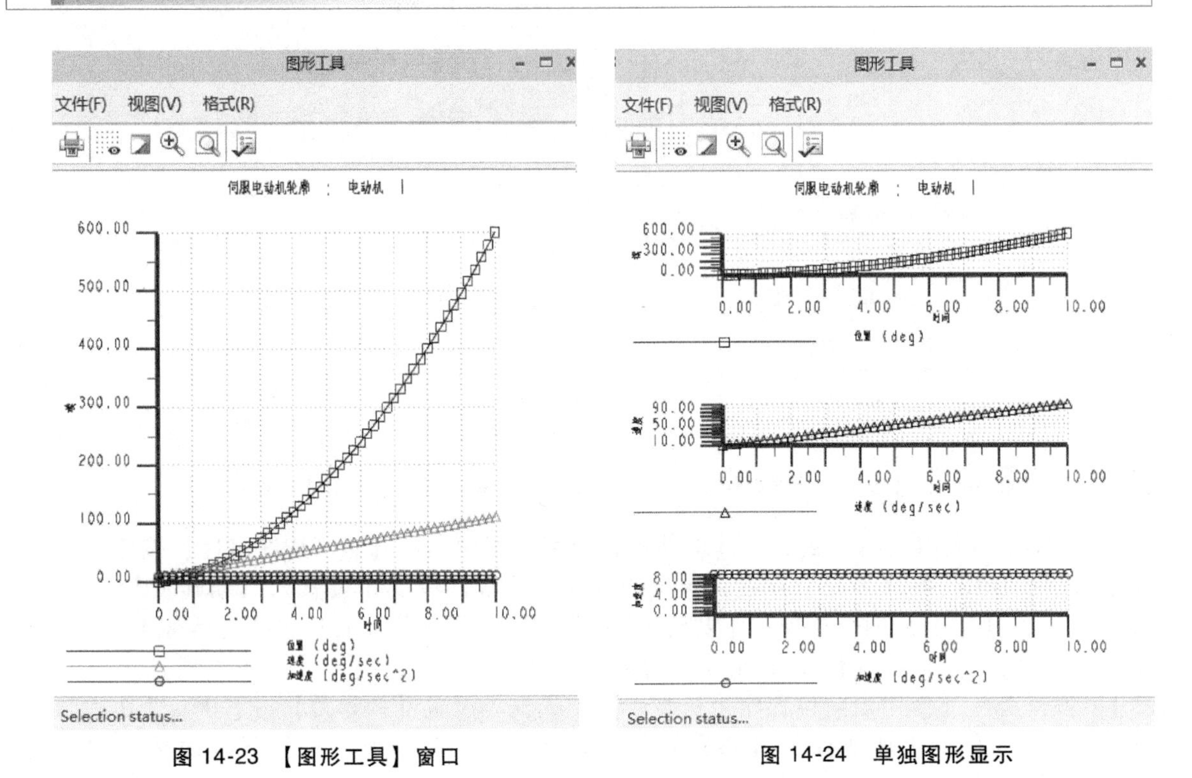

图 14-23 【图形工具】窗口　　　　图 14-24 单独图形显示

9. 机构分析

单击【机构】|【分析】|【机构分析】工具按钮，弹出【分析定义】对话框如图 14-25 所示，【类型】选择为【运动学】，【图形显示】设置为默认。单击【运行】按钮，齿轮开始转动，运动结束后单击【确定】按钮。

10. 【回放】工具

1）单击【机构】|【分析】|【回放】工具按钮，弹出【回放】对话框，可以回放以前运动的分析，如图 14-26 所示。

2）在【回放】对话框中单击【播放当前结果集】按钮，弹出【动画】对话框，如图 14-27 所示。单击各播放功能按钮，可以回放当前的运动。单击【捕获…】按钮，弹出【捕获】对话框，可以以视频的格式保存当前运动，如图 14-28 所示。

3）单击【回放】对话框中的【碰撞检测设置】按钮，弹出【碰撞检测设置】对话框，如图 14-29 所示。选择【全局碰撞检测】单选按钮，【可选】选项组可以自行选择，单击【确定】按钮，回到【回放】对话框。单击【回放】按钮，系统将进行碰撞检测。

11. 【测量】工具

1）单击【机构】|【分析】|【测量】工具按钮，弹出【测量结果】对话框，如图 14-30所示。单击【创建新测量】工具按钮，系统弹出【测量定义】对话框，在【类型】下拉列表中选择【速度】选项，如图 14-31 所示。单击【测量定义】对话框中【点或运动轴】的选取箭头，选取被动齿轮一个轮齿的顶点，单击对话框中的【确定】按钮。

分析定义
名称
AnalysisDefinition
类型
运动学
首选项　电动机　外部载荷
图形显示
开始时间　0
长度和帧频
结束时间　10
帧数　101
帧频　10
最小间隔　0.1
锁定的图元
升离
启用
初始配置
当前
快照:
运行(R)　确定　取消

图 14-25 【分析定义】对话框

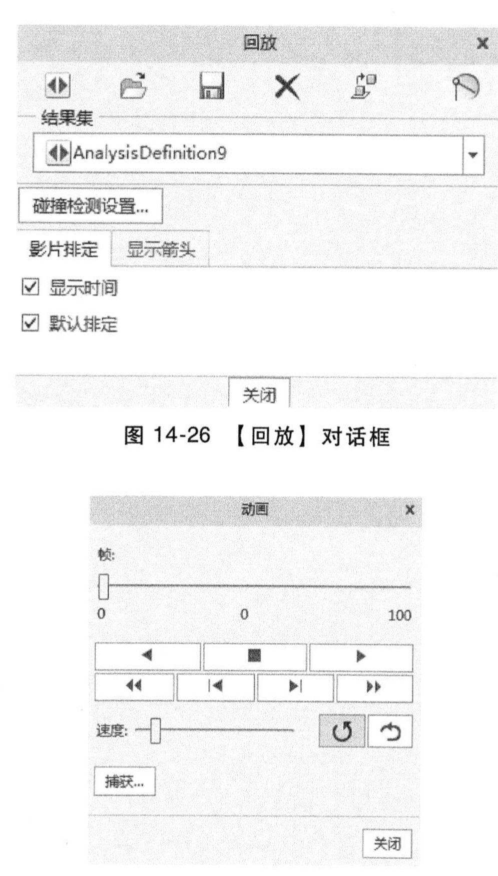

图 14-26 【回放】对话框

图 14-27 【动画】对话框

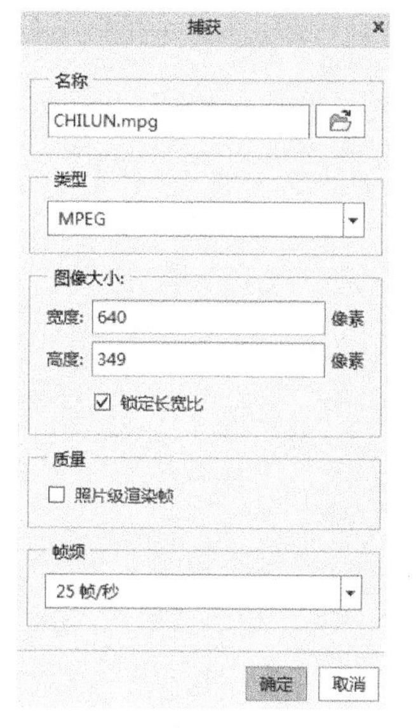

图 14-28 【捕获】对话框

碰撞检测设置
常规
无碰撞检测
全局碰撞检测
部分碰撞检测
包括面组
可选
碰撞时铃声警告
碰撞时停止动画回放
确定　取消

图 14-29 【碰撞检测设置】对话框

图 14-30 【测量结果】对话框

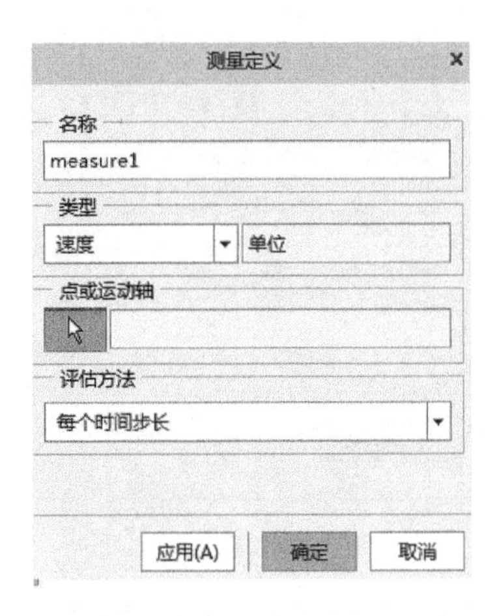

图 14-31 【测量定义】对话框

2）在【测量结果】对话框的【测量】选项列表中选中“measure1”，在【结果集】列表框中选中“AnalysisDefinition1”选项。单击【测量结果】对话框中的【绘制图形】按钮，系统弹出【图形工具】窗口，显示测量结果如图 14-32 所示。

12. 查看【机构树】

查看【机构树】中的设置内容，可对齿轮副、伺服电动机等进行编辑定义，各部分展开如图 14-33 所示。

单击【机构】选项卡中【关闭】面板中的工具按钮，保存算例。

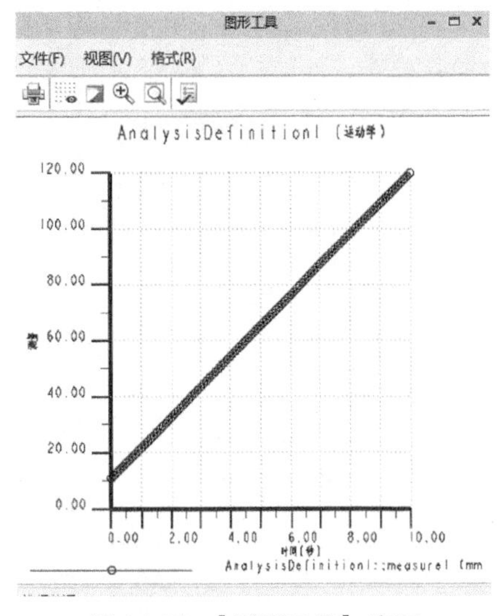

图 14-32 【图形工具】窗口

图 14-33 【机构树】展开图

13. 保存模型

保存齿轮机构装配图。

14.5　凸轮机构运动仿真

建模过程

1. 模型建立

凸轮机构由底座、梅花凸轮和顶杆组成，用第 4 章介绍的凸轮生成方法创建梅花凸轮，凸轮轮廓曲线函数如下：

theta = $t*360$

$r=50+(3.5*\sin(\text{theta}*2.5))$^2

$z=0$

2. 新建装配文件。

单击【文件】|【新建】|【装配】选项，输入文件名称为“tulun”，【使用默认模板】为非选中状态。单击【确定】按钮，弹出【新文件选项】对话框，选择“mmns asm design”选项。

3. 组装底座

1）单击功能区中的【模型】|【元件】|【组装】命令，在界面弹出的【打开】对话框中选择模型" dizuo. prt"，单击【打开】按钮，在界面顶部弹出【元件放置】操作面板。

2）【约束类型】选取为固定，其余设置保持默认，单击操作面板中的【确认】按钮，完成底座组装，如图 14-34 所示。

4. 组装凸轮

1）单击功能区中的【模型】|【元件】|【组装】命令，在界面弹出的【打开】对话框中选择模型“tulun. prt”，单击【打开】按钮，在界面顶部弹出【元件放置】操作面板。

2）单击操作面板中【用户定义】按钮，在下拉列表中选择销。单击面板中【放置】按钮，弹出【放置】对话框。在【轴对齐】下方选取凸轮轴线和底座上圆柱轴线，【约束类型】为【重合】。单击【元件放置】操作面板中的【在单独的窗口中显示元件】工具按钮，弹出窗口如图 14-35 所示。

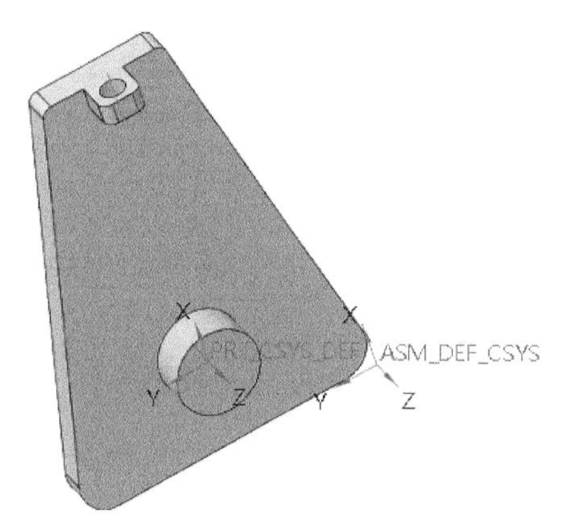

图 14-34　底座组装

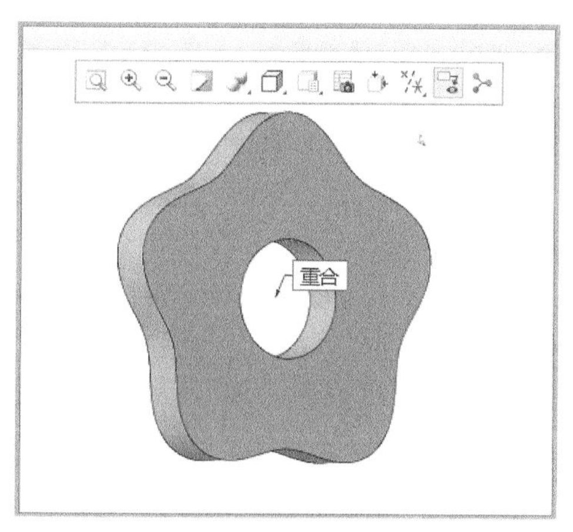

图 14-35　在单独的窗口中显示元件

3）在【平移】下方单击小窗口中凸轮的一个端面，再单击底座有圆柱台的平面，【约束类型】为【距离】，【偏移】为“2.5”，可通过【反向】按钮调整方向。单击操作面板中的【确认】按钮，完成凸轮放置，如图 14-36 所示。

5. 组装顶杆

1）单击功能区中的【模型】|【元件】|【组装】命令，在界面弹出的【打开】对话框中选择模型“dinggan.prt”，单击【打开】按钮，在界面顶部弹出【元件放置】操作面板。

2）单击操作面板中【放置】按钮，弹出【放置】对话框，在【自动】下方选取顶杆轴线和底座圆孔轴线，【约束类型】为【重合】。单击【新建约束】，选取顶杆大端圆柱平面和底座内侧平面，【约束类型】为【平行】，设置如图 14-37 所示。

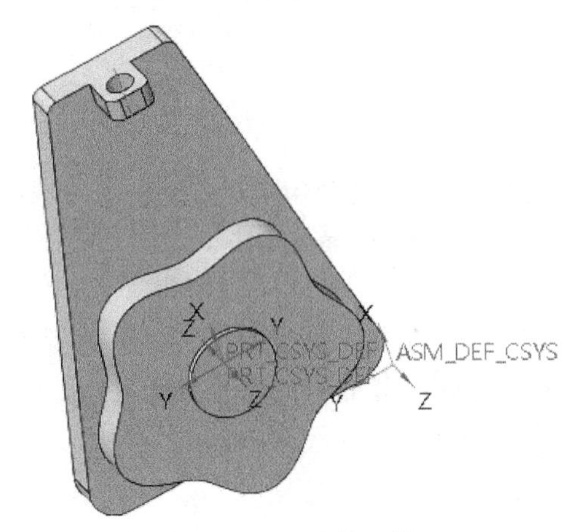

图 14-36　凸轮组装

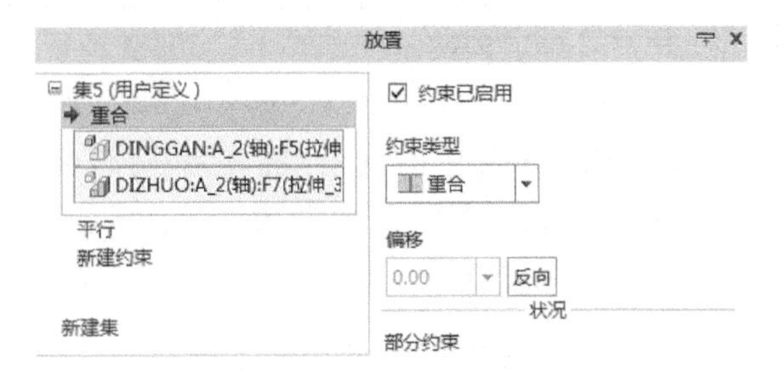

图 14-37　【放置】对话框设置

3）单击操作面板中【移动】按钮 移动，在下滑面板【运动类型】中选取【平移】，单击图形区，将顶杆移动至适当位置，单击鼠标左键完成。单击操作面板中的【确认】按钮，完成顶杆放置，如图 14-38 所示。

6. 仿真分析

1）进入【机构】模块：单击功能区中的【应用程序】|【机构】工具按钮，在界面顶部弹出【机构】选项卡。在功能区【连接】面板中单击工具按钮 凸轮，弹出【凸轮从动机构连接定义】对话框，如图 14-39 所示。

2）定义凸轮接触面。【凸轮 1】中按住<Ctrl>键选取所有凸轮外轮廓面为【曲面/曲线】，【凸轮 2】中选取顶杆顶部圆弧面为【曲面/曲线】。单击对话框中的【确定】按钮，完成凸轮连接的定义，如图 14-40 所示。

3）定义伺服电动机。在功能区中单击【机构】|【插入】|【伺服电动机】工具按钮，在界面顶部弹出【电动机】操作面板。单击操作面板中的【参考】按钮，选取凸轮轴线处的旋转标识作为电动机驱动的连接轴。单击操作面板中的【轮廓详细信息】按钮，弹出下滑面板，设置如图 14-41 所示。单击特征面板中的【确认】按钮，完成电动机设置。

4）机构分析。单击【机构】|【分析】|【机构分析】工具按钮，弹出【分析定义】对话框，【类型】选择为【运动学】，其余保持默认。单击【运行】按钮，凸轮开始转动，运动结束后单击【确定】按钮。

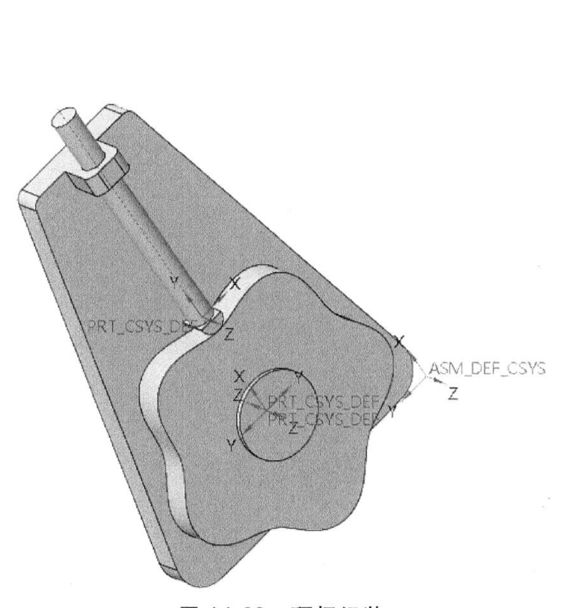

图 14-38　顶杆组装

图 14-39　【凸轮从动机构连接定义】对话框

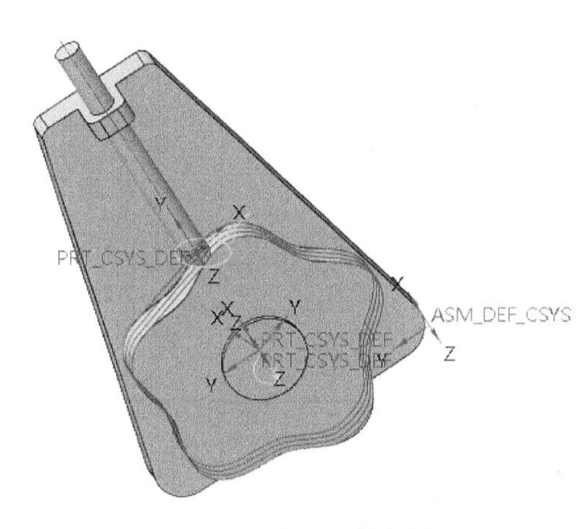

图 14-40　定义凸轮接触面

图 14-41　【轮廓详细信息】设置

5）测量顶杆速度。单击【机构】|【分析】|【测量】工具按钮，弹出【测量结果】对话框。单击【创建新测量】工具按钮，系统弹出【测量定义】对话框，在【类型】下拉列表中选择【速度】选项。单击【点或运动轴】下的选取箭头，选取顶杆底部半圆面的一个顶点，返回【测量定义】对话框点击【确定】按钮。系统弹出【测量结果】对话框，在【测量】列表框中选中“measure1”，在【结果集】列表框中选中“AnalysisDefinition1”

选项。单击对话框中的【绘制图形】按钮，系统弹出【图形工具】窗口，显示测量结果如图 14-42 所示。

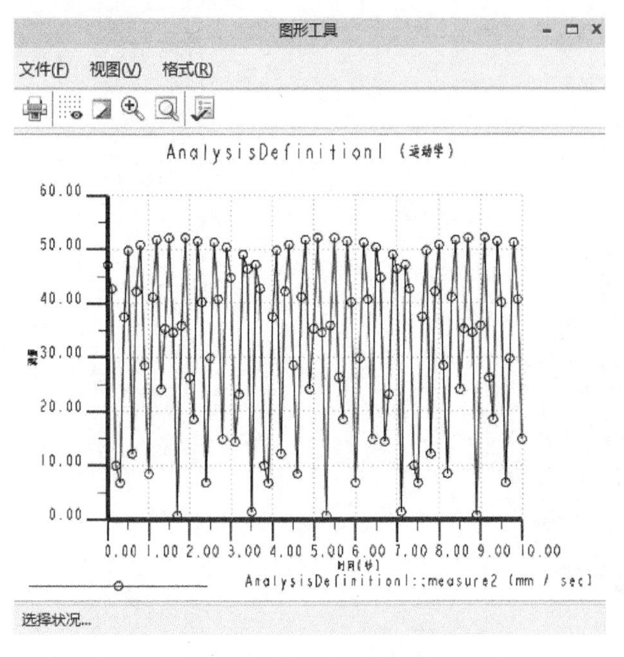

图 14-42 【图形工具】窗口

6）单击【机构】选项卡中【关闭】面板中的工具按钮，保存算例。

7. 保存模型

保存凸轮机构装配图。

14.6 平面连杆机构的运动学分析

1. 模型建立

连杆机构由底座、曲柄、连杆和摇杆组成。本实例所用的曲柄摇杆机构中各部分的圆心距为：底座圆心距为 50；曲柄圆心距为 20；连杆圆心距为 45；摇杆圆心距为 30。

2. 新建装配文件

单击【文件】|【新建】|【装配】选项，输入文件名称为“qubing-yaogan”，【使用默认模板】为非选中状态。单击【确定】按钮，弹出【新文件选项】对话框，选择“mmnsasmdesign”选项。

3. 组装底座

1）单击功能区中的【模型】|【元件】|【组装】命令，在界面弹出的【打开】对话框中选择模型“dizuo. prt”，单击【打开】按钮，在界面顶部弹出【元件放置】操作面板。

2）【约束类型】选取为固定，其余设置保持默认，单击操作面板中的【确认】按钮，完成底座组装，如图 14-43 所示。

4. 组装曲柄

1）单击功能区中的【模型】|【元件】|【组装】命令，在界面弹出的【打开】对话

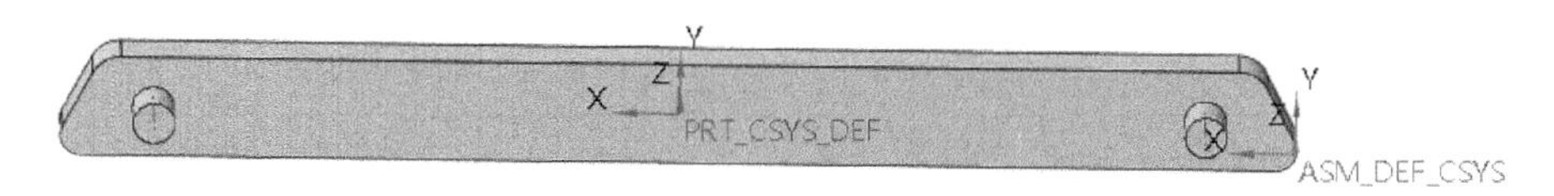

图 14-43　底座组装

框中选择模型“qubing. prt”，单击【打开】按钮，在界面顶部弹出【元件放置】操作面板。

2）单击操作面板中【用户定义】按钮，在下拉列表中选择 销。单击面板中【放置】按钮，弹出【放置】对话框。在【轴对齐】下方选取曲柄一端圆孔轴线和底座左侧圆柱轴线，【约束类型】为【重合】。在【平移】下方单击曲柄一侧面，再单击底座有圆柱台的平面，【约束类型】为【重合】，可通过【反向】按钮调整方向。

3）单击操作面板中【移动】按钮，在下滑面板【运动类型】中选取【旋转】，单击图形区，将曲柄移动至适当位置，单击鼠标左键完成。单击操作面板中的【确认】按钮，完成曲柄放置，如图 14-44 所示。

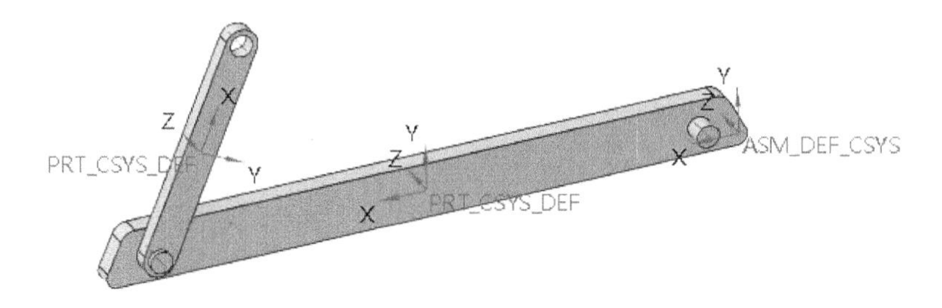

图 14-44　曲柄组装

5. 组装摇杆

按照组装曲柄的方式组装摇杆，如图 14-45 所示。

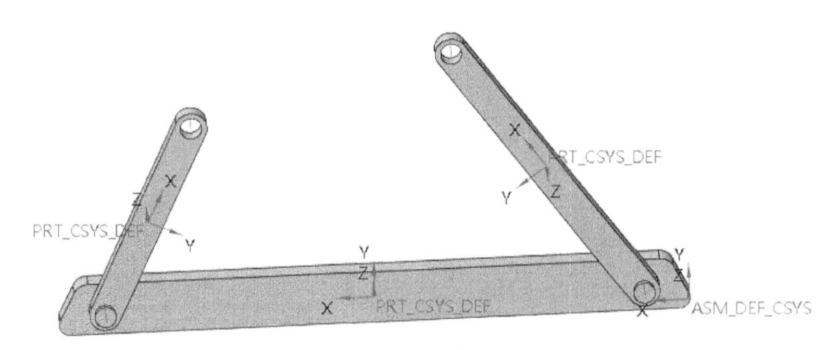

图 14-45　摇杆组装

6. 连杆组装

1）单击功能区中的【模型】|【元件】|【组装】命令，在界面弹出的【打开】对话框中选择模型“liangan. prt”，单击【打开】按钮，在界面顶部弹出【元件放置】操作面板。

2）单击操作面板中【放置】按钮，弹出【放置】对话框，在【自动】下方选取连杆一端圆柱轴线和摇杆未连接端圆孔轴线，【约束类型】为【重合】。单击【新建约束】，选取连杆另一端圆柱轴线和曲柄未连接端圆孔轴线，【约束类型】为【重合】。单击【新建约束】，选取连杆有圆柱台侧面和摇杆外侧面，【约束类型】为【重合】。

3）单击操作面板中的【确认】按钮✔，完成连杆放置，如图 14-46 所示。

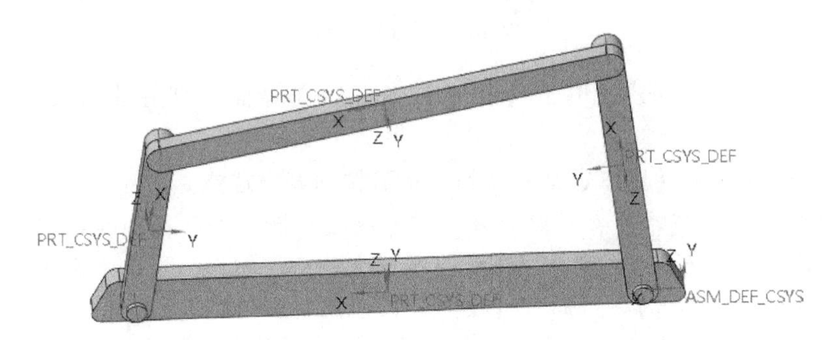

图 14-46　连杆组装

7. 仿真分析

1）进入【机构】模块。单击功能区中的【应用程序】|【机构】工具按钮，在界面顶部弹出【机构】选项卡。

2）定义伺服电动机。在功能区中单击【机构】|【插入】|【伺服电动机】工具按钮，在界面顶部弹出【电动机】特征面板。单击操作面板中的【参考】按钮，选取底座与曲柄连接处轴线位置的旋转标识作为电动机驱动的连接轴。单击操作面板中的【轮廓详细信息】按钮，弹出下滑面板，设置如图 14-47 所示。单击操作面板中的【确认】按钮✔，完成电动机设置。

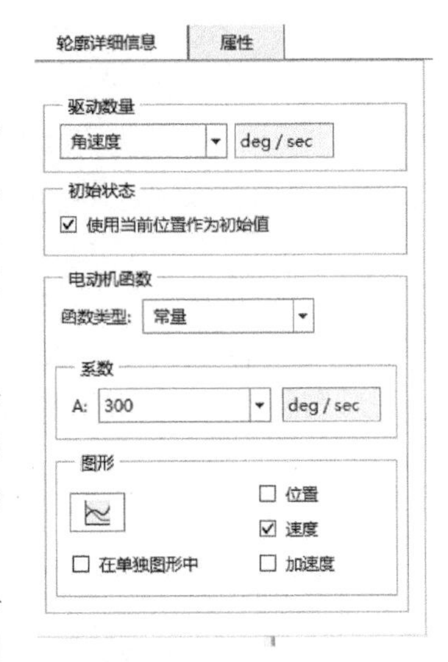

图 14-47　【轮廓详细信息】设置

3）机构分析：单击【机构】|【分析】|【机构分析】工具按钮，弹出【分析定义】对话框，【类型】选择为【运动学】，其余保持默认。单击【运行】按钮，平面连杆机构开始转动，运动结束后单击【确定】按钮。

4）测量顶杆速度。单击【机构】|【分析】|【测量】工具按钮，弹出【测量结果】对话框。单击【创建新测量】工具按钮，系统弹出【测量定义】对话框，在【类型】下拉列表中选择【速度】选项。单击【点或运动轴】下的选取箭头，选取连杆右侧顶部一点，返回【测量定义】对话框点击【确定】按钮。系统弹出【测量结果】对话框，在【测量】列表框中选中“measure1”，在【结果集】列表框中选中“AnalysisDefinition1”选项。单击对话框框中的【绘制图形】按钮，系统弹出【图形工具】窗口，显示测量结果如图 14-48 所示。

5）单击【机构】选项卡中【关闭】面板中的工具按钮，保存算例。

8. 保存模型

保存平面连杆机构装配图。

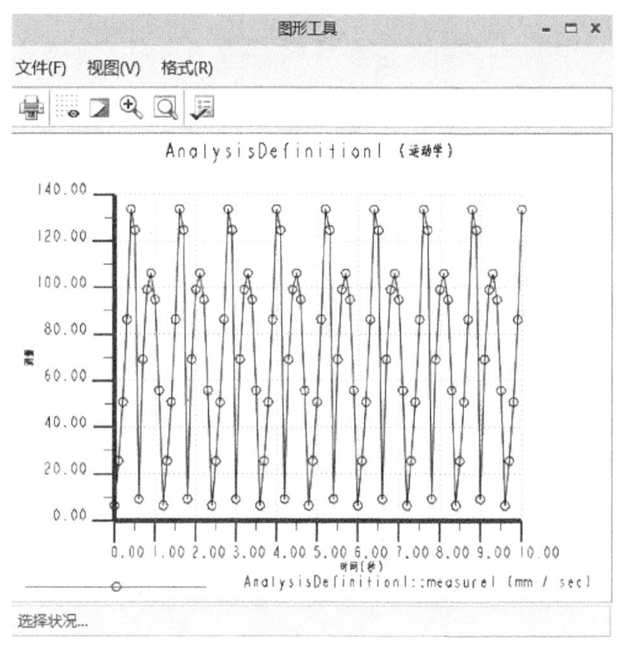

图 14-48 【图形工具】窗口

14.7 实 训 题

顶杆机构模型可以通过调用光盘中本章节实训题文件内的零件组装得到，实现如图 14-49 所示顶杆机构运动仿真。

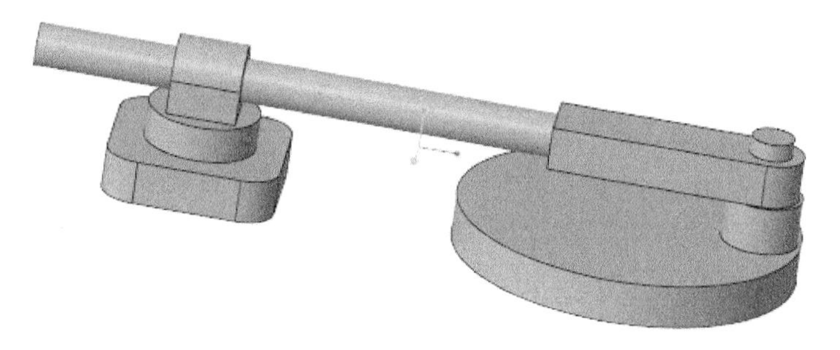

图 14-49 顶杆机构

第 15 章

结构分析与优化设计

15.1 结构分析模块简介

Creo 4.0 的结构模块可以分析确定结构在载荷作用下的变形、应变、应力及反作用力等。优化设计就是通过实验或计算找出满足设计目标和约束条件的最佳设计方案。结构分析及优化设计在 Creo 4.0 软件中由结构分析模块来完成。

15.1.1 结构分析模块概述

Creo Simulate 是一种多学科的 CAE 工具，可用来模拟模型的物理行为，并了解和改进设计的力学性能。用户可以直接计算应力、挠度、频率、热传递路径以及其他因子，这些因子用于表明模型在实验室或真实环境中所处的工作状态。

Creo Simulate 为用户提供两个模块，即结构模块和热模块，每种模块分别针对不同类型的机械仿真模拟问题。结构模块侧重于模型的结构力学特性，而热模块用于评估热传递特性。

Creo Simulate 有两种基本模式——集成模式和独立模式。在集成模式下，将在 Creo Parametric 4.0 内执行 Creo Simulate 功能，因此，集成模式是进行零件或装配建模和优化的最简便方法。在独立模式下，可以打开在 Creo Parametric 4.0 或其他 CAE 工具中创建的零件，并且可以独立于 Creo Parametric 4.0 运行模拟研究。

1. 进入机构分析模块

集成模式下，首先需要进入零件设计模块或装配设计模块完成几何模型的创建，然后选择功能区中的【应用程序】|【Simulate】命令，进入分析界面。在界面中选择功能区中的【主页】|【设置】面板中的【结构模式】命令，进入结构分析模块，如图 15-1 所示。

2. 功能区面板简介

（1）【主页】选项卡

1）【设置】面板：包含了【结构模式】和【热模式】的选择以及【模型设置】按钮。结构分析模块除自身固有的求解器外，还提供了 FEM 模式，自动为第三方有限元求解器如 NASTRAN 和 ANSYS 创建完全关联的 FEA 网格。

2）固有模式与 FEM 模式的切换：单击功能区中【主页】|【模型设置】按钮，弹出如图 15-2 所示的【模型设置】对话框，选择【FEM 模式】复选框即可。

3）【载荷】面板：用于施加结构承受的载荷。

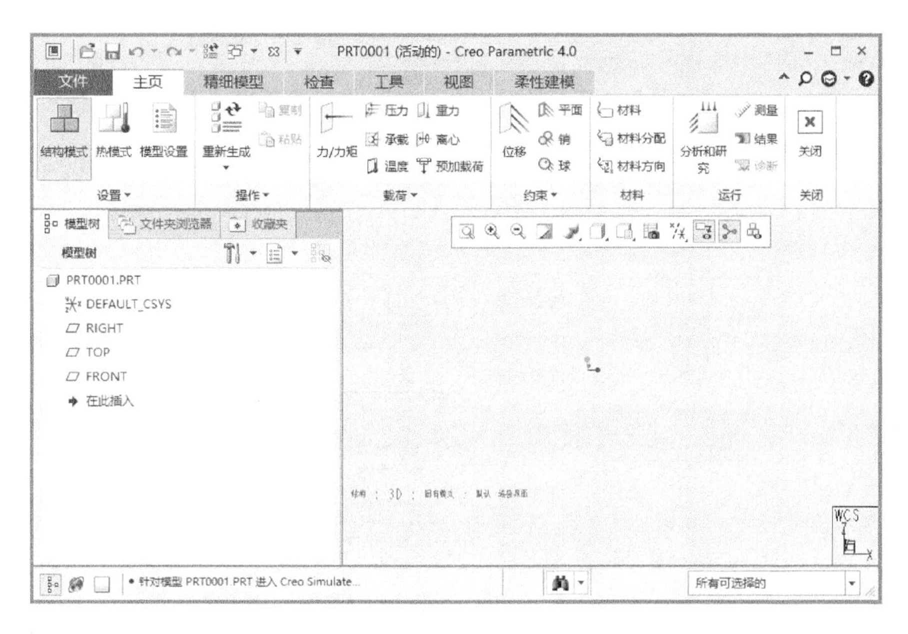

图 15-1　结构分析模块

4）【约束】面板：用于添加结构承受的约束条件。

5）【材料】面板：用于指定元件的材料及属性。

6）【网格】面板（FEM 模式）：创建和评估 FEM 模式模型的网格，并在需要时细化网格。

7）【运行】面板：建立分析、运行分析以及获取结果。

（2）【精细模型】选项卡　如图 15-3 所示。

1）【理想化】面板：为模型或模型的各部分定义理想化的表示方式，以更精确地将模型呈现给求解器，从而提高求解器的效率。

2）【连接】面板：指示模型各区域如何连接以及载荷应如何传输。

3）【区域】面板：用于创建各种实体或曲面特征。

4）【AutoGEM】面板（固有模式）：为固有模式模型创建几何元素的网格，确定网格对于分析是否足够，并在需要时细化网格。

图 15-2　【模型设置】对话框

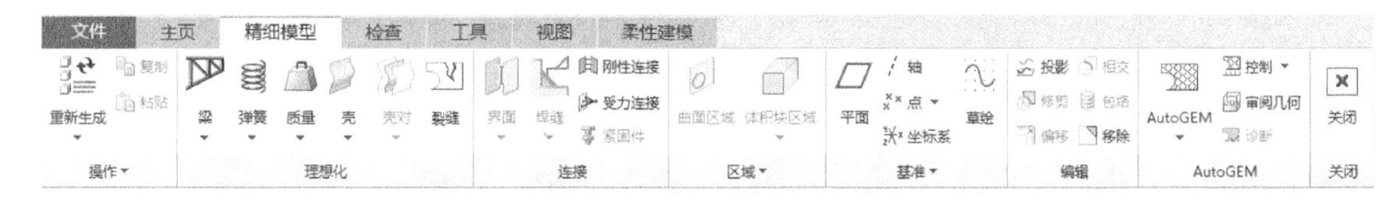

图 15-3　【精细模型】选项卡

15.1.2　结构分析流程

在固有模式下分析和优化模型时，将完成以下由四个步骤组成的过程，如图 15-4 所示。

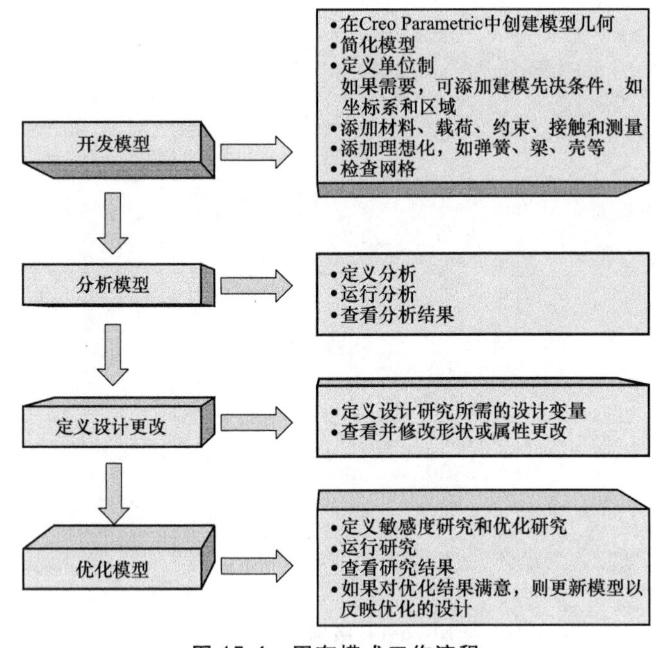

图 15-4 固有模式工作流程

15.2 建立结构分析模型

结构分析模型是 Creo Simulate 结构分析的前提，通过添加用于定义模型性质的建模图元来创建模拟模型。此外，在模型创建过程中还可以评估和细化网格。同时，模型的创建与实际情况越接近，分析结果就越准确。本节将通过实例操作向用户介绍模型的简化，载荷的创建、理想化模型与分配材料等功能的使用。

15.2.1 简化模型

简化模型就是通过隐含与分析无关的特征或几何，对实际零件或装配进行简化，以减少模型分析时所占用的内存，加快分析运行速度。常用的简化方法有：

1）以梁或薄壳来代替实体。

2）去除不必要的几何特征，直接创建相对简单的模型用于仿真计算。

3）在【模型树】中将不需要的特征隐含。

如图 15-5 所示的零件模型是实际设计得到的零件，未经过简化，零件通过末端的厚板上的螺栓孔固定于机架，可以近似地视为悬臂梁模型。若载荷仅施加于零件前段一侧的孔洞上，则另一侧结构几乎不受到应力作用，因此，该结构的有无对分析结果也基本不造成影响。所以对图 15-5 所示零件进行用于仿真分析计算的简化，得到如图 15-6 所示模型。

15.2.2 材料

在对模型进行仿真分析之前，必须要对模型的材料属性进行定义操作，需要定义的内容包括密度、模量等。

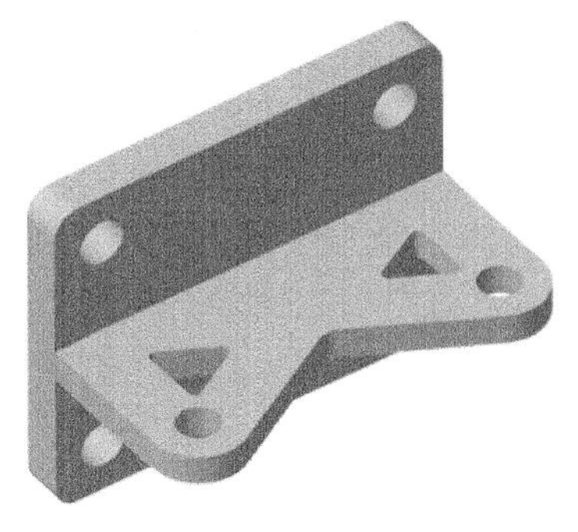

图 15-5　零件模型

图 15-6　简化模型

1. 定义模型分析可能用到的材料

选择功能区中的面板【主页】|【材料】|【材料】按钮 材料，弹出如图 15-7 所示的【材料】对话框。

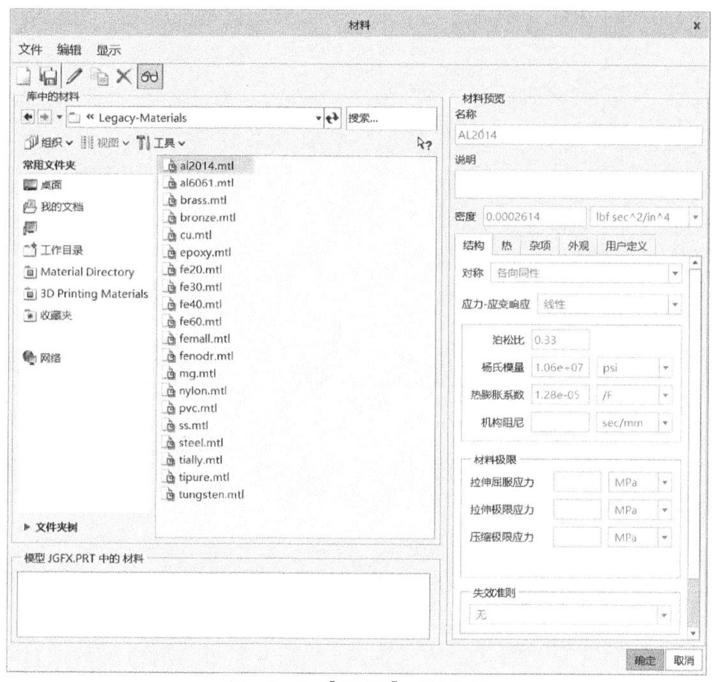

图 15-7　【材料】对话框

（1）创建新材料

1）单击工具栏【创建新材料】按钮，弹出【材料定义】对话框，如图 15-8 所示。

- 【名称】文本框用于定义当前新材料的名称，系统默认为“MATERIAL1”。
- 【说明】文本框用于填写对该材料的简要描述。
- 【密度】文本框用于定义该材料的密度值，其右侧的下拉列表用于选择密度单位。
- 【结构】选项卡用于定义该材料的相关物理属性参数。包括【各向同性】、【应力-应变响应】、【泊松比】、【杨氏模量】、【热膨胀系数】、【机构阻尼】、【材料极限】、【失效准则】、【疲劳】等。

2）单击【材料定义】对话框中的【保存至库（L）…】按钮，材料即添加到模型材料库中。

（2）编辑材料属性　在【材料】对话框中选择【库中的材料】或【模型中材料】列表框中的某一材料，单击【编辑选定材料的属性】按钮，弹出【材料定义】对话框，此时用户可以对选定的材料的属性进行符合自己需求的修改操作。

（3）库中添加材料　选中【库中的材料】列表框中所给出的材料，然后双击鼠标左键，则将该材料添加到【模型中的材料】列表框中。若【模型中的材料】列表框中误添加了不需要的材料，可以先在【模型中的材料】列表框中选定该材料然后单击鼠标右键，在弹出的快捷菜单中单击【删除】以删除该材料。

2. 创建材料方向

材料方向工具的作用在于定义各向异性的材料在零件模型中的分布方向。单击【材料方向】按钮 材料方向，弹出如图 15-9 所示的【材料方向】对话框。

图 15-8 【材料定义】对话框

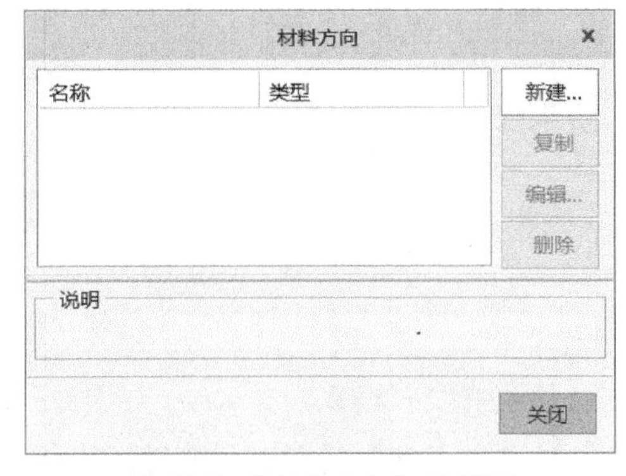

图 15-9 【材料方向】对话框

- 【名称】列表框显示当前模型中材料方向的名称和类型。
- 【说明】文本框显示当前被选中的材料方向的简要描述。
- 【新建】按钮用于新建材料方向。单击该按钮，弹出如图 15-10 所示的用于定义新材料方向的【材料方向】对话框。

该对话框中的【名称】文本框用于定义新方向的名称，默认为“MaterialOrient1”；【说明】文本框用于填写新方向的简要描述；【相对于】选项组用于定义新材料方向的参考坐标系，选择【全局】单选项，则以默认坐标系 WCS 为参考坐标系，选择【选定】单选项，则可以根据用户需求自行选择合适的参考坐标系；【材料方向】选项组用于定义材料坐标系相对于参考坐标系的方向。

3. 材料分配

材料分配工具用于对模型或体积块创建材料分配。单击【材料分配】按钮 材料分配，弹出如图 15-11 所示的【材料分配】对话框。

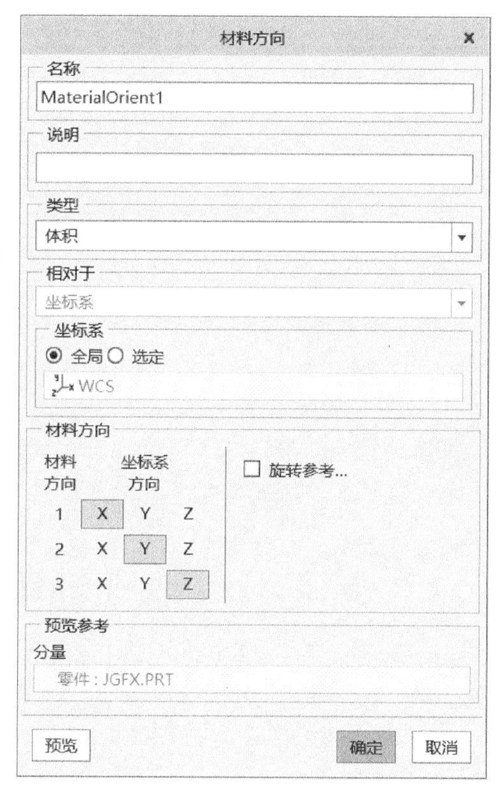

图 15-10　定义新【材料方向】对话框

图 15-11　【材料分配】对话框

- 【名称】文本框用于定义当前添加到模型中材料的名称，系统默认为 "MaterialAssign1"。
- 【参考】选项组用于定义分配材料的模型。单击下拉按钮 ▾ 选择参考对象类型：【分量】或【体积块】；然后从模型区选择定义分配材料的模型。
- 【属性】选项组用于用户定义分配给当前模型的材料以及材料方向。

15.2.3　创建约束

约束就是针对实际的情况，对结构模型的点、线、面的自由度进行限制。在对模型进行约束之前，必须保证以下几何和参考存在：

1）坐标系。每一个约束都需要有相对固定的一个坐标系作为参考。这些坐标系可以是系统默认的全局坐标系 WCS，也可以由用户指定。坐标系的类型包括：【笛卡儿】坐标系、【圆柱】坐标系和【球】坐标系。

2）基准点。如果需要约束模型上的一个特定点，往往需要在该位置上创建一个基准点。

3）区域。如果约束曲面区域，那么需要在模型中创建该区域。

1. 创建约束集

约束集是模型仿真分析过程中多个约束的集合。

单击功能区面板中的【约束】下滑面板中的【约束集】按钮 约束集，弹出如图15-12所示的【约束集】对话框。

其中：

- 列表框用于显示当前模型已有的约束集。
- 【新建】按钮用于新建一个新的约束集。单击该按钮，弹出如图15-13所示的【约束集定义】对话框。

图15-12 【约束集】对话框

图15-13 【约束集定义】对话框

其中：

- 【名称】文本框用于定义新建约束集的名称，默认为“ConstraintSet1”。
- 【说明】文本框用于简要描述该约束集。
- 【复制】按钮用于复制当前选中且加亮显示的约束集。在列表框中选中一个约束集，单击该按钮，一个复制的新约束集就创建完成了。
- 【编辑】按钮用于对当前选中的约束集进行编辑操作，可以重新定义其名称和说明。
- 【删除】按钮用于对选中的加亮显示的约束集进行移除。

2. 创建位移约束

位移工具用于对模型的点、线、面进行约束。单击【约束】面板中的【位移】按钮，弹出如图15-14所示的【约束】对话框。

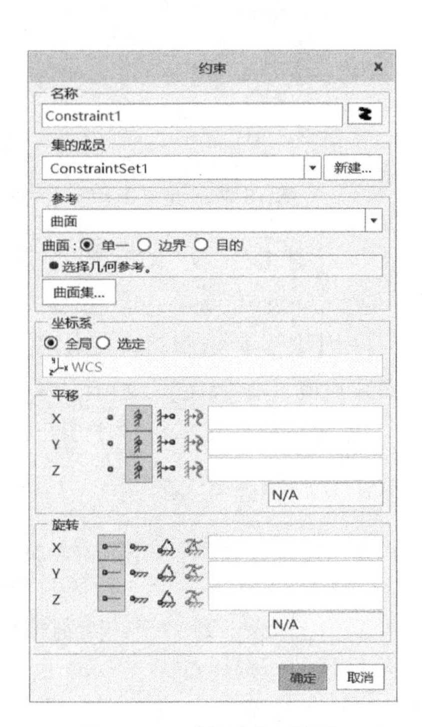

图15-14 【约束】对话框

1）【名称】文本框用于定义新建位移约束的名称，默认为“Constraint1”。

2）【集的成员】选项组用于定义新建位移约束属于

哪个约束集，在其下拉列表框中选中所属约束集，也可以单击【新建】按钮创建新的约束集。

3）【参考】选项组用于定义位移约束的对象。

① 参考对象类型选择：单击 按钮，在下拉列表框中选择位移约束参考对象类型：【曲面】、【边/曲线】或【点】。

② 参考对象选择方式：

- 【单一】单选按钮：选取时鼠标单击一次只能选择单一曲面、边/曲线、点。
- 【目的】单选按钮：一次可以选择多个曲面、边/曲线、点的集合。
- 【边界】单选按钮：一次可选择整个模型表面。
- 【特征】单选按钮：一次可选择一个基准点特征；该点特征可由多个基准点组成。

③ 参考对象选择：在模型中选择相应的几何元素，该几何元素就添加到列表框中。选择曲面时单击【曲面集】按钮，在弹出的【曲面集】对话框中可以更方便、高效地定义曲面集。

4）【坐标系】选项组用于定义约束参考坐标系。同样地可以根据需要选择全局坐标系 WCS 或者自选坐标系。

5）【平移】选项组用于定义所选择的点、线、面相对于 X、Y、Z 轴的平移约束。

- 【自由】按钮 ：表示所选取的点、线、面可以相对于 X、Y、Z 轴自由平移。
- 【固定】按钮 ：表示所选取的点、线、面可以相对于 X、Y、Z 轴平移固定。
- 【规定的】按钮 ：表示所选取的点、线、面可以相对于 X、Y、Z 轴平移指定的距离。

6）【旋转】选项组用于定义所选择的点、线、面相对于 X、Y、Z 轴的旋转约束。

- 【自由】按钮 ：表示所选取的点、线、面可以相对于 X、Y、Z 轴自由旋转。
- 【固定】按钮 ：表示所选取的点、线、面可以相对于 X、Y、Z 轴旋转固定。
- 【规定的】按钮 ：表示所选取的点、线、面可以相对于 X、Y、Z 轴旋转指定的角度。

下面以面约束为例简要介绍其创建过程：

1）在【约束】对话框中，选择【参考】下拉列表框的【曲面】选项，在模型中选择约束的曲面，如图 15-15 所示。

2）在【平移】选项组中，按下 X 轴的【固定】按钮、Y 轴的【固定】按钮和 Z 轴的【规定的】按钮并输入 Z 轴方向位移值“1”，下拉列表框中选择【mm】选项。如图 15-16 所示。

3）单击【确定】按钮，完成面约束的创建，效果如图 15-17 所示。

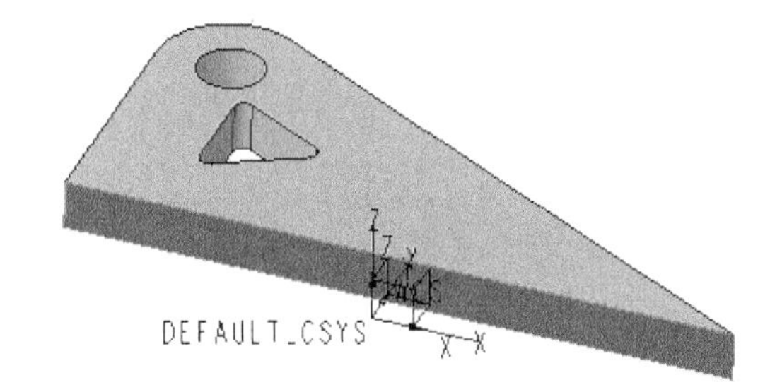

图 15-15　选择约束的曲面

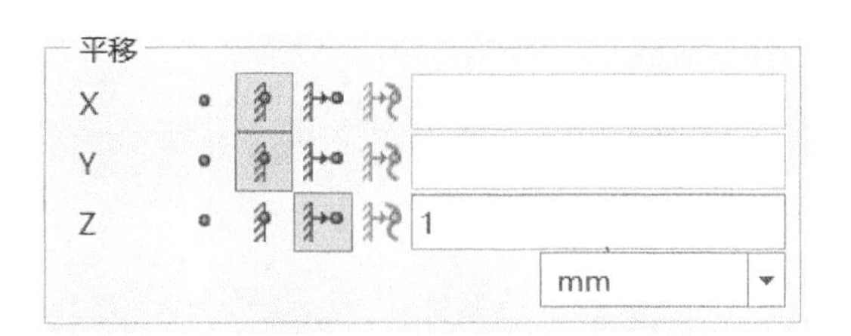

图 15-16　【平移】选项组

3. 创建平面约束

平面工具是对平面的 6 个自由度进行约束的工具。单击【约束】面板中的【平面】按钮 平面，弹出如图 15-18 所示的【平面约束】对话框。

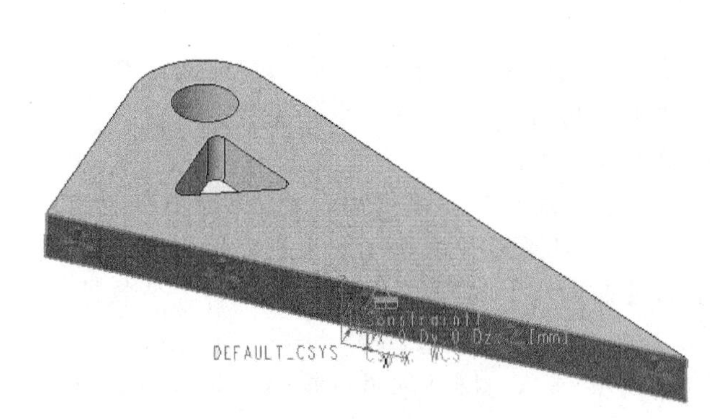

图 15-17 创建的面约束

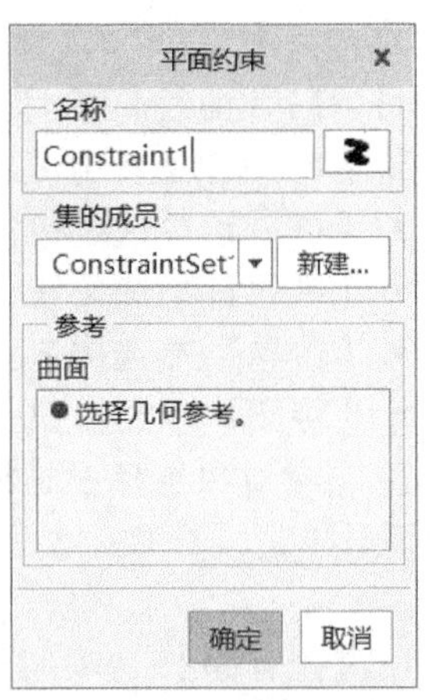

图 15-18 【平面约束】对话框

- 【名称】文本框用于定义新建的平面约束的名称，默认为“Constraint1”。
- 【集的成员】选项组用于定义新建平面约束属于哪个约束集，在其下拉列表框中选择所属约束集，或单击【新建】按钮创建新的约束集。
- 【参考】选项组用于定义需要约束的平面。

15.2.4 创建载荷集

载荷集就是模型仿真过程中所承受的多个载荷的集合，由载荷集工具来进行定义和创建。创建完成的载荷集被自动添加到【模型树】中。

单击【载荷】面板中的【载荷集】按钮 平面，弹出如图 15-19 所示的【载荷集】对话框。其中：

- 列表框用于显示当前模型中存在的载荷集。
- 【新建】按钮用于创建一个新的载荷集到当前模型中，单击该按钮，弹出如图 15-20 所示的【载荷集定义】对话框。
- 【名称】文本框用于定义新的载荷集的名称，默认为“LoadSet1”。

图 15-19 【载荷集】对话框

图 15-20 【载荷集定义】对话框

- 【说明】文本框用于简要描述该载荷集。
- 【复制】按钮用于复制当前在列表框中选中的载荷集。
- 【编辑】按钮用于对当前选中的载荷集进行编辑操作。
- 【删除】按钮用于移除当前选中的载荷集。

15.2.5　创建载荷

1. 载荷

- 【载荷】面板中的各个选项的功能如下：
- 【力/力矩】按钮 用于创建力/力矩载荷。
- 【压力】按钮 压力 用于创建压力载荷。
- 【重力】选项 重力 用于创建重力载荷。
- 【离心】按钮 离心 用于创建离心载荷。
- 【温度】按钮 温度 用于创建结构温度载荷。

2. 创建力/力矩

单击【力/力矩】按钮 ，弹出如图 15-21 所示的【力/力矩载荷】对话框。

1）【名称】文本框用于定义当前创建的力/力矩载荷的名字，默认为“Load1”。

2）【集的成员】选项组用于定义当前创建的力/力矩载荷属于哪个载荷集。可以在下拉列表框中选中所属载荷集或通过单击【新建】按钮创建新的载荷集。

3）【参考】选项组用于定义力/力矩载荷加载在模型中的位置。

- 加载对象类型选择：包括【曲面】、【边/曲线】、【点】三种加载对象类型，用户可以根据需求进行选择。
- 加载对象选择：在模型中单击选择相应的几何元素，该元素即添加到列表框中。由于不同的加载对象类型不同，因此选择方式也会有所不同，但基本类似。

4）【属性】选项组用于定义施加在模型上的力/力矩的参考坐标系以及载荷分布规律。同样地，用户可以选择以 WCS 为参考的全局坐标系，也可以根据需求选择坐标系作为载荷参考对象。

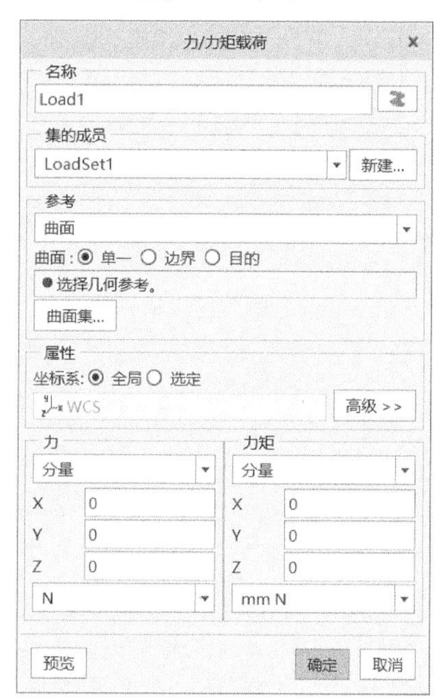

图 15-21　【力/力矩载荷】对话框

单击【高级】按钮 高级 >>，展开【分布】和【空间变化】选项组。在【分布】下拉列表框中有【总载荷】、【单位面积上的力】、【点总载荷】以及【点总承载载荷】四个选项用于说明载荷值代表的含义；在【空间变化】下拉列表框中有【均匀】、【坐标函数】以及【在整个图元上插值】三个选项，用于说明载荷在空间的变化规律。

5）【力】选项组用于定义施加在模型上的力/力矩，可以同时对模型施加力/力矩。力的描述方式：在【力】或【力矩】下拉列表框中各有三种描述方式，如图 15-22 所示。

- 【分量】：通过输入在模型上施加的力/力矩在 X、Y、Z 轴上的分量值来描述作用在模型上的力/力矩的大小和方向。

- 【方向矢量和大小】：通过输入在模型上施加的力/力矩的方向矢量，以及该力/力矩的大小值来描述该力/力矩。
- 【方向点和大小】：利用模型空间里的两点的连接矢量来描述力/力矩的方向矢量，并根据用户输入的数值来确定该力/力矩的大小。

在【力】、【力矩】选项组的最下方是【单位】下拉列表框，通过下拉列表框选择施加力/力矩的单位。

3. 创建压力载荷

压力工具用于对模型的平面施加压力载荷。单击【压力】按钮 压力，弹出如图15-23所示的【压力载荷】对话框。

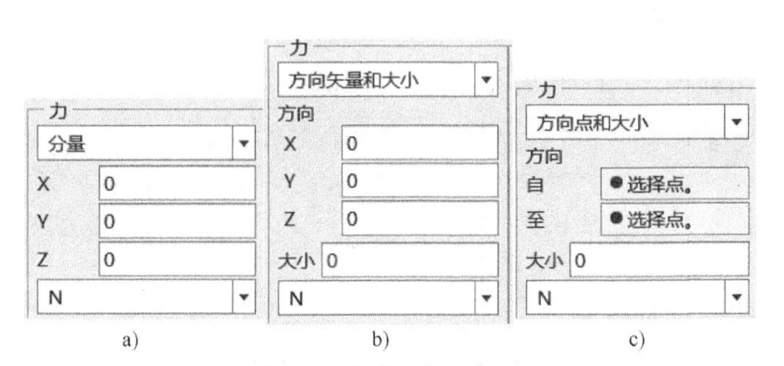

图 15-22 【力】选项组

图 15-23 【压力载荷】对话框

1）【名称】文本框用于定义新建压力载荷的名称，默认为“Load1”。

2）【集的成员】选项组用于定义该压力载荷所属的载荷集。用户可以在下拉列表框中选择所需的载荷集，也可以单击【新建】按钮创建新的载荷集。

3）【参考】选项组用于定义载荷加载到模型中的位置。在【曲面】子选项中选中【单一】单选按钮，表示在模型中选中单一曲面；选中【边界】单选按钮，表示在模型中选中边界表面，即整个模型表面；选中【目的】单选按钮，表示在模型中选中整个曲面。

4）【压力】选项组用于定义施加压力的方法和种类。

① 单击【高级】按钮，展开【空间变化】选项组。在【空间变化】选项组中选择【均匀】选项，表示施加压力载荷均匀分布在表面上；选择【坐标函数】选项，表示施加的压力载荷按照函数关系式分布在表面上；选择【在整个图元上插值】选项，表示施加压力载荷按照插值点进行分布；选择【外部系数字段】选项，表示根据外部文件确定其压力载荷的分布形式。

②【值】选项组用于指定施加压力载荷的数值大小。在其右侧下拉列表框中可以选择数值单位。

15.2.6 网格划分

网格划分是有限元仿真分析非常重要的一个步骤。Creo Simulate 中的【AutoGEM】工具按钮可以实现模型网格的自动划分。

1. 网格控制

1）单击【控制】下拉按钮 控制 ▾，弹出如图 15-24 所示的下拉菜单。

2）常用控制方式说明：

- 【最大元素尺寸】选项用于设置网格的最大尺寸。
- 【最小边长度】选项用于设置网格的最小尺寸。
- 【硬点】选项可以将节点设置到模型中的指定点。
- 【硬曲线】选项可以将节点设置到模型中的指定边或曲线上。
- 【边分布】选项用于在指定的边线上设置节点的数目以及节点之间的距离。

以最大网格尺寸生成为例。单击选择【最大元素尺寸】选项，弹出如图 15-25 所示的【最大元素尺寸控制】对话框，选择参考对象类型、选择对象选择方式、选择控制对象，在【元素尺寸】下的文本框中输入网格最大尺寸的值，并选择单位为【mm】。

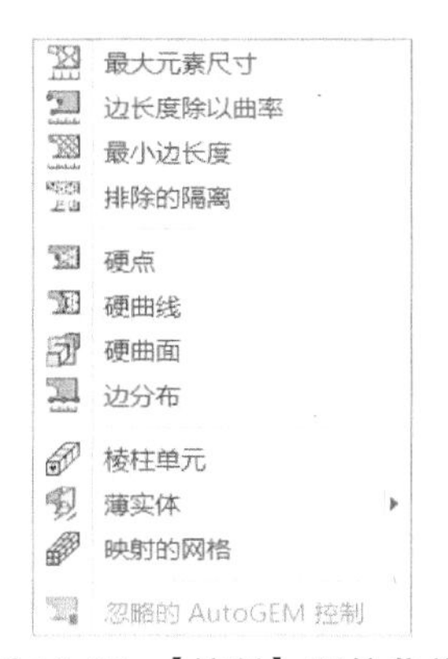

图 15-24 【控制】下拉菜单

图 15-25 【最大元素尺寸控制】对话框

2. 创建网格和删除网格

1）单击功能区中的【精细模型】|【AutoGEM】按钮，弹出如图 15-26 所示的【AutoGEM】对话框。

2）【AutoGEM 参考】选项组用于创建新的网格以及删除已有的网格。新建网格时，首先在【AutoGEM 参考】下面的下拉列表框中选择需要创建网格的对象类型，包括：【具有属性的全部几何】、【体积块】、【曲面】、【曲线】。用户根据需要选取合适的选择方式进行对象选取，然后单击【创建】按钮，新的网格就开始创建，并弹出【诊断：AutoGEM 网格】对话框。删除网格时，在下拉列表框中选择要删除的对象类型，在模型中选择要删除的网格，单击【删除】按钮，网格即被删除。

3）【文件】菜单可以实现【加载网格】、【从研究复制网格】、【保存网格】以及【关闭】等功能。

4）【信息】菜单能够查询网格生成的信息，如模型摘要、边界边、边界表面、逼近的元素、孤立元素、AutoGEM 日志等，并能校验网格。

3. 设置几何公差

打开【AutoGEM】下拉菜单，单击【几何公差】选项，弹出如图 15-27 所示的【几何公差设置】对话框。该对话框可以用于设置【最小边长度】、【最小曲面尺寸】、【最小尖角】、【合并公差】等网格参数。

图 15-26 【AutoGEM】对话框

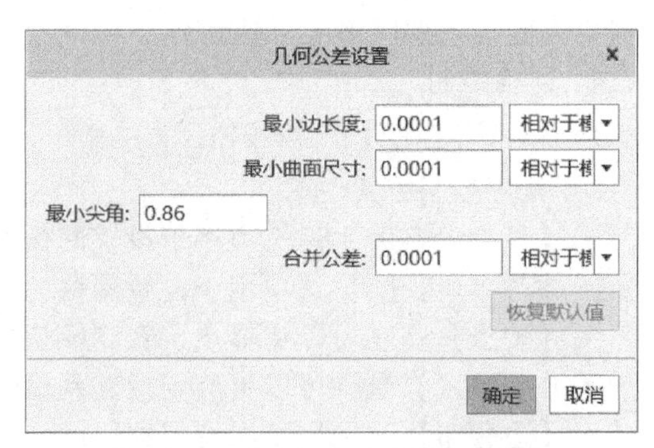

图 15-27 【几何公差设置】对话框

15.2.7 实例：支架

支架是一种重要的机械结构，遍布生活的方方面面，其模型大致如图 15-28 所示。

以某型支架作为计算模型。该支架通过四个铆接孔铆接在机架上，其承载面拟定载荷为 300N，取材料参数 $E=2.1\times10^{11}$Pa，$\mu=0.3$。

建模过程

1. 分配材料

1）打开模型“zhijia.prt”，单击功能区中的【应用程序】|【Simulate】按钮（也可以直接在 Creo Simulate 4.0 中打开模型文件），进入到结构分析模块。

2）单击功能区中【主页】|【材料】|【材料分配】按钮，弹出如图 15-29 所示的【材料分配】对话框。

3）单击【属性】选项组中【材料】下拉列表框右侧的【更多】按钮，弹出【材料】对话框。双击【库中的材料】列表框中的“STEEL.mtl”选项，将其加载到【模型中的材料】列表框中。单击【确定】按钮，返回【材料分配】对话框，“STEEL”将添加到【材料】下拉列表框中。

4）单击【确定】按钮，材料添加到模型中，如图 15-30 所示。

2. 创建位移约束

1）单击功能区中的【主页】|【约束】|【位移】，弹出如图 15-31 所示的【约束】对话框。

2）单击【参考】选项组中【目的】单选项。选择模型上的铆接孔曲面，如图 15-32 所示。

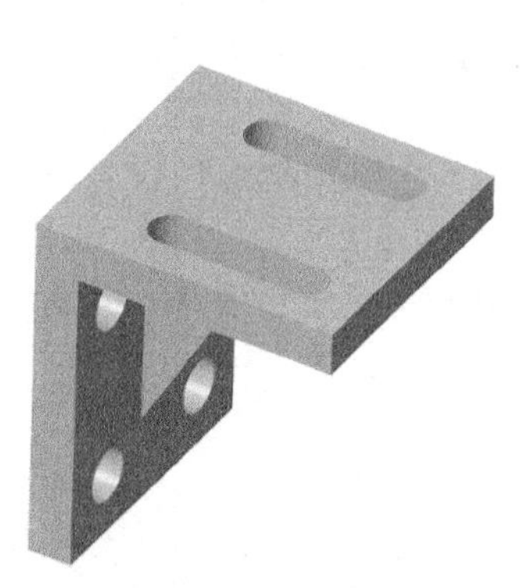

图 15-28 支架模型

图 15-29 【材料分配】对话框

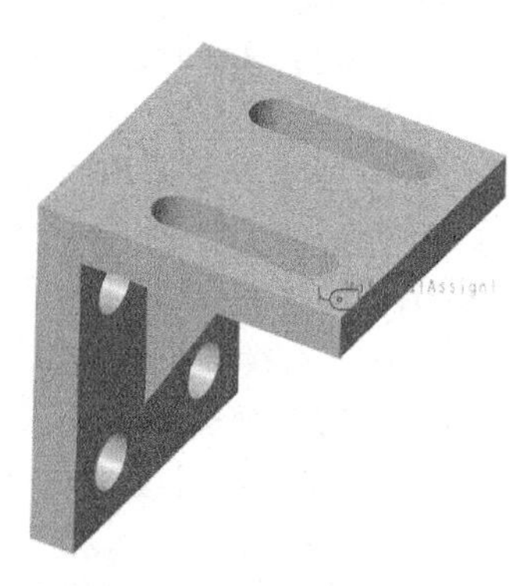

图 15-30 材料分配结果

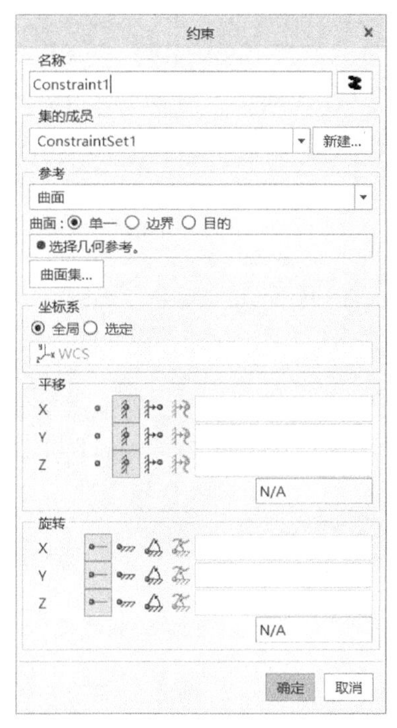

图 15-31　【约束】对话框

图 15-32　选择约束曲面

3）在【平移】选项组中，按下 X、Y、Z 轴的【固定】按钮；在【旋转】选项组中，按下 X、Y、Z 轴的【自由】按钮。

4）单击【确定】按钮，完成约束的创建。如图 15-33 所示。

3. 创建力载荷

1）单击功能区中【主页】|【载荷】|【力/力矩】按钮，弹出如图 15-34 所示的【力/力矩载荷】对话框。

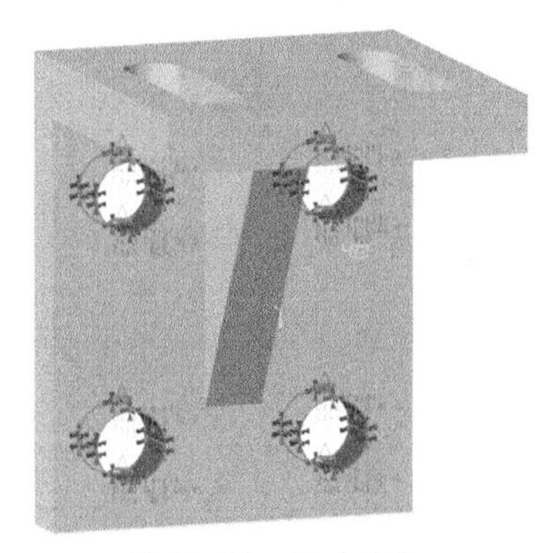

图 15-33　约束结果

图 15-34　【力/力矩载荷】对话框

2）单击【参考】选项组中【单一】单选项，选择支架承载面，如图 15-35 所示。

3）在【力】选项组的下拉列表框中单击选择【分量】，分别输入【X】、【Y】、【Z】方向的力分量为“0”“0”“300”，并选择单位为“N”，单击【确定】按钮，完成力/力矩载荷创建。如图 15-36 所示。

图 15-35 承载面

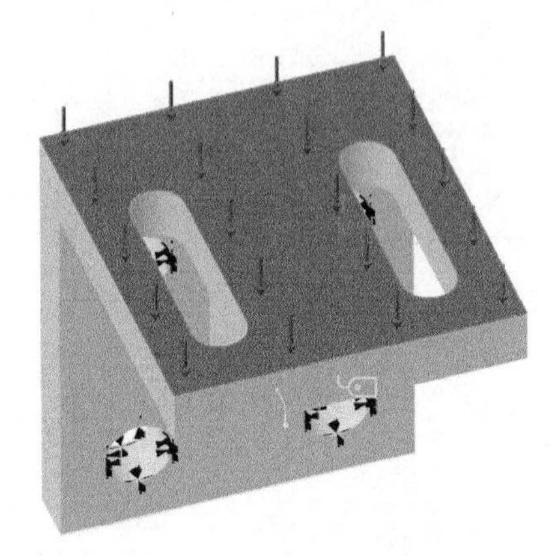

图 15-36 创建力/力矩载荷

注意：在输入力分量或者力矢量的时候，切记留意参考坐标系方向。

4. 创建网格

1）单击功能区中【精细模型】|【AutoGEM】面板中的【AutoGEM】按钮，弹出如图 15-37 所示的【AutoGEM】对话框。对整个模型创建网格，默认创建对象类型为【具有属性的全部几何】，然后单击【创建】按钮，系统将根据默认设置自动生成网格，如图 15-38 所示，并弹出【AutoGEM 摘要】对话框和【诊断：AutoGEM 网格】对话框，关闭两个对话框即可回到【AutoGEM】对话框。

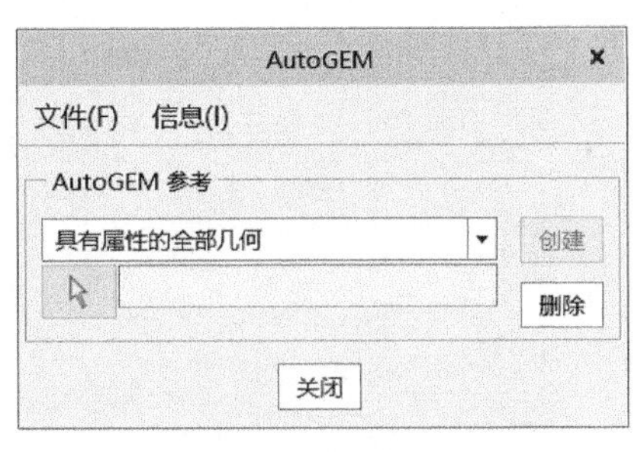

图 15-37 【AutoGEM】对话框

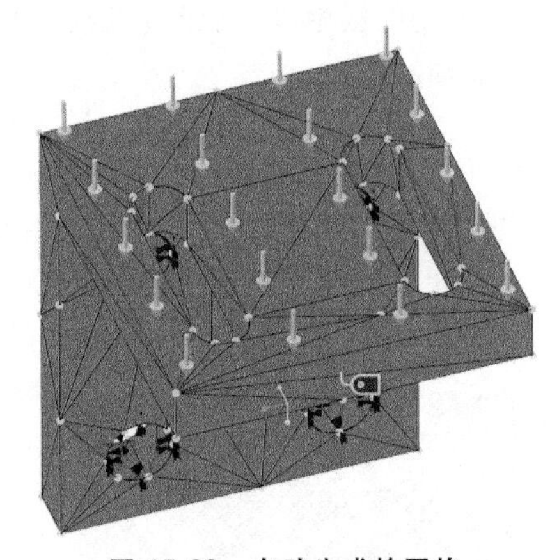

图 15-38 自动生成的网格

2）在【AutoGEM】对话框中，单击【关闭】按钮，系统提示是否保存网格。选择【是】保存网格，准备分析使用。

3）单击【控制】下拉按钮，弹出【控制】下拉菜单，单击选择【最大元素尺寸】选项，弹出如图 15-39 所示【最大元素尺寸控制】对话框，在【参考】选项组下拉列表框中，选择【分量】选项，并在【元素尺寸】文本框中输入“10”，选择单位为“mm”，作为网格元素最大尺寸控制。单击【确定】按钮，完成最大元素尺寸控制操作。注意，这一步操作中，用户也可以根据自身需求对模型特定的部分进行网格密集化处理。

4）单击【AutoGEM】按钮，弹出【问题】对话框，提示“此元件存在一个网格。是否要检索它?”，单击【是】。然后弹出另一个【问题】对话框，提示“几何或网格控制已更改。是否要更新网格?”，单击【是】。系统重新生成如图 15-40 所示的网格，并弹出【AutoGEM 摘要】对话框和【诊断：AutoGEM 网格】对话框。分别关闭两个对话框，回到【AutoGEM】对话框，同样地，单击【关闭】按钮，选择【是】保存新的网格。

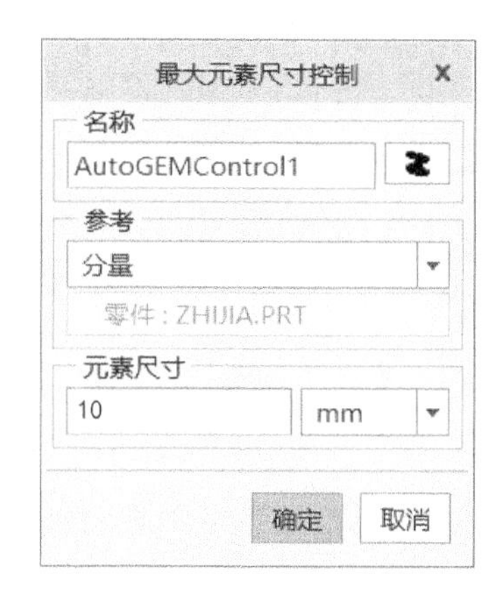

图 15-39 【最大元素尺寸控制】对话框

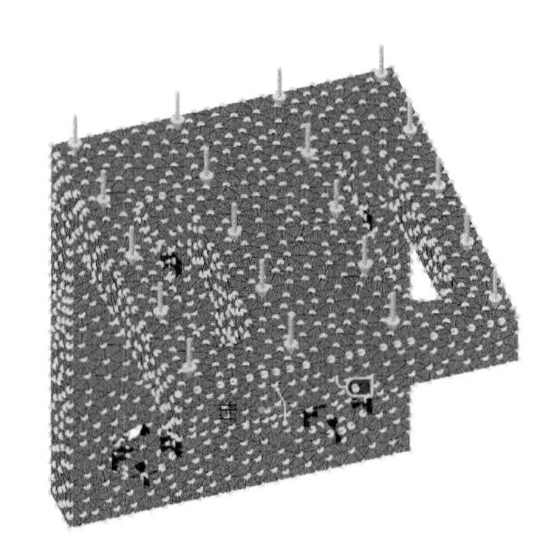

图 15-40 重新生成的网格

15.3 建立结构分析

有限元分析模型建立后，即可进行分析，分析类型包括静态分析、模态分析、疲劳分析等。

15.3.1 静态分析

静态分析用于计算模型上在指定载荷和指定约束的作用下产生的变形、应力和应变。通过静态分析可以了解模型中的材料是否经受得住应力和零件是否可能断裂（应力分析）、零件可能在哪些地方断裂（应变分析）、模型的形状更改程度（变形分析），以及载荷对任何接触的作用（接触分析）。

1. 新建静态分析

1）单击【主页】|【运行】面板中的【分析和研究】按钮，随即弹出如图 15-41 所示的【分析和设计研究】对话框。

2）单击【文件】打开【文件】下拉菜单，选择【新建静态分析】。弹出如图 15-42 所示的【静态分析定义】对话框。其中，

- 【名称】文本框用于定义新建静态分析的名称，默认为“Analysis1”。
- 【说明】文本框用于简要描述该新建静态分析。
- 非线性分析时，选择【非线性/使用载荷历史】复选框，可以创建包括【计算大变形】、【接触】、【超弹性】、【塑性】以及【非线性弹簧】等类型的分析。

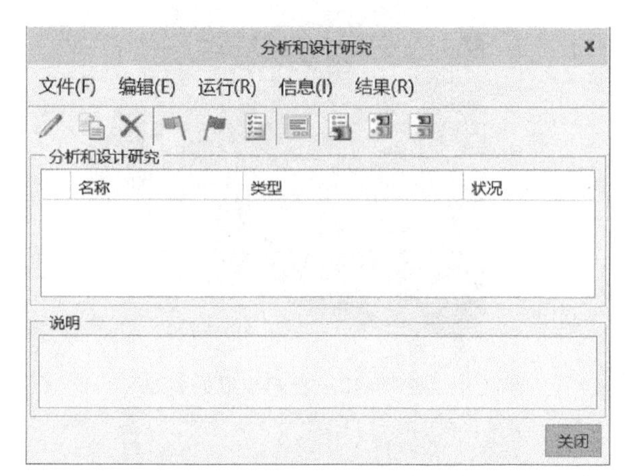

图 15-41 【分析和设计研究】对话框

图 15-42 【静态分析定义】对话框

• 选择【惯性释放】复选框，表示约束选项失效，模型仅受指定载荷影响，该选项仅适用于线性静态分析。

• 【约束】选项组用于定义新建静态分析所施加的约束集，若用户在使用过程中需要选择多个约束集，可以选择【组合约束集】复选框并选择所需约束集。

• 【载荷】选项组用于定义新建静态分析承受的载荷，若用户在使用过程中需要使用多个载荷集，可以选中【累计载荷集】复选框并选择所需载荷集。

• 【收敛】选项卡用于定义静态分析的计算方法，在其【方法】下拉列表框中包括【多通道自适应】、【单通道自适应】以及【快速检查】三种收敛方式选项。如果创建接触分析时选择【单通道自适应】收敛方式，则可以选择【局部网格细化】。对于大变形静态分析，可以选择【包括突弹跳变】选项来研究结构中突弹跳变或后失稳行为的载荷位移曲线。如果选择【多通道自适应】收敛方式则还需要输入最大和最小多项式阶、收敛百分比等，但是该收敛方式不适用于大变形分析。

• 【输出】选项卡如图 15-43 所示，其中【计算】选项组用于设置需要分析的计算内容，包括【应力】、【旋转】、【反作用力】、【局部应力误差】等；【出图】选项组用于选择绘制栅格的密度。对于非线性分析和具有载荷历史的分析，从【输出步长】区域选择选项以指定想要计算测量的步长，并显示该分析的结果。

• 【排除的元素】选项卡，如图 15-44 所示，用于定义在计算过程中可以排除的忽略元素。选中【排除元素】复选框，并设置需要排除的元素。

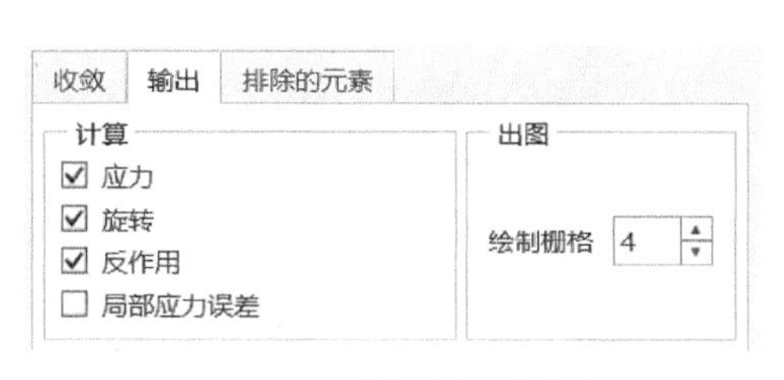

图 15-43 【输出】选项卡

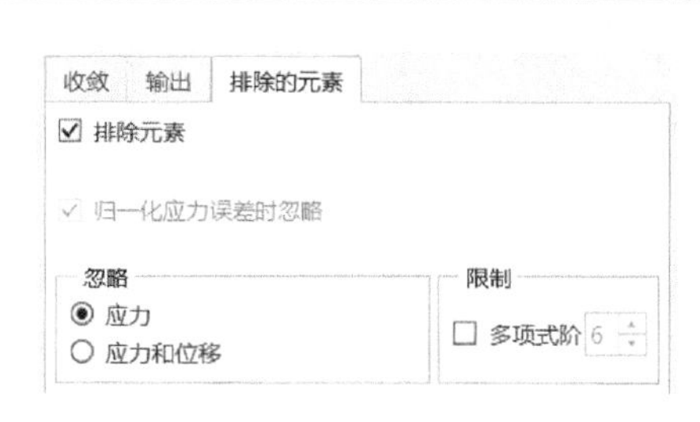

图 15-44 【排除的元素】选项卡

3）单击【确定】按钮，完成静态分析的新建。

2. 运行分析

在【分析和设计研究】对话框中，单击【开始运行】按钮，进行分析。

3. 获取分析结果

分析完成后，弹出如图 15-45 所示的【运行状态】对话框，该对话框用于提示用户在分析过程中所出现的错误、警告等信息。关闭该对话框，在【分析和设计研究】对话框中单击【查看研究或有限元分析的结果】按钮，弹出如图 15-46 所示的【结果窗口定义】对话框。

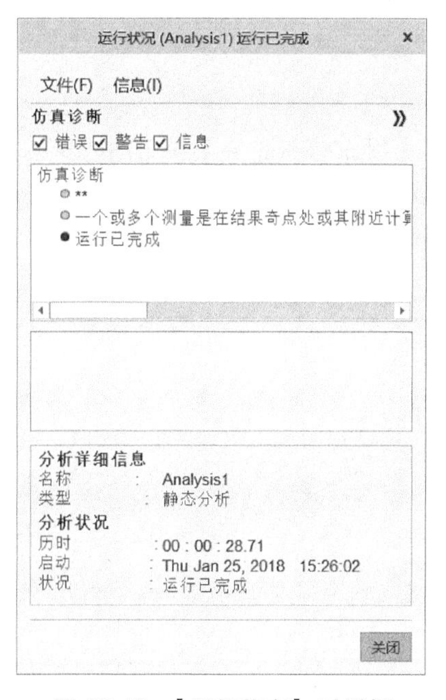

图 15-45 【运行状态】对话框

图 15-46 【结果窗口定义】对话框

- 【名称】文本框用于定义新建分析结果的名称，默认为“Window1”。
- 【标题】文本框用于定义新建分析结果的标题。
- 【研究选择】选项组用于定义结果显示的某个分析。
- 【显示类型】下拉列表框用于定义分析结果的显示类型。包括【条纹】、【矢量】、【图形】、【模型】等选项。
- 【数量】选项卡用于定义分析结果显示量。依次选择显示量的类型、单位、【分量】。
- 【显示位置】选项卡，如图 15-47 所示，用于定义结果显示的零件几何元素，如曲线、全部、元件/层等。

- 【显示选项】选项卡用于定义结果窗口中显示的内容。如图 15-48 所示。

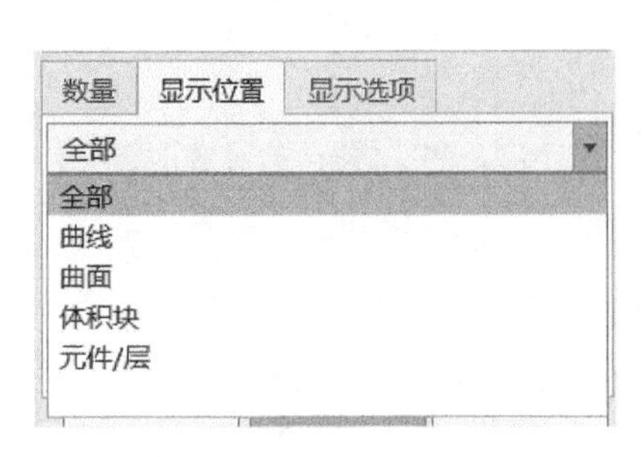

图 15-47 【显示位置】选项卡

图 15-48 【显示选项】选项卡

15.3.2 模态分析

模态分析用于计算模型的固有频率和振型。

1. 新建模态分析

单击【分析和研究】按钮，弹出【分析和设计研究】对话框。单击【文件】下拉菜单中的【新建模态分析】选项。弹出如图 15-49 所示的【模态分析定义】对话框。

- 【名称】文本框用于定义新建模态分析的名称，默认为“Analysis1”。
- 【说明】文本框用于定义新建模态分析的简要描述。
- 【约束】选项组用于设置施加到模型上的载荷。

◆选择【受约束】单选项，并选取一个约束集作为约束条件。若分析中包含有多个约束集，则需要选中【组合约束集】复选框。

◆选择【无约束】单选项可分析无约束模态，此时约束集列表框变成不可用状态，表示模型不受约束作用，同时【使用刚性模式搜索】自动被选中。

- 【模式】选项组用于设置需要提取的模态数目，分为模态结束和一定频率范围内的所有模态两种方式。

其余选项作用参考静态分析。完成该对话框设置后单击【确定】按钮，完成新建模态分析。

2. 运行分析

参考静态分析。

3. 获取分析结果

在【分析和设计研究】对话框中，单击【查看设计研究或有限元分析结果】按钮，弹出如图 15-50 所示的【结果窗口定义】对话框。

- 【名称】文本框用于定义新建分析结果的名称，默认为“Window1”。
- 【标题】文本框用于定义新建分析结果的标题。
- 【研究选择】选项组用于定义结果显示的某个分析的某几个模态。
- 【显示类型】下拉列表框用于定义生成分析结果的显示类型，包括【条纹】、【矢量】、【图形】和【模型】四种。

图 15-49　【模态分析定义】对话框

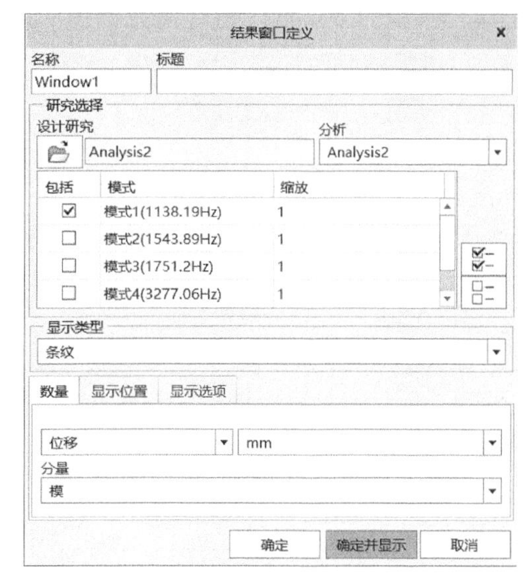

图 15-50　【结果窗口定义】对话框

- 【数量】选项卡用于定义分析结果显示量，包括【应力】、【位移】、【应变】、【P 级别】和【每单位体积的应变能】。

其他选项的作用参考静态分析。

15.3.3　疲劳分析

使用疲劳分析确定模型在受循环载荷作用时是否易受疲劳损伤的影响。由 HBM-nCode 提供的求解器技术与疲劳分析集成。定义疲劳分析之前，必须先定义静态分析。为了获得有效的疲劳分析结果，还必须分配模型材料的疲劳特性。也可以使用外部疲劳材料文件为分析定义疲劳属性。

1. 材料的疲劳特征

零件抵抗经历破坏的能力主要取决于材料本身的性质。然而，零件抵抗疲劳破坏的能力不仅与材料有关，而且还与材料的组成、零件的表面状态和尺寸等有关。在疲劳分析中，不仅要确定材料的密度、杨氏模量、泊松比等参数，还需要设置材料的疲劳特征参数，如最大抗拉强度、材料表面处理等。

打开【材料】对话框，选中【模型中的材料】列表框中的某一材料，单击【编辑】按钮，弹出如图 15-51 所示的【材料定义】对话框。

- 【材料极限】选项组用于定义材料的【拉伸屈服应力】、【拉伸极限应力】、【压缩极限应力】等材料属性。
- 【失效准则】选项组用于定义材料的失效方式，有【无】、【修正的莫尔理论】、【最大剪应力（Tresca）】以及【畸变能（von Mises）】。
- 【疲劳】选项组用于定义材料工艺特征。在下拉列表框中选择【统一材料法则（UML）】选项，然后在其下的选项中设置【材料类型】、【表面粗糙度】、【失效强度衰减因子】。

2. 新建疲劳分析

在【分析和设计研究】对话框中，单击【文件】下拉菜单中的【新建疲劳分析】选项，弹出如图 15-52 所示的【疲劳分析定义】对话框。

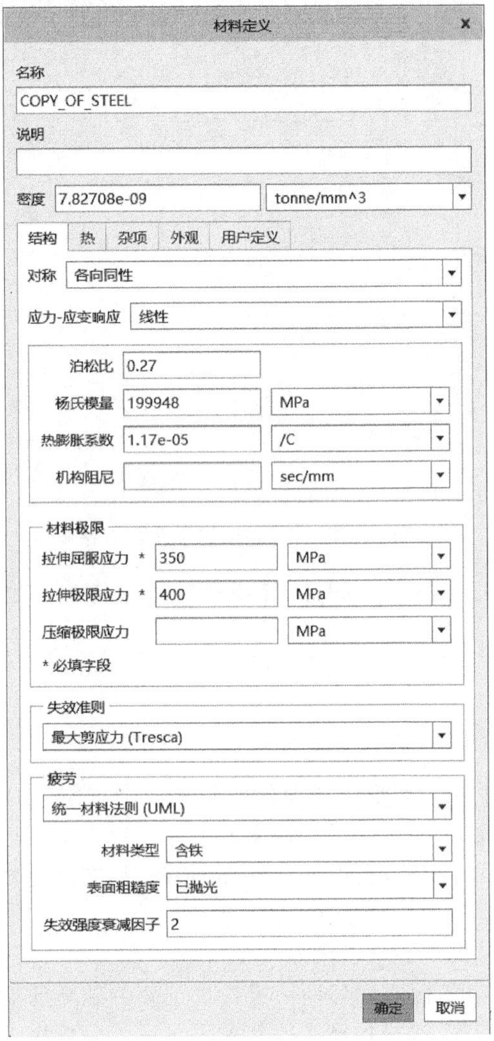

图 15-51 【材料定义】对话框

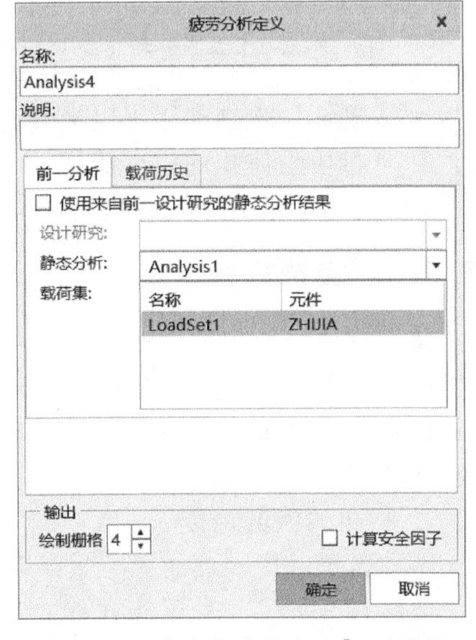

图 15-52 【疲劳分析定义】对话框

- 【名称】文本框用于定义新建疲劳分析的名称。
- 【说明】文本框用于定义新建疲劳分析的简要描述。
- 【前一分析】选项卡，指定疲劳分析时使用已执行过的静力分析结果还是重新再执行新的静力分析。

◆选中【使用来自前一设计研究的静态分析结果】复选框，在【设计研究】下拉列表框中选择模型中已创建的设计研究。

◆在【静态分析】下拉列表框中选择模型中已创建的静态分析。

◆在【载荷集】列表框中选择用于疲劳分析的载荷集。

- 【载荷历史】选项卡，如图 15-53 所示，用于定义载荷。

◆【寿命】选项组用于定义应力循环次数。

◆【加载】选项组用于定义载荷的类型和幅值特征。在【类型】下拉列表框中有【恒定振幅】、【可变振幅】两个选项。在【振幅类型】下拉列表框中选择复制类型，有【峰值-峰值】、【零值-峰值】、【用户定义】等。

3. 运行分析

同前。

4. 获取分析结果

图 15-53 【载荷历史】选项卡

在【分析和设计研究】对话框中，选中【分析和设计研究】列表框中的疲劳分析，单击【查看设计研究或有限元分析结果】按钮，弹出【结果窗口定义】对话框，该对话框中：

- 【显示类型】定义生成的分析结果。显示类型只能是【条纹】。
- 在【数量】选项卡【分量】下拉列表框中选择输出结果选项，有四种类型。包括【仅点】、【对数破坏】、【安全因子】、【寿命置信度】等。

其余选项同静态分析和模态分析。

15.4 设计研究

有限元分析的最终目的之一是进行优化设计。在优化设计前，需要对设计参数进行筛选，通过筛选，确定对优化目标函数影响最大的设计参数。敏感度分析可以完成参数筛选工作，为进一步优化奠定基础。

15.4.1 标准设计研究

标准设计研究是一种定量分析工具。通过对模型中的设计参数进行设置，分析其对模型性能的影响。

1. 新建标准设计研究

在【分析和设计研究】对话框中，单击【文件】下拉菜单中的【新建标准设计研究】选项，弹出如图 15-54 所示的【标准研究定义】对话框。

- 【名称】文本框用于定义新建标准研究的名称，默认为“study1”。
- 【说明】文本框用于定义新建标准研究的简要描述。
- 【分析】列表框显示用于标准研究的分析选项，可以多选，选择的项目越多分析就越慢。
- 【变量】列表框用于定义变量及变量值。变量可以是模型尺寸，也可以是模型参数。

◆单击【从模型中选择尺寸】按钮，选中模型，模型的设计尺寸就显示出来，单击所研究的尺寸，返回【标准研究定义】对话框，选择的尺寸就添加到【变量】列表框中。单击【设置】文本框，定义所需要研究的尺寸数值。

◆单击【从模型中选择参数】按钮，弹出【选择参数】对话框，如图 15-55 所示，在对话框下部列表框中选择所需的参数，单击【插入选定参数】按钮 应变 ，返回【标准研究定义】对话框，选中的参数就被添加到【变量】列表框中，单击【设置】文本框，对其赋值。

◆单击【删除选定行】按钮，在【变量】列表框中选中的参数就被移除掉，不再作为设计研究变量。

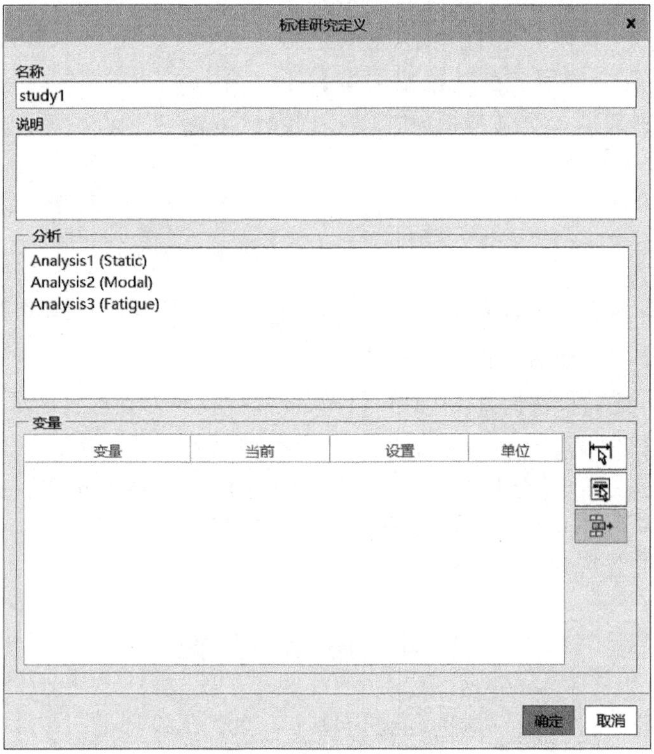

标准研究定义
名称
study1
说明
分析
Analysis1 (Static)
Analysis2 (Modal)
Analysis3 (Fatigue)
变量
变量 当前 设置 单位
确定 取消

图 15-54 【标准研究定义】对话框

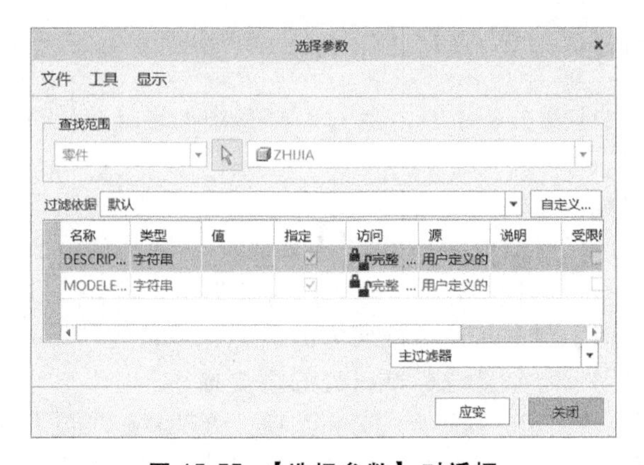

图 15-55 【选择参数】对话框

2. 运行分析

同前。

3. 获取研究结果

参考静态分析。

15.4.2 敏感度设计研究

敏感度分析是一种定量分析工具，通过研究多个设计参数对模型性能的影响敏感程度，筛选出影响较大的主要设计参数，即局部敏感度分析，然后确定主要参数的变化范围，进行全局敏感度分析，寻找最佳设计。

1. **新建敏感度设计研究**

在【分析和设计研究】对话框中，单击【文件】下拉菜单中的【新建敏感度设计研究】选项，弹出如图 15-56 所示的【敏感度研究定义】对话框。

- 【名称】文本框用于定义新建的敏感度研究的名称，默认为“study1”。
- 【说明】文本框用于定义新建的敏感度研究的简要描述。
- 【类型】下拉列表框用于定义敏感度研究的类型。

◆【局部敏感度】：分析计算模型测量（如应力）对轻微形状变更的敏感度。

◆【全局敏感度】：分析计算模型测量对设计参数在指定范围内变更的敏感度。

- 【分析】列表框显示用于进行标准研究的分析选项，可以多选，选中的项目越多分析就越慢，选中的分析为高亮显示。
- 【变量】列表框用于显示和设置模型尺寸的数值。具体用法参见标准设计研究的相关内容。

2. **运行分析**

同前。

3. **获取分析结果**

参考静态分析中的相关内容。

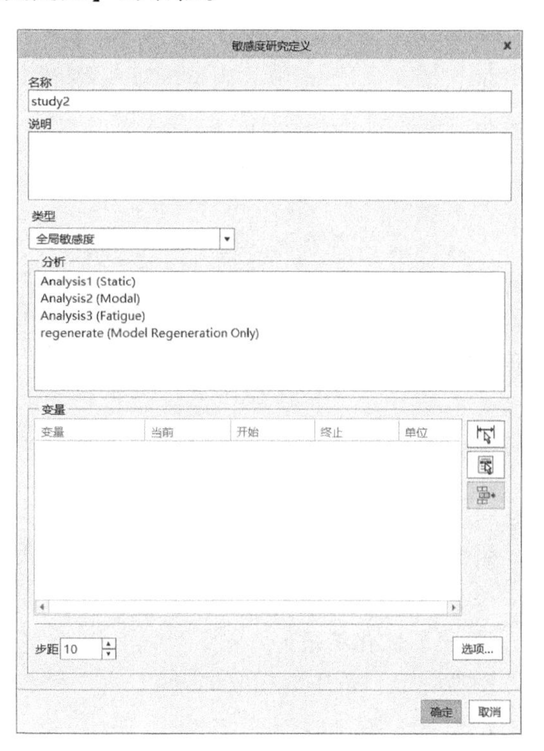

图 15-56 【敏感度研究定义】对话框

15.4.3 优化设计研究

优化设计的目的在于寻找一种最佳的设计方案。其由用户指定研究目标、约束条件和设计参数等，然后在参数的指定范围内求出可满足研究目的和约束条件的最佳解决方案。

1. **创建优化设计研究**

在【分析和设计研究】对话框中，单击【文件】下拉菜单中的【新建优化设计研究】选项，弹出如图 15-57 所示的【优化研究定义】对话框。

- 【名称】文本框用于定义新建的优化研究的名称，默认为“study1”
- 【说明】文本框用于定义新建的优化研究的简要描述。
- 【类型】下拉列表框用于定义优化研究的类型。

◆【优化】：最佳化设计研究。通过调整一个或多个参数使指定的设计目标达到最佳化。

◆【可行性】：用于测试一个设计方案在指定限制条件下的可行性。

- 【目标】选项组。用户在该选项组中选取一个测量作为设计研究的目标以达到最大化或最小化。
- 【设计极限】列表框。用户在该列表框中选取一个或多个测量作为优化过程中的约束条件。

♦单击【添加测量】按钮，弹出【测量】对话框，在【预定义】或【用户定义的】列表框中选择测量项，单击【确定】按钮，所选测量项就添加到列表框中。

♦选中列表框中的测量项，单击【删除测量】按钮，选中的测量项就移除出列表框。

• 【分析】和【载荷集】选项组用于指定测量项所对应的分析和载荷集。

• 【变量】列表框。选取一个或多个设计参数作为优化目标达到最佳化能够调整的变量，并且需要定义变量的范围和初始值。

• 单击【选项】按钮，弹出【设计研究选项】对话框，在该对话框中定义设计研究优化算法、优化收敛系数、最大迭代次数以及收敛方式等。

2. 运行分析

参考静态分析中的相应部分。

3. 获取优化结果

参考静态分析中的相应部分。

图 15-57 【优化研究定义】对话框

15.4.4 实例分析

对某型支撑梁模型进行分析。打开“xiezhiliang. prt”文件，其模型如图 15-58 所示。

建模过程

1. 标准设计研究

1）选择功能区中的【应用程序】|【Simulate】命令，进入 Simulate 界面，在界面中选择功能区中的【主页】|【设置】|【结构模式】命令，进入结构分析模块。

2）单击【分析和研究】按钮，弹出【分析和设计研究】对话框。

3）在【分析和设计研究】对话框中，打开【文件】下拉菜单，单击【新建标准设计研究】选项，弹出【标准研究定义】对话框。

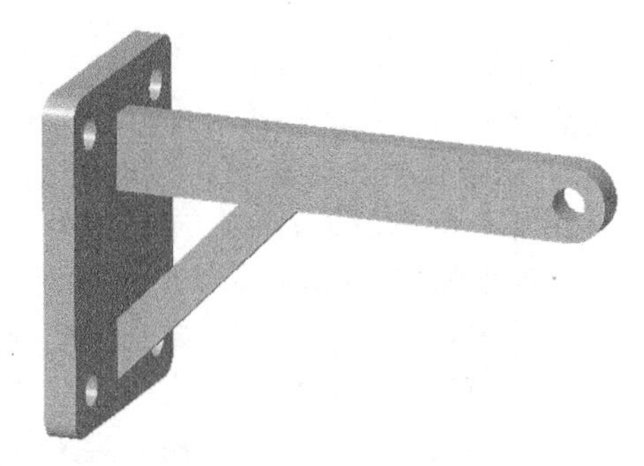

图 15-58 支撑梁模型

4）单击选中【分析】列表框中的“Analysis1、Analysis2、Analysis3”（分别是已运行完成的静态分析、模态分析和疲劳分析）。

5）单击【变量】右侧的【从模型中选择尺寸】按钮，在【模型树】中，单击斜支撑结构的草绘，此时图形区中将显示该草绘中存在的尺寸值，单击尺寸值为“45°”的尺寸，该尺寸即添加到【变量】列表框中，如图 15-59 所示。

6）在【变量】列表框中该尺寸对应的【设置】文本框中输入“60”，单击【确定】按钮，返回【分析和设计研究】对话框，完成标准设计研究的创建。

7）选中列表框中刚才创建的标准设计研究，单击【开始运行】按钮，弹出【问题】对话框，单击【是】按钮，开始计算。运行完成后弹出【运行状况（study1）运行已完成】对话框，单击【关闭】按钮，关闭该对话框，并返回到【分析和设计研究】对话框。

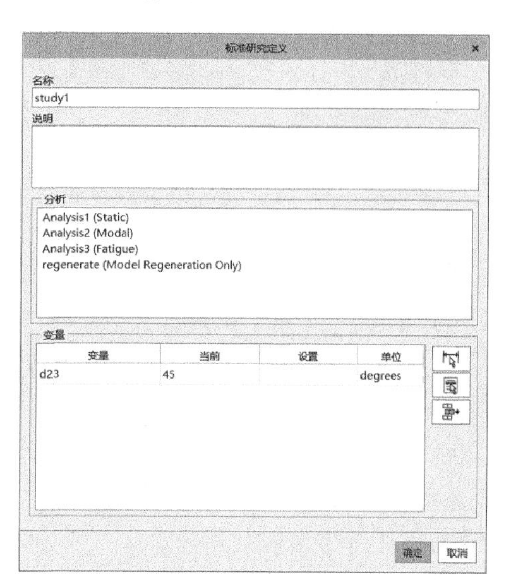

图 15-59　【标准研究定义】对话框

8）在【分析和设计研究】列表框中选中刚才运行完成的标准设计研究，单击【查看设计研究或有限元分析的结果】按钮，弹出【结果窗口定义】对话框。

9）选择【显示类型】为【条纹】。打开【数量】选项卡，选中下拉列表框中的【位移】选项，并指定其单位为“mm”，选择【分量】下拉列表框中的【模】选项，打开【显示选项】选项卡，选中【已变形】、【显示载荷】和【显示约束】复选框。

10）其余选项保持默认，单击【确定并显示】按钮，结果窗口中显示位移随斜支撑结构角度变化的条纹图，如图 15-60 所示。

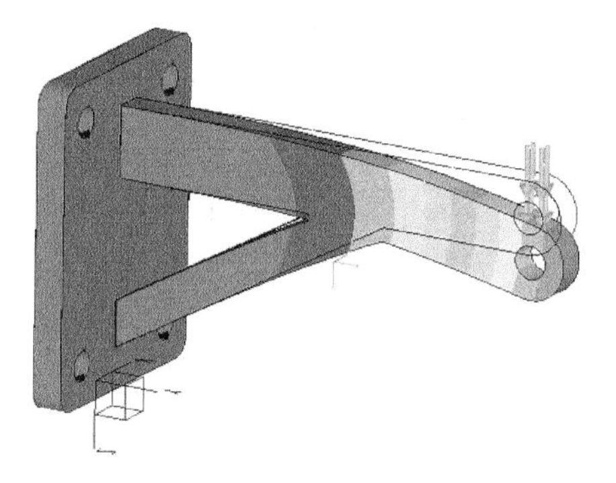
图 15-60　位移随斜支撑结构角度变化的条纹图

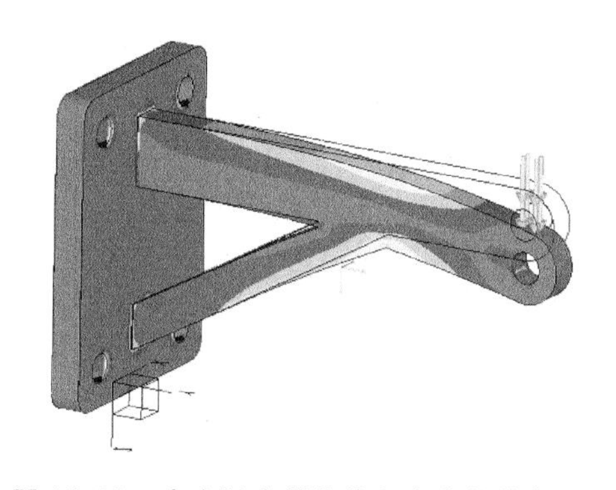
图 15-61　应力随支撑结构角度变化的条纹图

11）打开模型显示区左上角的下拉列表框，选择【应力】和【von Mises】选项，此时模型显示区自动切换到应力随支撑结构变化的条纹图，如图 15-61 所示。

12）重复 3)～11）步操作，并在第 6）步操作中的【设置】文本框中输入“70”。

13）分析结果如图 15-62 和图 15-63 所示。

2. 敏感度分析

1）在【分析和设计研究】对话框中选择【文件】|【新建敏感度设计研究】选项，弹出【敏感度设计研究】对话框。

2）选中【分析】列表框中的“Analysis1、Analysis2 和 Analysis3”（分别是已运行完成的静态分析、模态分析和疲劳分析）。

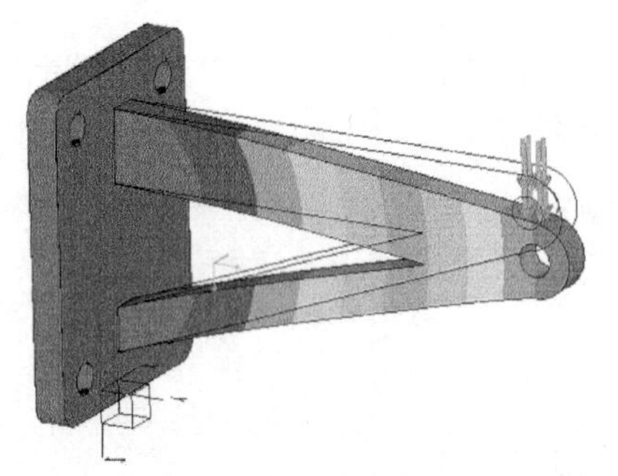

图 15-62　位移随支撑结构角度变化条纹图

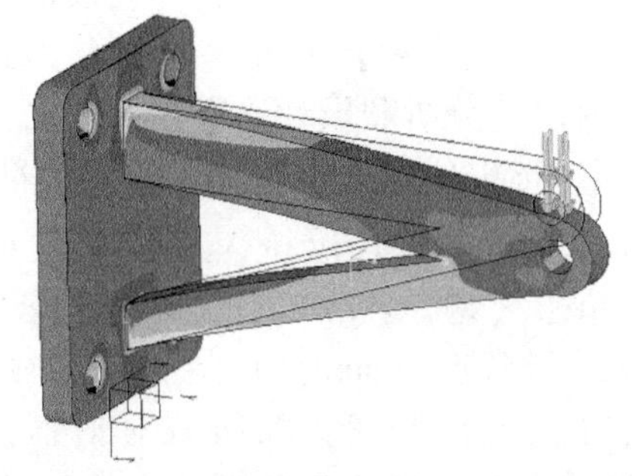

图 15-63　应力随支撑结构角度变化条纹图

3）单击【从模型中选择尺寸】按钮，同样地在【模型树】中选中斜支撑结构的草绘，在图形区中单击选中其角度尺寸，此时该尺寸即被添加进【变量】列表框中。分别将【开始】和【终止】文本框中的值改为“40”和“70”并指定【步距】为“5”。

4）单击【选项】按钮，弹出【设计研究选项】对话框，选中【重复 P 环收敛】和【每次形状更新后重新网格化】复选框，单击【关闭】按钮，返回【敏感度设计研究】对话框。在【敏感度设计研究】对话框中单击【确定】按钮，返回【分析和设计研究】对话框，完成敏感度设计研究的创建。

5）同样地，选中刚创建的敏感度设计研究，单击【开始运行】按钮，弹出【问题】对话框，单击【是】按钮，开始计算。运行完成后弹出【运行状况（study1）运行已完成】对话框，单击【关闭】按钮，关闭该对话框，并返回到【分析和设计研究】对话框。

6）在【分析和设计研究】列表框中选中刚才运行完成的敏感度设计研究，单击【查看设计研究或有限元分析的结果】按钮，弹出【结果窗口定义】对话框。

7）选中【显示类型】下拉列表框中的【图形】选项。打开【数量】选项卡，选中下拉列表框中【测量】选项，并单击【测量】按钮，弹出【测量】对话框，选中列表框中的“max_disp_mag”选项，单击【确定】按钮，返回【结果窗口定义】对话框。单击【确定并显示】按钮 确定并显示 ，模型显示区显示最大位移随斜支撑结构角度的变化曲线，如图15-64所示。

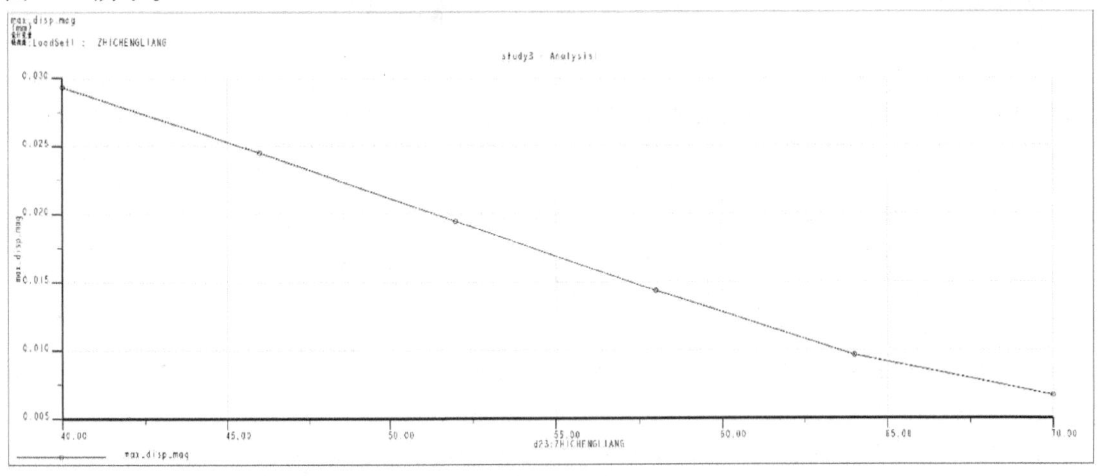

图 15-64　最大位移随斜支撑结构角度的变化曲线

8）单击模型显示区左上角的【测量】下拉列表框，单击【测量】选项，弹出【测量】对话框，同样地，选中【预定义】列表框中“max_stress_vm”选项，单击【确定】按钮，此时模型显示区将切换到最大应力随斜支撑结构角度的变化曲线，如图 15-65 所示。

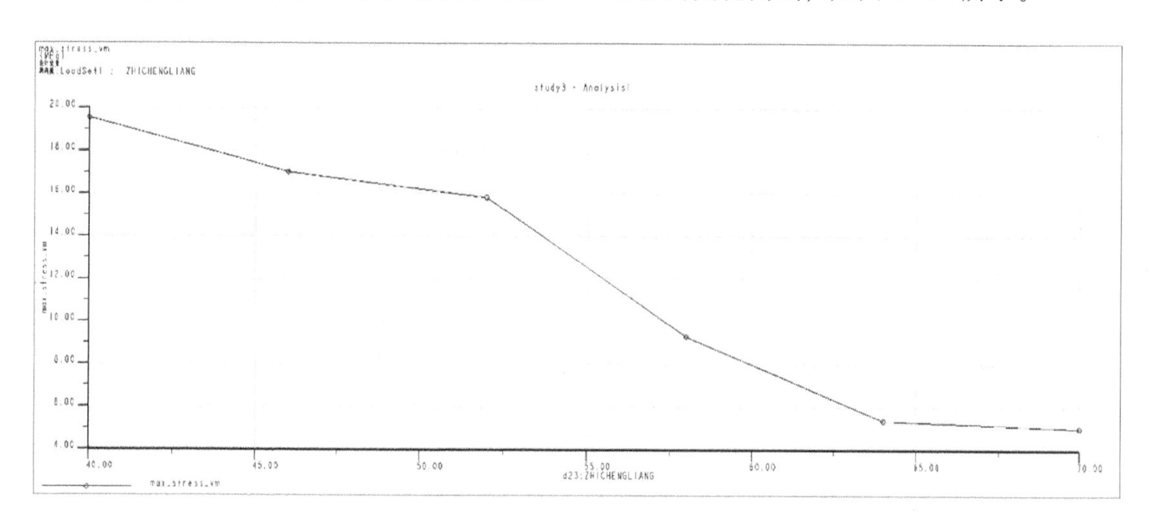

图 15-65 最大应力随斜支撑结构角度的变化曲线

3. 优化设计

1）同样地，在【分析和设计研究】对话框中，选择【文件】|【新建优化设计研究】选项，弹出【优化研究定义】对话框。

2）选择【类型】下拉列表框中的【优化】选项，单击【目标】选项组中的【测量】按钮，弹出【测量】对话框，选中【预定义】列表框中的“max_stress_vm”选项作为目标函数，单击【确定】按钮，返回【优化研究定义】对话框。

3）单击【设计极限】列表框右侧的【添加】按钮，弹出【测量】对话框，选中【预定义】列表框中的“max_stress_vm”选项，单击【确定】按钮，返回【优化研究定义】对话框。在【设计极限】列表框中的【值】文本框中输入“15”。

4）单击【变量】右侧的【从模型中选择尺寸】按钮，同样地在【模型树】中选中斜支撑结构的草绘，在图形区中单击选中其角度尺寸，此时该尺寸即被添加进【变量】列表框中。并分别在【最小值】和【最大值】文本框输入“40”和“60”，单击【确定】按钮，返回【分析和设计研究】对话框。

5）选中刚才创建的优化设计研究，单击【开始运行】按钮，弹出【问题】对话框，单击【是】按钮，开始计算。运行完成后弹出【运行状况（study1）运行已完成】对话框，单击【关闭】按钮，关闭该对话框，并返回到【分析和设计研究】对话框。

6）在【分析和设计研究】列表框中选中刚才运行完成的优化设计研究，单击【查看设计研究或有限元分析的结果】按钮，弹出【结果窗口定义】对话框。

7）选择【显示类型】下拉列表框中的【条纹】选项。打开【数量】选项卡，选中下拉列表框中的【应力】选项，并指定单位为“MPa”，选择【分量】下拉列表框中的【von Mises】选项，打开【显示选项】选项卡，选中【已变形】、【显示载荷】和【显示约束】复选框。

8）单击【确定并显示】按钮，结果窗口中显示优化后的应力随斜支撑结构角度变化的条纹图，如图 15-66 所示。

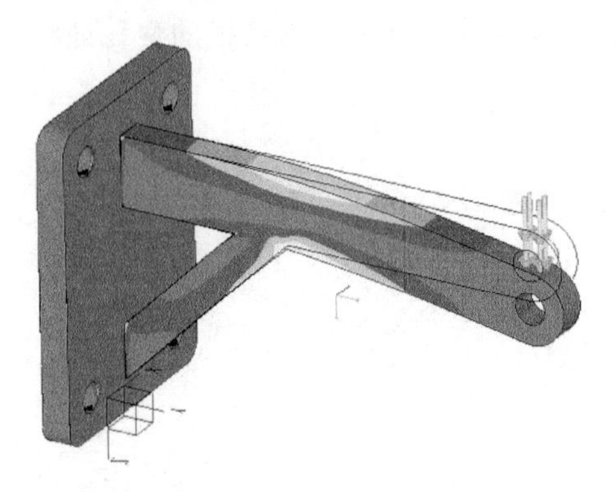

图 15-66　优化后的应力随斜支撑结构角度变化的条纹图

9）退出结果窗口，完成优化设计研究。

15.5　实　训　题

试对如图 15-67 所示的支撑结构进行静态和模态分析。其结构尺寸如图 15-68 的草绘所示，其厚度为 50mm，材料为钢，立面约束为完全固定，上表面受 100MPa 压力载荷。

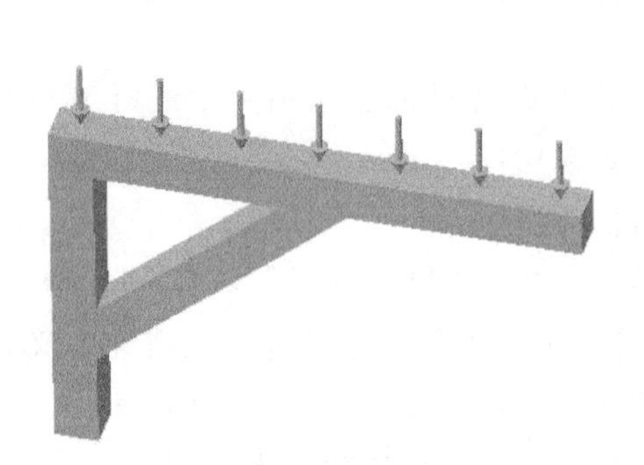

图 15-67　支撑结构模型

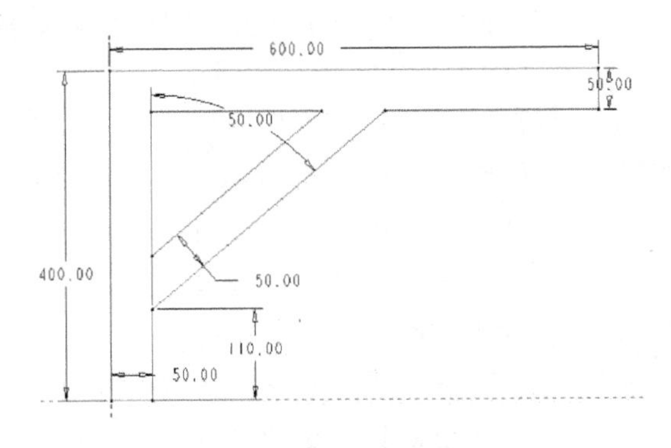

图 15-68　截面草绘

第 16 章

产 品 制 造

16.1　产品制造简介

Creo 4.0 中的【制造】命令包括数控（NC）加工和 3D 打印，后者属于增材制造，是目前十分热门的制造方法。数控加工是现代机械加工的重要基础与技术手段，在机械制造过程中可提高生产率、稳定加工质量、缩短加工周期、增加生产柔性、实现对各种复杂精密零件的自动化加工。

本章将针对 Creo 4.0 中 NC 加工进行介绍，包括运行数控（NC）机床、使用工艺管理器、定义 NC 序列等，从而掌握如何实现模型的数控加工过程，生成刀具位置（CL）数据，进行材料移除仿真。

1. 制造界面

新建工程图文件的操作过程如下：

1）新建绘图文件。单击【新建】工具按钮，弹出【新建】对话框。在【类型】选项组中选择 制造，取消选择【使用默认模板】复选框，【子类型】选择【NC 装配】，如图 16-1 所示。单击【确定】按钮，弹出【新文件选项】对话框，选择其中的“mmns_mfg_nc”，如图 16-2 所示。

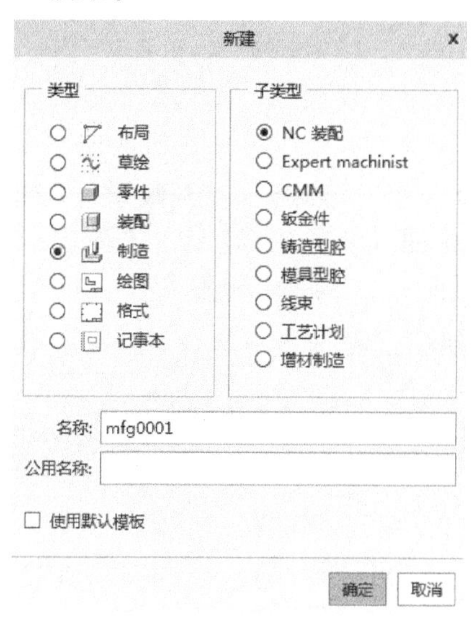

图 16-1 【新建】对话框

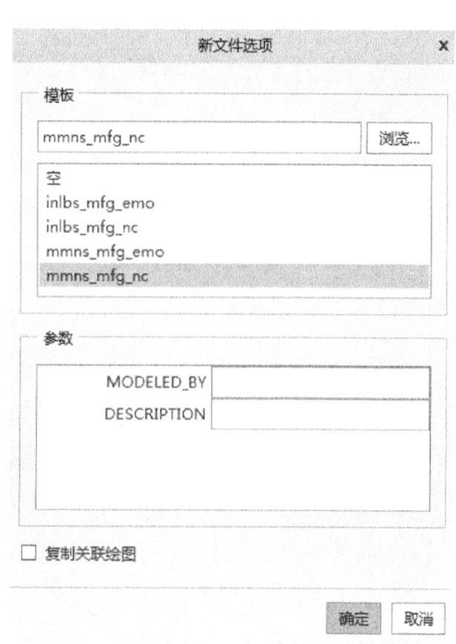

图 16-2 【新文件选项】对话框

2）单击对话框中的【确定】按钮，进入制造工作界面，如图 16-3 所示。

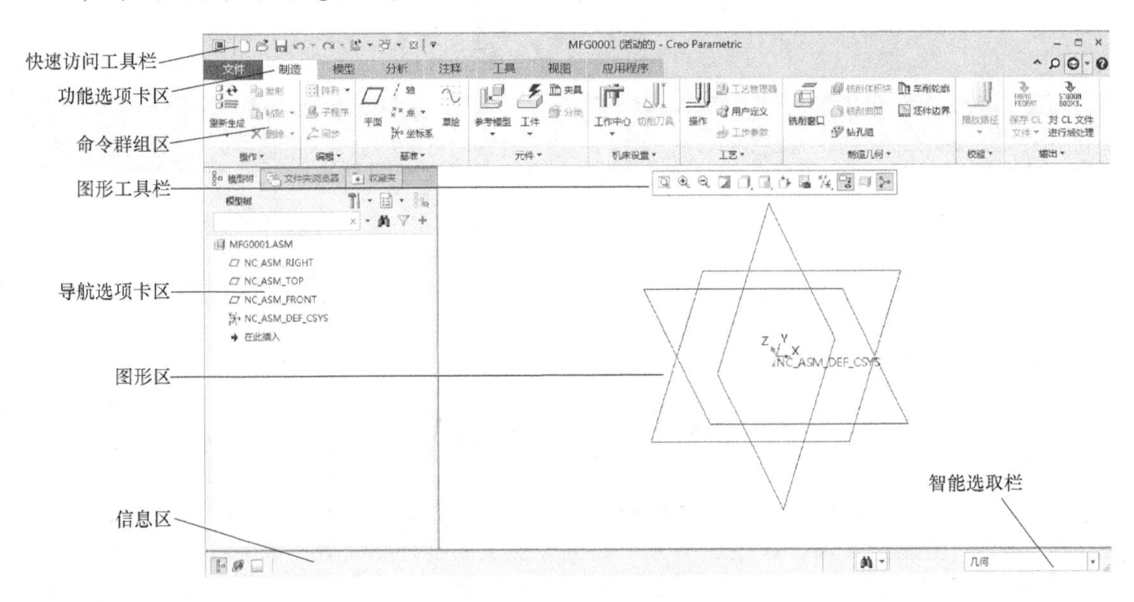

图 16-3　制造工作界面

3）制造工作界面包括快速访问工具栏区、功能选项卡区、下拉菜单、命令群组区、图形区、图形工具栏、信息区、页面编辑区、导航选项卡区和智能选取栏等，常用的制造功能选项卡主要有【元件】、【机床设置】、【工艺】和【校验】，其中常用命令将在后续进行详细介绍。

2. 创建 NC 加工的一般流程

进入制造工作界面后需要进行一系列的操作、设置才能实现对模型的制造加工，模型的 NC 加工主要流程可概括为以下几点：

1）引入参考模型。

2）引入工件。

3）机床设置。

4）操作设置。

5）创建 NC 序列。

6）演示刀具轨迹。

7）加工仿真。

下面针对引入参考模型、引入工件的开始步骤做介绍，其余部分在后续章节介绍。

（1）引入参考模型　单击功能区【元件】面板中的【参考模型】下的倒三角，在下滑面板中出现 组装参考模型 、 合并参考模型 和 继承参考模型 。

- 【组装参考模型】：常用，另外两种模型的装配过程与其相同，不同的是装配后的结果。
- 【合并参考模型】：将零件几何复制到参考零件中，也将基准平面信息从设计模型复制到参考模型。
- 【继承参考模型】：参考零件继承设计零件中的所有几何和特征信息。

单击【组装参考模型】按钮 组装参考模型 ，弹出【打开】对话框，选取创建好的模型并单击【打开】按钮。在界面顶部弹出【元件放置】操作面板，同前面零件装配章节中出现的界面一样，常用方法是将模型坐标系与原坐标系【重合】约束。

（2）引入工件　单击功能区【元件】面板中的【工件】下的倒三角，在下滑面板中出现多个选项，常用 自动工件 和 创建工件 。

1）单击【自动工件】按钮 继承参考模型 ，在界面顶部弹出【创建自动工件】特征面板，如图 16-4 所示。面板中有两种工件形状：【矩形工件】，相对参考模型来定义矩形工件；【圆形工件】，相对 NC 加工坐标系来定义圆形工件。面板中还有两种工件尺寸的定义方式：【包络】，创建完全包容参考模型、没有偏置的工件；【自定义】，创建偏置一定距离的毛坯工件。

图 16-4 【创建自动工件】特征面板

单击面板中的【选项】按钮，弹出下滑面板如图 16-5 所示。可通过整体尺寸设置和线性偏移、旋转偏移来调整工件尺寸。

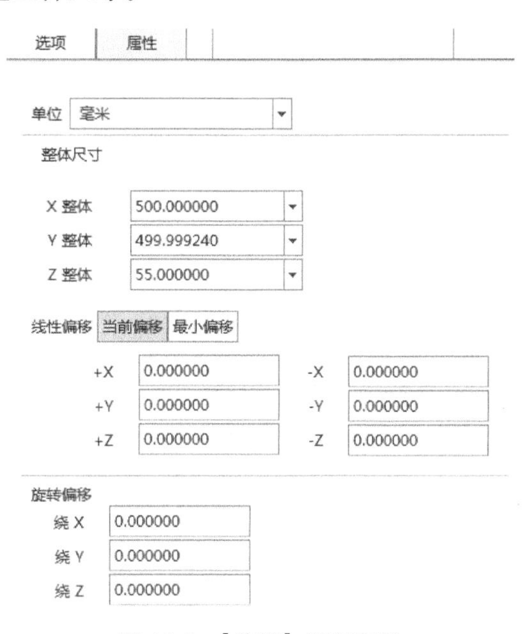

图 16-5 【选项】下滑面板

2）单击【创建工件】按钮 创建工件 ，弹出【输入零件名称】对话框，此时要避免输入名称和其他零件名称重复。单击【确认】按钮后，弹出【菜单管理器】对话框，按实际需求选取后进入特征创建功能面板，在后续 16. 3 节实例中进行介绍。

16. 2 使用工艺管理器

【工艺管理器】功能基于【制造工艺表】，此表中列出全部制造工艺对象，如机床、操作、夹具设置、刀具和 NC 序列。NC 序列在【制造工艺表】中列出时，将其称作“步骤”，【工艺管理器】以外创建的其他类型的步骤也在【制造工艺表】中列出。

1. 打开【制造工艺表】窗口

单击功能区【工艺】面板中的工具按钮 工艺管理器，弹出【制造工艺表】窗口，如图 16-6 所示。菜单栏中包括：【文件】、【编辑】、【视图】、【插入】、【工具】和【特征】，其中的【工具】菜单被误译为图中的【刀具】。工具栏中包括了主要操作的快捷工具按钮，可通过工具按钮实现菜单栏中的大部分操作。如图 16-6 中方框标记内所示，可单击【资源】工具按钮将【工艺主视图】切换到【机床主视图】，再单击【工艺】工具按钮返回。

2. 主要工具按钮介绍

工具按钮中以视图切换工具按钮为首，在不同视图中工具按钮有一定区别，处于可用的状态也不同。在创建操作或工艺时，首先在下拉列表框中选择选项，新建的内容随即出现。

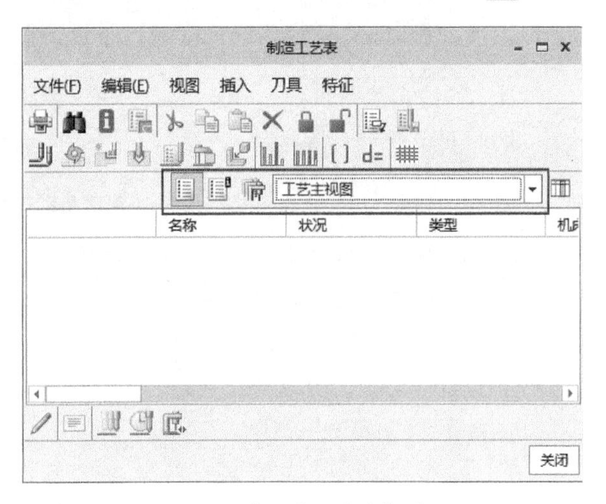

图 16-6 【制造工艺表】窗口

1）视图切换工具按钮。

- 【资源】工具按钮：单击进入【机床主视图】。
- 【工艺】工具按钮：单击进入【工艺主视图】。
- 【工步】工具按钮：单击进入【工步信息主视图】。

2）在【机床主视图】状态时的主要工具按钮。

- 【插入新铣削-车削工作中心】工具按钮：单击进入【铣削-车削工作中心】对话框。
- 【插入新车床工作中心】工具按钮：单击进入【车削工作中心】对话框。
- 【插入新铣削工作中心】工具按钮：单击进入【铣削工作中心】对话框。

3）在【工艺主视图】状态时的主要工具按钮。

- 工具按钮：插入新操作。
- 工具按钮：插入新铣削步骤。
- 工具按钮：插入新车削步骤。
- 工具按钮：插入新孔加工步骤。
- 工具按钮：从制造模板中插入新步骤。
- 工具按钮：插入新夹具设置。
- 工具按钮：插入新装配步骤。

4）在【制造工艺表】窗口中主要辅助工具按钮 [ ] d= 。

- 工具按钮：查看工艺时间图。

• 工具按钮：在工艺表中执行线平衡。

• 工具按钮[ ]：为选定步骤创建、修改和删除局部参数。

• 工具按钮d=：为选定步骤创建、修改和删除局部关系。

• 工具按钮：打开或关闭表栅格。

5）在【制造工艺表】窗口中底部工具按钮。

• 工具按钮：编辑选定对象的定义。编辑对象的定义时，依据对象类型，在底部工具栏中将出现附加图标。

• 工具按钮：显示选定操作或步骤的刀具路径，需要定义完全才可用。

• 工具按钮：计算执行选定操作或步骤所需的时间，需要定义完全才可用

• 工具按钮：为完全定义的步骤或操作显示刀具路径和加工模拟，需要定义完全才可用

3. 使用【制造工艺表】窗口

1）模型工艺分析。加工模型如图 16-7 所示，方形块四角处开有圆孔，中间有圆形凹槽。从图形所展示的结构可分析得到该模型的加工过程：表面铣削、腔槽铣削、孔加工。

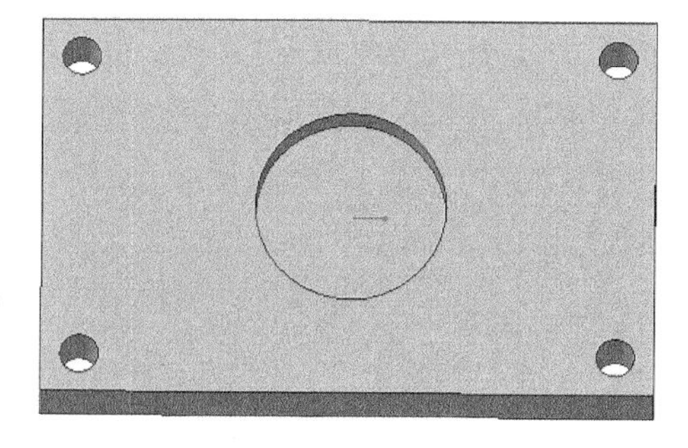

图 16-7　加工模型

2）按照流程上所介绍的步骤引入该参考模型，使用【自动工件】命令来创建工件。打开 工艺管理器，弹出【制造工艺表】窗口。

3）创建工作中心（机床）MILL01。单击【制造工艺表】中处于彩色状态的【资源】工具按钮，表中内容转换成【机床主视图】，如图 16-8 所示。

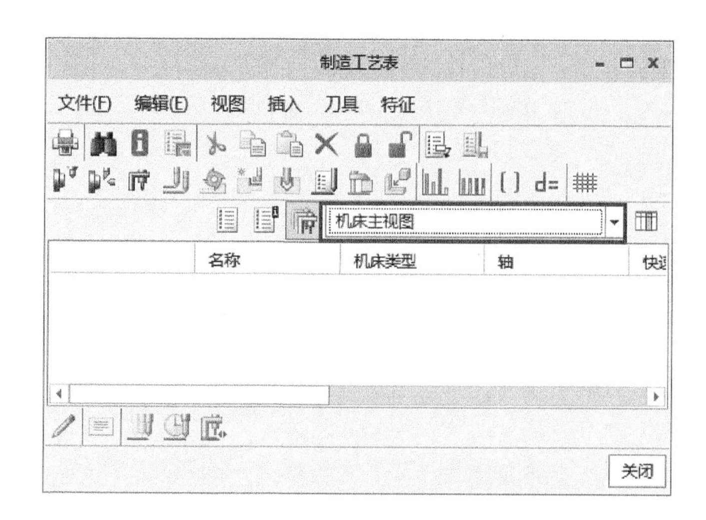

图 16-8　转换成【机床主视图】

单击工具栏中的【插入新铣削工作中心】工具按钮，弹出【铣削工作中心】对话框，如图 16-9 所示。设置保持默认，单击【确定】按钮退出，此时在【制造工艺表】中出

现了创建的铣削工作中心。

4）创建操作。单击【制造工艺表】中【资源】工具按钮旁的【工艺】工具按钮，【机床主视图】还原成【工艺主视图】。单击工具栏中【插入新操作】工具按钮，在界面顶部弹出【操作】特征面板，如图 16-10 所示。【工作中心】默认选择为【MILL01】，【程序零点】在【模型树】中选取参考坐标系 NC_ASM_DEF_CSYS。单击面板中的【确认】按钮，完成设置，此时在【制造工艺表】中出现了名称为【OP010】的操作。

5）创建表面铣削。选中【制造工艺表】空白框中新建的【OP010 操作】图标，单击【插入新的铣削步骤】工具按钮，弹出【创建铣削步骤】对话框，设置保持默认，如图 16-11 所示。

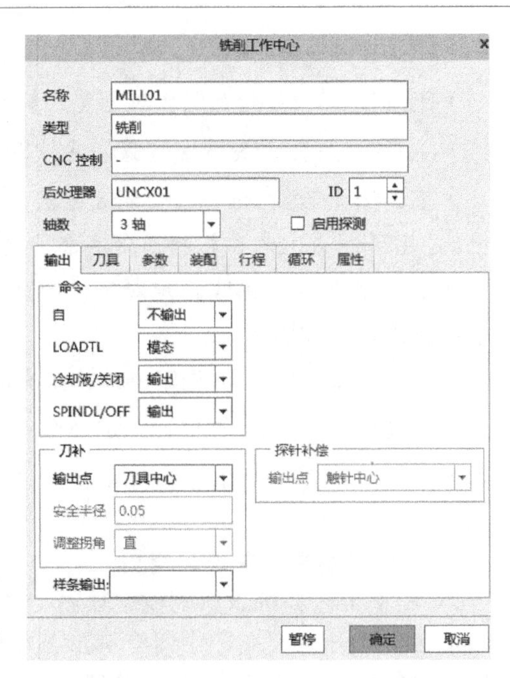

图 16-9 【铣削工作中心】对话框

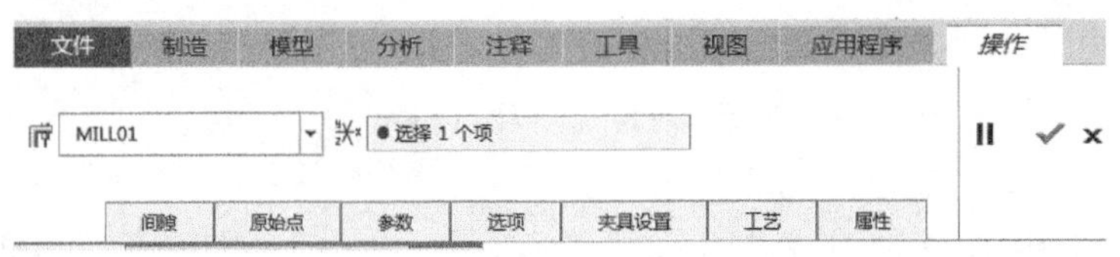

图 16-10 【操作】特征面板

单击对话框中的【确定】按钮，在界面顶部弹出【表面铣削】特征面板，如图 16-12 所示。

单击【刀具管理器】工具按钮，弹出【刀具设定】窗口，设置保持默认，如图 16-13 所示。调整窗口大小以显示底部按钮，单击窗口中的【应用】按钮，在空白框中显示刀具内容，单击【确定】按钮退出。其余高亮按钮暂时不设置，在 16.3 节中再进行详细讲解。单击功能区【确认】按钮退出，此时【制造工艺表】中出现了【表面铣削】内容，如图 16-14 所示。

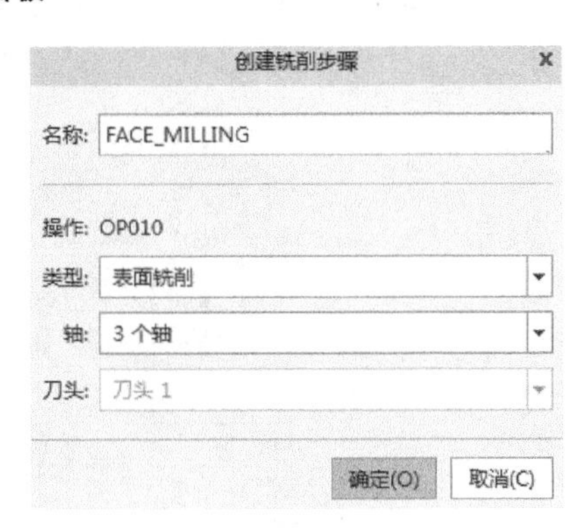

图 16-11 【创建铣削步骤】对话框

注意：多次设定刀具需单击顶部【新建】工具按钮，实现【刀具位置】的不同。

图 16-12 【表面铣削】特征面板

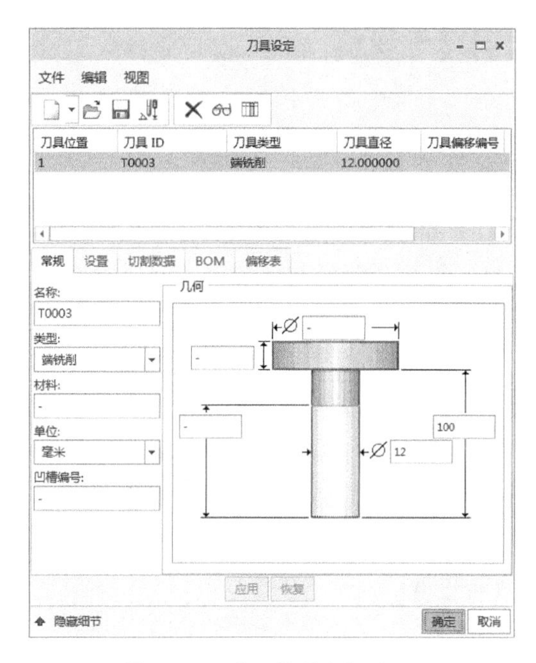

图 16-13　【刀具设定】窗口

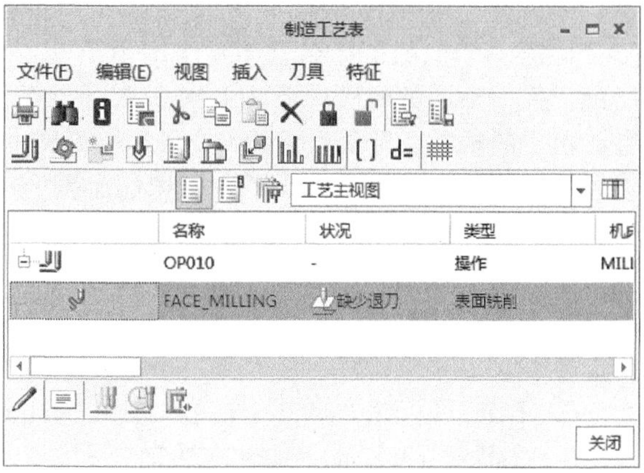

图 16-14　出现【表面铣削】内容

6）创建腔槽铣削。选中【制造工艺表】空白框中新建的【表面铣削】顶头图标，单击【插入新的铣削步骤】工具按钮，弹出【创建铣削步骤】对话框。在【类型】中选择【腔槽铣削】，其余设置保持默认。单击对话框中的【确定】按钮，此时【制造工艺表】中出现了【腔槽铣削】内容。选中【腔槽铣削】顶头图标，单击鼠标右键，在弹出的快捷菜单中选择“编辑定义”，弹出【菜单管理器】对话框，进一步对相关参数进行设置。

7）创建孔加工。选中【制造工艺表】空白框中新建的【腔槽铣削】顶头图标，单击【插入新的孔加工步骤】工具按钮，弹出【创建孔加工步骤】对话框。设置保持默认，单击对话框中的【确定】按钮，界面顶部弹出【钻孔】特征面板。单击功能区的【确认】按钮退出，此时【制造工艺表】中出现了【标准钻孔】内容，如图 16-15 所示。

图 16-15　出现【标准钻孔】内容

16.3　创建制造工艺

制造工艺包括机床、操作、NC 序列的创建，夹具的定义，设置退刀曲面及制造参数等。本节将对工作中心（机床）、操作、NC 序列的创建做主要讲解。

1. 工作中心（机床）创建

1）引入参考模型和工件，单击【制造】选项卡下【机床设置】面板中【工作中心】下方的倒三角按钮，弹出如图 16-16 所示的下滑面板。

2）此处以铣削加工作为介绍对象。单击下滑面板中的工具按钮 铣削，弹出【铣削工作中心】对话框，如图 16-17 所示。Creo 中第一个铣削机床名称为“MILL01”，创建的后续机床名称以此类推，不同类型机床英文不同。在【轴数】下拉列表中设置当前机床的轴数，默认设置为“3 轴”，机床轴数的选择主要用于设置 NC 序列时定义可选范围。机床的轴数与选择的机床类型密切相关，各种机床类型中可选轴数如下：

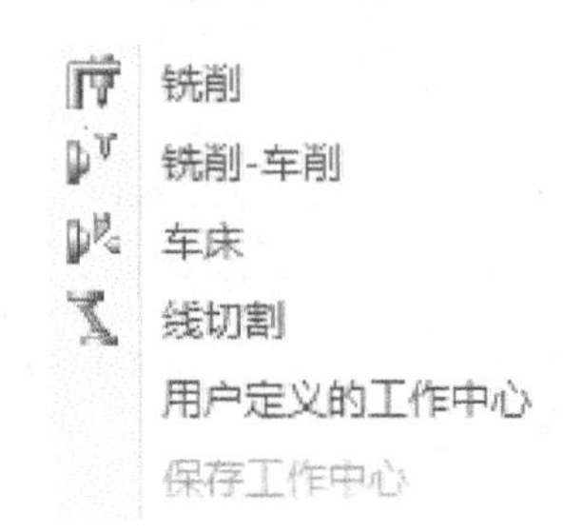

图 16-16 下滑面板

① 铣削：3 轴、4 轴和 5 轴。

② 铣削/车削：3 轴、4 轴和 5 轴，还可对刀头数和主轴数进行设置。

③ 车床：1 个塔台和 2 个塔台，还可对主轴数进行设置。

④ 线切割（Wedm）：2 轴和 3 轴。

3）【输出】选项卡包括【命令】、【刀补】和【探针补偿】三个选项组，一般保持默认设置。

4）【刀具】选项卡主要用于设定换刀时间、探针和刀具的参数。单击【刀具】按钮 刀具，弹出【刀具设定】窗口，如图 16-18 所示。若下方按钮未显示完全，可通过调整窗口大小使其显示。设置完成后单击【应用】按钮，即在空白框中显示出刀具详细信息。

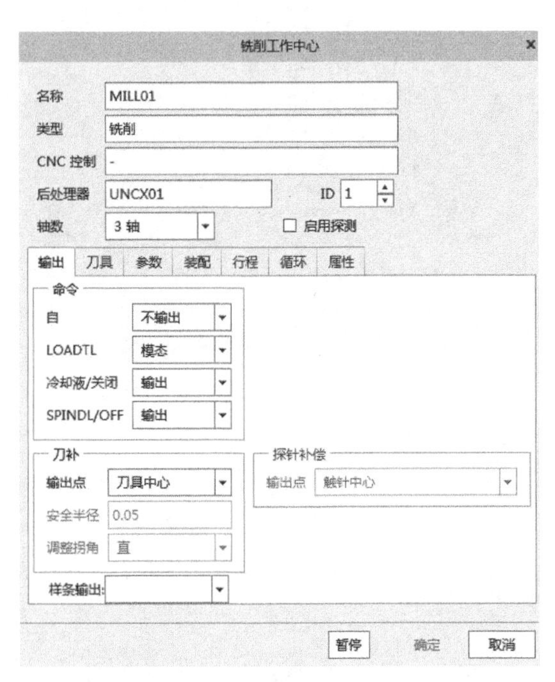

图 16-17 【铣削工作中心】对话框

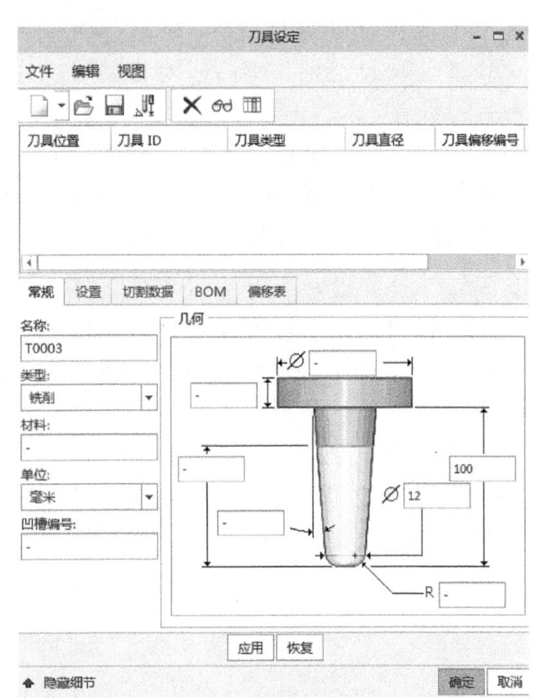

图 16-18 【刀具设定】窗口

【常规】选项卡可设置刀具【名称】、选择刀具【类型】、设置刀具【材料】和【单位】等。除了此处选择类型外，还可在窗口顶部工具栏中单击按钮旁的倒三角，弹出如图 16-19 所示的【刀具】下滑面板，然后选择所需刀具。

【设置】选项卡包含刀具属性和各种可选参数的文本框；【切割数据】选项卡指定切割数据，根据坯件材料的类型和条件设置刀具进行粗加工和精加工的进给量、速度、轴向深度和径向深度；【BOM】选项卡提供有关刀具物料清单的信息；【偏移表】选项卡可设置多个刀尖的刀具，以上选项卡一般保持默认，不进行设置。

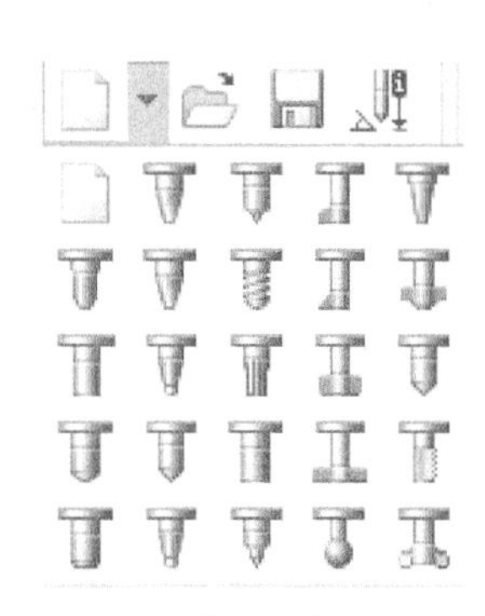

图 16-19　【刀具】下滑面板

5）【参数】选项卡的功能是设置机床的【最大速度】、【马力】、【快速移刀】和【快速进给率】，只需输入具体数值或进行选择即可，如图 16-20 所示

6）【装配】选项卡是通过调入其他加工机床数据的方法设置机床的各种参数。

7）【行程】选项卡主要用于设置数控机床在加工工过程中各个坐标轴方向上的行程极限，若不设置行程极限，系统不会对加工工序进行行程检查，如图 16-21 所示。选择的机床类型不同，【行程】选项卡中的设置也会不同。

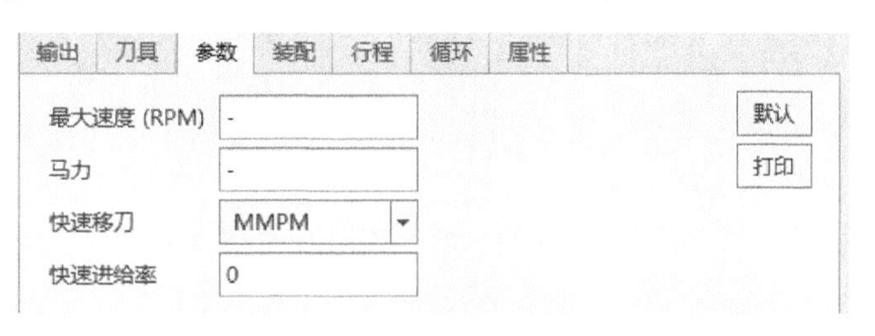

图 16-20　机床【参数】选项卡

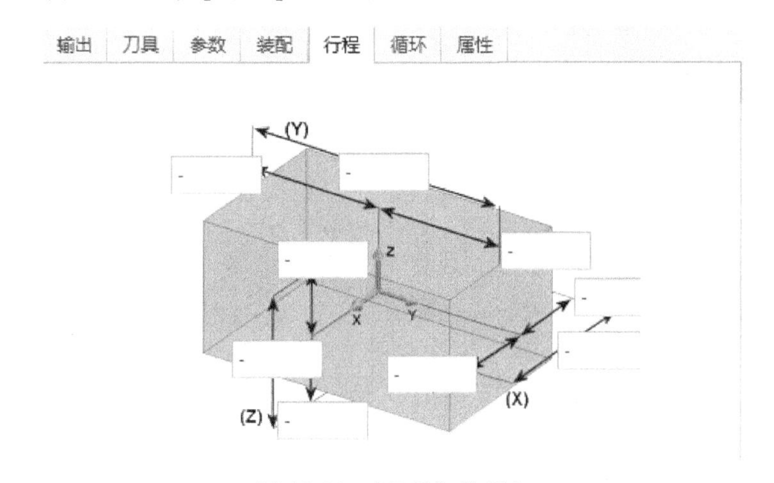

图 16-21　【行程】选项卡

8）【循环】选项卡主要用于加工孔类特征时，创建【循环名称】和【循环类型】。单击选项卡中的【打开】按钮，在弹出的【自定义循环】对话框中可以定义加工循环参数。

9）设置好后单击【确认】按钮，完成工作中心创建。

2. 操作创建

1）单击【工艺】面板中【操作】工具按钮，在界面顶部弹出【操作】特征面板，如图 16-22 所示。【工作中心】可在创建的机床中选择，【程序零点】一般选取圆参考坐标系。

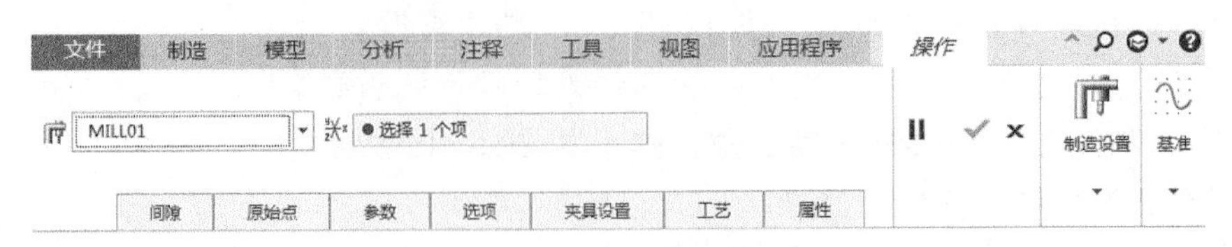

图 16-22 【操作】特征面板

2）特征面板末尾处有【制造设置】按钮和【基准】按钮，其中【制造设置】就是创建【工作中心】。

3）【间隙】选项卡主要用来设置退刀。设置了退刀面以后，刀具在从零件的一个加工部位移动到另一个加工部位的刀具轨迹起点时便不会与零件或夹具发生碰撞，【间隙】下滑面板如图 16-23 所示。【类型】下拉列表中可供选择的选项有【平面】、【圆柱面】、【球面】、【曲面】和【无】。注意：选取的【参考】均为工件上的面，和参考模型无关。

4）【原始点】选项卡用来设置进刀点和退刀点，其下滑面板中的【自】表示创建或选择一个基准来指定操作的切削刀具的起始位置；【原始点】表示创建或选择一个基准点来指定操作的切削刀具的结束位置。

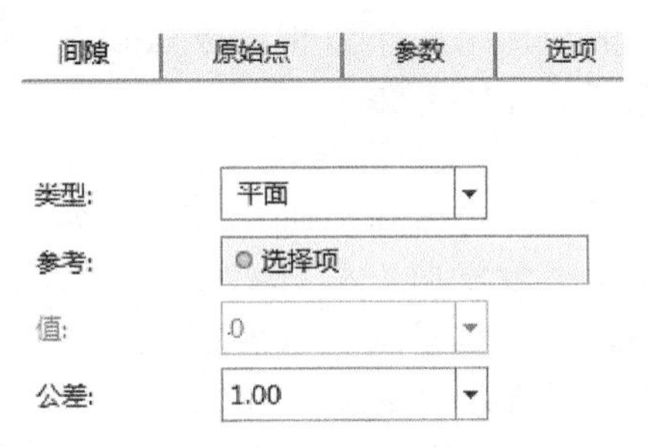

图 16-23 【间隙】下滑面板

5）【参数】选项卡可设置某些刀具轨迹数据文件的属性或为某些操作添加注释；【选项】选项卡用来设置坯料的名称；【夹具设置】按钮用于创建、修改和删除夹具设置的图标；【工艺】选项卡用来计算加工的时间，和实际加工时间对比。这几个选项卡一般保持默认，不进行设置。

6）设置好后单击【确认】按钮，完成操作创建。

3. NC 序列创建

NC 序列是指表示单个刀具路径的装配（或工件）特征，在创建 NC 序列前必须设置一个操作。机床的类型定义后可以使用对应的 NC 序列类型，同时结合【工艺管理器】的介绍可知，NC 序列的创建主要是通过对应机床选项卡中列举的工具按钮创建。不同加工方法的 NC 序列定义分类及各类 NC 序列内容介绍举例具体参见 16.4 节。

16.4 定义数控（NC）序列

不同的加工方法有不同的 NC 序列，在 Creo 4.0 制造中关于不同加工方法的 NC 序列定义可分为以下几类：铣削 NC 序列、车削 NC 序列、孔加工 NC 序列、线切割 NC 序列、辅助 NC 序列、用户定义的 NC 序列、镜像 NC 序列。

同一种加工方法在不同实现方式上又对 NC 序列的定义进行了进一步的划分，本节以铣削 NC 序列为对象，对铣削加工方法中包括的主要 NC 序列创建做归纳介绍。

进入【铣削】选项卡内的【铣削】面板，如图 16-24 所示，该面板包含了所有以铣削为主的加工方式。

各种加工方式的 NC 定义形式可分为两种：一种是单击工具按钮后在界面顶部弹出对应特征面板；另一种是弹出【菜单管理器】对话框。一般后者设置内容相对较多，属于该类的铣削加工有：【表面铣削】、【钻削式粗加工】、【腔槽加工】、【侧刃铣削】、【铅笔追踪】

和【局部铣削】。以下分别以【表面铣削】代表第一类，【腔槽加工】代表第二类做 NC 序列定义相关内容介绍。

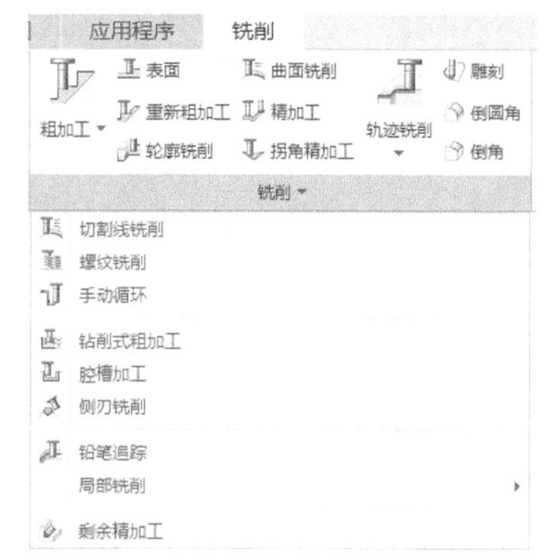

图 16-24 【铣削】面板

1. 【表面铣削】NC 序列介绍

1）单击功能区【铣削】面板中的工具按钮 表面，在界面顶部弹出【表面铣削】特征面板，如图 16-25 所示。

2）特征面板中工具按钮介绍：

• 【刀具管理器】工具按钮：单击该按钮弹出【刀具设定】窗口，可进行所需刀具参数设置，在该按钮右方可通过倒三角选取创建好的相关刀具。此外单击倒三角下拉菜单中的按钮 编辑刀具...，同样会弹出【刀具设定】窗口。

图 16-25 【表面铣削】特征面板

• 【预览】工具按钮：单击该按钮会在图形区显示刀具。

• 【坐标系】：在该按钮右方选择参考的坐标系，一般选取【模型树】中原点坐标系。

• 【参考】按钮：单击该按钮弹出【参考】下滑面板，如图 16-26 所示。下滑面板【类型】包括【曲面】和【铣削窗口】选项，其中【曲面】选项可在参考模型上选取，【铣削窗口】则需要选取之前创建好的表面。

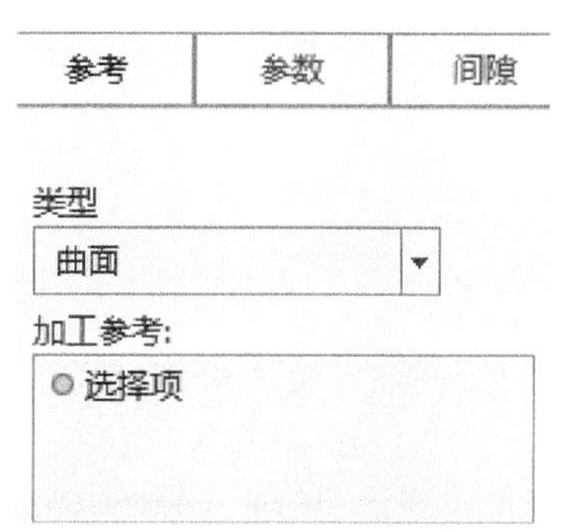

图 16-26 【参考】下滑面板

• 【参数】按钮：单击该按钮弹出【参数】下滑面板，如图 16-27 所示。彩色框中为必填参数，其余参数可根据实际情况适当填写。单击最下方【编辑加工参数】工具按钮，会弹出【编辑序列参数】窗口，可结合窗口下方示意图理解输入参数，如图 16-28 所示。

• 【间隙】按钮：单击该按钮弹出【间隙】下滑面板，如图 16-29 所示。下滑面板中【类型】默认为平面，【参考】选择工件上的平面作参考，选取后可在【值】中输入偏移距离。【起点】和【终点】为刀具的起始和终止基准点，可在图中选取，也可不进行设置。

• 【选项】按钮：单击该按钮弹出【选项】下滑面板，如图 16-30 所示。其中【切削刀具适配器】用于选择要用作切削刀具适配器的零件或装配；【进入点】用于选择或创建切削运动的入口点；【进刀轴】可选择将被刀具用来作为向加工曲面进刀的轴；【仅第一个层切面】将进刀运动应用至第一个层切面；【退刀轴】可选择将被刀具用来作为向加工曲面退刀的轴；【仅最后一个层切面】将退刀运动应用至最后一个层切面。

参数 | 间隙 | 选项 | 刀具运动

切削进给	●
自由进给	-
退刀进给	-
切入进给量	-
步长深度	●
公差	0.01
跨距	●
底部允许余量	-
切割角	0
末端超程	0
起始超程	0
扫描类型	类型 3
切割类型	顺铣
安全距离	●
进刀距离	-
退刀距离	-
主轴速度	●
冷却液选项	关

图 16-27 【参数】下滑面板

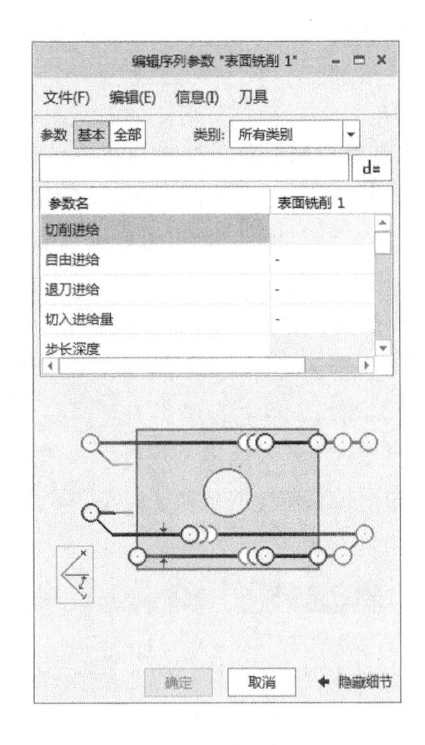

图 16-28 【编辑序列参数】窗口

间隙 | 选项 | 刀具运动 | 工艺

退刀
类型 平面
参考 ● 选择项
值 0
起点和终点
起点 单击此处添加项
终点 单击此处添加项

图 16-29 【间隙】下滑面板

选项 | 刀具运动 | 工艺 | 属

切削刀具适配器
进入点:
选择 1 个项
进刀轴:
单击此处添加项
☐ 仅第一个层切面
退刀轴:
单击此处添加项
☐ 仅最后一个层切面

图 16-30 【选项】下滑面板

- 【刀具运动】按钮：用来创建、修改和删除刀具运动以及用来定义切削运动的 CL 命令，只有成功定义刀具路径计算的全部参考后，该选项才可用。

3）播放刀具路径与材料移除仿真。所有内容设置完成后可进行播放刀具路径与材料移除仿真操作，对应的特征面板中的工具按钮为：【播放刀具路径】工具按钮；【过切检查】；【材料移除仿真】。

2. 【腔槽加工】NC 序列介绍

1）单击功能区【铣削】面板下滑面板中的工具按钮 腔槽加工，弹出【菜单管理器】对话框如图 16-31 所示。

2）在【序列设置】下可根据需要选择设置内容，一般使用默认选项即可。单击【菜单管理器】中【完成】选项后可进入各个设置对话框，以下介绍其中主要对话框：

- 【名称】：弹出【输入 NC 序列名】窗口，如图 16-32 所示。
- 【刀具】：弹出【刀具设定】窗口，同上述【表面铣削】NC 序列介绍中弹出窗口一致。
- 【参数】：弹出【编辑序列参数】窗口，同上述【表面铣削】NC 序列介绍中弹出窗口一致。
- 【坐标系】：在【菜单管理器】中出现【序列坐标系】菜单，如图 16-33 所示。
- 【退刀曲面】：弹出【退刀设置】对话框，如图 16-34 所示。
- 【曲面】：在【菜单管理器】中出现【曲面拾取】菜单，如图 16-35 所示。选择下面选项后单击【完成】选项弹出【选择】对话框。

3）【序列设置】中的选择内容设置好后，单击【菜单管理器】中的【播放路径】，弹出如图 16-36 所示的【播放路径】菜单，可进行刀具路径播放和相关检查。

图 16-31　【菜单管理器】对话框

4）单击【菜单管理器】中的【自定义】，弹出如图 16-37 所示的【自定义】对话框，可进行刀具运动的相关定义。

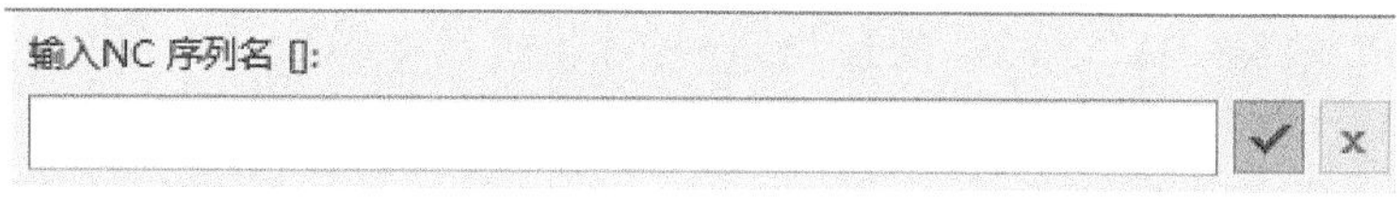

图 16-32　【输入 NC 序列名】对话框

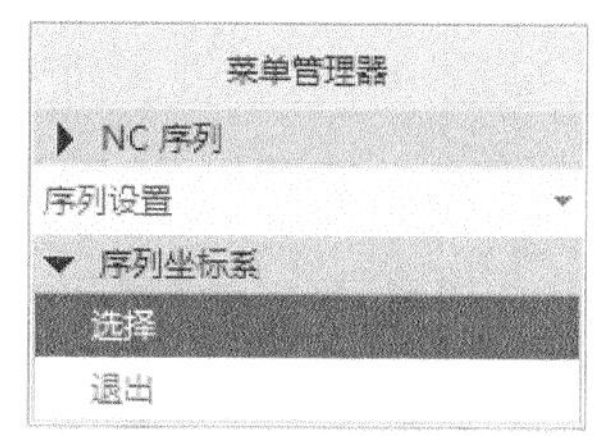

图 16-33　【序列坐标系】菜单

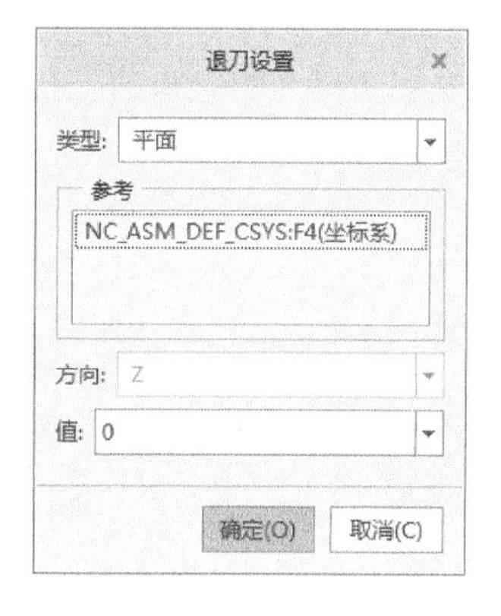

图 16-34　【退刀设置】对话框

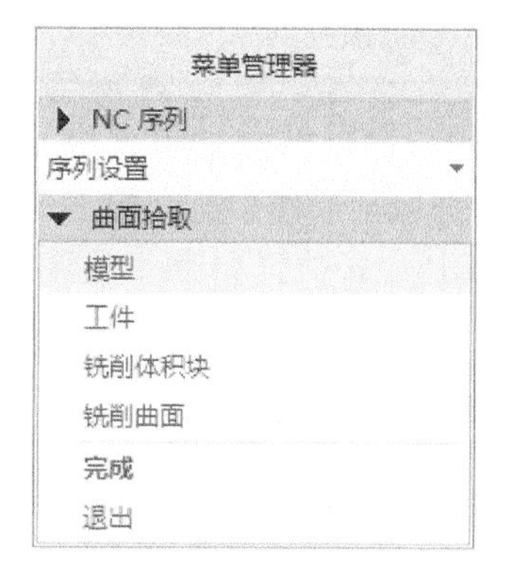

图 16-35　【曲面拾取】菜单

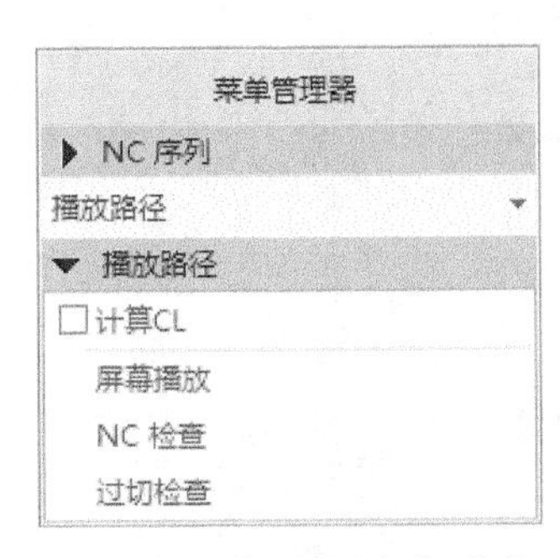

图 16-36 【播放路径】菜单

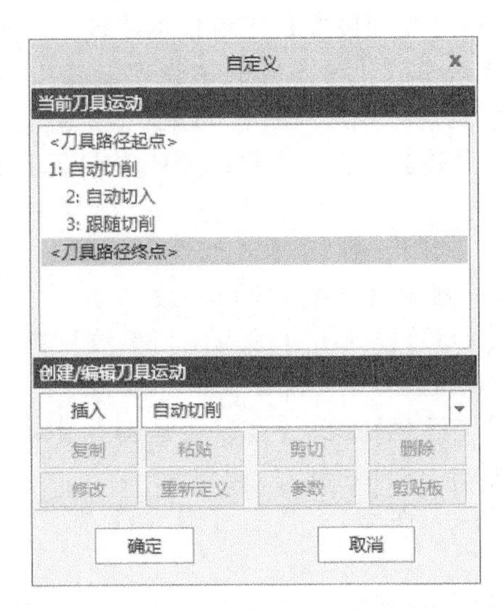

图 16-37 【自定义】对话框

16.5 使用刀具位置数据和显示刀具路径

1. 刀具位置（CL）数据

刀具位置（CL）数据文件从 NC 序列内指定的刀具路径中生成。每个 NC 序列生成一个单独的 CL 文件，也可为整个操作创建一个文件。然后，可将这些 CL 数据文件传送到机器特定的或通用的后处理器中，以生成 NC 带或用于 DNC 通信。

创建 NC 序列时，可单击所创建序列的特征面板中的【在单独窗口中显示 CL 数据】工具按钮，弹出【CL 数据】窗口，此窗口仅供显示之用。

（1）保存 CL 文件　当将 CL 数据写入文件时，可以选择对数据进行立即后处理并创建 MCD 文件，或编写 CL 文件，以后再进行后处理。

1）单击【制造】选项卡下【输入】面板中的【保存 CL 文件】工具按钮，弹出【菜单管理器】对话框，如图 16-38 所示。

2）选择其中的【操作】选项，在对话框中弹出【选择菜单】，创建好的操作都会在其中列出。选中一项操作后【菜单管理器】对话框变得如图 16-39 所示。此时可显示刀具路径并对 CL 数据进行旋转、平移和镜像等处理。注意：选中【操作】选项后，CL 数据包括操作中所有的工序。

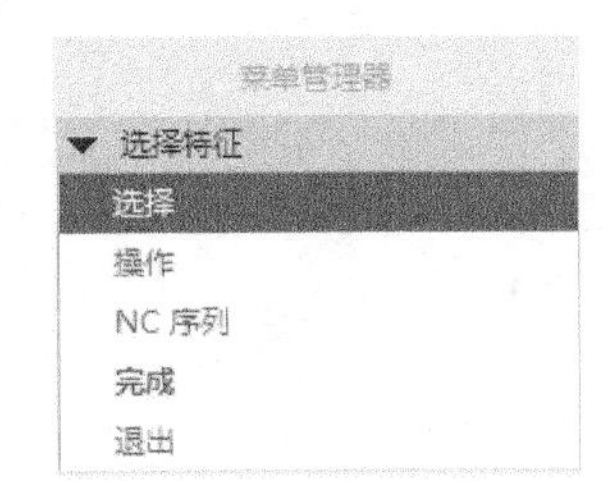

图 16-38 【菜单管理器】对话框

3）选中【路径】下的【显示】，单击最下方【完成】选项，弹出【播放路径】操作面板。单击【文件】按钮，选择【打开】或【保存】，可打开保存好的 CL 数据文件和保存 CL 数据文件到适当位置；选择【另存为 MCD】，弹出【后处理器】选项，设置好后将文件保存到合适位置，以便后处理时调用。

4）为了方便查看和处理单独工序的 CL 数据，可选择其中的【NC 序列】，在对话框中弹出【NC 序列列表】，创建好的 NC 序列都会在其中列出。

（2）对 CL 文件进行后处理　单击【制造】选项卡下【输入】面板中的【对 CL 文件进行后处理】工具按钮，弹出【打开】对话框，可选择保存的后处理文件进行查看。

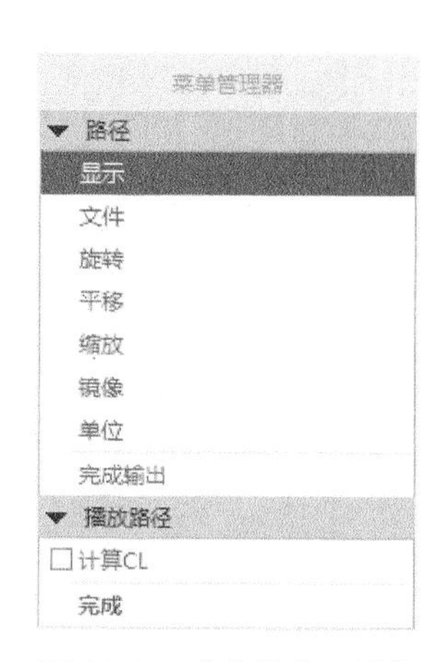

图 16-39　【菜单管理器】对话框

2. 显示刀具路径

在创建好 NC 序列后可在相应的特征面板中进行刀具路径播放或进行仿真，另外在【制造】选项卡下的【校验】面板中调用和在【模型树】中单选、多选加工特征时出现的快捷工具栏中调用均可实现。下面选取【校验】面板中的工具按钮做介绍，相关工具按钮有：【播放路径】工具按钮，【材料移除仿真】和【过切检查】。

（1）播放路径

1）选中【模型树】中的特征对象，在【制造】选项卡下的【校验】中单击【播放路径】工具按钮，弹出【播放路径】操作面板，如图 16-40 所示。

2）单击操作面板中的播放按钮，观测刀具的路径。

3）单击操作面板中的【视图】按钮，在弹出下拉菜单中可对相关显示进行设置。

4）单击操作面板中的 CL 数据，显示刀具位置数据。

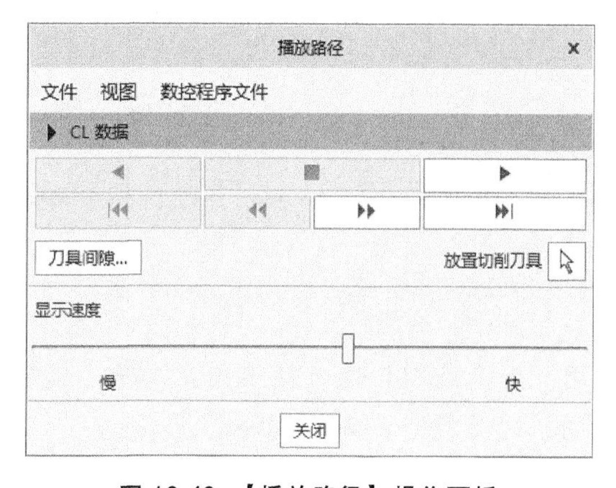

图 16-40　【播放路径】操作面板

（2）材料移除仿真

1）选中【模型树】中的特征对象，在【制造】选项卡下的【校验】面板中单击【材料移除仿真】，在界面顶部弹出【Material Removal】选项卡，如图 16-41 所示。

图 16-41　【Material Removal】选项卡

2）单击【开始仿真播放】工具按钮，弹出【Play Simulation】操作面板，如图 16-42 所示。

3）单击操作面板中的播放按钮，观测刀具仿真路径。

4）为了直观观测加工仿真结果，可去掉选择【View】下拉菜单下的【Toolpath】选项。

（3）过切检查　选中【模型树】中的特征对象，在【制造】选项卡下的【校验】面板中单击【过切检查】，弹出【打开】对话框，选取保存好的 CL 数据文件。单击【打开】按钮，弹出【菜单管理器】对话框，如图 16-43 所示，选取要检查曲面即可进行后续操作。

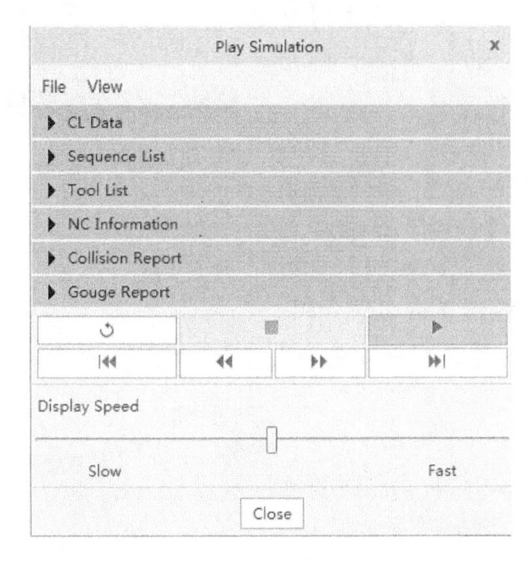

图 16-42 【Play Simulation】操作面板

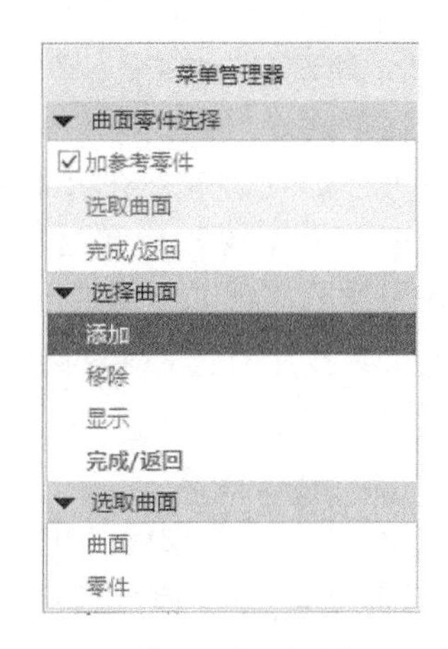

图 16-43 【菜单管理器】对话框

16.6 多工艺加工实例

加工模型如图 16-44 所示，圆盘模型整体直径为 500，高为 55，中间斜凸台高 35，花瓣槽深 20，孔直径为 16，密封槽宽为 10。从图中可知该模型的特征包括圆盘中部的斜凸台，斜凸台中间的花瓣槽，圆盘四周的密封槽和 4 个钻孔。由以上特征可得到圆盘的加工工艺流程：先用【曲面铣削】命令在圆柱形工件上加工出具有斜凸台的表面特征；再在斜凸台中间用【腔槽铣削】命令加工出花瓣槽；接着用【标准孔加工】命令进行钻孔；最后使用【轨迹铣削】命令完成密封槽的加工。

建模过程

1. 新建制造文件

单击【新建】工具按钮，弹出【新建】对话框。在【类型】选项组中选择 制造，取消选择【使用默认模板】复选框，【子类型】选择【NC 装配】，【名称】输入“shili”。单击【确定】按钮，弹出【新建文件选项】对话框，选择其中的“mmns_mfg_nc”，进入制造工作界面。

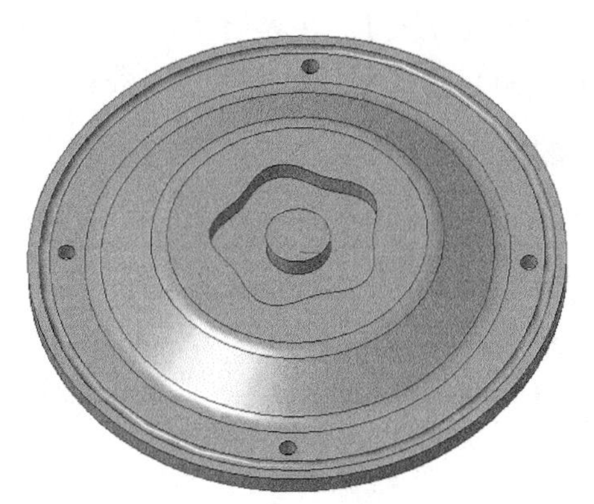

图 16-44 加工模型

2. 引入参考模型

单击功能区【元件】面板中的【参考模型】工具按钮，弹出【打开】对话框，选取创建好的圆盘模型“shili. prt”。单击【打开】按钮，在界面顶部弹出【元件放置】操作面板。单击原点坐标系（或在【模型树】中选择 NC_ASM_DEF_CSYS），再单击模型坐标系，【约束类型】自动变为【重合】，单击面板中的【放置】按钮，弹出下滑面板如图 16-45 所示。单击【确认】按钮，完成参考模型放置。

3. 创建工件

1）单击功能区【元件】面板中的【工件】下的倒三角，选择工具按钮 创建工件，弹出【输入零件名称】对话框，输入名称“gongjian”，如图 16-46 所示。注意：名称要和已有的零件名称不同，工件文件同零件文件的后缀一致。

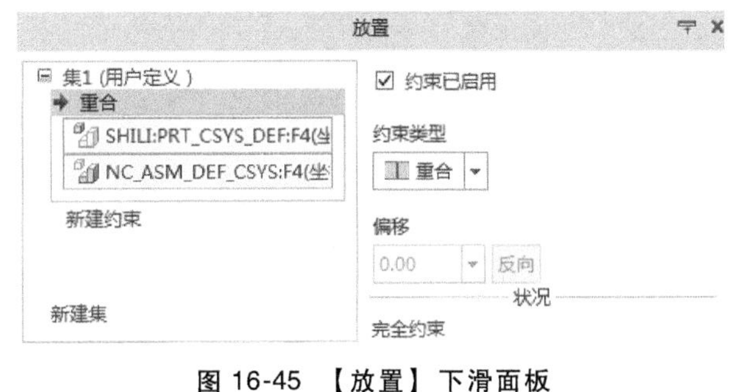

图 16-45 【放置】下滑面板

图 16-46 【输入零件名称】对话框

2）单击【确认】按钮后，弹出【菜单管理器】对话框，【特征类】栏中默认选择【实体】，【实体】栏中选择【伸出项】，在【缩短】对话框中选择默认选项【拉伸】和【实体】，如图 16-47 所示。单击【完成】选项，在界面顶部弹出【拉伸】特征面板。

3）选取参考模型底面作为草绘平面，进入草绘模式。以底部圆轮廓为参考绘制如图 16-48 所示草绘圆。单击【确认】按钮，完成草绘。回到【拉伸】特征面板，输入拉伸高度为“57”。单击【确认】按钮，完成工具拉伸。工具以透明状态包裹参考模型，结果如图 16-49 所示。

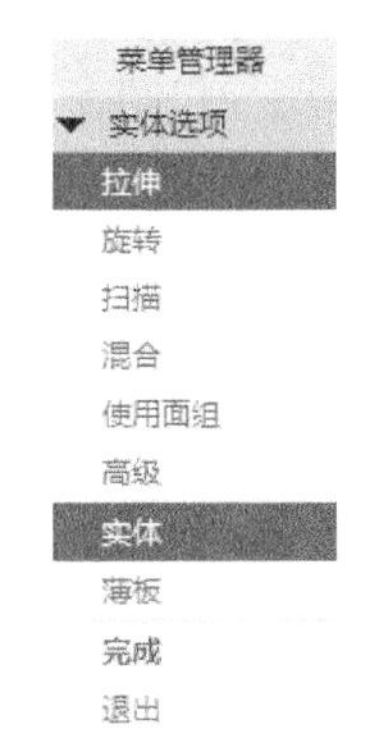

图 16-47 【菜单管理器】对话框

4. 创建铣削工作中心

1）单击【制造】选项卡下【机床设置】面板中【工作中心】下方的倒三角按钮，选择下滑面板中的工具按钮 铣削。弹出【铣削工作中心】对话框，设置保持默认，如图 16-50 所示。

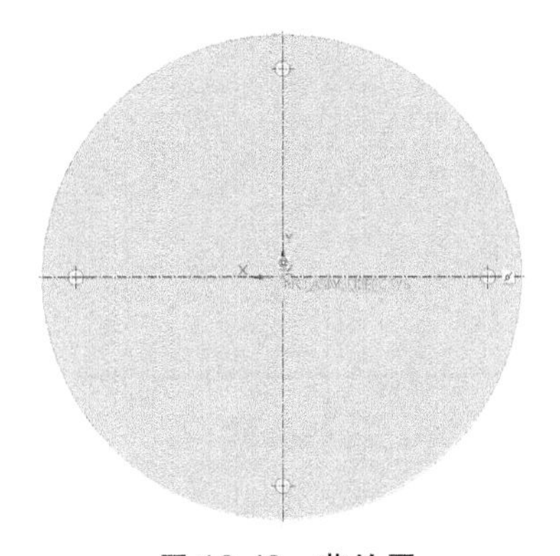

图 16-48　草绘圆

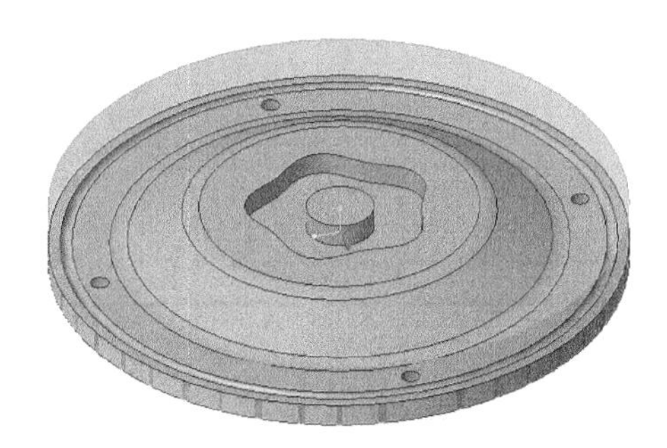

图 16-49　拉伸工具

2）单击对话框中的【刀具】选项卡，再单击其中的【刀具】按钮 刀具，弹出【刀具设定】窗口，适当调整一下窗口大小以显示底部按钮。单击窗口下半部分的【常规】选项卡，在【类型】的下拉列表中选择【球铣削】，在【几何】的示意图中将刀具直径设为“10”，工作长度为“40”，刀具整体长度为“50”，其余设置保持默认。单击窗口底部【应用】按钮，在空白框中显示出刀具“T0001”的相关信息，如图 16-51 所示。单击【确定】按钮，完成刀具设定。

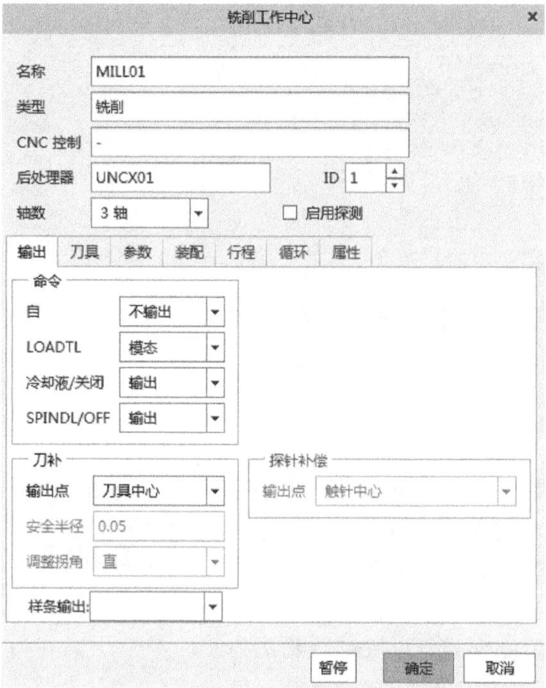

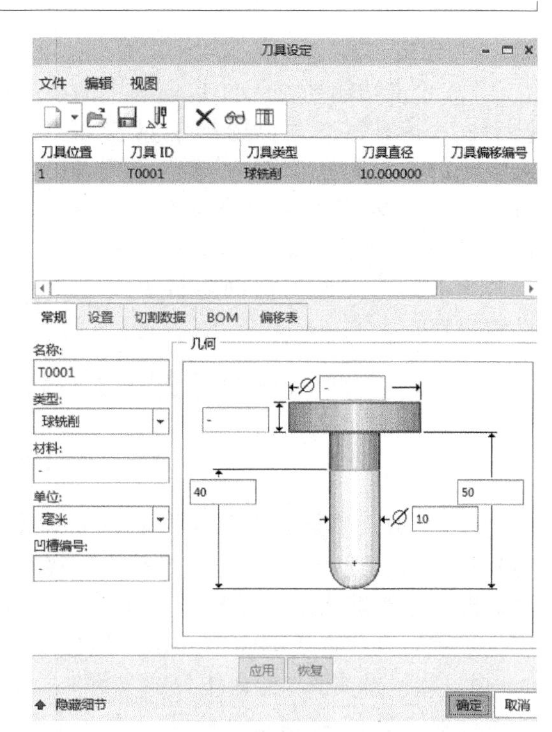

图 16-50 【铣削工作中心】对话框　　　　图 16-51 【刀具设定】窗口

3）单击【铣削工作中心】对话框底部【确定】按钮，完成铣削中心创建。

5. 创建操作

1）单击【工艺】面板中【操作】工具按钮，在界面顶部弹出【操作】特征面板。【工作中心】为默认的“MILL01”，【程序零点】选取【模型树】中的 NC_ASM_DEF_CSYS。

2）退刀面设置：单击特征面板中的【间隙】按钮，在弹出下滑面板的【类型】下拉列表中选择【平面】选项，【参考】选择工件顶面，【值】设置为“10”。此时图形区会显示网状退刀面，设置结果如图 16-52 所示。

3）单击特征面板中【确认】的按钮，完成操作创建。

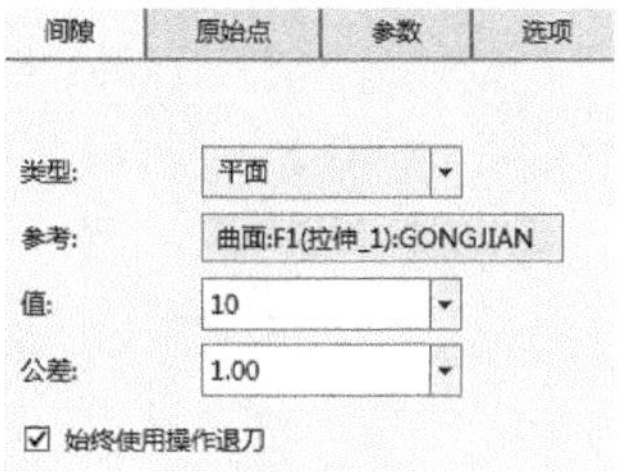

图 16-52 【间隙】下滑面板设置

6. 创建曲面铣削

1）创建好操作后，会在界面顶部出现【铣削】选项卡，单击打开选项卡。

2）单击功能区【铣削】面板中的工具按钮 曲面铣削，弹出【菜单管理器】对话框，保持【序列设置】下的默认【刀具】、【参数】、【曲面】和【定义切削】选项，如图 16-53 所示。单击【完成】选项，弹出【刀具设定】窗口，选择其中的刀具“T0001”。单击【确定】按钮退出，弹出【编辑序列参数“曲面铣削”】窗口，设置【切削进给】为“500”，【粗加工步距深度】为“3”，【跨距】为“3”，【切割角】为“280”，【安全距离】为“3”，【主轴速度】为“1500”，其余设置保持默认，设置结果如图 16-54 所示。

3）单击【编辑序列参数“曲面铣削”】窗口中的【确定】按钮，回到缩短的【菜单管理器】对话框，如图 16-55 所示。选择【曲面拾取】下方的【铣削曲面】选项，单击【完成】

图 16-53 【菜单管理器】对话框

图 16-54 【编辑序列参数“曲面铣削”】窗口

选项，在【菜单管理器】中出现【选择曲面】选项，如图 16-56 所示。

图 16-55 选择【曲面拾取】

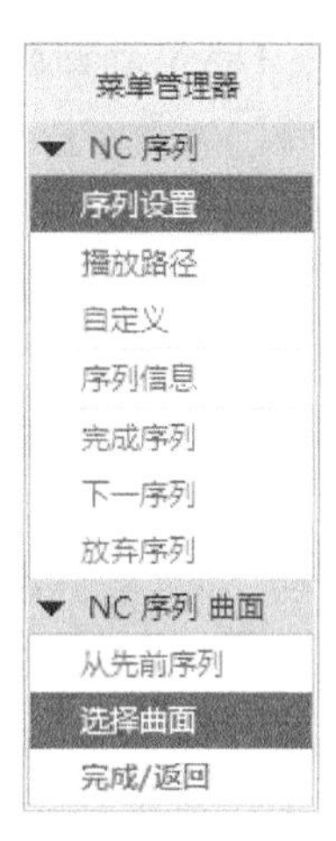

图 16-56 出现【选择曲面】选项

4）旋转生成参考模型顶部表面：单击功能区【制造几何】面板中的工具按钮 铣削曲面，在界面顶部弹出【铣削曲面】选项卡。单击该选项卡功能区【形状】面板中的工具按钮 旋转，进入到【旋转】特征面板，选择两个均分圆盘参考平面中的一个作为草绘平面，进入草绘模式。单击功能区【草绘】面板中的工具按钮 中心线，绘制竖直旋转中心线；以圆盘顶部轮廓为参考绘制如图 16-57 所示草绘图形，圆弧段可使用【草绘】面板中的工具按钮 投影 完成，末端水平直线超出边界一段距离。单击【关闭】面板中的【确认】按钮，完成草绘。单击特征面板中的【确认】按钮，回到【铣削曲面】选项卡，单击功能区【控制】面板中的【确认】按钮，完成铣削曲面创建。生成顶部曲面如图 16-58 所示，注意箭头方向朝外，否则调整箭头方向。

提示：创建铣削曲面是为了给铣削加工提供参考，适用于参考模型上曲面不连贯和曲面下部还有其他特征的情况。如果加工曲面简单，则可以在上一步骤中直接选取曲面特征。

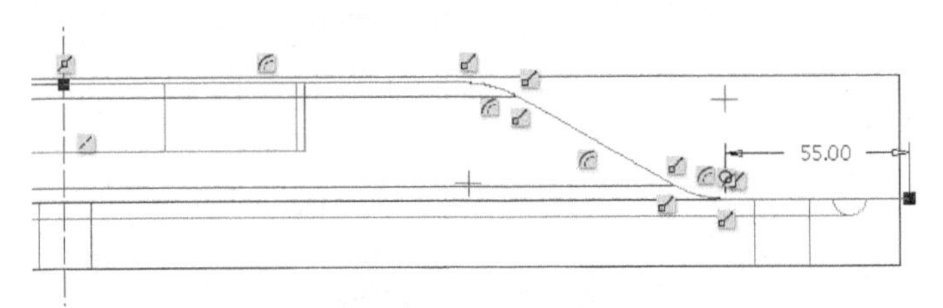

图 16-57 草绘图形

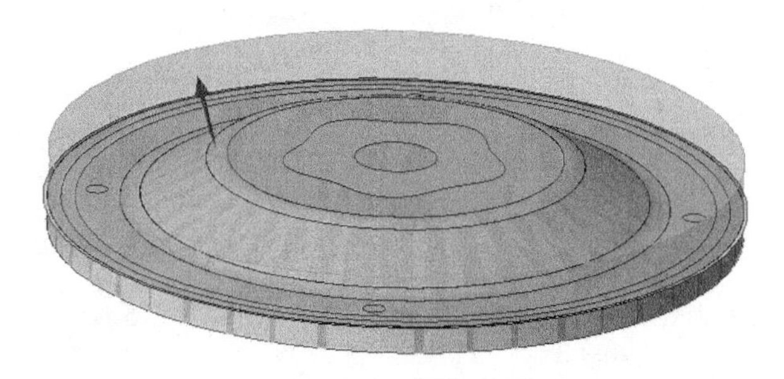

图 16-58 顶部曲面

5）单击【菜单管理器】对话框中的【确定】选项，弹出【选择】对话框，按住<Ctrl>键选择刚才创建的曲面特征所有表面，单击【确定】选项。再单击【完成/返回】选项，弹出【切削定义】窗口，如图 16-59 所示。设置保持默认，单击底部【确定】按钮后退出，再单击【菜单管理器】对话框中的【完成序列】选项，完成曲面铣削的创建。

7. 显示曲面铣削的刀具路径

1）选中【模型树】中的 1. 曲面铣削 [OP010]，单击【制造】选项卡，在功能区【校验】面板中选择【播放路径】工具按钮，弹出【播放路径】操作面板。如果没有弹出，则说明创建 NC 序列有问题。在【视图】中设置好刀具显示，如图 16-60 所示。

2）单击操作面板中的播放按钮，观测刀具的路径，如图 16-61 所示。

3）单击操作面板中的 CL 数据，显示刀具位置数据如图 16-62 所示。单击操作面板顶部的【文件】按钮，在弹出的下滑面板中选择【保存】。单击【播放路径】操作面板下方的【关闭】按钮退出。

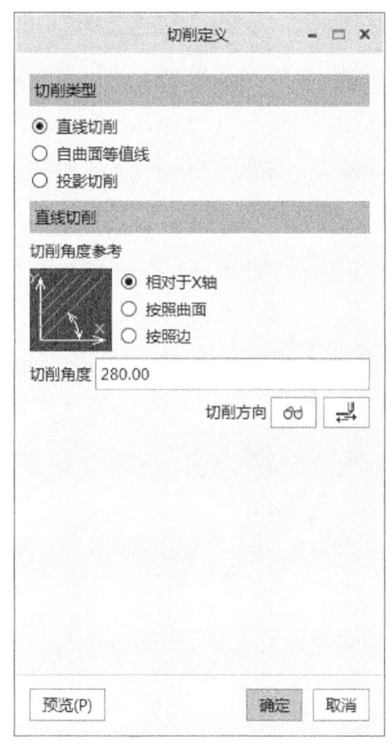

图 16-59　【切削定义】窗口

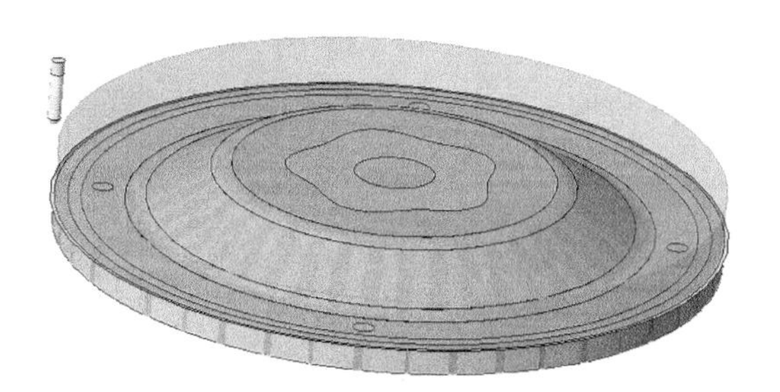

图 16-60　刀具显示

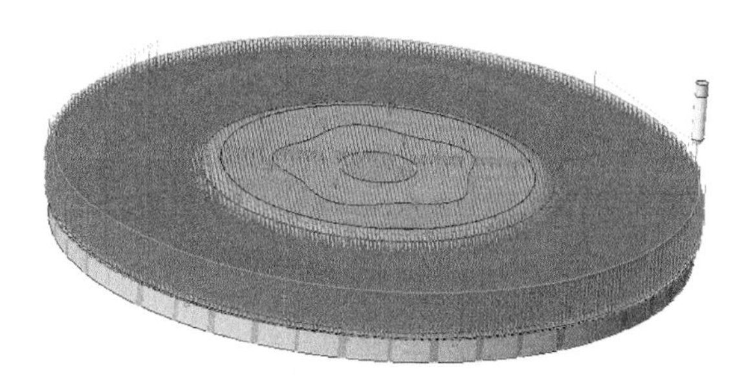

图 16-61　刀具的路径

图 16-62　刀具位置数据

8. 曲面铣削的加工仿真

1）选中【模型树】中的 1. 曲面铣削 [OP010]，单击功能区【校验】面板中【播放路径】下的倒三角，选择其中的【材料移除仿真】，在界面顶部弹出【Material Removal】选项卡。单击【开始仿真播放】工具按钮，弹出【Play Simulation】操作面板，单击【Gouge Report】下的播放按钮，观测刀具仿真路径，如图 16-63 所示。

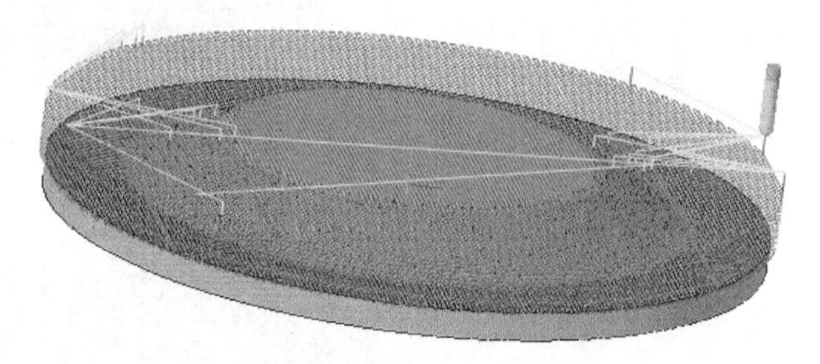

图 16-63　刀具仿真路径

2）为了直观观测加工仿真结果，可取消选择【View】菜单下的【Toolpath】选项，如图 16-64 所示，设置后的结果如图 16-65 所示。

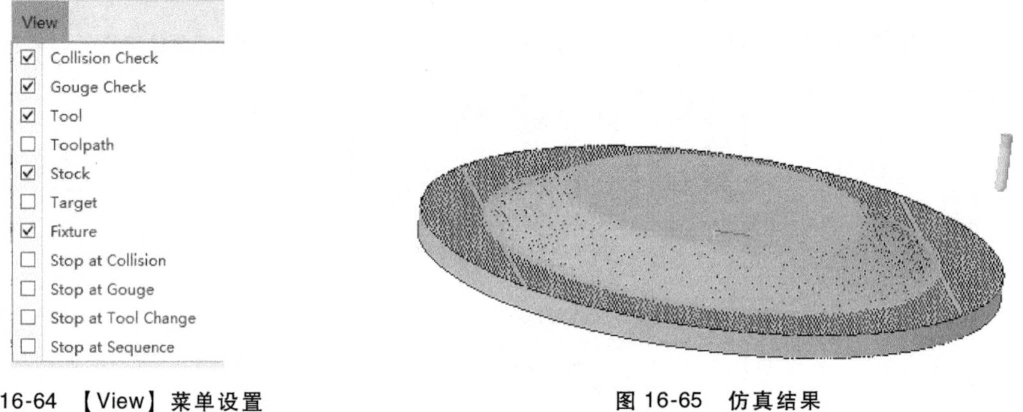

图 16-64　【View】菜单设置

图 16-65　仿真结果

3）单击操作面板下的【Close】按钮退出，单击功能区中的按钮 ✕ ，退出仿真。

9. 进行曲面铣削的材料切减

1）打开【铣削】选项卡，单击【制造几何】面板中的 制造几何 ▼，在下拉菜单中选择其中的 材料移除切削，弹出【菜单管理器】对话框，如图 16-66 所示。依次单击其中的【曲面铣削】、【完成】选项，弹出【相交元件】对话框，如图 16-67 所示。

2）单击对话框中的 自动添加(A)，再单击【选择表中所有元件】按钮，发现空白框中的内容为选中状态，单击【确定】按钮退出。此时图形区模型如图 16-68 所示，工件被曲面铣削加工部分已经消失不见。

10. 创建腔槽铣削

1）单击功能区【铣削】面板中的 铣削 ▼，在下拉菜单中选择 腔槽加工 。弹出【菜单管理器】对话框，在【序列设置】下选择【刀具】、【参数】和【曲面】选项。单击

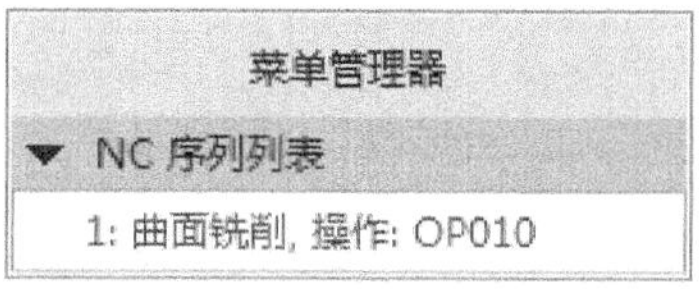

菜单管理器
NC 序列列表
1: 曲面铣削, 操作: OP010

图 16-66 【菜单管理器】对话框

【完成】选项，弹出【刀具设定】窗口。单击顶部【新建】工具按钮，选取刀具【类型】和设置【几何】参数如图 16-69所示。单击窗口下方【应用】按钮，完成刀具“T0002”的创建。单击【确定】按钮退出，弹出【编辑序列参数“曲面铣削”】窗口，设置如图 16-70所示。

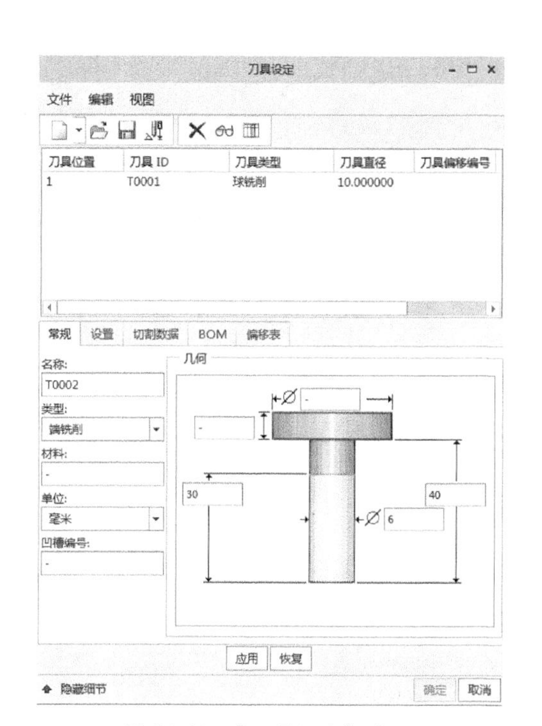

刀具设定
文件 编辑 视图
刀具位置 刀具 ID 刀具类型 刀具直径 刀具偏移编号
1 T0001 球铣削 10.000000
常规 设置 切割数据 BOM 偏移表
名称:
T0002
类型:
端铣削
材料:
单位:
毫米
凹槽编号:
几何
30
40
6
应用 恢复
隐藏细节
确定 取消

图 16-69 【刀具设定】窗口

相交元件
自动更新(U)
高级相交(D)
模型名称 可视等级 特征...
自动添加(A) 移除(R) 信息(N)
显示级: 顶级
高级几何创建(M)
在子模型中显示特征属性(W)
新名称
确定(O) 取消(C)

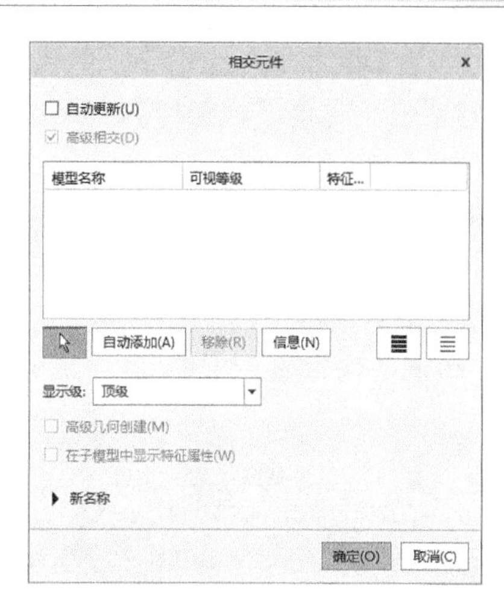

图 16-67 【相交元件】对话框

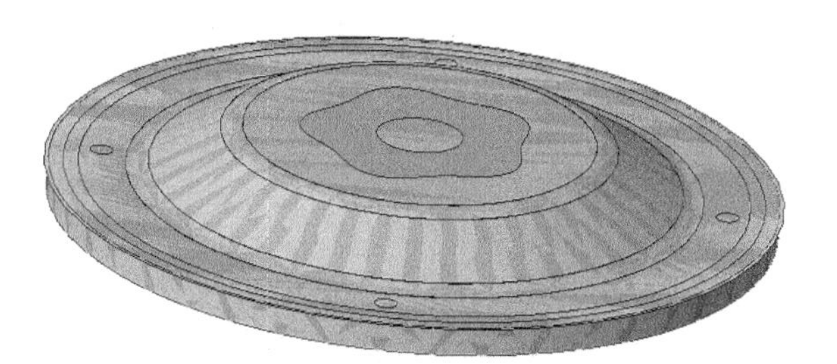

图 16-68 曲面铣削材料切减结果

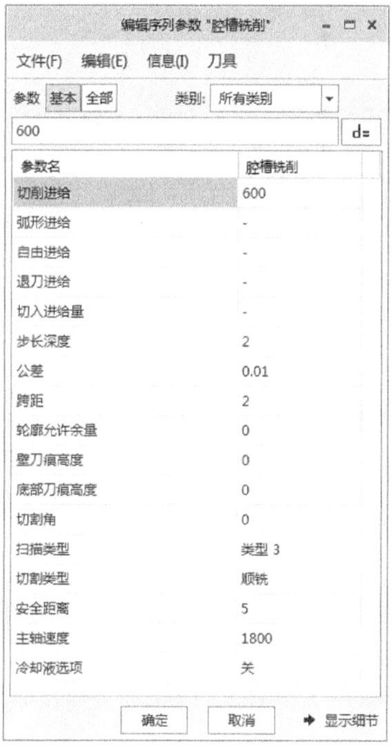

编辑序列参数 "腔槽铣削"
文件(F) 编辑(E) 信息(I) 刀具
参数 基本 全部 类别: 所有类别
600
参数名 腔槽铣削
切削进给 600
弧形进给 -
自由进给 -
退刀进给 -
切入进给量 -
步长深度 2
公差 0.01
跨距 2
轮廓允许余量 0
壁刀痕高度 0
底部刀痕高度 0
切割角 0
扫描类型 类型 3
切割类型 顺铣
安全距离 5
主轴速度 1800
冷却液选项 关
确定 取消 显示细节

图 16-70 【编辑序列参数“曲面铣削”】窗口

2）单击【编辑序列参数“腔槽铣削”】窗口中的【确定】按钮，回到缩短的【菜单管理器】对话框。隐藏【模型树】中的 旋转 1 [MILL_SURF_1 - 铣削曲面]，单击【曲面拾取】下方的【完成】选项，弹出【选择】对话框，按住<Ctrl>键选择如图 16-71 所示的花瓣凹槽的底面、内壁与外壁曲面。单击【确定】按钮。再单击【完成/返回】选项，最后单击【菜单管理器】对话框中的【完成序列】选项，完成腔槽铣削的创建。

11. 显示腔槽铣削的刀具路径

1）选中【模型树】中的 2. 腔槽铣削 [OP010]，弹出快捷工具栏，如图 16-72 所示。

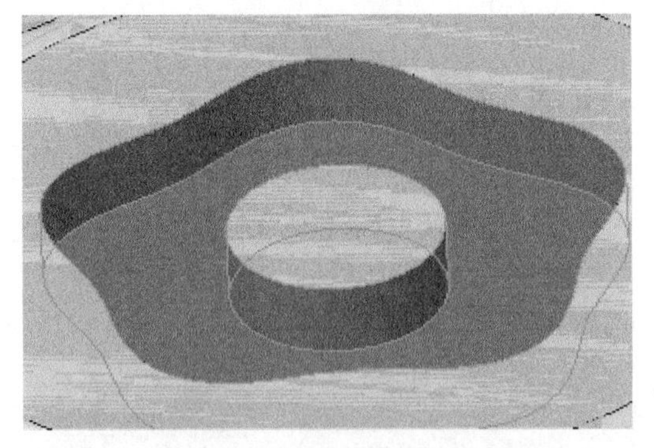

图 16-71 选取花瓣凹槽的底面和四周曲面

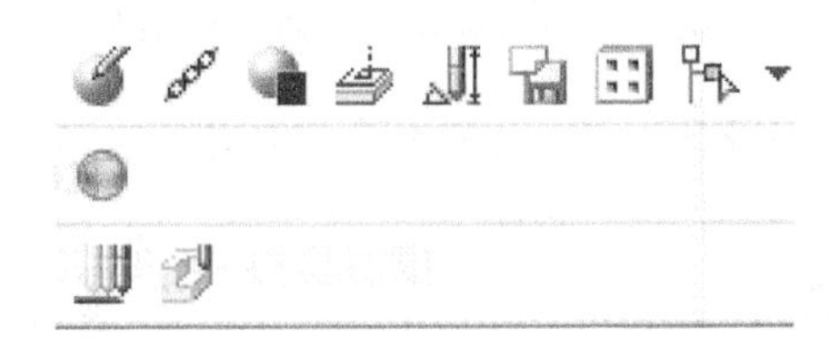

图 16-72 快捷工具栏

2）单击快捷工具栏中的【播放路径】工具按钮，弹出【播放路径】操作面板，刀具在图形区的显示如图 16-73 所示。

3）单击操作板中的播放按钮，观测刀具的路径，如图 16-74 所示。

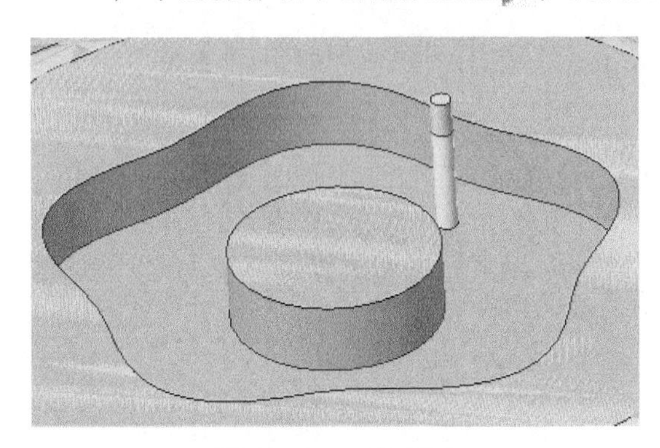

图 16-73 刀具显示

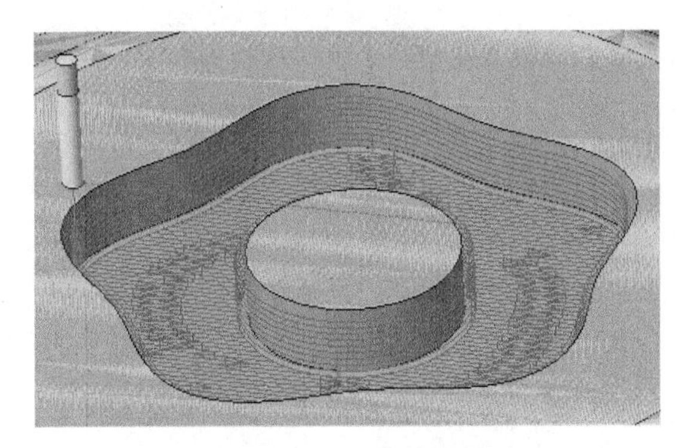

图 16-74 刀具的路径

4）单击操作面板中的 CL 数据，显示刀具位置数据。单击操作面板顶部的【文件】按钮，在弹出的下滑面板中选择【保存】。单击【播放路径】操作面板下方的【关闭】按钮退出。

12. 腔槽铣削的加工仿真

选中【模型树】中的 2. 腔槽铣削 [OP010]，弹出快捷工具栏。单击快捷工具栏中的【材料移除仿真】工具按钮，在界面顶部弹出【Material Removal】选项卡。单击【开始仿真播放】工具按钮，弹出【Play Simulation】操作面板，单击操作面板中的播放按钮，观测刀具仿真路径，如图 16-75 所示。单击操作面板下的【Close】按钮退出，单击功能区中

的按钮 ✕ ，退出仿真。

13. 进行腔槽铣削的材料切减

1）单击【制造几何】面板中的 制造几何 ▼，选择其中的 材料移除切削，弹出【菜单管理器】对话框。依次单击其中的【腔槽铣削】、【完成】选项，弹出【相交元件】对话框。

2）单击对话框中的 自动添加(A)，再单击【选择表中所有元件】按钮，发现空白框中的内容为选中状态，单击【确定】按钮退出。选择【模型树】中的 SHILI.PRT，在快捷工具栏上将其设置为【隐藏】，此时图形区模型如图 16-76 所示，工件上被腔槽铣削加工部分已经消失不见。观察后恢复参考模型为【显示】状态。

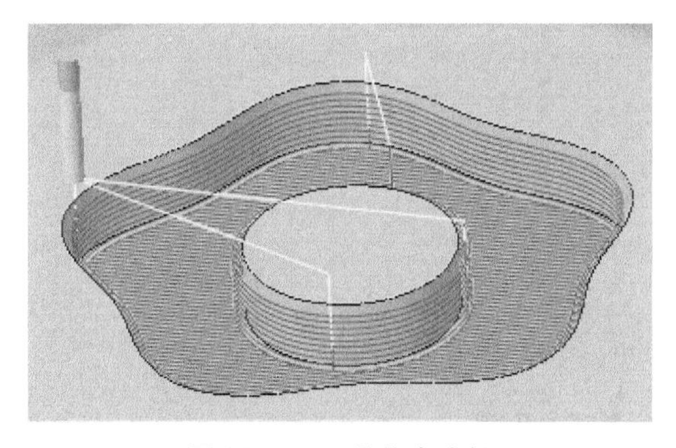

图 16-75　刀具仿真路径

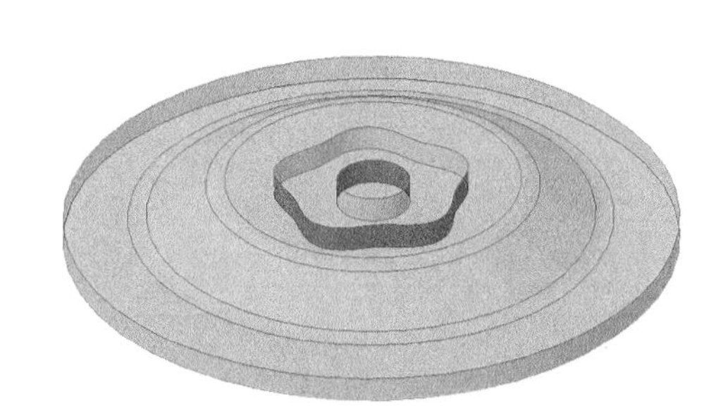

图 16-76　腔槽铣削材料切减结果

14. 创建标准孔

1）单击【铣削】选项卡中功能区【孔加工循环】面板中的【标准】工具按钮，在界面顶部弹出【钻孔】特征面板，如图 16-77 所示。

图 16-77　【钻孔】特征面板

2）单击面板中的【刀具管理器】工具按钮，弹出【刀具设定】窗口。调整窗口大小以显示下部按钮，单击顶部【新建】工具按钮，设置刀具【名称】、【类型】和【几何】，单击底部【应用】按钮，完成设置如图 16-78 所示。单击【确定】按钮退出，检查面板中是否选用了“T0003”。

3）单击【钻孔】操作面板中的【参考】按钮，弹出【参考】下滑面板，设置【起始】的方式为【从选定面开始】，并选中孔的上表面作为选定面；设置【终止】的方式为【加工至选定参考】，并选中圆盘的底面作为参考面，设置结果如图 16-79 所示。单击下滑面板中的【细节】按钮，弹出【孔】对话框，单击【各个轴】选项，按住<Ctrl>键依次选中参考模型 4 个孔的中心轴，设置结果如图 16-80 所示。单击【确定】按钮退出。

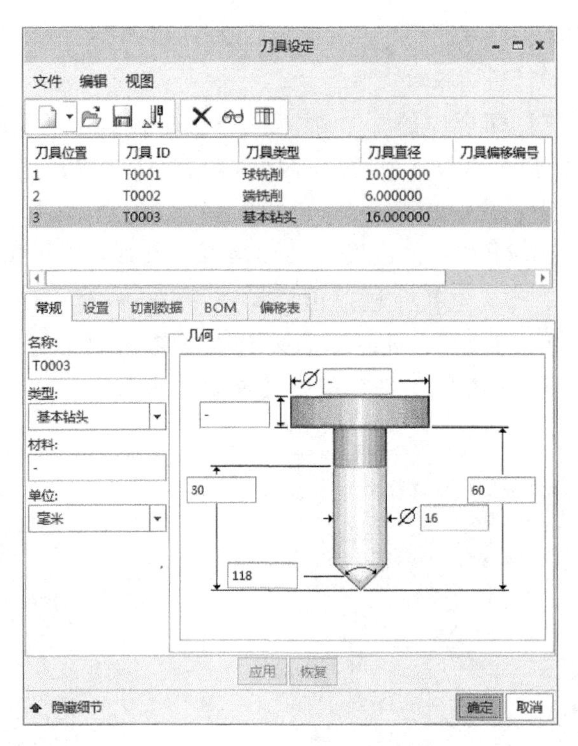

图 16-78 【刀具设定】窗口

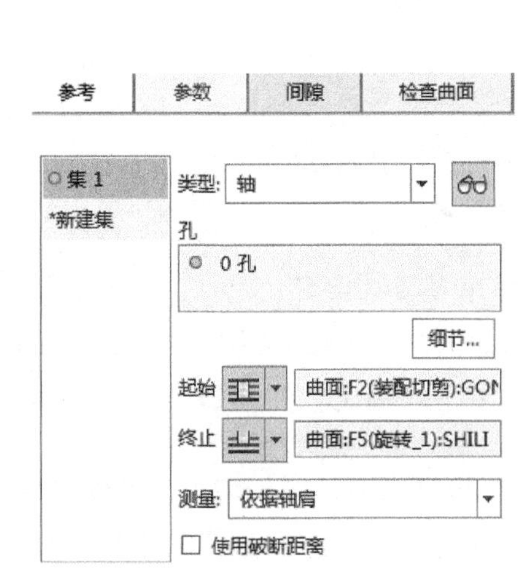

图 16-79 【参考】下滑面板设置

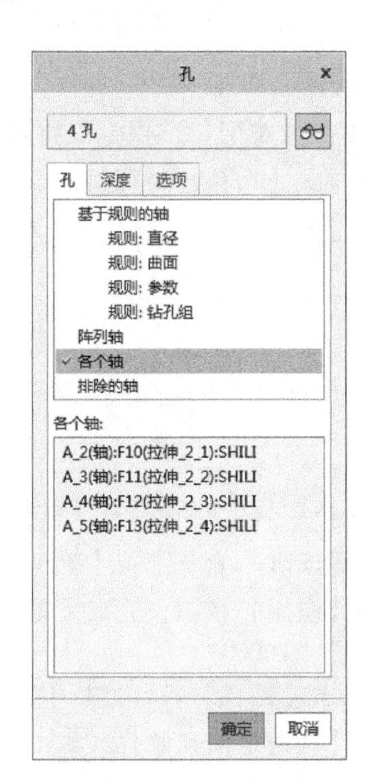

图 16-80 【孔】对话框

4）单击【钻孔】操作面板中的【参数】按钮，弹出【参数】下滑面板，设置内容如图 16-81 所示。

5）单击【钻孔】操作面板中的【间隙】按钮，弹出【间隙】下滑面板，点击【参考】选择框，再点击 4 个孔的上表面，以选中作为参考面，设置【值】为“40,”如图 16-82 所示。单击特征面板中的【确认】按钮，完成钻孔设置。

参数	间隙	检查曲面	选项

切削进给	400
自由进给	-
公差	0.01
破断线距离	0
扫描类型	最短
安全距离	40
拉伸距离	-
主轴速度	1200
冷却液选项	关

图 16-81 【参数】下滑面板设置

图 16-82 【间隙】下滑面板设置

15. 显示标准孔的刀具路径

1）选中【模型树】中的 3. 钻孔 1 [OP010] ，弹出快捷工具栏。单击快捷工具栏中的【播放路径】工具按钮，弹出【播放路径】操作面板，刀具在图形区的显示如图 16-83所示。

2）单击操作面板中的播放按钮，观测刀具的路径，如图 16-84 所示。

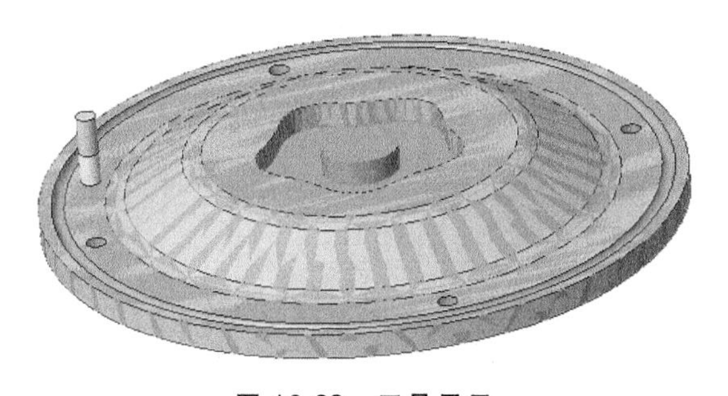

图 16-83 刀具显示

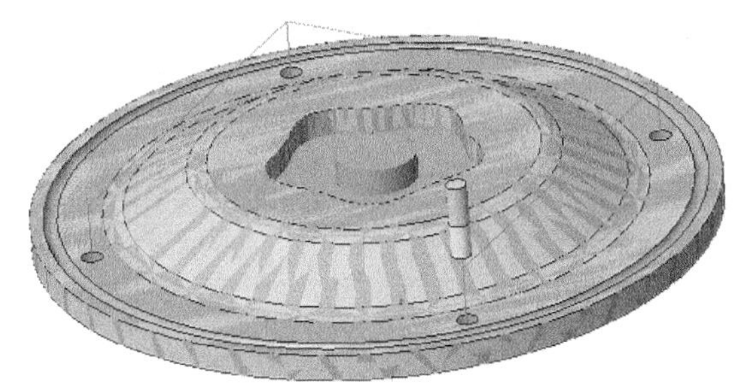

图 16-84 刀具的路径

3）单击操作面板中的 CL 数据 ，显示刀具位置数据。单击操作面板顶部的【文件】按钮，在弹出的下滑面板中选择【保存】。单击【播放路径】操作面板下方的【关闭】按钮退出。

16. 标准孔的加工仿真

选中【模型树】中的 3. 钻孔 1 [OP010] ，弹出快捷工具栏。单击快捷工具栏中的【材料移除仿真】工具按钮，在界面顶部弹出【Material Removal】选项卡。单击【开始仿真播放】工具按钮，弹出【Play Simulation】操作面板，单击操作板中的播放按钮，观测刀具仿真路径，如图 16-85 所示。单击操作面板下的【Close】按钮退出，单击功能区中的按钮 ，退出仿真。

17. 进行标准孔的材料切减

1）单击【制造几何】面板中的制造几何 ▼，选择其中的 材料移除切削，弹出【菜单管理器】对话框。依次单击其中的【钻孔 1】、【完成】选项，弹出【相交元件】对话框。

2）单击对话框中的自动添加(A)，再单击【选择表中所有元件】按钮，发现空白框中的内容为选中状态，单击【确定】按钮退出。选择【模型树】中的 SHILI.PRT，在快捷工具栏上将其设置为【隐藏】，此时图形区模型如图 16-86 所示，工件上被标准工具加工部分已经消失不见。观察后恢复参考模型为【显示】状态。

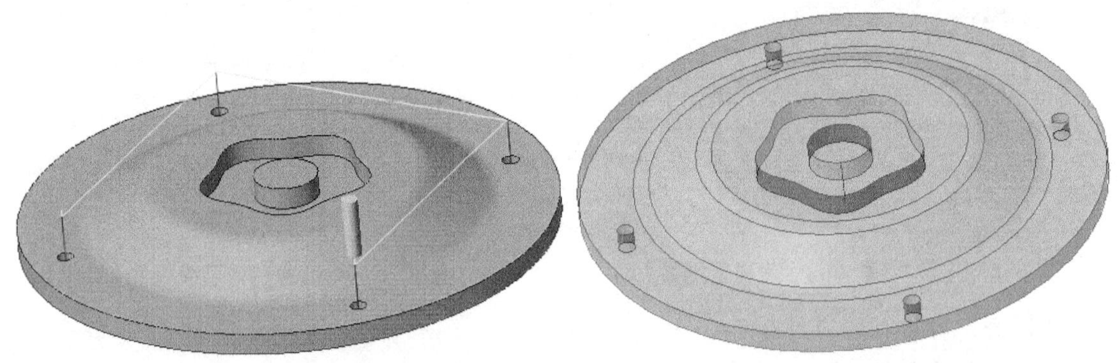

图 16-85　刀具仿真路径　　　　图 16-86　标准孔材料切减结果

18. 创建轨迹铣削

1）高度参考平面创建：选中密封槽上部平面，单击功能区【基准】面板中的【平面】工具按钮，弹出【基准平面】对话框，设置朝底部平面方向的【偏移】距离为“5”。

2）单击功能区【铣削】面板中的【轨迹铣削】下的倒三角，在弹出下滑面板中选取 2 轴轨迹。在界面顶部弹出【曲线轨迹】特征面板，如图 16-87 所示。

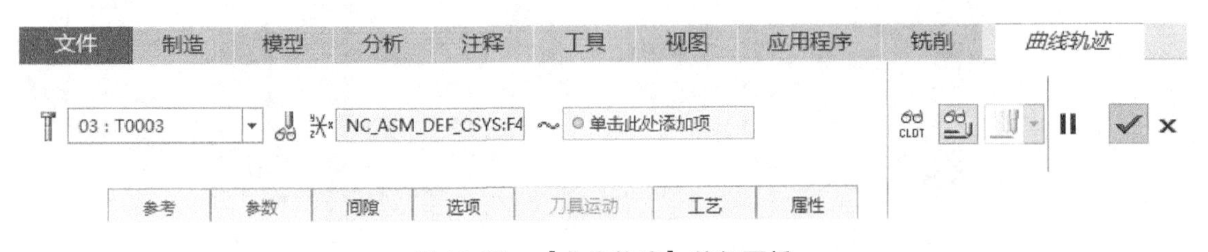

图 16-87　【曲线轨迹】特征面板

3）单击面板中的【刀具管理器】工具，弹出【刀具设定】窗口。调整窗口大小以显示下部按钮，单击顶部【新建】工具按钮，设置刀具【名称】、【类型】和【几何】，单击底部【应用】按钮，完成设置如图 16-88 所示。单击【确定】按钮退出，检查面板中是否选用了“T0004”。

4）单击面板中的【参考】按钮，弹出【参考】下滑面板，选择【起始高度】以密封槽的上表面为参考平面，选择【高度】以辅助平面“ADTM1”为参考平面，如图 16-89 所示。单击【参考】下拉面板中的【细节】，弹出【链】对话框，按住<Ctrl>键选取密封槽的两条外轮廓边作为【参考】，如图 16-90 所示。单击【确定】按钮退出，观察箭头和偏移方向是否正确，可通过按钮进行调节。

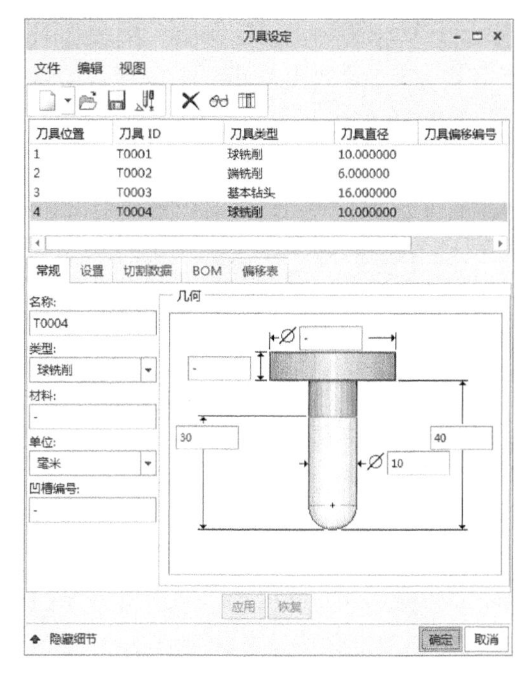

图 16-88 【刀具设定】窗口

图 16-89 【参考】下滑面板

5）单击面板中的【参数】按钮，弹出【参数】下滑面板，设置内容如图 16-91 所示。单击特征面板中的【确认】按钮 ，完成设置。

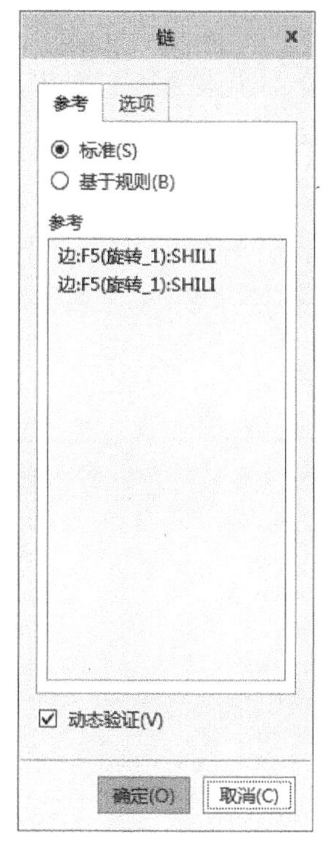

图 16-90 【链】对话框

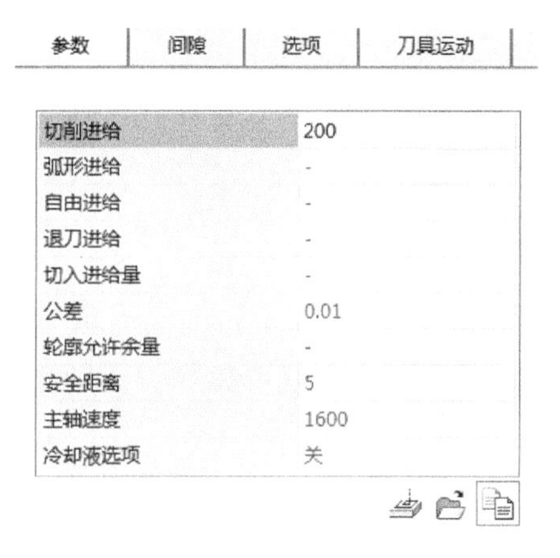

图 16-91 【参数】下滑面板

19. 显示轨迹切削的刀具路径

1）选中【模型树】中的 4. 曲线轨迹 1 [OP010]，弹出快捷工具栏。单击快捷工具栏中的【播放路径】工具按钮，弹出【播放路径】操作面板，刀具在图形区的显示如图 16-92所示。

2）单击操作面板中的播放按钮，观测刀具的路径。单击操作面板中的 CL 数据，显示刀具位置数据。单击操作面板顶部的【文件】按钮，在弹出的下滑面板中选择【保存】。单击【播放路径】操作面板下方的【关闭】按钮退出。

图 16-92 刀具显示

20. 轨迹切削的加工仿真

选中【模型树】中的4. 曲线轨迹 1 [OP010]，弹出快捷工具栏。单击快捷工具栏中的【材料移除仿真】工具按钮，在界面顶部弹出【Material Removal】选项卡。单击【开始仿真播放】工具按钮，弹出【Play Simulation】操作面板，单击操作面板中的播放按钮，观测刀具仿真路径，如图 16-93 所示。单击操作面板下的【Close】按钮退出，单击功能区中的按钮，退出仿真。

21. 全部加工步骤的刀具轨迹显示和加工仿真

1）按住<Ctrl>键在【模型树】中选中【曲面铣削】、【腔槽铣削】、【钻孔】和【曲线轨迹】四个加工步骤，在弹出的快捷工具栏中选择【播放路径】工具按钮进行全部步骤的刀具轨迹显示；选择【材料移除仿真】工具按钮进行全部步骤的加工仿真。

2）进入【制造】选项卡，单击功能区【工艺】面板中的工具按钮 工艺管理器，弹出【制造工艺表】窗口，如图 16-94 所示。所有的加工工艺流程都在此有记录，单击【关闭】按钮退出。

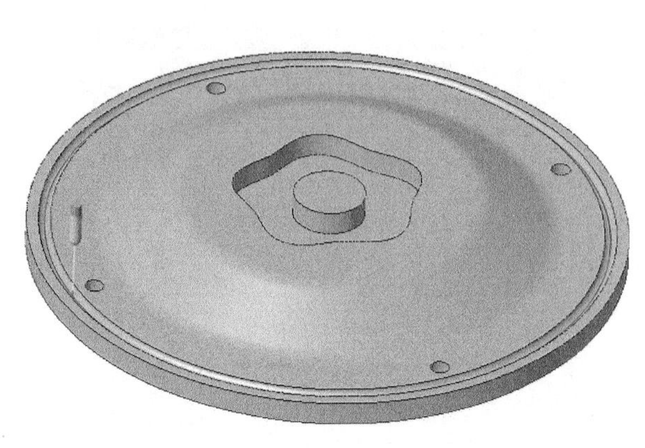

图 16-93 刀具仿真路径

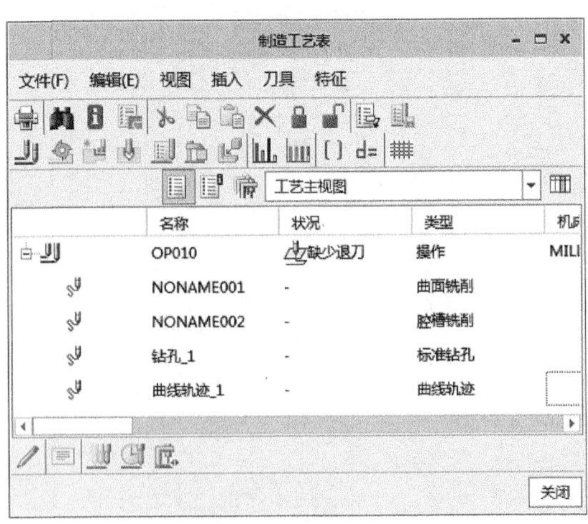

图 16-94 【制造工艺表】窗口

通过上述步骤对数控加工中的【曲面铣削】、【腔槽铣削】、【钻孔】和【曲线轨迹】四个加工步骤进行了详细操作描述，并演示了加工刀具的轨迹显示和加工仿真功能。

22. 保存制造文件

16.7　实　训　题

壳体零件是铣削加工中常见的例子，对如图 16-95 所示壳体零件采用 NC 模块进行自动数控加工。

操作步骤如下：

1）导入参考模型并使用【创建工件】命令，以壳体零件底部为参考拉伸创建工件，结果如图 16-96 所示。

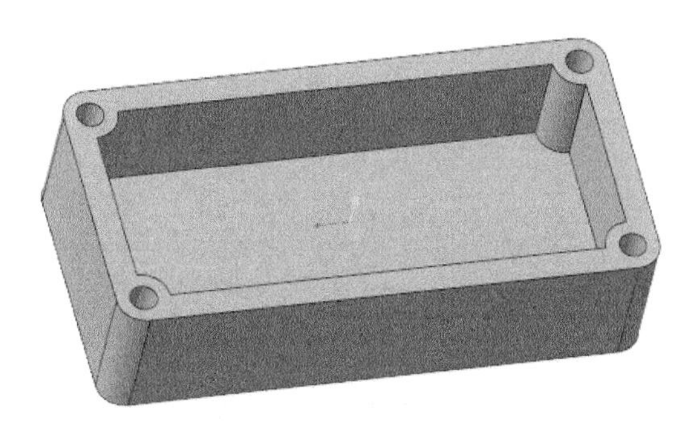

图 16-95　壳体零件

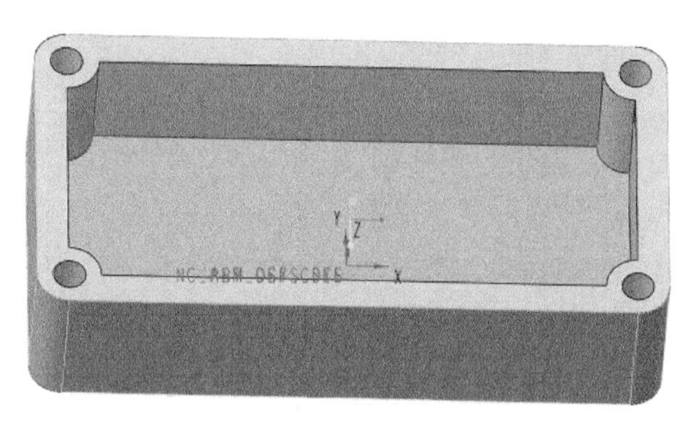

图 16-96　壳体工件

2）创建铣削加工中心并设置好刀具，刀具参数如图 16-97 所示；创建操作，设置好退刀面。

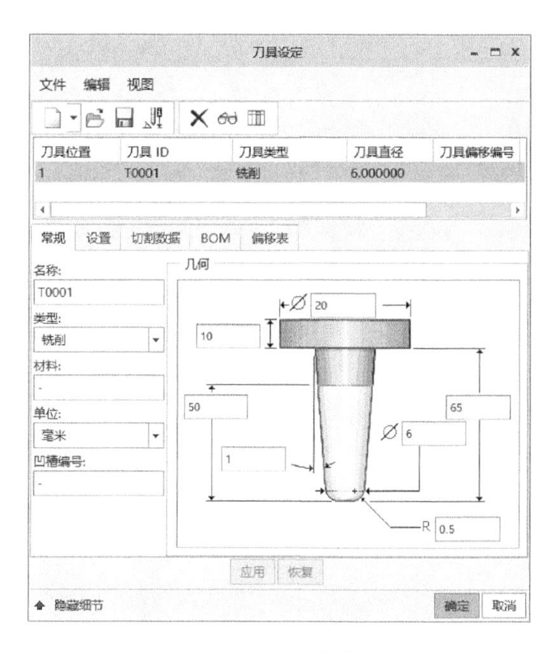

图 16-97　刀具参数

3）打开【铣削】选项卡，单击【制造几何】面板中的【铣削窗口】工具按钮，单击【放置】，将参考模型上表面作为窗口平面，注意不要选到工件表面；单击【深度】按钮 深度 ，将参考模型底面作为选定深度参考面。

4）单击【铣削】面板中的【粗加工】工具按钮，输入【参数】值如图 16-98 所示。

5）进行仿真，结果如图 16-99 所示。

参数 | 间隙 | 选项 | 刀具运动

切削进给	600
自由进给	-
退刀进给	-
最小步长深度	-
跨距	2
粗加工允许余量	0.5
最大台阶深度	3
内公差	0.06
外公差	0.06
开放区域扫描	仿形
闭合区域扫描	常数加载
切割类型	顺铣
安全距离	10
主轴速度	2000
冷却液选项	关

图 16-98 【参数】设置

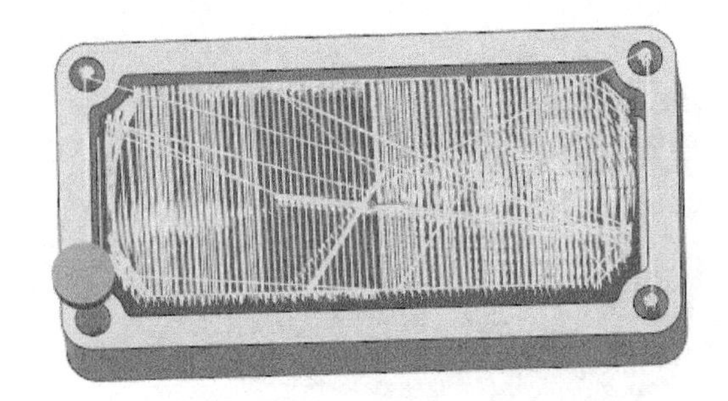

图 16-99 壳体 NC 加工仿真

第 17 章 Creo 4.0 新增功能介绍

Creo 4.0 新增加了许多功能，这些新增功能大大地增加和完善了软件的应用。本章对新增的功能加以介绍。

17.1 基础部分新增功能

17.1.1 增强现实（AR）体验

用户可以直接从 Creo Parametric 快速发布设计的 AR 体验，并通过 ThingWorx View 对其进行显示。

用户界面位置：单击【工具】（Tools）|【添加 ThingMark】（Add ThingMark）。单击【工具】（Tools）|【发布模型】（Publish Model）。

如果用户有 ptc.com 账户，将收到一个个人 ThingMark 用于显示已发布的 AR 体验。借助 Creo Parametric 的【工具】（Tools）选项卡中提供的一组新的增强现实工具，用户可在模型上放置 ThingMark，并将其发布到 ThingMark。作为一款免费产品，用户最多可以发布五个设计体验，并可直接从 ThingWorx View 中显示它们或将它们共享给同事。

用户可以在 Creo Parametric 中放置多个 ThingMark（置于模型的曲面上或置于地面上），然后选择特定的 ThingMark 用于已发布的体验。打印出个人 ThingMark 并将其放置于桌子或物理产品上，然后，通过 ThingWorx View 对其进行扫描以查看增强的模型。借助 Thingworx 技术，PTC 为用户提供了一种新方法，可以在整个设计过程中随时查看用户的设计并与其进行交互。

17.1.2 几何尺寸和公差分析工具（GD&T Advisor）

可使用由 Sigmetrix 开发的 Creo GD&T Advisor Extension。

用户界面位置：单击【应用程序】（Applications）| GD&T Advisor。

由 Sigmetrix 开发的 Creo GD&T Advisor Extension 提供了有关针对 3D 模型正确应用几何尺寸和公差标注（GD&T）的专业指导。Creo GD&T Advisor Extension 用于验证模型中的 GD&T 是否符合 ASME 和 ISO 标准以及其是否完全约束模型几何，指导用户完成在模型中创建 GD&T 的过程，并提供了有关使用该应用程序以及有关 GD&T 概念的大量帮助内容。

在 Creo Parametric 4.0 中，Creo GD&T Advisor Extension 包含了以下几点增强：

1）许可证由 Creo Parametric 许可证管理工具管理，不再由 Sigmetrix 单独授权。

2）许可证将作为 Creo Parametric 安装过程的一部分进行安装。不再使用 Sigmetrix 安装程序安装。

3）GD&T Advisor 位于【应用程序】（Applications）选项卡，如图 17-1 所示。

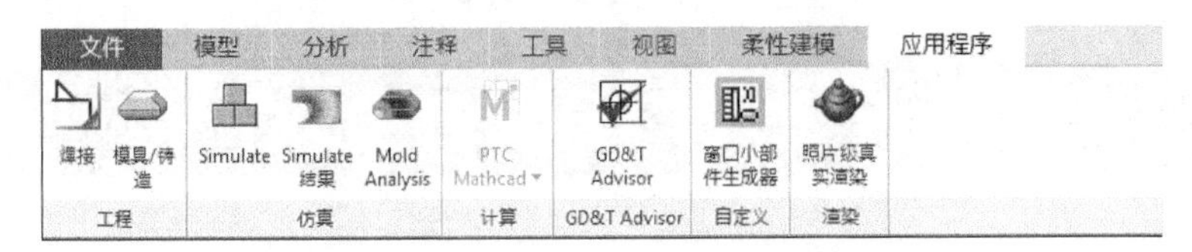

图 17-1 几何尺寸和公差分析工具

4）GD&T Advisor 选项卡上提供有 GD&T Advisor 的顶级命令，如图 17-2 所示。

图 17-2 几何尺寸和公差分析命令

5）规则集已更新为最新的 ASME 和 ISO 标准：

① ASME Y14.5—2009 及相关标准。

② ISO 1101—2012 及相关标准。

17.1.3 视图管理器中的外观状态

Creo 4.0 可以为模型定义不同的外观状态。

用户界面位置：单击【视图】（View）|【管理视图】（Manage Views）|【视图管理器】

图 17-3 【视图管理器】对话框

（View Manager）|【外观】（Appearance）。

Creo4.0 可以从【视图管理器】（View Manager）对话框的【外观】（Appearance）选项卡为模型定义不同的外观状态，如图 17-3 所示。用户可以轻松为特定使用情况定义不同的颜色组合，而不会影响用户的设计。

17.1.4　基于几何进行选择和浮动工具栏

应用程序中提供了一种新的默认选择模式，即基于几何进行选择，以及一种命令访问功能，即与上下文相关的浮动工具栏。

选择模式发生了显著变化。智能选择被替换为基于几何进行选择。应用程序中提供了新的选择过滤器，使用户可以在默认情况下，预先突出显示曲面和边。单击以选择几何，然后根据用户的选择，通过直接访问可执行的常用命令来打开浮动工具栏。

在图形区域中选择几何时，相应的特征或零件会在【模型树】中自动突出显示，如有必要，会展开【模型树】节点。更改所选内容时，自动展开的任何节点都会折叠。

当用户单击【模型树】中的项目时，也可使用浮动工具栏，且【缩放至选定项】（Zoom to Selected）选项会添加到浮动工具栏中。此命令会放大图形区域以将选定的特征放置在屏幕中心。

在零件中选择一个几何可直接访问浮动工具栏中的命令。如果选择的是曲面，可以包括诸如【平面】（Plane）、【轴】（Axis）、【草绘】（Sketch）和【孔】（Hole）之类的命令，以及其他命令。

当将指针放在浮动工具栏中的命令上时，相应的上下文便会预先突出显示出来。例如，如果用户选择了一个属于拉伸（Extrude）特征的曲面，并将指针置于编辑命令上，则拉伸（Extrude）特征会预先突出显示。

浮动工具栏中提供了【从父项中选择】（Select from Parents）命令。通过此命令可从选定几何快速访问父项对象，以便对其执行后续操作。

17.1.5　全屏模式

用户可以通过按<F11>键在全屏模式下工作。在此模式下工作时，用户可以获得最大化的图形区域和优化的可视化效果，以检查设计模型并与之进行交互。

在全屏模式下，功能区、【模型树】和状态栏，包括消息区域，都将被移除。以此来增大图形区域，以便用户从中进行操作。与新的选择模式和浮动工具栏配合使用，可以轻松地完成日常工作。

如需访问移除的区域，只需将指针移动到相应的位置，功能区、【模型树】，或消息区域即会再次显示。

要退出全屏模式，可再次按下<F11>键。

17.1.6　自定义用户界面

应用程序中提供了一些适用于功能区、用户界面、快捷菜单和键盘快捷方式的全新且增强的自定义功能。

用户界面位置：单击【文件】（File）|【选项】（Options）|【自定义】（Customize）。

可通过【Creo Parametric 选项】（Creo Parametric Options）对话框下的【自定义】（Customize）访问这些增强的用户界面自定义选项。对于功能区，用户可以完成下列模式的自定义：【所有模式】（All Modes），【当前模式】（Current Mode），【常用模式】（Popular Modes）。不再要求自定义的模式处于活动状态。

Creo 4.0 添加了【常用】（Common）选项卡。该选项卡将在所有环境的功能区中显示。用户可以向始终显示在功能区中的这一选项卡添加常用命令。此外，用户还可以自定义快捷菜单。

Creo 4.0 增强的自定义功能可帮用户定制工作环境并快速完成日常重复性任务。

17.1.7 支持文件名中具有双字节字符

Creo 4.0 支持文件名和文件路径中具有非英文（双字节）字符。

17.1.8 在【模型树】中控制可见性

在【模型树】中可轻松查看和了解特征或元件的可见性状态。无论用户是通过【隐藏】（Hide）、【显示】（Show）命令还是通过层机制来控制对象可见性，【模型树】都会相应地反映可见性状态。这样便可更快、更轻松地将使用层机制隐藏的基准显示出来。只需从【模型树】中选择对象，然后单击【显示】（Show）命令便可使其显示。

17.2 零件建模新增功能

17.2.1 基于草绘的特征增强功能

基于草绘的特征使用户可以更快地访问更多的选项，获得相反方向支持以及更好地控制薄壁特征的几何结果。

用户界面位置：单击【模型】（Model）|【拉伸】（Extrude），或单击【模型】（Model）|【旋转】（Revolve）。

增强基于草绘的特征［如【旋转】（Revolve）和【拉伸】（Extrude）］以增加设计灵活性并提高生产效率。在图形区单击鼠标右键，可从快捷菜单访问【侧 2】选项，无须转至操控面板上的选项面板。移除材料时，用户可以使用快捷命令【2 侧穿透】（2 Sides Through All）。使用拉伸（Extrude）和旋转（Revolve）工具，可以指定一侧的负方向值，以便反向操作材料。这样会使用户具有更大的灵活性。此外，在【拉伸】（Extrude）选项卡添加了一个选项，用于偏移或变换【到选定项】（To Selected）曲面参考，从而避免创建先前版本所需的中间构造特征。

增加了对使用加厚（Thicken）工具创建的薄壁特征的几何和结束条件的控制选项。可以选择使用模型几何封闭薄壁特征的端点。如果存在多个可用的几何解决方案，单击【上一个】（Previous）或【下一个】（Next）可切换到所需解决方案。这些增强功能使用户可以更好地控制几何并且更可预知拉伸（Extrude）和旋转（Revolve）特征的重新生成状况。

17.2.2 增强孔工具

定义孔放置和钻孔方向具有更大灵活性。

用户界面位置：单击【模型】（Model）|【孔】（Hole）。

【孔】（Hole）工具支持其他放置情况，即使存在下面列出的情况，用户也可以使用轴或点以及曲面作为参考来放置孔：轴不垂直于曲面；点不在曲面上。

此外，用户可以定义孔的方向而不考虑如何放置孔。基于非轴参考放置时，可以指定孔方向，然后可将孔轴定义为平行或垂直于选定的参考方向。

可以使用顶部间隙创建孔。孔、沉头孔或沉孔的直径用于创建通过实体几何切削的圆柱，从而避免部分或整个孔埋入实体几何的情况出现。用户可以通过配置选项控制默认顶部间隙。

孔参考阵列功能支持孔方向参考以及放置参考。因此，用户可以通过驱动每个阵列成员的放置和方向来创建孔参考阵列。

17.2.3　增强拔模工具

进行曲面拔模时，用户可以排除已满足拔模要求的区域。

用户界面位置：单击【模型】(Model) |【拔模】(Draft)，然后在拔模 (Draft) 选项卡中，单击【选项】(Options)。

拔模 (Draft) 工具包括【排除拔模区域】(Exclude areas with draft) 复选框。选中该复选框时，刀具会分析选定曲面的区域是否已满足拔模要求，然后从拔模修改中排除满足拔模要求的区域，会自动创建与拔模和排除的曲面区域具有相切过渡的连接曲面。

【排除拔模区域】(Exclude areas with draft) 复选框，使用户可以更好地控制拔模 (Draft) 的几何结果，从而获得预期结果。

17.2.4　组操作更为简单

与组的交互更为直观、灵活，从而使分组概念更具广泛适用性。

用户界面位置：单击【模型】(Model) |【操作】(Operations) |【组】(Group)。

可以更为广泛地应用特征分组概念。配合改进后的工作流以及更好的视觉提示，用户可以使用拖拽操作轻松且精确地对分组之后的特征进行重新排序。增强了对局部组使用的大多数限制，从而使组中的常规特征组织得更加无缝。可在组内使用插入模式。可以使用快捷菜单中的【在此插入】(Insert Here) 命令或简单地将【在此插入】(Insert Here) 箭头拖拽到组中。此外，可以更好地处理特征已失败、未完成或未重新生成等局部组。在 Creo Direct 中对保存自并重新加载至 Creo Parametric 的模型所做的修改会自动出现在特定的 Creo Direct 特征组中。

17.3　详细绘图功能增强

17.3.1　基准特征符号创建和编辑工作流

用户界面位置：单击【注释】(Annotate) |【基准特征符号】(Datum Feature Symbol)。

用于创建和编辑基准特征符号的工作流更为直观。基准特征符号创建后，将立即显示在指针所附加的预览中。用户可以拖动此预览来选择放置位置。Creo 4.0 提供了多个基于标准的放置选项，这些选项均遵循最新的 GD&T 标准。放置基准特征符号后，【基准特征】(Datum Feature) 选项卡随即显示。与上下文相关选项卡上提供的各个选项可用于编辑基准特征符号的属性。选择基准特征符号后，【基准特征】(Datum Feature) 选项卡将自动打开。当基准特征符号不再处于选定状态时，【基准特征】(Datum Feature) 选项卡将自动关闭。用户可以通过拖动基准特征符号来修改其位置。将基准特征符号放置在几何公差上时，可通过单击右键选择快捷菜单中的选项，来选择将其是连接到几何公差框还是引线。同样，将基准特征符号放置在直径或半径尺寸上时，可选择将其是连接到引线还是与尺寸文本相对的尺寸线。基准特征符号可创建为独立注释，而不需要模型或绘图中的平面或轴，如图 17-4 所示。

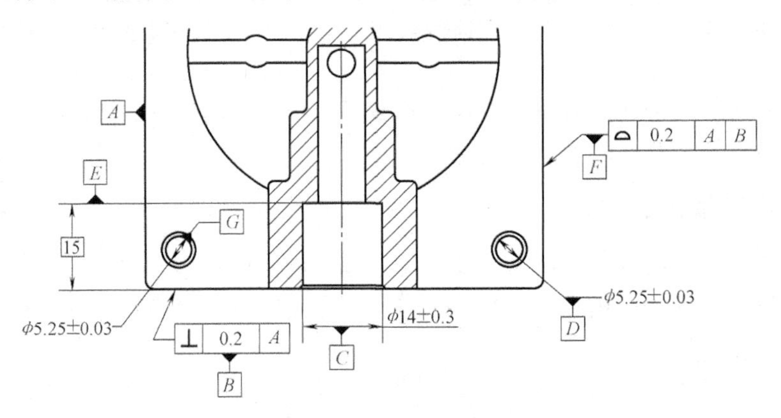

图 17-4　基准创建的增强

17.3.2　基准目标创建和编辑工作流

用户界面位置：单击【注释】(Annotate)|【基准目标】(Datum Target)。

用于创建和编辑基准目标注释的工作流更为快捷、直观。创建基准目标之前，无需在模型或绘图中提供设置基准。基准目标创建后，将立即显示在指针所附加的预览中。用户可以拖动此预览来选择引线连接位置。用户可以拾取曲面或边上的某一位置，也可以拾取一个基准点。选择基准目标后，【基准目标】(Datum Target) 选项卡将自动打开。当基准目标不再处于选定状态时，【基准目标】(Datum Target) 选项卡将自动关闭。用户可以通过拖动基准目标注释来修改其位置。当引线位于模型曲面上时，可将连接点拖动到曲面上的其他位置。要选择其他引线连接参考，可右键单击基准目标并在快捷菜单中选择【更改参考】(Change Reference)。如图 17-5 所示。

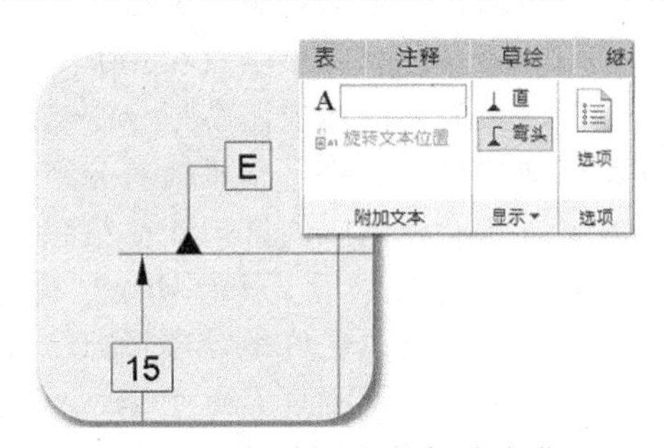

图 17-5　基准创建和编辑功能增强

17.4　曲面设计功能增强

自由式下的多个对象支持，可以轻松定位和修改选定对象。用户可以随时创建多个断开连接的对象并添加新图元。使用新的【自由式树】(Freestyle Tree) 可快速选择和处理选定形状（图 17-6）。可按以下列表所述轻松编辑和处理单个或多个对象，而不受顺序影响：

1）连接不同形状的图元。

2）通过沿一组边或面进行层切，将一个形状分割为多个形状。

3）复制形状。

4）隐藏和取消隐藏形状。

5）锁定形状。

通过【自由式树】（Freestyle Tree）管理对象可提升可用性，在创建复杂几何时尤为如此。

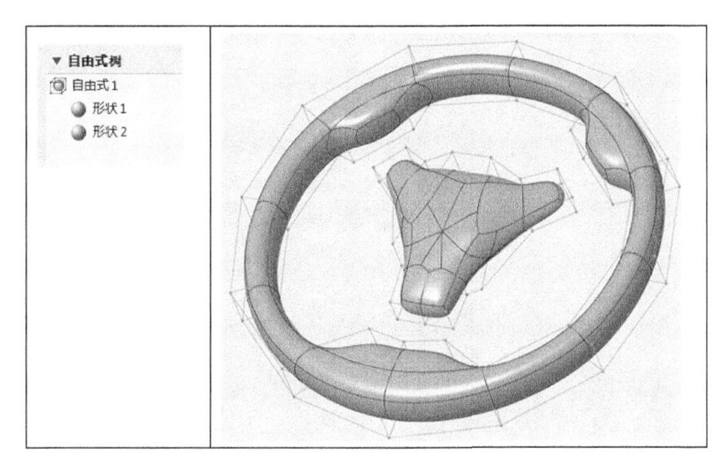

图 17-6　曲面造型的【自由式树】

17.5　渲染功能增强

Advanced Rendering Extension 已被取代。

用户界面位置：单击【应用程序】（Applications）|【照片级真实渲染】（Photo-Realistic Rendering）。

新的渲染模式取代了之前的 Advanced Rendering Extension。新应用程序可直接访问 Creo Parametric 中的【应用程序】（Applications）选项卡。用户可以在渲染和建模之间进行切换，而无需退出渲染应用程序。如图 17-7 所示。

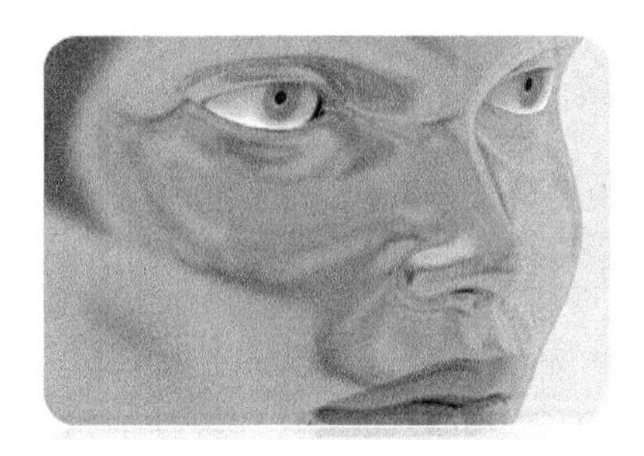

图 17-7　Creo 4.0 高级渲染

与模型进行交互时，将自动更新渲染效果。

17.6　装配设计功能增强

17.6.1　分配外观状态

Creo 4.0 可以为同一个元件分配不同的外观。

用户界面位置：单击【视图】（Views）|【管理视图】（Manage Views）|【视图管理器】

(View Manager)。

Creo 4.0 可以将不同的外观分配至同一元件并使用组合状态内的外观状态。因此，可以捕获同一零件和装配的多个不同外观组合，并可在不同外观变形之间轻松进行切换，如图 17-8 所示。

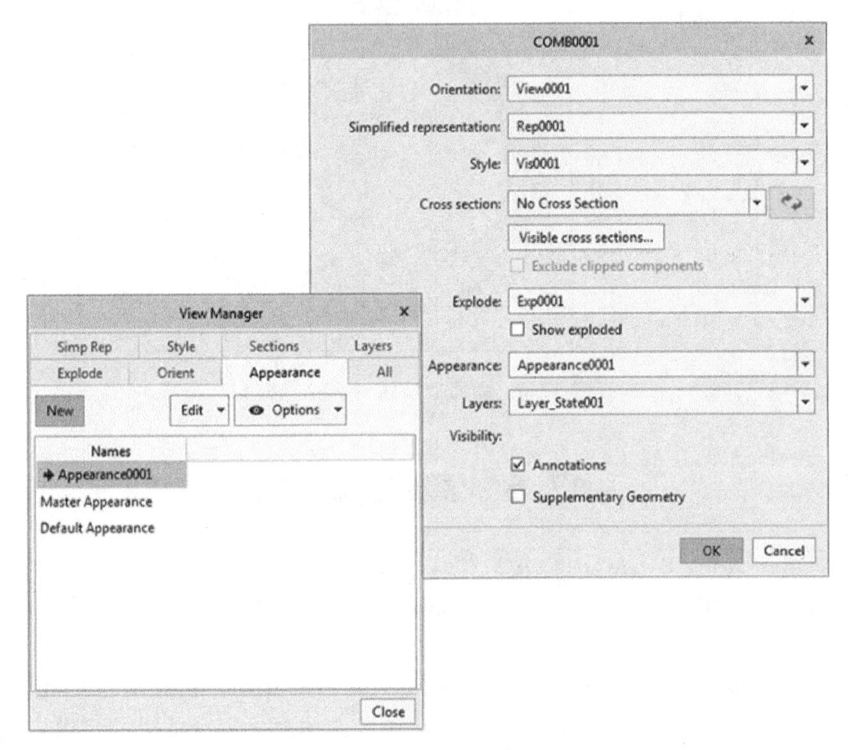

图 17-8 设置不同外观

17.6.2 智能镜像

Creo 4.0 可以重新使用对称元件。

用户界面位置：单击【模型】(Model)|【镜像元件】(Mirror Component)。如图 17-9 所示。

使用【镜像元件】(Mirror Component) 命令在装配中创建镜像的元件。选择【执行对称分析】(Perform symmetry analysis) 复选框，以检查可能重复使用对称组件的情况。镜像子装配时，可单击【镜像元件】(Mirror Component) 对话框中的【高级】(Advanced) 按钮 高级... ，以打开【镜像子装配元件】(Mirror SubassemblyComponents) 对话框。可通过此对话框查看分析结果、调整镜像操作和位置以及更改元件的命名。

17.6.3 布尔运算

执行【合并】(Merge)、【切削】(Cut) 和【相交】(Intersect) 命令变得更容易、更直观。

用户界面位置：单击【模型】(Model)|【元件】(Component)|【元件操作】(Component Operations)，然后在【元件】(COMPONENT) 菜单中单击【布尔运算】

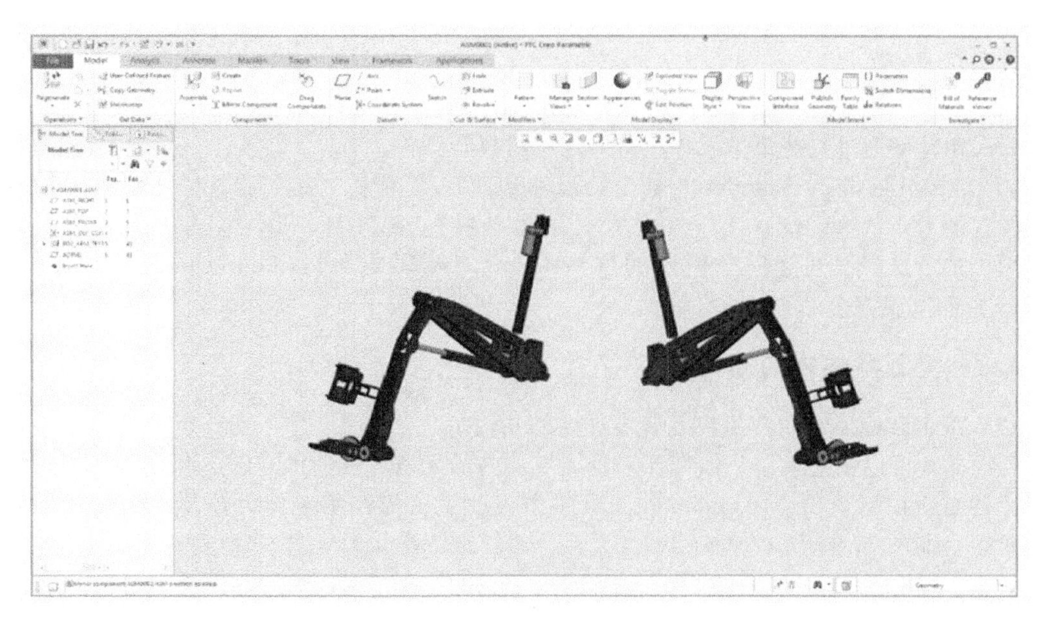

图 17-9　智能镜像

(Boolean Operations)，打开【布尔操作】对话框，如图 17-10 所示。

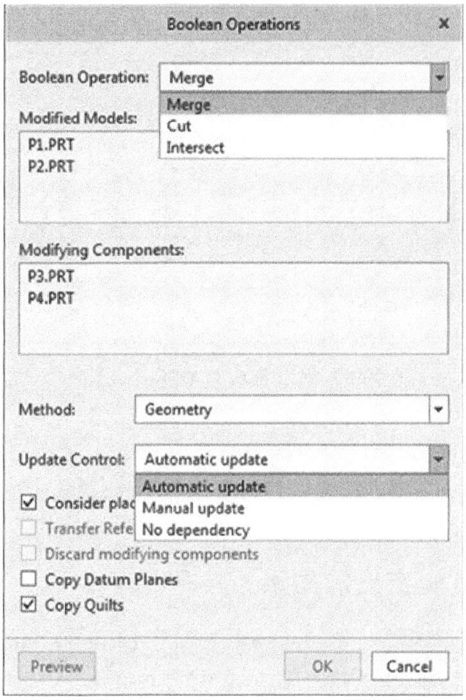

Boolean Operations
Boolean Operation: Merge
Merge
Cut
Intersect
Modified Models:
P1.PRT
P2.PRT
Modifying Components:
P3.PRT
P4.PRT
Method: Geometry
Update Control: Automatic update
Automatic update
Manual update
No dependency
Consider plac
Transfer Refe
Discard modifying components
Copy Datum Planes
Copy Quilts
Preview　OK　Cancel

图 17-10　【布尔操作】对话框

【布尔运算】(Boolean Operations) 对话框中增加了多对多和相交 (Intersect) 操作。要控制更新，用户可以在【更新控制】(Update Control) 下拉列表框中选择下列选项之一：【自动更新】(Automatic update)，【手动更新】(Manual update) 和【非相关性】(No dependency）。

17.6.4 材料分配

Creo 4.0 可通过快捷菜单添加材料并对材料执行操作。

【编辑材料】（Edit Materials）命令已添加到快捷菜单中。用户可以在【模型树】中右键单击“材料”（Materials）节点并选择【编辑材料】（Edit Materials）。用户也可以右键单击材料，然后选择下列命令：【分配】（Assign），【编辑定义】（Edit Definition），【删除】（Delete）和【信息】（Info）。

17.6.5 复制零件内的几何

进入某个装配后，用户可以复制零件内的几何。

Creo 4.0 可以创建复制几何特征来复制零件内的元素，如曲面、链、基准等，使用快捷菜单上的更新控制（Update Control）工具实施更改。这样，用户即可控制是否仅在零件内实施更改。如图 17-11 所示。

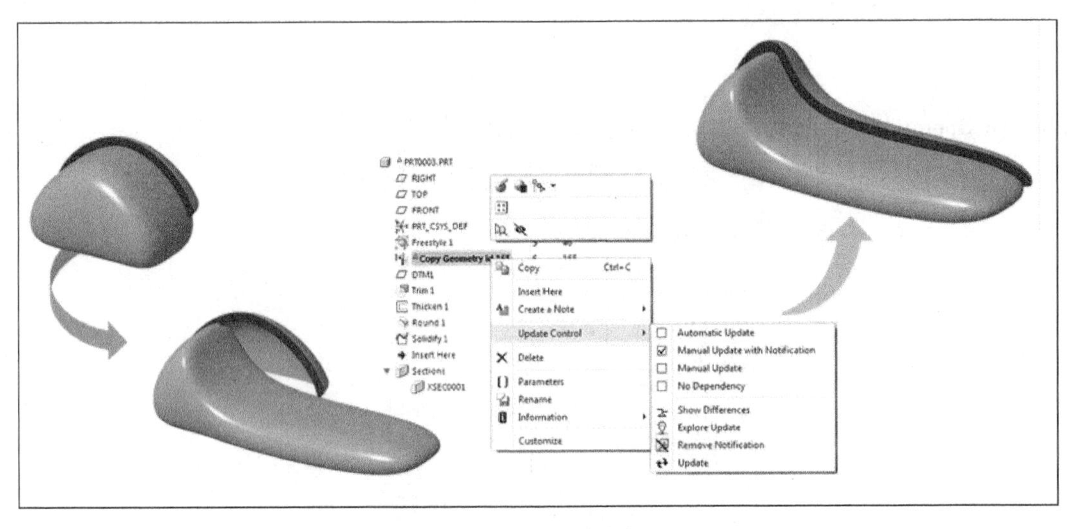

图 17-11 更改复制零件几何

17.7 制造功能增强

17.7.1 3D 打印具有可变密度的晶格

用户界面位置：单击【模型】（Model）|【工程】（Engineering）|【晶格】（Lattice）。

Creo 4.0 可以为 3D 晶格类型创建具有可变密度的晶格。密度由参考几何进行定义。横截面尺寸越大、梁越粗，所创建的材料密度也会越高。梁上的球也会随着梁的加粗而增大。

1）体积块区域通过参考和【距离】（Distance）的值进行定义。

2）体积块区域的大小由【距离】（Distance）定义。如点，体积块区域是环绕该点的球形，此时范围值是球的半径。如曲线，体积块区域是围绕曲线的圆柱扫描，此时范围值为扫描的半径。对于曲面，体积块区域由在两侧距曲面一定范围值的曲面界定。示例对比见表

17-1。

表 17-1 示例对比

具有可变密度的晶格，其中【距离】(Distance)设置为“20”	具有可变密度的晶格，其中【距离】(Distance)设置为“40”
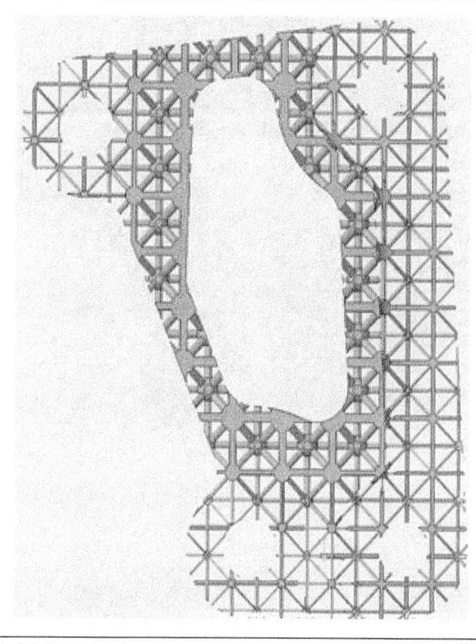	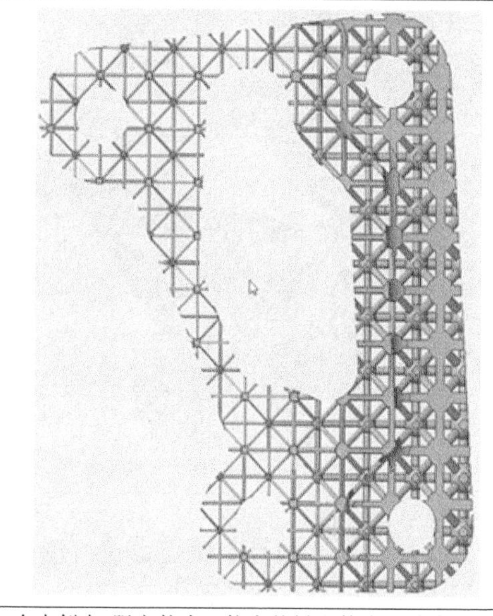
在本例中，距离较小。较大的梁和较大的球将占据沿零件内部边的一个较小体积块区域。在本示例中，将曲线用作参考。	在本例中，距离较大。较大的梁和较大的球占据较大的体积块区域。在本示例中，参考是零件右部的平整曲面

用户可以将晶格设置为仅填充全部体积块中的一部分，以便仅在加固的部分内创建晶格。可参阅图 17-12 所示的示例。

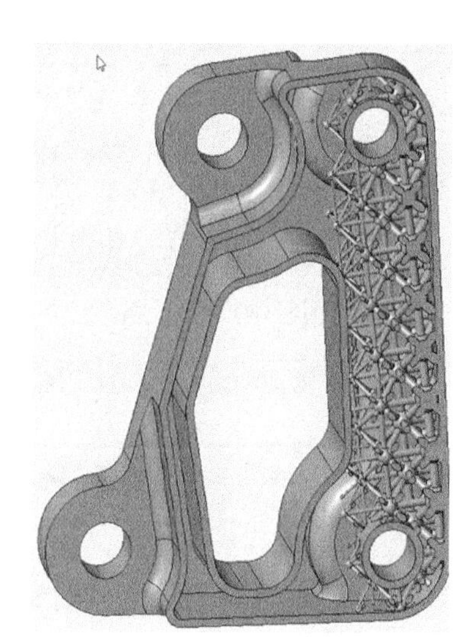

图 17-12 设置部分晶格

17.7.2 晶格优化

Creo 4.0 可以在 Creo Simulate 中分晶格(Lattice) 特征，方法如图 17-13 所示。

使用完整 BREP（边界表示）模型创建网格。支持在 Creo Parametric 中进行所有质量属性计算。所有点阵参数都可用于 Creo Behavioral Modeling 和优化。

17.7.3 可打印性验证

Creo 4.0 可在打印之前确定可打印性问题。

用户界面位置：单击【文件】(File)|【打印】(Print)|【准备 3D 打印】(Prepare for 3D Printing)|【可打印性验证】(Printability Validation)。

可打印性验证是指 Creo Parametric-样式分析，可以在“托盘装配”范围内使用、保存和重复。在启动 3D 打印过程之前，可检查 CAD 模型是否存在可打印性问题，以确保模型可正确打印。执行可打印性验证时，将显示有可打印性问题的零件，并按类型分组。【类

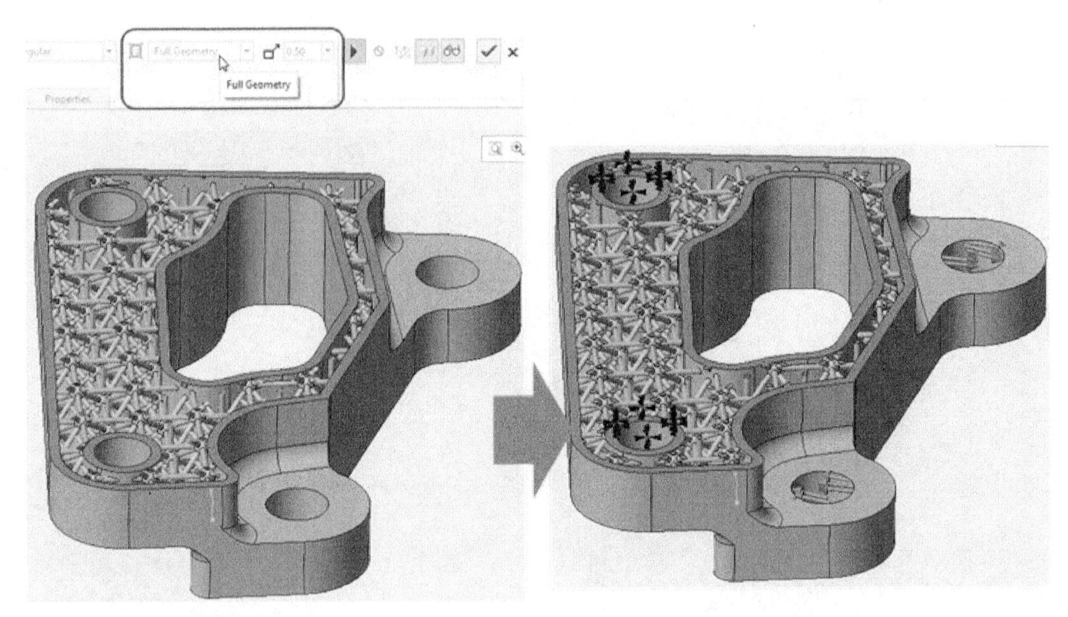

图 17-13 晶格优化

型】列表中所包含的打印性问题是检测到的零件内部问题，而非零件之间存在的问题。会列出以下类型的可打印性警告：“窄间隙- 间隙过小”“无法打印”。此列表中可能包含孔、拉伸及其他几何。

薄壁是指在 3D 打印过程中或在移除支撑材料的过程中可能会断裂的壁。

17.7.4 在 3D 打印中预览模型

用户界面位置：单击【文件】(File)|【打印】(Print)|【准备 3D 打印】(Prepare for 3D Printing)|【预览 3D 打印】(Preview 3D Printing)。

【3D 打印】(3D Print) 选项卡可为要打印的模型提供预览。要打开【3D 打印】(3D Print) 选项卡，可单击【托盘】(Tray) 选项卡中的【预览 3D 打印】(Preview 3D Printing)。

17.7.5 NC 中播放路径功能的改进

播放刀具路径时的 Creo NC 碰撞检测得到了改进。碰撞检测机制与速度无关。

17.8 分析和设计研究功能增强

17.8.1 分析和设计研究体验得到了改善

Creo 4.0 可对诊断进行过滤，以便于理解。

用户界面位置：单击【原始点】(Home)|【分析和研究】(Analyses andStudies)。

【诊断】和【运行状况】对话框已合并为一个对话框。合并后的对话框得到了增强，包含了分析详细信息和收敛图。状况的名称和类型将显示在【分析详细信息】(Analysis Details) 下，而与分析相关的时间信息将显示在【分析状况】(Analysis Status) 下。用户可以展开窗口以显示分析运行状况和收敛图。通过选中或清除选择【错误】(Errors)、【警告】

（Warnings）和【信息】（Information）复选框，可以仅显示所需的分析信息，可对诊断进行过滤。诊断详细信息将链接至帮助主题，以便于理解错误或警告。如图 17-14 所示。

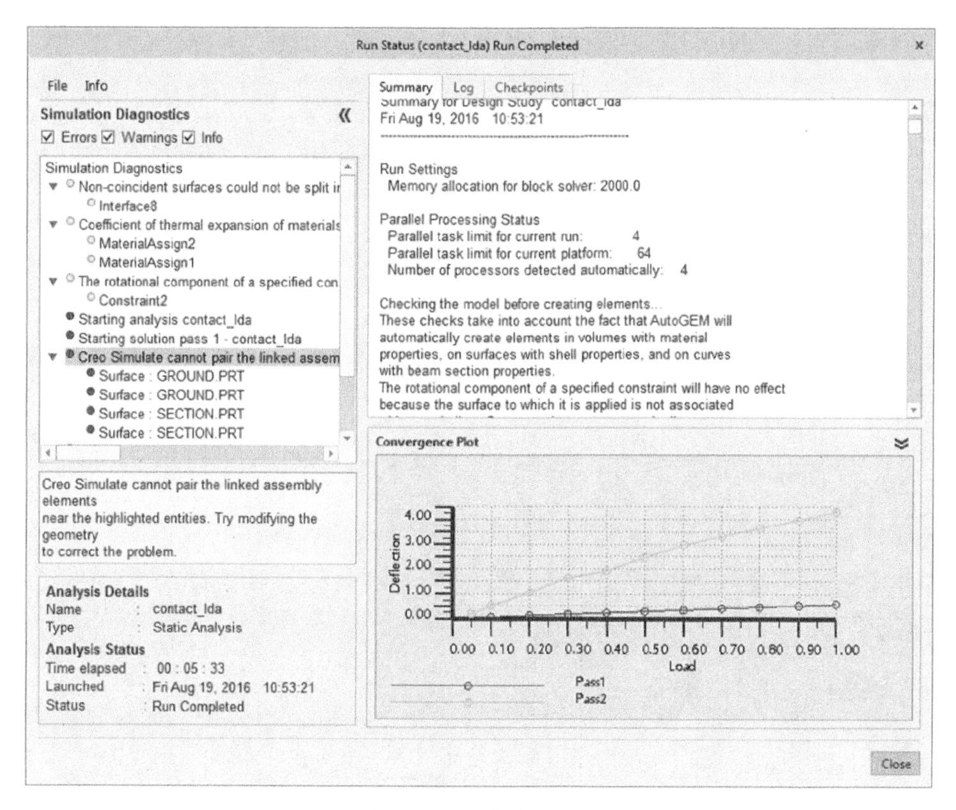

图 17-14　状态显示

17.8.2　Creo Simulate 中的材料增强

Creo 4.0 随标准安装免费提供了 50 多种标准材料，可在 Creo Simulate 中访问标准材料。【模型树】中提供了用于预先分配材料的新“材料”（Materials）节点。【材料】（Materials）对话框通过动态属性面板进行更新。如图 17-15 所示。

17.8.3　Creo Simulate 中支持浮动工具栏

Creo Simulate 中支持浮动工具栏，可用于针对载荷和约束等频繁执行的操作。选择要在浮动工具栏中查看的几何，选择并右键单击，随即将显示浮动工具栏和快捷菜单。这样，用户即可在不使用功能区的情况下应用和编辑图元。用户还可以自定义浮动工具栏来满足个人需求。浮动工具栏使用示例如图 17-16 所示。

17.8.4　在 Creo Simulate 中调整模型变得更为简单

Creo Simulate 中提供了 Flexible Modeling 工具。此外，还提供了新的移除（Remove）工具。

用户界面位置：单击【Flexible Modeling】选项卡，单击【精细模型】（Refine Model）|【移除】（Remove）。

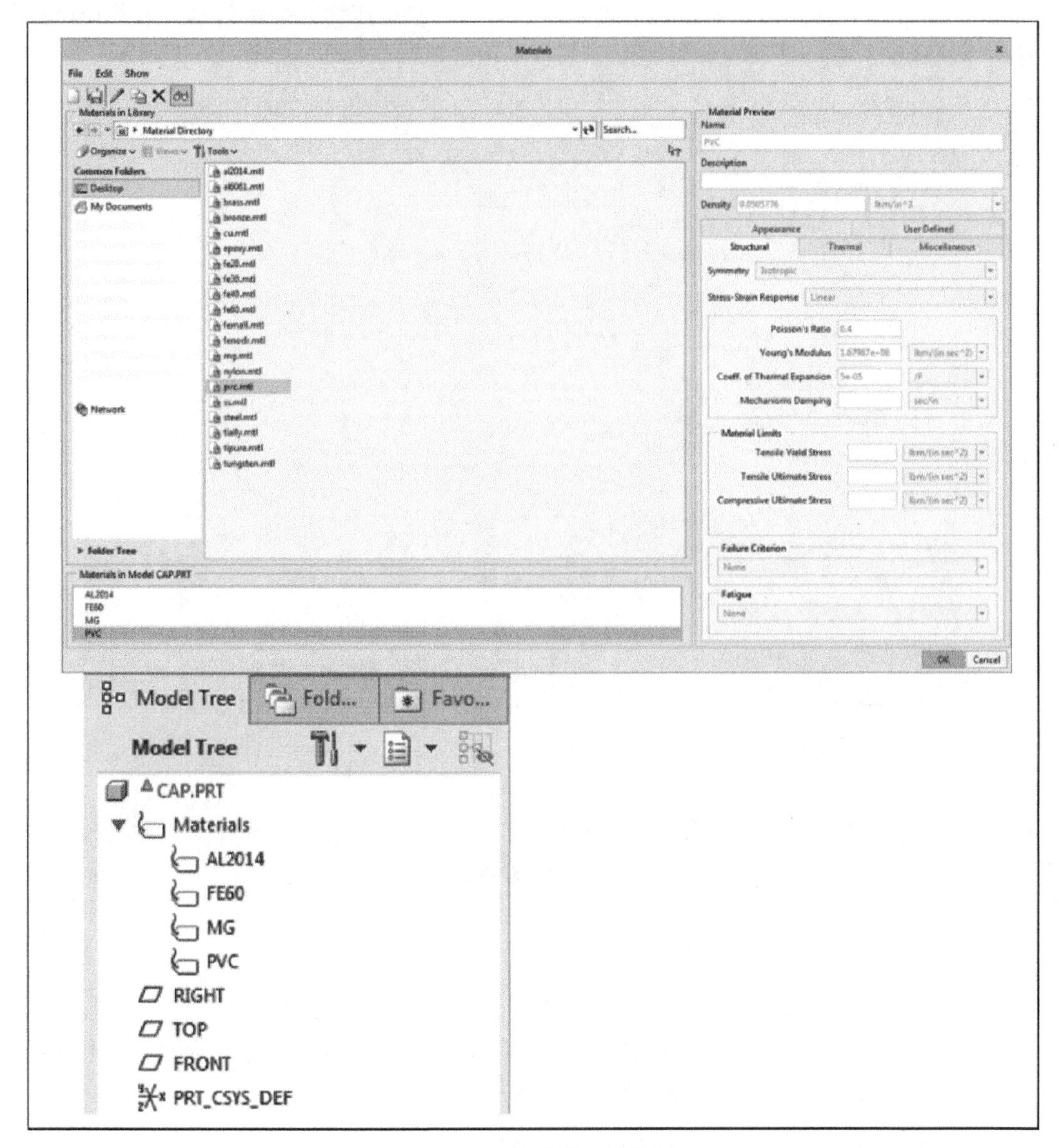

图 17-15 【材料】对话框

Creo 4.0 可以在 Creo Simulate 中访问 Creo Flexible Modeling 工具。无论使用集成型还是独立型 Creo Simulate，均可以轻松简化、修改或浏览设计的新配置。Flexible Modeling 工具在【模型树】中显示为仿真特征。

通过【精细模型】（Refine Model）|【基准】（Datum）|【升级】（Promote）命令，可将使用 Creo Flexible Modeling 工具进行的更改传播到 Creo Parametric。新的移除（Remove）特征有助于简化分析模型，且无需使用 Creo FlexibleModeling 许可证。

17.8.5 Creo Simulate 的其他改进

Creo Simulate 中的其他改进如下：

工具提示得到了改进。支持新的晶格（Lattice）特征。用户可以选择完整的几何表示或

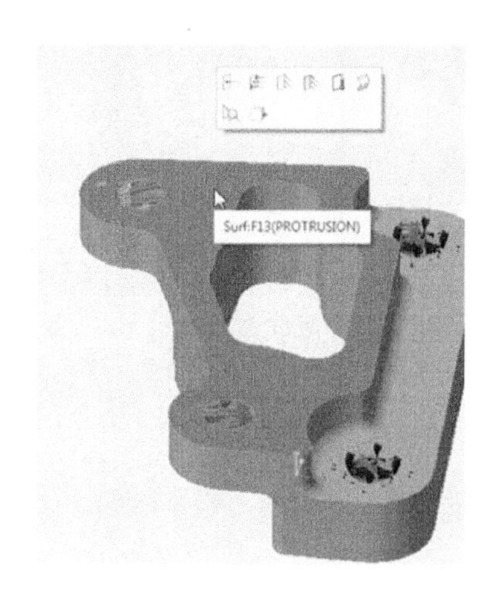

a) 选择几何

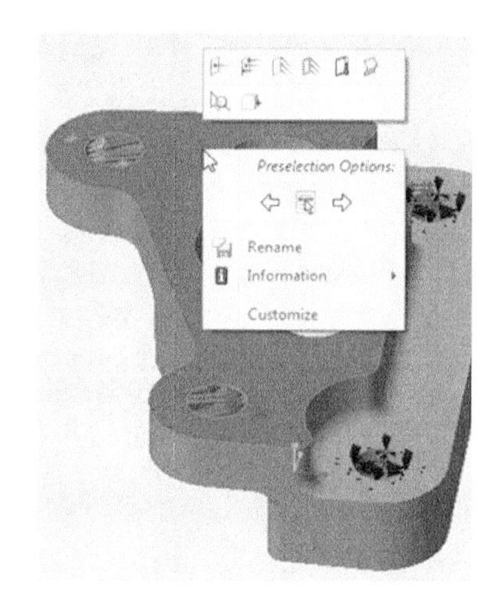

b) 选择几何，然后单击鼠标右键

图 17-16　浮动工具栏使用

简化表示，如图 17-17 所示。Creo Simulate 中提供了对这两种表示的完全支持。

使用简化表示可提升计算速度。Creo Simulate 中的模型可根据需要使用壳、梁和质量元素。使用完整表示可提高精度。

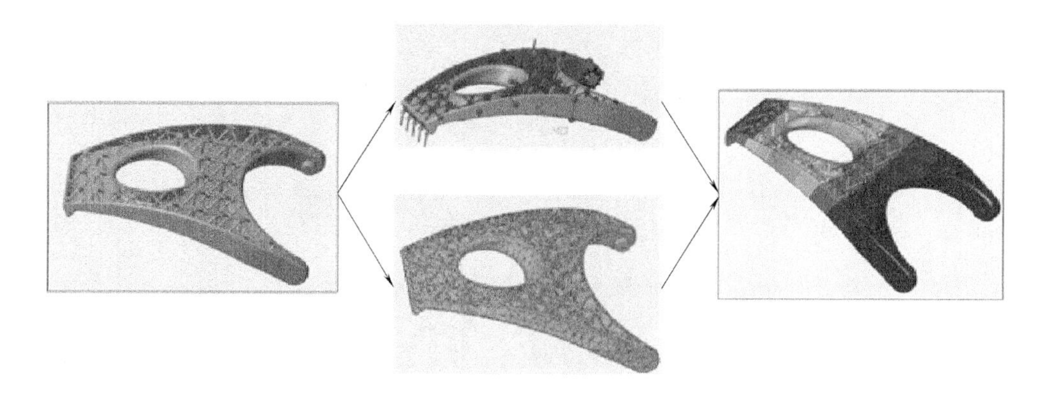

图 17-17　仿真晶格简化表示

参考文献

[1] 肖扬，刘洪斌. 计算机绘图［M］. 北京：机械工业出版社，2017.

[2] 蔡玉强. Creo2.0设计应用基础及精彩实例［M］. 北京：机械工业出版社，2014.

[3] 詹友刚. Pro/ENGINEER中文野火版5.0高级应用教程［M］. 北京：机械工业出版社，2011.

[4] 詹友刚. Creo1.0机械设计教程［M］. 北京：机械工业出版社，2012.

[5] 詹友刚. Creo1.0曲面设计实例精解［M］. 北京：机械工业出版社，2012.

[6] 佟河亭，李超，王柄强. Pro/ENGINEER Wildfire4.0机构运动仿真与动力分析［M］. 北京：人民邮电出版社，2009.